친환경건축설계

Green Building Illustrated

친환경건축설계

[지속가능한 미래환경의 과제와 대안]

Green Building Illustrated

Francis D. K. Ching · Ian M. Shapiro

반상철 역

Spacetime

차례

역자 서문

20세기가 남긴 수많은 성과는 새로운 세기의 성장과 발전에 토대가 되어 주기도 했지만, 그러한 점 못지않게 어렵고 힘든 과제도 새 세기를 맞은 우리에게 던져져 있다. 더욱 그 문제가 심각해 보이는 것은 많은 미래학자와 과학자, 공학자 들이 지난 세기 후반기부터 우리의 미래에 대해 우려와 경고를 해오고 있고, 나아가 그것이 인류의 생존에 커다란 위협이 될 것이라는 어두운 예측도 하고 있음에서 잘 알 수 있다.

말할 것도 없이 이 문제는 우리의 '환경'에 초점이 맞추어져 있다. 우리의 삶의 이유와 목표가 건강하고, 쾌적하며, 행복한 환경 속에 사는 데에 있다는 점에서, 환경의 문제가 심각한 상황에 처해졌다는 것은 삶의 질에 앞서 삶 자체에 대한 시급한 과제해결이 필요하게 되었다는 것을 의미한다고 볼 수 있다.

이러한 문제는, 우리 건축가들이 마주할 수밖에 없고, 해결에 대한 의무와 책임감을 가져야 할 주요 '과제'가 되었다. 그동안 이러한 위기를 먼저 인식했던 선진국을 중심으로 이에 대한 많은 연구와 제안이 제시되었다. 그러나 그동안의 제안들은 어떤 분야에 한정되거나 명확한 문제 파악이나, 실천적인 대안의 제시가 미흡했던 것이 사실이다.

이러한 때에, 환경에 대해 영향을 미치는 가장 큰 대상 중 하나인, 건축을 시행하는 거의 모든 분야에 대해, 각 분야별로 환경적 영향, 재료의 특성과 영향, 에너지의 영향 등을 파악하고, 문제의 정도를 구체적으로 진단하여, 명확하고 실질적인 대안을 제시하는 자료가 출현했다는 것은 대단히 반갑고 희망적인 일이라고 할 수 있을 것이다.

본 서의 저자인 F. D.K. Ching은 건축학도들에게 오랜 기간 친숙한 이름이다. 지난 30년 이상, 건축의 원리들에 대한 훌륭한 시각적 참고서로 자리했던 〈건축의 형태공간 · 규범〉의 저자 바로 그 사람이다. 그가 근래에 이러한 새로운 시대의 과제에 대해 본 서를 출간하였다. 지난 세기의 필독서와 마찬가지로 본 서도 〈친환경건축 설계〉 친환경 · 생태 · 에너지 등에 대한 상세하고 논리적인 설명과 자료, 그리고 무엇보다 각 과제들에 대한 시각적 · 실증적 자료의 제시로 건축설계를 중심으로 시공 · 감리 · 관리 · 이용에 관련된 모든 이들이 '친환경'을 목표로 한 귀한 자료를 갖게 해 주었다는 점은, 우리 건축 환경의 미래에 또 하나의 빛나는 성과라고 할 수 있을 것이다. 본 서를 통해, 우리 건축의 물리적 환경의 조성에서 친환경을 기반으로 한 계획과 설계 및 시공, 그리고 운영과 이용 등 모든 과정에서 삶의 환경을 건강하고 질서 있게 하는 실마리를 제공해 줄 필독 입문서로 자리매김 하게 될 것이다.

본 서와 같은 좋은 책을 접하고 번역할 수 있었던 것은 개인적인 큰 영광이며, 이러한 기회를 주신 시공문화사의 김기현 대표와 박종호 이사에게 감사하다는 말씀을 드리고, 편집과 정리 및 출판을 맡아주신 관계자 분들께도 고마운 마음을 전하고자 한다. 모쪼록 이 책으로 건축이 우리의 환경을 긍정적으로 만들어 가는 데에 기여하는 귀한 학문임을 확인하는 기회가 되기를 기원해본다.

2016년 2월

역자 반 상 철

개요

친환경 건축은 비교적 새로운 분야라고 할 수 있다. 이의 목표는 건물 내에 건강한 환경을 제공하여 그 환경적 영향을 실제적으로 절감하는 데에 있다. 이 책은 친환경건축 분야를 소개하고, 친환경적 설계와 시공에 관한 다양한 기초 개념을 검토하고, 전문적인 내용에 대한 지침을 제공하고자 한다.

건물의 설계와 시공은 일종의 선택과정이라고 할 수 있다. 하나의 프로젝트를 추진하기 위해 초기에 여러 가지의 선택과 선정항목을 만들고, 설계과정에서 그 선택들을 평가하고, 건축주와 함께 선택을 만들어가고, 설계를 통해 선택내용을 작성하고, 시공단계에서 선택된 내용을 실행한다. 본 서에서, 우리는 친환경건축의 설계와 시공을 위해 필요한 다양한 선택들을 제공하고자 하였다.

본 서는 친환경건축의 목표를 설정하고 친환경건축을 정의하는 것으로 출발한다. 기후변화의 영향이 증가됨에 따라 건축물과 관련한 이산화탄소 배출을 절감하기 위한 목표를 전제로 강력하게 상호 연계되어 있다. 다양한 기호와 기준, 지침 등은 소개되고, 그 각각은 친환경건축을 한층 분명하게 정의하기 위한 전제조건들을 가지고 있다.

친환경건축에 대한 체계적인 연구는 건물을 둘러싸고 있는 여러 겹의 층들을 통해, 그리고 조명, 난방, 냉방 등에 대한 친환경적 측면을 조사과정과, 지역공동체와 부지에서 비롯된 "외부로부터 내부로"의 작업의 결과로 구축되었다. 수자원 보존과 실내환경의 질적 안전지침, 재료 보존, 재생 에너지 등을 포함한 관련 과제들을 조사・분석 하였다.

에너지 관련 논의를 위해, 물리학상의 다양한 첫 번째 원칙이 요구되었다. 그것들의 결합은 "건축적 과학"으로서 점점 많이 언급되고 있다. 그 예로, 열전환의 첫 번째 원칙은 열손실과 열손실의 감소에 적용된다. 우리는 빛에너지 활용과 빛과 인간의 상호작용 및 인간공학에 관련하여 조명이란 분야를 연구한다. 유체역학의 첫 번째 원칙은 건물을 통과해서 공기가 상승하는 "굴뚝효과"와 같은 건축물 관련 현상들에 대해 논의 대상으로 하고 있다. 열역학의 첫 번째 원칙은 열의 발생과 분배, 건물에서 발생되는 열의 전달과 에너지 사용을 줄이기 위해 효율성 증대의 연계방안 등의 적용에 관한 것이다.

본 서에서는 상세한 도표를 통해 이러한 원칙과 논의들을 친환경 건축 설계와 시공에 대한 특별한 지침으로 제시해 준다. 다양한 여러 가지의 실습내용이 제시되어 있고, 건축주의 꿈인 친환경 건축의 설계와 시공에 대한 충분한 숙달을 위해 다양하게 되어 있다. 각 도표는 또한 친환경 건축을 위한 폭 넓은 선택 가능성을 확장시키고 제시해 준다.

마지막으로, 질적인 면의 실습에 관한 논의는 친환경 건축과 시공방안을 모색하고자 하는 목표에 대해 어떻게 설계와 시공을 가장 효과적으로 전달해 줄 수 있는지를 탐구한다.

독자가 이 책이 하나의 도구가 되는 방법을 다루는 것임을 알게 해준다. 건축물이 친환경적으로 되기 위해 이 책에서 제시된 모든 방안들을 다 수용할 필요는 없다. 본 서는 또한 하나의 넓은 덤불과 같다. 모든 많은 친환경 건축물의 개선과 개선방법론과 결과물을 만들어 내는 것은 어려운 일이다. 중요한 점은 도구와 전략을 기반으로 하는 대신에 전문적인 내용을 가지고 아주 우수한 친환경 건축물을 설계하고 시공에 필수적인 선택조건들을 만들어 낼 수 있게 하는 데에 있다.

1
서 문

수년간의 기간 속에서, 계획 · 설계 · 시공 분야는 지속가능성과 친환경건축에 대한 격렬한 논쟁이 휩쓸고 갔다. 설계사무소에서, 그리고 시공현장에서, 새로운 목표와 새로운 기준, 심지어 새로운 언어를 나누는 법을 배우게 된다. 많은 시간동안, 전문가로서의 삶은 그 의미와 새로운 언어의 뜻을 배움으로써 훨씬 풍부해진다. 다른 사람들에게, 의문이 쏟아지게 된다. 어떻게 이 모든 것을 알 수 있을까? 그것들은 다 무엇인가? 등이다.

지속가능성은 지속될 사실들에 대한 약속이다. 길고 유용한 건물의 수명, 재생되는 에너지의 실체, 강화된 커뮤니티 등이 그것이다. 친환경건물은 지속가능성에 대한 약속을 실현시킨 것이다.

지속가능성에 대한 약속과 병행해서, 실행에 대한 요구조건에서도, 환경적인 피해, 우리 자신의 관찰에 의해 점차 확신되는 피해들에 관한 경고를 보내는 과학자들의 주장을 재고해야 한다. 그러나, 그것들을 전환시키고 직면하거나, 집약적으로 부담을 주거나, 그 피해들을 설명하기 위한 전략을 개발하는 등에서 이러한 피해들로부터 벗어나지 못하고 얼마간 심각한 부담을 안게 되기도 한다. 결국에는, 이것이 - 우리가 직면한 환경적 과제들에 대해 고려하고, 그것을 극복하기 위한 방안을 모색하는 등에 대한 자극인 -지속가능성에 대한 가장 큰 약속이 되기도 한다.

1.01 지구에서 삶의 불안함은 1990년 보이저1호 우주선으로부터 보내온 사진에서처럼 우주로부터 지구의 모습을 통해 강조되어 왔다. 우주과학자 칼 세이건은 "우리가 전부터 알고 있는 유일한 고향"인 창백한 푸른 점으로 지구를 표현했다.

환경문제에의 직면

여러 환경적 위기는 우리가 어떻게 계획하고, 설계하며 시공할 것인가를 재평가하는 계기를 만들었다. 화석연료의 사용으로 야기된 공기와 수질오염은, 핵발전소 사건으로 밀려났고, 에너지 사용량을 줄여야 하는 확실한 필요성에 따라 모든 지역에서 기후변화의 초기에 그리고 잠재적인 황폐화에 의해 오염이 진행되었다. 사람의 질병은 독성 화학물질에 노출됨에서부터 특히 건물재료와 같은 과도한 사용에 의해 발생된다.

특별히 관심을 갖게 하는 것이 기후변화이다. 기후변화에 관한 국가 간 협약(IPCC)에는 미국과 그 외의 국가에서 1,300명의 과학자들이 참여하고 있으며, "기후시스템의 온난화가 불규칙적으로 발생하며 지구 평균기온과 해수온도가 증가하고, 눈과 빙하가 빠른 속도로 녹고 있으며, 지구 평균수면이 상승하고 있다."는 보고를 하고 있다. IPCC에 따르면, 기후변화의 영향은 이미 시작되었고 앞으로 더 악화될 뿐이라는 것이다. 기후변화의 결과는 또한 태풍활동이 증가하고 더 오래, 더 빈번하게, 그리고 점점 파도의 강도가 강화되는 극단적 기후변화가 일어나고 있고, 빙하가 녹고 해안의 침식과 홍수가 증가하고 있으며, 동식물이 변종을 발생시키고 생물다양성이 줄어들고 있으며, 인간이 소비하고 경작과 에너지 발전에 사용해야 할 물이 부족한 상태이다.

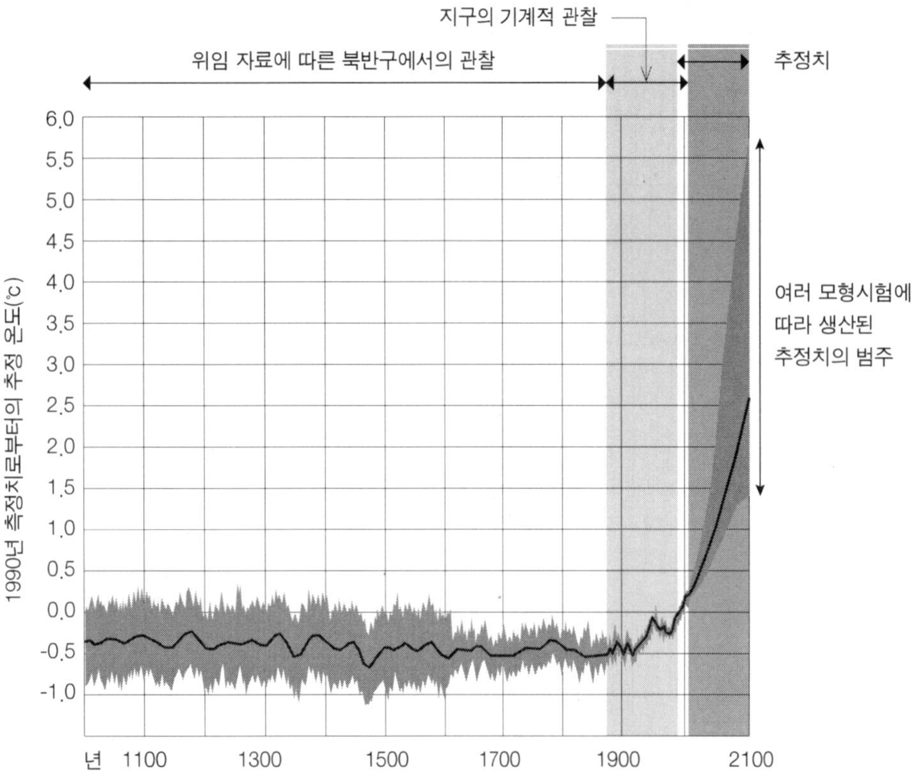

1.02 1000년도부터 2100년까지 지구표면 온도의 변화 추이(출처:IPCC)

기후변화의 주요인은 산림남벌과 토지이용 변화, 특히 화석연료의 연소와 같은 인간 활동에 의해 발생되는 온실가스(GHC)의 집중도가 상승하는 데에 있다. 이러한 발견은 모든 주요 선진국의 국가과학연구소에서 확인되고 있다.

온실가스는 처음에는 수증기였다가, 이산화탄소, 메탄가스(CH_4), 산화질소(N_2O)EMDDMF 포함하고 있고, 대기권으로 상승하고 열담요라고 하는 작용을 하며, 열을 흡수하고 사방으로 재배출한다. 이 재방사 광선의 하향부분은 온실효과로 알려져서 지구표면을 가열하고 평균온도를 생존유지 온도인 15℃보다 낮아지고 있는 것으로 알려지고 있다. 이 자연발생 온실효과가 없다면, 우리가 알고 있는 것처럼 지구에서 생물은 존재하지 못할 것이다.

1.03 온실효과

그러나, 산업혁명으로 비롯된 화석연료의 연소가 증가해서 대기권에 많은 양의 이산화탄소, 메탄 그리고 산화질소를 배출하고 있고, 자연 온실효과를 과도하게 야기시켜서 지구온난화와 기후변화를 일으키는 원인이 되고 있다.

1.04 빙하에 포함되어 있는 대기의 샘플과 최근의 직접 측정에 의한 자료를 보면, 산업혁명 이후로 CO^2가 증가하고 있다는 증거를 제공하고 있다.

미국 에너지정보국의 데이터에는 건물이 미국 전체 에너지 소비와 온실가스 배출의 거의 반을 차지하고 있는 것으로 나타나있다. 전 세계적으로는 그보다 더 높다. 지속가능한 설계에 대한 적절한 논의를 해야 하는 것은, 건물분야 에너지 소비의 대부분이 자재 생산이나 시공과정에서 정리되어 있지 않다는 점 보다는 냉난방이나 조명과 같은 건물 운용과정에서 문제가 더 크다는 점이다. 이는 에너지의 소비를 줄이고 건물의 수명 이상으로 건물을 사용하고 유지 관리하는 과정에서 발생되는 에너지 소비와 GHG의 배출을 줄여야 한다는 것을 의미하고 있다. 이에는 부지, 건물 형태 그리고 냉난방과 환기, 조명의 전략들을 통합하는 설계가 필요하다는 점을 의미하기도 한다.

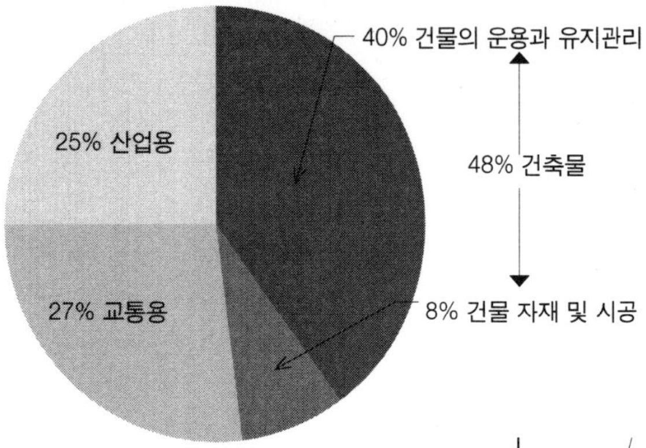

1.05 분야별 미국의 에너지 소비 현황. 건물 관련 에너지 사용량은 온실가스와 대부분 심각한 수준의 탄소배출 주요 요인으로 확인되었다. (미국 에너지정보국)

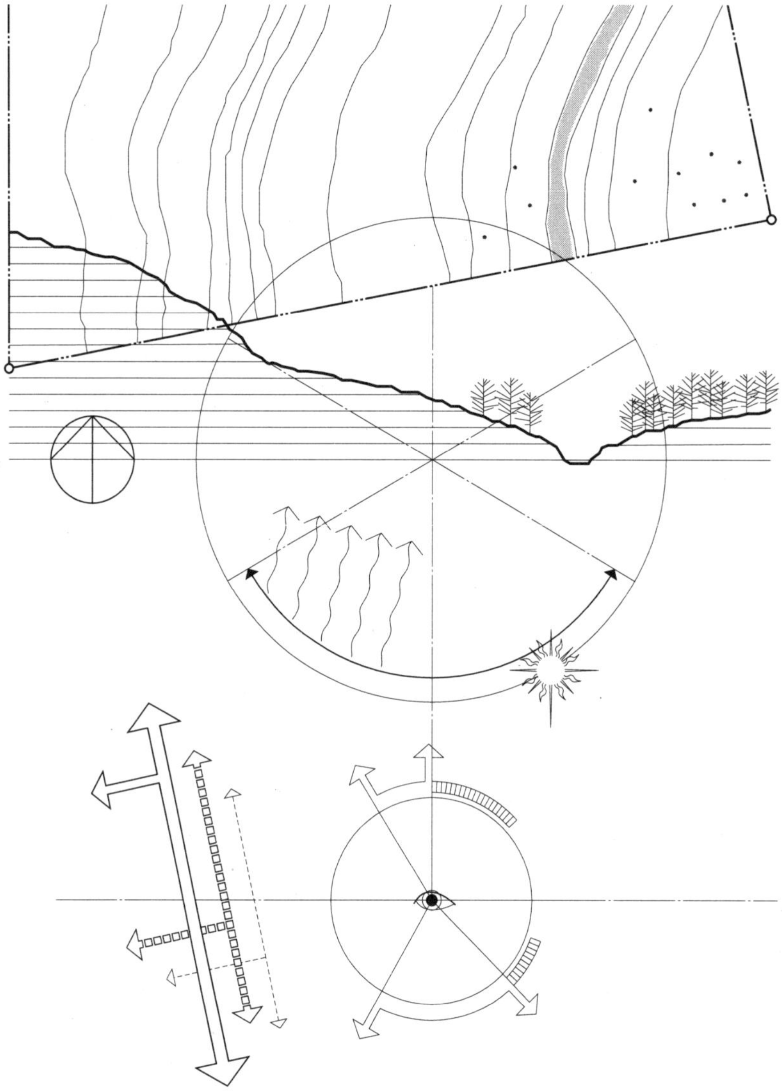

1.06 부지정리가 잘되고 에너지 효율이 높은 건물은 건축자재를 생산하고 운반하는 에너지를 줄이고 사람들이 건물을 출입하는 운반에너지도 절감하여 탄소배출을 줄일 수 있다.

적외선 온도계

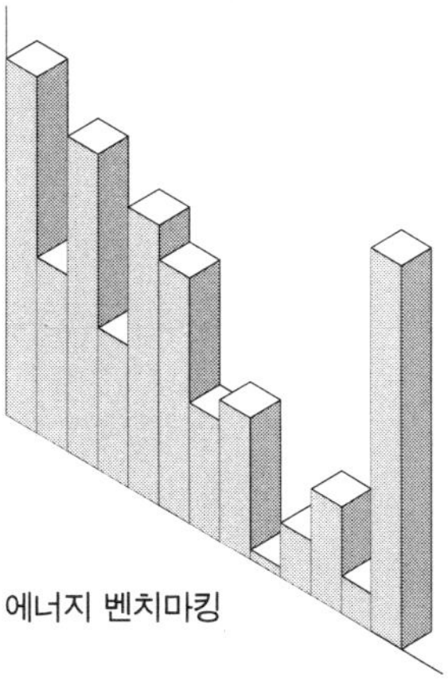

에너지 벤치마킹

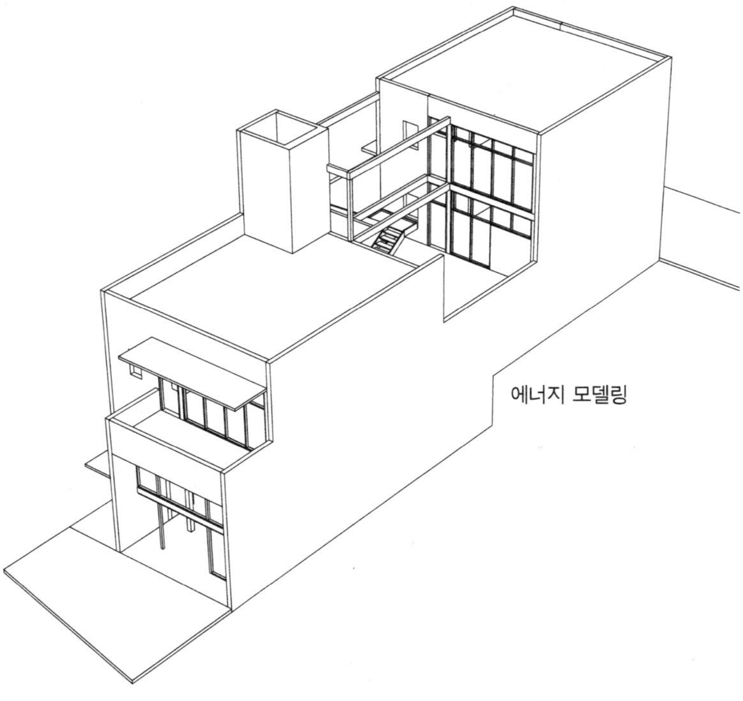

에너지 모델링

1.07 매년 새로운 접근방식, 새로운 수단, 새로운 생산품 등이 건물에서 에너지와 자재사용을 절감하기 위한 유용한 방안을 제안하고 있음

새로운 정보, 새로운 위험, 새로운 기회

기후변화와 여타 환경적 위험이 알려진 바와 같이 부각되고 있고, 지난 수십 년간 건물에 대한 공식, 비공식 연구를 통해 건물이 어떻게 작동하는지, 얼마나 환경을 황폐화 하는지, 어떻게 그런 실패를 차단할 방안이 있는지 모색해왔다. 우리의 여러 가지 환경적 위기에 대한 전환 요구와 상대적으로 건물성능에 대한 새로운 정보 그리고 보다 지속가능한 새로운 방식으로 건물설계에 접근하는 기회를 제안하고 있다. 친환경건축 분야는, 아직 생소한 것이 많고 무한한 가능성을 가지고 있다. 에너지와 자원 효율의 증진과 독성 화합물 사용의 절감, 보다 경제적인 방안의 모색 등을 위해서 설계와 시공에 관한 새로운 기회를 가질 수 있다.

그러나, 친환경건축 설계와 시공에는 많은 잠재적 위험과 함정이 있다. 친환경적이라고 하는 새로운 제품과 방법을 끌어들이는 것은 어렵지 않다. 그러나 그것이 비효율적이거나 투자대비 균형을 맞추기에 너무 비용이 많이 들거나해서 비용-효과적인 개선이 필요한 경우가 많다. 우리의 과제는 상식을 활용해서, 기념적, 과시형 건축을 배제하고 또는 비효율적 건물을 개선하는 것이다. 이에는 새롭고 잠재적으로 유용한 아이디어와 방안을 개방하게 된다. 새로운 아이디어를 면밀히 검토하여 작성한 명확한 사고와 빠르게 변화하는 환경에 적응하는 융통성에 대한 신속한 대응이라고 할 수 있다.

친환경건축설계는 보다 친환경적으로 만들기 위해 단지 건물에 기기나 장비를 덧붙이는 데에 초점을 맞출 필요는 없다. 열적 단열값을 높이는 것이 건물의 에너지 효율성을 높이고, 태양열전기시스템을 첨가하는 것이 비재생 열원에 의한 전기 요구를 절감하게 된다. 거기에는 또한 단순히 추가하는 것만이 아닌 자연과의 통합과 유기성을 고려한 신중한 설계를 통해 많은 것을 얻을 수 있다. 예를 들면, 동일한 실내조명 수준에서 인공조명의 필요성을 줄일 수 있도록 실내마감면에 대한 보다 반사 능력이 우수한 것을 선정하게 된다. 그리고 노출표면의 면적이 적은 건물형태를 선택하게 되고, 그래서 복잡한 건물형태보다 동일한 면적에서 에너지 사용량을 줄일 수 있다.

우리가 설계와 시공에 있어서 항상 미적인 특성을 염두에 두는 경우, 우리는 다음과 같은 의문을 가질 수 있다. 건조환경의 미적인 측면에서 친환경 설계의 효과는 무엇인가? 다행히, 미적이란 건물이 친환경적이기 위해 희생되어야 하는 것은 아니다. 친환경건축은 아름다움에 대한 전통적인 인식에 도전하는 것이지만, 아름다움에 대한 우리의 인식을 재평가할 기회를 부여하며, 건물에서 아름다움의 정의를 재검토하게 하며, 새로운 시대의 건축형태에서 미적 탐구의 기회를 제공해준다.

친환경 건축물이란 무엇인가?

이 책에서, "친환경 건축물이란 무엇인가?" 의문이 반복해서 제기된다. 이 질문은 여러 형태이다. 즉, 친환경 건물이 그동안의 건물보다 더 친환경적인가? 친환경 건물은 친환경 건축기준에 부합하는가? 친환경건물은 환경과 인체건강에 부정적인 영향이 적거나 아예 없는가? 머든 건물이 친환경적이어야 하는가? 친환경건물은 일시적 유행현상인가? 친환경건물은 시간이 지나도 친환경성을 갖고 있는가?

"친환경 건축물이란 무엇인가?"에 대한 답은 여전히 진화 중이다. 친환경건축기준에 따라 친환경적인 것으로 인증된 건물이 에너지 사용량이 높은 사람들이 나타나거나 다른 공해유발이 있을 경우가 발견되기도 한다. 반대로, 많은 제로에너지 또는 제로에너지에 근접한 건물은 성공적으로 디자인, 시공되고 있으나 어떤 평가시스템에 의해서는 친환경으로 인증되지 않을 수도 있다. 이는 친환경 인증된 모든 건물에서 환경적 성능에 의문을 갖게 하지는 않는다. 친환경건축기준과 인증시스템은 지속가능한 설계의 진보에 상당히 기여해왔고 이는 지속되고 있다. 그러나, 우리는 친환경건물 인증이 에너지의 고효율성과 낮은 공해수준을 보장하기 전에 가지고 있는 하나의 방안이 되고 있다.

미국 친환경건축위원회의 로고

산림관리위원회의 로고

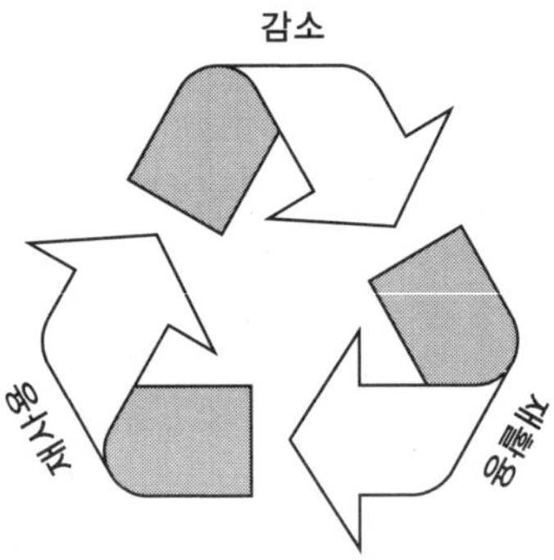

1.08 친환경 재료, 추진과정, 실행단체의 심볼

"친환경 건축물이란 무엇인가?"라는 그 질문과 같이 비슷하지만 상이한 질문이 있다. "보다 더 친환경적 건축물이란 무엇인가?" 하는 것이다. 건축설계의 많은 특별한 분야에서, 상이한 접근방식의 상대적인 장점들은 여러 가지 선택 가능한 조건들이 더 친환경적인지를 확인하는 것에 비중을 두고 있다. 이는 친환경건축에서 작거나 증가된 개선방안을 추구하지는 않는다. 친환경건물의 의미 있는 전반적인 목표는 가장 중요한 것이 되고 있다. 그러나, 건물계획에서 이루어지는 많은 설계상의 결정에 직면해서는, "이것이 보다 친환경적 접근방식인가?"라는 유용한 의문을 갖게 된다. 이 의문은 종종 중요한 질문이기도 하고, 특별한 친환경건축의 규정, 기준 또는 지침에 부합하는지 여부와 무관하기도 하다.

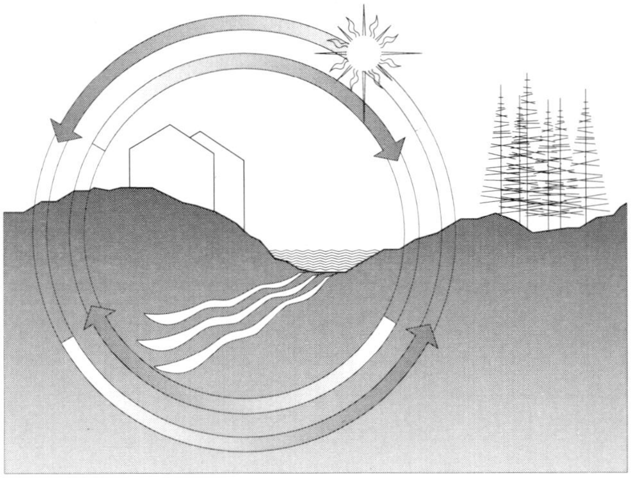

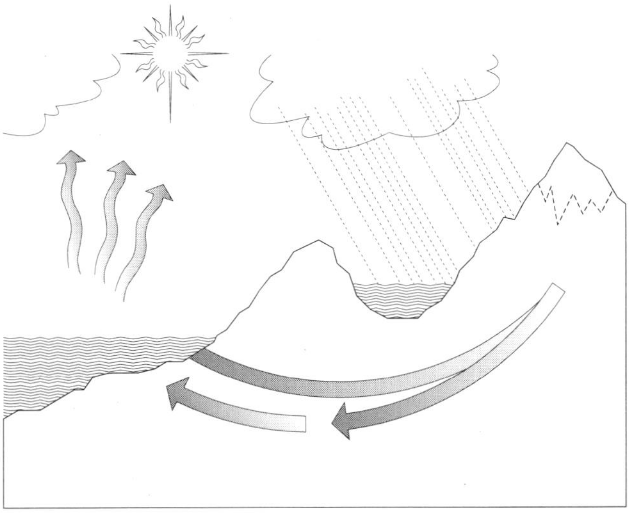

친환경 건물의 목표

친환경건물의 계획과 설계를 촉발시키는 많은 목표들이 있다.

아마도 가장 폭 넓게 알려진 목표는 환경적인 영향을 낮추는 것이다.

- 에너지 보존, GHG배출 절감, 재삼림화와 습지보존 등과 같은 생태경로를 통한 탄소제거 등을 통해 지구온난화의 완화
- 석탄, 천연가스, 석유, 오일 누출, 석탄채굴 잔유물 적재, 천연가스 채굴을 위한 수자원 오염 등 자원 추출에 의한 환경영향의 최소화
- 공기, 물, 토양의 오염원 절감
- 수자원의 청정 보존
- 야간 생태시스템 붕괴에 따른 조명공해 절감
- 멸종 및 보호 종에 대한 특별한 관심으로 자연생물과 생물다양성 보존
- 비경작성 활용을 위한 농장의 불필요하고 변경 불가한 개조 방지
- 지표층 보호와 홍수영향 약화
- 토양절삭 절감
- 방사능 오염 위험성 절감

1.09 보존, 오염원 축소, 물과 천연자원 그리고 생태계의 보호 등을 통한 환경수준 저하의 완화

인간 건강과 안락함의 개선을 위한 방안의 제시 등을 포함한 친환경의 목표,

· 실내공기의 질 개선
· 실내 수질 개선
· 열적 안락성 증가
· 소음 공해 절감
· 나쁜 분위기 개선

몇몇 목표는 자연에서 경제성을 고려:

· 에너지 비용 절감
· 생산성 개선 · 친환경 관련 직업 창출
· 마케팅 증대 · 공공적 관련성 개선

몇몇 목표는 자연에서 정치적인 면을 고려:

· 수입자원 의존도 저하
· 국가경쟁력 강화
· 석유, 석탄, 천연가스 등 재생불가 연료의 감소 고려
· 전력 충전과 전력누출 위험성 절감

1.10 환경적, 경제적 건강성의 개선

몇몇 사람들은 사회적, 사회공동체적 목표를 포함한 친환경 건축의 목표 확대:

· 공평한 노동 훈련
· 장애자를 위한 접근성 고려
· 소비자 보호
· 공원녹지 보호
· 역사적 구조물 보존
· 경제적인 주거 공급

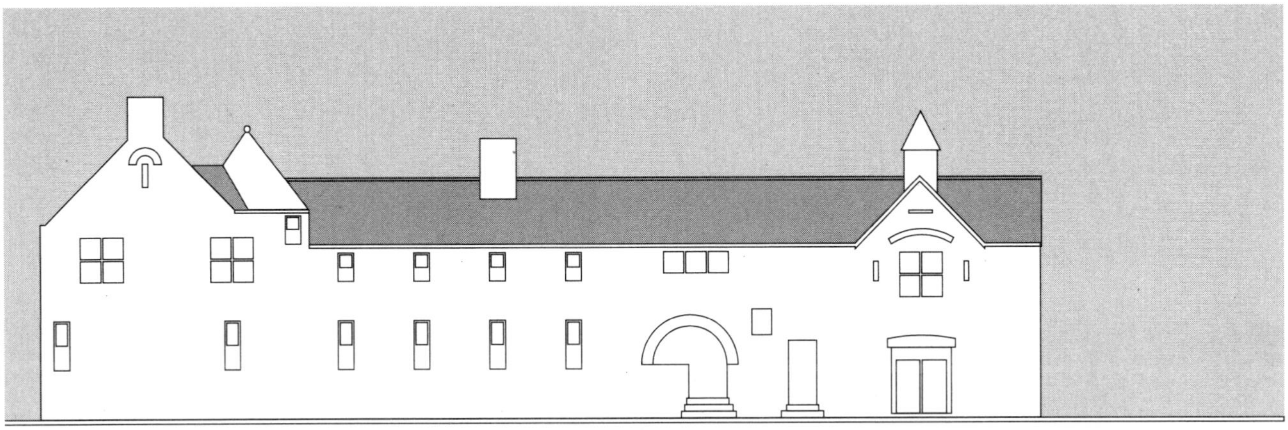

1.11 사회적, 사회공동체적 목표의 설정

그리고 몇 개의 목표는 인간의 정신건강상 특별한 요구조건을 반영한다.

· 지구와 자연에 대한 애정과 깊은 연계성 표현
· 자기 신뢰감
· 미적인 문제의 만족

몇몇 목표는 명확하게 설명되지 않고 위상이나 특권과 같은 상류층의 요구조건을 덜 받아들이는 것으로 표현된다.

정해진 목표가 얼마나 조직화 될 것인지에 상관없이, 거기에는 목표가 무엇이고 그에 대한 우선권이 어떤 것이 있는지에 대해 현재 수행되고 있는 유용한 논의가 있다. 대부분의 사례들은, 친환경건물의 시공이 조화로운 방식으로 하나 또는 그 이상의 목표들을 뒷받침한다는 것을 보여준다. 그러나, 다른 사례에서는, 두 가지 또는 그 이상의 목표들 간 갈등이 유발되고, 이 갈등간의 화해를 통해 인간으로써 우리에게 중요한 것이 무엇인가를 확실하게 구분해서 알려준다.

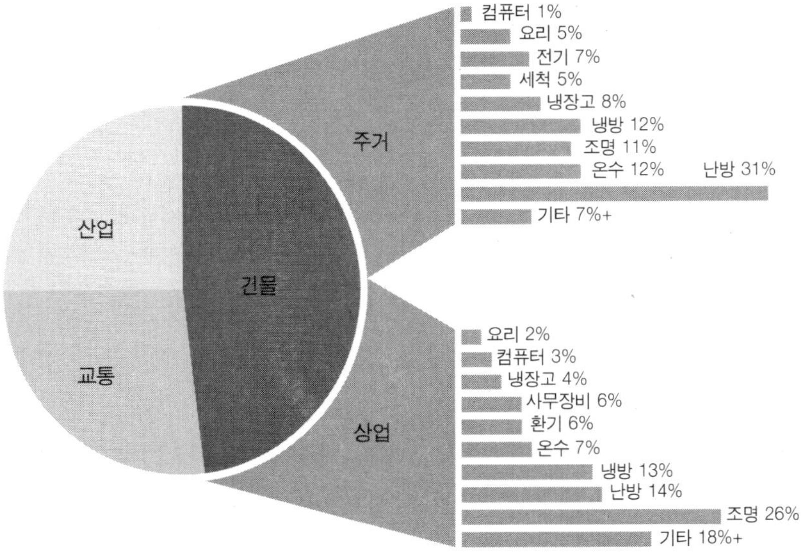

1.12 미국(DOE)에서 에너지 소비. 에너지 소비와 관련 탄소배출 절감은 우리가 계획하고, 설계하고 시공하는 방식에서 매우 중요한 부분임을 보여줌

기후변화의 지속에 대한 과학자들 사이의 거의 일치된 의견에 따르면, 동식물의 범주가 변화하고, 저지대에서는 홍수가 더욱 빈번해지고, 극지방 빙하가 줄어드는 것과 같이 그 진행과정 하에서 영향을 받고 있으며, 친환경 건축 분야에서의 주요한 중심과제는 에너지 소비와 관련 탄소배출의 절감에 있게 될 것이다.

친환경건축으로의 접근방식

친환경건축 설계와 시공에서, 종종 상식적인 접근방식을 사용하기도 한다. 상이한 기술과 전략을 가지고 에너지와 물의 효율성을 상호 교류하는 대부분의 경우에는 쉽게 양적성취를 갖게 되고 그래서 지침에 따른 결정을 내릴 수 있게 된다. 위험성 있는 재료들은 잘 알아볼 수 있고 명확하게 되어 있어서 조심하게 된다. 상식이란 복잡한 교류방식을 설명하고, 두 가지의 기술에 대한 고려사항을 알려주고, 여러 선택조건에 직면했을 때와 친환경 설계와 시공에 대해 잘 알지 못하는 경우에 처해서 설계를 제대로 못하게 하는 것 등을 방지한다.

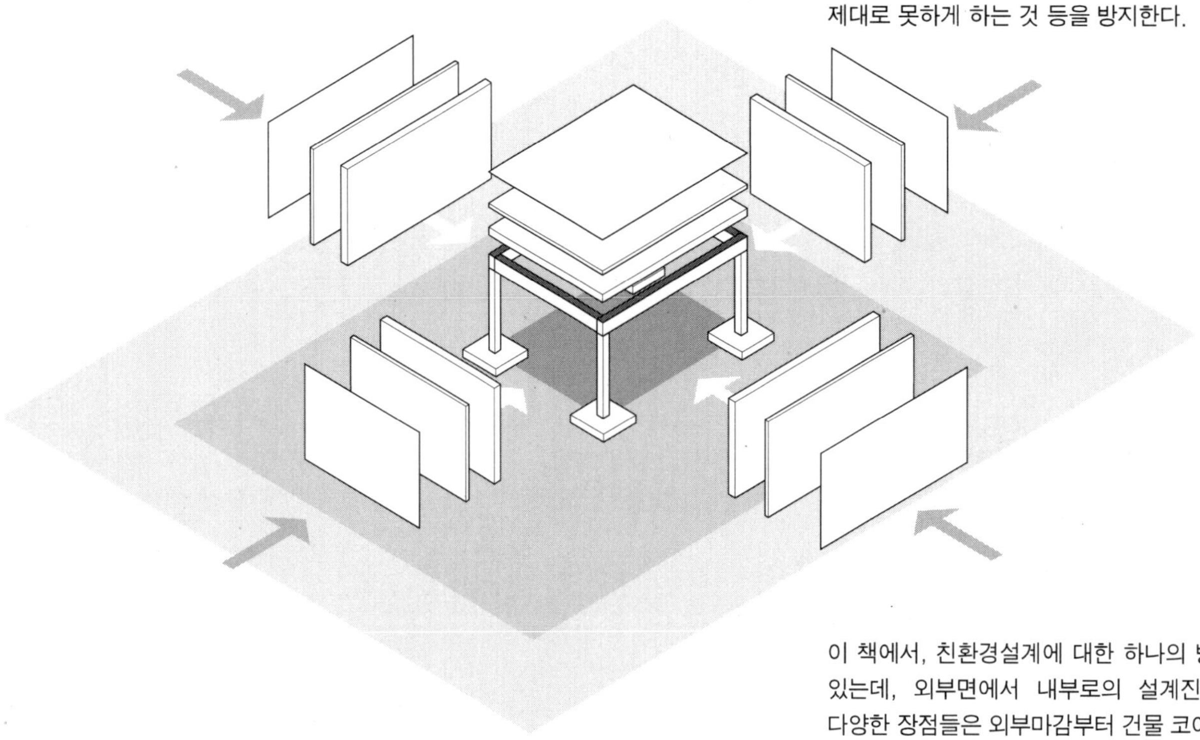

1.13 거주공간에 추가되는 층에 따라 외벽면으로부터 설계 진행

이 책에서, 친환경설계에 대한 하나의 방법을 제안하고 있는데, 외부면에서 내부로의 설계진행이 그것이다. 다양한 장점들은 외부마감부터 건물 코어에 이르기까지, 건물이 입지한 대지주변으로부터 건축물에 이르기까지 설계에 의해 실현될 수 있다. 거주의 층을 추가하고 이러한 각 층이 통합과 연속성을 갖게 해주는 일이 증가함에 따라서, 다양한 에너지 부하가 지속적으로 감소하게 된다. 그렇게 하는 데에 있어서, 친환경건물 개선방안들이 축적되면 실질적으로 시공비를 절감하게 하고, 에너지와 물, 자재의 사용량을 줄일 뿐 아니라 시공에도 경제성을 제고하는 건물이 가능하게 된다.

눈에 띠는 존재로서 건물은, 근래에 건물과학으로 개발된 것으로서, 이 책에서는 어떤 특별한 규정과 기준 또는 지침을 가진 독특한 요구조건에 따르기보다는 친환경건축에 대한 디자인 전략에 중점이 두어져 있다. 그러나, 그 원칙과 접근방식에서 나타나 있는 것은 기존의 규정과 기준 및 지침에 대한 조건이 적용하기에 매우 충분하다거나 과도한 경향이 있다는 것과, 목재틀로 시공된 주택이나 강철과 콘크리트로 된 고층구조물 등 모든 종류의 건물에 도 적용될 수 있다는 점이다.

친환경건축 설계에 관한 다양한 기준은 일반적으로 외부에서 내부로의 설계에 따라 제안된 접근방식과 일치한다. 그러나, 많은 기존의 친환경 기준은 가상으로 기술된 건물과 비교해서 에너지 절약수준을 산정하거나 또는 각 층별 에너지 사용과 원래 설계된 건물형태를 적용하는 데에 중점을 두고 산정된다. 친환경건축 기준은 바닥면적이나 건물자체의 형태는 고려하지 않는 경향이 있다. 외부에서 내부로의 설계에서는, 바닥면적과 건물형태 등 모든 점이 고려대상이 된다.

친환경건축에 대한 접근방식은 특별한 설계를 이끌어내게 되고, 단열시공의 개선(단열로 벽두께가 증가하고, 밀실한 시공, 에너지효율 강화 창문, 고효율 난방 등)에 투자하게 하며 아마도 10%, 20%, 30% 정도 에너지 사용량을 줄이는 건물을 목표로 하게 된다. 이 방식이 충분히 유효한 것이 되면, 그것은 상호보완적 방식을 강화하는 것이 될 것이며, 동일한 인간의 요구에 대응하는 상이한 종류의 건물보다는 아직 개선되지 않은 전통적인 건물을 설계하기 위한 것이다. 그 목적은 에너지 사용을 현저히 절감하는 일이거나 전체적으로 경제성의 관점에서 넷 제로 에너지를 선호하는 것이다.

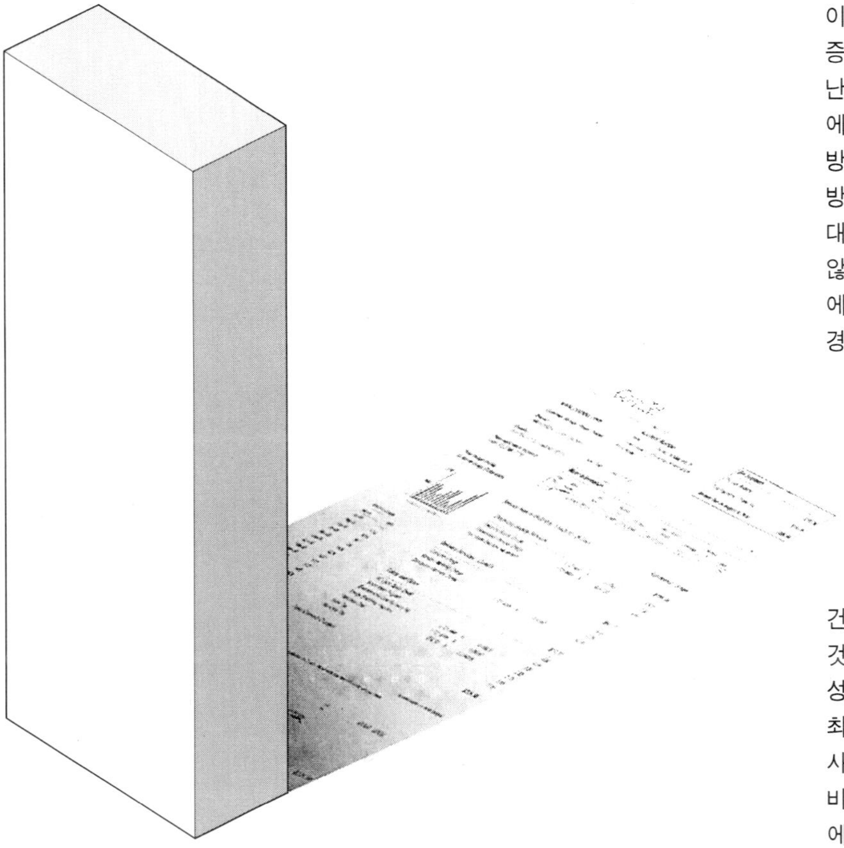

1.14 공공요금청구서를 통해 건물의 에너지 사용량을 추정할 수 있음

건축물이란 그 요금청구서상 친환경성의 결과를 남기는 것이며, 여기서 결과란 다가올 수십 년 동안 지속될 성과가 집약된 것을 말한다. 건물은 이 결과로 판정되며, 최근 수년간의 온라인 데이터베이스에는 각 건물에서 사용되는 에너지와 건물 간의 폭넓은 에너지 사용량 비교를 통해 만들어진 것이다. 역사의 심판은 이미 에너지를 낭비하고, 특히 친환경성을 강조하는 건물에 더 많은 비중을 두고 시작되었다. 희망적인 소식은 설계와 에너지효율건물을 만드는 수단들이 많아졌다는 것이다. 도전과제는 그 적용에 있다.

건축 형태와 기능에 있어, 건물설계의 새로운 차원은 존재 그 자체인 성능에 있다. 거주자의 요구에 덧붙여서 시선, 마음, 정신에 공감하게 되면, 건물은 지금부터 잘 만들어져야 하고, 건강증진을 위해 안락함을 높이고 컨디션 상태를 개선하는 한편, 시간이 지남에 따라 지속성을 가져야 하며, 에너지와 자원의 사용을 줄여야 한다. 한편으로는, 일련의 규제가 설계에 일부를 차지하고 있다는 점이다. 다시 말해서, 기회는 더 높은 수준과 더 좋은 일을 마무리하기 위해 존재하는 것이고 낭비적이고 건강에 해로운 건물을 피하도록 하는 것이다.

독자는 가능한 한 환경에의 영향을 가볍게 하고 현재보다 에너지, 물, 자재의 사용을 현저히 줄여진 건물에 대한 조항들을 검토, 확인하는 일에 합류하기 위해 초대되었다. 현재의 건물보다 훨씬 안락하고 인간의 건강에 훨씬 도움을 주는 반면, 시공비가 덜 드는 건물에 대한 항목들도 검토하게 된다. 우리 인간의 공동체와 자연계가 보다 강력하게 통합되도록 하는 점도 검토 대상이다. 우리가 자부심을 갖게 하는 건물로서 확신을 가질 수 있는지 여부도 포함된다.

그리고 그때 이러한 목적달성의 내용들을 당당하게 널리 보급하게 되는 것이다.

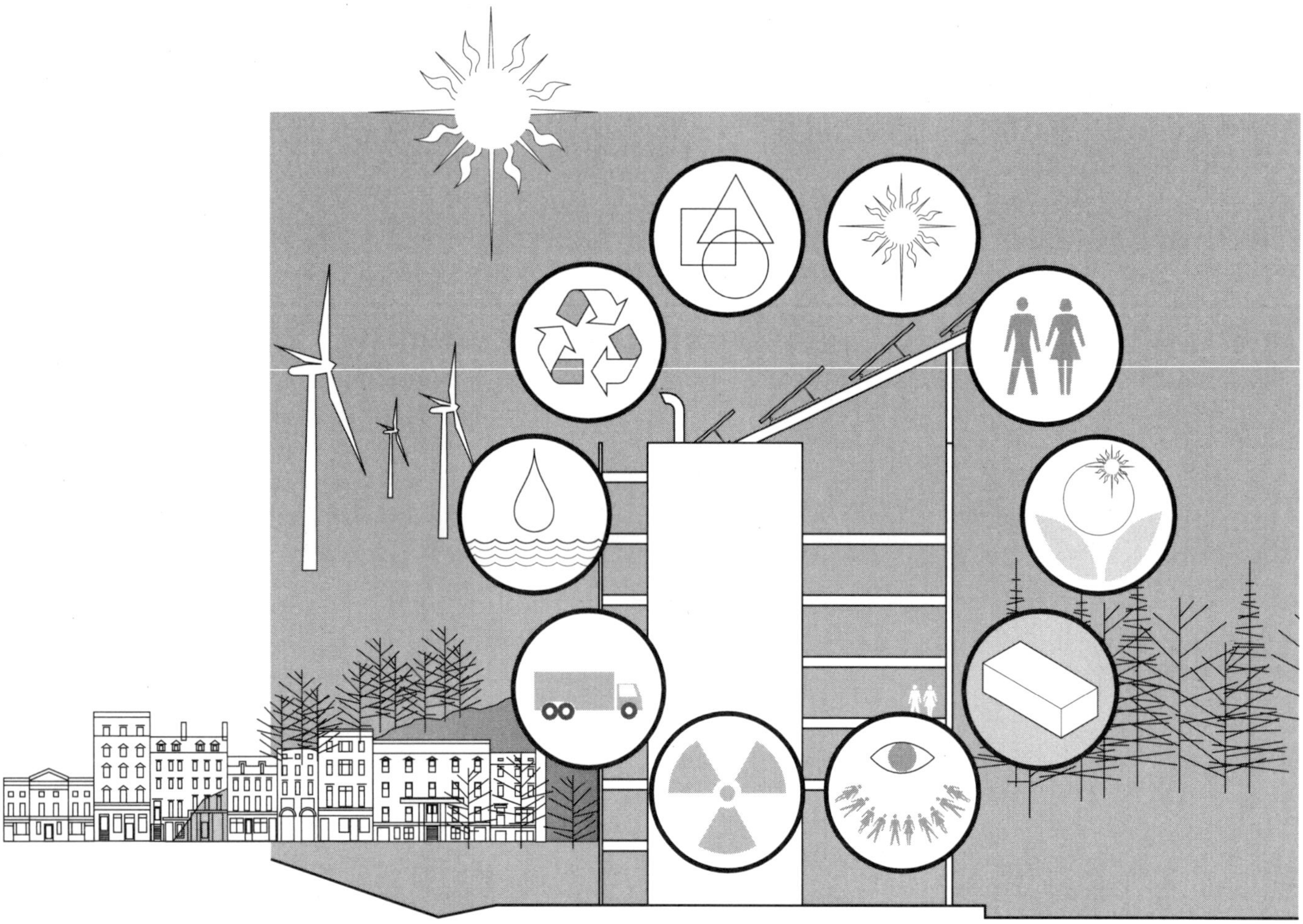

2
첫 번째 원칙들

친환경 건축물이란? 서문에서 자연환경에 대한 건물의 영향을 조사했고, 에너지와 물의 사용량을 줄일 뿐 아니라 시공에 사용되는 자재와 자원의 양을 절감할 수 있도록 해서 이러한 영향을 감소시킨 건물사례를 검토하였다. 자연환경에서 그 영향을 감소시키는 것이 친환경건축의 주요 목표가 된다.

건축물을 친환경적으로 만들기 위해서는 어떤 다른 것이 있을까? 친환경건축물과 여러 가지의 친환경건축 규정과 기준에 대한 논의를 통해, 우리는 자연환경에서 건물의 영향을 줄이는 데에 직접 기여하지는 않는 몇 가지의 내용까지 폭넓게 받아들일 수 있는 목표를 찾아볼 필요가 있다. 이에는 실내공기의 질을 향상시키고, 건물 내,외부로 부터의 경관을 제공해 주며, 열환경 상의 쾌적함을 강화시켜 주는 등의 목표를 포함하고 있다. 그리고 인체 건강에 도움이 되는 실내환경 디자인도 포함시키기는 등 친환경건축의 정의의 폭을 확대시켜야 할 것이다.

다음 업무의 정의를 시작해 보면, 친환경건축은 자연환경에의 영향을 실질적으로 줄이고 인간의 건강에 연계된 실내환경을 제공하는 것이라고 할 수 있다.

그러나, 여기서 다른 의문이 즉각 제기된다. 우리가 "자연환경에의 영향을 실질적으로 감소시키는 것"이라고 할 때, 필요한 감소의 양은 어느 정도인가? 그리고 감소해야 하는 양을 알기 위해서, 건물의 친환경성을 측정할 수 있는 어떤 방법이 있는가? 있다면 그것에 대해 무었을 측정할 것인가? 우리는 현재 통용되는 코드와 기준에 따라 동일한 크기와 형태의 가설건물에 대한 상대평가 방식의 측정을 시행하는 것인가? 아니면 유사한 종류의 다른 건물에 대해 측정하는 것인가?

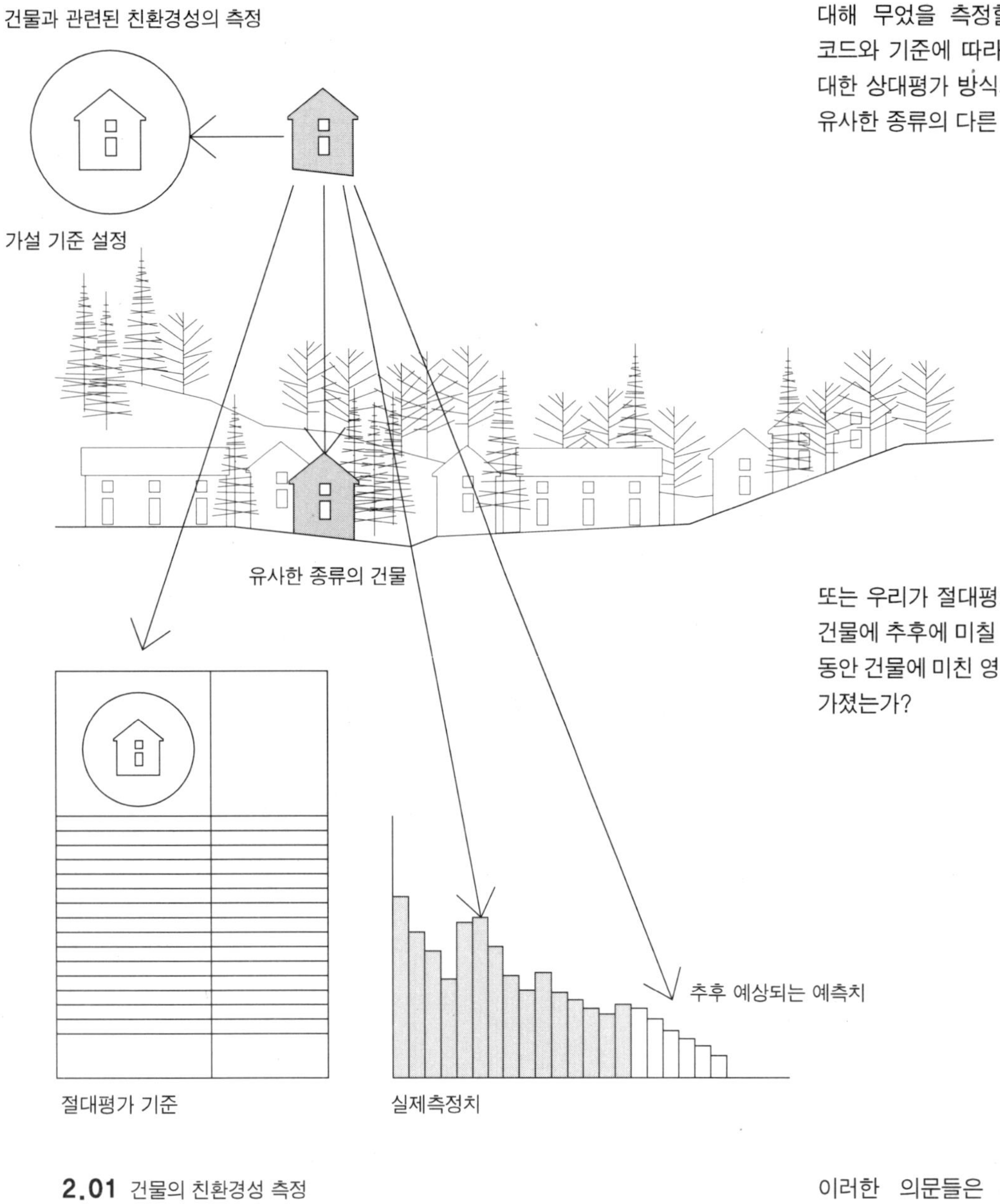

2.01 건물의 친환경성 측정

또는 우리가 절대평가 기준에 따라 측정하는가? 그리고 건물에 추후에 미칠 영향에 대한 예측과, 과거 어느 기간 동안 건물에 미친 영향에 기반한 실제적인 평가에 관심을 가졌는가?

이러한 의문들은 친환경 건축의 공동체가 활발히 경쟁하고 있다는 점에서 좋은 일이다. 그리고 우리의 독특한 인간적인 방식 -논쟁과 대화로 가득 찬- 을 통해서 우리가 느리지만 꾸준하게 답을 해 온 질문들이다.

친환경성의 상대평가와 절대평가

"어떤 기준선을 우리가 사용해야 할 것인가?"라고 하는 질문에 대해서는, 어떤 친환경적 특징을 갖지 않고 설계되고 시공되어진 동일한 규모와 형태를 가진 가설건물과 친환경건물로 제안된 건물과의 비교를 통해 많은 것을 얻게 될 수 있다. 친환경건축 설계에 대한 이러한 상대적 접근방식을 우리에게 질의해라. 여기에서의 목표는 가상의 "친환경적 요소를 갖추지 않은 동일한 건축물"과 비교해서, 환경에 대한 영향을 실질적으로 감소시키고 그래서 인체 건강이 실질적으로 증진되는 것을 말한다. 그러나 중요한 논점은, 건물 단위면적 당 에너지와 물 사용의 특별한 목표를 갖는 것과 같이, 또는 심지어 건물에서 에너지와 물을 전혀 사용하지 않은 것과 같은, 환경의 영향과 건강 증진의 정도에 대한 절대적 측정치를 조사할 수 있을지 여부에 관한 점이 대두된다.

에너지와 물의 영역에서, 앞으로의 사용을 예측하는 것은 대단히 가치 있는 일이고 많은 결정과 기준에 도움이 될 것이다. 동의를 얻기 위해서는, 예측치에만 의존하기 보다는 적극적으로 보존정도를 알려주기 위해서 실제 에너지와 물의 사용에 대한 것도 측정치가 역시 이루어져야 한다는 점 또한 인식시켜야 한다.

재료의 보존과 실내환경의 질과 같은 다른 부분에서는 에너지와 물 소비 보다 정의를 내리고 측정하는 것이 좀 더 어렵다. 그러나 그럼에도 불구하고 이러한 목표들을 달성하기 위한 과정에서 목표를 정하고 측정하기 위해서는 어떤 친환경적 조건을 만들어야 하는 가에 대한 일치된 결과를 만들기 위해서 앞으로 나아가야 한다.

"어떤 것이 친환경건축물인가?"라는 질문에 대한 답은 자연환경에 대한 영향이 어느 정도까지 허용되는가, 인체의 건강에서 요구되는 수준은 어느 정도인가 등에 대한 기준이 있는 한 계속해서 변하고 진화하게 되어 있다. 실제로, 친환경 건축을 효과적으로 설계하고 시공하기 위해서는 항상 "무엇이 친환경 건축인가?"에 대해 반복해서 질문하고, 그 질문에 대해 일치된 의견을 바탕으로 한 답변을 계속해서 모색해 가는 것을 의미하는 것이다.

건물을 설계하고 시공하는 사업은 많은 어려움이 있다. 단일 건물의 완성을 위해서도 기획, 형태, 질적 내용, 예산, 공정, 법규 및 제도 등을 평가하는 과정에서 수백, 수천가지의 결정이 필요하다. 친환경건물은 완성하기 위해서는 규제사항과 종종 수행하기 어려운 목표와 같은 한층 많은 난관이 있다. 완성도 있는 친환경건물을 설계하고 시공하는 것은, 거주자의 요구에 잘 부응하고 환경에 해를 끼치지 않아 인체 건강에 좋은 영향을 주며, 건축주의 예산에 맞추는 것 등 아주 어려운 과정이라고 할 수 있다. 여러 원칙에 관한 지침은 때때로 이와 같이 커다란 문제들을 어떻게 해결하는 지에 대한 도움을 줄 수 있다.

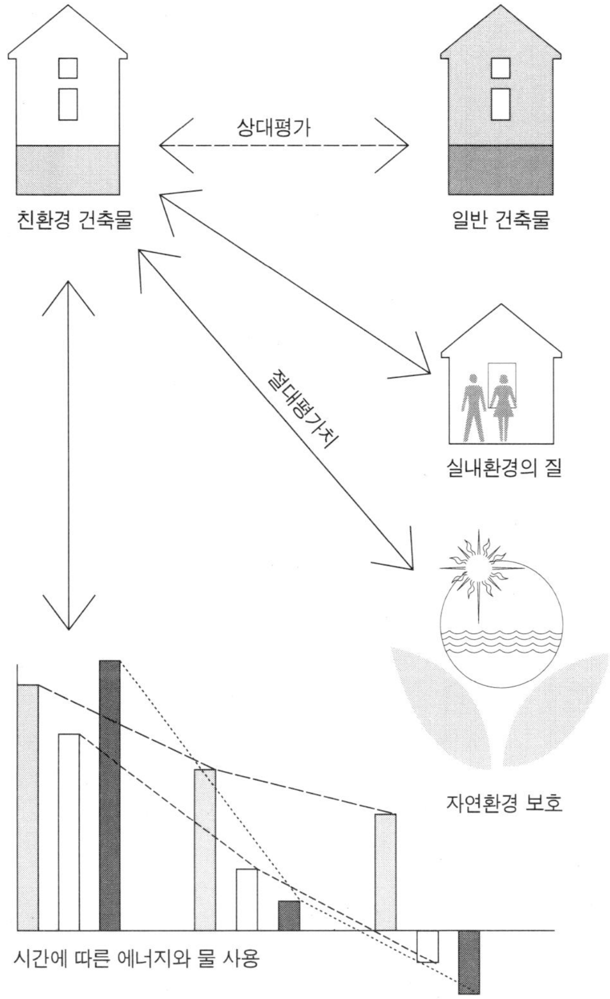

2.02 친환경성의 절대평가 및 상대평가

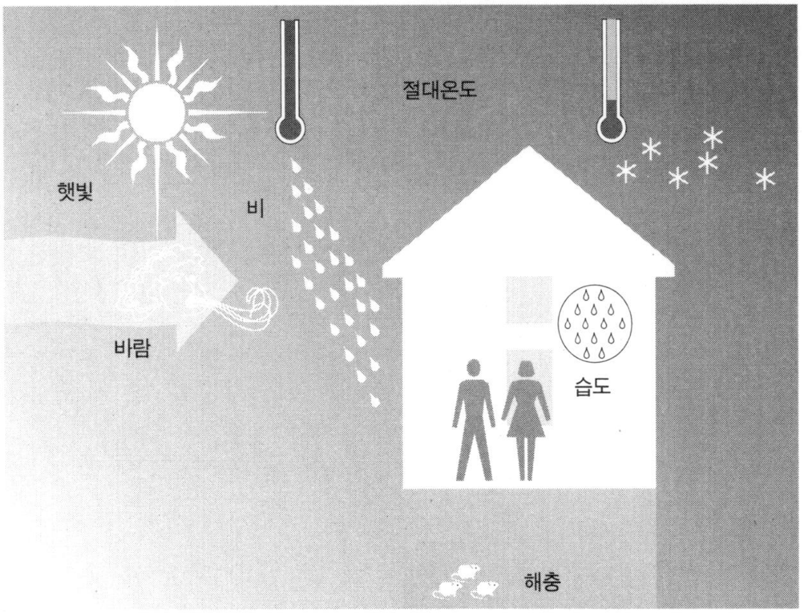

2.03 환경부하의 종류

환경부하와 보호층

건물은 폭 넓고 다양한 외부적 요소로부터 거주자들을 보호해 준다. 그것을 우리는 환경부하이라고 부른다. 이러한 환경부하는 우리의 건물과 일상의 삶에 있는 여러 가지의 스트레스와 압박감을 주는 것을 말한다. 이러한 환경부하 사이의 중요한 점 중 하나가 온도의 양극적 변화인데, 그 이유는 우리가 냉・온의 조건을 가진 건물에 살고 있기 때문이다. 사나운 바람과, 쏟아지는 비, 불타는 태양과 같은 환경으로부터 피난처를 찾는 데에는 이러한 극단적 온도변화 보다 더 중요한 것이 환경부하라고 할 수 있다. 우리는 태양의 자외선으로부터 보호할 방안을 모색하는데, 자외선은 피부암을 일으키고 예술품이나 건축재료 들을 손상시킨다. 어떤 환경부하는 습도와 같은 환경적 영향에 훨씬 예민하게 반응한다. 그것은 인체 건강을 유지하고 여러 사물들을 보존하는 데에 영향을 미친다. 어둠과 같은 환경부하는 단순하기도 하다. 또 곤충, 설치류, 조류 등과 같은 동물처럼 환경부하가 살아 있는 것일 수도 있다. 그리고 어떤 환경부하는 소음, 공기와 빛의 공해와 같이 인간의 활동에 의해 생겨나는 것도 있다.

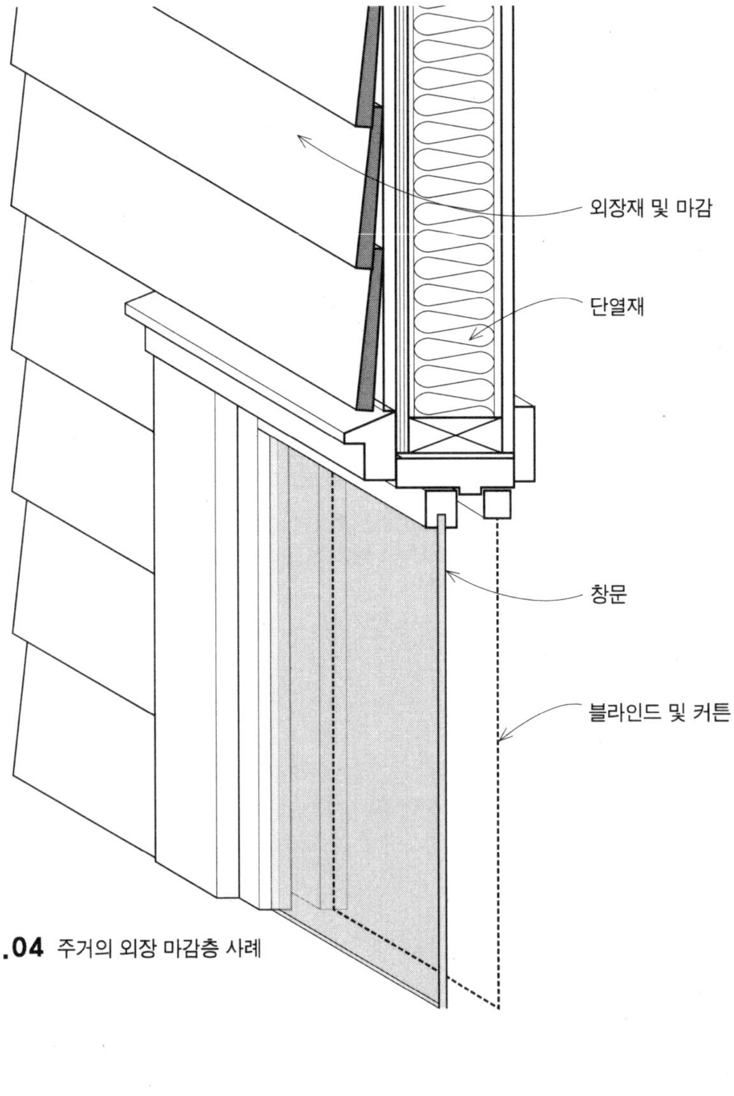

2.04 주거의 외장 마감층 사례

건물이란 우리가 살고, 일하고, 가르치고, 배우며, 사회 활동과 행사를 위해 모일 수 있는 자리가 되기 때문에 중요한 것이다. 우리는 또한 건물의 기본적이고 기능적인 역할은 이 세상의 여러 많은 환경부하로부터 피난처를 제공하기 위한 것이라는 것을 인식하게 된다.

우리는 환경부하로부터 보호하는 건물요소를 보호층이라고 정의한다. 벽에 있는 단열재는 온도상의 양극화로 인한 영향을 완화시켜 주는 하나의 보호층이라고 할 수 있다. 건물에서의 외장재와 마감재는 바람과 비 및 자외선이나 다른 환경부하의 영향으로부터의 방패막이가 되어 주는 보호층이 된다.

여러 보호층은 다른 환경부하들을 여과해서, 요구되는 요소들 중에서 인위적으로 선정하고 목적에 따라 설치한 것이다. 예를 들면, 창문은 온도 영향을 완화시키지만 빛을 받아들이는 것과 같다. 스크린이나 블라인드는 신선한 공기는 허용하나 곤충이 들어오지 못하게 한다.

친환경디자인의 원리는 환경부하로부터의 보호효과를 증진시키기 위해 거주지의 복합층을 활용하는 것이다. 예를 들면, 공기의 유입은 건물의 난방과 냉방 환경부하에 주요한 기여하는 역할을 하게 되는 것으로 알려져 있다. 바람이 숲과 다른 바람막이에 의해 일차로 완화되면, 공기차단벽과 기후차폐층이 바람의 침투 유도를 방지 효과를 더욱 높여 줄 수 있다. 다른 한편에서는, 숲은 하나의 차폐층으로서 효과적인 역할을 한다. 게다가 벽이 틈 없이 잘 조여진 창틀과 매립형 전기콘센트 등으로 밀실하게 되었다면, 유입을 막기 위한 지속적인 역할을 하는 조립된 벽의 층에서처럼 건물로 침투되는 공기를 찾아보기 어렵게 된다.

친환경디자인의 또 하나의 원칙은 건물의 인테리어를 위해 여러 층의 차폐층을 통해 외부로 부터의 작용하는 것이다. 상기 그림의 예에서 보는 것처럼 바람과 공기의 침투를 방어하기 위해 사용될 수 있는 전체의 여러 층을 포함하고 있다.

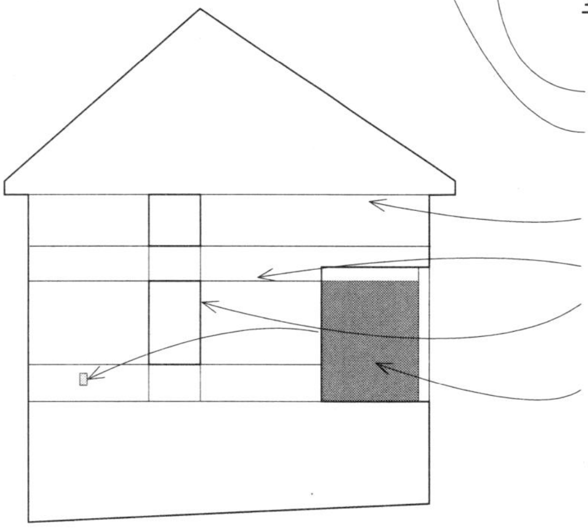

2.05 바람과 공기유입을 막기 위한 차폐 방식

건물에서 먼 곳으로 부터 시작되어 건물 내부를 향해 작용하고 있다는 것은, 어떤 현상을 해결하려고 하는 것보다는 그 근저에 있는 문제를 해결하는 방식이 더 유리하다고 볼 수 있다. 그 현상이 추운 것이라면, 건물에 외풍이 있는 것이고, 그 상황을 해결하는 것은 열을 가하는 것이며, 이는 간단하지만 별로 효과적이지는 않다. 그 근저에 있는 문제를 해결하는 것은 여러 겹의 복합층을 가진 구조적인 접근방식을 통해 바람의 하중을 줄이고 유입을 막아주는 것이다. 이렇게 바깥에서부터 내부로의 접근방식은 건강이란 문제를 다룰 때에는 "약 대신 예방"이라고 하는 의학적 처방과 유사한 방식이라고 할 수 있다.

외부로부터 내부로 작용하고 있는 여러 하중들에 대응하기 위해 건물보호에 사용되는 방식은 다음과 같은 요소를 대상으로 체계적으로 차폐층에 우선순위를 정하는 것이다.

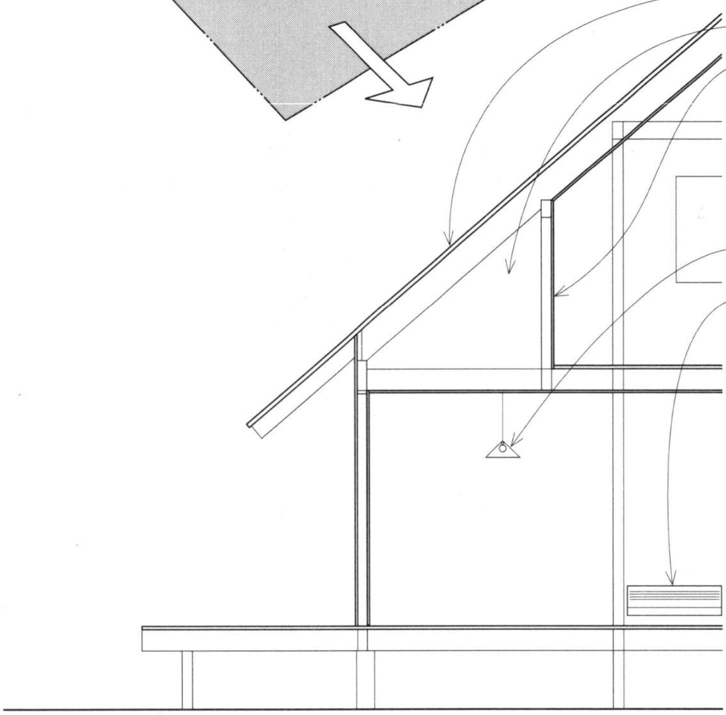

이러한 요소들은 연속적으로 조사분석 된다.

2.06 거주공간 차폐층의 우선순위 정하기

연속성

친환경 디자인의 또 하나의 원리는 강력하고 튼튼한 디자인 뿐 아니라 거주공간 각 층과 경계 간의 연속성을 확보하는 것이다. 건물의 열적 경계에 대한 연속성의 중요도는 근래 들어 널리 인식되게 되었다. 연속성이 깨지거나 불연속적으로 되었을 때는 그 각각의 층과 경계가 약해지게 된다. 대부분의 오래된 건물들은 불연속적으로 되어 있다. 예를 들어, 경사진 지붕을 가진 건물의 다락방 층은 덮개가 없는 벽의 홈, 조명등 주변에 밀실하게 처리되지 않은 틈, 배출 팬, 환기배관, 굴뚝, 다락방 문틈과 같은 그런 불연속적인 부분을 발견할 수 있다.

물리적으로 빈공간이 열적 경계가 손상될 수 있는 유일한 부분은 아니다. 불연속적이란 또한 열교에 의해 만들어질 수 있는 것이고, 그것은 벽, 바닥, 지붕의 연결부에 있는 단열층을 관통하거나 차단하는 전도성을 가진 재료라고 할 수 있다. 예를 들어, 골조 벽에 있는 목재나 금속 스터드는 열이 벽을 통과해서 이동하게 되는 열교의 역할을 한다.

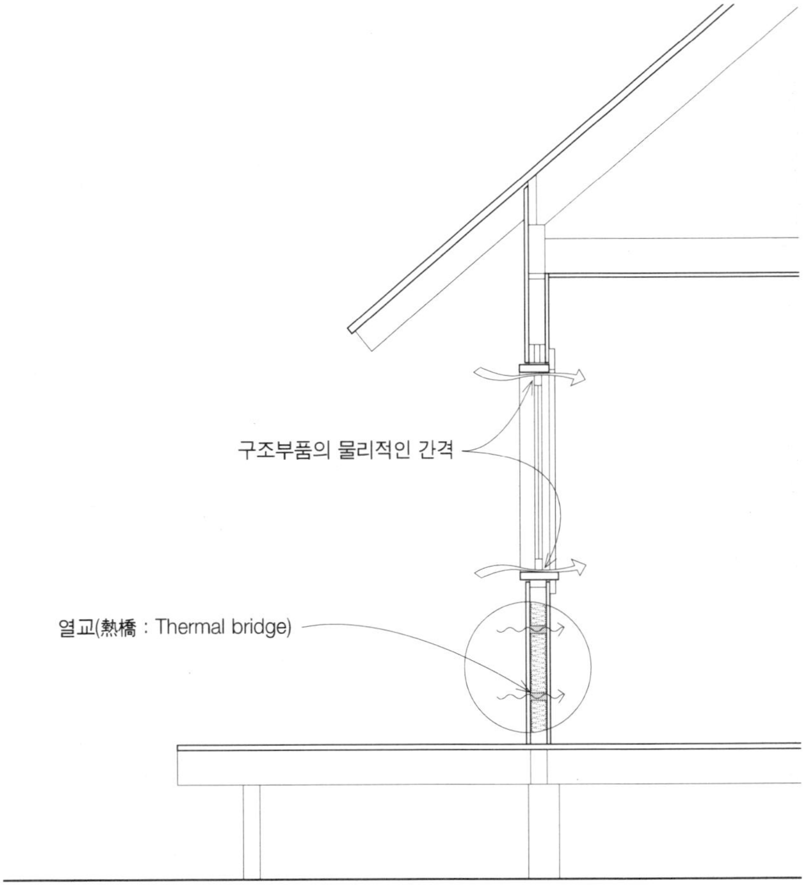

2.07 거주공간의 약한 층은 물리적인 틈이건 열교이건 여러 불연속적 부분 중 하나이다.

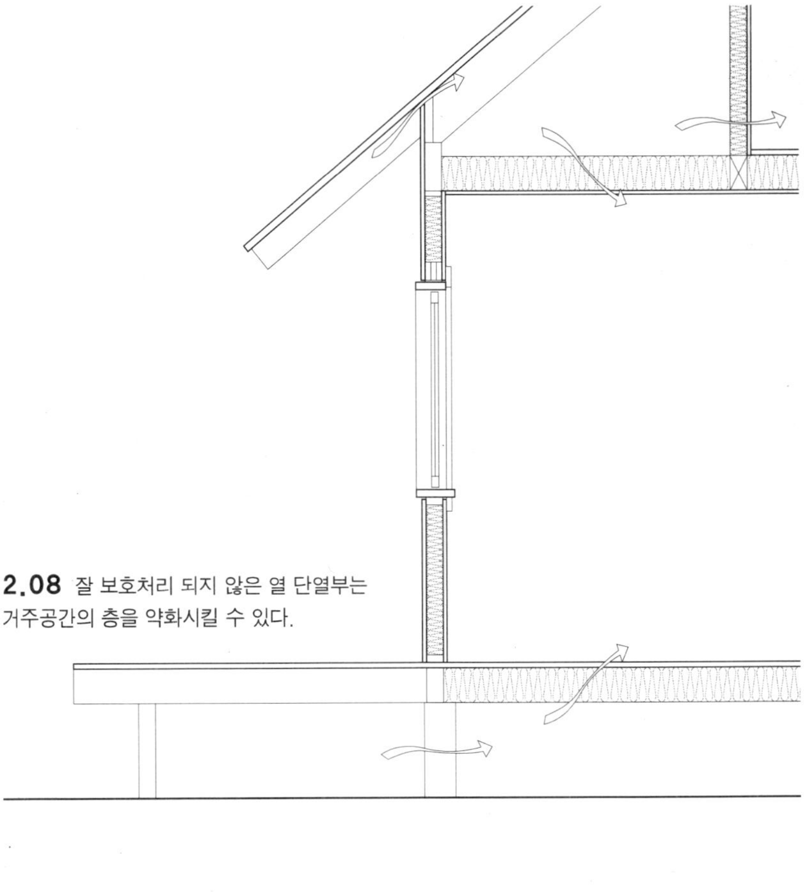

2.08 잘 보호처리 되지 않은 열 단열부는 거주공간의 층을 약화시킬 수 있다.

한쪽 면만 그것도 잘 보호되지 않은 단열층을 가진 벽, 바닥, 지붕 등은 통상 공간의 각 층과 경계를 약화시키게 한다. 그 예로, 지하층 천정이나 저층부 공간은 종종 단열재가 분리되어 있다. 다락방에 있는 낮은 벽은 대개 손상과 박리의 위험을 가지고 있고 게다가 한쪽 면만 단열이 되어있다. 단열재가 자리 잡고 있다 하더라도 공기는 내벽 마감재 주변의 차가운 면에 설치된 단열재 주변으로 쉽게 이동해서 공간의 열을 빼앗아갈 수 있다.

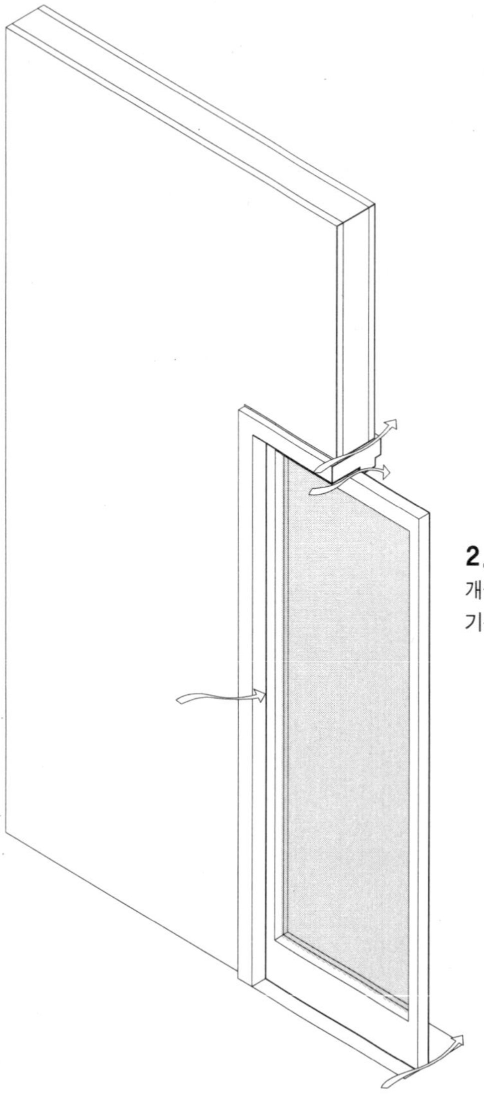

약한 층은 출발점 즉 출입문부터 취약하다. 그곳은 본질적으로 약한 부분인 경우가 대부분이다. 튼튼하지 않은 층 이란 처음에는 강할지 모르지만 시간에 따라 약해지는 것으로 정의한다. 기후보호막과, 도어스윕(문 하부를 플라스틱 등으로 보호된 부분), 방풍보호문 등이 잘 갖추어진, 단열이 잘 된 개구부는 강력한 보호층으로 출발점이 될 수 있을 것이다. 그러나 시간에 따라, 문틀은 변하고 자리 잡게 되며, 도어스윕은 위치변화가 일어날 수 있으며, 문틀 주변의 코킹은 수축되고 크랙이 일어날 수 있다. 또 기후보호막은 압축되고 떨어져 나갈 수 있으며, 방풍문은 스프링이 손상되어 잘 닫히지 않을 수도 있다. 문 고정부품은 본래 튼튼하지는 않고, 그 표면과 째진 틈은 보호층과 마찬가지로 기능이 약화될 수 있다.

2.09 벽이 정상적으로 단단한 층을 가지고 있으면, 개구부의 보호층은 골조의 시스템과 설치방식, 코킹수축, 크랙, 기온변화의 영향 등과 함께 시간에 따라 약해질 수 있다.

2.10 각 세대로의 접근성을 제공해주는 중복도형 아파트와 외부로부터의 개구부를 각각 가지고 있는 타운하우스의 배치를 비교해본다.

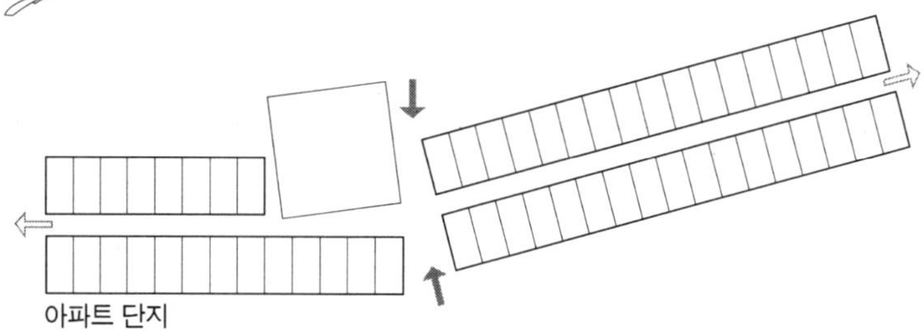

↓ =외부 개구부

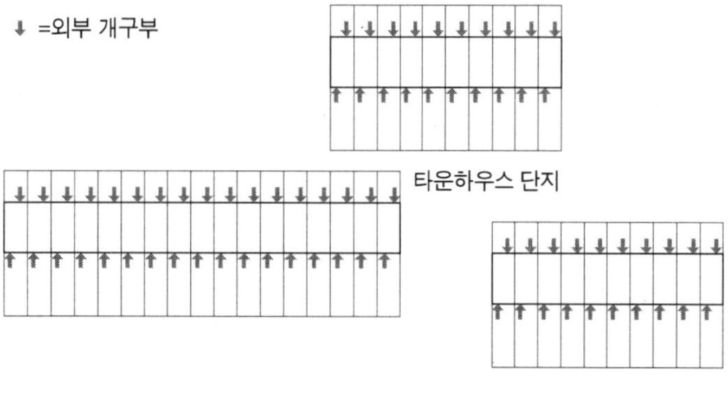

고정된 벽은 더 오랜 시간동안 더 강한 보호층의 역할을 하는 것으로서 출입문 장치보다 항상 더 단단하다. 건물은 분명 문 없이 만들어질 수 없지만, 외부 개구부의 수에 관한 한 더 적을수록 유리하다. 예를 들어, 두 개의 외부 출입문을 가지고 각 세대로 접근할 수 있는 중복도형 아파트는 각 세대에 하나나 두 개의 외부 출입문을 가지고 있는 타운하우스 보다 외부 출입문이 더 적다.

내 · 외 일체형 디자인

친환경 디자인의 또 다른 원칙은 외관으로부터 내부로의 디자인 과정에서 모든 요소들을 검토하는 것과 건물과 주변 환경을 하나의 전체로 보고 내 · 외 일체형 계획을 하는 것이다. 에너지는 여러 방식으로 사용되고 폐기물로 버려진다. 예를 들어, 난방용 에너지는 건물 외부 마감과 분배상의 손실, 난방설비 손실 등을 통해 전달과 침투상의 손실 때문에 필요하게 된다. 이러한 에너지 손실을 상당부분 줄이기 위해서는, 건물이 총체적으로 다루어야 하고 그래서 모든 손실을 최소화해야 한다.

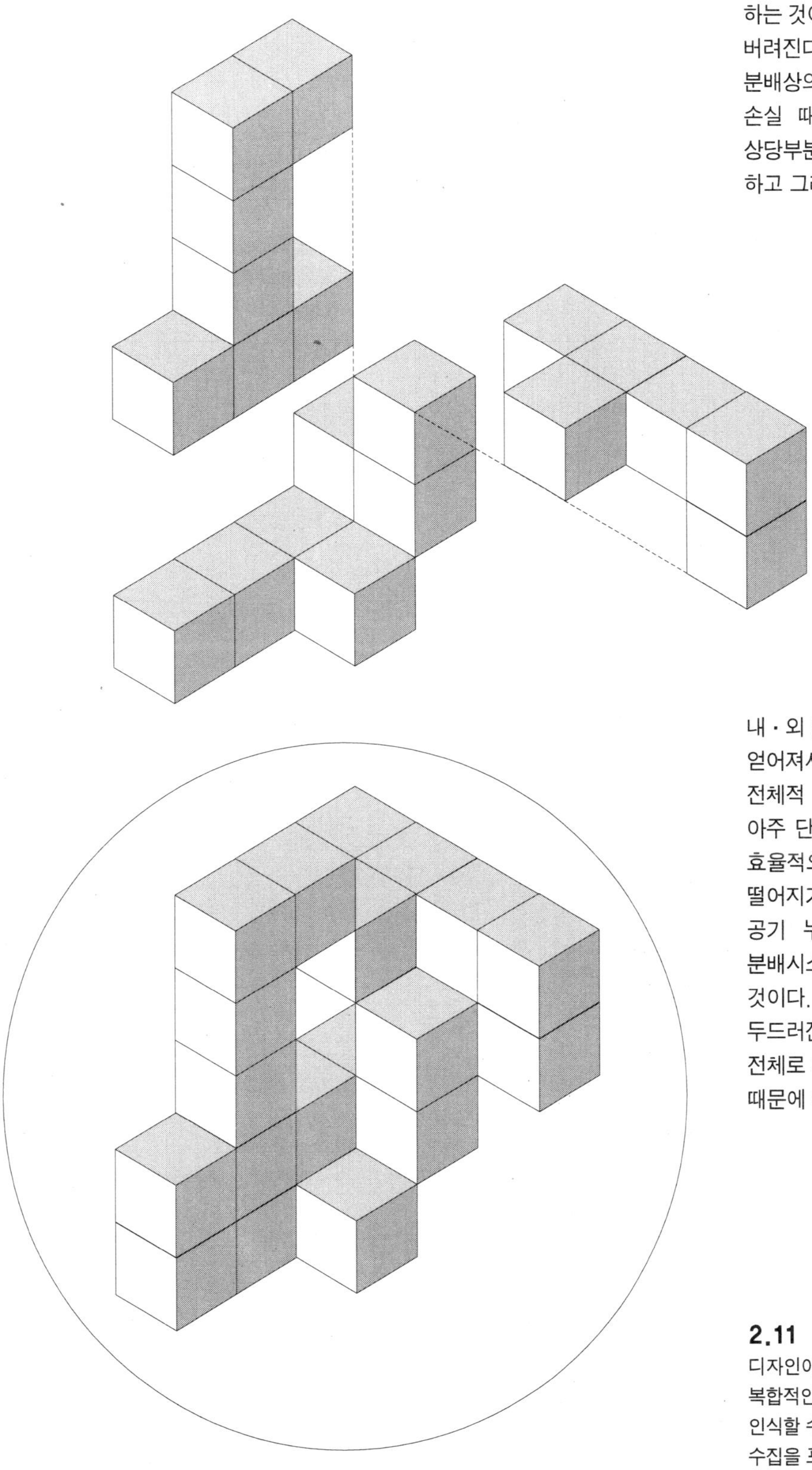

내 · 외 일체형으로 다루어진 건물은 많은 작은 성과들이 얻어져서 하나가 된 것이고, 그 모두는 하나의 총체적인 전체적 성과가 되어야 한다. 12인치(305mm) 두께의 아주 단단한 단열 벽체는 자체적으로는 건물을 에너지 효율적으로 만들 수 없다. 창문의 열차단 성능이 떨어지거나, 다락방 설치물이나 구성요소 등을 통해 공기 누출이 증가하거나, 난방 시스템이 비효율적 분배시스템으로 되어 있다면 효율성을 확보하기 어려울 것이다. 친환경 건물은 아주 빈번하게 각각 하나의 두드러진 친환경 구성요소를 가지고 있지만, 건물을 전체로 다루는 데에 관심을 기울이는 데에는 불충분하기 때문에 여전히 너무 많은 에너지를 사용하고 있다.

2.11 3차원 퍼즐을 해결하는 것처럼, 효과적인 친환경 디자인이란 친환경적이고 저렴한 건물을 완성하기 위한 복합적인 시도를 설명하여, 건축주가 관심을 갖고 충분히 인식할 수 있도록 모든 작은 단계에서 얻어지는 폭 넓은 자료의 수집을 포함하고 있다.

통합 디자인

친환경건축 분야에서 공통의 과제로 부각되는 것은 통합디자인이라고 말하고 있으며, 때때로 디자인을 통합하는 것으로 언급되기도 한다. 통합디자인에 함께 참여하는 구성원은 건축주, 건축가, 엔지니어, 컨설턴트, 입주자와 임대계약자 등으로 프로젝트의 초기 단계부터 하나의 팀으로 서로 협력하게 된다. 이러한 연합 접근방식은 모든 이해관계자 들이 건물의 친환경화에 기여하도록 하고, 중요한 관점과 요구사항들이 설계과정의 초기 단계에서 고려되도록 해주게 된다. 통합디자인은 에너지 교환에 대한 초기 단계의 평가를 높이는 데에 매우 중요한 역할을 함으로써 친환경건축디자인에 아주 중요하게 기여하고 있다.

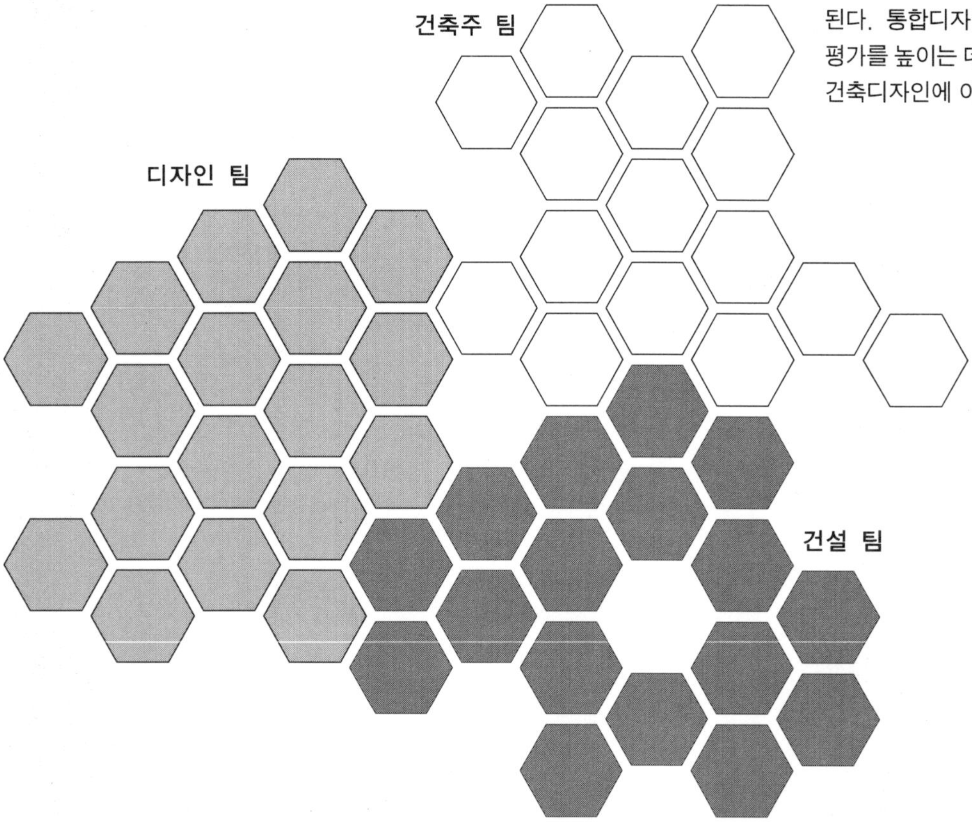

2.12 이 통합디자인 과정은 건축주, 디자인과 시공팀 사이의 연계성과 상호교류에 대한 폭넓은 이해관계를 형성하고 강화하는 것을 포함하고 끌어들이게 한다.

외부에서 내부로의 설계에 있어서, 우선순위에서 뒤로 밀어내기 위해 통상 조명과 냉, 난방 시스템의 배치와 설계사양과 같은 후반부의 설계 단계를 고려하지 않는 경우가 있다. 초기에 통합된 논의가 반드시 필요하다. 이러한 설계상의 문제들이 설계과정의 후반부까지 마무리되지 않은 채로 제출되는 경우는 거의 없다.

우리는 건축주의 목표가 설계 초기 단계에서 명확히 정해지는 것이 얼마나 필요한지를 알게 될 것이다. 공간에서의 온도조절 등과 같은 것들을 포함해서, 얼마나 많은 인원이 건물에 거주하고, 그 시기와 그 외의 여러 가지 등을 가능한 한 최대한 세밀하게 할 필요가 있다. 이러한 초기의 결정 내용은 냉, 난방 시스템 등과 건물 높이, 설비공간의 필요여부 등과 같은 다른 결정사항에 영향을 미치게 된다. 통합디자인은 상식적인 내용을 만드는 것이다. 이는 모든 구성요소들이 복잡한 설계요소들을 독립된 요소가 되는 것이 아니라 함께 작용하도록 하는 것이다.

구입능력

건물과 주거의 구입능력은 항상 건물의 설계와 시공에서 중심적인 역할을 해왔다. 건축물은 사회에서 가장 거대한 자본재 중의 하나라고 할 수 있다. 주택구입능력은 서민을 위한 거주지를 제공해주는 사회의 능력을 말해준다. 주거를 소유한다는 것은 꿈을 실현하는 것과 다를 바가 없다. 그런데 중요한 것은 건설에 소요되는 자본의 마련이다. 통상 이 자금은 가지고 있는 것으로 해결하기 어려운 경우가 대부분이므로 특별한 종류의 대출이나 모기지 등을 통해 수십 년에 걸쳐 갚아나가는 방식이 활용된다.

친환경 설계와 시공을 위해, 소요자금이 어떤 것은 장애가 어떤 점은 기회가 되기도 한다. 통상적인 면에서는 친환경 건축물이 결과적으로 비용이 더 들고, 이 추가 비용을 감당할 수 있는 사람에게만 가능하게 된다. 이 점이 친환경 건축의 가장 큰 장애물이라 할 수 있다.

여기서 부각시켜야 할 점은 이 비용에서 친환경 건축의 상대적으로 낮은 운영비용이 기대수명을 넘어선다는 점을 고려해서 생존주기를 기반으로 분석될 필요가 있다는 점이다. 친환경 건축의 에너지 비용은 대개 전통적인 건설비용에 비해 낮다. 지열(地熱) 냉난방 같은 어떤 친환경적 활용은 또한 전통적인 방식에 비해 유지관리 비용을 줄이게 된다는 점이 검토되어야 한다. 실내공기의 질과 열 및 시각적 쾌적함이 개선됨에 따라 친환경 건축에서의 생산성이 높아진다는 사례가 또 만들어지고 있다. 이는 시간이 지남에 따라 초기에 투입된 비용을 상쇄할 만큼의 비용효과가 나타난 결과이다.

친환경 전략을 면밀히 검토해보면 실제 에너지 비용과 건설비용이 다 낮아질 수 있다는 점에서 다양한 개선효과가 나타나고 있다. 예를 들어, 천정고가 쓸데없이 높지 않다면 재료와 건설비가 줄어들게 되고, 조명기기는 소요 조도만큼, 냉난방 설비도 소요량이 줄어든다.

친환경 설계와 시공은 가격이 고정적이지 않다. 그래서 비용절감과 추가 건설비용, 비용절감과 운영비 증가 등에 대한 정직하고 정확한 평가가 불가피하며, 그 결과로 비용효과의 영향이 실제적이고 실감할 수 있게 인식되어야 한다. 친환경 건축이 혁신적인 사람들과 얼리어답터 들에게 영향을 주고, 비용이 친환경건축을 방해하고 있는 것이 아니라는 점을 알게 해 준다면, 구입능력이란 설계를 논의함에 앞서 가장 많이 거론되어야 할 것이다.

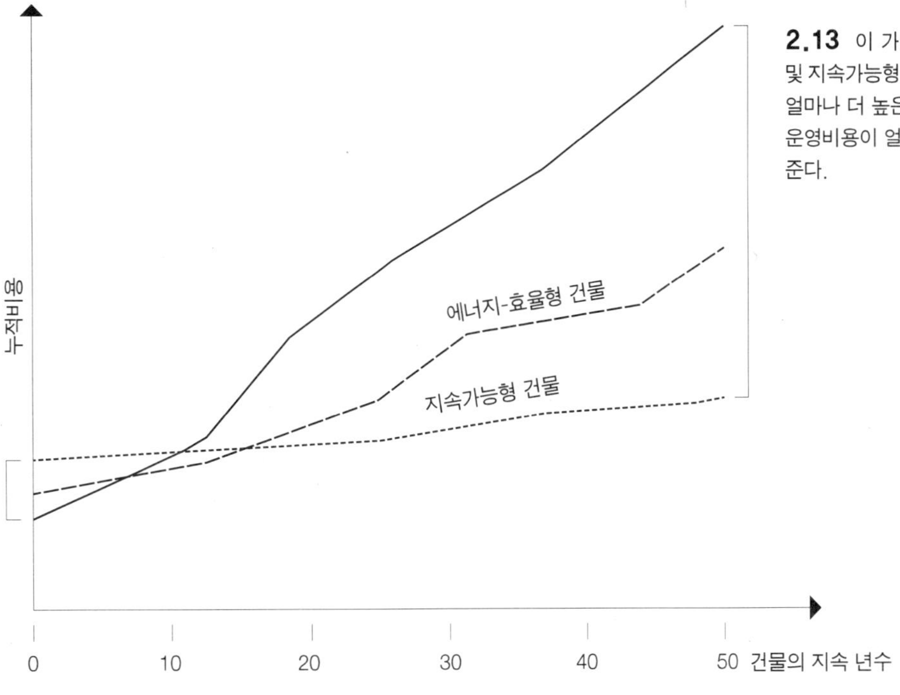

2.13 이 가설 도표는 에너지효율형 및 지속가능형 건물의 초기 건설비용이 얼마나 더 높은지, 시간이 지남에 따라 운영비용이 얼마나 절약되는지를 보여준다.

에너지 모형

건물 디자이너가 정의한 것처럼, 계획된 건물의 에너지 모형을 활용하여 변환여부를 검토하는 것은 비교적 용이하다. 벽과 창 디자인, 건물형태, 난방시스템의 선정 등과 그 외 기본계획의 특징적인 요소를 변환시키는 데에는 하루도 채 걸리지 않는다. 더욱 진보된 에너지 모델을 가지고 주간조명이나 에너지 조절과 같은 시스템을 상세한 부분까지 변환시키는 것을 검토할 수 있다. 이의 준비와 해석에 더욱 많은 시간이 소요되지만, 장차 에너지 비용과 건물의 수명을 비교해 보면 여전히 가치 있는 일임을 알 수 있다. 에너지 효율을 달성하기 위해 건물 디자인을 재정리하는 데에 더 이상 심사숙고할 필요가 없는 것이다. 따라서 에너지 모델 작업은 친환경 건축디자인의 필수단계로 고려되어야 한다.

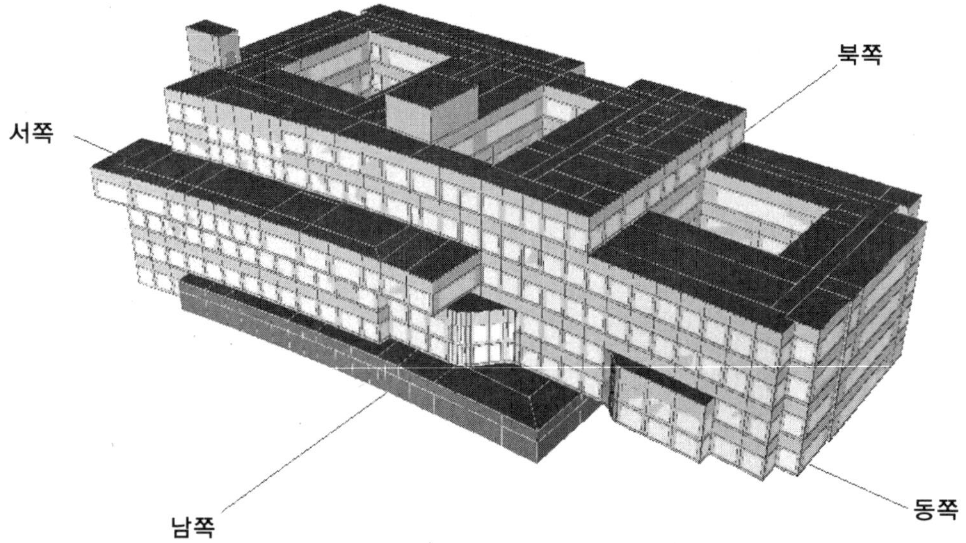

2.14 이 건물은 Stantec 건축설계회사에서 설계한 워싱턴주 시애틀시에 위치한 VA 정신건강연구소이다. 에너지 모델작업은 벽과 다른 건물 마감의 재료를 포함해서, 크기, 형상, 건물의 방위 등과 건물이 어떻게 사용되고 무엇이 채워지는지 그리고 지역의 미기후와 건물시스템의 운용과 시간에 따른 에너지의 사용정도 등과 같은 수많은 열(熱)적 구성요소들을 컴퓨터 소프트웨어를 통해 분석된 것이다.

3
규정, 기준 지침 (가이드라인)

친환경 건축물의 다양한 규정, 기준, 가이드라인이 근래 수년 동안 많이 개발 되었다. 이 각각은 환경과 인간의 건강을 보호하기 위해 대단히 중요한 이행약속을 반영한 것이라 할 수 있다. 각각은 그 관점과 가치 측면에서 약간 차이가 있다. 또 그 각각은 친환경 건축이 진보해 가는 데에 유도해 준다. 그리고 어떤 면에서는 아마 우리 인간 모두와 마찬가지로, 불완전한 존재라고 할 수 있다.

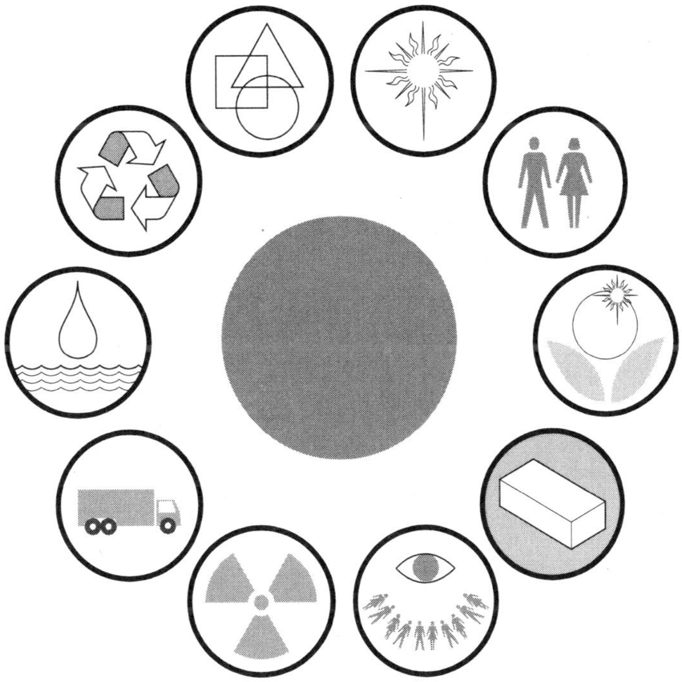

친환경 건물의 법규와 설계기준 및 지침에서는 통상 부지선정과 물 보존, 에너지 보존, 재료 선정 및 실내 환경의 질에 대한 규정 들을 포함하고 있다. 모든 접근방식에 있지는 않지만 몇 가지 규정에는 음향, 안전성과 안정성 여부, 역사적, 문화적 중요도와 미적인 측면 등을 포함하고 있다.

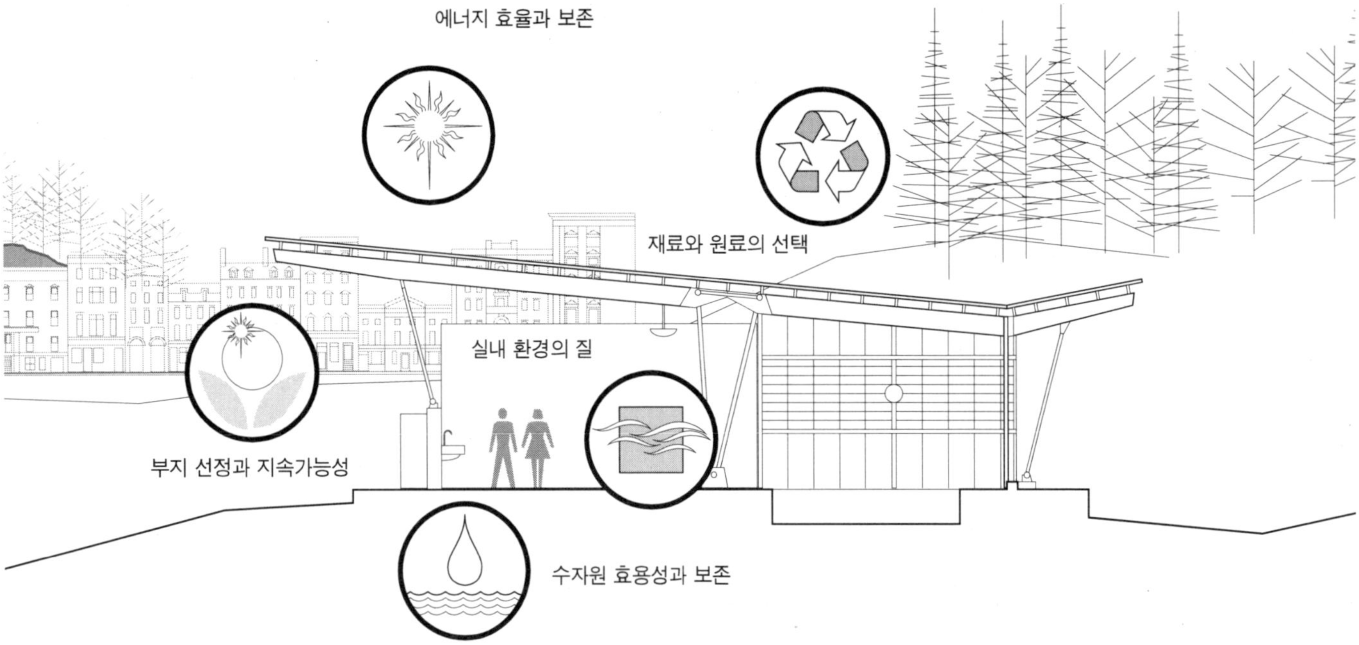

3.01 친환경 건축물 규정의 기본 범주

이러한 시스템의 많은 부분은 요구조건에 따른 해결점에 도달하기 위해서 관계를 가지게 되는 최상의 실습조건들을 하나의 세트로 구분해 놓는 것과 마찬가지로 일련의 절대적인 필수조건(필요조건)들을 구획하고 계획해 놓았다. 이 조건수용의 측정방식은 에너지 보존의 사례에서 보면, 학점(이수단위)을 기반으로 한 시스템이거나 에너지 관련 측정 목표치를 기준으로 한다. 이러한 방식에 내재되어 있는 것은 일련의 선택적 조건과 함께 친환경 건축에 대한 의무적인 필수조건에 있는 하나의 인식성이다. 의무적 필수조건이란 친환경건축이라고 이름붙이기 위해서 검토해야 할 전제조건들을 말한다. 건물의 독특성을 인식하는 과정에서 융통성과 균형감각을 갖기 위해서, 건물의 성능개선을 위해 선택된 추가된 내용들과 같은 것들이 통상적으로 선택적 조건들로 제시된다. 이수단위는 건물이 친환경 인증을 취득할 수 있도록 하거나 더 높은 단계의 친환경 인증을 얻도록 하기 위해 이러한 각각의 항목들이 집합될 수 있도록 배정된다.

에너지와 환경 (취득가능 점수 33점)

[ ] 필요조건 1 기본 실행조건과 확인 (필수)
[ ] 필요조건 2 에너지 소모의 최소화 (필수)
[ ] 필요조건 3 건물 수준별 에너지 측정 (필수)
[ ] 필요조건 4 기초 냉매 관리 (필수)
[ ] 이수단위 1 실행조건의 강화 6점
[ ] 이수단위 2 에너지 소모의 최적화 18점
[ ] 이수단위 3 에너지 측정방식의 진보 1점
[ ] 이수단위 4 반응결과의 요구조건 2점
[ ] 이수단위 5 새로운 에너지의 생산 3점
[ ] 이수단위 6 냉매 관리의 강화 1점
[ ] 이수단위 7 친환경의 능력과 탄소 배출 2점

3.02 LEED의 4등급 체계에서 요구하는 환경영향조건들 중의 하나인 에너지와 환경은 의무항목인 4개의 필요조건을 가지고 있지만, 7개의 이수단위와 같이 점수를 받는 것은 아니다. 조건을 만족시키게 되면, LEED 인증 취득을 위한 점수를 얻는 데에 도움이 된다.

이러한 이수단위 시스템은 친환경 건축 디자인을 촉발시키기 위해 광범위하게 모색되고 있다. 자율성을 확보하기 위해, 조직화 된 체계를 모색하기 위해, 인식성을 높이기 위해, 문서화하기 위해, 경쟁을 즐기기 위해서 여기에 인간적인 성향을 결합하고자 한다면, 이 이수단위 시스템은 친환경건축 디자인을 실행하는 중요한 핵심요건이 될 것이다.

이 책에서는 친환경건축에 대한 논의, 과학과 기술을 향상시키기 위한 이수단위 시스템의 위력을 인식시켜 주고 있다. 그러나 이수단위 시스템의 실행에 초점을 두기 보다는, 오히려 친환경건축이 실제 의미하는 바가 무엇인지에 대한 더 많은 골치 아픈 문제들을 검토함으로써 친환경 건축을 디자인하기 위한 전략들을 대신 설명해줄 수 있는 방안을 모색하고 있다. 우리는 또한 이수단위 시스템이 가진 약점들을 찾아내고, 각 건물들이 친환경 건물로서의 코드나 설계기준, 지침상의 이수단위에서 건물들의 가치를 고려하지 않고 좀 더 친환경적으로만 디자인 되고 있는 몇 가지 제안된 방안들 또한 검토하게 된다.

법규

여기에서는 미국의 가장 우수한 건설법 요구조건들에 기반하여 만들어진 국제건축물법(International Building Code ; IBC)와 관련 분야의 법들을 친환경코드 내용에 포함하여 이것들을 가지고 논의를 전개한다. IBC는 방대한 친환경 조항들을 포함하고 있는데, 국제에너지보존법에서는 에너지보존에 관한 조건들이 있고, 국제기계설비법에서는 환기 등에 관한 조건이, 그밖에 수자원 보존조건 등이 포함되어 있다. 이러한 다양한 구성요소들은 과거 20년 이상 동안 개발되어 왔고, 1978년에 캘리포니아의 '타이틀 24'에서 최초로 시작되어 1983년에는 오늘날 친환경건축물코드의 원조라고 할 수 있는 '모델에너지법'에서 자료와 정보를 얻었다.

이런 건물법규 요구조건은 많은 사례에서 참고 자료로 남게 되었으며, 그것들이 친환경건축의 법규와 설계기준 및 지침을 만드는 기반이 되었다. 그리고 친환경조건들 중에 한가지로서 이 IBC는 많은 법적 조건을 만들게 되었다. 어떤 친환경건물에는 친환경건축법의 조건들에 최소한의 혜택을 부여하려고도 하고, 친환경적 조항의 강화를 강조하기도 했다. IBC와 그 보조코드는 국제법규위원회에서 개발되고 유지관리 되고 있다.

아주 최근에는, 국제법규위원회에서 미국건축가협회(AIA), 미국친환경건축위원회(USGBC), 미국냉난방 및 공조기술협회(ASHRAE), 조명기술협회(IES) 및 ASTM 국제협회 등과 연합하여 국제친환경건설법(International Green Construction Code)를 만들게 되었다. 이러한 발전은 다양하고 폭 넓은 친환경건축물 조건들을 수용하게 되고 ICC 전체의 건물법규와 비교도 하고, 보다 강화된 법규를 제공해주고, 지역별 적응성에도 대비하게 하였다.

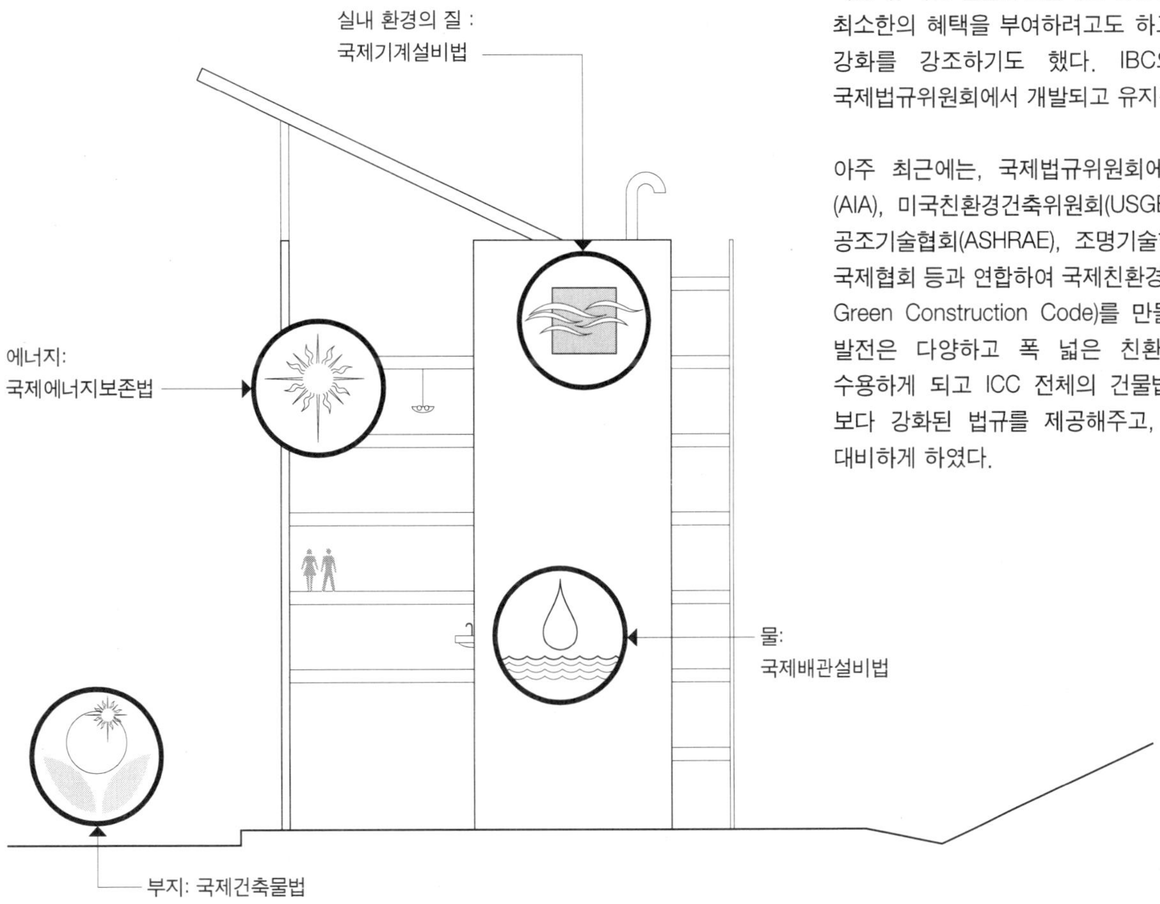

3.03 국제공인의 친환경건축물 코드로서의 건축물 법규

기준

에너지 및 환경디자인 지침(LEED)의 친환경건축 인증프로그램은 친환경건축 기준들 중에서도 중요한 위치를 차지하고 있으며, 미국과 여타 세계에서도 그 위상이 높아지고 있다. LEED의 다섯 가지 주요 이수영역은, 지속가능한 부지, 수자원 효용성, 에너지와 환경, 재료와 자원 및 실내환경의 질 등이다. 이것들은 친환경건축 디자인 목록의 일부가 되었다. 미국의 친환경건축위원회(USGBC)는 그 구성단위별 - 연방/ 주/ 지역의 대행업자들과 공급업자들, 건축가, 엔지니어, 중개업자, 건축주 등 -로 일치된 평가시스템을 개발했고, 그것은 지속적으로 평가되고 새로운 정보에 따라 개선되고 피드백 되도록 하였다. 2003년 7월 캐나다에서는 캐나다의 환경조건에 LEED를 적응시키기 위해 USGBC로부터 허가를 취득했다.

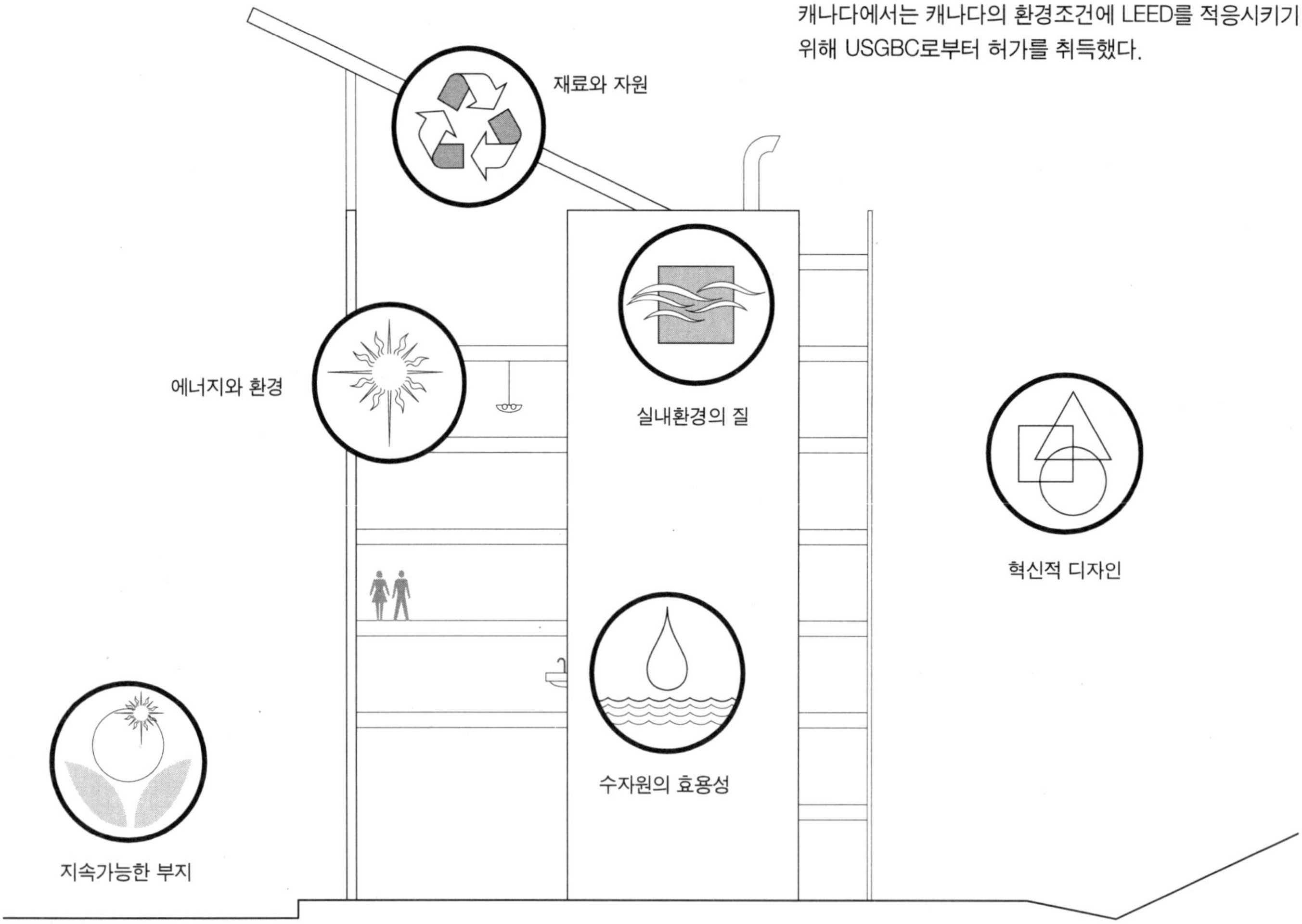

3.04 LEED 친환경건물 인증 프로그램의 핵심적 요구조건 영역

새로운 공법에 대한 프로그램에서부터 기존 건물의 프로그램에 이르기까지, 근린지역과 디벨로퍼가 주도하는 코어-쉘 건축, 임대목적의 인테리어 그리고 가정과 학교, 건강관리, 소매업과 같은 지역특화 프로그램 등으로 LEED의 영역이 확장되어 그 폭과 길이에서 다양한 프로그램을 제공해준다.

3.05 BREEM 등급시스템을 수용하는 영역들

환경평가방식에 대한 건축적 연구(BEEAM)는 다음의 영역들 -즉, 운영관리, 건강과 웰빙, 에너지, 교통, 물, 재료와 쓰레기, 토지이용과 생태 그리고 공해와 같은-에서 이국적인 건축물들의 지속가능성과 환경적 성능에 관한 측정과 등급적용을 위한 건물연구기구(BRE)에 의해 영국에서 설립된 일종의 시스템이다. BREEAM건축물에 대한 등급의 범위는 통과, 양호, 매우 양호, 최우수 등과 아주 돋보이는 최상의 등급 등으로 되어 있다. 1990년에 시작된, 이 친환경 등급시스템은 가장 오래되고 가장 폭넓게 적용되고 있다. 유럽에서 광범위하게 사용되는 이 BREEAM시스템은 또한 세계 각지에서 시공에서 시행되고 있다. 여러 가지의 BREEAM 접근방식은 또 다른 코드와 지침과 기준에서 그리고 LEED의 등급시스템에서 참고, 인용되고 있다.

또 하나의 친환경 기준은 〈저층 주거건축물을 제외한 고성능 친환경건축물을 위한 기준〉으로 이는 ANSI/ ASHRAE/ USGBC/ IES 기준 189.1로 공식적으로 표기되는 것과 USGBC, 그리고 조명기술협회(IES) 등과 연계된 ASHRAE에 의해 개발된 것이다. 이 기준은 간단한 승인조건들과 더 한층 융통성을 가진 성능에 대한 선택조건들을 제공해주는데, 이것들은 각 모델코드언어로 개발되어 미연방, 주 및 각 지역 행정기관에서 쉽게 적용될 수 있게 되어 있다. 이 기준 자체는 설계지침이 아니고, 현재의 친환경 등급시스템과 경쟁하기 보다는 실행에 더 비중을 두고 있다. 이 기준이 에너지 보존에 특별히 초점을 맞추었지만, 그것은 또한 지속가능한 대지에 대한 최소한의 필요조건 들을 제정한 것이다. 즉, 물의 효율적 사용: 실내 환경의 질: 환경조건, 재료, 자원의 영향: 시공과 운용계획 등이 이에 해당된다.

3.06 Green Globe(친환경 지구)의 온라인 환경등급과 인증시스템의 로고

친환경적 지구(Green Globe) 시스템은 상업건물에 대해 LEED 등급시스템을 대체할 좀 더 여유 있고 간소화 된 온라인 환경 등급과 인증시스템이다. 이 친환경지구 시스템은 건물의 디자인과 함께 여러 영역 -프로젝트 관리, 대지, 에너지, 물, 자원, 건축자재, 쓰레기, 배출과 유출 그리고 실애 환경 등-에서의 운용과 관리에 대한 라이프 사이클 평가에 초점을 두고 있다. 이 시스템은 BREEAM시스템에서 유래된 것이지만, 현재 캐나다에서는 건물소유쥬와 관리인협회(BOMA)에서, 미국에서는 친환경건축발기인협회(GBI)에서 개발 중에 있다.

태양열주택(Passivehaus)은 건물의 에너지 효율을 극대화하고 그 생태적 부산물을 줄이기 위해 유럽에서 개발된 기준이다. 그 명칭이 주거지역에서 처음 적용된 반면, 그 태양열주택기준의 원칙들은 상업, 산업, 공공건물 등에 적용되었다. 태양열주택 기준의 강점은 접근방식의 단순함에 있다. 실내 환경의 질을 고려해서 신선한 공기를 공급하는 열회복 환기시스템을 가지고 뛰어난 열적 성능과 기밀성(氣密性)이 결합된 초저에너지 건물을 생산하게 된다. 극단적인 저에너지 사용이라는 상식을 벗어난 목표는 온실가스 배출을 줄이게 되는 현실적인 긴박한 요구조건 속에서 태양열주택이 온전히 자리하고 있다. 그 기준은 전제적인 디자인 목표와 -최대 에너지 요구량이 제곱미터 당 120kWh인- 시간당 @50 파스칼로서 환기율이 0.6회 보다 더 작은 침투율이 실제적 성능 목표이다. 후자는 시공과정에서 침투의 정도를 한정짓기 위해서 아주 디테일하게 만들어진 요구조건으로 해석하고, 에너지 사용에서 특별한 침투의 위치와 침투에 대한 시공의 취약성을 인식하게 한다.

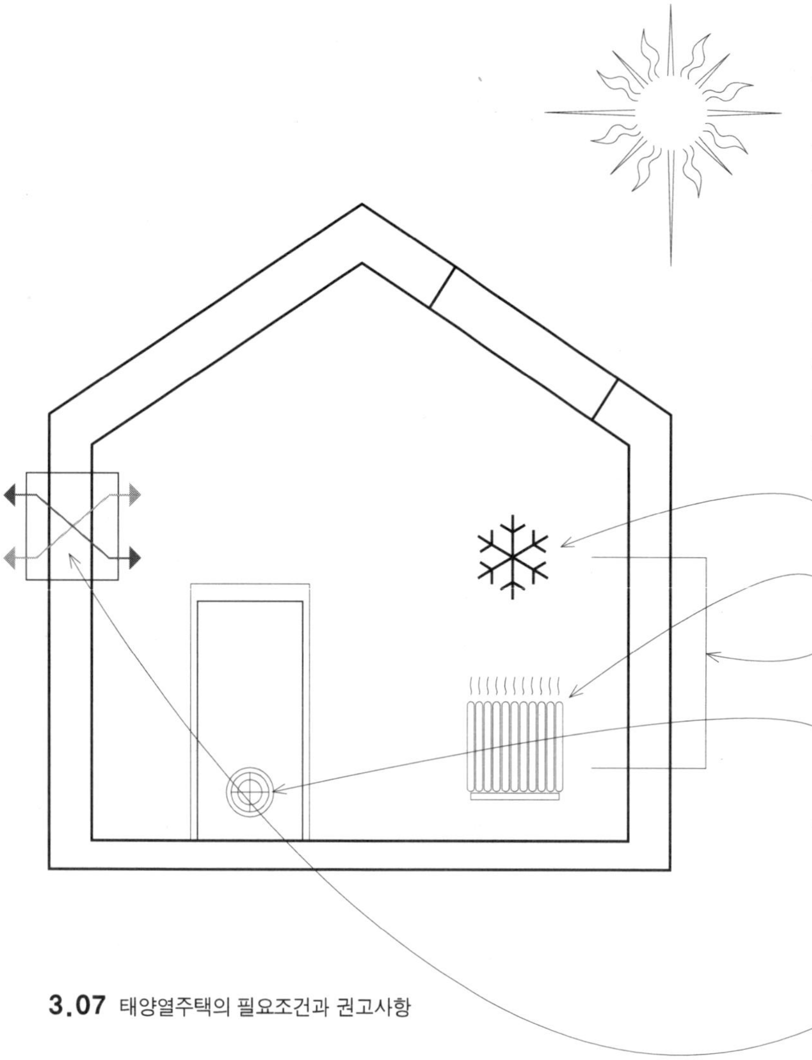

3.07 태양열주택의 필요조건과 권고사항

태양열주택 기준에서는 매우 낮은 수준의 공기누출과 최소한의 열교(熱橋 : 열통로)를 가진 아주 높은 단열수준을 요구하고 있고, 창문은 매우 낮은 U-요인이 되고 있다. 그 기준에 적합하게 하기 위해서는 건물이 다음과 같은 내용을 가져야 한다.

- 제곱미터 당 15kWh의 연간 최대 냉방에너지 사용량 (제곱피트 당 1.39kWh)
- 제곱미터 당 15kWh의 연간 최대 난방에너지 사용량 (제곱피트 당 1.39kWh)
- 제곱미터 당 120kWh의 모든 목적의 최대 에너지 사용량 (제곱피트 당 11.1kWh)
- 시간당 @50 파스칼로서 환기율이 0.6회 보다 더 작은 침투율

열성능은 다음의 측정치 사용을 통해 이루어지게 된다.

- 최소한의 열교를 가진 높은 수준의 단열
- 태양열 획득과 실내의 열원
- 아주 높은 수준의 기밀성능
- 높은 열회복 효율을 가진 주거 전체의 기계적 환기시스템에 의해 제공되는 우수한 실내 공기의 질

주거설계에서 널리 사용되는 기준으로는 주거에너지 공급네트워크(RESNET)와 주(州)에너지담당자 전국 협의회(NASEO)등에서 개발된 모기지산업 주거용 에너지 등급시스템 국가기준(MINHERSS)이 있다. 통상 대부분 HERS등급시스템으로 불리는 이 기준은 미국에서 폭넓게 채용되고 또 사용되고 있는 실정이다. HERS 등급시스템은 에너지 보존에 초점이 맞추어져 있지만, 실내 환경의 질, 특히 습도조절, 환기, 연소설비의 안전성 등에 대한 다양한 요구조건들도 계속 실행하고 있다. HERS등급시스템은 또한 세 번째 부분에 포함된 좀 더 폭넓은 요구조건들과 세 번째 부분의 전문적 항목의 첨가, 에너지 예측치의 유효성, 주택건설과 같은 것의 검사와 시험 등을 포함시킴으로써 질적 신뢰도에 중점적인 관심을 기울이고 있다. HERS는 주거등급시스템에 대한 LEED의 에너지 요구조건들의 참고기준으로 사용되기도 한다.

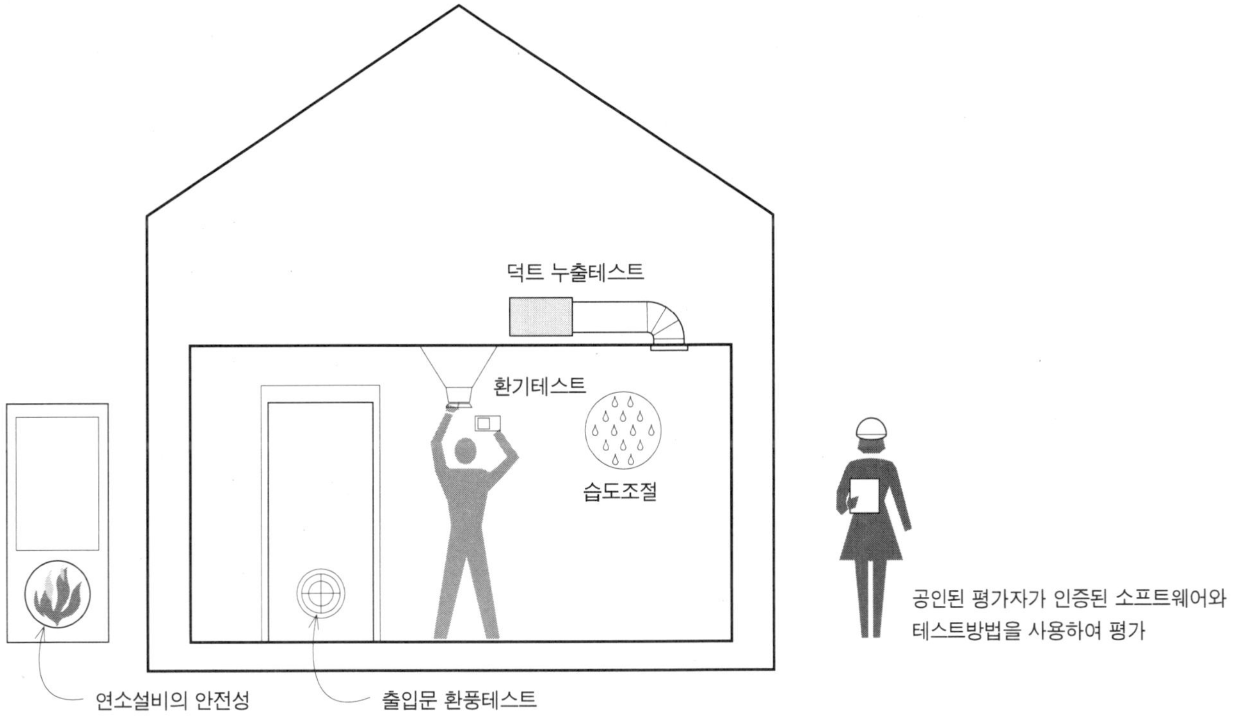

3.08 HERS 등급시스템의 검토조건들

지속가능한 기획과 설계 및 시공에 대한 한층 새로워진 기준으로는 LBC(Living Building Challenge)이다. 이것은 건축물부터 인프라스트럭처와 조경과 근린성 등에 이르기까지 모든 규모에서 개발을 위한 국제미래주거연구소(ILFI)에 의해 제정되고 유지관리 된다. LBC 즉, '살아있는 건물을 위한 제안'은 최소 12개월 이상의 지속적인 운영과정을 통해 에너지 사용 제로, 물사용 제로, 쓰레기 배출 제로를 지향함으로써 자체적으로 차별화를 보여주는 것이다. 이 기준은 또한 부지 선정과 보존, 재료의 선정과 건강 등과 같은 다른 친환경 건축물 영역에서 강화된 요구조건 들을 포함시키고 있다. 주안점 중에는 친환경 건축물 디자인의 주요 영역으로서 미적인 면과 공평성을 포함하고 있다.

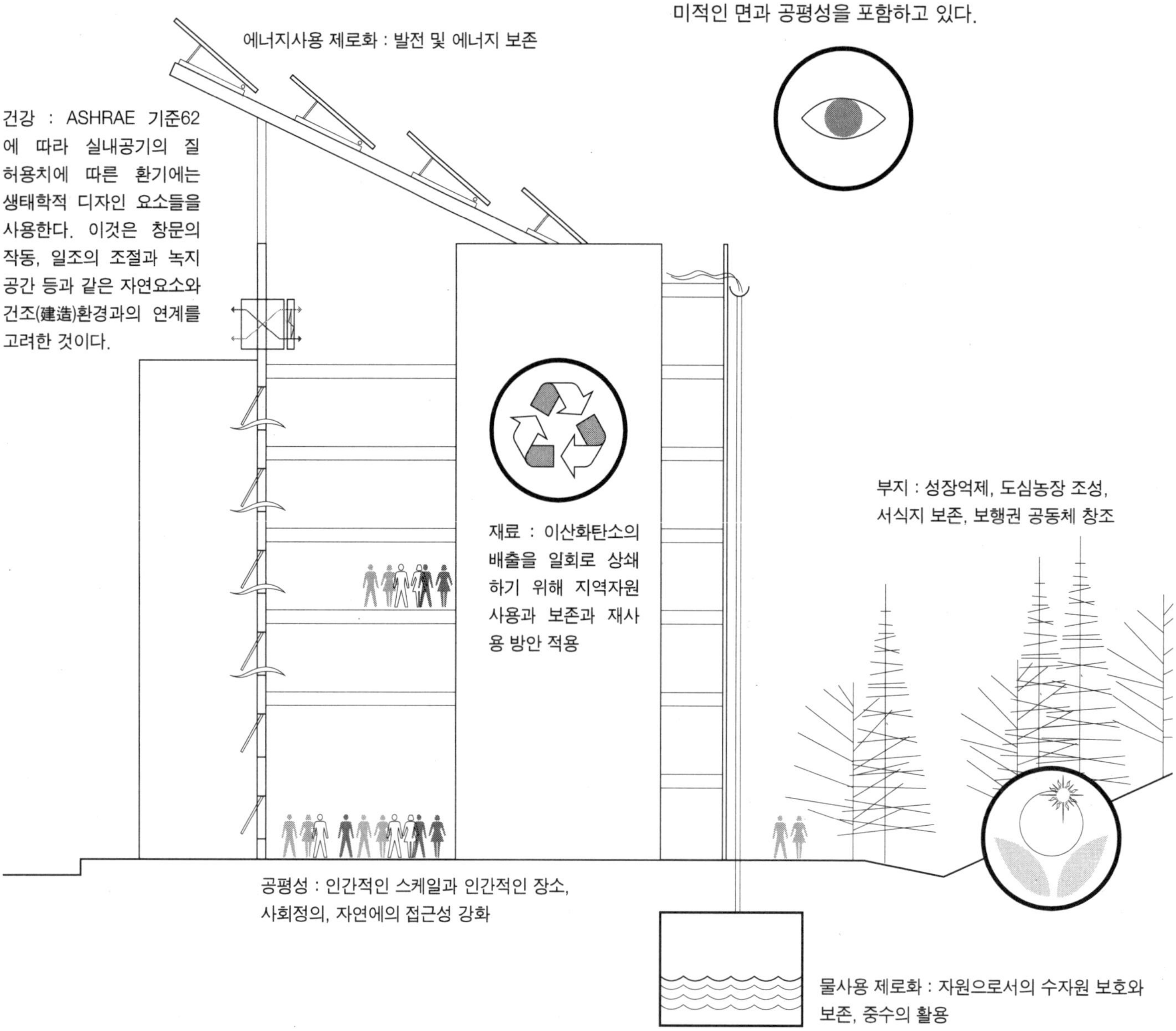

3.09 '살아있는 건물을 위한 제안(LBC)'의 목표 여건들

지침

많은 친환경건축 지침은 연방 및 주의 담당자, 대학교, 비정부기구, 개인 기업 및 지역자치행정기관 등에 의해 만들어지고 있다.

친환경 지침의 사례로 1999년 씌여지고 2000년에 초판이 출간된 뉴욕시의 휴 커레 배터리파크행정국에 의해 개발된 주거환경지침서(Residential Environmental Guidelines)가 있다. LEED인증프로그램에 있는 것과 같은 지침서에서는 에너지 효율, 실내 환경의 질 강화, 재료와 자재의 보존, 물 보존, 부지의 유지관리를 기술하고 있다. 교육, 운용, 유지관리 항목 또한 포함되어 있다.

몇몇 지침서는 친환경 디자인의 특수한 영역을 제한하고 있다. 한 사례로 지속가능한 부지에 대한 발의인데, 미국조경건축회(ASLA), 텍사스 오스틴 대학교의 버드 존슨 야생화 센터, 미국 식물원 등에 의해 개발된 것이다. LEED인증 프로그램에서 참고한 이러한 지침서들은 환경적으로 감성적인 부지를 한층 심도 있게 개발하고, 수분작용과 같은 다양한 생태시스템의 제공에 의한 이점을 설명하고, 녹지대를 위한 강력한 원칙들을 확실하게 해준다. 그래서 점수평가 시스템에서 보통의 사전조건과 취득점수를 통해 최상의 자료들을 작성하게 된다.

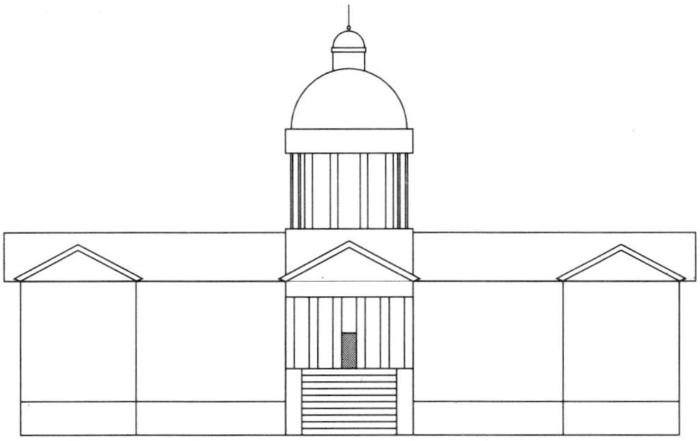

주 정부

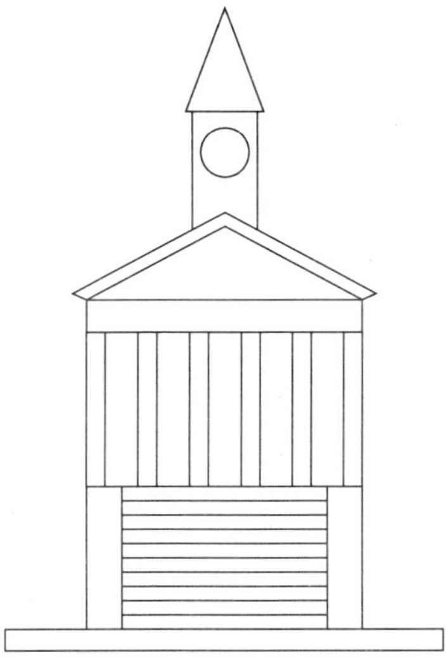

지자체

대학교

개발

3.10 실질적인 것은 규격화 된 친환경 건축지침을 사용한다.

2030 과제

아마 가장 집중도가 높은 친환경 디자인 중 하나의 영역은 에너지 보존일 것이다. 이것은 1970년대의 기록적인 오일 위기와 현시대의 기후변화 위험성과 같은 것이 이유일 것이다. 특별한 관심이 축적된 지침서는 2002년에 개척자 태양열 건축가인 Edward Mazria에 의해 설립된 환경옹호그룹인 건축2030년에서 발행된 2030과제이다.

미국 에너지성(省)(DOE), USGBC, ASHRAE와 AIA에 의해 지지를 받은 2030과제는 통상적으로 소비하게 되는 화석연료의 에너지를 50% 이하로만 사용되도록 설계된 모든 신축건물과 개발, 주요한 리노베이션 등을 위해 요구된 것이다. 그리고 기존 건물영역에서도 매년 동등한 양으로 유사한 수준을 유지하도록 정비된다. 건축2030은 화석연료의 감소 수준을 2015년에 70%, 2020년 80%, 2025년까지는 90%로 증가시키고, 2030년까지는 모든 신축건물이 탄소중립(이를 달성하고 유지하기 위해 화석연료가 아닌 GHG-배출 에너지 사용)을 유지하도록 한층 더 호응도를 높인 것이다.

3.11 화석연료의 연소로부터 온실가스 배출의 상승률을 늦추고 궁극적으로 감소시킬 전략

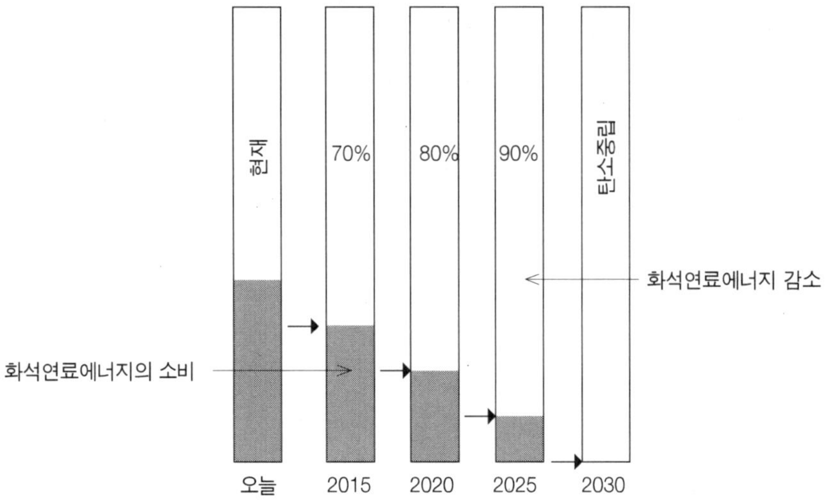

3.12 2030과제에서 수립한 목표치

4
공동체 및 부지

우리가 만드는 공동체와 우리가 만드는 부지는 우리가 건축대상으로 선정하기 위해 필요한 건물의 모든 부분에 대한 정보와 영향을 줄 수 있다.

친환경건축을 위해 공동체와 부지를 선정하는데 가장 우선하는 목표는 손상위험이 있는 부지를 보호하고, 미개발 부지를 보존하고, 이전에 개발되었던 부지를 복구하거나 재활용하며, 식물군과 동물군에 미치는 영향을 줄이고, 공동체와의 연계성을 강화하고, 환경과 에너지 사용측면에서 교통의 영향을 최소화 하는 것 등을 포함하고 있다.

이러한 목표가 내포하고 있는 것은, 단지 인간의 정주를 위한 자연으로서의 자연적인 지역이라는 관점보다는 자연과 야생에 대한 깊은 외경심과 개발되었거나 미개발된 지역 간의 균형을 모색하는 것 등이다. 동시에, 빛 공해를 줄이고, 건설폐기물을 최소화하고, 폭우를 관리하고, 부지의 물 사용을 줄이는 데에 관심을 기울여야 한다.

공동체와 계획부지 선정

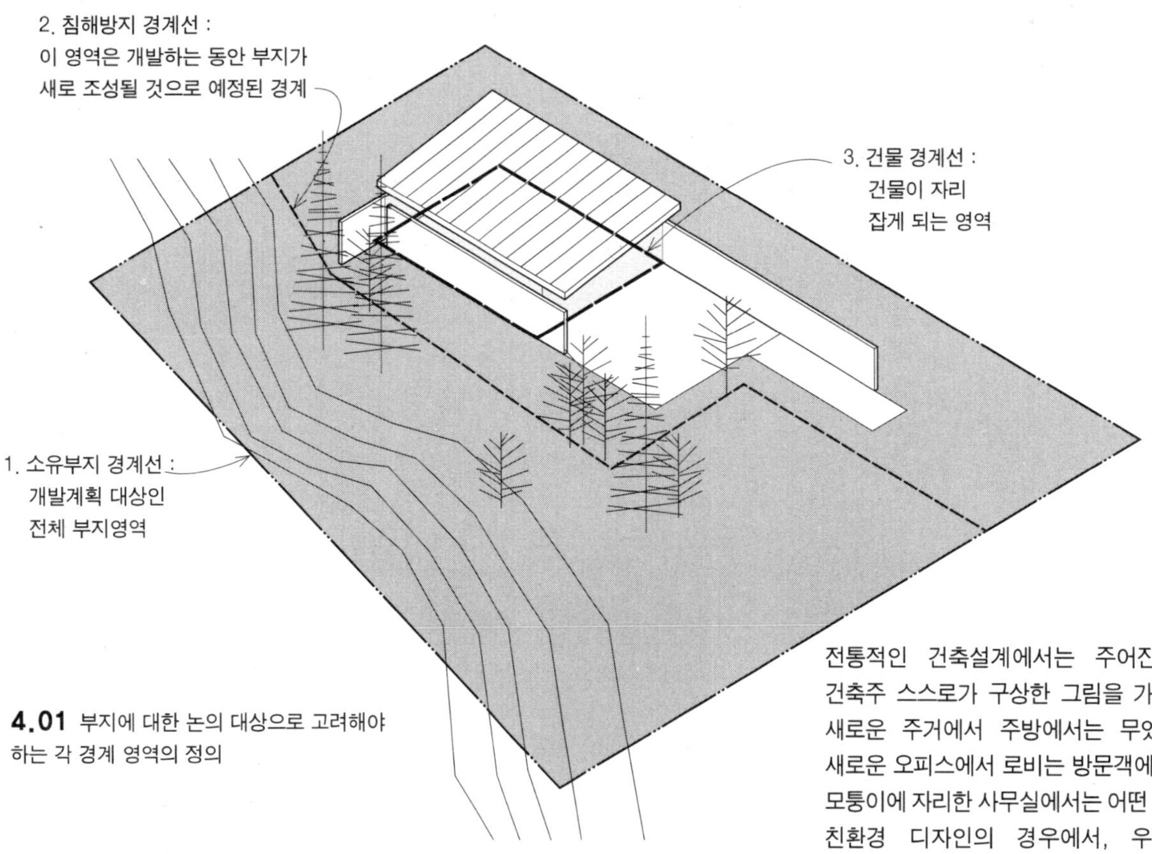

4.01 부지에 대한 논의 대상으로 고려해야 하는 각 경계 영역의 정의

전통적인 건축설계에서는 주어진 건물구조 안에서 건축주 스스로가 구상한 그림을 가지고 출발하게 된다. 새로운 주거에서 주방에서는 무엇을 볼 수 있을까? 새로운 오피스에서 로비는 방문객에서 어떻게 느껴질까? 모퉁이에 자리한 사무실에서는 어떤 경관을 볼 수 있는가? 친환경 디자인의 경우에서, 우리는 이전과 다른 접근방식을 갖게 된다. 아직 지어지지 않은 건물에 대한 상상을 하기 전에, 우리는 지역 공동체에 모습을 보일 건물에 대한 답사를 시작해 본다. 그 건물이 자리할 장소와 학교, 일터, 공동체의 중심은 어디에 있는가? 교통수단은 무엇으로 해야 하는가? 또 대중교통 여건은 어떠한가? 등등...

건물 내에서 밖으로의 작업경로

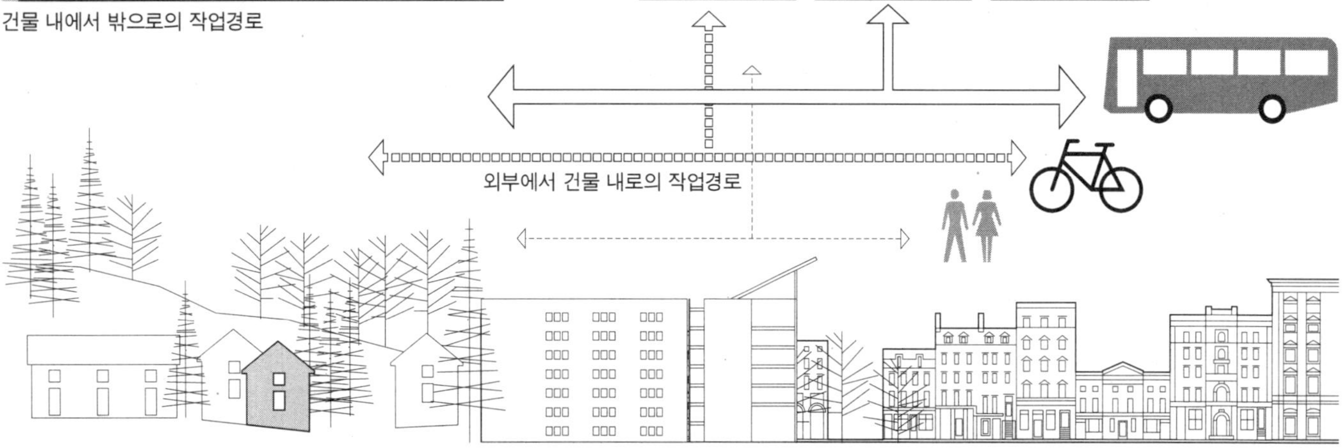

4.02 공동체 내에서 장소적 경관 측면에서 - 건물 내에서 외부로의 경로보다, 건물설계의 방식을 건물 외부에서 건물 내부로 향하는 디자인 과정을 선택

우리 공동체에 속해 있는 건물을 촬영하려고 찾아 볼 때, 미개발지인 교외에 있는 건물보다 도심지의 노후 방치된 건물을 리노베이션한 것이 더 나은 선택인지 의문을 갖게 된다. 또한 유휴지를 활용하는 것이 도시 정비에 유용한 것인지 여부도 의문이다. 또는 부지가 교외나 시골지역에 있을 경우에도 대중교통망에 인접해 있는 것이 유익한 것인지 의문이다. 신축 건설사업이 환경적인 영향을 줄이기 위해 어떠한 지역개발 계획이 예정되어 있는지를 알아보기 위해 지역의 계획부서에서 확인을 해야 한다. 개별적이고 사적인 생각이 아니라 공동체의 범주에서 생각해야 한다.

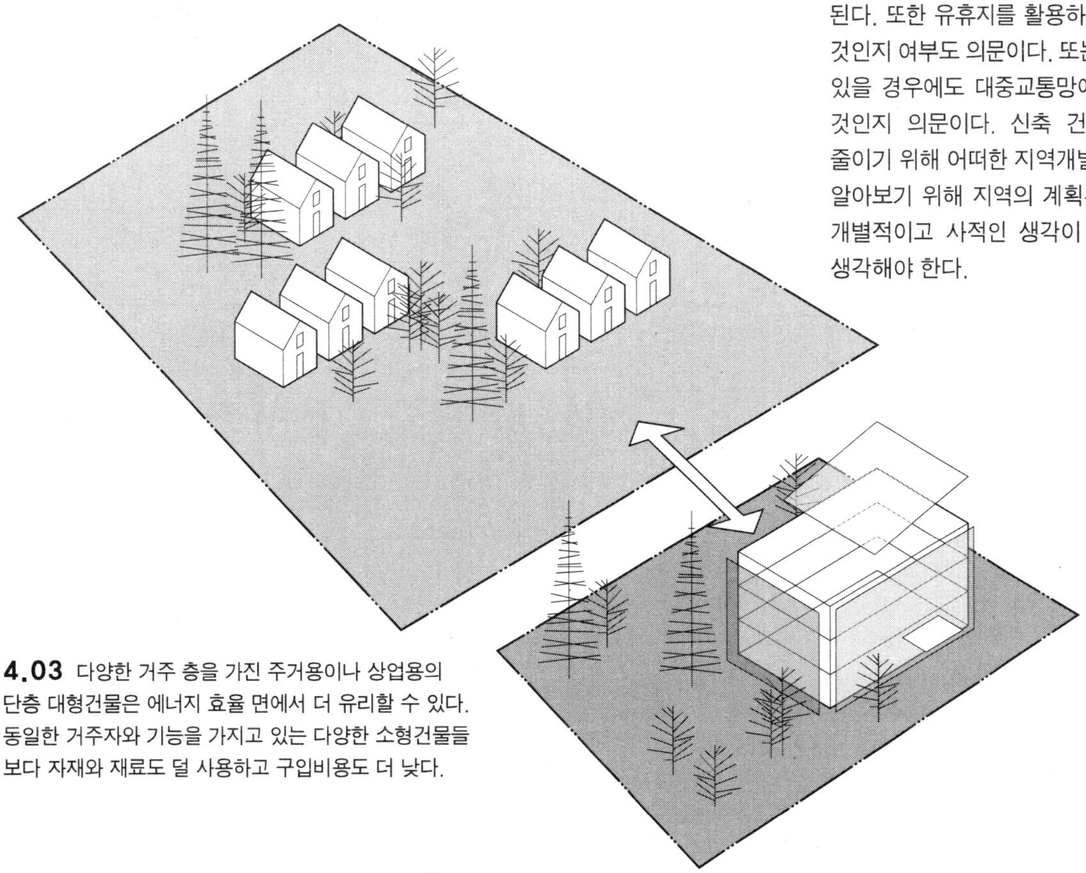

4.03 다양한 거주 층을 가진 주거용이나 상업용의 단층 대형건물은 에너지 효율 면에서 더 유리할 수 있다. 동일한 거주자와 기능을 가지고 있는 다양한 소형건물들보다 자재와 재료도 덜 사용하고 구입비용도 더 낮다.

건물 거주자들만이 소비정도가 건물 입지에 따라 좌우되는 에너지 소비자라고 볼 수는 없을 것이다. 커뮤니티와 업무 중심지로부터의 거리에 따라서 배달이나 여타의 서비스를 제공하는 사람들의 에너지 사용정도는 다양하게 나타난다. 또한, 펌프로 물을 퍼올리거나 전력을 공급하기 위한 소요에너지는 집중되어 있는 커뮤니티로부터 건물위치가 멀어질수록 증가한다.

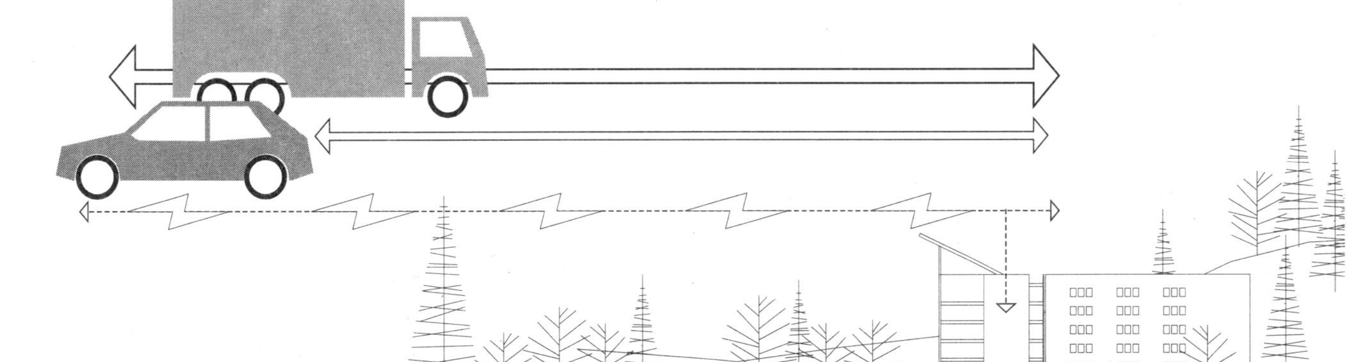

4.04 에너지는 교통 -교류와 배달 등-과 멀리 떨어진 지역으로의 다양한 전송 등을 위해 증가하게 된다.

우리가 커뮤니티에 우선 초점을 맞출 때에 장소 place로서의 건축에 관한 언급을 하는 것은 한층 더 커다란 측면으로 다루게 된다는 것을 말한다. 기후적 범주는 실제적으로 친환경건축디자인에 영향을 미치게 된다. 기후가 뜨겁고 습하거나, 뜨겁고 건조한 경우처럼 - 춥고, 덥고, 복합적이고 한 것들은 건물설계에 영향을 주게 된다. 기후적 범주에 영향을 미치는 부하는 일차적으로 외기 온도, 외부 습도 및 태양 복사열 등이다. 이러한 영향요인들은 동일한 형태의 건물이 상이한 기후조건에서 설계될 때에 매우 커다란 실제적인 변화를 줄 수 있게 된다. 기후조건의 차이는 외벽재료, 부속품, 창문의 크기와 방향, 난방방식의 선정, 건물 외피에 있는 다양한 이슬점에 따른 습도조절방식 등을 포함한 건물설계 전반에 영향을 미친다. 지역 미기후는 주간의 일조량, 강우량, 지역풍속과 조경을 위한 식생방식 등에 훨씬 더 영향을 미칠 수 있다.

지역의 수문분포는 실내 환경의 질적인 면을 포함해서 건물 자체에도 영향을 갖는 등 환경적인 면에서 건물의 영향정도에 중요하게 고려될 수 있다. 식생분포에서부터 이전의 개발현황에 이르기까지 다양한 부지 상황을 파악하는 것은 건물이 환경에 미치는 영향과 환경이 건물에 영향을 주는 점을 알려준다.

지역사회 즉 커뮤니티에서 우선적으로 중점을 두어야 할 것은, 우리가 건물 자체만을 너머서 개개인의 건물에서 공동체적 측면에서 장시간의 영향을 최소화 하고자 하는 친환경 건축의 선택에 대한 영향정도를 명확히 하는 것이다.

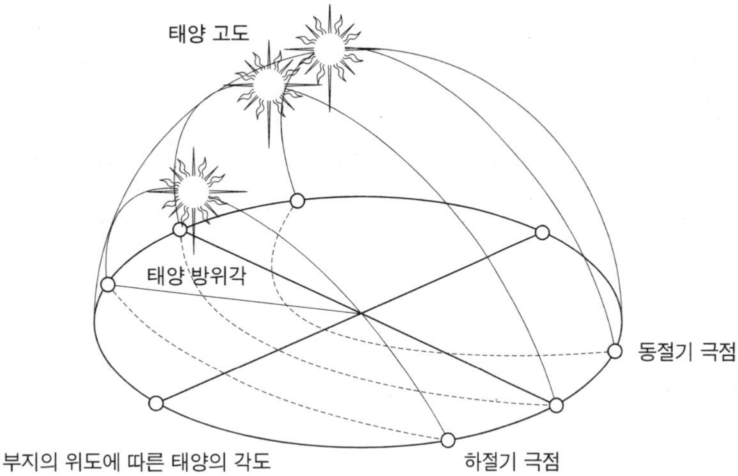

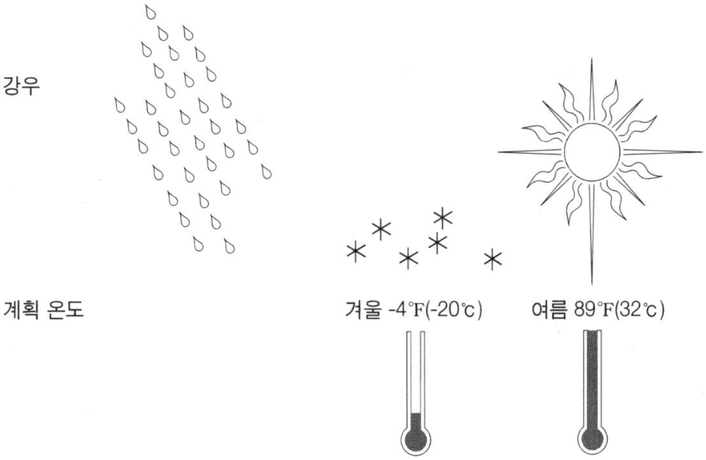

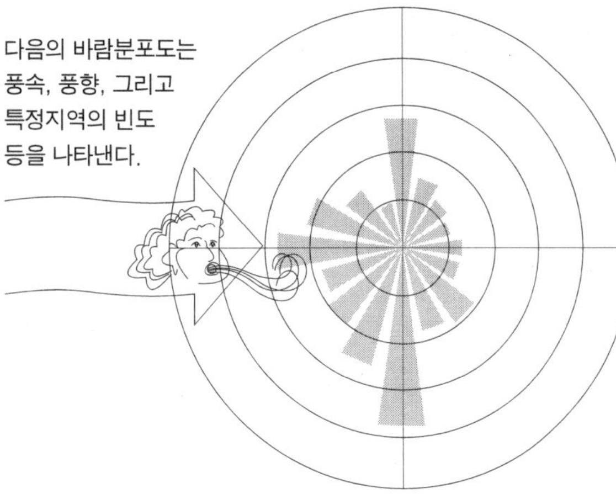

4.05 건물설계에서, 위도, 지형도, 특정 지역과 부지에서의 주로 나타나는 기후 등에 대해 고려해야 한다.

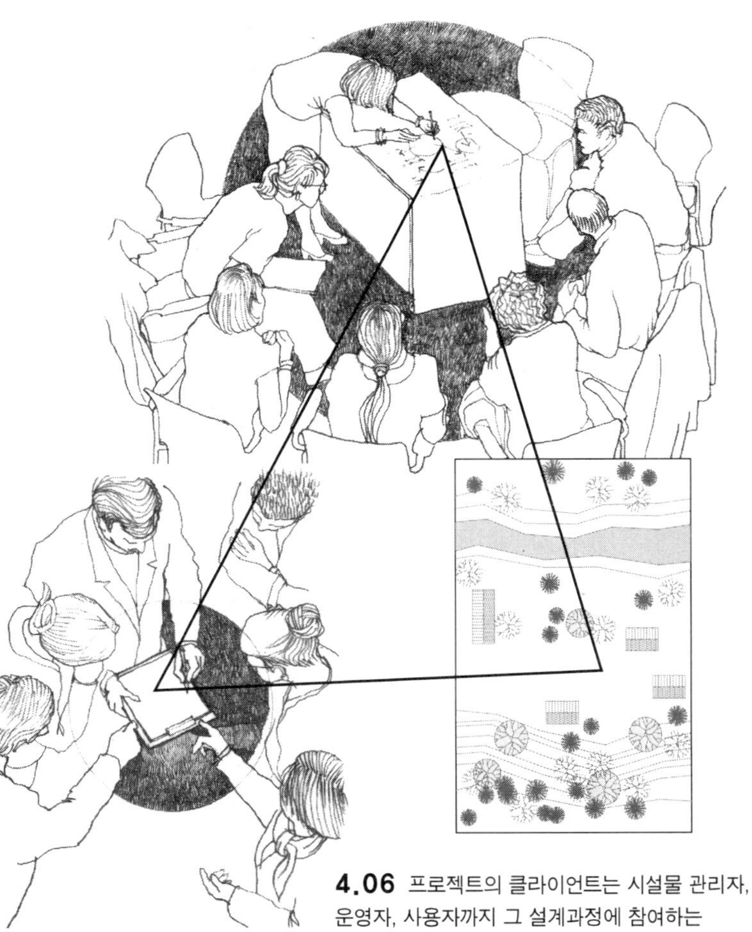

이 초기의 중요한 시점에서, 건축주의 목표는 정해지게 된다. 건축주의 프로젝트 요구조건 들은 18장에서 아주 자세하게 기술되어 있다. 친환경설계와 건설에서의 질적인 면은 모든 조건이 포함되어 기술되고 승인된 것이다. 친환경설계에서 실제적으로 얻을 수 있는 것은 설계과정의 초기 단계에서 건축주의 요구조건을 명확하게 규정할 수 있게 된다는 것이다. 건물을 개발한다는 것은 여러 건축주들에게는 새로운 경험이 되고, 그 과정에서 설계 전문가와 시공자에게 가르쳐 줄 기회를 갖는 것만큼이나 여러 건축주들이 결코 잊지 못할 큰 경험을 배우게 된다. 이것은 모두 선택조건과 여러 교류조건을 위해 그리고 건축주의 프로젝트에 대한 요구조건을 명확하게 하기 위해서, 친환경 건물로 한층 다가가는 기회가 된다. 커뮤니티와 부지선정을 위한 첫 번째 논의를 통해 이러한 명확성을 만드는 데 더 좋은 기회는 없다고 할 수 있을 것이다.

4.06 프로젝트의 클라이언트는 시설물 관리자, 운영자, 사용자까지 그 설계과정에 참여하는 사람들을 포함해서 대표역할을 하게 된다.

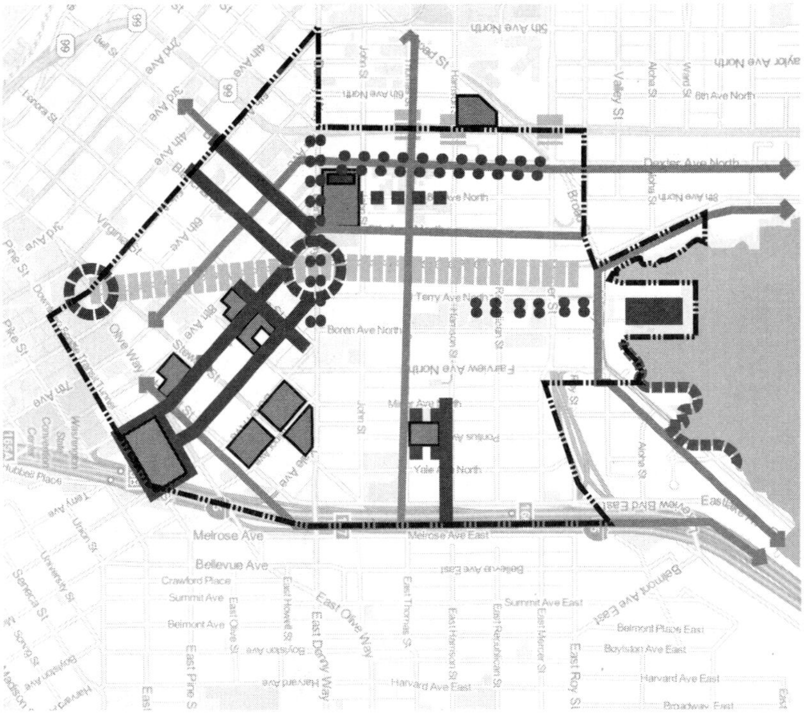

근린지역과 타운 그리고 이러한 연계성을 강화하기 위한 친환경적 접근성 등에 대한 커뮤니티와 계획대상지에 대한 평가로 논의를 더 확장해간다. 이러한 과제들은 이 책의 범주를 벗어난 것이지만, 특별한 건축적 입지를 선정하는 데에는 아주 유용한 수단이 된다. 스마트 성장의 이론은 강력하고 지속가능한 토대를 구축한 커뮤니티의 중심성에 초점이 맞춰져 있다. LEED는 집약성(compactness), 연계성(connectivity), 보행 가능한 가로 등과 같은 다양한 친환경적 요소들을 대변해주는 근린성에 관한 친환경 등급체계를 개발해왔다. 이러한 많은 문제점들은 커뮤니티와 계획부지에 관한 특별한 건물의 선택조건, 요구사항, 잠재적 영향요인 등에 밀접하게 연결되어 있다. 그리고 어떤 특정한 친환경건축 프로젝트를 선정에 대한 정보를 제공해 주는 등의 커다란 가치를 가지고 있다.

4.07 근린개발에 있어서 LEED등급시스템은 스마트성장, 어바니즘, 친환경건축의 원리 등을 집약한 것이다.

관심대상 구역의 보존

친환경건축 프로젝트는 관심대상구역의 부지여건을 보존하는 데에 우선권을 부여한다. 관심대상 구역의 정의는 일반적으로는 연방법이나 규정에 규제를 받는 지역으로서, 중요한 농장지역, 공원부지, 홍수 피해 지역, 멸종위기에 있는 생물종의 서식지, 모래언덕, 오래된 수림대, 습지대, 기타 습지구역 및 보존지역 등과 같은 곳들을 포함하고 있다.

4.08 관심대상 장소라고 할 수 있는 구역들

관심대상구역의 보호는 그 대상구역의 선정에 앞서 대상지의 발견으로부터 출발하게 되고, 구역에서의 활동을 시작하기에 앞서 관심대상구역의 특성들에 대한 자료들을 근거로 하여 계속 추진하게 된다. 여기에서 보호라는 것은 여러 단계의 보호층을 제공해주는 완충지역과 같이 이러한 이 구역의 개발을 의미하는 것이 아니다. 개발부분은 건축물 뿐 아니라 도로, 주차장 등과 여타의 기반시설의 조성 등을 포함하는 것이다.

4.09 관심대상구역 내에는 교육과 해설목적의 주거 또는 보존활동을 위한 장소는 예외적으로 허용된다.

예외란 종종 대상지역과 상관관계를 가지고 있거나 특별한 지원이 필요한 건조물에 대해 적용된다. 예를 들면, 보존지역에 있는 건물은 그 구역으로 계획되어 설계된 대상물이나 안내기능 등을 위해 설정되어 보존지역과 관련된 목적으로 사용될 경우에만 허용된다. 때때로 이러한 것은 교육과 해설을 위해 허용된다. 이 예외조항은 이 구역의 실질적인 보호를 위한 건물에 한정된다. 공원지역의 경우에는, 통상 그 개발되는 구역이 공원영역에 인접되어 개발되는 경우에만 해당하는 곳으로서 개발영역이 동일하거나 더 큰 공원지역으로 대체하는 경우에 종종 허용된다.

미국에서, 관심대상구역으로 지정되기 위한 자원과 자료들은 미국농업성(USDA)에 의해 우수 농장지대로 조사된 자료와, 연방재난관리센터(FEMA)에 의해 홍수에 관한 관리정보 등으로, 어류 및 야생류 자료서비스(FWS)에 의해 제공된 멸종위기 및 위험종을 위한 서식지의 모색과 미국공병기술부대에 의해 습지로 지정되기 위한 지침 등을 포함하고 있다.

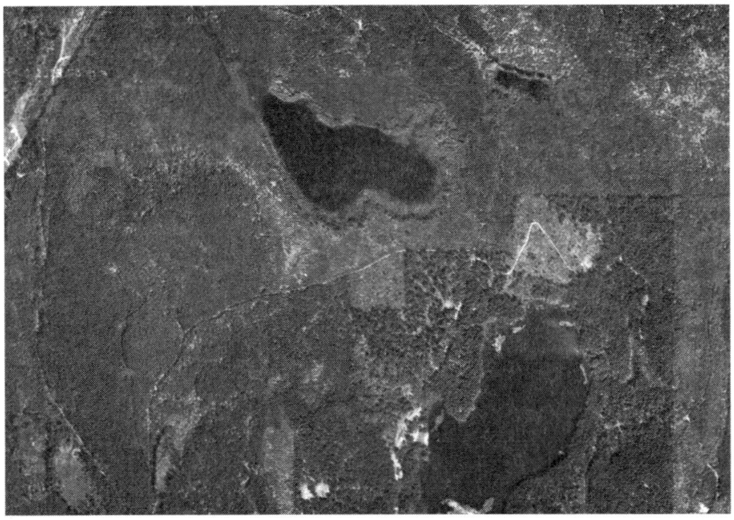

녹색지대

회색지대

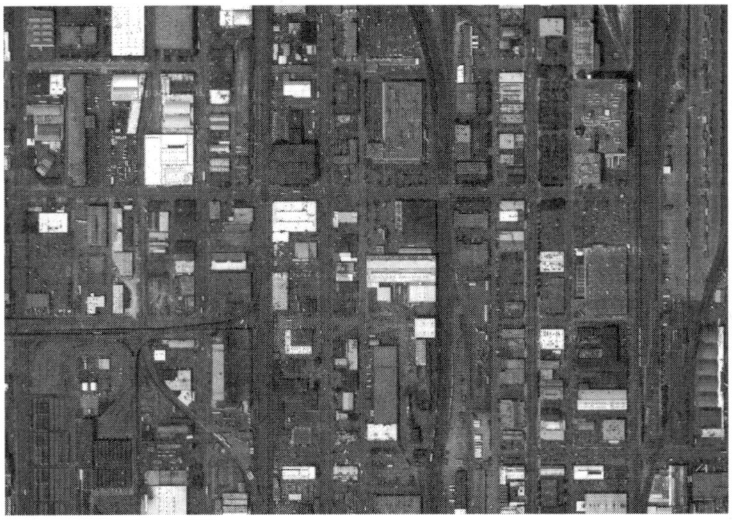

갈색지대

4.10 개발대상지역의 분류

보존과 복원

친환경영역(녹색지대 Greenfield)이란 본래 아직 개발되지 않은 지역으로 정의된다. 이에 반해 갈색지대(Brownfield)는 환경오염이 진행되고 있거나 지각될 수 있는 수준으로 진행되어 산업이나 상업시설 등이 버려졌거나 사용이 중지된 지역을 말한다. 회색지대(Greyfield)는 오염되지는 않은 개발된 지역으로서, 당장 손을 보지는 않더라도 빈 건물, 용도미정지역이나 포장된 곳 등과 같이 개발의 여파나 기반시설이 눈에 보이는 지역이다. 이전에 개발되었지만 회색지대나 녹색지대로 구분하기 어려운 곳은 그냥 기 개발된 지역으로 취급할 수밖에 없다. 사전에 이미 정비되고, 농장이나 숲지대로 된 곳은 통상 녹색지대로 구분된다는 것을 인식하는 것이 중요하다.

친환경건축 개발에 있어서, 갈색지대의 복원과 재활용은 두 가지 별개의 목표를 달성했다는 점에서 긍정적으로 다루어져야 한다. 첫 번째, 녹색지대 또는 여타의 관심대상 지역의 개발을 막고, 두 번째, 개발과정에서 어떠한 환경오염의 처리도 포함시킨다는 것이다. 마찬가지로, 회색지대와 여타의 기존 개발지역의 개발도 가능해졌다.

미개발지의 보존을 위해서, 녹색지대의 개발은 제한한다. 녹색지대 개발을 제한하는 것은 그 등급이 법규나 기준에 따라 다양하게 되고 친환경건축에 대한 논의의 핵심사항이기도 하다. LEED에서는 갈색지대의 재개발을 촉진시키고, 도시의 밀도를 증진시키며, 도로나 주차장 그리고 건물자체에 인접한 지역에 있는 녹색지대의 개발을 제한하는 등의 방식으로 녹색지대를 간접적으로 제한하고 있다. 국제친환경건설지침(IGCC)에서는 녹색지대에 어떠한 개발도 용이하게 금지시키게 하는 법규의 적용을 제공하고 있다. 또한 활기찬 건물을 위한 도전(The Living Building Challenge)이란 단체에서는 아예 어떤 녹색지대도 개발을 허용하지 않고 있다.

녹색지대 개발이 우리가 제한할 뿐 아니라 허용하지도 않는 대상이라는 이 제안은 보다 광범위한 지역에서 의문을 갖게 할 것이다. 앞으로 전진한다는 것은, 우리가 전에 어디에 건축을 했었다는 것 보다는 다른 어느 곳에 건축을 할 것인가에 대한 문제인 것이다.

자연 지형의 보호

친환경 녹색지역에 허용된 개발영역에는 부지 내 시설 및 조성을 최소화해야 한다. 다양한 법규와 기준이 이러한 요구조건에 대응하고 적용되고 있다 해도, 건물 주변 12m, 보도와 도로 인접 4.5m 내에는 그러한 시설과 조성을 제한하는 것에 대다수가 동의하고 있다.

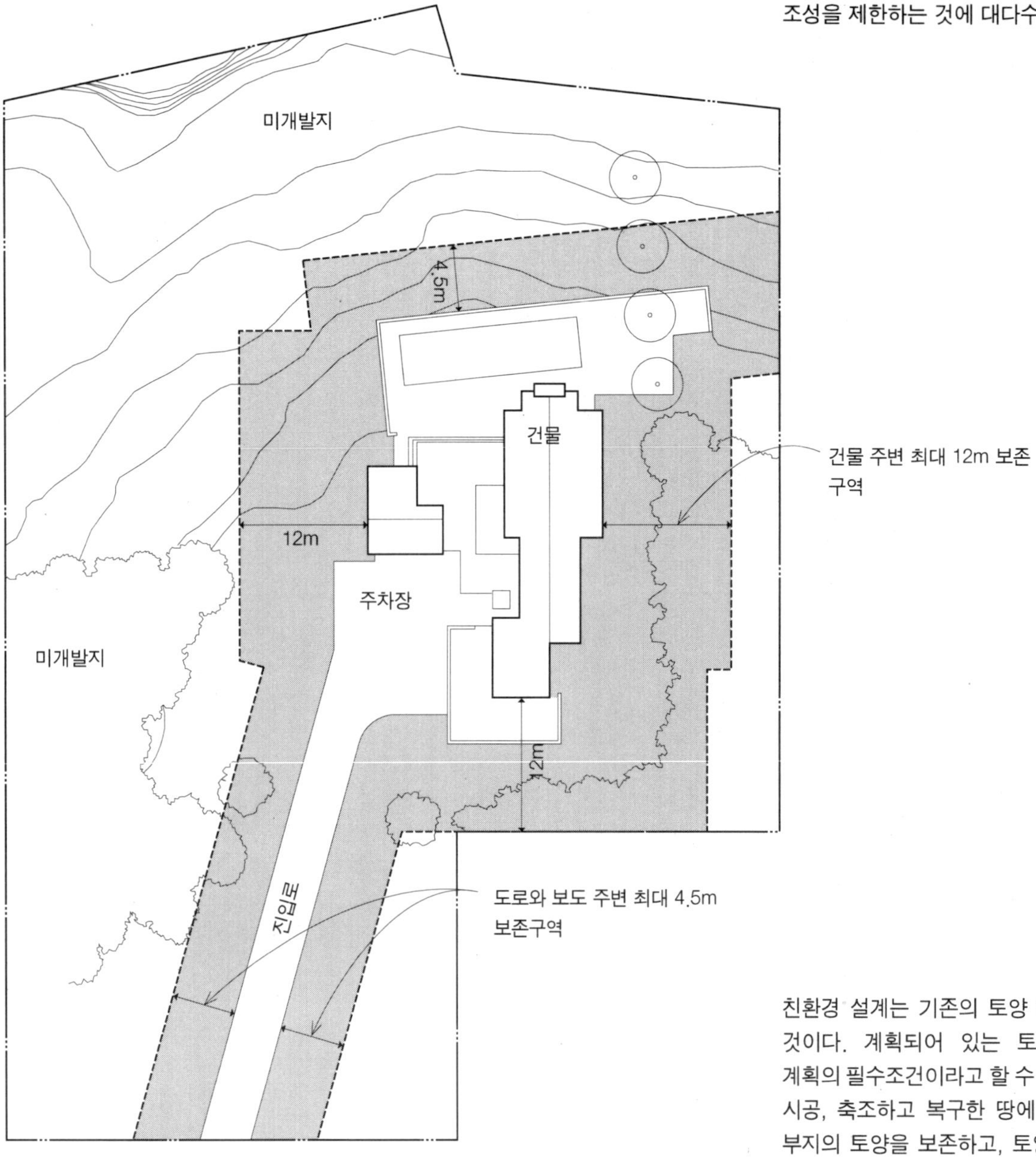

4.11 녹색지대의 친환경 보존구역 한계

친환경 설계는 기존의 토양 환경 보호방안을 모색하는 것이다. 계획되어 있는 토양보호계획은 친환경건축계획의 필수조건이라고 할 수 있다. 여기에서의 전략들은 시공, 축조하고 복구한 땅에 다시 식재하는 동안에 그 부지의 토양을 보존하고, 토양을 축조하고 재활용하며, 복원하는 것이고, 성토와 주차장 구역의 세심한 시공계획을 수립하고, 시공 중에 토양 유실과 풍화를 방지하기 위한 수량파악을 하는 것 등을 포함하고 있다. 필요에 따라 외부에서 부지로 유입한 표토는 관심대상 부분에는 시공하지 않아야 한다.

식생의 보호와 식재의 재조성은 또한 그 이산화탄소의 흡수 특성의 기반을 마련하는 것으로 바람직한 것이라고 할 수 있다.

열섬화현상의 완화

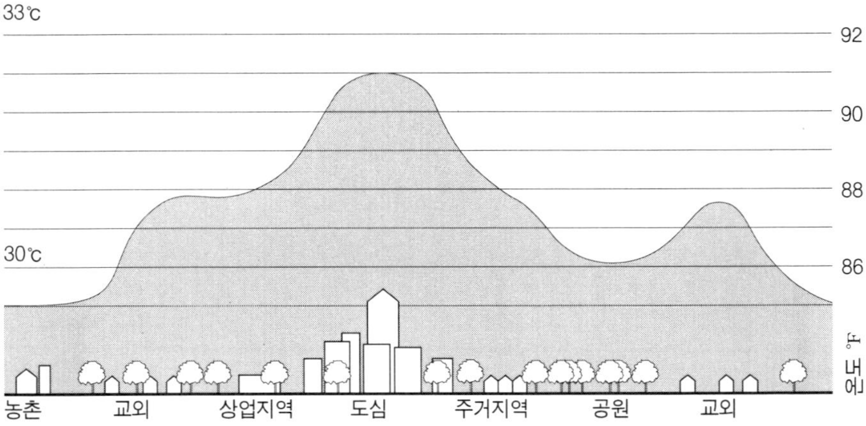

4.12 열섬화란 특히 도시지역의 건물이나 포장 등으로 온도가 상승해서 만들어 진다.

열섬화 효과는 도시지역의 건물과 포장 등으로 인해 유입되는 태양열을 흡수하고 보유하고 있는 것을 말한다. 이 열이 주변 환경으로 퍼져나가게 되면, 농촌이나 녹지대 같은 곳 보다 온도가 더 높은 곳이 형성되어 상대적으로 특별한 열섬이 만들어지게 된다. 열섬효과는 건물에서 사용하는 에너지와 건물들이 열을 배출시키는 바람통로를 방해하게 되어 더욱 심해지게 된다.

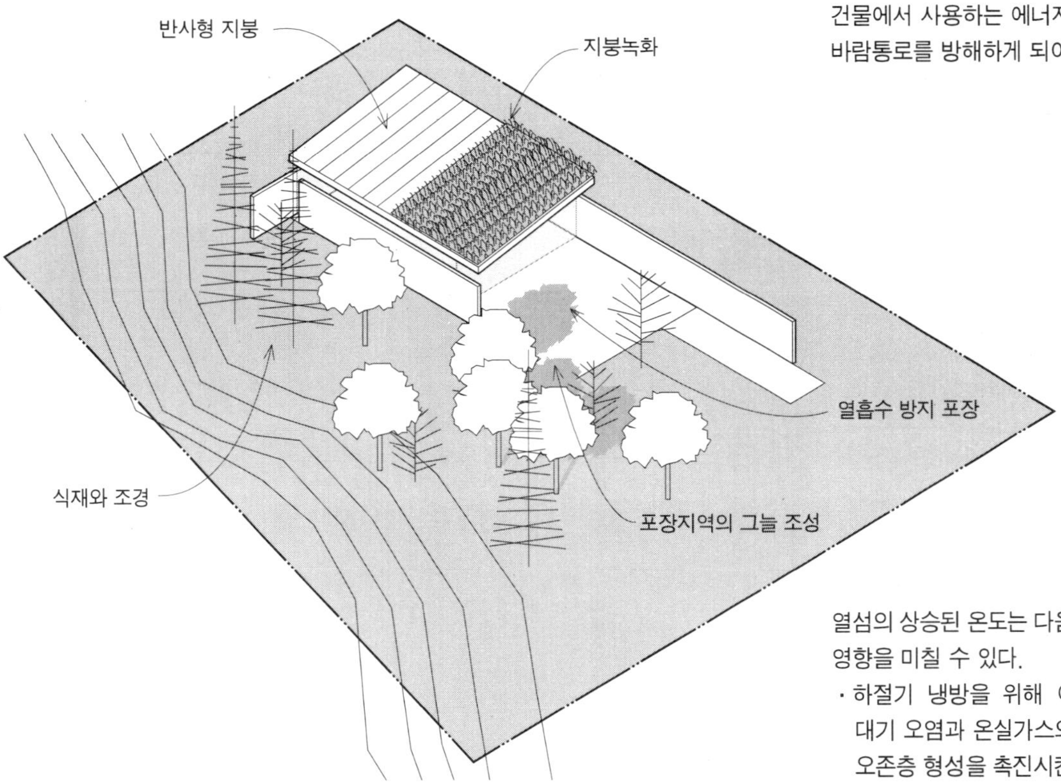

4.13 열섬화 현상을 완화시키기 위한 방법으로, 태양열 반사효율이 높은 밝은 색 지붕으로 하고, 옥상녹화를 하는 것 등이 있다. 지붕이 없는 노출부는 열흡수 방지형 포장과 함께 주차장 표면과 여타 포장구역에 식재를 하거나 식물로 녹색 그늘을 만드는 것 등이 있다.

열섬의 상승된 온도는 다음 여러 가지 측면에서 공동체에 영향을 미칠 수 있다.

- 하절기 냉방을 위해 에너지 소비가 증가하게 되면 대기 오염과 온실가스의 배출을 증가시키고 지상부의 오존층 형성을 촉진시킨다.
- 온도의 증가는 열적 피로감과 열 관련 사망에 이르게 한다.
- 과다한 하수배출에 의해 열기가 흘러나가면 하천, 강, 호수의 수온을 높여 물생태계에 혼란을 일으킨다.

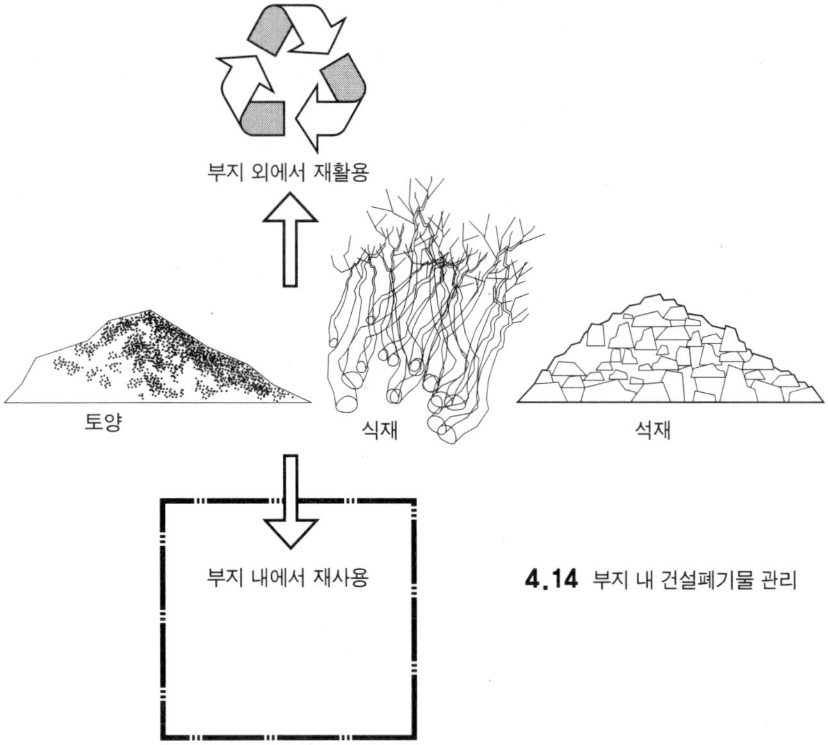

4.14 부지 내 건설폐기물 관리

금지: 부산물을 매립지 이송

부산물의 습지 등의 환경적
관심대상구역으로 이동

부지 내 폐기물 관리

시공을 위한 부지의 준비작업에서, 시공자재가 부재로 반입되기 전에 많은 쓰레기가 발생한다. 이 부지 쓰레기는 자갈, 흙, 식물 등과 같은 것들이다. 친환경건축 계획에서 매립하거나 주의 깊게 다루어야 할 대지로 운반되는 곳에는 그러한 쓰레기가 정리되어야 한다. 이를 위한 전략으로는 부지 내에서 자재로 재사용하거나 부지 외로 반출하여 재활용 할 수도 있다. 이와 함께, 위험한 쓰레기들은 환경적으로 신중하게 처리할 필요가 있다. 친환경건축 계획에서는 건물부지 폐기물에 대한 계획을 수립해야 한다. 이 계획에는 건설자재 폐기물 관리계획을 포함하여 추후 논의될 수 있도록 한다.

미국의 이산화탄소 평균 배출량

운송수단	1인, 1마일 당 CO^2 양(파운드)
차(1인 승차)	0.96
버스	0.65
통근 전철	0.35
자전거, 도보	0.00

4.15 교통형태에 따른 이산화탄소 배출량의 차이

교통처리 문제

부지 선정은 그 자체 뿐 아니라, 교통처리 방식과 궁극적으로는 교통에너지의 사용 및 공해에 영향을 미치게 되고, 그러한 결정들은 보다 친환경적 교통방식을 결정할 수 있게 된다.

신중한 부지계획은 저공해 방식의 교통을 처리하는 시설들을 결합시켜 수립한다. 자전거 주차장을 설치하고, 자전거를 보관하고 수리하는 시설들을 포함시키며, 이를 이용하는 보행로를 설치해주는 것과 같은 사례들이 적용된다. 보행자와 자전거이용자의 안전은 보행과 자전거 이용을 촉진시키기 때문에, 보도의 설치, 자전거 전용로 및 단지 내에 교통신호의 설치 등에 대한 요구도가 높다.

LEED의 자전거 장려는, 자전거 거치대의 신뢰성 여부에도 불구하고 전형적인 친환경 기준요건이 되고 있다. 여기서 신뢰성이란 자전거 이용자들이 통행 후 씻고 옷을 갈아입을 기회를 가질 수 있도록 샤워 및 탈의실이 갖추어져 있는지 여부를 포함하고 있다.

효율적인 전동차 교통수단은 고효율 자동차, 카풀차, 저탄소배출차량, 경차 등을 위한 우선 주차를 제공하는 것으로 효과를 얻을 수 있다. 전기충전소 설치는 전기차의 사용을 증가시킬 수 있다.

대중교통에의 인접성 또한 교통 효율을 증진시킨다. 이는 주차공간의 수를 제한할 수 있는 가능성을 주고, 부지의 포장 범위를 줄일 수 있게 한다.

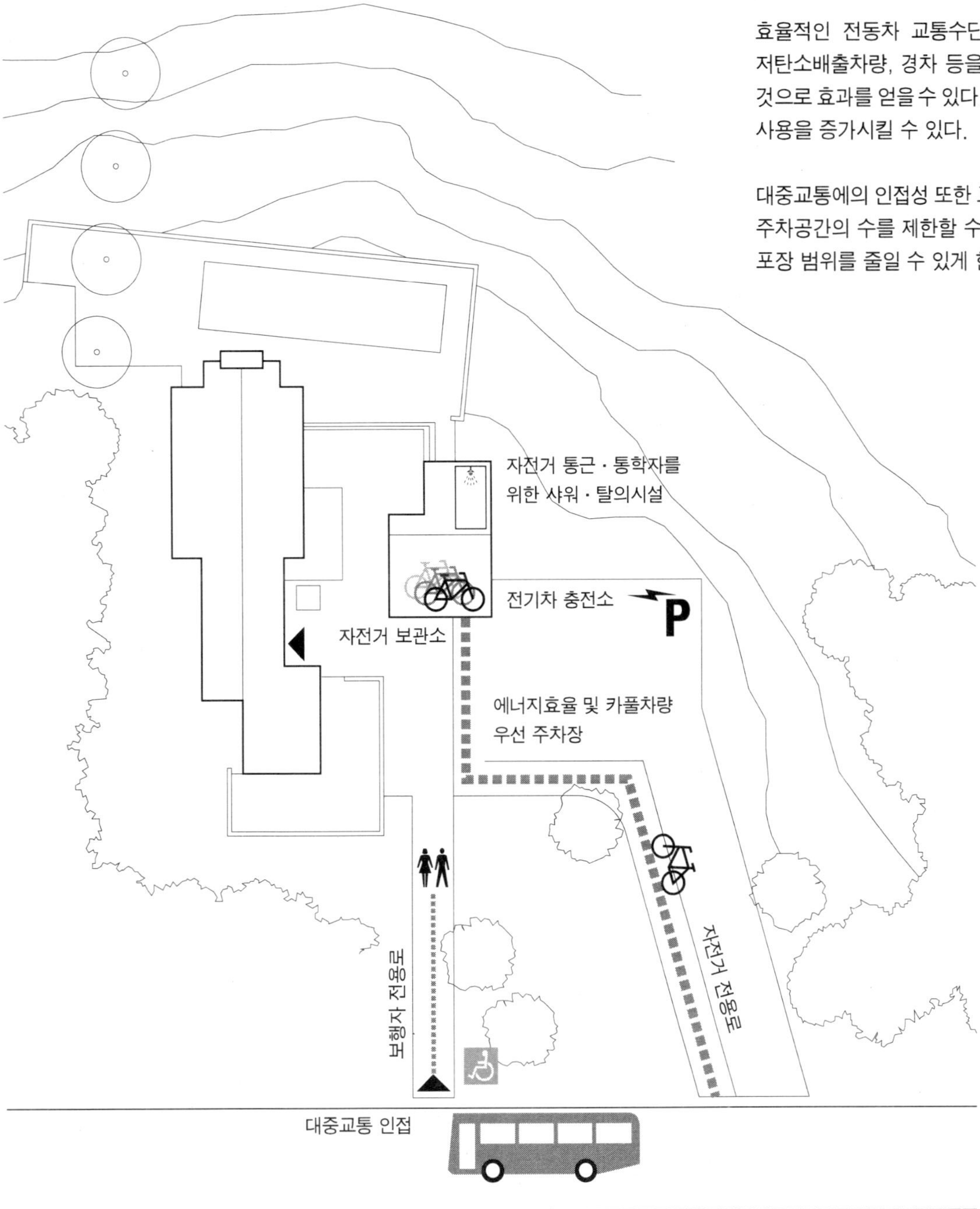

4.16 저공해 교통방식의 수용촉진을 위한 방안들

빛 공해의 최소화

빛 공해는 외부 환경으로 인공조명이 유입되는 것을 말한다. 그 영향은 꽤 큰 편으로, 빛 공해는 밝음과 어두움 그리고 생활리듬의 자연스러운 일상패턴을 혼란스럽게 한다. 즉 동식물과 인간의 24시간 주기에 따른 수면환경을 저해하고, 식물의 정상적인 성장을 방해하며, 야행성 야생생물의 서식을 침해한다.

빛 공해는 또한 시야확보와 밤하늘, 별, 우주의 관찰에 방해가 된다. 이는 빛 침해의 원인이 되는데, 하나의 영역에서 다른 영역으로의 빛 누출과 이웃 간의 갈등과 같은 폐해를 일으킬 수 있다. 이는 운전자에게 눈부심과 일시적 시야차단과 같은 안전문제를 일으키기도 한다. 빛 공해는 환경적 그리고 경제적 영향에 관련된 요인에 의해 에너지 낭비가 되기도 한다.

경비목적의 야간 조명은 실제로는 안전의 위험을 증가시킬 수도 있다. 외부 조명이 안전감을 만들어줌에도 불구하고 연구에 의하면 야간 조명이 범죄율을 낮추지는 못한다는 것이다. 야간의 빛이 불법 행위의 흔적을 보여주지 못하게 하고, 모든 동영상 감지기에 남겨지는 빛은 단지 하나의 신호로만 작용할 뿐이고 주저하게 하는 효과 정도를 갖게 된다. 외부 조명은 어떤 영역에서는 눈부심의, 다른 영역에서는 그늘의 요인이 되게 해서 침입자의 방패막이가 되어 줄 우려도 있다.

4.17 야간조명이 여러 외부환경에 미치는 영향요인

빛 공해를 줄이거나 제거하기 위한 전략으로는 외부를 향하거나 하늘로 향하는 것 보다는 오히려 초점 조명을 아래로 향하게 하고, 빛 누출을 최소화 할 수 있는 조명기기의 설치 등이 있다. 다양한 여러 가지의 디자인적 선택방안 또한 빛 공해를 줄여주는데, 높은 기둥에 설치되는 조명 대신 통행로 위주의 특성화 된 조명과, 벽이나 담 상부에 설치하는 것 보다는 기둥 상부에 조명을 설치하는 경우 등이 있고, 공원이나 건물 외부공간 같은 쾌적함을 주기 위한 공간에는 본 건물 주변에 인접시키고 집중시킨 조명방식을 선택하고, 조명 높이를 좀 낮추는 디자인과 상향 조명을 없애는 계획을 한다. 동영상 감지와 같은 특징적인 곳에는 대부분 외부조명을 꺼 놓도록 한다. 설치 전략으로는 조명기기를 하단으로 향하게 하고, 동영상 감지기나 타이머 등을 설치하여 지연시키는 등의 외부조명 조절기능을 수행한다. 또 다른 선택사양은 가능한 한 외부조명을 제거하는 것이 있다.

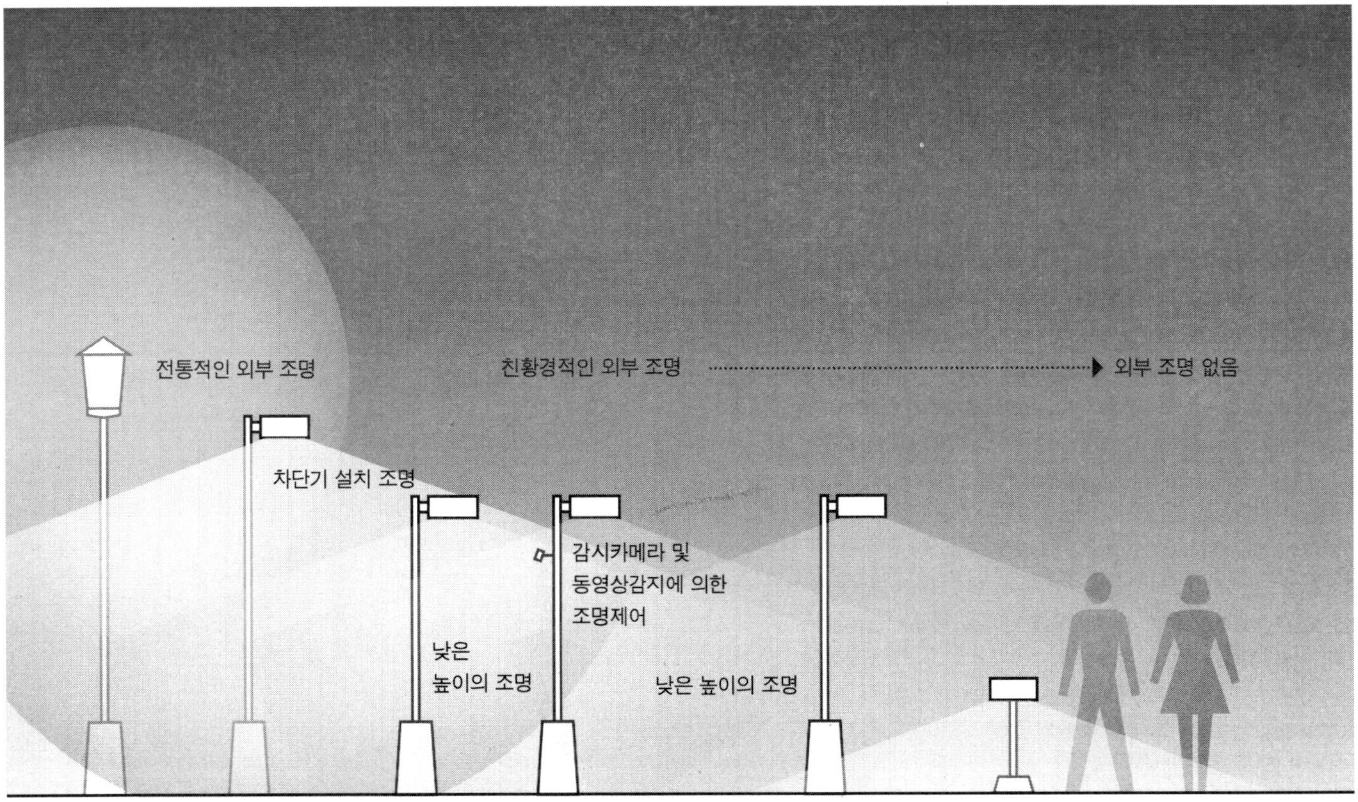

4.18 야간 조명의 영향을 줄이기 위한 여러 가지 조명방식

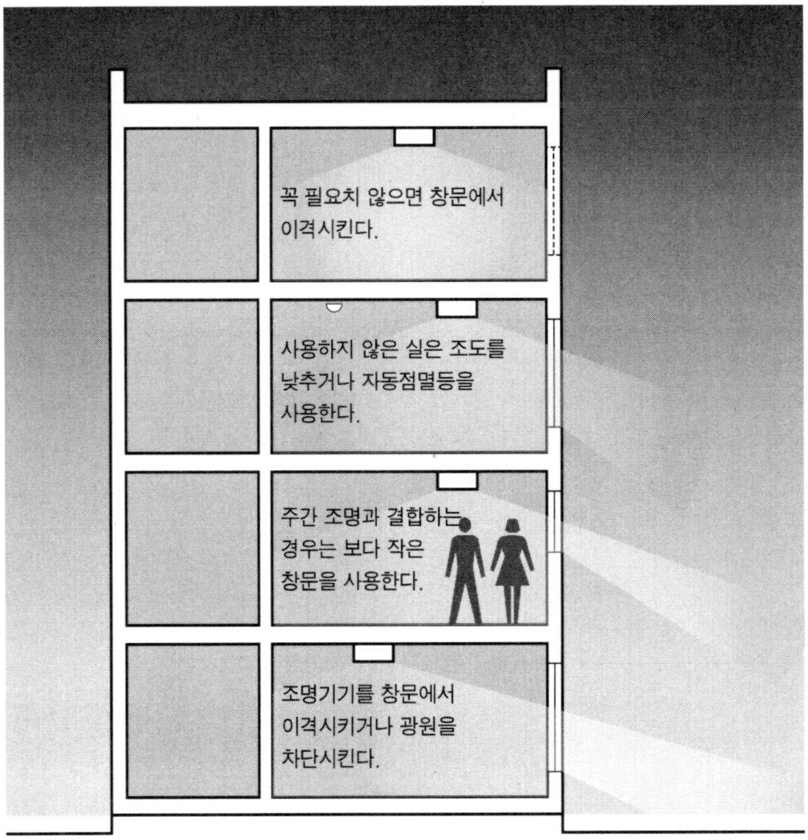

관련된 문제로 내부에서 외부로의 빛 누출에 관한 것이 있다. 이러한 문제의 해결에는 야간에 불필요할 때에는 자동소등 조절장치를 설치하고, 늦은 밤 시간에는 실내조도를 낮추고, 계단실이나 다용도실과 같이 창문이 꼭 필요치 않은 곳은 없애며, 조명과 창문의 상대적인 배치를 적절히 하고, 창문 주변은 조명을 줄이고, 조명기기에 차단장치를 하고, 외부로 향하는 빛을 차단하도록 한다.

4.19 건물 내부공간에서 외부로 빛 누출을 줄이는 방법

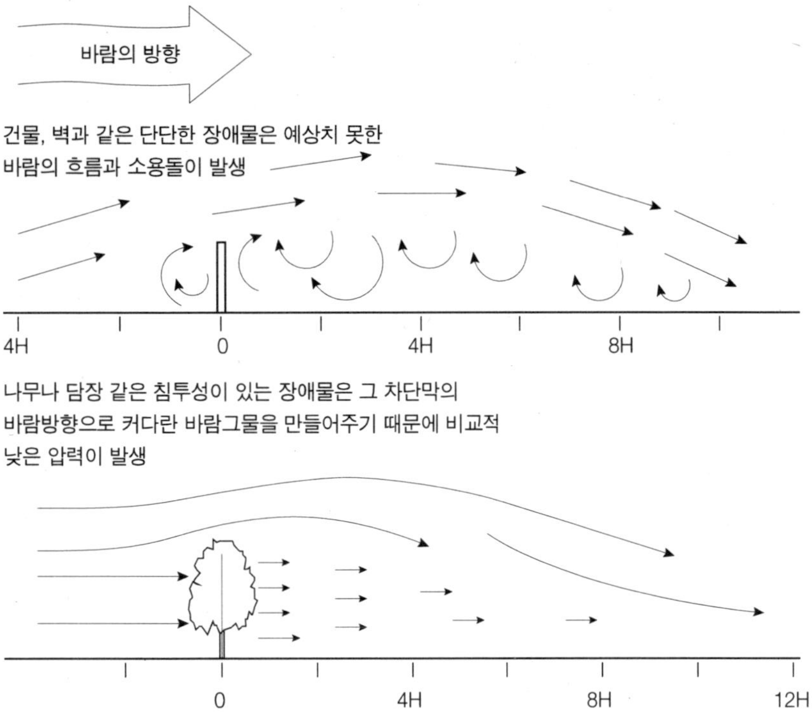

4.20 방패가 되는 나무, 구조물, 담장 같은 것들은 벽으로 가는 풍속을 줄여준다. 최대 풍력 감소효과를 얻으려면 차단막 높이의 5-8배 사이가 좋다.
H : 장벽 높이

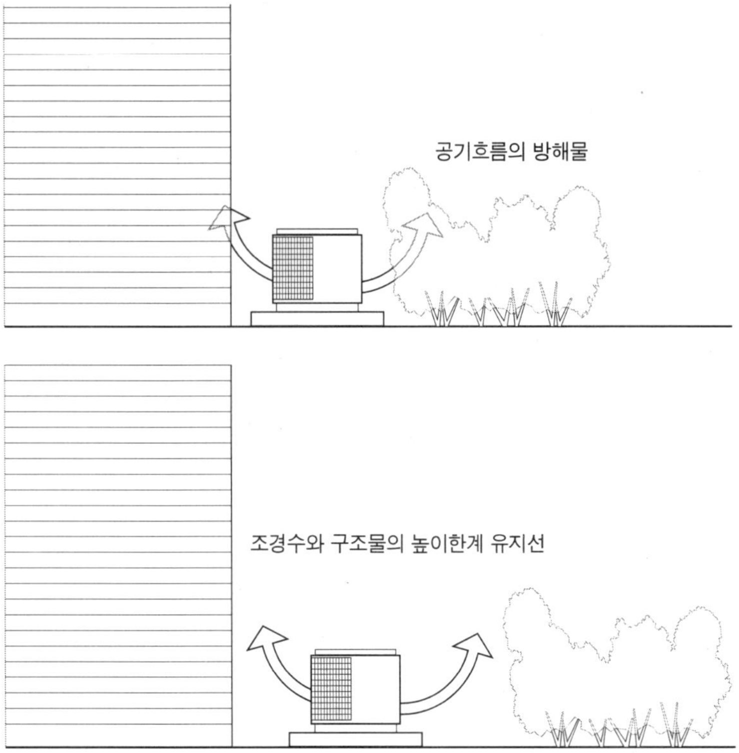

4.21 히트펌프 및 에어컨 응축기 주변 공기흐름의 장애물인 식재, 벽 등과 기타 방해물은 에너지 사용량을 증가시킨다.

부지 전략과 에너지 사용

부지선정은 에너지 사용에 주요 영향요인이 된다. 노출된 언덕 위에 있는 보호되지 않은 건물은 나무나 인접 건물에 의해 보호된 건물에 비해 에너지 사용량이 더 많다. 이는 겨울에는 바람이 건물의 열을 빼앗아 가고, 여름에는 외기를 건물 내로 유입시키게 되기 때문이다. 노출된 건물을 컴퓨터 시뮬레이션 해보면, 차단효과를 잘 활용한 건물이 약 12%의 에너지 절감효과가 있음을 알 수 있다. 스코틀랜드에 있는 오피스빌딩에 식재를 활용한 차단전략의 연구 결과 매년 4%의 난방에너지 절감효과를 확인했다.

식재에 덧붙여서, 바람을 차단하는 것은 인접건물, 주차장, 헛간, 담장, 보호벽, 경사지, 덤불과 관목 등과 관련된 것들을 설치함으로써 실행할 수 있다.

게다가, 낙엽수로 태양을 가리게 한 건물은 여름에는 태양열을 줄여주는 반면 겨울에는 태양열을 더 받게 해준다. 다양한 연구를 통해 약 18%의 냉방부하를 절약하게 되는데, 이에는 얼마나, 어디에 나무를 많이 심었는지에 따라 달라지며, 또 바람을 막아서 열을 보존할 수 있게도 한다.

배치계획은 조경과 자연경관 등에 관한 것으로만 이루어지지 않는다. 건축물에는 종종 에어컨의 실외기, 냉각탑 및 패드장착 변압기 등과 같이 대지 내에 외부 장치물이 요구된다.

건축물과는 달리, 에어컨과 히트펌프, 냉각탑, 변압기 등은 식재나 구조물에 의해 방해 받지 않을 때 더욱 효율이 높아진다.

에어컨과 나아가 건물에 난방을 공급하는 시스템이 히트펌프의 경우에는 문제가 명확하다. 야기에는 세 가지의 확실한 리스크가 있는데, 그 중 어느 하나나도 그 시스템의 에너지 사용량을 20% 이상 증가시키는 요인이 된다.

- 식재나 다른 장애물에 의한 공기 차단
- 먼지나 공해에 의한 열교환기의 오염
- 배출공기의 재순환

첫 두 개의 리스크는 공기의 흐름을 줄여서 열전환효과를 감소시킨다. 이 감소된 공기흐름은 압축기가 작동해야 하는 것을 방해해서 냉각기 압력을 증가시키게 되어 결국 전기사용을 증가시키게 된다. 실외기를 기밀성 유지를 잘 하려고 하는 시도를 할 경우, 실외기가 건물에 너무 가깝게 위치하거나 또는 수풀로 둘러싸여지는 경우가 생긴다. 수풀이 무성해지고 열교환기가 오래되면 나뭇잎 등에 덮이게 되어 전기소비가 상당부분 증가하게 된다. 이러한 실외기와 건물이나 식물 방해물 간의 간격을 적절히 하는 것이 문제발생을 줄여준다. 이 실외기들에 연결되어 있는 호스보호대를 설치하고 깨끗하게 유지시킨다.

세 번째의 리스크는 좀 다르지만 결과는 마찬가지다. 에어컨 응축기는 실내의 열을 외부로 공기를 배출하기 때문에, 응축기에서 나온 공기는 뜨겁다. 난방 모드로 작동시킬 때는 상대적으로 히트펌프와 같은 작용을 하게 된다. 실외기가 외기로부터 열을 끌어들여서 내부로 열을 공급해 주며, 실외기에서 배출된 공기는 차가워진다. 난방이나 냉방 시에, 이렇게 공기가 재순환하고 응축기로 다시 유입되면 전력소비가 매우 증가하게 된다. 따라서 출입구 하부나 계단 밑 또는 둘러싸인 정원 등과 같이 폐쇄되거나 부분적으로 둘러싸여진 곳에 실외기를 설치하는 것은 공기의 재순환이 일어나게 되고 에너지 사용을 증가시키게 되는 것이다.

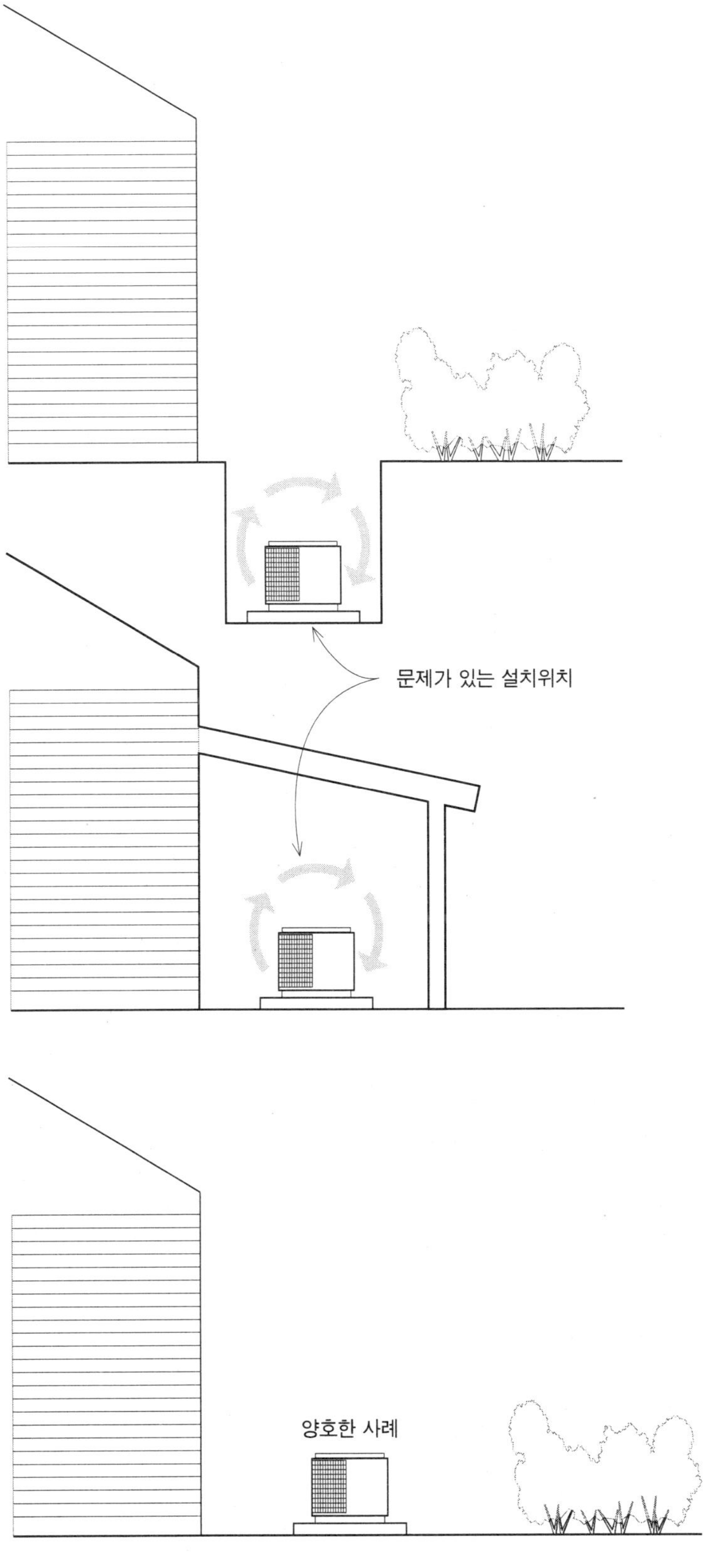

4.22 히트펌프와 에어컨 실외기는 에너지 사용량을 증가시키기 때문에 배출공기가 기기에 다시 되돌아오는 위치에 놓여져서는 안 된다.

부지 내 물의 보존, 관리 및 질적 강화

개발부지와 분리된 완충지대를 조성해서 물과 습지 자체를 보호하는 데에 덧붙여서, 친환경계획은 태풍과 홍수 유출과 같은 환경침해적 영향을 완화시키고 부지 내의 음용수를 외부공간에서 사용하지 못하게 억제하는 것을 목표로 하고 있다.

불침투성 포장, 건축물과 기존의 폭우배출 시스템은 자연적인 물순환에서는 고속의 관통경로를 조성하게 되고 우수가 토양으로 침투하는 것을 막게 된다. 이는 토양 유실, 서식지 손상, 홍수, 수질오염, 다공침투에 의한 수자원 고갈 등과 물 자체의 물리적·화학적 기능 저하 등을 포함하는 문제발생의 요인이 된다. 동시에, 부지로 통과하게 되는 물을 사용하는 것은 관개나 분수와 같은 목적을 위해 식수를 사용하게 되어, 흘려버리는 유출수의 양이 증가하게 되고 이와 관련된 문제들을 더욱 악화시키게 한다.

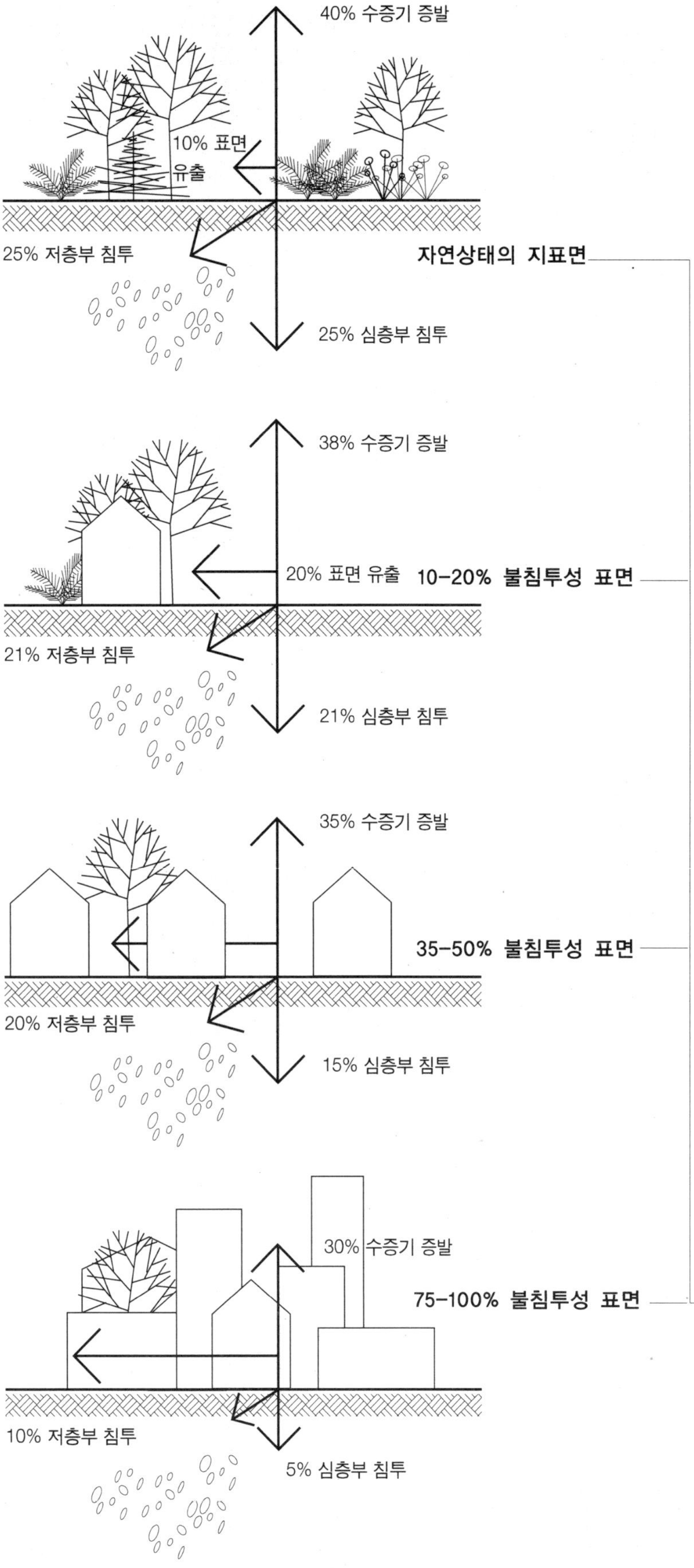

4.23 물순환체계의 변화는 도시화 정도와 관련이 있음을 보여준다. 자료 : 환경보호국 Environmental Protection Agency

강우 유출의 양적 전략

여기서 유출(runoff)이란 강우 하수시스템에 부담을 증가시키고, 홍수의 위험을 높이며, 물 흐름에 의해 침식이 발생되는 포장된 표면에서 폭우의 흐름을 말한다. 유출은 동일한 경로를 따라 표면의 오염물들을 이동시키고 운반한다. 유출은 또한 자연적인 물순환 시스템을 통한 강우의 순환을 저지시킨다. 이 얼마 안 되는 물 만 지표수의 다공질 흙층을 통해 토양 속으로 침투하고, 강우가 지표층과 심토층을 통해 걸러지게 될 때 발생하는 여과작용이 줄어들게 된다.

외벽 면에서 내부로 움직임에 따라, 부지 선정에서는 대중교통과 무동력 교통수단을 최대화 하고, 지역 공동체와의 연계와 경제적인 개발에 의해 부지 내의 주차공간 요구를 최소화함으로써 주차포장의 필요성을 줄일 것을 검토한다.

유출량 감소를 위한 또 다른 전략으로는 침투성 포장과 다공질 아스팔트, 침투성 콘크리트, 그리고 잔디 등 식재조경 등과 같은 침투성 마감으로 기존의 불침투성 포장을 대체함으로써 부지 내 침투능력을 증가시킨다.

유출량 감소의 다른 방법은 부지 내에 우수를 저장하고, 관개나 화장실용수 등 식수목적이 아닌 곳에 강수를 재사용 하는 것 등이다.

결과적으로, 목표는 가능한 한 많은 물을 부지 내에 확보하기 위해 사전에 개발한 물의 양과 비슷한 정도의 양을 개발 후에도 유지하도록 하는 것이다.

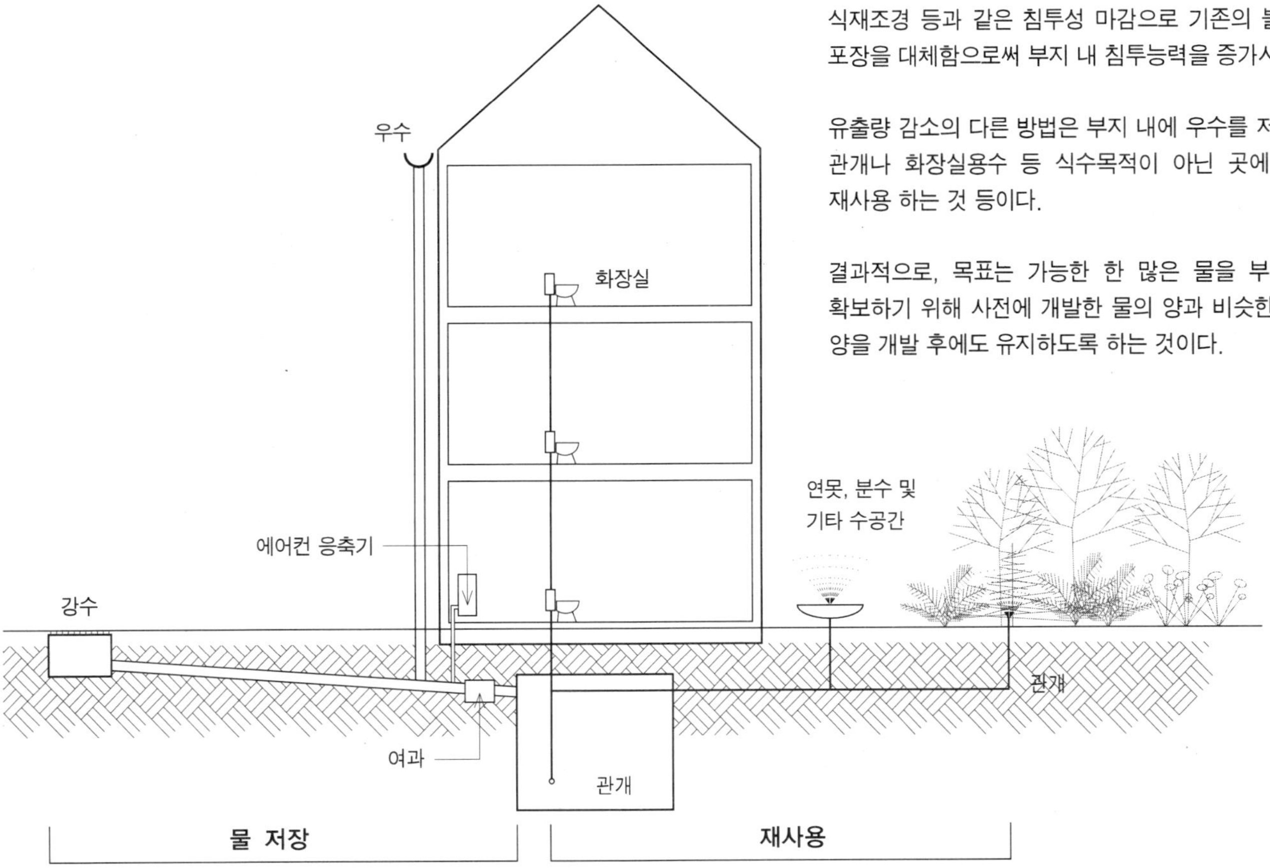

4.24 물의 저장과 재사용을 통한 유출수 양의 절감

강우 유출의 질적 전략

여기서는 강우 유출의 양적 절감방안 뿐 아니라 질적 향상의 문제도 검토해야 한다. 재사용을 위해서는 부지 내의 수질을 증진시키면 강, 호수, 바다와 같은 부지 외의 유수(流水)의 질도 향상되는 혜택을 볼 수 있다. 이렇게 좋아진 수질은 인간의 물소비와 사용 뿐 아니라 자연서식지에 있는 동물과 식물계도 덕을 보게 된다.

수질은 이미 수량의 조절을 통해 부분적으로 개선되어져 왔다. 강우 유출의 양과 유속이 줄어들게 됨으로써 살충제, 중금속, 기름과 윤활유, 생물 폐기물, 쓰레기 및 침전물찌꺼기 등과 같은 오염발생 요인을 줄어들게 된다.

다음 단계는 오염원을 최소화 하는 것이다. 다시 말해, 부지의 설계에 앞서서 부지선정이라는 중요한 단계가 이루어지게 된다. 특히, 대중교통에 접근이 용이한 커뮤니티센터 내에 있거나 인접해서 입지하게 되면 승용차 이용이 줄어들고, 타이어와 함께 부지 내로 유입되는 윤활유와 기름과 같은 오염관련 물질들을 최소로 할 수 있게 된다.

친환경건축물의 부지는 부지 내의 오염원을 최소화해야 한다. 건물 내에서 발생하는 오염원은 13장 실내 환경의 질에 설명되어 있다. 건물을 제외한 부지 내의 오염원으로는 살충제, 제초제, 살균제, 비료, 동물배설물 등과 건물 외부마감과 설비 등의 마감재 등이 있다. 살충제 관리와 유기적인 정원조성 방식 등 각각의 오염원을 설명하기 위한 방안이 수립되어 있다. 친환경 건축물의 과제로는 : 시공 중에, 그리고 건물이 완공된 후에 이러한 방안들을 적용할 최상의 설계 작업은 어떻게 할 수 있을 것인가? 이에는 고도의 독성처리와 마감이 필요치 않은 외부 구조물과 설비 그리고 재료 등을 명확히 할 수 있어야 한다. 그리고 살충제, 제초제, 살균제, 비료 등의 사용을 최소화 하여 조밀한 자연 식재를 통한 조경방안을 권장한다. 일반적으로, 오염원은 가능한 한 줄여서 적게 할수록 좋은 결과를 얻음을 강조한다. 외부 구조물을 더 줄이고 인공조경을 적게 한다는 것은 여러 면에서 화학물질의 수요를 줄이게 됨을 의미한다.

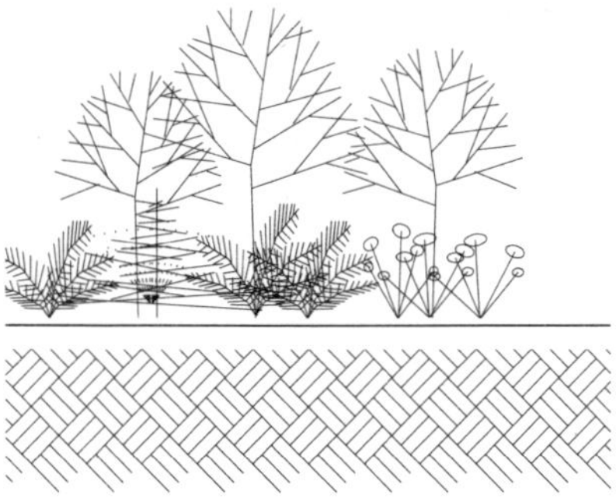

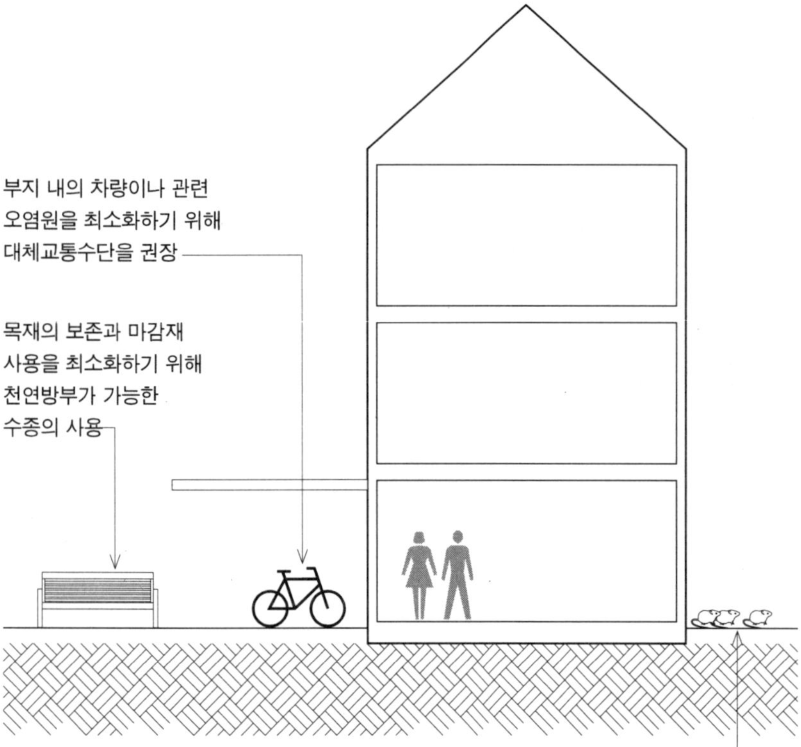

4.25 강우 유출의 질적 향상을 위한 전략

공해의 발생이 불가피할 때는, 표토층에서 심층으로 흘러들도록 함으로써 우수의 여과를 도모할 수 있다.

침전물의 발생과 부착 및 시공 상의 오염 등을 줄이는 데에 특별한 주의를 기울여야 한다. 시공과정은 원래 자재 부스러기나 시공쓰레기가 많아서 오염물 발생량도 많다. 그래서 일시적이긴 해도 심각하고 지속적으로 환경침해 문제가 지속된다.
오염원은 트럭이나 여타 장비에서 콘크리트 세척할 때 등에서 나타난다. 콘크리트는 되도록 부지 외부로 씻겨낸다. 부지 내에서 세척하면, 물과 강우하수를 그곳에 설치된 임시 저수조에 보존시켰다가 처리 시에는 부지 밖으로 배출시킨다. 콘크리트 세척과 쓰레기 처리를 위한 대비방안이 시방서에 제시되어야 한다. 침전용 트랩은 부지 외로 운반되어 나가는 침전물을 보호하는 곳이나 손상우려가 있어 보존되어야 할 구역에 설치된다.

유입수

유입수란 시의 상수경로를 통해 공급되는 식수 또는 통상 지하 다공질 대수층까지 대지에서 연결해서 펌프로 뽑아서 처리된 지하수를 말한다.

유입수를 식수용이 아닌 곳에 사용되는 것을 최소화하는 것이 주요한 목표라고 할 수 있다. 이것은 식수원의 고갈을 줄여줄 수 있고, 펌프의 동력수요를 낮게 할 수 있고, 물의 화학처리를 적게 해도 되며 유실되는 수자원을 줄여준다. 유입수의 사용량을 줄일 수 있는 전략으로는 물의 효율성을 측정하도록 하는 것과 가능하면 언제든 적절하게 처리된 식수용이 아닌 물을 사용하도록 하는 방법이 있다.

최소한의 관개로 충분한 자연초지나 식재로 조경된 부지에서는 식수의 사용량을 줄여줄 수 있을 것이다. 수도꼭지형 관개와 기후조건에 적합하도록 한 관개시스템과 같이 보다 효율적인 관개방식은 소비절감의 주요한 방식이 된다. 장식분수 또한 흐름율을 더 낮추고 수증기 를 발생시키는 연못의 표면적을 적게 하는 것과 같은 방식의 분수를 선정하여 물 사용량을 줄이도록 디자인 될 수 있다. 자동조절과 작동이 가능한 분수도 분수를 전반적으로 정지시킬 수 있도록 하여 물 사용을 줄일 수 있게 한다. 분수의 물 사용을 계량하도록 하면 물의 사용량을 검토하고 조정할 수 있도록 해준다.

물 공급 관개시스템 설치

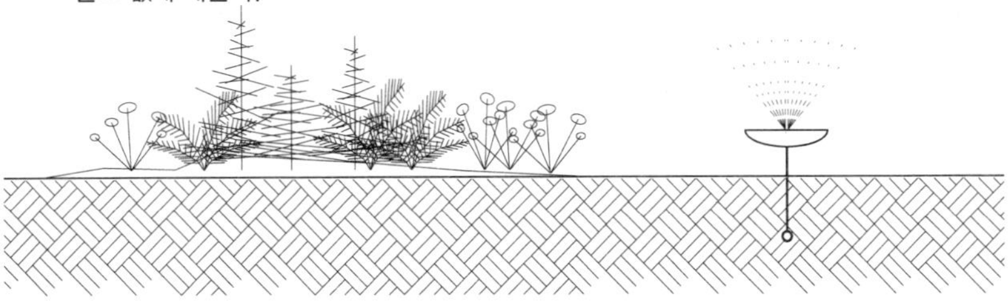

4.26 부지에서 사용하는 물의 유입을 절감하는 방법

옥외의 물이 실내 환경의 질에 미치는 영향

관리되지 않은 지표수는 실내 환경의 질에 부정적안 영향을 줄 수 있다. 곰팡이와 같은 심각한 실내 환경의 질 문제는 종종 건물 내부로 수분의 침투에 의한 높은 습도가 원인이 된다. 이러한 물의 침투는 지붕이나 벽에 떨어지는 우수에 의해서만이 아니다. 그것은 지하수와 같은 내부공간에 침투경로가 있는 지표수에 의한 경우도 있다는 것이다. 이러한 문제들은 건물 거주자들이 알레르기, 오염된 냄새, 곰팡이에 의한 여타의 불쾌한 반응 등으로 고통을 받게 될 때는 이미 해결이 어려워진 것이라고 할 수 있다. 이 문제는 지표수가 건물 내로 침투하는 경로를 차단함으로써 문제발생 이전에 훨씬 쉽게 해결할 수 있다.

침투형 표면이 되면 물이 건물로 침투하지 않고 땅 속으로 스며들게 된다. 지표수를 건물로부터 이격시켜 흐르게 하기 위해 부지를 층을 만들어 거주 층을 형성하도록 한다. 기초의 배수시스템을 만들어 줌으로써 또 다른 거주층을 형성하게 하는데 이때 파쇄 자갈층과 배수매트를 설치하고 그것이 관통되기 전에 지표수를 모아서 건물에서 이격시키기 위해서 배수 파이프를 설치하게 된다. 외부 방수는 거주의 또 다른 층을 형성하게 된다. 내부 방수와 배수는 최종단계에서 선택하게 되는데, 이런 데에 전적으로 의존하지 않는 것이 좋다. 즉, 외부면에서 작업이 끝나도록 하는 것이다. 이는 건물이 완공되고 개발이 정리된 후에 문제를 해결하는 것보다 사전에 문제 요인을 차단하는 것이 훨씬 효과적이라는 것이다.

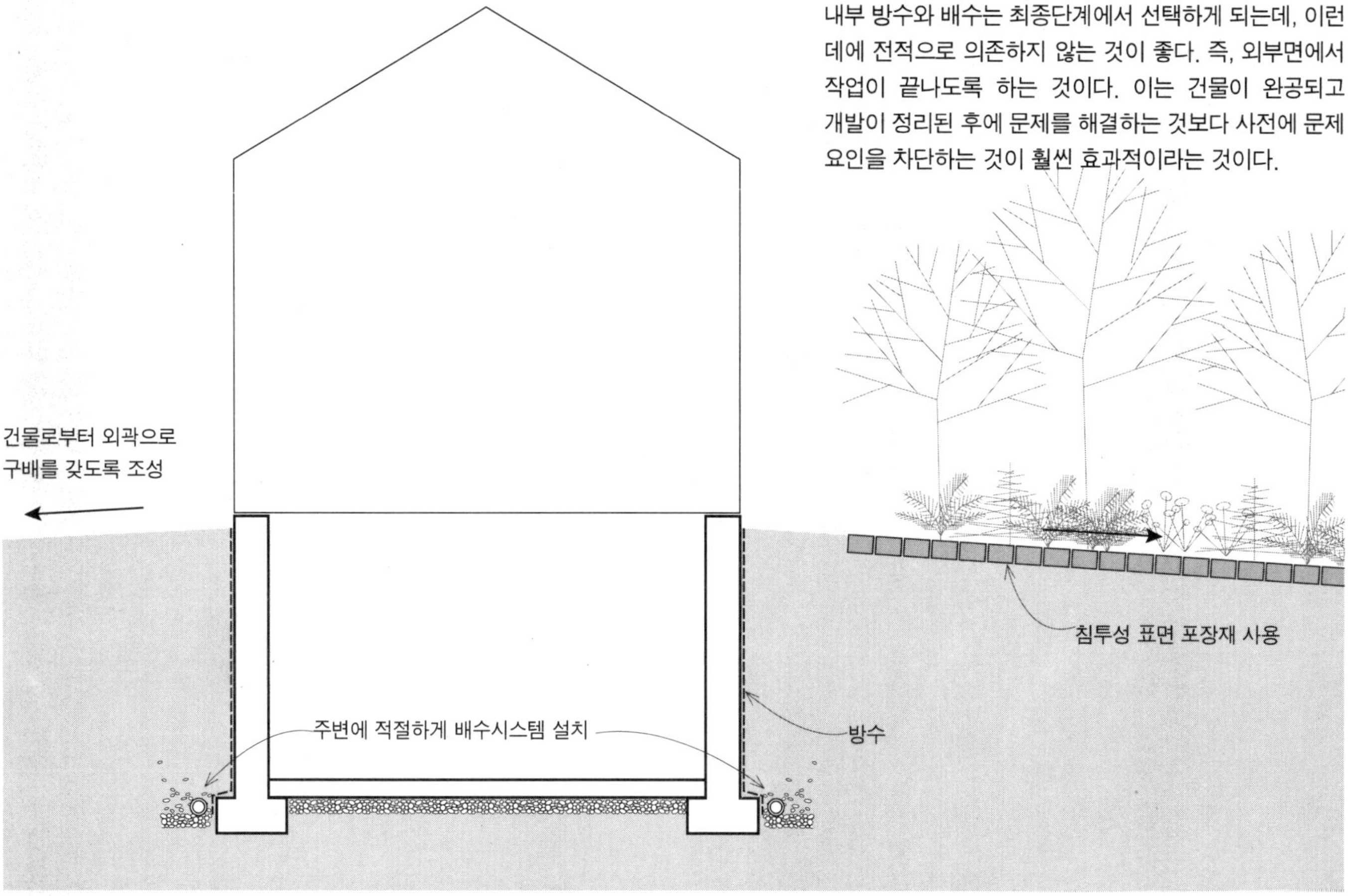

4.27 건물 내부로의 물 침투를 방지하기 위한 전략

기타 부지 내의 문제점

흥미롭게도, 태양과 바람에의 노출에 따른 에너지의 영향으로부터 건물에 그늘을 주거나 보호해주는 나무나 식재 등이 건물에 너무 근접해 있을 경우에는 높은 습도와 여타 실내 환경 의 문제들에 의해 불리한 영향을 줄 수도 있다. 또한 나무와 식재는 그 뿌리와 가지로 건물의 구조를 위협할 수도 있다. 나무덩쿨은 창문을 관통해서 문틀에서 뜯어낼 수도 있고, 건물의 벽과 지붕에 넓게 손상을 입힐 수도 있다. 건물이 이런 식물의 피해로부터 보호받기 위한 완충공간이 필요하고 이 완충부는 하나의 분리된 층이 된다. 한 가지 예외는 옥상지붕을 하고자 할 때인데, 열섬효과를 감소시키고, 강우의 유출을 줄여주며, 공기 중의 독성탄소를 흡수하는 등의 효과가 있다. 옥상녹화의 문제는 7장 외부마감에 기술되어 있다.

친환경적 부지설계는 또한 거주자의 신발에 묻어있는 먼지나 습기 등을 제거하여 건물을 보호함으로써 실내 환경의 질도 높혀준다.

효과적인 방어체계를 개발한다는 것은 건물 자체에 접근해서 자재 식재를 조성하고 자갈 대신에 표면포장재를 활용하고, 모든 출입부에 먼지나 흙을 제거하는 매트를 설치하거나 격자철망을 효과적으로 설치하는 등의 적절한 선택 등을 말한다. 주출입구 외곽면에는 신발을 털 수 있는 영구형 털이개를 설치하도록 한다. 이러한 각각의 것들은 먼지가 건물로 들어 올 가능성을 줄여주고 먼지, 흙과 습기를 거주지 밖에서 처리하게 하는 층을 만들어준다.

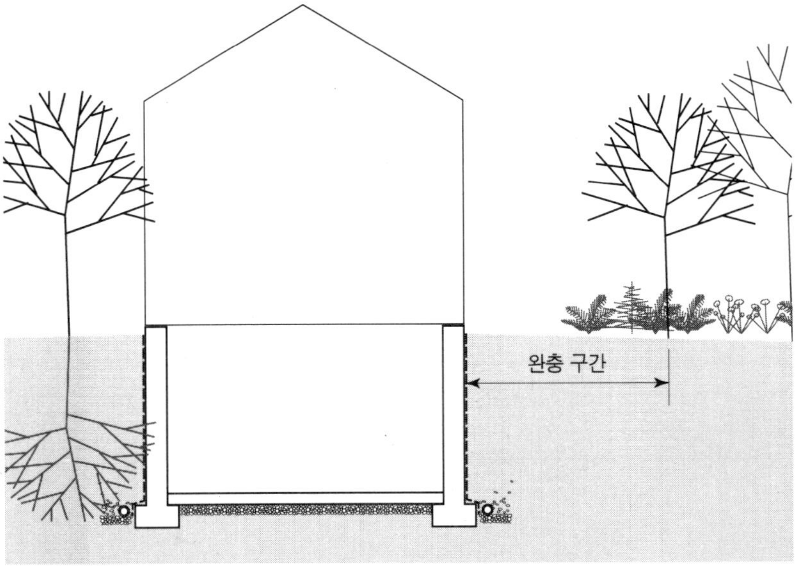

4.28 나무의 뿌리와 가지 그리고 수풀 등이 건물 외벽에 손상을 입히거나 벽을 뚫을 우려가 있으므로 건물과 주변 식재 사이의 완충부분이 필요하다.

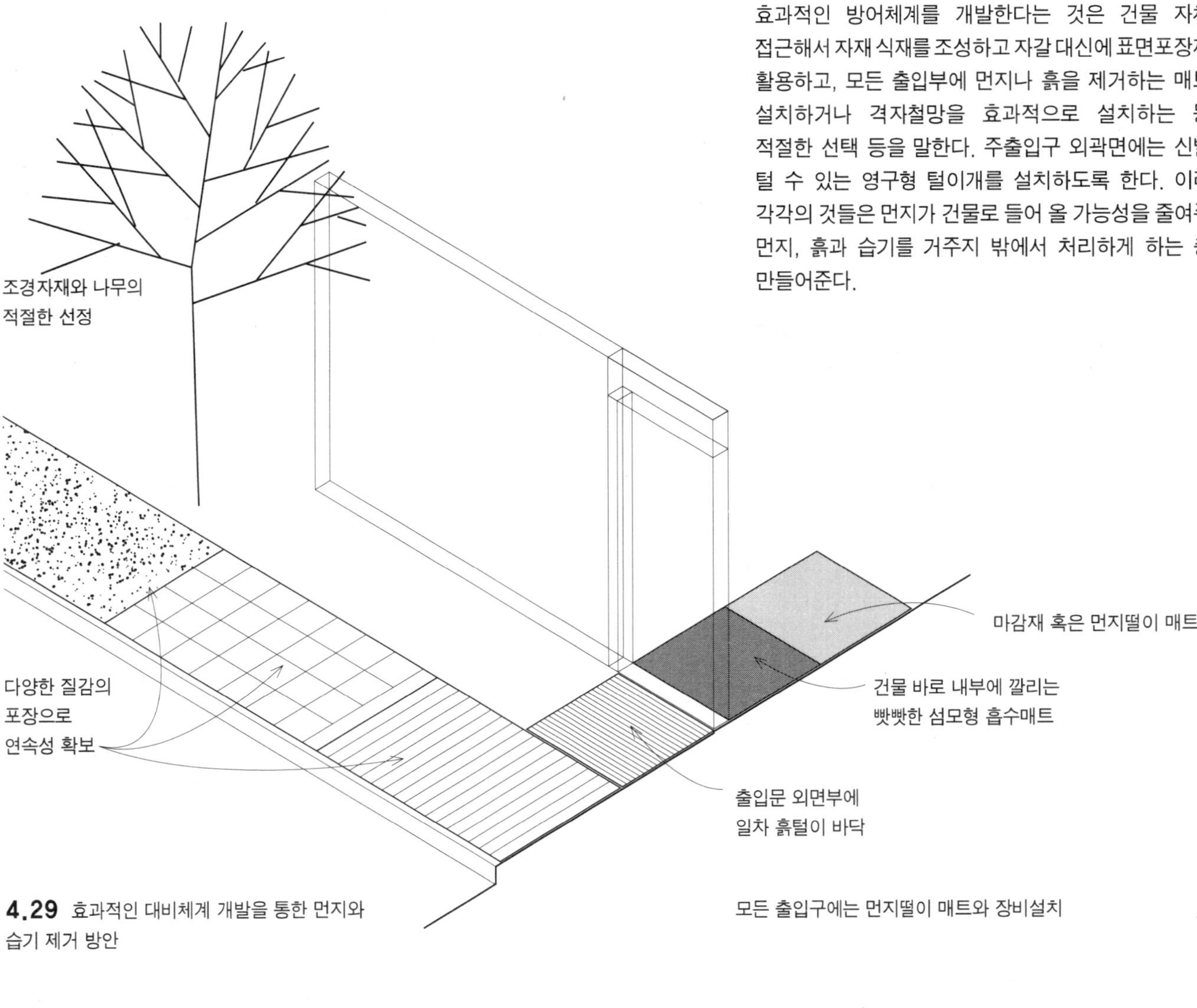

4.29 효과적인 대비체계 개발을 통한 먼지와 습기 제거 방안

폐쇄회로형 지열펌프를 고려 중이라면, 토양상태의 사전 검토를 통해 그러한 히트펌프의 효능이 충분히 평가될 수 있도록 해야 한다. 예를 들면, 지열전환의 성능이 부실하게 되었을 때, 더욱 큰 규모의 우묵하게 형성된 부분이 필요하게 되고 그에 따라 폐쇄회로형 히트펌프 시스템의 가격이 높아지게 된다.

전통적인 잔디밭이 친환경건축의 부지조성에 적절한지의 의문이 생길 수 있다. 잔디는 비료와 살충제와 그 외의 화학물질로 유지관리 된다. 잔디는 건조기후에서는 관개를 필요로 하고 동력을 사용하는 잔디깎이가 필요하다. 바위정원과 자연 식재, 그리고 투수성 포장은 전통적인 잔디마당에 대한 대안을 제공해 준다.

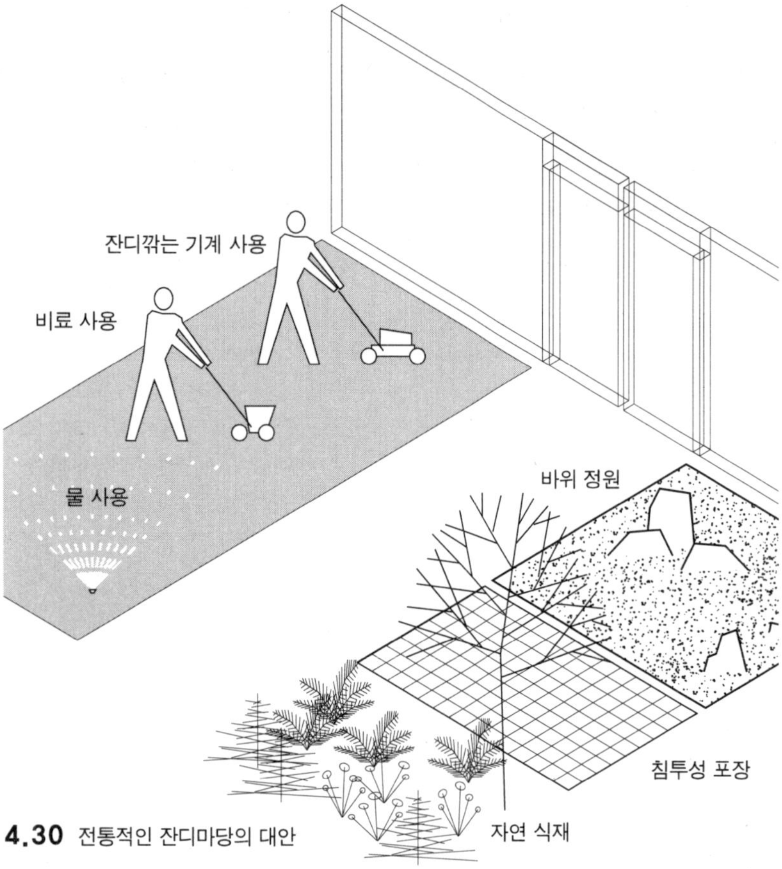

4.30 전통적인 잔디마당의 대안

부지와 재생 에너지

부지를 고려하는 마지막 징표는 재생에너지와 관련된 것이다. 다양한 이유 때문에, 태양열 집열판의 최적 입지는 지붕이다. 그렇지만 지붕이 집열판 설치를 할 수 없는 조건이라면, 그 대안으로 지면에 패널을 세우는 것이다. 집열판을 위한 부지계획에서는 추후에 나무와 인접 건물에 의해 만들어질 그늘을 포함해서 그늘에 대한 검토가 있어야 한다. 식재와 함께 바람으로부터 건물을 차단할 계획을 가지고 있다면, 집열판에 그늘이 지지 않도록 건물에서 충분히 이격시켜 설치되어야 한다.

이와 같이, 풍력발전이 고려대상일 경우에는, 입지가능성 검토에 최적인 시간은 부지선정과 계획단계 중일 경우이다. 지면설치형 집열판과 풍력발전기 또한 땅을 파서 전선작업을 하는 데에 적정한 예산범위에서 간격을 유지하도록 해야 한다. 마지막으로, 지면설치형 재생 에너지 요소들의 경관적인 면이 신중하게 검토되어야 하고 부지설계 과정에서 초기에 스케치 해보면서 비교검토 되어야 한다.

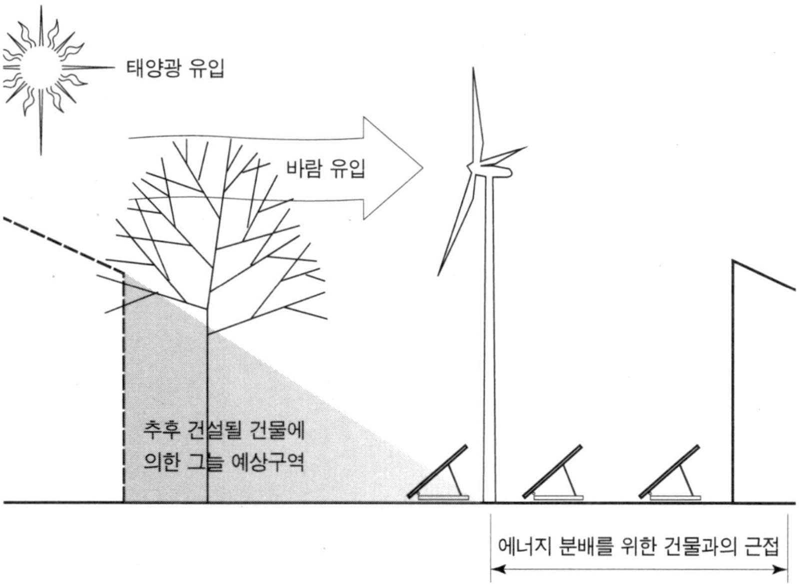

4.31 풍력발전기와 지면설치형 태양열 집열판 설치의 입지성 고려

5
건물의 형상

건물의 형상이란, 만들어지는 전반적인 과정과 그 형태를 의미한다. ─즉, 건물이 입지하게 되는 계획부지─그리고 덧붙여서, 건물의 규모, 높이, 층수 그리고 건물의 전체적인 형태 등을 말한다. 전통적으로 그러한 논의대상의 핵심은 건물의 방위에 있다. 건물이 태양을 향하고 있는지, 거리를 향하고 있는지, 조망은 어떤지 등등이 그것이다. 우리가 방위를 고려하겠지만, 또한 내부 바닥면적과 외부 표면적 등 2가지 기하학적 특징들도 검토하게 된다. 이 두 가지 특징은 에너지 효율과 재료의 보존성, 건물의 적정가격 책정 등에 중요한 영향을 미치게 된다.

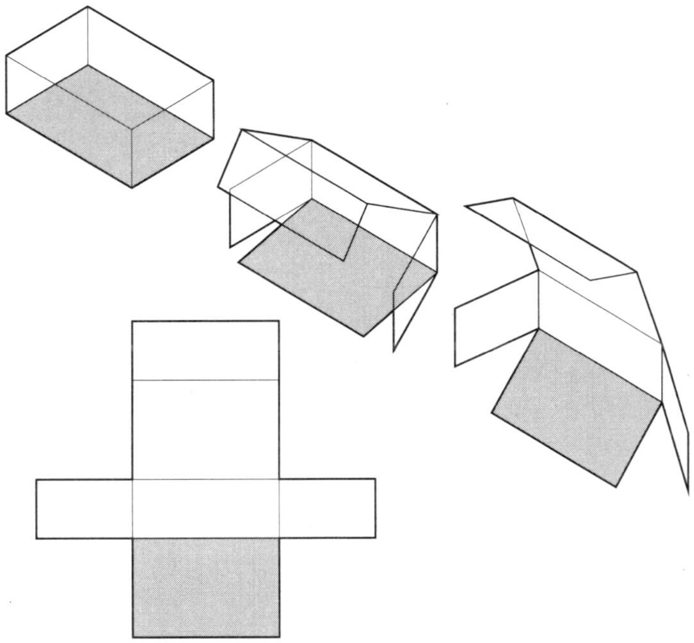

바닥면적

건물의 바닥면적은, 간단히 말하면, 건물이 점점 규모가 커짐에 따라, 구조체를 시공하는 재료가 증가할 뿐 아니라, 난방 · 냉방 · 환기 그리고 규모에 따른 에너지 부하에 대한 요구가 점점 커짐에 따라 재료와 에너지 사용에 영향을 미치게 된다.

문제는 얼마나 건물규모가 되는 것이, 또는 되어야 친환경건축에 적절한지에 관한 것이다. 예를 들면, 미국에서는 주택의 평균 규모가 1973년에 154㎡(약 47평)에서 2008년에는 234㎡(약 70평)으로 50% 이상 증가하였다. 전형적인 미국 주택에서는 일반적인 네덜란드 주택의 거의 2배이며, 일본주택과 비교해서도 2배가 넘는 규모이고, 영국의 거의 3배가 된다. 미국 주거의 규모상 차이가 있음에도 불구하고 모든 국가의 평균거주 인원은 대부분 약 2.5명이다. 건물 규모상 적절하게 축소한다 하더라도, 기능상 충분히 유지관리가 가능하고, 에너지, 자재사용, 시공비 등에서도 실질적인 절감이 이루어진다.

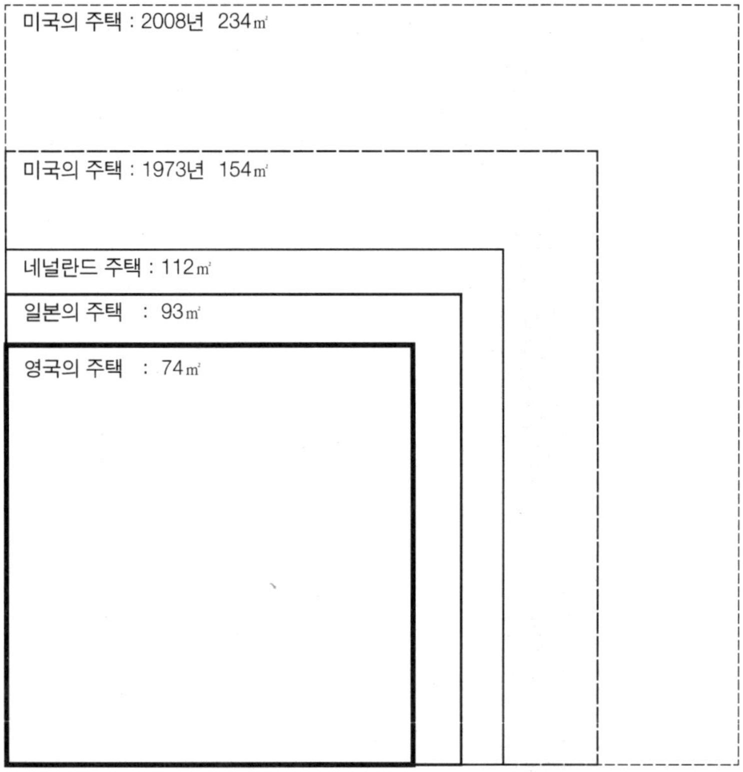

5.01 주택의 평균 규모

LEED의 주거 등급시스템에서는, 주거에 대한 LEED는 건물 바닥면적과 에너지 사용 간의 상관성을 알려주고, 보다 작은 주택에 있어서의 적절한 보상을 위한 등급을 제시한다. 그러나 대부분의 다른 친환경건축 등급시스템은 적정 바닥면적에 대한 등급기준이 없다.

바닥면적에 관한 논점을 단순화 해보면, 단순히 계속 반복하지 않고 자체적으로 증명해 보일 수 있는 것이 무엇인가를 재차 강조함으로써 결론에 도달하게 된다. 건물이 작아질수록 에너지 사용이 점점 적어지고 큰 건물보다 자재의 사용이 적게 된다. 각 실의 규모를 줄이고 거주밀도를 증가시키는 것이 이러한 취지를 해결하는 방안을 해결하는 것이 된다. 하지만 또 다른 선택조건으로는 수납 및 저장 공간의 창조적 활용과 함께 거주조건에 크게 영향 받지 않는 공간들을 열적으로 보호되는 외피 바깥으로 이동시키는 것 등이 있다.

표면적

건물의 두 번째 기하학적 특성인 표면적은 또한 에너지 사용 절감을 결정하는 요인이 될 수 있다. 표면적이라 함은, 외부와 접하는 건물의 외부면을 의미한다. 열기는 동절기에 건물 표면적의 비율에 직접적인 영향을 받고, 그에 따라 건물로부터 빼앗기게 된다. 여름에는, 표면적이 냉방수요에 크게 영향을 미친다. 대부분의 건물에서 에너지 사용은 냉난방에 따라 좌우되기 때문에, 표면적은 건물의 에너지 효율에서 결정적인 영향요인이 된다.

유사한 경우로, 건물표면적의 감소는 외벽과 건물지붕이 자재에 큰 비중을 갖고 있기 때문에 자재의 사용과 건설비용을 현저히 줄여준다.

에너지 사용 측면에서 표면적의 영향정도는 건물 열손실의 주요인인 열교환기반응식에서 확인할 수 있다.

열손실 = (A/R) x (T indoor - T outdoor)
A : 건물의 외부 표면적
R : 열저항계수 (R-값)
T indoor와 T outdoor는 각각 실내, 외 온도를 말한다.

역사적으로, 친환경디자인의 핵심은 열손실을 줄이기 위해 외부 부재와 자재의 열저항성 혹은 R-값을 증가시키는 것이었다. 이것은 감각과 그 작용이 되었다. 그 과정에서, 표면적(A)는 그것이 작동하는 데에 동등한 중요도를 가졌다하더라도 아마 그 가치만큼 관심을 받지 못했을 것이다. 더 나아가, 자재의 사용과 건설비의 증가가 열저항성을 증가시켜주는 것과는 별개로, 표면적의 감소는 열손실을 줄여줄 뿐 아니라 자재사용과 건설비도 줄여준다.

바닥면적의 중요성은 앞서 논의되었다. 현재로는, 건물 바닥 면적이 특수한 건물의 목적에 부합하도록 결정되고 확정된 것이라는 확신이 있으면, 건물 표면적과 바닥면적의 비율에 대한 상관관계가 관심의 대상이 된다. 이것은 하나의 간단한 상관다이어그램을 가지고 상이한 건물형태들을 비교할 수 있게 해준다. 이는 표면적과 바닥면적의 면적비로 결정될 수 있다. 면적비율이 커질수록 단위 바닥면적 당 난방과 냉방에 사용되는 에너지가 점점 더 많아진다는 것을 알려준다.

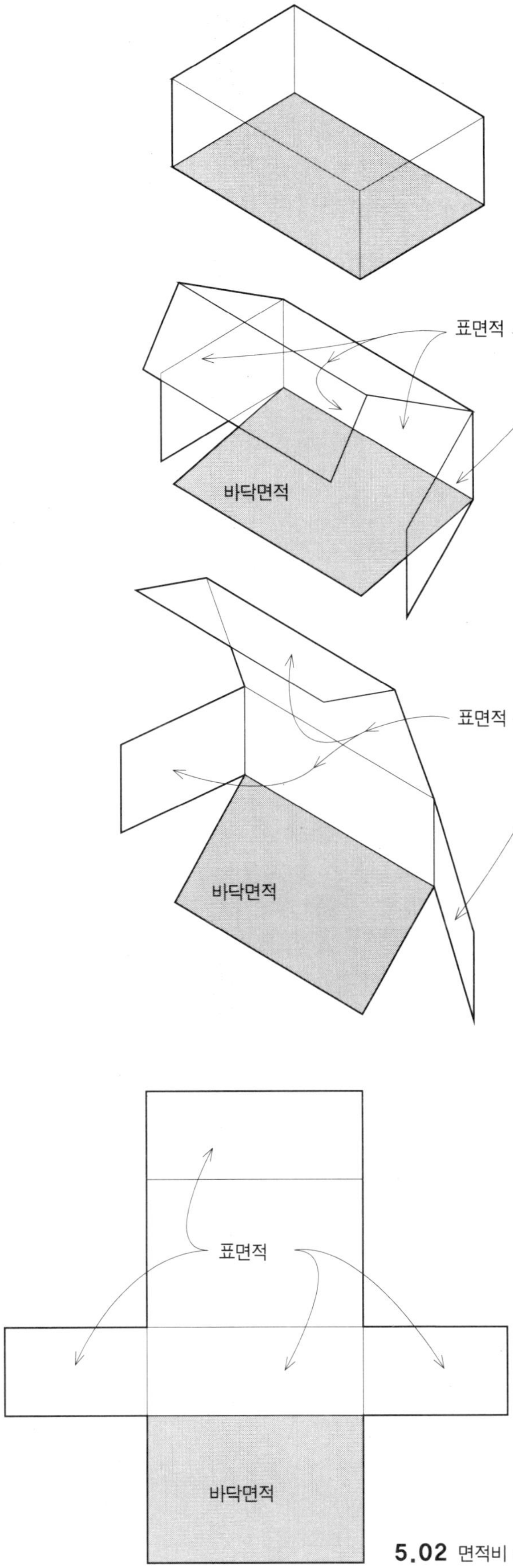

5.02 면적비 = 표면적/바닥면적

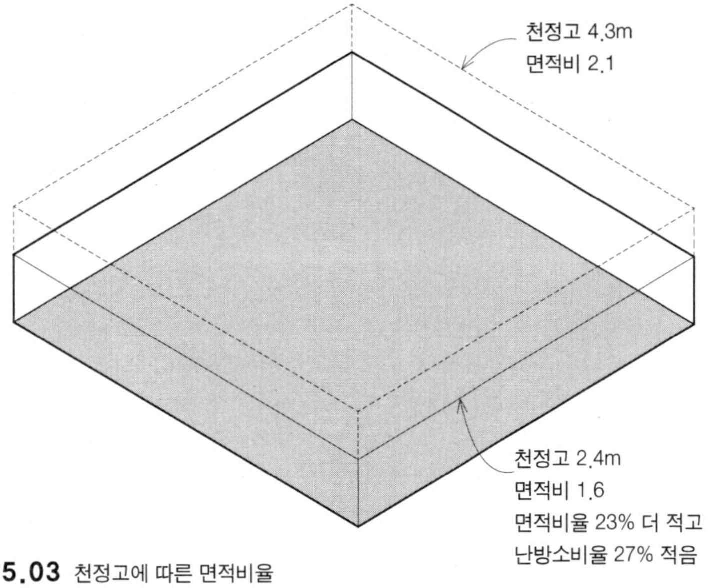

5.03 천정고에 따른 면적비율

예를 들어, 바닥 면적이 232㎡이고 평지붕인 정사각형 단층건물의 경우, 천정고가 4.3m에서 2.4m로 줄어들었을 경우의 영향을 조사할 수 있다. 4.3m 높이의 면적비는 약 2.1이다. 2.4m 천정고의 면적비는 1.6을 약간 넘는다. 더 낮은 천정고와 더 작은 면적비가 에너지 사용 면에서 무슨 영향을 나타내는가? 면적비가 23% 감소하면 난방에너지 사용량은 27% 절약되는 결과를 보여준다. 이 면적비는 에너지 사용에는 현저한 영향을 미치고, 에너지 절약에서는 면적비의 변화에 따른 차이가 없다. 사실은, 절약면에서 면적비가 줄어드는 비율보다 아주 약간 더 높다. 공간 높이의 범주에 따라 조사하고 선정하는 기회를 갖는 것들은 건축설계에서 특별한 일이 아니다.

예를 들면, 통상의 슈퍼마켓은 3.7m-5.5m 정도의 다양한 천정고를 가지고 있다. 그러나 2.4m 이상의 높이에 있는 공간은 사람의 손이 미치지 않기 때문에 보통 사용되지 않는다. 친환경건축설계에서는 낮은 천정고가 필수적이라는 것이 아니라 높은 천정에 대한 필요성을 검토할 가치를 찾게 된다. 높은 천정은 공간상으로는 종종 효용성이 떨어지고, 천정을 낮추는 것은 건물의 기능적인 면을 포기하지 않는 범위에서 에너지 사용과 자재의 사용, 건설비용 등에서 잠재적인 주요 절감요소가 된다.

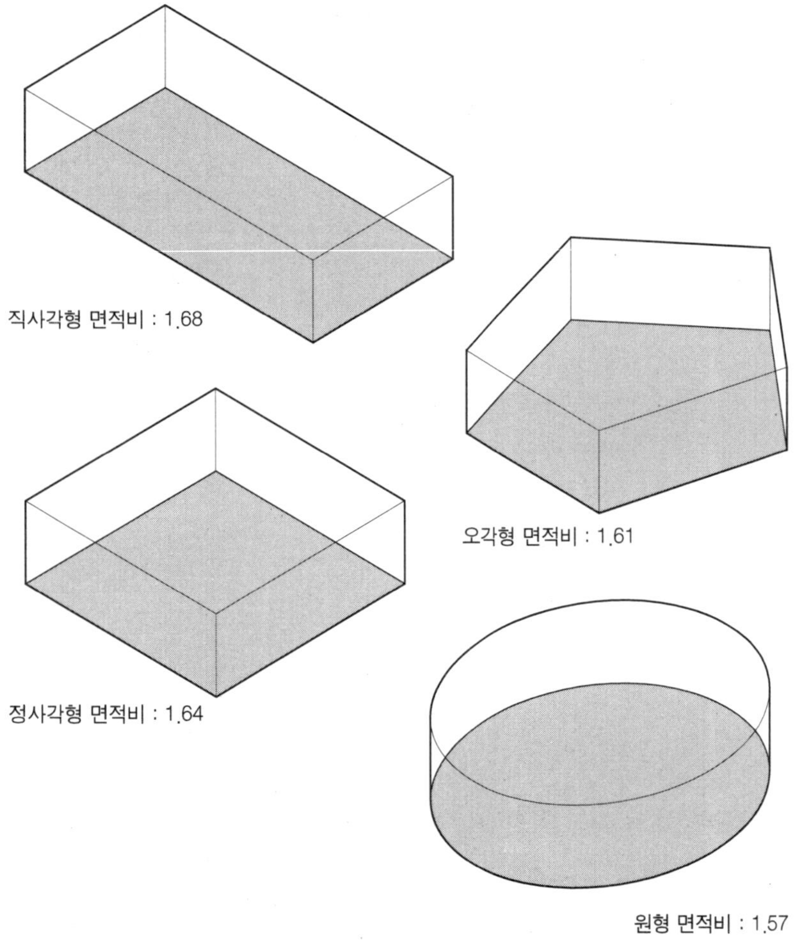

5.04 바닥형상에 따른 면적비율

우리는 천정높이가 2.4m로 일정하고 232㎡의 면적을 가진 단층건물에 대한 건물의 자료를 여러 다른 측면에서 검토해 볼 수 있다. 특히 정방형, 1:2의 비율을 가진 장방형, 오각형, 육각형, 원형 등의 여러 바닥형태를 고려해 볼 수 있다. 장방형 건물이 1.68의 면적비인 반면, 정방형 건물은 1.64이다. 오각형은 1.61의 면적비를 가지고 있고 육각형은 1.58인 반면 원형은 1.57의 면적비를 갖는다. 오각·육각·원형의 3가지 형상이 일반적이진 않다는 것을 알지만, 원형의 바닥과 원통형 매스가 가장 효율적인 면적비를 가진 것이라는 점을 검토할 필요가 있다. 더욱 중요한 점은, 이 면적비 간의 차이가 별로 크지 않다는 것이다. 그래서 이러한 자료에 대한 융통성을 가질 수 있게 된다. 즉 이러한 형태적인 것이 면적비의 중요한 영향요소가 되지는 않는다는 것이다.

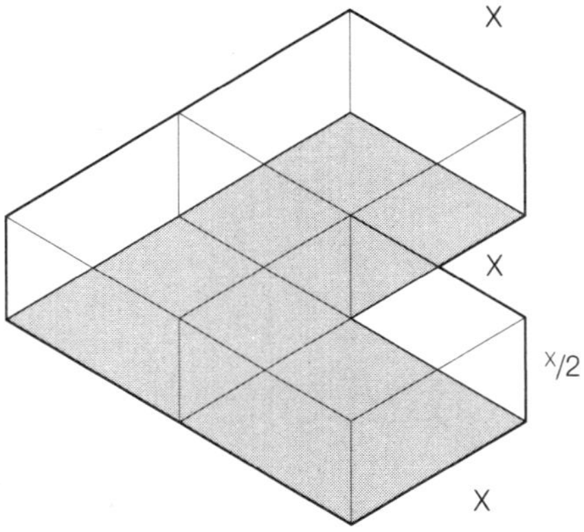

5.05 L-형 건물의 면적비
바닥면적 = $3X^2$
표면적 = $7X^2$
면적비 = 7/3 = 2.33

한층 복잡한 형상은 면적비와 에너지 사용에 더 커다란 영향을 나타낸다. L-형의 평면은 주택에서는 많이 볼 수 있고, 상업용 건물에서도 그리 낯선 형태는 아니다. 예를 들면, 단층의 L-형 건물을 형성하는 3개의 인접한 정방형의 모양을 생각해 보자. 건물 높이가 정방형 한 면의 1/2 크기라면, 작은 L-형 건물에 적합한 비율 즉 면적비는 2.33이다. 동일한 바닥면적에서 정방형 형태인 경우는 2.15이다. L-형 평면의 면적비에서 감소되는 것은 약 8%이다. L-형 건물보다 단순한 건물형을 사용함으로써 에너지 효율성을 확보할 수 있게 된다는 것이다.

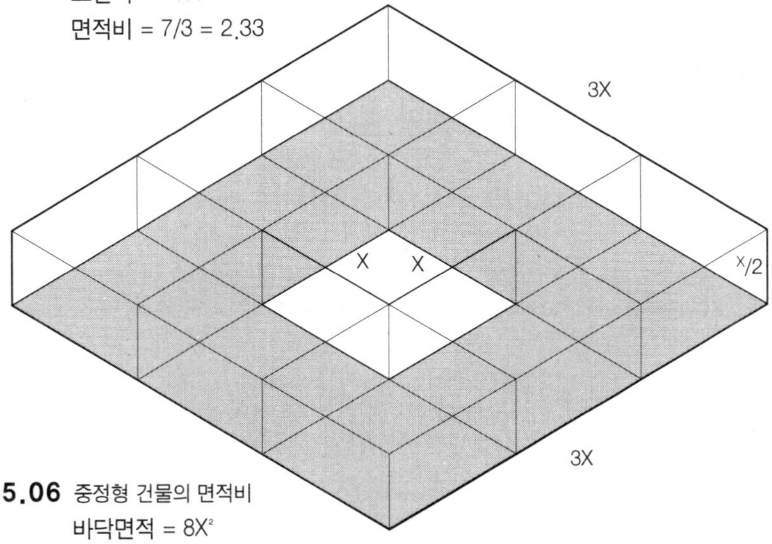

5.06 중정형 건물의 면적비
바닥면적 = $8X^2$
표면적 = $16X^2$
면적비 = 8/16 = 2.00

중정형 평면은 또 다른 익숙한 건물형이다. 중앙에 중정이 있고 정방형의 각 면이 3개의 정방형으로 구성된 것을 고려해 본다. 단층의 중정부에 접한 면의 1/2 높이를 갖진 것으로 가정해본다. 이 중정형 건물은 정확히 2라는 숫자의 면적비를 가지고 있다. 중정이 없고 바닥 면적이 같은 정방형 건물로서 면적비가 1.71인 건물과 비교를 해보면, 중정이 있는 건물보다 14%의 실질적 절감효과를 보인다.

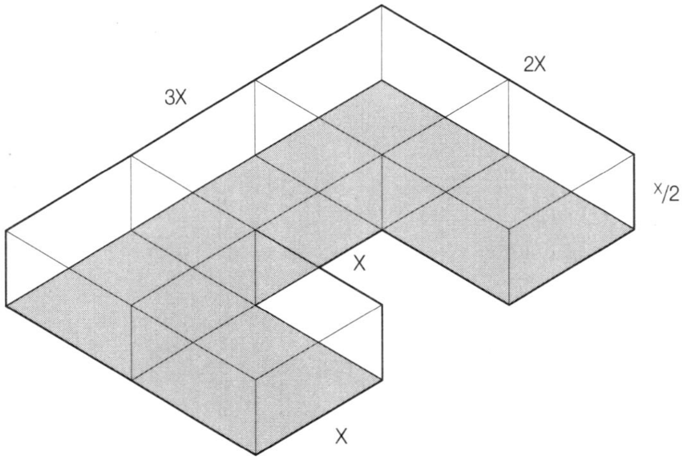

5.07 C-형 건물의 면적비
바닥면적 = $5X^2$
표면적 = $11X^2$
면적비 = 11/5 = 2.20

C-형의 모양을 가진 건물이 단순한 정방형 건물로 디자인 되었다면, 그 면적비는 중정의 경우와 유사할 것으로 역시 14% 차이를 보이고 있다. 복잡한 형태를 가진 건물도 역시 단순한 형태의 건물보다 더 많은 가격을 지불해야 한다. C-형 건물은 단순한 정방형이나 장방형보다 3.5% 이상 가격이 올라가는 것으로 알려져 있다.

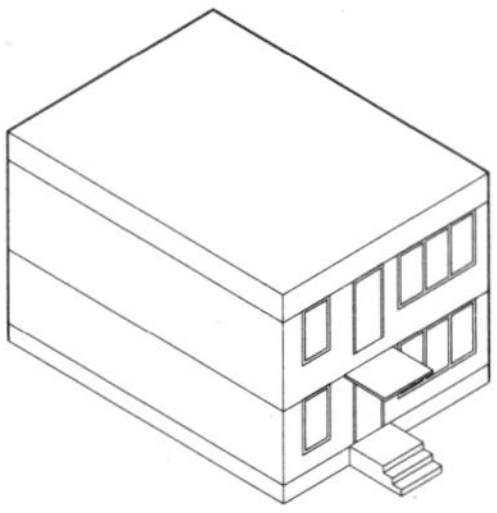

단위건물 면적비 : 1.85

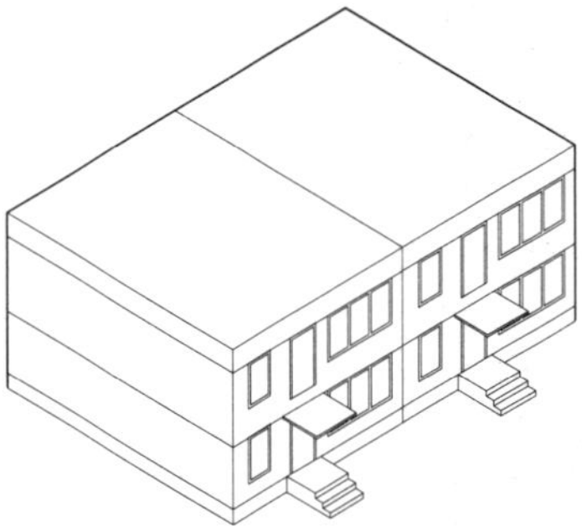

2중 건물 면적비 : 1.40

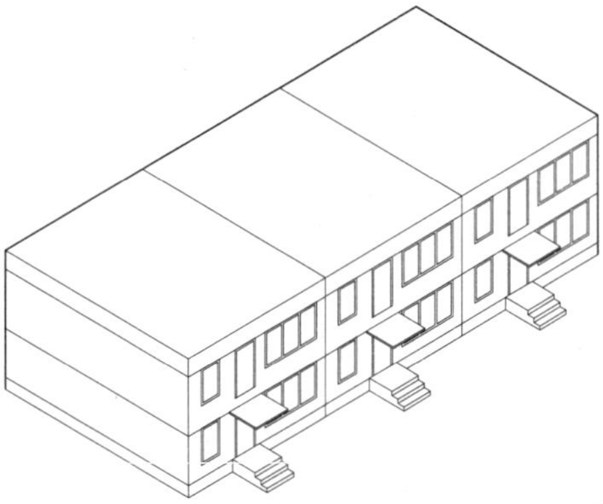

3중 건물 면적비 : 1.25

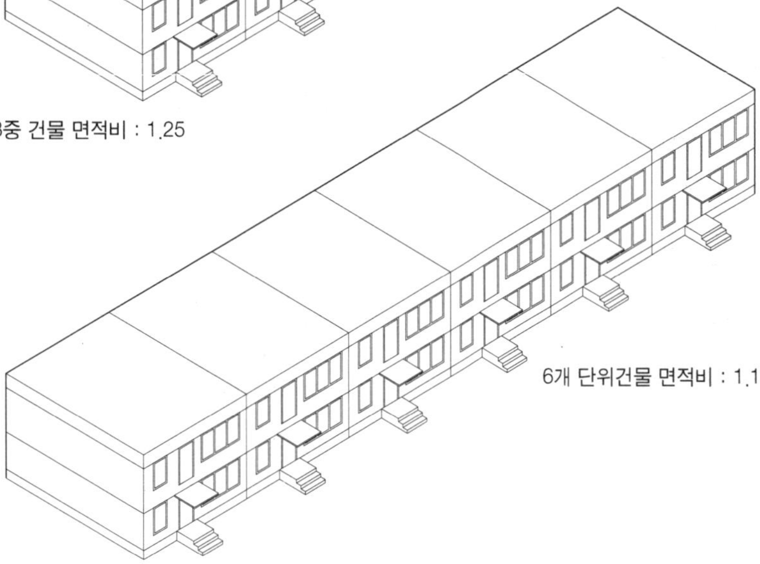

6개 단위건물 면적비 : 1.10

5.08 병렬형 건물의 면적비

다음으로, 주거용 건물이 병렬형공동주택 -단위세대가 나란히 열지어서 배열된 단일 건물의 경우- 으로 불리는 것의 장점을 고려해 본다. 2층으로 된 정방형의 단위건물은 면적이 149㎡이고, 폭 6.1m, 깊이 12.2m, 층고는 2.7m로 되어 면적비가 1.85이다. 단위건물을 나란히 2중으로 하면 면적비는 24%나 현저하게 줄어서 1.40이 된다. 건물의 조합에 의해 경계벽의 노출면이 줄어드는 것이다. 이것이 3개가 결합되면 면적비가 1.25가 되고, 4개는 1.18, 5개는 1.13, 여섯 개는 1.10이 된다. 6개가 연속될 경우는 최초의 단위건물에서 면적비가 41%나 줄어들게 된다. 여기서 우리는 면적비의 감소가 최대인 경우는 1개에서 2개로 될 때임을 알게 된다.

우리가 6개의 단위건물까지 연결하지 않더라도 2개의 단위건물일 경우 1개일 경우보다 훨씬 효율적임을 알게 된다. 그러나 2개 단위건물(최초의 1개 보다 24% 감소)과 6개 단위건물(41% 감소) 사이의 차이는 매우 중요한 의미를 갖는다. 병렬형 건축물은 자재와 에너지 면에서 상당한 정도의 절감효과가 있어서 시공비를 줄여준다. 병렬형 공동주택에서 경계벽은 조망과 일조를 차단하게 되고, 그래서 특별한 경우에는 이 사항을 수용해야 할지 안할지 인식하고 있어야 한다. 그렇지만, 이러한 접근방식은 소매점포 등과 같이 상점의 가로측 전면만 필요한 여러 종류의 건물에 적용될 수 있을 것이다. 그리고 개구부가 없는 경계벽체는 실제로 상점의 상품전시 선반으로 필요하다.

오늘날 실제 건축물의 면적비란 무엇일까? 통상 주택과 같은 작은 건물은 면적비가 2.0-3.0 정도의 범주 내에 있다. 실제 건물은 단순형상에 덧붙여진 돌출, 굴곡, 캔틸레버, 지붕돌출창, 노출된 바닥과 천정 등과 기타 다양한 복합요소 등 면적비에 첨부된 모든 것들에 의해 단순한 건물보다 면적비가 실제로 추가된다. 면적비가 1.5 이하인 것은 복잡한 건물형상 요소를 줄임으로써 동일한 바닥면적에서도 가능하게 된다. 단순한 건물형상은 에너지를 덜 사용한다. 단순형은 자재도 적게 들어가서 시공비도 더 적다. 친환경 디자인과 적정한 가격경쟁력이 단순성의 장점임을 알게 된다. 단순한 건물형상은 어떤 건물에서는 바람직하지 않지만, 단순함이 그 안에 내재되어 있는 에너지와 가격을 절감할 수 있다는 것은 매우 중요한 것임을 알 수 있다.

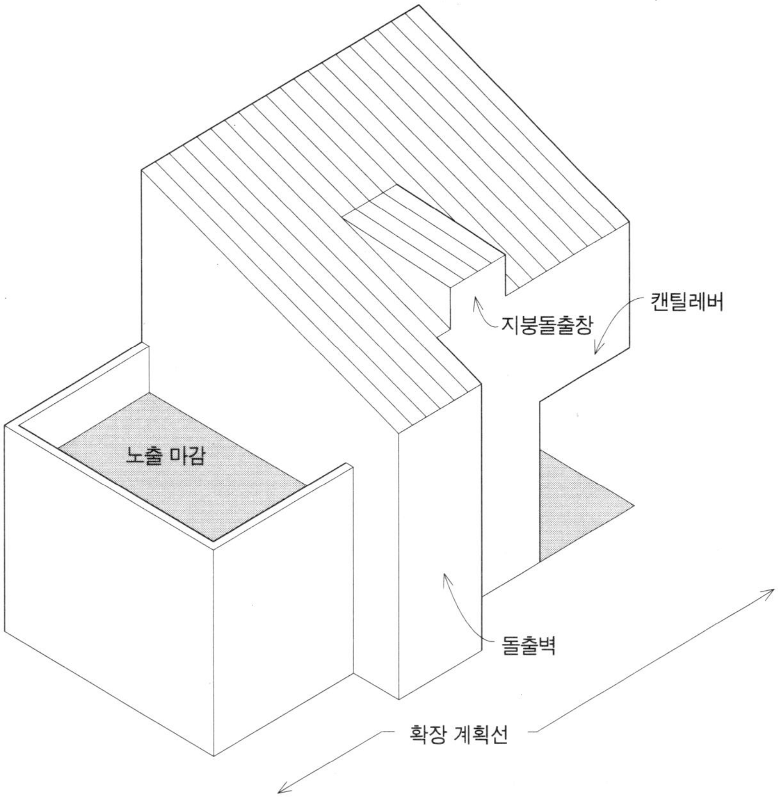

5.09 면적비를 증가시키는 건물 요소

경사진 천정 또한 면적비에 영향을 미친다. 예를 들면, 2.7m의 천정고를 가진 평평한 6.1㎡의 독립 건물은 천정의 한쪽 끝이 2.7m 정도 올라가게 되면 면적비가 36%까지 증가하게 된다. 반면에 중앙부가 2.7m 정도 솟은 천정의 면적비는 평천정의 건물보다 17%의 면적비가 높아진다.

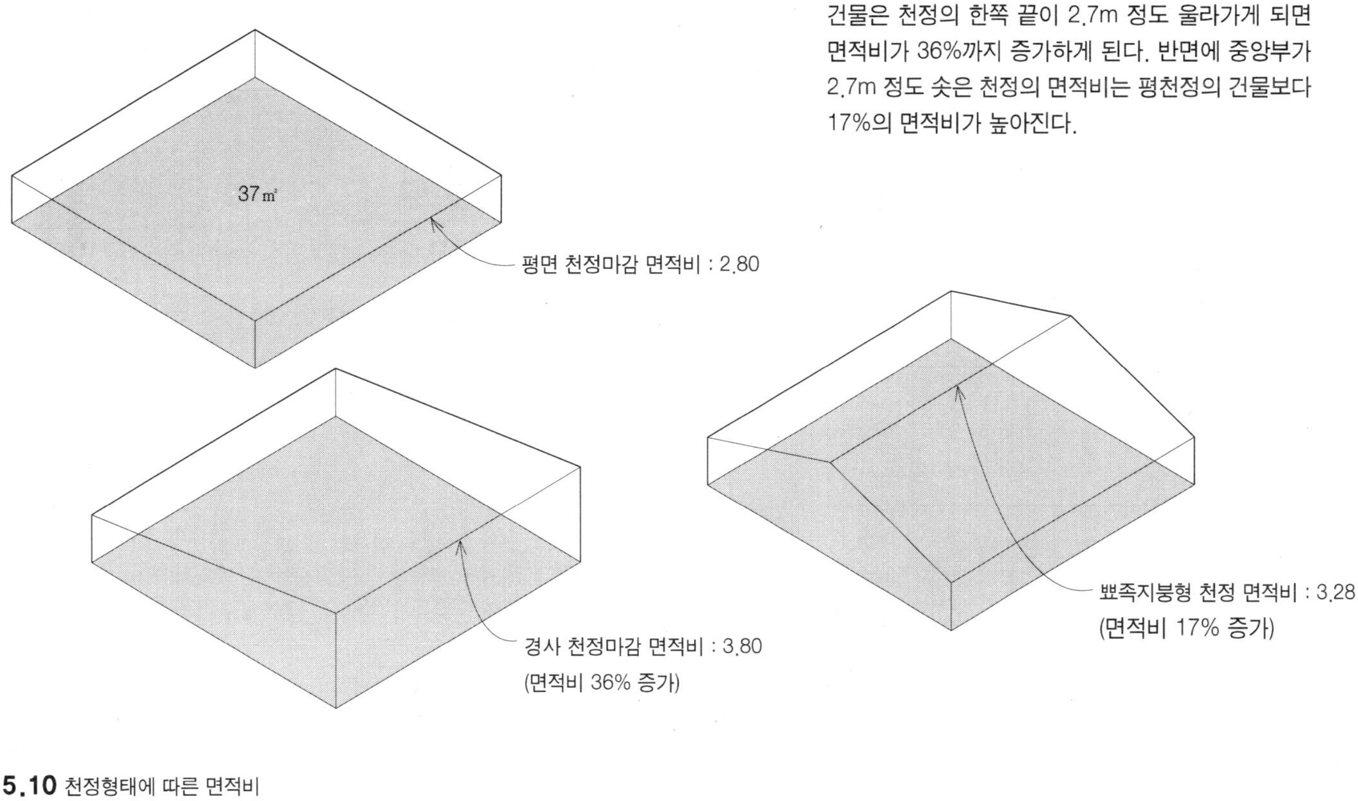

5.10 천정형태에 따른 면적비

면적비는 층수에도 영향을 받는다. 여기서는 바닥면적 232㎡, 천정고 2.4m의 단순한 정방형 건물을 검토하였다. 여기서 232㎡는 바닥면적 만이 아닌 연면적을 말한다. 이 사례에서, 232㎡는 건물 각 층수에 따라 동일하게 나뉜다. 1층으로 정리된 것의 면적비는 1.64이다. 2층으로 된 구조는 1.41이며, 3층의 경우에는 1.44가 된다. 2층 구조의 노출된 지붕면적이 줄어들게 되기 때문에, 넓은 1층 보다 같은 연면적을 가진 좁은 2층이 공동주택에서 확실히 더 유리하다. 그렇지만 3층으로 올라가면, 건물은 더욱 좁아지고 높아지게 되기 때문에, 외벽의 노출부가 주도하게 되고 면적비는 다시 증가하게 된다. 이것은 232㎡의 면적을 가진 건물의 최적 층수가 2층임을 보여주고 있다.

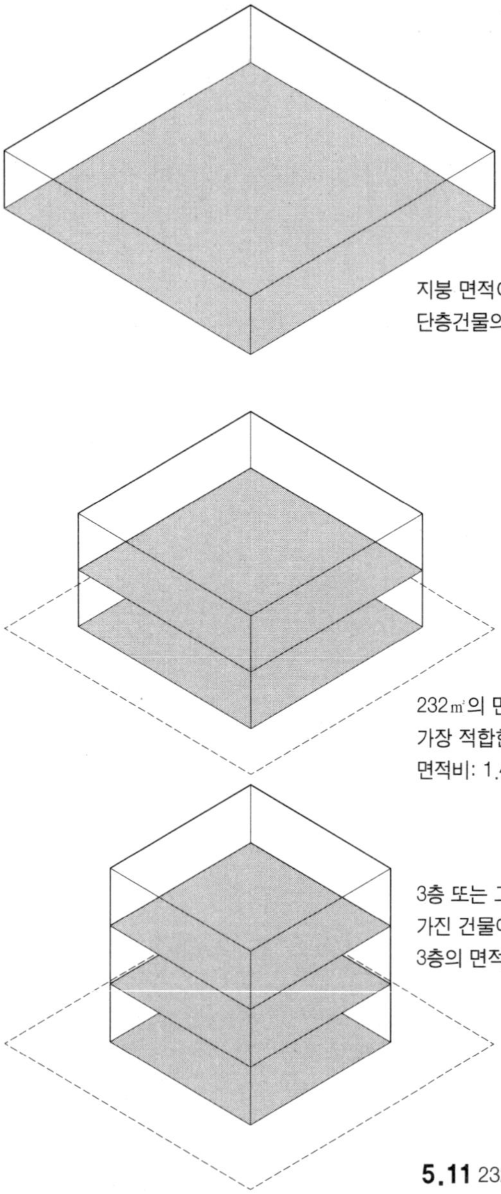

지붕 면적이 좌우하는
단층건물의 면적비: 1.64

232㎡의 면적으로 2층이
가장 적합한 건물의
면적비: 1.41

3층 또는 그 이상의 층을
가진 건물에서
3층의 면적비: 1.44

5.11 232㎡의 건물에 가장 적정한 면적비

5.12 바닥면적에 따른 최적 층수

바닥면적(㎡)	최적 층수
93 이하	1
93--465	2
365--929	3
929--2,787	4
2,787--5,574	5
5,574--9,290	6
9,290--13,935	7
13,935--22,297	8

최적 층수는 바닥 치수에 따라 약간씩 변화한다.
이 표는 3m 바닥과 3m 층고의 경우이다.

표에 따르면 93㎡에 층고 3m의 건물은 1층일 때 면적비가 가장 낮다. 대략 93에서 465㎡ 범위에서는 2층이, 그 이상 929㎡까지는 3층, 929㎡에서 2,787㎡는 4층이 최적이고, 18,580㎡의 경우에는 8층이 가장 적합한 것임을 보여준다. 가장 낮은 면적비를 산출하기 위한 최적의 층수는 바닥면적의 증가에 따르게 되기 때문에, 각각의 건물은 내부공간에 코어를 가지고 있다는 것을 유의해야 한다.

아파트나 호텔과 같은 건물들은, 조망에 대한 요구가 있기 때문에 실내공간의 중심부를 만들 수가 없다. 이러한 것을 외피주도형(envelope-dominated) 건물이라고도 한다. 전망이 우선하기 때문에 실제적인 내부 중심공간이 있을 수 없는 고층건물의 경우에는 고층화가 될수록 면적비가 점점 낮아진다. 예를 들면, 15m x 61m의 크기에 3m의 층고로 층별 면적이 929㎡인 것을 고려해 보자. 1층일 경우의 면적비는 1.5이다. 2층의 경우에는 1.0으로 낮아지고, 10층은 0.6, 20층이 되면 0.55까지 떨어진다. 외피중심형 건물에서 예상되는 면적비 만으로 볼 때는 건물이 높아질수록 좋아짐을 알 수 있다.

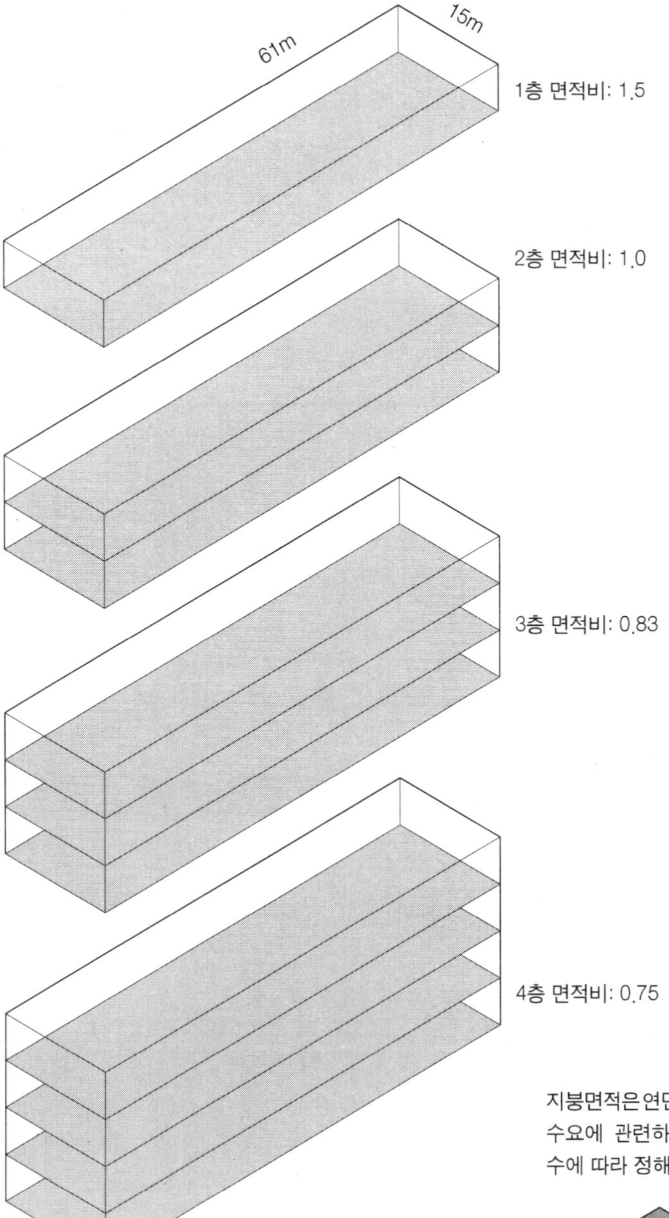

5.13 바닥 면적이 고정되면 층수의 증가에 따라 면적비가 감소한다.

그렇지만, 건물이 더 높아짐에 따라, 두 가지의 관계없는 요소들이 더 낮아진 면적비에 의해 만들어진 에너지 절약을 방해하는 작용을 할 수가 있다. 즉, 나무나 인접 건물에 의해 바람에 대한 보호를 받지 못하게 되고, 굴뚝효과가 증가하게 된다. 동절기에 건물을 통과하는 공기가 온도 차이에 의해 상승하게 되어 상승기류가 발생되는 것이다. 아파트나 호텔같은 외피주도형 건물 때문에 최적의 높이는 중간 높이라고 할 수 있는데, 1층이나 2층의 저층건물보다 면적비가 낮아서 좋고, 굴뚝효과나 바람에의 노출도가 그리 강하지 않는 범위에 있는 것을 말한다.

건물 높이와는 별개의 제한요소로는, 친환경 건물이 넷제로 에너지 성능에 도달하기 위해 모색하지만 그에 충분한 부지면적이 부족하다는 점인데, 이것을 태양열 에너지시스템을 설치한 옥상면적으로 충당할 수 있다. 그러한 점의 연구에서 2층 이상의 건물의 경우 태양열 에너지 전력이 감소될 수밖에 없는 건물에 충분한 옥상면적을 제공할 수 있다는 가능성을 발견한 것이다.

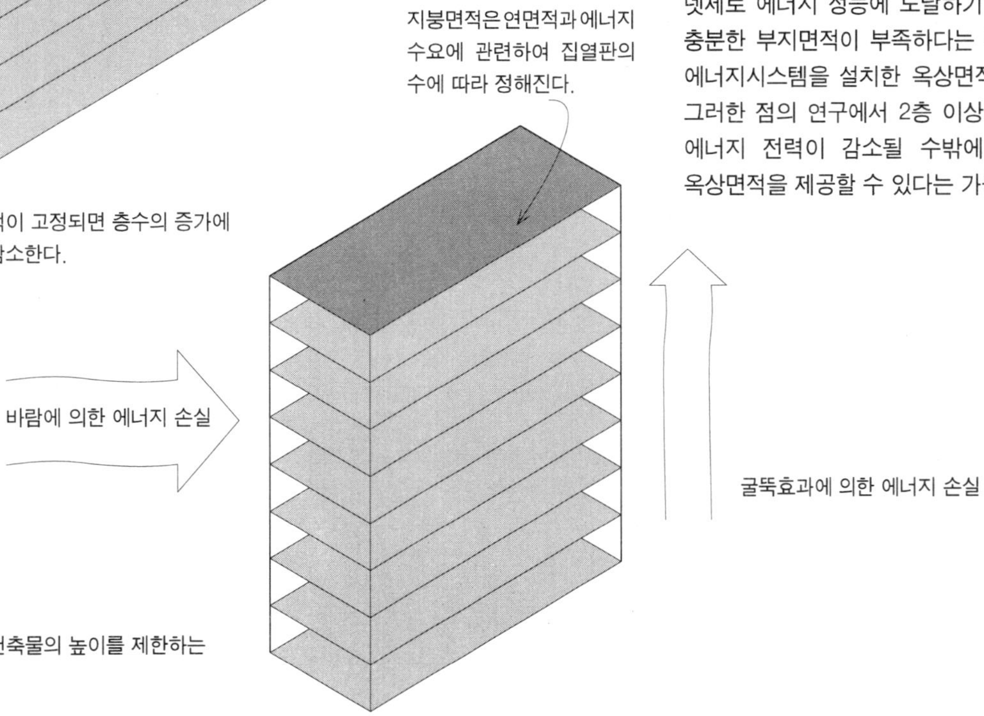

5.14 친환경 건축물의 높이를 제한하는 요소들

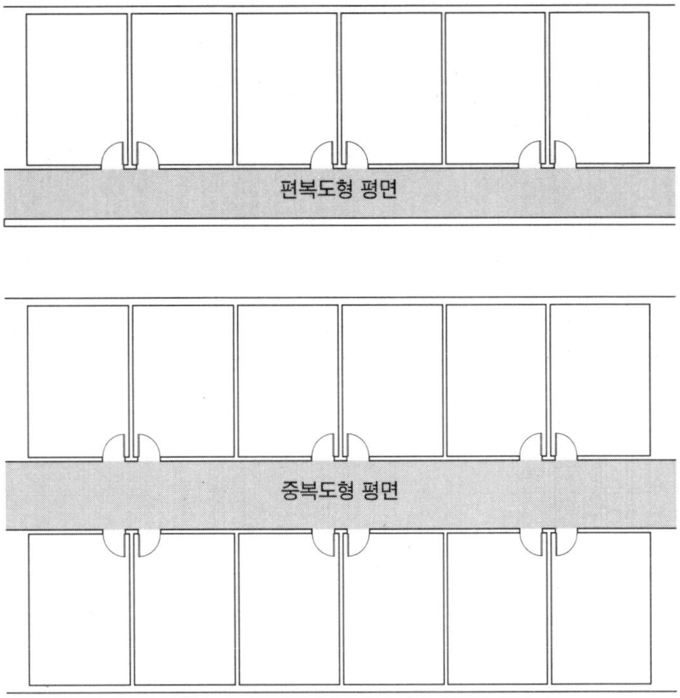

5.15 중복도를 가진 건물은 편복도의 단순한 평면보다 면적비가 낮다

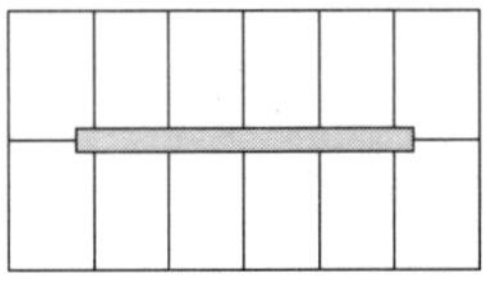

건물 양단까지 복도가 연장되지 않을 때 에너지 효율은 훨씬 향상된다.

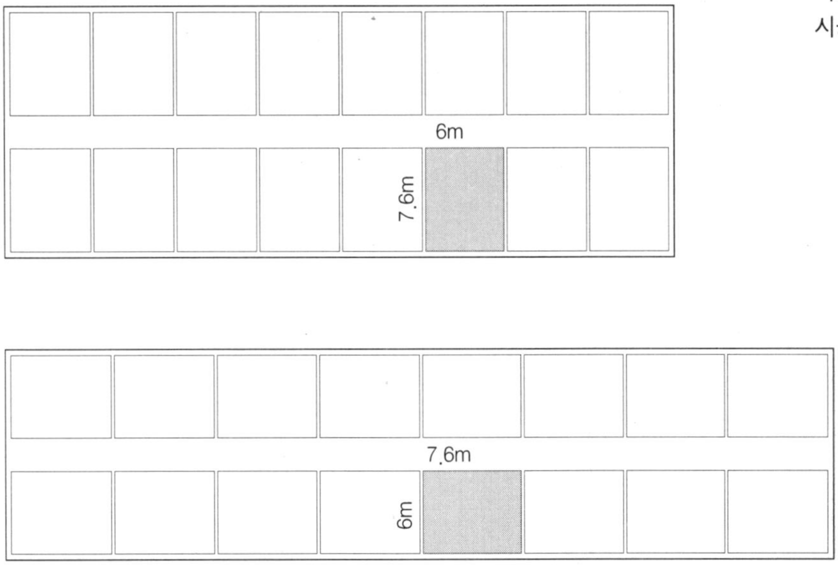

5.16 평면의 깊이가 더 커질수록 유효 바닥면적은 변화가 없다 하더라도, 건물의 면적비는 낮아지고, 에너지 효율은 높아지며 시공비도 절약된다.

아파트나 호텔 같은 외피주도형 건물은 조망을 요구하기 때문에 중복도나 편복도 중 어느 쪽이 더 유리한지와 같은 공통의 의문이 있다. 답은 중복도의 평면이 항상 면적비가 현저히 낮다는 것이다. 아파트 건물 길이는 61m, 5층 건물로 층고는 3m, 아파트 깊이는 6.1m, 복도폭 1.5m인 경우를 보자. 건물이 편복도일 때는 면적비가 1.1이지만 중복도로 개조를 하면 면적비는 32%가 줄어든 0.74가 된다. 중복도 계획의 잇점은 건물 양 끝단까지 복도를 연장하지 않을 때에만 가능하다.

이 외피주도형 건물을 위한 또 하나의 전략은 외부로 노출되는 전용면적을 줄이는 것이다. 이것은 방의 길이가 외벽에 직각으로 연결되어 공간을 더 깊게 설계했음을 의미한다.

5.16 그림의 상부 사례를 보면, 중복도, 5층 건물의 면적비는 0.74이다. 이것이 처음에는 외벽을 따라 7.6m의 모듈로 되어 복도의 양측으로 8세대 아파트로 설계된 것으로 6.1m x 7.6m의 단위면적을 가지고 있다. 각 아파트의 방위를 바꿨다면 각 세대의 외벽은 6.1m로 하고 면적의 변동은 없도록 하였고 깊이를 7.6m로 했다. 건물 전체는 약간 넓어지고 길이는 조금 줄었다. 그러나 각 세대의 면적은 46㎡로 일정하게 유지했다. 벽의 노출부가 줄어들면서 면적비는 0.69로 7.5% 줄어들었다. 이것은 표면적으로는 전체 창면적이 유지되었지만, 건물 치수에는 작은 변화가 있게 되고 조망을 위한 벽의 노출이 다소 축소되는 결과를 가져오게 된다. 그러나 아파트의 바닥면적에는 어떤 손실도 없고 건물의 표면적이 줄어들기 때문에 실제적으로는 냉·난방에서 절약이 될 수 있다. 복도가 약간 짧아짐에 따라 조명 측면에서도 절감이 되고, 전체적인 바닥면적과 외벽면적 또한 줄어들게 되어 시공비 측면에서 추가 절감효과를 얻을 수 있다.

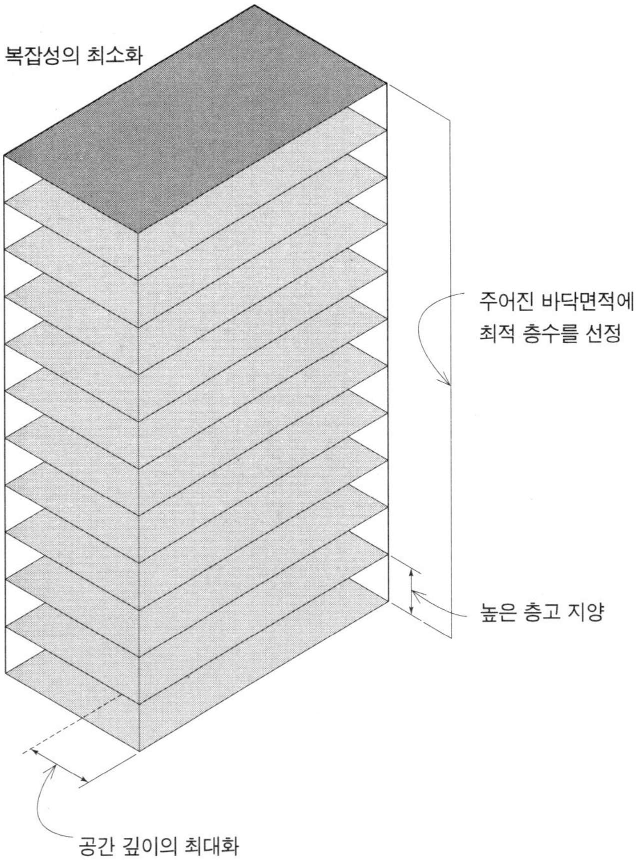

5.17 건물 면적비 최소화 방안

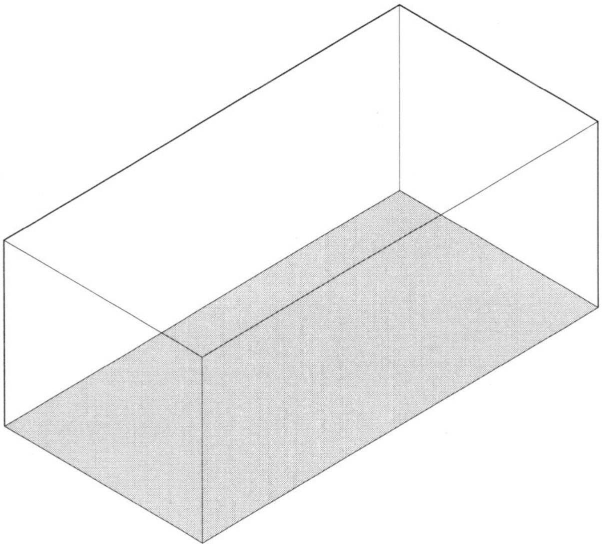

$$용적 = H \cdot W \cdot D$$

$$표면적 = 2(H \cdot W + H \cdot D) + (D \cdot W)$$

$$\frac{표면적}{용\ 적} = \frac{2(H \cdot W + H \cdot D) + (D \cdot W)}{H \cdot W \cdot D}$$

5.18 용적 대비 표면적 비율

여기서 건물 표면적과 바닥면적의 비율이 에너지 사용에 얼마나 큰 영향을 미치는지를 알게 되었다. 이러한 면적비를 최소화하기 위해 층고를 줄이고 천정고를 높이는 것을 지양하는 등과 병렬형 건물배치나 여러 개의 작은 건물을 하나의 큰 건물로 결합시키고, 특별히 정해진 연면적에 따른 최적의 층수, 외벽에 대한 공간의 깊이, 외장의 복잡성 지양 등 다양한 전략을 활용하고 있다.

면적비를 낮게 유지하는 것은 부차적으로 이점을 높여주기도 한다. 높은 천정고를 피하는 것은 인공조명의 전력량을 줄여준다. 안락성 또한 증가되고 기온 만족도가 낮아질수록 에너지 사용량은 훨씬 줄어든다. 지붕면이 좀 더 단순한 건물은 태양열 집열판을 설치하는 데에 도움이 된다.
면적비는 동일한 바닥면적과 동일한 거주밀도를 가진 건물에서 상대적인 디자인 선택에서 최상의 적용조건이 된다. 서로 다른 바닥면적과 상이한 거주밀도를 가진 건물의 면적비를 비교해보면 결정이 곤란해질 수가 있다. 예를 들면, 면적이 279㎡(84평 정도)인 침실 4개의 주택은 바닥 면적이 139㎡(42평 정도)인 침실 4개의 주택보다 면적비가 더 낮다. 그러나 더 큰 규모 주택의 더 작은 면적비가 에너지 효율 면에서 언제나 더 유리하다는 것을 말하는 것은 아니다. 건물 바닥면적을 줄인다는 것은 면적비를 검토하기 전에 먼저 해야할 일이다. 면적비를 줄인다는 것은 바닥면적과 거주밀도가 결정될 경우에 가장 잘해야 하는 것이다.

몇 개의 건물 외관 중에, 면적비가 낮아질수록 조망에 필요한 벽면적이나 자연광의 양을 줄일 수 있을 것이다. 조망은 필요시에는 언제 어디서나 제공되어야 한다. 그러나 선택조건들은 필요한 조망조건을 충족시키고 일조를 통해 에너지를 절약하도록 하는 등과 비교해서 면적비를 줄이기 위해 항상 필요하게 된다. 줄어든 면적비를 활용하는 것은 친환경건축 디자이너의 도구상자 안에 있는 유용한 도구로서, 그렇지만 건물 설계에 영향을 미치지 않을 정도로 면적비를 최소화하기 위한 융통성 없는 조건과는 다르게 다루어져야 한다.

건물설계의 전문성은 표면적 대 바닥면적의 비율보다는 최소화시켜야 하는 하나의 관계수치로서 표면적 대 용적비를 대안으로 사용되어져 왔다. 이 표면적 대 바닥면적의 비율은 수치로 표시되지 않는 그래서 단위공간의 공통적인 시스템(국제시스템과 영국시스템에)이 이상적인 결과로서 이점을 가지게 된다. 여기서 표면적 대 용적의 비율은 사용되어진 다양한 길이측정 단위에 따라 달라진다. 표면적 대 용적의 비는, 아마도 천정이 높아짐에 따라 공간 효용성이 더 커질 것이라는 의도를 가지고 있음에 따라 천정고가 증가하면 줄어들게 된다. 그러나 두 가지의 상관관계—표면적 대 바닥면적 비와 표면적 대 용적비—는 외피 면적의 중요성과 그것을 최소화 하는 것의 중요성에 대한 것을 인식시켜 준다.

방위

에너지 사용 측면에서 바닥면적과 건물의 외형의 강력한 영향력을 검토하고, 건물이 면하고 있는 방향인 방위를 파악하게 된다. 방위는 동절기에 유용한 태양열을 얼마나 얻을 수 있는가 그리고 하절기에 원치 않는 태양열기 때문에 냉방을 얼마나 해야 하는가 등에 영향을 미친다. 방위는 또한 풍압의 차이에 의해 건물을 관통하는 공기의 흐름에 영향을 미치게 될 것이다.

여기에서는 열매스와 여타의 열저장 매체 또는 태양열설비의 조절이 없는 것과 같은, 야간의 창문단열 등과 같은 태양열발전의 요소들을 제외하고 건물에만 초점을 맞춘 것이다. 일조에 대한 논의는 별도로 거론하고 냉방과 난방에만 집중하고자 한다.

건물방위를 최적화하기 위해서는, 컴퓨터 시뮬레이션을 통해 결정하는 것이 최선이다. 컴퓨터 시뮬레이션은 공정하고 신속하게 작성되며 많은 시뮬레이션 프로그램이 여러 방위에서 신속하게 검토하기 위해 건물을 회전시키게 한다. 우선, 그것은 자체 증명방식(self-evidence)이 될 수 있다. 그렇지만 4면에 동일한 창문을 가진 정사각형 건물은 최적의 방위를 찾기가 어려울 것이다. 예를 들면, 주출입구가 4개의 주요한 방향을 향하고 있다고 하면, 그 건물은 각각이 동일한 에너지를 사용하게 될 것이다. 그래서 태양열 획득이나 열손실 등과 관련된 최적의 건물방위에 관한 논의의 핵심은 건물의 모든 방향에 있는 개구부의 면적이 동일하지 않은 건물이어야 한다는 점이다.

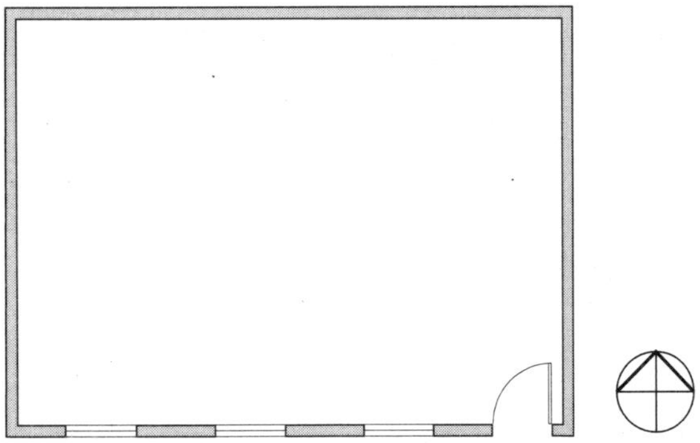

5.19 한쪽 벽면에만 창문을 갖는 경우에는 남측을 선택한다.

북반구에서 4면 중 1면에만 창문이 있는 건물에 대해서는 그 방위가 최소한의 에너지라도 얻기 위해서라면 창문이 남측을 면하게 해야 한다. 이는 건물이 추운 지역(난방이 중요한)에 있건 더운 지역(냉방이 필요한)에 있건 마찬가지다. 결론은 "가능한 한 남측 면에 많은 창을 내고..." 그렇지만 오히려 "창문이 하나의 벽면에만 있게 된다면, 그것은 남측벽이 되는 것이 최선이다."라는 것을 인식하고 있어야 한다.

두 개의 상대적인 벽면에만 창문이 배치되는 경우에는, 동-서방향으로 있는 것 보다는 남-북으로 배치되는 것이 에너지 사용량을 줄여준다. 에너지 절약은 더운 기후에서 더욱 중요하게 다루어진다.

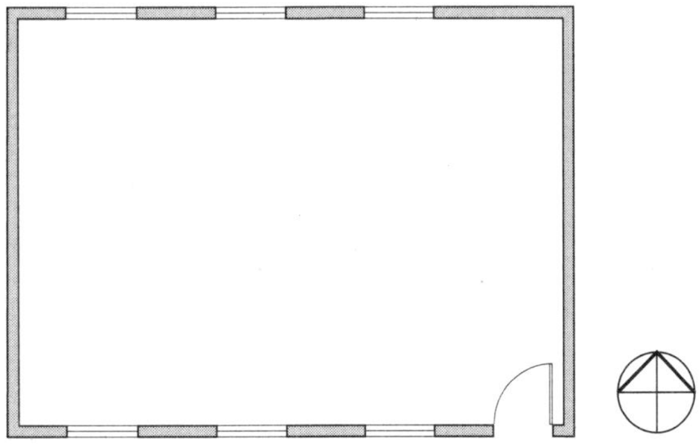

5.20 두 개의 마주보는 벽면에만 창을 낼 경우에는 남-북 면을 선택한다.

두 개의 인접한 벽에 창문을 설치할 때는 더운 지역이나 추운지역에서나 동-남측을 면하는 것이 소모 에너지를 최소화 할 수 있다. 에너지 사용에서 적게 사용되는 두 번째의 경우는 서-남측에 창문을 설치하는 것이다. 인접된 벽면에 창문이 설치될 때는 북-동이나 북-서 방향을 면하지 않는 것이 좋다. 에너지 절약은 더운 지역이나 추운지역에서 다 중요하다.

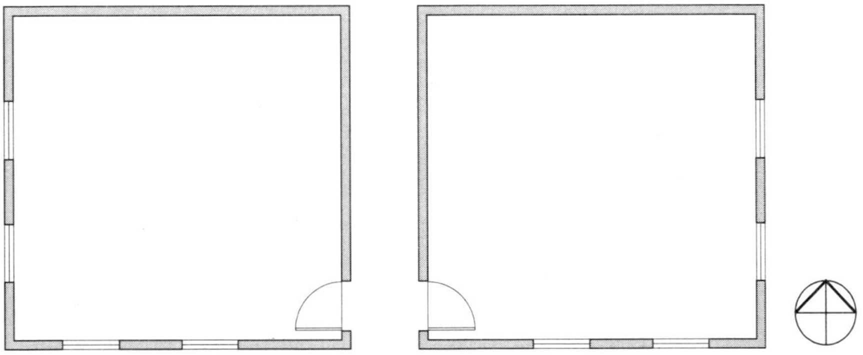

5.21 인접면에 창문을 설치할 때는 남-서 또는 남-동이 좋다.

상부 그림 예는 정방형 건물에 집중된 것이다. 직사각형의 건물도 모든 면이 벽과 창문의 면적비를 동일하게 할 때 당연히 장변의 벽에 창문이 더 많아지게 된다. 그 결과는 맞은편에 같은 창문을 갖는 정방형건물과 동일하다. 건물에서 에너지 사용량이 가장 낮은 경우는 동-서 면보다 남-북 면에 창문이 더 많아지는 동-서 장축의 방위를 가진 건물이다. 보다 확실하게 하기 위해서는, 결론이 "가능하면 북과 남측에 면하는 창을 많이 가져라.."는 것이 아니라, 오히려 "창문이 직사각형의 건물을 둘러싸고 창문 대 벽의 비율을 동일하게 분배하는 경우라면, 그 건물의 장축이 동-서로 되어 있을 때가 가장 좋은 방위라는 것이다." 여기에서 난방이 중시되는 북측보다 냉방이 중요한 남측에서 얻어지는 효과가 더욱 크다.

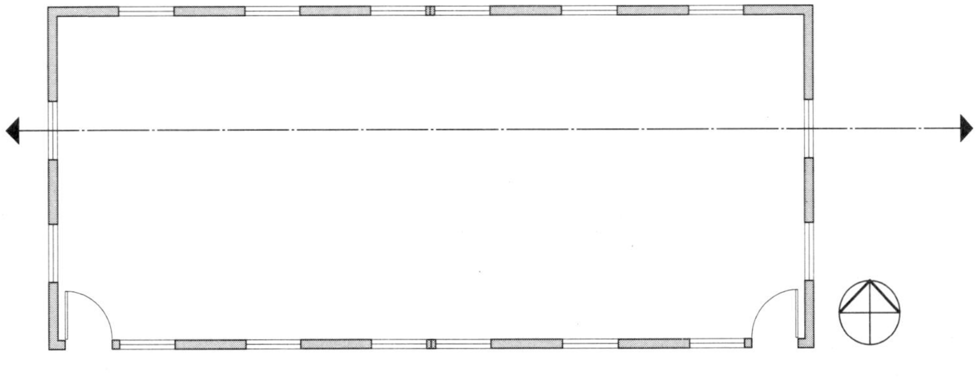

5.22 직사각형 건물의 경우에는 동-서축을 중심으로 대칭되게 창문을 설치한다.

이러한 논의에서는 미풍이 통풍에 상당히 도움을 준다는 것과 같이 풍향과 관련해서는 어떤 방위상의 이점도 설명하고 있지 않다. 통풍에 관한 최상의 방위가 가능할 경우 이것은 태양열의 획득과 열적 손실과 같은 방위상 최상의 조건과는 차이가 있다는 것이다.

친환경건축물의 기준과 건물 형태

두 개의 상이한 친환경건축 기준에 따른 접근방식은 흥미를 유발시키지만 건물형태상 차이가 있음을 함축하고 있다.

LEED의 등급체계는 이상적인 형태의 참고자료용 건물을 만들기 위한 건물설계와 관계를 맺고 있다. 이 가상의 참고자료용 건물은 제시된 LEED건물과 같은 형태지만 단열이 잘 된 벽체와 같은 친환경적 특징은 없다. 제시된 LEED건물은 참고용 건물보다 에너지효율이 훨씬 우수한 것으로 평가를 받고 있는 반면에, 더 효율적인 형태를 갖고 있다는 평가는 얻지 못했다.

여기의 참고 또는 기초자료 건물은 LEED등급과 동일한 건물이지만 친환경의 외관은 아니다.

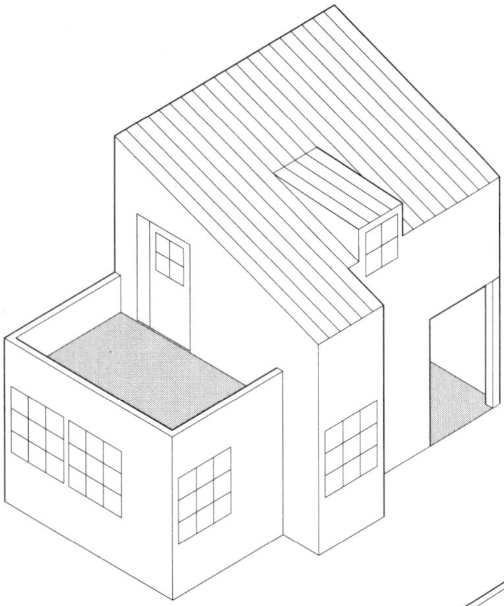

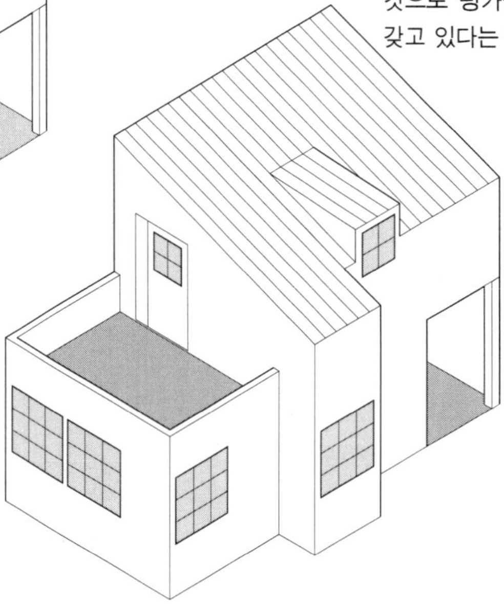

이 LEED등급의 건물은 참고용 건물과 같은 형태지만 단열 잘 된 외벽, 고성능창과 고효율 난방시스템 같은 친환경적 특성이 첨부되어 있다.

5.23 LEED등급의 건물이 계획되었거나 시험용으로 제작되어 에너지 사용에 대해 점수를 획득했는데 그 건물이 참고용 건물보다 더 낮다.

5.24 LEED등급의 건물이 계획되었거나 시험용으로 제작되어 에너지 사용에 대해 점수를 획득했는데 그 건물이 참고용 건물보다 더 낮다.

극단적인 예를 고려해 본다면, 하나의 천정만 있는 1 개의 실에 93㎡ 규모의 1층 오피스 건물이 30m 높이라고 할 때, 단열이 잘 되어 LEED의 주요한 에너지 포인트를 많이 획득하였다면, 이 건물은 단위 층 면적 당 에너지 사용량이 높다 하더라도, 최상급 수준의 LEED의 등급이 될 것이다.

LEED등급시스템과는 대조적으로, 친환경주택(passivhaus)에서는 단위 바닥면적 당 에너지 사용을 강조하고 있다. 이 등급시스템에서는, 상기 사례가 점수를 취득하는 데에 유리하지 않고, 사실상 단위 바닥면적 당 높은 에너지 소비 때문에 인증을 취득하기가 곤란하다. 그러나 바닥면적에 관한 핵심적 요소는 패시브하우스가 상대적인 문제점 때문에 피해를 보게 된다는 점이다.

또 다른 극단적인 예를 들면, 바닥 면적이 9,290㎡(100,000제곱피트)에 1인 가구주택과 같은 넓은 바닥면적을 가진 1층 건물이 있다. 이 큰 주택이 벽과 천정에 단열이 잘 되어 있고, 우수한 방수효과와 작은 창을 가지고 있다면, 단위 바닥면적 당 에너지 사용량을 기준으로 패시브하우스의 에너지성능 평가를 잘 받을 수 있을 것이다. 그러나, 이 주택에 4인 가족이 거주하는 곳이라면, 일반적인 주택에 비해 에너지 비용은 월등히 높아질 것이다.

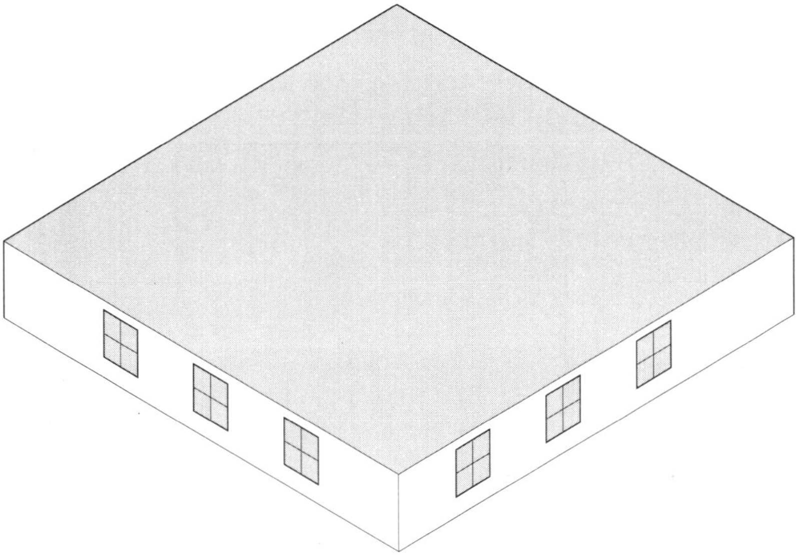

5.25 극단적 사례: 단위 바닥면적 당 에너지 사용량이 적은 넓고, 낮고, 평평한 건물은, 이러한 형태의 건물이 되기를 요구하지 않았을 경우보다도 늘 더 많은 에너지를 사용하게 될 것이다.

두 가지의 사례를 통해, 우리는 LEED등급 시스템과 패시브하우스가 건물 규모와 형태에 따라 영향을 받을 수 있음을 알게 되었다. 흥미롭게도, 가늘고 높은 건물은 LEED 평가기준에 따르면 대단히 비효율적이 될 수 있는데, 크고, 낮고, 평평한 건물은 패시브하우스 요구조건상으로 보면 역시 매우 비효율적인 것이 된다. 비록 주택에 대한 LEED기준이 주택의 규모를 정해놓고, 넓은 바닥면적을 가졌지만 천정이 높지 않은 조건의 주택에 대해 벌점을 준다고 하더라도, 사실상, 크고, 낮고, 평평한 건물은 LEED등급 시스템에서는 높은 점수를 받고도 매우 비효율적이다. 또 다른 등급시스템들도 유사한 문제들을 가지고 있다. LEED와 비슷한 HERS도 참고용 건물의 등급에 기준을 두는 반면, 패시브하우스와 같은 ENERGY STAR(r)는 바닥면적에 그 등급기준을 두고 있다.

건물형태는 벽의 R-value, 창문의 U-factor 또는 다른 열 관련 특징요소 보다 에너지 사용에 더 커다란 영향을 가질 수 있다. 이것은 건물의 외형이 초기에 검토되어야 하고 면밀히 검사되어야 하는지에 대한 이유이다. 벽에 단열이 얼마나 되어 있건, 난방시스템의 효율이 얼마가 되었건, 에너지 효율이 향상시키는 데에 무엇이 필요한지 등 건물의 에너지 사용에 관해 주도하게 되는데 이는 건물설계에 반영된다.

여러 개의 친환경으로 인증받은 건물을 면밀히 살펴보면, 어떤 상대적인 경향을 볼 수 있다. "친환경적인 것이 될 수 있고 여전히 차별화될 수 있다고 하는" 명제를 만들고자 하는 것이 가능하게 하려면, 친환경 인증 건물의 형태는 면적비가 높은 것으로서 복잡하거나 가늘고 높은 건물이 될 것이다. 벽의 R-value가 높거나 창의 U-factor가 낮은 것과 같은 효율상의 세부요소를 가진, 그 건물이 친환경적 세척(greenwashing)방식으로 된 것은 아니라는 것을 알려줄 수 있는데, 그 용어는 친환경이라는 점에 대해 인공적이거나 피상적인 요구조건들을 이용하는 것을 말한다. 그렇지만 그 근간이 되는 건물은 종종 본질적으로 비효율적이다. 그래서 친환경물보라(greensplashing) 방식이라고 부르는 친환경적 세척방식 보다는 어떤 다른 위험성을 갖게 된다. 이 방식은 명목상의 친환경 또는 친환경으로 인증까지 받은 잘 설계된 친환경 건물의 디자인이라고 할 수 있다. 그러나 그것은 그 복잡함과 여타의 점에서 비효율적 형태라는 것 때문에 비효율성이 강하다고 할 수 있다. 코어 공간과 주변 공간

대형 오피스와 실내 몰과 같은 대규모 건물은 외벽이나 지붕이 없는 코어공간을 갖게 된다. 이 내부의 공간들은 대개 추운 기후조건에서도 일 년 내내 냉방만을 필요로 한다.

이러한 냉방은 외기온도가 실내온도보다 낮은 경우 차가운 실외공기에 의해 결정될 수 있다. 히트펌프 시스템은 또한 열기를 코어로부터 주변공간으로 이동하게 해준다. 이렇게 되면 코어공간의 냉방과 주변공간의 난방이 동시에 필요할 때 전체적인 에너지 효율을 상당히 높혀주게 된다. 코어중심의 특징을 가진 이러한 건물들은 여러 문제들을 야기한다. 건물에 난방이 필요치 않는 대형 코어공간이 에너지상의 잇점이 있는가? 코어와 주변공간의 면적에 적정비라는 것이 있는가? 그럴만한 이득이 있는가?

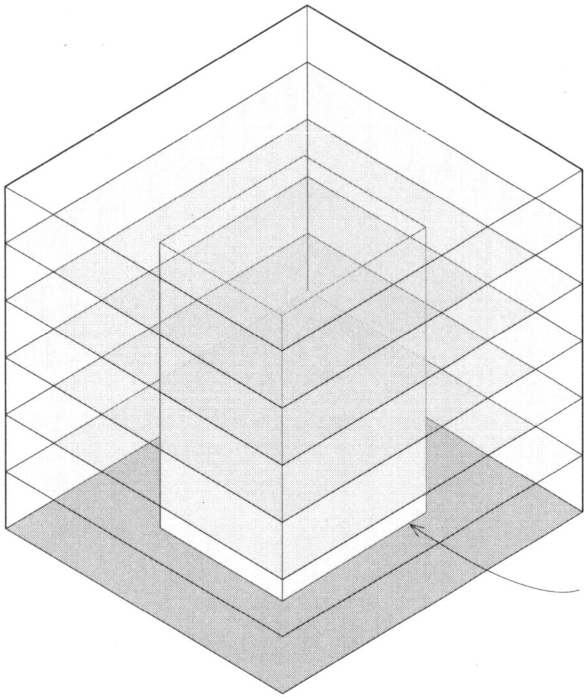

5.26 대형건물에는 종종 외벽, 바닥, 천정이 없는 실내공간의 코어가 있다.

예를 들면, 코어난방이 주변공간에서 필요로 하는 때와 항상 동시에 작동되지 않을 때, 문제가 발생된다. 주변구역이라는 곳이 통상 겨울에만 난방을 필요로 하지만 코어부분은 일 년 내내 열을 발생시킨다. 주변공간은 햇빛이 없는 시간에 더 많은 난방을 필요로 하고, 낮 근무시간에 더 많은 열을 발생시키는 오피스와 같은 많은 건물의 코어구역은 조명과 설비의 사용량이 줄어든다. 그럼에도 불구하고, 주변공간의 난방에 사용하기 위해 코어에서 발생하는 열은 중요한 잠재적인 소득이 된다. 어떤 특정한 건물에서 교류되는 코아와 주변공간 간의 명확한 분석을 통해 이루어지는 에너지 모델이 필요하게 된다.

어떤 특별한 친환경 건물이 실내공간의 코어를 갖는 것이 수용된다면, 다시 말해서, 코어공간에 조망과 일조를 위한 창이 없다면, 코어공간의 열을 주변공간에 전달하는 히트펌프가 사용된다면, 그러한 코어를 갖는 것은 효율적이라고 할 수 있다. 실내의 코어구역을 갖는 것이 단위 면적당 시공비를 낮출 수 있음을 파악해야 한다. 코어부분은 단열, 기후대비, 마감처리, 창문, 외부출입구와 같은 조건을 가져야 하는 벽이나 지붕에 비싼 외부 장식물 같은 것들이 불필요하다.

실내공간의 코어에 면적을 추가하기 위해 해야 할 것이 있는가? 그에 대한 답은 아마도 없을 것이다. 코어 바닥면적에 따라 여러 가지 상황이 벌어지고 있는 주변공간의 면적이 2배 이상 늘어나게 된다. 첫 번째, 코어는 주변공간에서 사용하는 것보다 더 많은 열을 발생시킨다. 그래서 두 개의 부분을 대상으로 동시에 냉, 난방을 해서 얻은 효율은 떨어지게 된다. 두 번째, 외부 온도가 낮을 때, 외부로 부터의 자연냉방을 위해 코어까지 냉방을 전달하는 데에 필요로 하는 거리는 증가한다. 결과적으로, 펌프모터에 첨부된 팬모터의 부차적인 동력이 증가하게 된다. 마지막으로, 코어는 너무 커져서 건물 이용자의 대부분이 조망이나 일조를 통해 외부와 교류할 수 없게 되고 실내 환경의 질은 떨어지게 된다. 그러나 커다란 코어 면적이 수용된다면, 에너지 문제는 컴퓨터 시뮬레이션을 통해 아주 명확한 답을 찾게 된다. 어떤 상황 하에서도, 코어부분의 증가를 통해 에너지와 적정가격 면에서 좋은 성과를 얻게 될 것이다.

6

건물 부착물

건물 부착물이란 처마, 차양막, 태양열집열판, 발코니, 셔터와 같은 구조물이나 장치들을 말한다. 많은 이러한 부착물들은 거주지에 첨부된 것으로서 유용하게 적용되고 있다. 그러나 잘못 부주의하게 적용된 몇몇 부착물들은 건물의 에너지 사용량을 증가시키게 된다.

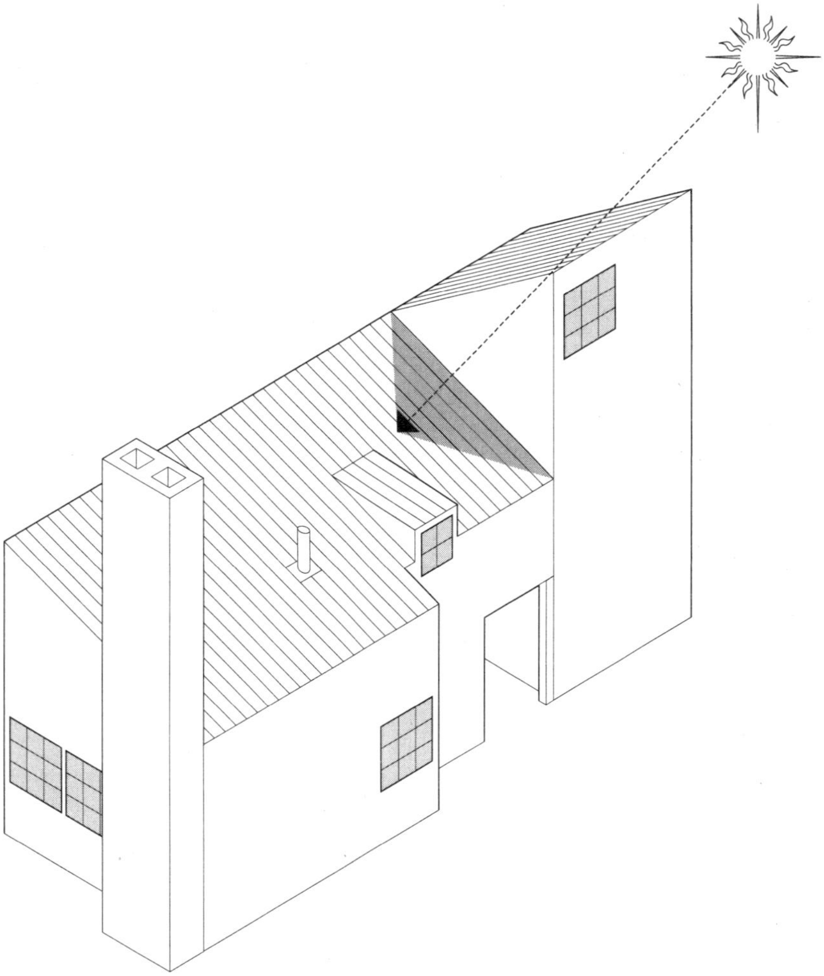

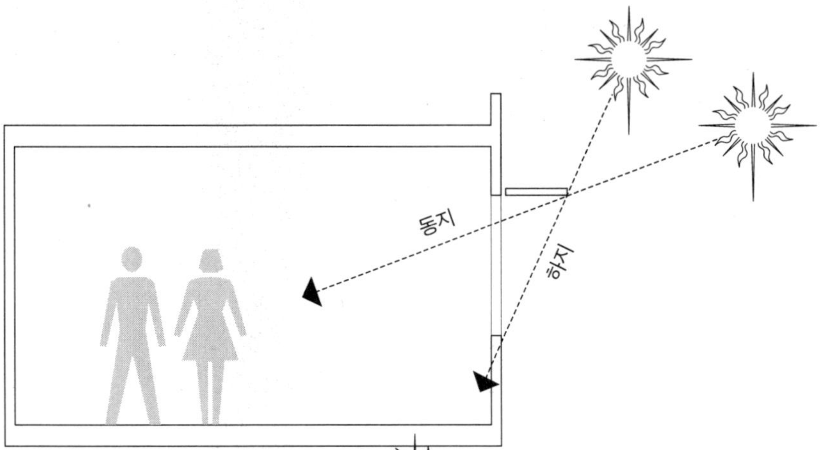

수평처마는 남향에서
가장 효과적이다.

차양과 처마

처마와 차양을 여름에 태양열을 줄이기 위해 동, 남, 서측을 면하게 하여, 에어컨을 위한 에너지를 절약해 준다. 정확하게 측정되면, 태양열이 필요한 겨울에 태양열을 얻게 해준다. 처마는 또한 동절기 습기침투로부터 벽과 창을 차단해주고 자외선에 노출되어 부식되는 것을 방지해서 목재와 콜크와 같은 건물자재를 보호해준다. 외부셔터도 이와 유사한 목적으로 설치된다. 빛이 창문을 통과하거나 태양열이 건물에 닿은 후에 실내에 블라인드나 그늘막으로 자외선을 차단하는 것보다 빛이 건물에 닿기 전에 건물을 보호하는 것이 훨씬 커다란 가치있는 방식이다.

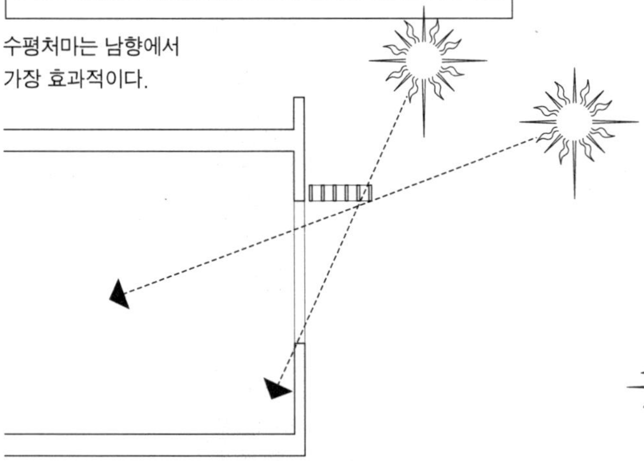

수직루버는 동측과 서측 노출면일 때 가장 효과적이다. 루버는 태양고도에 적응하기 위해 수동으로 작동시키거나 타이머나 광전기 컨트롤로 자동조절되도록 한다. 벽과 분리시켜 열전도를 줄여준다.

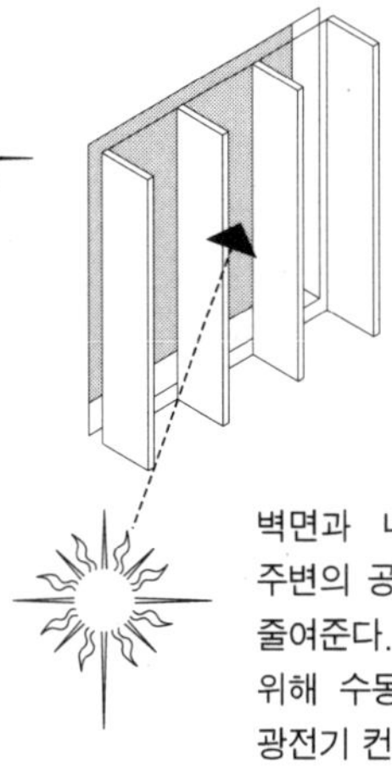

벽면과 나란히 있는 수평루버는 벽 주변의 공기순환이 되게 하고 열전도를 줄여준다. 루버는 태양고도에 적응하기 위해 수동으로 작동시키거나 타이머나 광전기 컨트롤로 자동 조절되도록 한다.

6.01 그늘장치는 더운 계절에 눈부심과 과도한 태양열을 줄여주기 위해 직사광선으로부터 창문과 기타 다른 빛을 받는 부분을 차단해준다.

처마는 수치로 계산하고, 건물 모델별로 컴퓨터시뮬레이션을 통해 다양한 크기로 만들 수 있다. 다음 표는 여러 위도 상에서 창문 높이에 따라 전체에 그늘을 만들어 주는 것을 보여주는 예로, 8월 22일 정오에 남측면을 향하고 있는 처마 깊이가 1.22m 높이가 필요하다는 것을 보여준다. 당연히, 창문이 가장 필요한 곳에, 날씨가 따듯할수록 처마는 더 짧아진다는 것이다.

위도(°)	처마 깊이(mm)
24	280
32	405
40	660
48	915

필요한 동-서측 처마의 깊이는 더욱 커지게 되고, 1.8m(6피트) 이상의 높이에서는, 보통의 깊이보다 훨씬 더 확장되어질 수도 있다. 대안으로는 동-서측 노출면을 효과적으로 보호할 수 있는 그늘장치로서 수직 루버나 핀이 있다. 격자형 울타리나 다른 외부 구조물, 식재 등은 확장형 그늘장치로 선택할 대상이 된다.

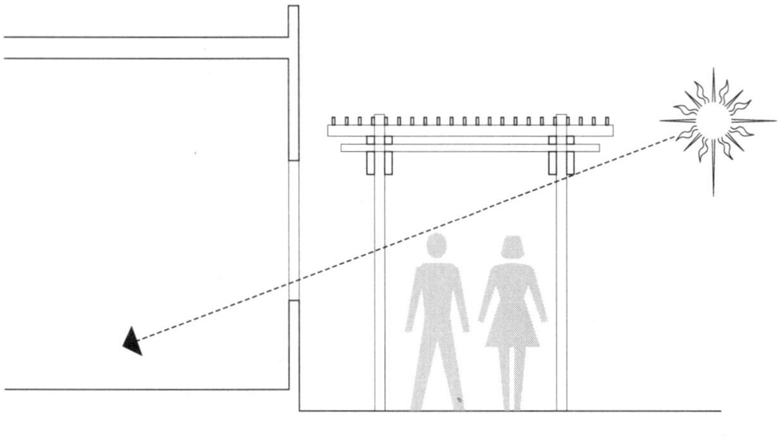

6.02 격자형 울타리(trellis)와 여타의 외부 구조물은 근접정도, 높이, 방위에 따라 그늘을 만들어 준다. 특히 동-서측 노출면은 처마 깊이가 더 커야한다.

태양열 집열판

태양열 집열판은 태양열 집열기와 광전지 설비를 배열한 것으로 구성된다. 통상 외벽면에서부터 내부로 설계하기 때문에, 건물의 지붕 설계를 마무리하기 전에 집열판을 설치할 자리를 미리 잡아놓는 것이 중요하다.

지붕은 집열판을 위한 필수적인 장소라 할 수 있다. 건물의 기본구조로 봐서는 기초를 해야 하는 지면에 설치하는 것보다는 지붕에 설치하는 것이 더 경제성이 있다. 지붕의 입면적 측면에서도 인접건물과 구조물 또는 나무들에 의해 생기는 건물자체의 그림자가 적어진다. 지붕으로는 접근이 제한적이어서 도난이나 파괴 또는 집열판의 손상 등의 위험이 적어진다.)

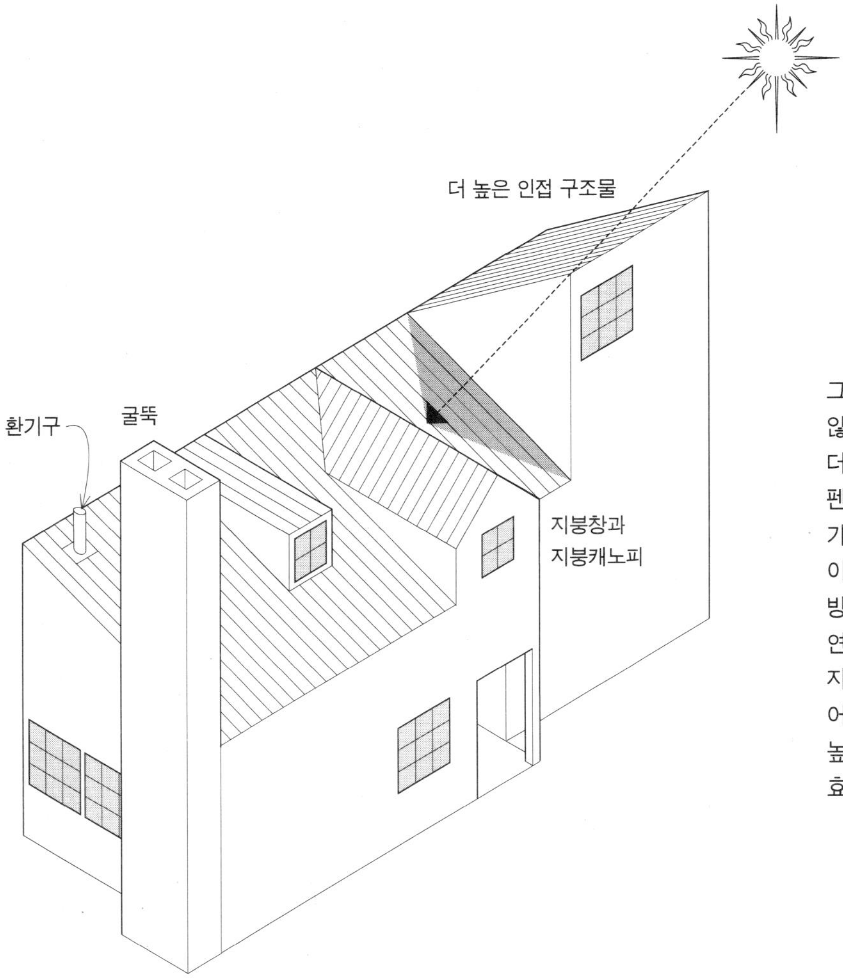

6.03 태양열 집열판의 최상의 효율적 설치를 방해하는 장애요소들

그러나, 지붕은 종종 집열판 위주로 설계되거나 시공되지 않는다. 태양과 관련된 지붕방위는 선택의 여지가 적다. 더 나아가, 굴뚝이나 설비, 환기구, 지붕창, 계단실, 펜트하우스 등과 같이 지붕에 설치되는 것들은 집열판이 가장 효율적인 곳에 설치되는데 방해가 되기도 한다. 이러한 구성요소들은 인접한 다른 대형의 지붕부분에 방해가 될 수 있고, 부분으로 나누게 되어 집열판을 연속적으로 배열하기 곤란하기가 더욱 어렵게 한다. 지붕의 일부분은 너무 적어서 한 개의 패널을 설치하기도 어려운 경우도 있다. 지붕의 각 부분들은 같은 건물의 더 높은 부분 때문에 그늘이 지기도 해서 집열판 설치시에 효율을 떨어뜨리게도 한다.

지붕 면적이 제한적이고 장애요소 있는 경우 종종 태양열 에너지 시스템의 용량에 한계가 있을 수 있다. 에너지 공급을 위한 태양열에너지의 실질적인 역할을 하거나 심지어 제로에너지의 시설이 되는 데에 집열판 설치위치가 불충분한 것은 심각하게 곤란한 조건이 된다. 특히 고층건물에서는 지붕 면적이 제한적이라는 것이 제로에너지 건물을 만드는데 주요 제한용인이 될 수 밖에 없다. 그러므로, 넷-제로 에너지 활용이 목적일 경우, 지붕의 장애요소는 중요한 장애물이 될 수 있다. 더욱이, 집열판 관련 설치물이 지붕에 있는 부속 장애물에 설치해야 하는 경우에는 설치비가 상승하게 된다.

지붕집열판의 미적인 면 역시 중요하다. 지붕이 집열판을 설치하는 미적인 조건으로 적합지 않으면 많은 건물주들은 태양열 에너지시스템을 설치하려 하지 않을지 모른다. 지붕이 집열판 설치에 미적으로 적합할 경우에는 건물의 초기에서나 증축 등의 미래에도 집열판 설치기회를 더 많이 갖고자 할 것이다.

지붕형태는 평평한 것과 경사진 것 등 폭 넓게 구성되어 있다. 보통의 경사형 지붕은 일면 경사지붕, 박공지붕, 팔작지붕, 소금창고형 편경사지붕 등이 있다. 흔하진 않지만 2단박공형, 피라미드형 지붕도 있다. 종종 이런 지붕들이 결합된 형태도 나타난다. 설치위치의 조건에 따라 지붕의 형태도 다양하다.

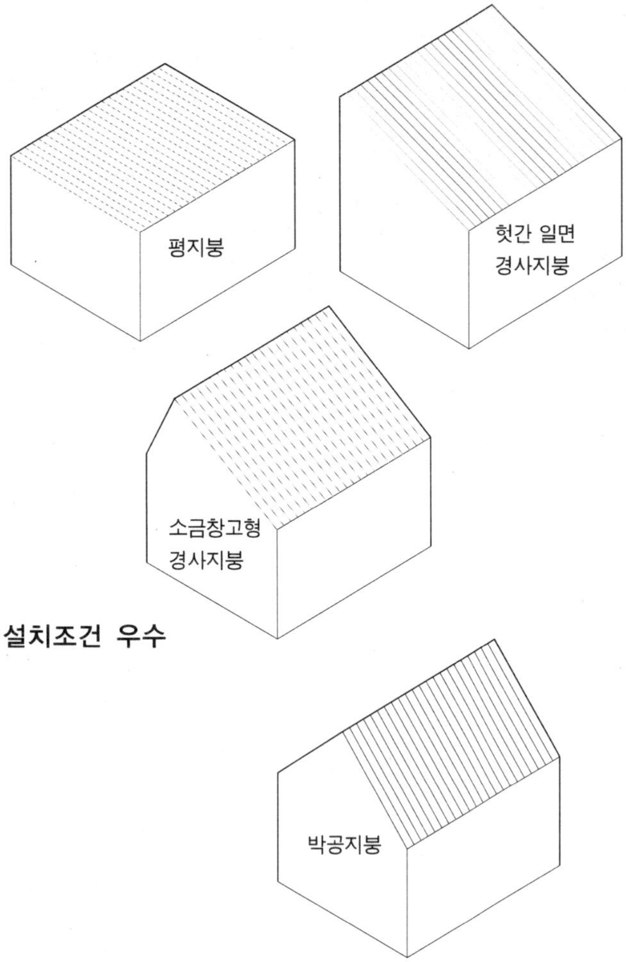

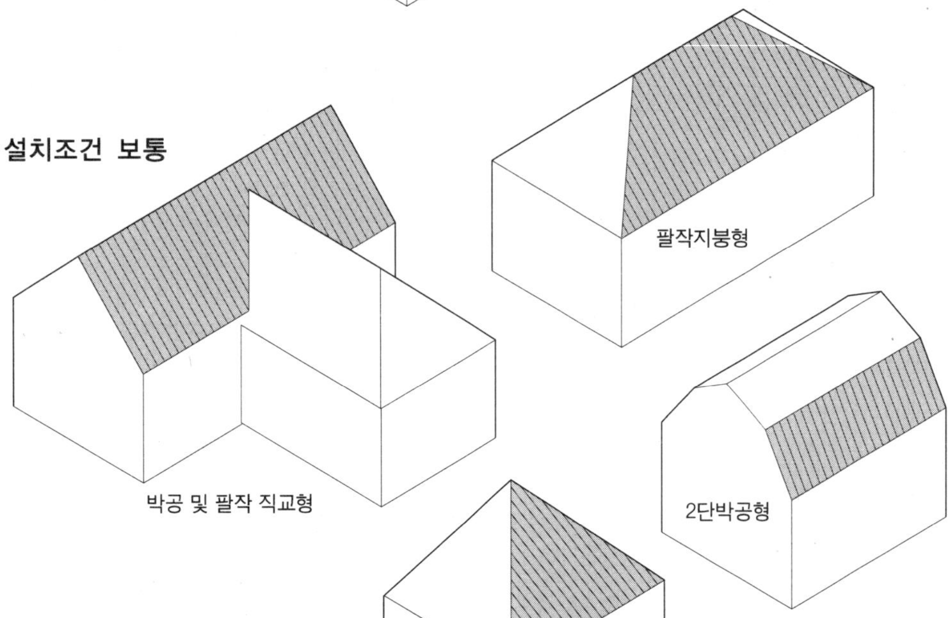

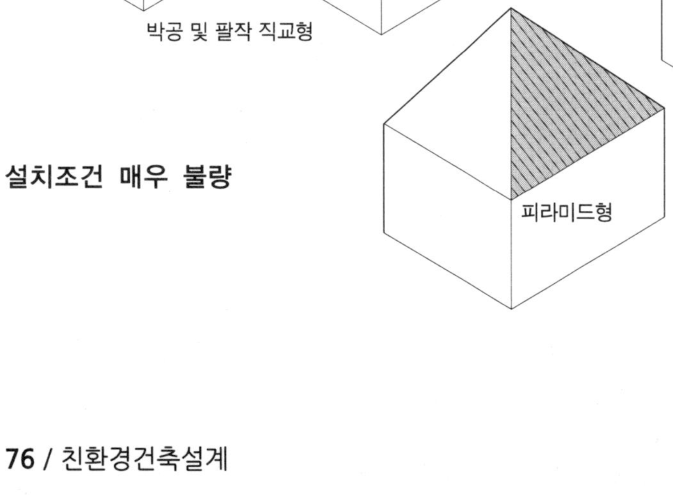

6.04 다양한 지붕형태에 따른 태양열 집열판의 설치 조건 비교

평지붕은 시공 시점이나 미래의 변화가 있더라도 집열판 설치에 용이하고, 집열판 배열을 위한 방위설정에도 융통성 발휘가 쉽다. 북반구에서 남측을 면한 경사를 가진 일면경사, 또는 소금창고형 편경사지붕은 집열판 설치조건에 아주 적합하다.

이에 따라, 가장 적합한 집열판 설치조건은,

· 적합한 지붕디자인을 선택한다. 고층부터 저층에 까지 선호하는 디자인은,
  - 평지붕
  - 일면 경사지붕
  - 편경사 지붕
  - 박공지붕
  - 팔작지붕

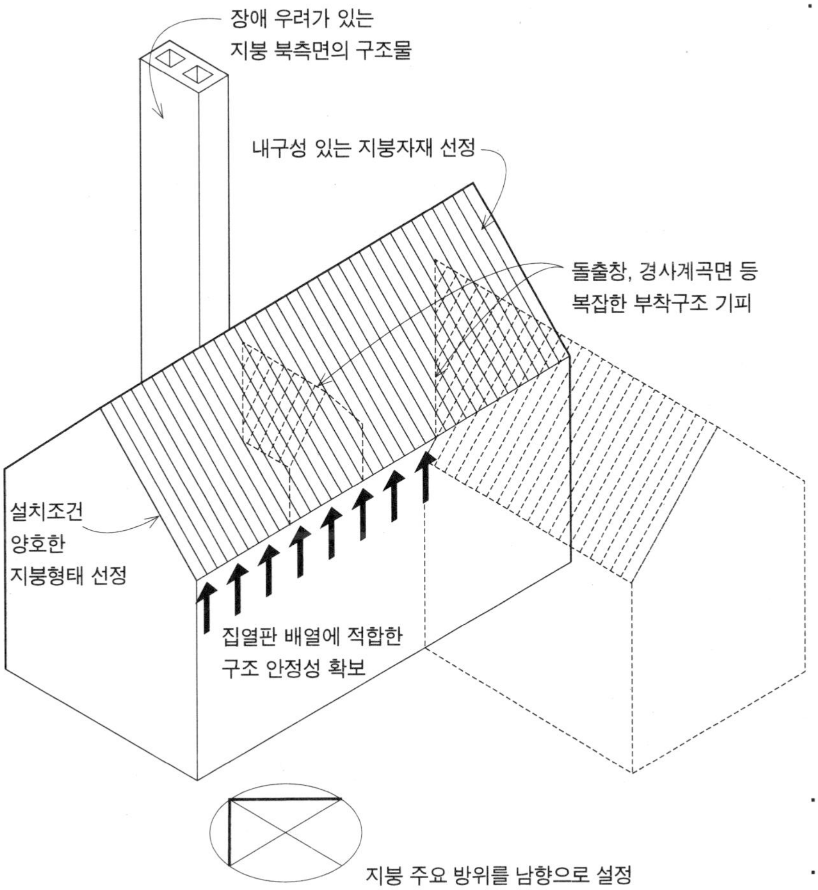

6.05 집열판 설치조건에 적합한 지붕만들기

· 지붕의 주 경사부는 적도를 향하도록 한다. (북반구에서는 남측)
· 설비관로나 배출팬과 같은 지붕관통형 장애물은 가능한한 북측면이나 벽면에 설치한다.
· 지붕관통시설을 묶거나 돌출지붕과 기타 구조물의 설치를 최소화해서 집열판 설치면적을 넓고 연속되게 해준다.
· 경사계곡면과 같이 과도하게 설계된 복잡한 지붕 디자인은 피하고 가능하면 단순하고 직사각형의 지붕선을 유지하도록 한다.
· 지붕 한부분이 다른 그늘을 만들지 않도록 한다.
· 지붕에 집열판이 설치되는 데에 구조적 안정성에 문제가 없도록 한다.
· 집열판 설치로 지붕을 개조수리 하는 일이 없도록 내구성 있는 지붕자재를 선정한다.

집열판의 기울기와 경사도는 에너지 생산에 영향을 준다. 컴퓨터 시뮬레이션 상으로는 주어진 지리적 입지여건에서 연간 최대 태양열에너지 생산을 위한 집열판의 적정 기울기와 방위각도는 쉽게 정의내릴 수가 있다. 때때로, 그 기울기는 건물과 특별한 월간 부하와의 더 좋은 결합여건을 만들어주기 위해 여름 또는 겨울의 생산량을 최대화 할 수 있도록 정해진다.

경사도와 집열판 배열의 방위에 대한 요구조건은 어느 정도 융통성을 가지고 있다. 적당한 에너지 생산량은 경사도와 방위가 다소 적절치 않아도 가능하다. 예를 들면, 적정선에서 ± 10도 범주 내에서는 태양광전지 시스템의 용량에서 손실률이 통상 2% 미만이다. 그러나, 적정선을 벗어난 여러 범주에서는 생산 감소 폭이 훨씬 커진다. 집열판이 수직으로 되어있을 경우에는 연간 생산량에서 미 북부에서는 30%, 남부에서는 대략 50%나 줄어든다. 수평으로 놓여졌을 경우에는 미 북부에서는 약 20%, 남부에서는 10% 정도 줄어드는 것으로 나타나 있다.

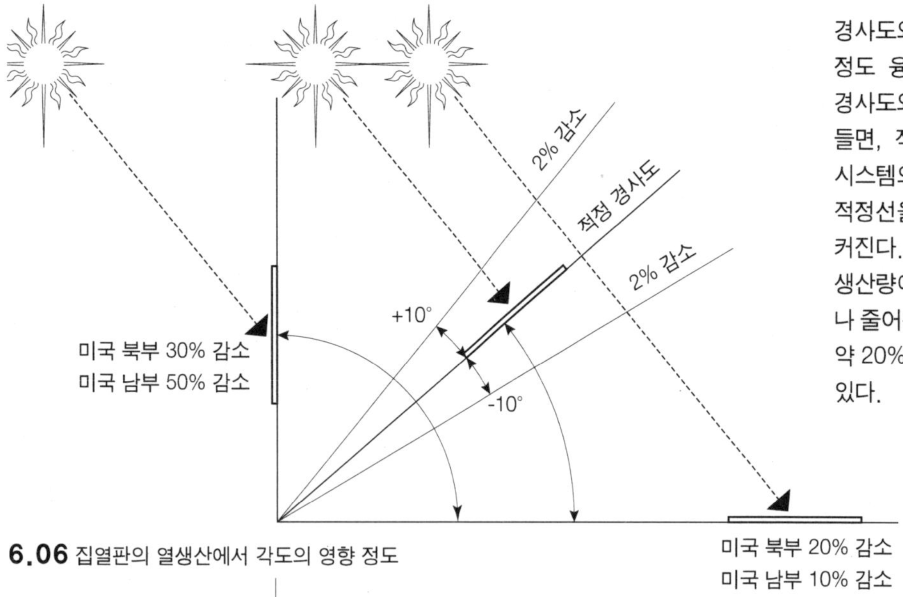

6.06 집열판의 열생산에서 각도의 영향 정도

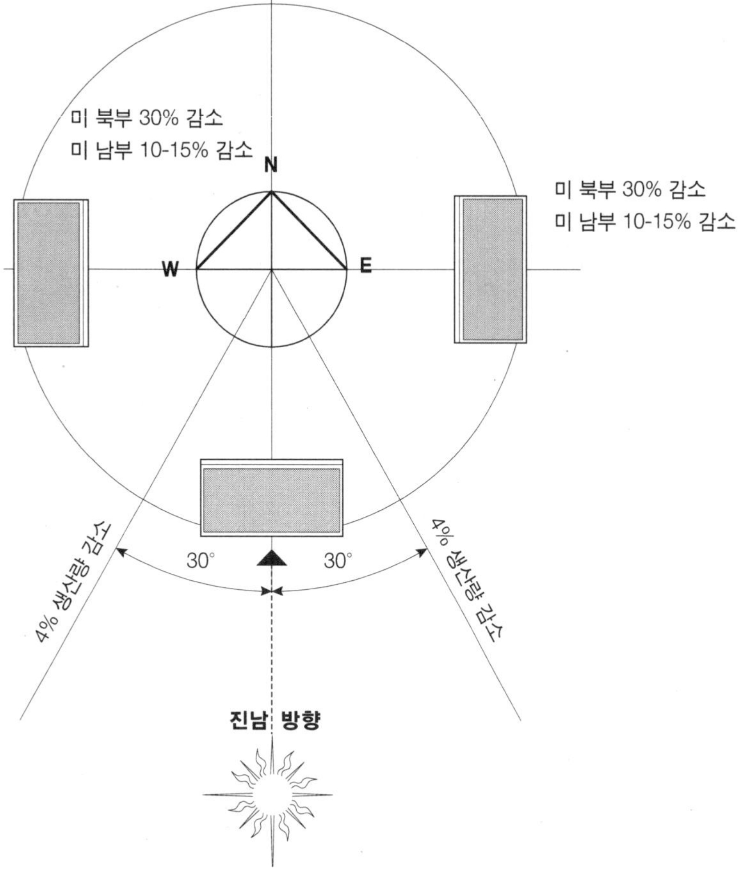

6.07 집열판 열생산에서 방위의 영향 정도

경사도와 마찬가지로 집열판 배열의 방위 또한 제한된 범위 내에서 융통성을 가진다. 북반구에서 진남으로부터 ± 30도 범주 내의 방위는 4% 이하의 생산량 손실이 있다. 패널의 방위가 동, 서 방위일 때는 미 대륙 북부에서는 대략 30%가 감소하고 남부에서는 10-15%가 감소한다. 이러한 감소는 남측을 면하고 있는 패널을 적정 경사도보다 경사도를 낮춤으로써 그 폭을 줄여줄 수 있다.

평지붕의 경우 공간이 필요한 태양열 시스템을 훨씬 충족하기 때문에, 자재의 사용을 최소화하고 가격효율을 최대화하기 위해 패널을 적정한 경사도로 효용성을 갖도록 해야 한다. 경사패널의 수평열은 각열이 인접한 열에 그림자를 만들지 않도록 적당한 간격을 유지해야 한다. 이 경우는 통상 12월 21일 오후 3시의 그림자를 가지고 평가한다. 공간이 한정된 평지붕에서는 -예를 들면, 건물에서의 제로에너지 처럼- 가능한 한 많은 패널배치로 최대용량을 얻도록 한다. 최대 용량은 일면 경사지붕의 형태를 한 각 열위에 설치되어진 한 세트의 패널을 통해 얻어진다. 이는 그 조립설비의 높이에 따라 실행되지는 않는다. 경사패널의 지붕 끝까지 긴 방향으로 열지어 설치된 직사각형 패널을 향하게 하는 것은 그 패널이 지붕의 짧은 쪽에 평행하게 설치한 것보다 약간 더 많이 생산한다. 패널이 지붕 위로 올라가지 않고 패널의 고도를 더 낮게 유지하기 위해서 할 수 있는 하나의 선택은 패널을 지붕에 수평으로 놓여지게 하는 것이다.

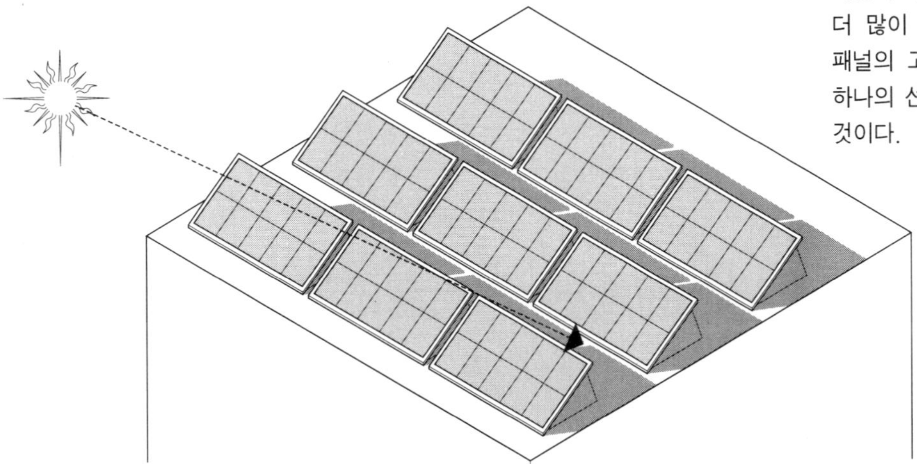

12월 21일 오후 3시를 기준으로 집열판 열이 인접한 열에 의해 그늘이 지지 않도록 한다.

한정된 지붕면적에서 생산량을 극대화하기 위해 집열판을 쌓아서 배열한다.

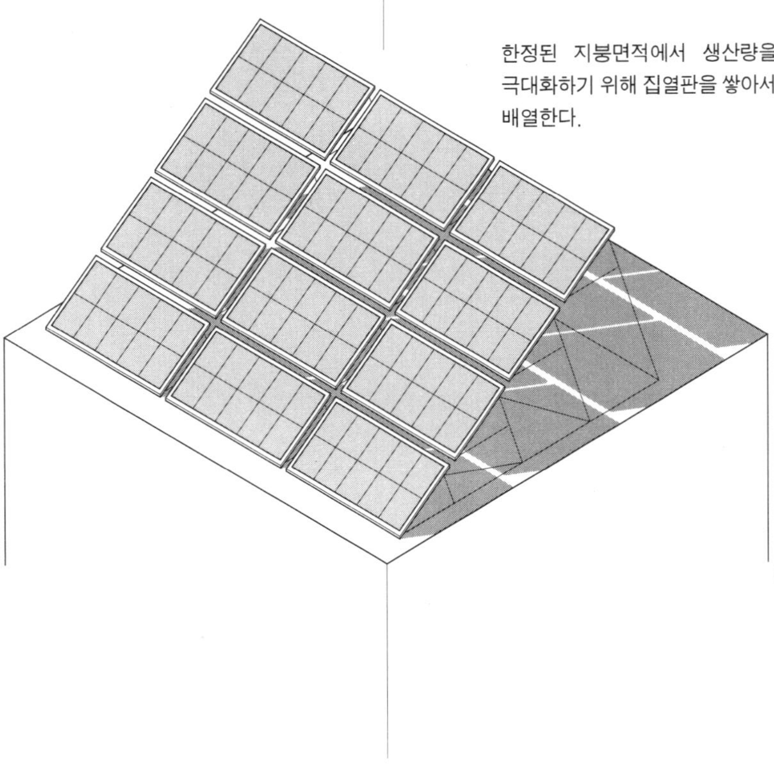

6.08 평지붕에 집열판을 설치하는 방식

발코니

구조설계가 마무리되기 전에, 발코니의 역할이 고려되어야 한다. 열전도의 측면에서, 자동차의 라디에이터나 냉, 난방 설비의 열교환기에서 안전판의 역할과 유사하게, 발코니는 열전도율을 높혀 표면을 확장시키게 된다는 점이 고려될 수 있다. 발코니는 동절기에 건물에서 열이 빠져나가는 창구가 되어 주요한 에너지 소모의 원인이라는 증거가 있다. 실질적으로, 발코니는 열이 손실될 수 있는 표면적을 증가시킨다.

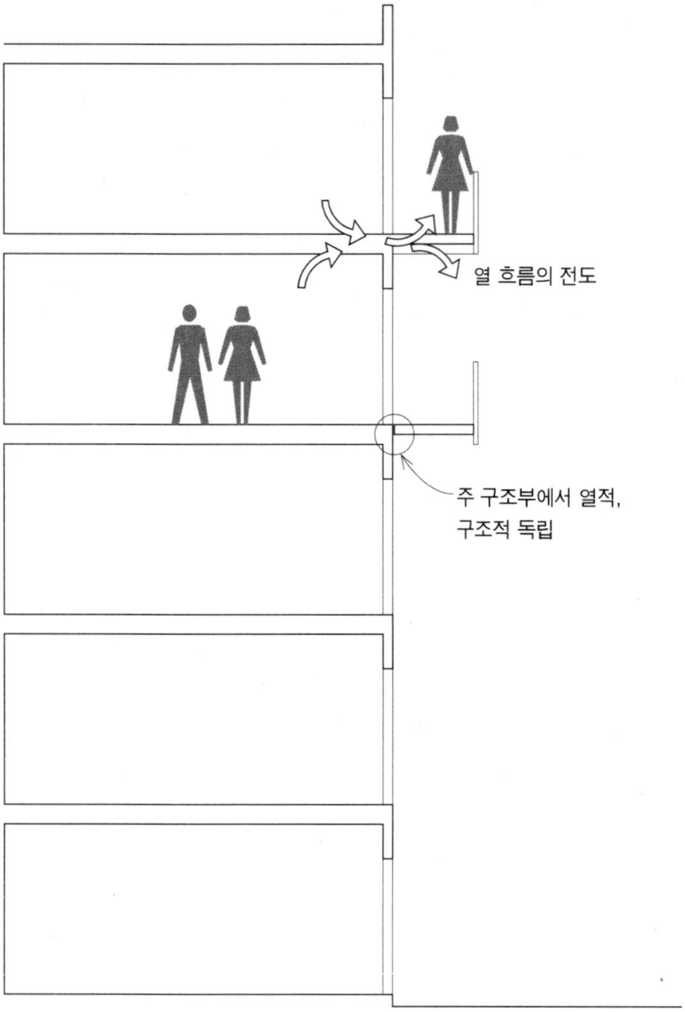

6.09 발코니는 건물의 열을 배출 창구가 될 수 있음

건물로부터 발코니구조를 열적으로 독립시키기 위해 두 가지 접근방식을 고려할 수 있다. 건물 내부로부터 발생되는 열은 발코니의 바닥과 벽에 의해 외부로 전도되지는 않는다. 열적인 독립성이란 발코니구조와 주건물 사이에 비전도성 스페이서를 사용하거나 주건물의 구조에서 연장되게 하는 구조물로 발코니를 지지하도록 함으로써 확보할 수 있다.

발코니는 또한 보통 큰 유리문으로 되어 있는데, 이는 건물의 취약한 점이 될 수 있다. 보통 철제틀로 되어 있는 대형 슬라이딩 도어는 길게 인접하여 공기누출이 될 뿐 아니라 비교적 낮은 R-수치와 높은 U-계수를 가지고 있다. 그것은 유리자체를 통과하는 열 획득이나 손실을 가져올 수 있다. 가능하다면 좀 더 작은 단열문을 발코니에 설치하는 것이 고려되는 것이 좋다.

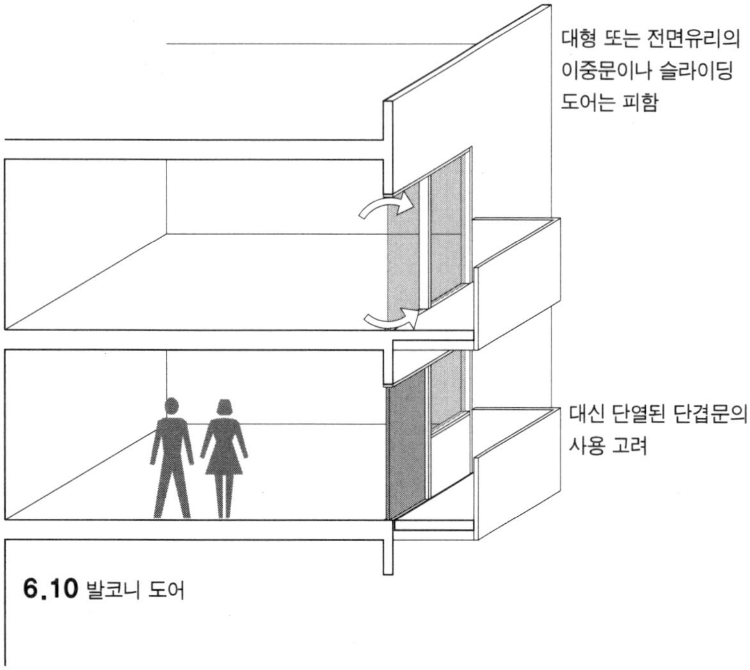

6.10 발코니 도어

건물의 외관

외부에서 만들어지는 건물의 외관은 친환경건물 디자인에서 중심적인 역할을 갖고 있다. 창문, 창문 대 벽의 비율, 출입문, 장식물, 층고, 지붕선, 입구와 로비, 외부 조명, 외부에서 보이는 실내조명 등등... 이러한 모든 것들이 건물이 외부에서 보여지는 주요한 특징이 된다. 건물외관의 개발에서 입면의 역할은 건물의 디자인 개념설정에서 첫 번째 요소 중의 하나로 개발되어진 디자인상의 연속성과 강한 연관성을 가지고 있다. 중요한 것은, 초기의 스케치는 에너지에 대한 설계 전에 이루어진다. 이 기본구상은 지역의 법규나 규정과 같은 행정당국의 승인과 건축주의 승인을 받게 된다. 그리고 실제적으로는 에너지 교환량이 측정되고 에너지 최적화가 되기 위한 예상수준이 만들어질 수 있게 된다.

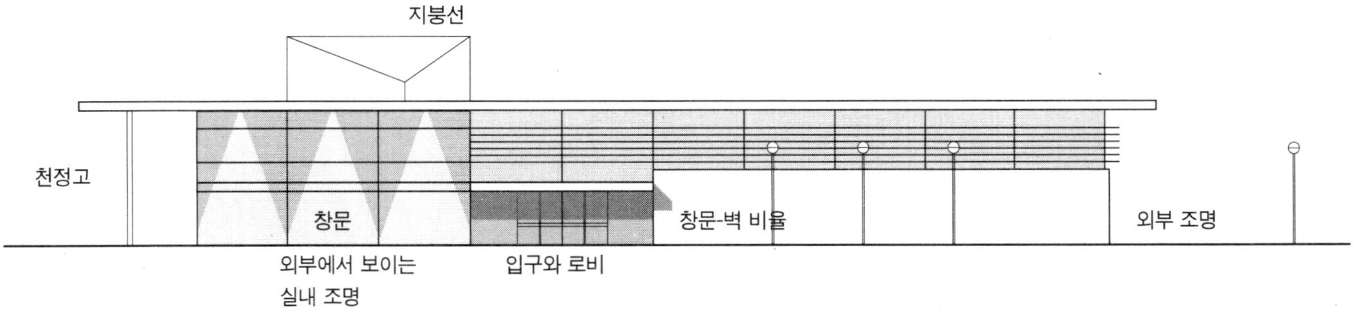

6.11 에너지 효율에 도움이 되거나 떨어뜨릴 수 있는 건물 외관 요소들

친환경 건물을 위해서는, 통합된 디자인 과정에서 에너지 교환이 측정되기 전에 초기의 작업이 건물 입면과 최종 외관을 결정하지 못하게 해야 한다. 이는 초기에 실질적인 친환경설계 접근방식을 확신하고 승인하도록 해준다. 입면요소의 에너지 교류에 관한 초기평가는 외부로부터 내부로의 디자인에서 나오며 건물을 친환경적인 것으로 만드는 데에 가장 중요한 영향을 미치는 요인 중 하나로 알려져 부각되고 있다.

우수의 저장

우수저장의 측면은 인접건물의 형태를 고려하면서 되어져야 한다. 예를 들면, 배수와 낙수는 단순히 건물 외부로 우수를 배출시키거나 폭우 시 배수시스템을 가동시키는 것이 아니라 어떤 한 지점으로 우수의 경로를 정하는 데에 협력하게 된다. 이 저장고가 건물 외부에 있을 경우, 주의 깊게 검토해야 한다. 우수의 집수에 관한 보다 자세한 사항은 12장 냉, 온수 부분에 언급되어 있다.

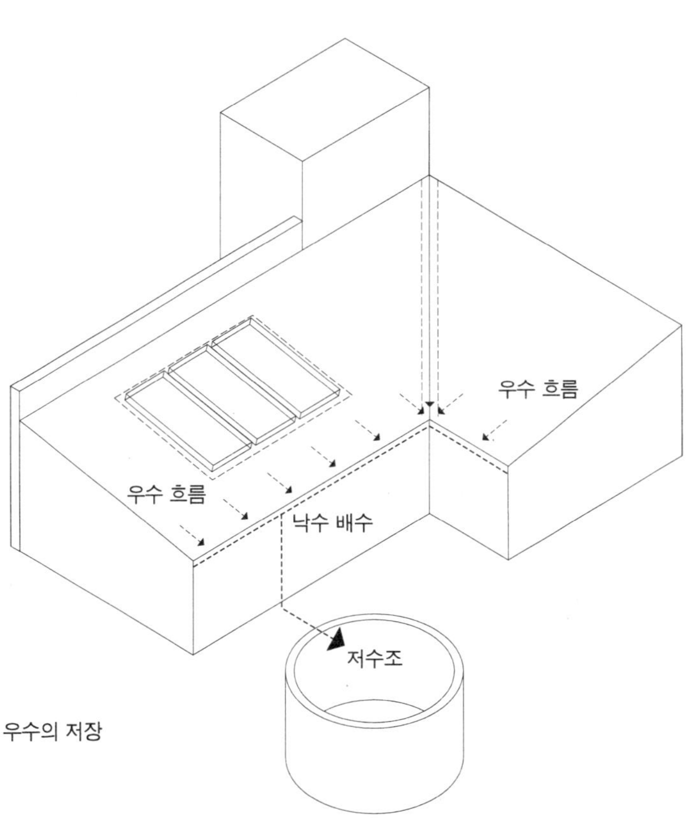

6.12 우수의 저장

지붕공간의 활용

친환경 건물은 지붕공간에서 필요로 하는 여러 특징들을 가지고 있다. 냉, 난방 설비와 배출팬과 같은 통상적인 지붕돌출 요소들에 덧붙여서, 파티오(옥상 테라스)와 펜트하우스, 다양한 친환경적 특징을 가진 지붕공간 들과 같은 지붕활용 방안 등이 있다.

- 태양열전지 장치
- 태양열 집열장치와 저장설비
- 일조를 활용한 천창과 모니터
- 친환경적 옥상 농장
- 열교환 환풍기

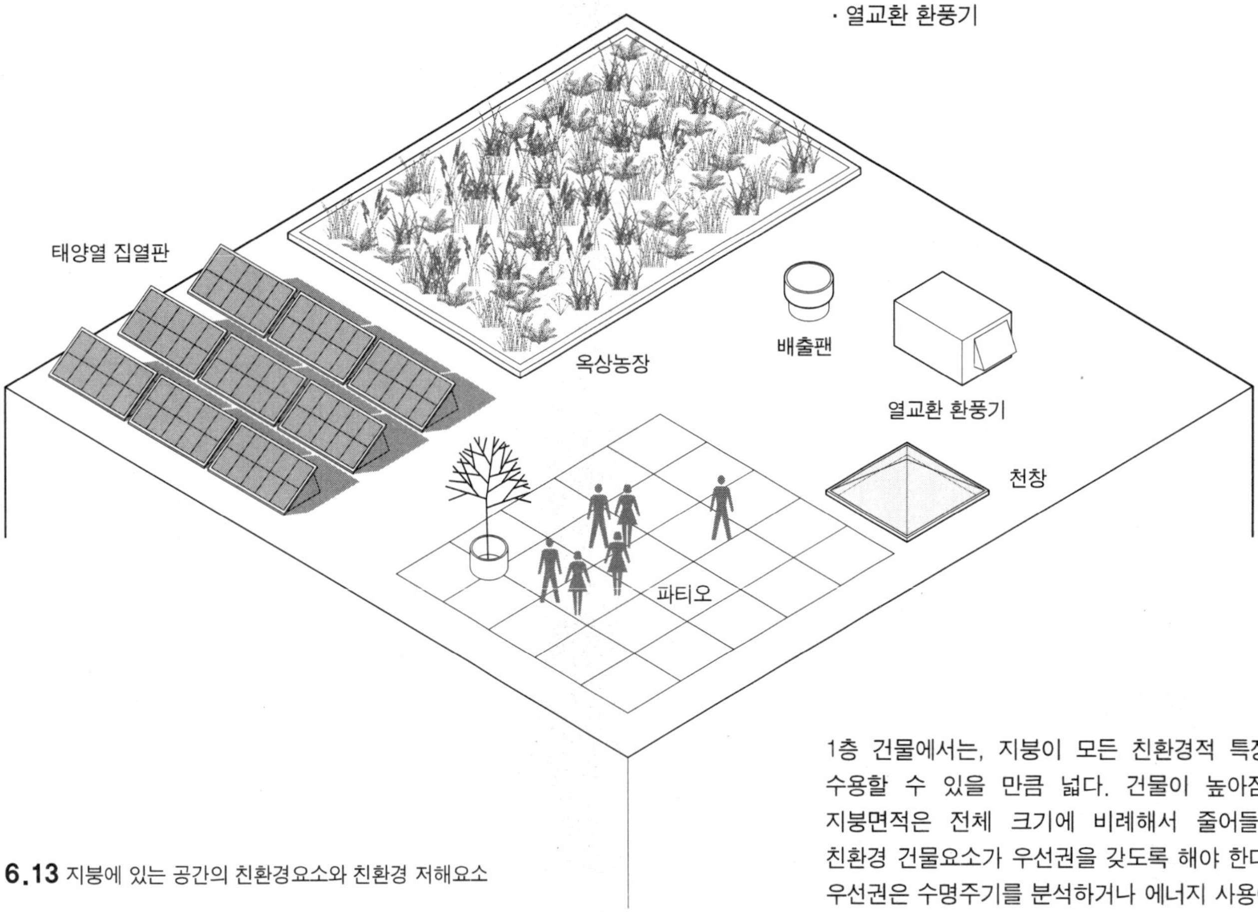

6.13 지붕에 있는 공간의 친환경요소와 친환경 저해요소

1층 건물에서는, 지붕이 모든 친환경적 특징들을 다 수용할 수 있을 만큼 넓다. 건물이 높아짐에 따라 지붕면적은 전체 크기에 비례해서 줄어들게 된다. 친환경 건물요소가 우선권을 갖도록 해야 한다. 여기서 우선권은 수명주기를 분석하거나 에너지 사용이나 탄소 배출을 잠재적으로 감소시키는 데에 기반을 두게 된다. 예를 들면, 건물에는 제로-에너지를 모색할 수 있는 지붕공간이 한정되어 있다. 우선권은 천창과 옥상농장 등과 같이 에너지 절약이 덜 되는 것들을 고려하기에 앞서, 에너지 절약에 더 많이 기여할 수 있는 태양열 에너지에 부여되어야 한다는 것이다.

친환경 저해요소는 펜트하우스, 파티오, 냉, 난방 설비와 같은 것들로서 건물의 친환경적 목적에 필요하고 지붕에 있는 위험 요소들을 제거해야 한다면, 지붕 이외의 장소에 설치를 면밀히 검토해볼 필요가 있다.

7
외부 마감 요소

"외부 마감 요소 envelope"라는 용어는 건물의 외부 표면을 말한다. 이 외부 마감은 벽, 창, 문, 지붕, 기초 등의 건물 구성요소들을 말한다. "주변 환경 요소 enclosure"라는 용어는 건물 외부마감에 관해 말할 때 많이 사용되는 말이다.

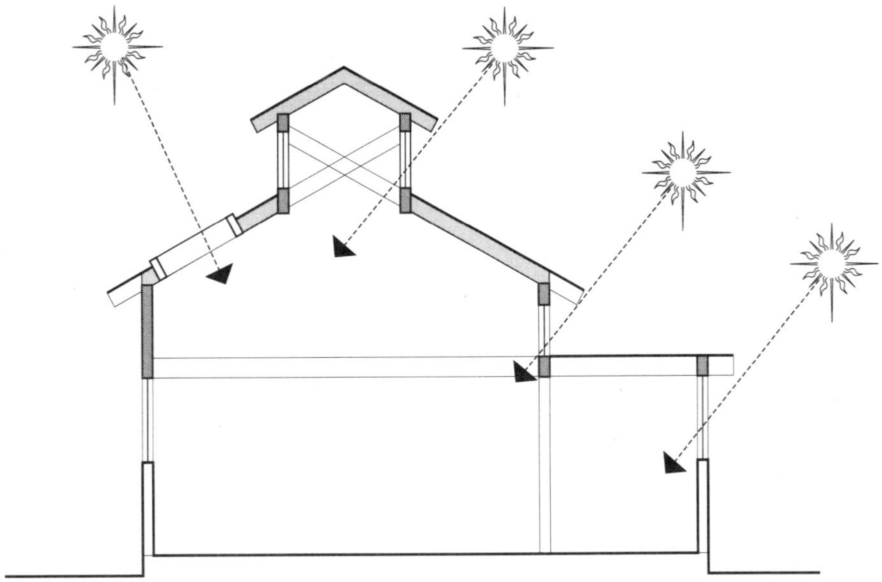

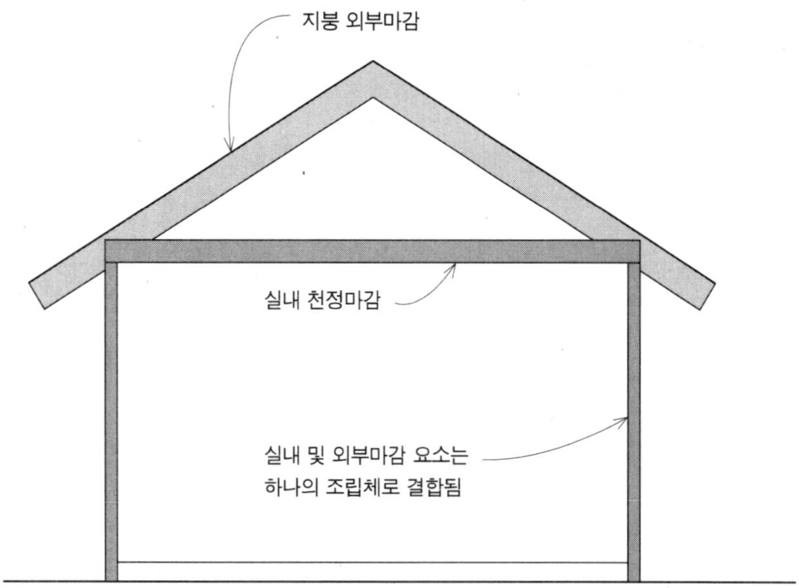

7.01 실내 및 외부 마감요소

실내 및 외부 마감요소

건물은 본래 두 가지 마감요소로 되어있기 때문에 외부마감과 내부마감 간의 구분이 있게 된다. 예를 들면, 하부에 다락방을 가지고 있는 경사진 지붕의 건물을 위해서는, 다락방 공간의 바닥이 실내마감의 역할을 하게 되므로, 외부마감에서 지붕구조상 층을 갖게 된다. 외부마감은 외기나 땅바닥과 접하는 구성요소들을 포함하고 있다. 실내마감은 여러 조건이나 환경에 연계된 요소들로 구성되어 있다. 종종, 여러 벽의 경우에서처럼 외부와 실내 마감은 동일한 구조부재로 결합되어 형성된다.

외부마감은 종종 건물의 거주공간에서 가장 중요한 것이 되기도 한다. 통상 외부로부터 내부공간으로 디자인하기 때문에, 외부마감요소가 바람이나 기온과 같은 외적인 영향으로부터 건물 거주자들을 보호하는 데에 필요한 유일한 요소가 아니기 때문에 거주공간을 여러 가지 층(layer)로 하는 것을 지속적으로 검토하게 된다. 동시에, 그것이 건물을 만들어 가는 데에 중요한 것이라는 것을 인식하고, 거주공간의 에너지 낭비가 되지 않도록 공급과 보호를 지속할 수 있도록 하는 이러한 주요 층들을 강화해 나가야 한다.

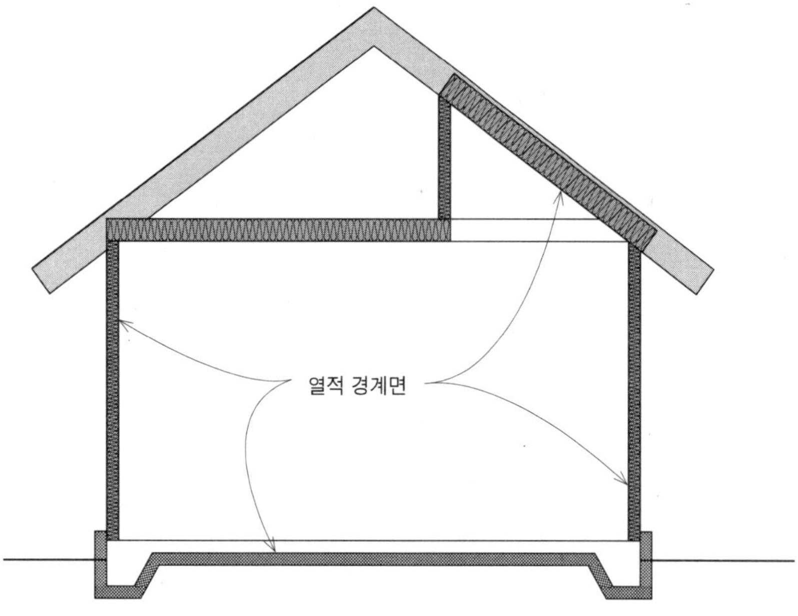

7.02 건물의 열적 경계면

외부와 실내 마감의 개념과 병행해서, 또한 열적 경계에 대한 개념도 고려되어야 한다. 건물 경계면이 단열재로 둘러싸인 표면으로 구성된 열적 경계선은 지붕선을 따라 단열층이 형성되는 지붕의 경우나, 실내 마감을 따라 구성되는 것처럼, 그리고 다락방 층의 부재에 설치된 단열층이나 그 두개 층 사이에 만들어지는 단열층의 사례에서처럼 외부마감을 따라 구성되게 된다.

실내, 외 마감의 명확한 구분이 안 되고 혼재되는 경우가 많다. 특히, 열적 경계면이 부적절하게 형성되었을 경우 더욱 그렇다. 열적 경계가 불명확 하거나 전혀 안되어 있는 경우를 대비해서 여러 가지 공통의 시나리오를 검토할 필요가 있다. 열적 경계가 명확하고 강력하게 정의될 수 있게 되면, 실내, 외의 복합된 거주층을 만드는 작업을 할 수 있게 되고, 이래서 외부의 여러 영향요인에 효과적으로 대응할 수 있도록 할 수 있다.

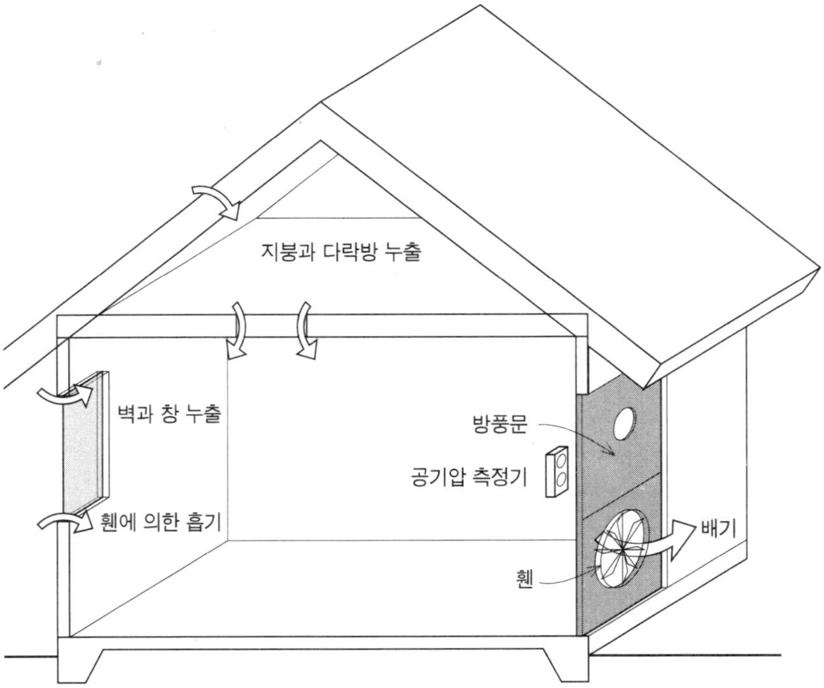

7.03 방풍문 테스트

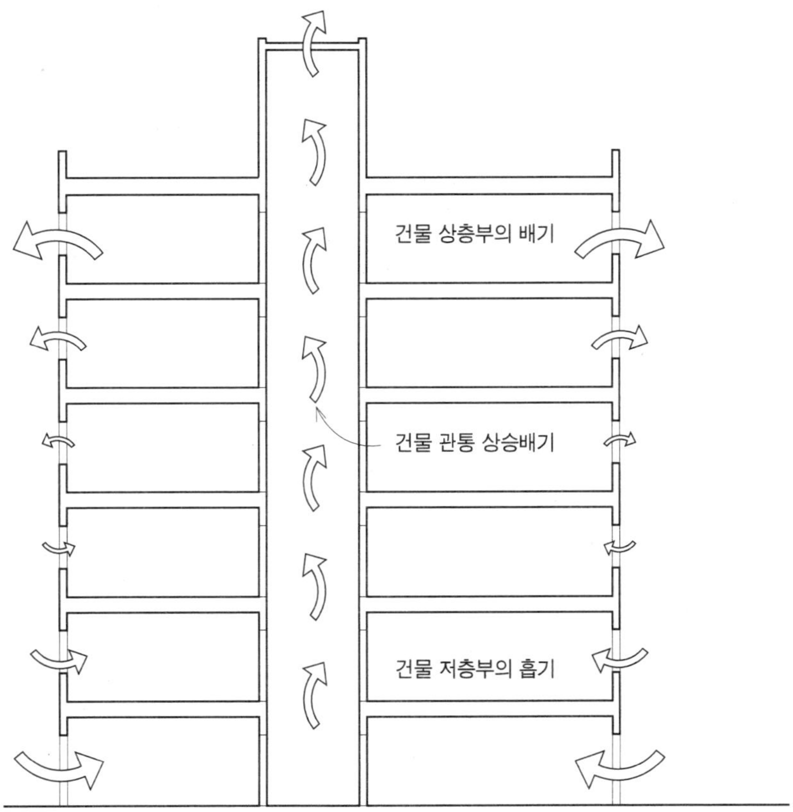

7.04 동절기 굴뚝효과에 의한 공기의 흐름

침윤

건물에서 에너지 사용에 대한 침윤의 영향은 중요하다. "침윤"은 건물과 외기 사이에서 일어나는 공기의 교류를 나타내는 데에 사용되는 공통의 용어이다. 침윤의 순수한 정의는 공기가 건물 내부로 유입되는 것이지만, 이 용어는 동시에 또는 간헐적인 순환이 일어나는 건물의 공기 유입 및 배출을 나타낼 때 사용된다. 근래에는 침윤의 메커니즘과 에너지 사용에의 영향에 관해 더 깊은 이해를 갖게 되었다. 방풍문의 시험방법이 등장하면서, 건물의 기압을 올리거나 내리는 것은 침윤의 양과 거기서 발생되는 이해의 정도에 따라 달라진다. 방풍문은 대부분 단일세대의 가정에 적용된다. 그러나 종종 더 큰 규모의 건물에도 사용되며, 이에서 얻어진 결과는 모든 종류의 건물에 잘 적용된다.

방풍문 시험에 의해 얻어진 정보는 평가 과정에서 쉽게 인지될 수 있다. 방풍문으로 압력이 배출된 건물에서, 외기는 문과 창문 프레임 주변으로, 전기적인 외부설비, 배기그릴과 채광설치물, 벽 패널 틈, 배수구와 굴뚝연도, 파이프와 배관 관통부 등을 통해 건물을 관통하게 된다.

근래 몇 년간, 굴뚝효과에 관해 많은 자료들이 이해되고 얻어졌다. 여기에서는 동절기에 건물 저층부로 공기가 유입되어 상부층을 통해 밖으로 배출되는 중요한 침윤작용을 보여준다. 굴뚝효과는 또한 에어컨이 설치된 건물에서는 역방향의 흐름이 발생할 수도 있다. 대부분 고층건물에서 언급되는 이 굴뚝효과는 저층 또는 지하층이 있는 단층건물에서 작용한다는 근거를 찾기 어렵지만, 거기에서도 겨울에 지하층이나 1층 창의 조그만 개구부에서 찬공기의 유입이 감지되는 경우에 나타난다.

굴뚝효과가 침윤의 유일한 작용대상은 아니다. 풍압 또한 실질적인 영향요인이 된다. 더 나아가, 바람과 굴뚝효과 없이도, 건물은 배출 휀, 통풍시스템, 덕트형 냉난방 시스템, 그리고 문과 창의 개구부 개폐 등과 같은 건물 내부의 다양한 공기압 변화에 따라 발생되는 많은 틈새와 개방부분을 통해 침윤을 겪을 수 있게 된다.

잘 설계되고 시공된 건물에서도 침윤요소들이 많이 잠재하고 있다. 실질적인 요소는 침윤의 두 가지 확실한 유형으로 보여지는 창과 문이다. 첫 번째 유형은 여닫이문이나 이중창에 부착된 창문새쉬 등과 같은 움직일 수 있는 부재로 공기가 통과하게 되는 것이다. 프레임에서 움직이게 되는 문과 창 새쉬에 대한 요구조건은 침윤에 자연스럽게 대비할 수 있는 곳에 설치되는 것이다. 침윤의 두 번째 유형은 몰딩에 의해 충진되는 문·창과 벽 사이의 틈으로 공기가 이동하는 것이다. 침윤의 두 번째 유형은 각 부분에 고정되어 설치된 부재들 사이에서 볼 수 있다.

침윤을 방지하는 방법은 침윤 유형에 따라 달라진다. 한가지는, 공기 이동이 발생되게 되어있는 곳에서 상대적인 움직임이 일어나는 장소에 실링이 필요한데, 이러한 부재에서의 침윤을 방지하는 것이 있다. 이러한 것을 통상 틈마개(weatherstripping)라고 말한다. 틈마개는 스프링 철물, V-스트립과 창과 문에 닫힘을 밀실하게 하는 여러 가지 형태의 스트립을 포함해서 여러 가지가 있다. 다른 경우에는, 창문과 벽 사이와 같이 고정된 면 사이의 침윤이 있는데, 이 경우는 건물 부재의 움직임을 고려할 필요가 없기 때문에 코킹이나 뿜칠과 같은 재료로 방지할 수 있다.

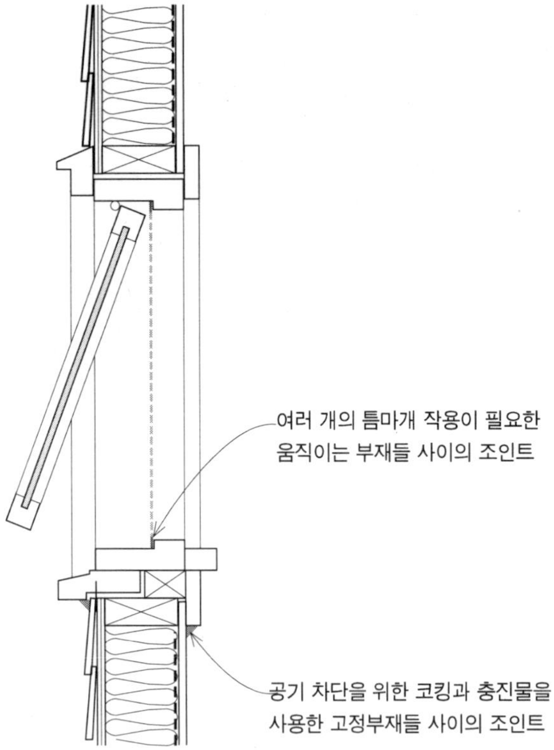

7.05 공기차단이 요구되는 조인트 형식

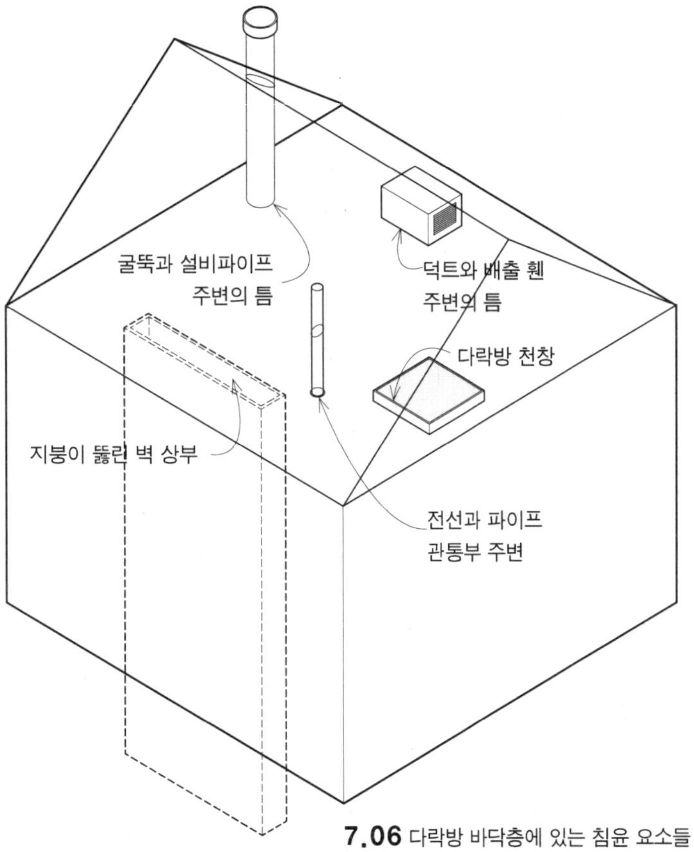

7.06 다락방 바닥층에 있는 침윤 요소들

침윤이 발생하는 도 하나의 공통된 장소는 다락방의 바닥층에 있다. 이에는 다락방 해치도어와 덮개가 씌워지지 않은 벽 공간이 있다. 즉, 매입형 조명기구 주변의 틈과 균열부, 굴뚝, 설비통로, 덕트, 배기휀 등과 전선 및 소방스프링쿨러 파이프 관통부 등이다.

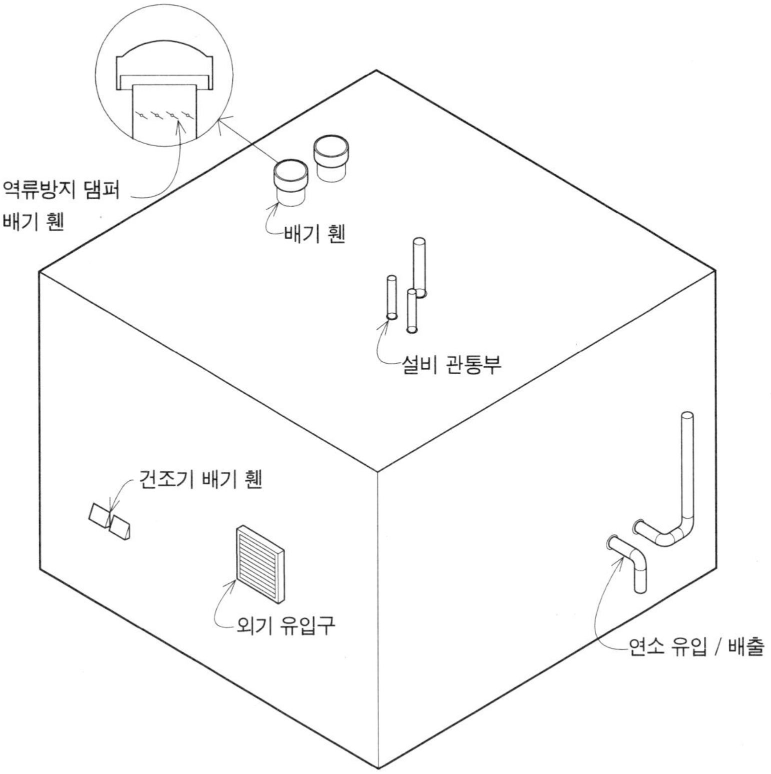

7.07 건물 외부에 있는 목적형 개방부재

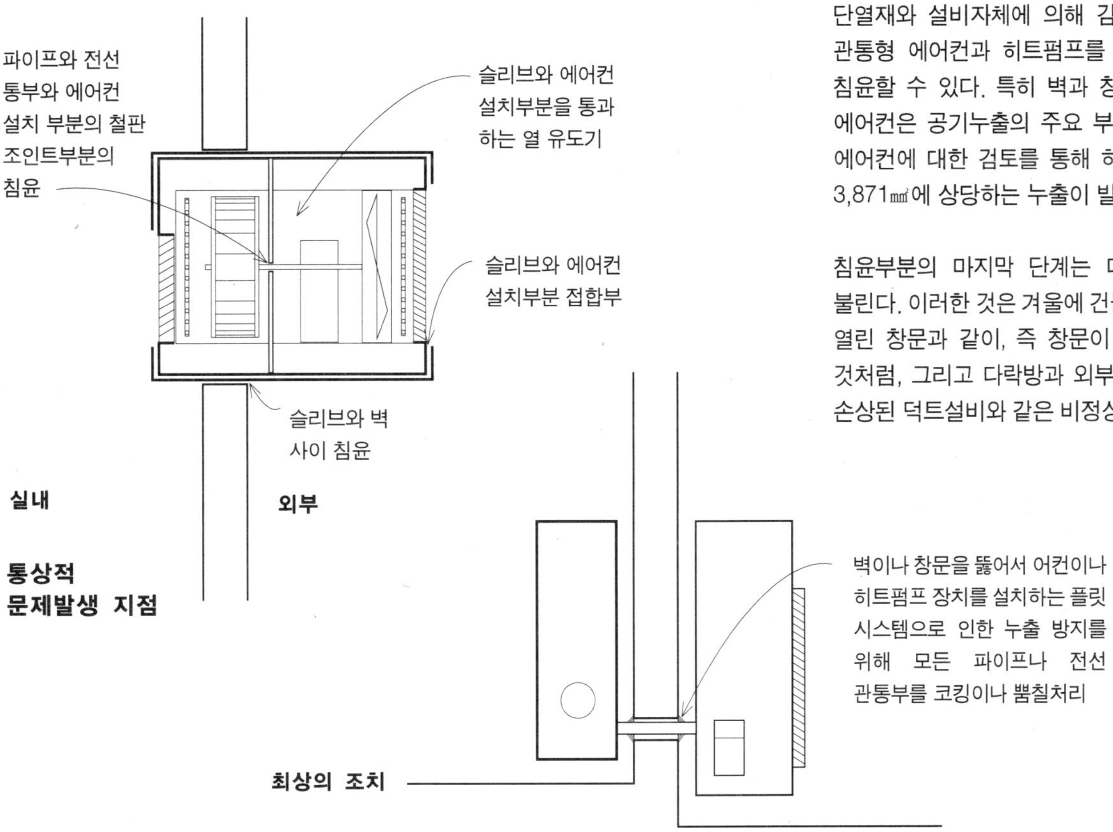

7.08 실내 에어컨 설치에 따른 열손실과 침윤

건물외벽을 관통하는 목적성 개방부는 공기나 다른 가스가 통과하게 되며 다른 단계에서의 침윤이 나타나는 경향이 있다. 이 개방부는 벽난로와 목재난로의 굴뚝, 기타 연소 배관, 세탁건조기 배관, 배기 휀 등과 통기 유입구 통로 등이 포함된다. 사용하지 않을 때의 이 개방부는 침윤 대상부로 보고 관리되어야 한다.

이 개방부의 일부는 침윤정도를 줄이기 위해 댐퍼를 설치하기도 하는데, 그것은 대개 적절한 밀실효과를 얻기 어렵다. 이 역류방지 댐퍼는 보통 한 방향으로만 흐르지 못하게 하고 , 의도적으로 다른 방향으로 공기나 다른 가스를 흐르게 한다. 이 댐퍼가 흐름을 유도하는 방향이 보통은 굴뚝효과에 의해서 생긴 공기압력이 힘을 갖게 되어서 이 댐퍼가 닫혀야 할 상황인데도 건물 외부로 공기가 흐르도록 개방되어 버릴 수 있다는 것이다.

침윤에 더욱 예민한 공용부분은 벽의 내부와 주변이다. 공기는 벽 마감재의 균열부를 통해 유입될 수도 있고, 부실한 공기차단 마감벽과 덮개의 균열을 통해 공기가 이동하고, 프레임 부재들 사이의 다공질 단열재를 통해, 그리고 전기장치의 매립부와 스위치 또는 내부 마감벽에 있는 균열과 구멍을 통해 건물 내부로 유입된다. 공기는 벽체의 상판 주변과 기초벽에 설치되어 있는 벽프레임에 있는 문턱 부분에서도 침윤될 수 있다. 공기는 파이프 단열재와 설비자체에 의해 감추어진 외벽에 설치되는 관통형 에어컨과 히트펌프를 관통하는 파이프를 통해 침윤할 수 있다. 특히 벽과 창문을 관통해서 설치되는 에어컨은 공기누출의 주요 부분이라 할 수 있다. 이런 에어컨에 대한 검토를 통해 하나의 기본 설비장치에는 3,871㎟에 상당하는 누출이 발생한다는 것이다.

침윤부분의 마지막 단계는 대재난의 부분이라고까지 불린다. 이러한 것은 겨울에 건물이 지나치게 과열되어서 열린 창문과 같이, 즉 창문이 깨졌거나 문틀이 손상된 것처럼, 그리고 다락방과 외부공간과 같은 장소에 있는 손상된 덕트설비와 같은 비정상적인 개방이라고 하겠다.

열교

근래 수년간 높은 관심을 받고 있는 건물구조의 부분은 열교이다. 열교란 단열되지 않은 건물부재인 고정구조물에 까지 단열층을 관통하는 것을 말한다. 이때 열은 실내공간 사이로 전환되고, 외부 환경에 따라 건물공간을 조절되게 된다. 대부분의 열교 사례에서는 구조벽이나 지붕에 부착된 목재나 철제 스터드를 통해 발생된다고 한다. 열교는 목재구조벽은 10%까지, 철제구조벽은 55% 정도 효과적으로 열저항계수(R-value)를 보여준다.

열교의 다른 사례로는 상인방, 덮개판, 구조벽 상판 등과, 외벽을 지지하는 구조보와 슬래브, 선반 각도, 파라펫 형상으로 세워진 내력벽, 발코니와 현관 그리고 기초바닥과 벽의 여러 상세부분 등을 포함하고 있다.

외부 마감에 대한 논의를 하게 되면서, 침윤과 열교의 문제들에 관심을 두게 되고, 그 영향을 최소화 하는 방안을 고려하게 된다.

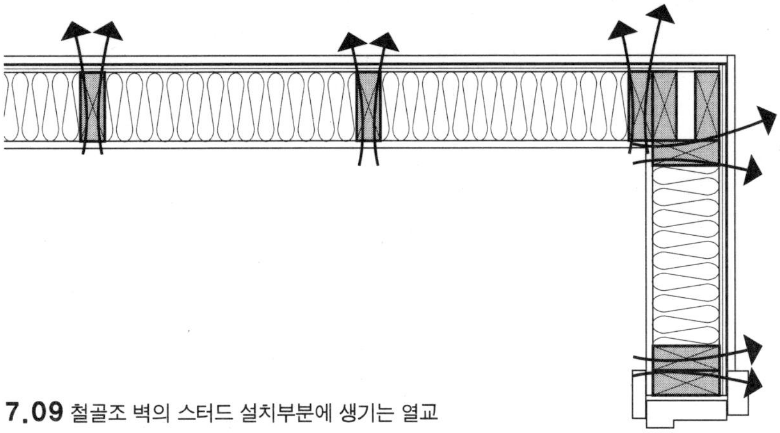

7.09 철골조 벽의 스터드 설치부분에 생기는 열교

연속성과 불연속성

침윤과 열교의 원인으로 발생되는 열교환은 열적 마감에 있어 연속성에 대한 필요성이 부각되게 하였다. 열적 마감에 있어 연속성을 만족시키기 위해서는 많은 장애요인이 있다. 건물은 본래 상호 결합되는 많은 부재들로 이루어져 있다. 이런 부재들 각각의 접합부가 잠재적인 불연속성의 요인이 된다. 건물의 외부마감은 또한 창, 문, 파이프, 전선 등에 의해 관통되게 되어 있고, 각 관통부분은 불연속성을 잠재하고 있다.

7.10 건물을 가로지르는 단면의 이미지를 종이에 그려보면, 연필을 떼지 않은 채, 침윤이 될 수 있는 틈에 의해서나 열교에 의해서 방해받지 않고 건물을 따라서 연속된 경로를 추적할 수 있다.

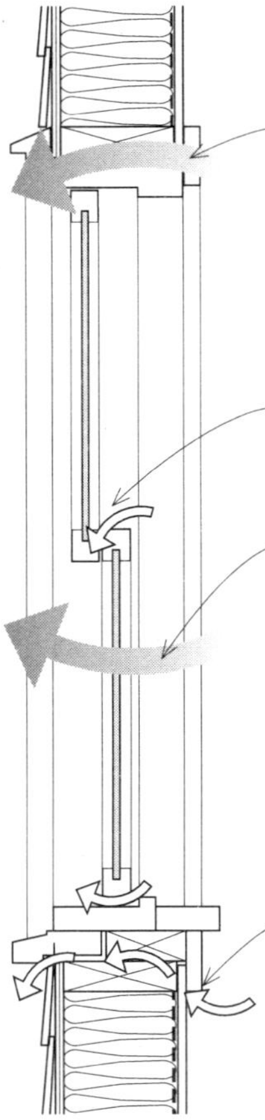

7.11 창문을 통한 열손실 및 침윤의 경로

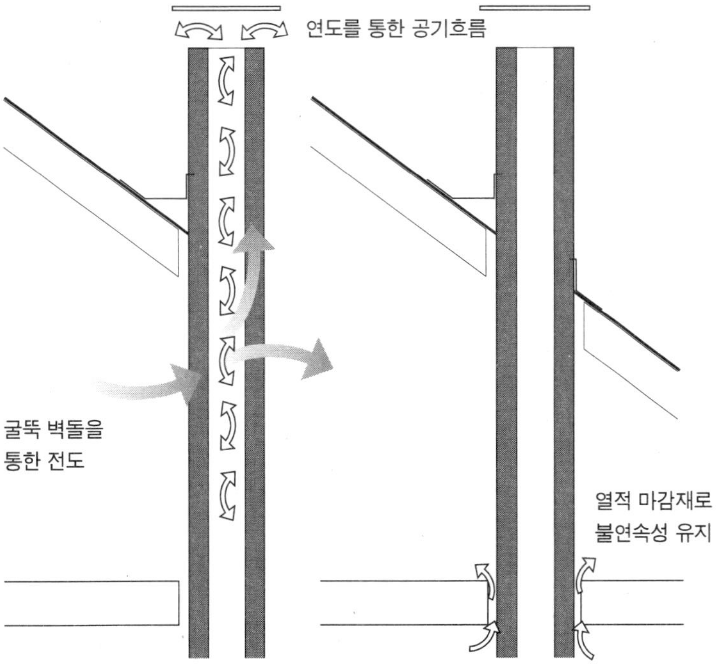

7.12 굴뚝 설치 시 불연속성의 확보 가능성 모색

더욱이, 건물에서 창문, 문, 다락방 해치, 조명기구 삽입부, 또는 다른 어떤 불연속성 요소에 의해 생기는 한 곳의 관통부분은 여러 개의 에너지 손실 경로를 만들게 된다. 예를 들면, 창문에서 소모되는 에너지는 유리면을 통과하는 열전도에 의한 것 뿐 아니라 유리면을 오르내리는 열적 대류현상, 창문과 접한 창틀과 상인방을 통한 열전도, 새쉬와 창틀 사이의 공기 누출, 창틀과 건물 사이의 공기 누출, 벽 공간 내에 있는 창틀 내, 외부의 공기 누출, 실내, 외 사이의 복사열 손실 등이 있다. 덧붙여서, 실수로 창문이 열려져 있었거나, 깨지고 균열되었을 때, 폭풍 등으로 열렸거나 깨졌을 경우 등 예상치 않았건 에너지 손실이 발생되기도 한다.

또 다른 불연속성의 유형은 오래된 조적식 굴뚝에 의해 발생될 수도 있다. 굴뚝이 외벽에 있을 때는, 그 조적구조물이 열을 내부에서 외부로 전도되게 하는데, 굴뚝벽을 통해 옆으로 나가고 지붕으로 수직배출 되기도 한다. 연도는 또한 불연속성의 역할을 하기도 하는데, 겨울에 따뜻한 공기는 상승해서 배출되고 차가운 외기가 유입되어 하강하도록 한다. 굴뚝이 건물 내부에 있으면, 상층부와 천정구조 위를 통과하게 되고 열적 마감에서도 다른 불연속적 요소가 되기 때문에 그 주변에 있는 가연성 부재들을 치워놓아야 한다.

이러한 불연속성적 요소들로부터 많은 에너지 손실이 시간이 갈수록 증가하게 된다. 여기서 본래 그리 튼튼하지 못한 유리의 사례를 다시 언급하게 된다. 에너지 소모는 창문틀이 설치되고 사용되며, 창의 코킹이 건조해지고 균열이 생기며, 창틀은 창문의 반복된 개폐로 틈이 생기게 되고, 2중 또는 3중 유리의 가스가 새게 되고, 열적 실링처리 부분이 깨지게 되는 것 등과 같은 원인으로 증가하게 된다. 문이나 다른 개구부처럼 반복 사용하는 곳, 즉 수시로 구부러지고 깨지는 다락방의 해치와 같은 곳에서도 유사한 성능저하현상이 발생한다. 벽의 균열과 다락방을 관통하는 균열과 같이 움직임이 발생하는 부분에서 생기는 불연속성 때문에 성능저하 현상이 일어나기도 한다. 한번 생긴 건물의 균열과 구멍은 구조물의 설치와 이동에 의해 더 커질 수 있다.

외장 마감의 많은 부분에서 열적 마감처리에 연속성을 부여하는 것은 하나의 공간적 도전을 시도하는 것이라 할 수 있다. 이것은 거의 유형상 차이의 문제라고 할 수 있는데, 이는 공간과 그 연결부에 대한 표면의 수학적 검토의 결과이다. 단열은 본래 구조재가 아니다. 단열은 하중을 견디거나, 전단에 저항하거나 바람에 대응하는 구조적 능력을 가지고 있지 않다. 도한 단열은 습도조절과 열적 마감처리의 내부에 열매스를 위치시켜야 하는 등의 여러 가지 이유로 건물구조층의 외부면에 설치되는 것이 유리하다. 그러나 건물 외부면에 설치할 때는, 단열자체는 건물부재들에 의해 보호되지 못하게 되고, 파라펫이나 현관 등과 함께 기초, 벽, 지붕 및 다양한 계획요소들을 가진 건물 전체를 뒤덮은 다양한 경로를 따라 설치되어야 한다.

건물 인테리어에 따라 단열재를 이동시킬 수는 있으나 열적 마감재 내부에 있는 열매스가 가진 유리한 점이 손상될 수 있다. 벽이나 지붕구조 안에 있는 물기포가 응축되어 있을 가능성에서 비롯된 습기문제를 염두에 두어야 한다. 어떤 곳(예, 지붕)에서는 실내상황에 따라, 다른 곳(예, 벽 등)에서는 외장에 따라 단열을 설치하게 된다. 그러나 다양한 면들을 발생되는 문제에 맞부딪치게 된다. 경량목재 또는 경량철골조의 작업에서처럼 구조물 사이에 단열재를 설치할 수도 있지만, 이때 열교현상으로 에너지 손실을 가져올 수 있다.

마지막으로, 마감처리나 벽판설치 사이와 건물의 주요구조 프레임을 연속적으로 랩처리를 하게 되는데, 이 해결방안은 저층이나 고층에 모두 적용할 수 있다. 그러나 연속성을 유지한다는 측면에서는 주의가 필요하다. 즉, 구조물의 관통, 벽-지붕 사이, 벽-바닥 사이 그리고 벽-기초 사이의 접합부 등 다양한 곳에서 문제를 일으킬 수 있다.

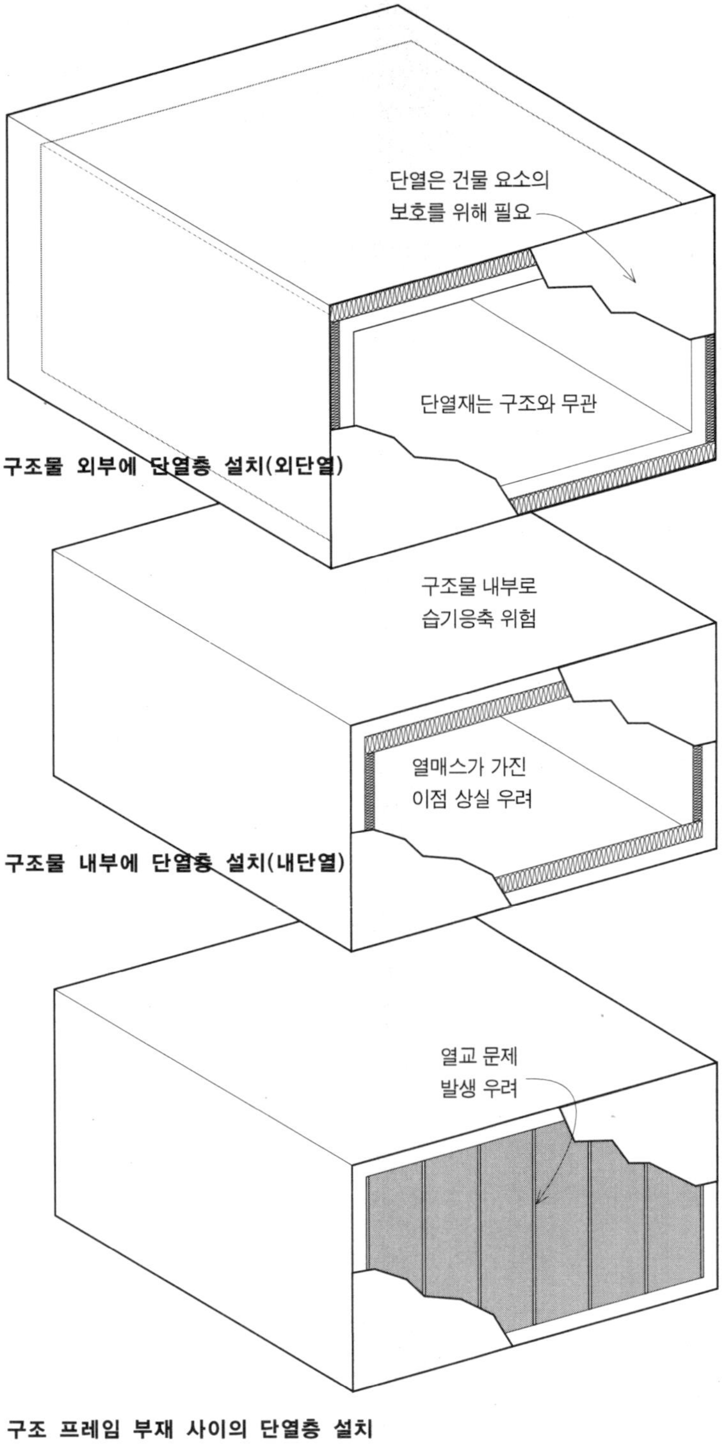

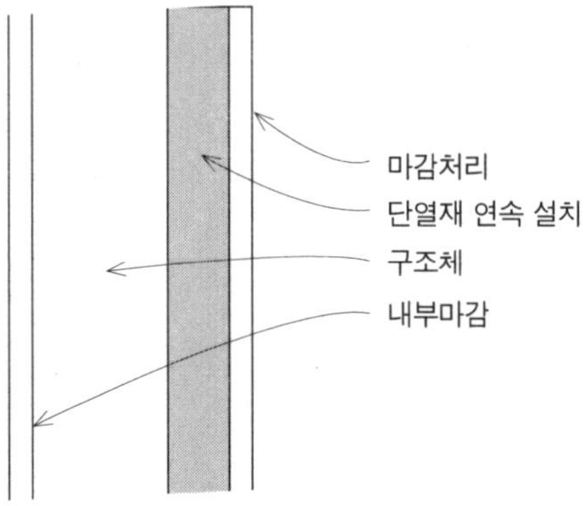

가장 양호한 방식

7.13 열적 마감을 통한 연속성 여부에 따른 상대적 차이점

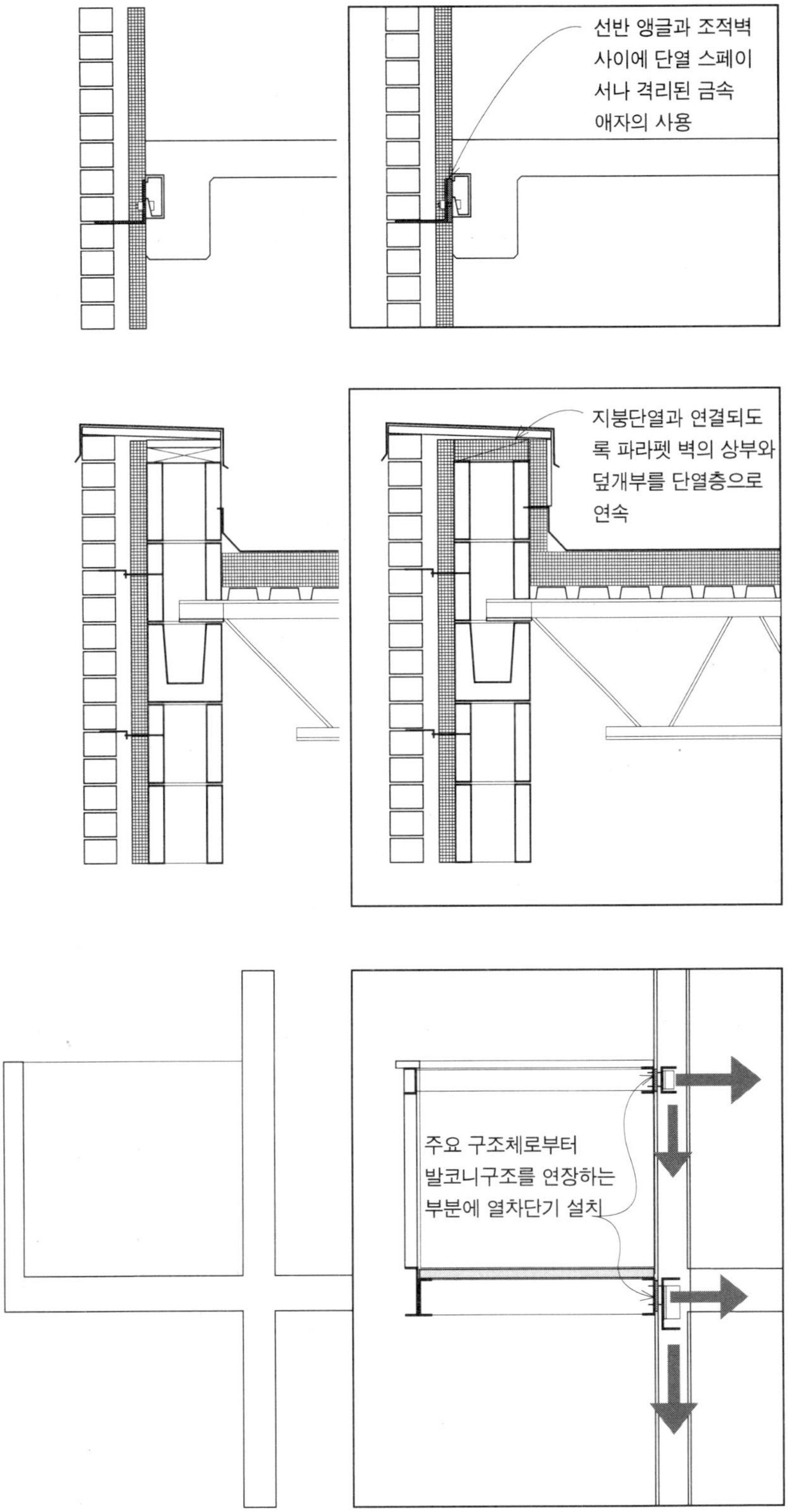

7.14 조적조 벽체에서의 열교효과의 감소와 열교차단 방법

벽

조적조 벽

조적벽에서는 종종 저층과 고층에 주요구조재로 콘크리트 조적물(CMU)을 사용한다. 다양한 마감재가 건물 외부 마감처리나 보호를 하게 되는데, 이에는 벽돌, 돌, 스타코, 테라코타, 금속판 등이 있다. 실내에도 비슷한데, 금속이나 목재 스터드 또는 목재부착물 위에 설치되는 집섬보드 등이 해당된다. 어떤 경우에는, CMU가 실내공간에 노출되기도 한다.

고성능 콘크리트 조적조의 경우는 전통적인 CMU보다 40% 정도 가볍고, R-값이 2.5에서 3.0 정도이며, 열저항성이 30% 이상 더 좋은 것이 사용되기도 한다. 펄라이트나 그와 유사한 단열재료를 가진 것으로 단열된 것이라면, 이 고성능 CMU는 R-값이 7에서 10정도의 우수한 성능을 보일 것이다.

열교는 여러 방향에서 조적벽에 나타나는데, 그 각각은 줄어들거나 차단되어야 할 것이다.

- 벽돌과 같이 벽 마감재를 지지하는데 사용되는 선반앵글은 열전도의 경로를 제공한다. 열적 성능향상은 선반앵글과 주요 CMU구조벽 사이에 단열된 스페이서를 사용하거나, 선반앵글과 CMU 사이에 금속애자를 끼워 넣도록 해서 만들어질 수 있다.
- 파라펫을 설치하기 위해 조적벽을 지붕선까지 올려야 하는 곳에서는, 그 벽 자체를 벽에서 이격시켜서 외부의 고정 단열층과 지붕 단열 사이에 열교가 생기도록 한다. 열적 성능향상은 벽 단열을 파라펫 상부로 올려서 연속되도록 하고 하부의 지붕단열과 연결되도록 해야 한다. 파라펫 상부는 연속된 단열부의 덮개를 씌움으로써 보호될 수 있게 한다.
- 열차단층을 관통하는 철제 구조물은 열교로 작용할 수가 있다. 대안으로는 스테인리스 스틸이 열전도성이 낮으므로 이러한 관통형 부재에는 보통의 주철재 금속 대신 스테인리스스틸을 사용한다. 또 하나의 대안은 구조체 관통형 철제의 노출면 주변을 단열처리 하는 것이다.
- 발코니와 같은 외부 구조물은 열단열층의 연속성을 깨뜨릴 수 있다. 발코니의 열적성능 향상을 위해서는 구조적, 열적으로 주 구조체에 연결시키는 것 보다는 외부에 별도로 지지하도록 한다. 다른 대안으로는 발코니구조와 건물 주 구조체 사이에 비전도성 스페이서를 사용한다.

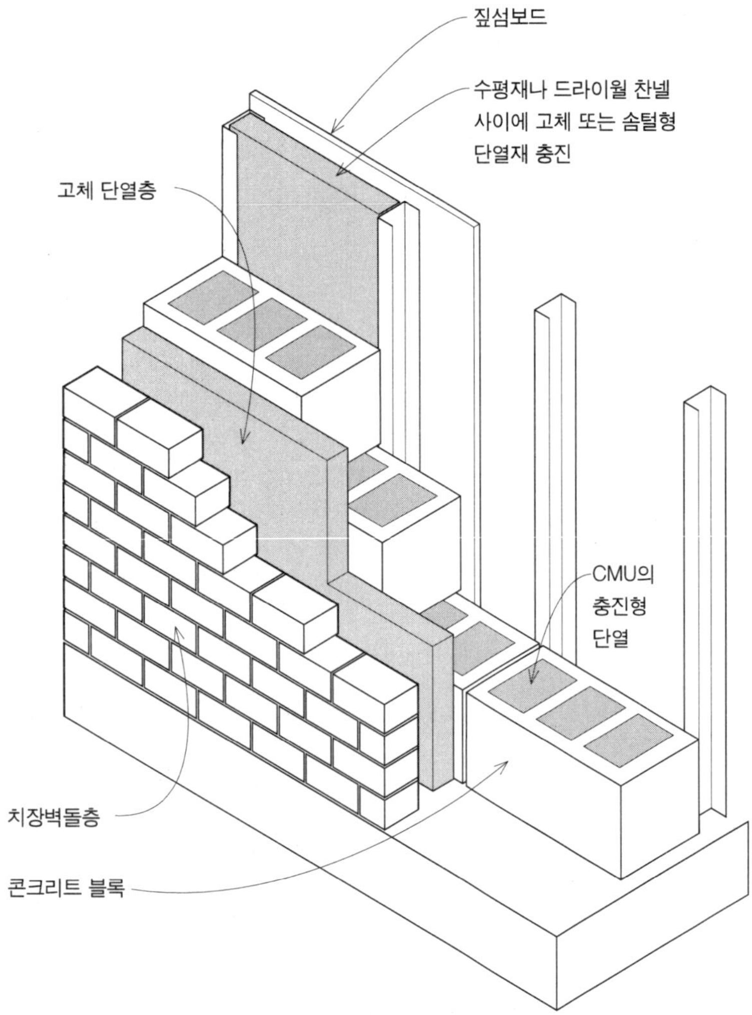

7.15 조적조 내력벽의 단열

조적벽은 마감이나 벽판의 내측면에, 주 벽체의 외부면에 단열하는 것이 가장 좋다. 이런 설치방식은 열매스가 열층의 내부에 있도록 해서, 열 변화를 완화시키고 열저장고 형태로 있을 수 있게 해준다. 이 방식은 또 추운 기후에서 응축의 위험성을 낮추어준다. 단열재가 주구조체 벽의 내부에 설치되었다면, 구조벽의 실내측 벽면이 차가워지고 단열층을 통과하는 통로가 되어 따뜻하고 습기찬 공기와 접촉하게 되어, 공기 중의 습기가 차가운 벽면에 응축되는 결과가 되므로 추운 기후에서는 위험성을 갖게 된다.

조적조 내력벽과 치장벽 사이에 있는 단열재는 대개 고형물로 되어 있다. 단열재의 형태와 두께는 우선 에너지 종류에 따라 결정되고, 단열정도를 추가함으로써, 에너지 사용을 더 낮추는 효과를 높일 수도 있다.

두 번째 열층은 조적벽의 내부에 설치된 스터드에 짚섬보드를 매달아서 생긴 내부 공간에 단열층을 만들어준다. 조적별 외부가 단열됨에 따라, 추운 기후에서 벽 내부공간이 따뜻해지고, 이 두 번째 단열층이 응축액화의 우려를 없애고 설치된다. 보통 경량게이지 금속과 Z-채널이 스터트 틀을 구성하지만, 낮은 열전도를 가진 목재도 고려해 볼 수 있다. 내부 빈공간 즉 중공(中空)부분은 실내 마감재와 전기배선 경로를 설치하기에 적합하기 때문에, 섬유질 또는 성형의 단열재 같은 단열재를 설치하는 데에 아주 좋은 조건이다. 또 하나의 단열의 두 번째 층의 사례는 콘크리트 조적층의 중심 빈 공간에 단열재를 충진하는 것이 있다.

성형단열재는 조적조 단열벽의 일차적 형태이기 때문에 고정형 성형단열재 틈 주변의 테이핑이 중요하다. 이 테이핑은 벽을 관통하는 공기의 흐름이나 외부 마감층을 통과한 물의 방어막으로 그 가능성을 줄이는 역할을 한다.

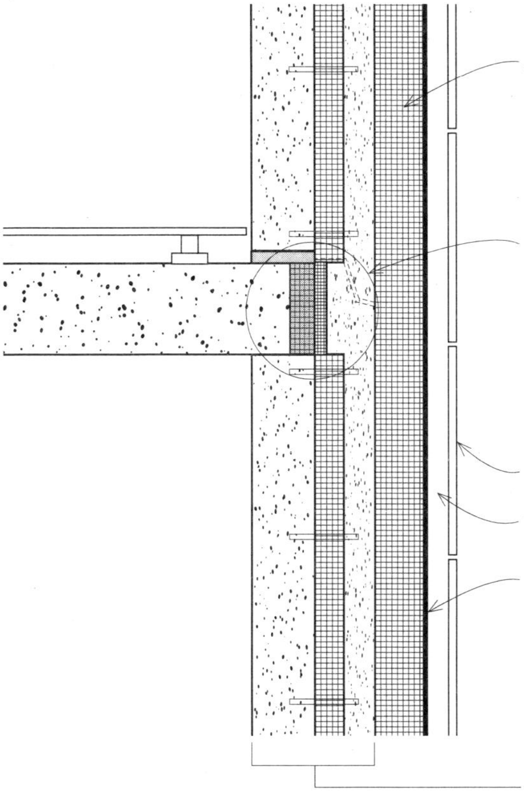

7.16 콘크리트 샌드위치 패널의 단열성능 향상 디테일

현장타설 콘크리트 벽

현장타설 콘크리트 벽은 여러 가지 형태를 제작할 수 있다. 그것이 프리캐스트가 될 수도 있고, 건설현장에서 수평층으로 타설해서 세우거나 아예 현장타설을 하기도 한다. 조적벽으로 하는 경우에는 내부 마감과 외부 치장마감을 다양하게 할 수 있다. 이에는 구조마감을 노출시키는 것도 포함된다.

친환경적 방안으로는 열전도성이 없는 커넥터와 접합부재가 부착된 성형 단열재의 양면에 얇은 철근콘크리트를 접합해서 조립한 구조용 샌드위치 패널이 있다. 이 조립구조물은 비교적 가볍고, 내구력이 있으며 방화성능을 가지고 있다. 열층의 연속성과 구조 시에 열교방지를 지속시키기 위해서는, 단열층 마무리 부분이 길이 전체를 따라서 연결되어 있어야 한다.

콘크리트 샌드위치 패널은 단열 중공조적벽과 유사함을 알게 된다. 두 개의 콘크리트 층은 조적벽의 중공부분에 있는 성형단열재와 같은 역할을 하는 두 겹 조적벽에 접합된 성형단열재와 유사하다고 할 수 있다. 몇몇 현장에서는 추가 단열층이 샌드위치 패널 외부에 설치되어 마감면에 의해 덮이기도 한다.

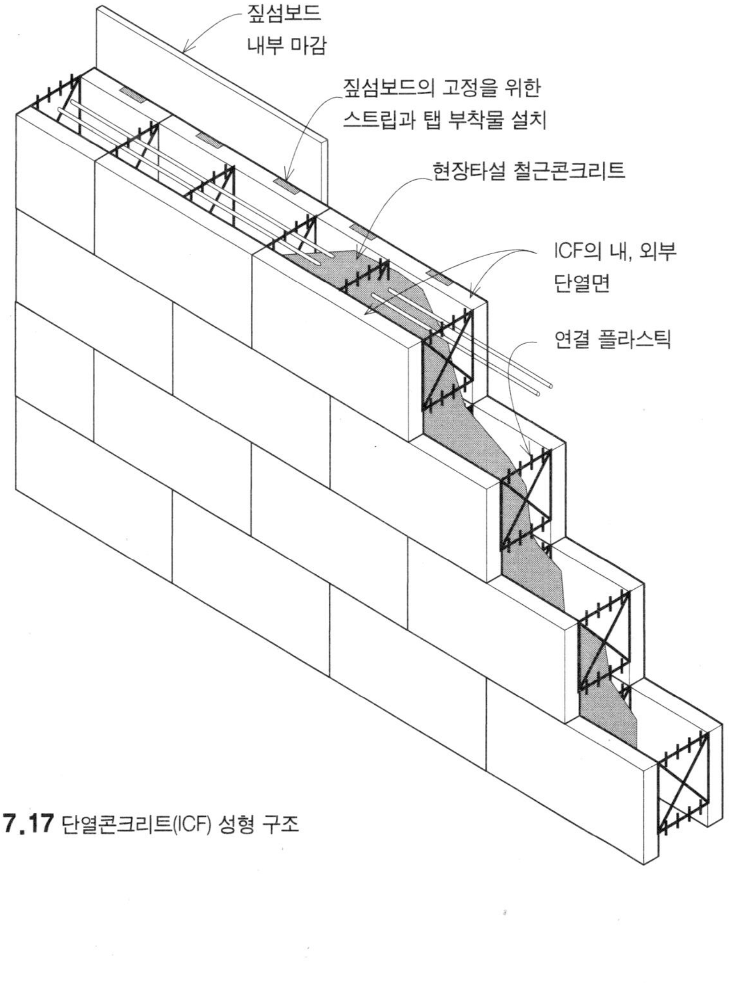

7.17 단열콘크리트(ICF) 성형 구조

또 다른 형태의 현장타설 콘크리트 벽은 단열콘크리트 성형판(ICF: Insulated Concrete Forms)로 알려져 있다. ICF는 콘크리트 샌드위치 패널과는 반대라고 할 수 있다. 두 겹의 콘크리트층 사이에 단열층이 설치되어 있는 것이 아니라, ICF벽은 두 개의 단열층 사이에 콘크리트 층을 삽입한 것으로, 폴리스틸렌폼(EPS)처럼, 콘크리트를 현장에서 타설해서 제작한 것을 말한다. 다시 말해서, 다양한 방식으로 실내마감과 외부 치장을 할 수 있는 것이다. 일반적인 내부 마감은 실내 단열재에 부착된 탬에 조립결합된 집섬보드이다. ICF벽의 장점은 접합물과 스터드로 조립되어 열교현상이 내부 단열층에 일어나지 않는다는 것이다. 연속적으로 된 현장타설 벽은 또한 외부마감이 열적으로 연속성을 갖도록 해준다.

목재-프레임 벽

전통적인 경량목재 프레임은 통상 스터드 사이의 공간을 단열재로 채워진 가운데에 405mm의 공간을 확보하여 목재스터드를 사용한다. 질섬보드는 가장 일반적인 실내마감재이고 외부 마감은 보통 피복과 목재, 비닐을 결합한 것이나, 혹은 다양한 복합 마감판으로 되어 있다. 전통적 방식의 목재프레임 벽에 있는 스터드는 열교를 형성하기도 하고, 프레임을 짜는 데에 사용되는 많은 조인트는 공기의 침투에 취약함을 노출시킨다.

7.18 전통형 경량목재 프레임 벽

"현대화된 프레임"은 열교를 줄이기 위해 다양한 전통적인 방식의 프레임의 디테일 설계를 보완하기 위해 우산형 방법을 적용한 것을 말한다. 여기의 사례는 중앙부에 405mm보다는 610mm의 스터드공간을 포함하고 있다. 싱글형1개의 덮개 플레이트, 창문과 문 개구부에 있는 싱글 스터드, 비내력벽에 싱글 상판 또는 상판이 없는 것 등을 사용하고, 코너 프레임을 단순하게 처리한다. 많이 사용되는 것으로, 고정형 단열재는 피복표면과 벽마감재 하부에 있는 스터드프레임의 외부에 부착한다.

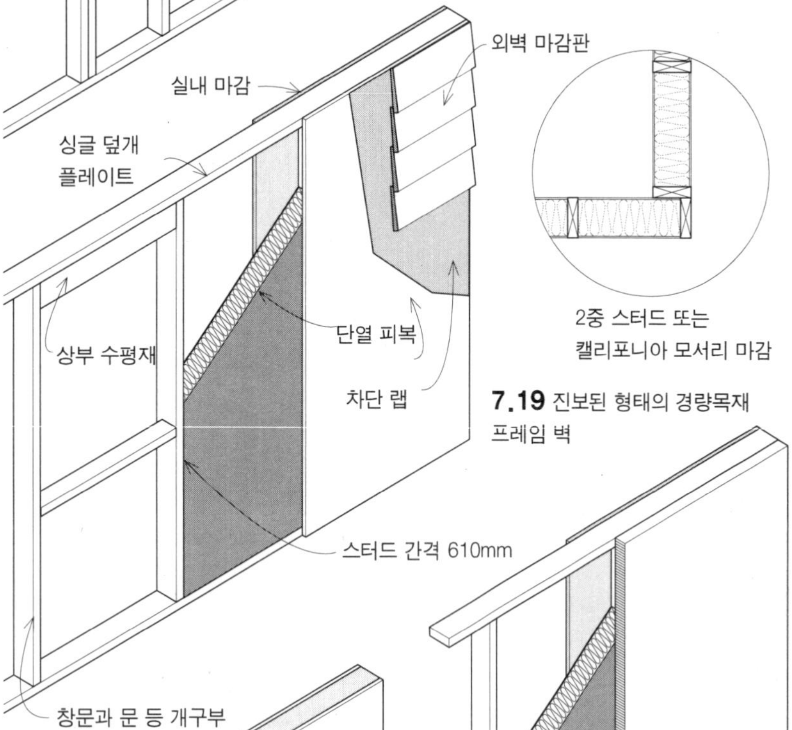

7.19 진보된 형태의 경량목재 프레임 벽

여러 가지의 에너지-효율형 대안들은 목재프레임 벽에서 가능하다. 이것들은 스터드의 각 열이 열교를 줄이기 위해 다른 부재들과 떨어뜨리거나 분리시켜 프레임을 짠 것과, 일반적인 스터드 프레임을 조립식 구조단열패널(SIP)로 대체한 것, 그리고 압축포장 셀룰로오스와 스프레이 폼, 고정성형 패널 등 여러 가지 침윤방지 단열재 등을 적용한 것 등의 더블스터드 프레임 사용 등이 이에 속한다.

목재프레임 벽은 많이 사용되고 내재되어 있는 에너지* 도 낮은 것으로, 열교를 최소화 할 수 있는 강력한 열차단 장치가 결합될 수도 있고, 공기를 차단하는 밀실한 디테일에 관심이 쓰이는 경우는 침윤방지의 구조물이 될 수도 있어서 한층 개선된 구조부재의 사용이 가능하게 되었다.

* 내재된 에너지에 관한 자세한 사항은 16장 재료 편을 참조

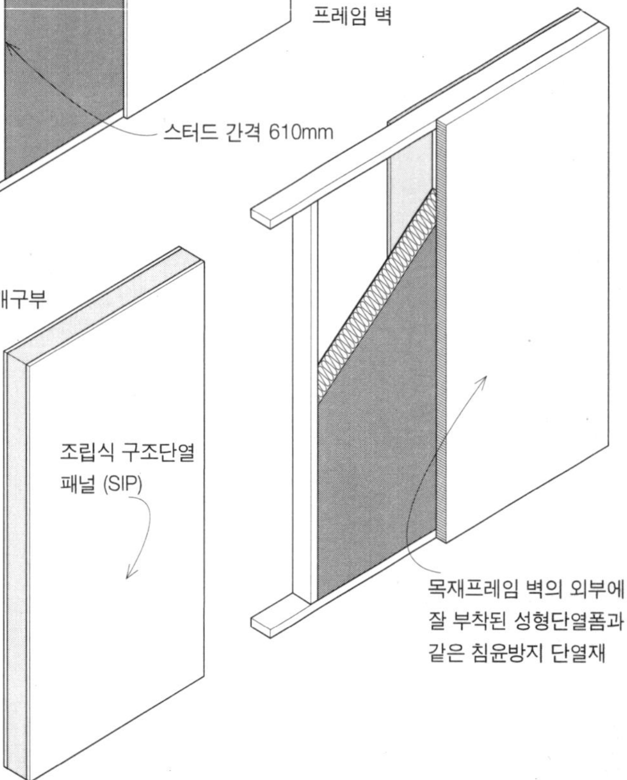

7.20 목재프레임 벽의 에너지 효율성능 보완 대안

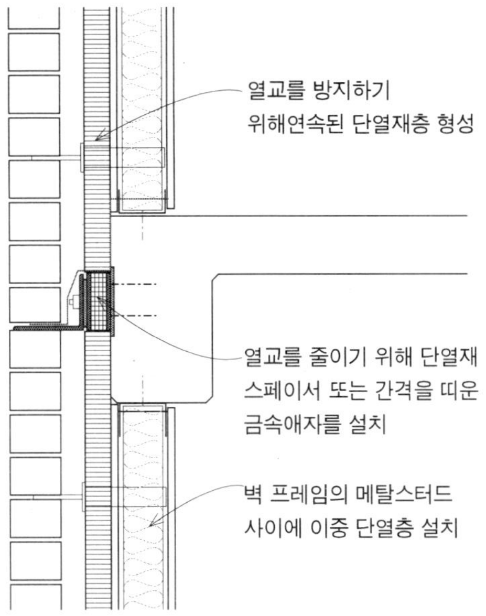

7.21 메탈-프레임 벽의 디테일

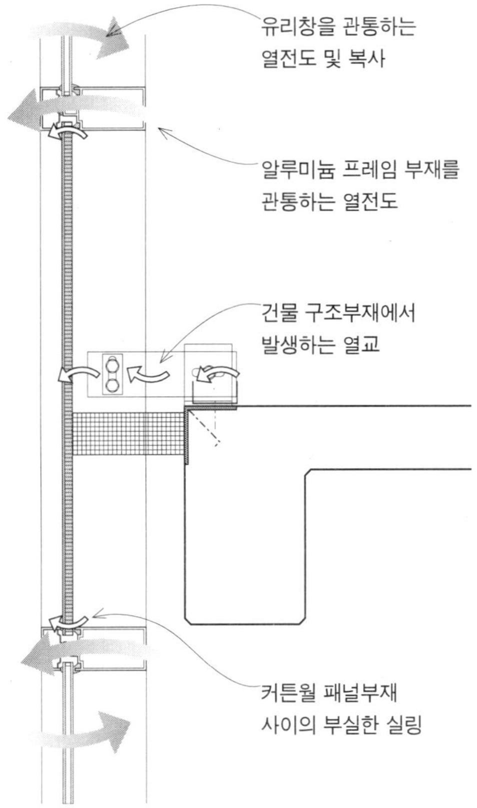

7.22 커튼월 사이공간의 에너지 손실

메탈-프레임 벽

메탈프레임 벽은 목재프레임 벽과 유사한 점이 많다. 설계자나 시공자가 경험할 기회가 많은 일반적인 프레임 형이다.

이곳에 내재된 에너지는 목재프레임 벽과 비슷하고 벽부재로서는 가장 유용성이 낮다. 친환경 구조물이 되기 위한 메탈프레임 벽의 제한조건들 또한 목제 프레임과 유사하다. 스터드는 열교를 만들게 되고 프레임 작업에서 발생하는 많은 연결부위 들은 많은 침윤부분을 만들어내게 된다. 금속의 높은 열전도성도 목제 스터드 보다 더 높은 열교의 원인이 된다. 이러한 한계점들을 극복하기 위한 방법 또한 목제 프레임과 같다. 좀 더 진보된 프레임 작업이 고려되어야 한다. 예를 들면, 금속의 사용과 열교를 줄이기 위해 610mm의 메탈스터드에 공간을 만들어주는 방법도 있다. 열저항력을 높이기 위해 밀실하게 잘 접착된 단열재를 프레임 외장에 설치하는 것이 있다. 이는 열교의 영향과 침윤의 기회를 줄여준다. 벽 관통부분과 같은 곳에는 공기의 차단을 밀실하게 해야하고 다른 침윤의 기회도 차단하도록 세심한 관심을 기울여야 한다.

커튼 월

커튼월은 보통 고층건물에 많이 사용된다. 보통 투명유리와 금속 그 중에 통상 알루미늄 프레임으로 지지되는 불투명 스팬드럴 패널로 구성된 비내력부재로 되어 있다. 건물의 주 구조체로부터 매달려 있기 때문에 커튼월이란 명칭을 붙이게 된 것이다. 커튼월은 비내력 즉 하중을 분담하지 않으며, 전면의 바람과 지진하중에 대응하고 건물구조의 하중을 전달할 수 있어야 한다. 커튼월은 조립식이거나 현장조립형으로 되어 있다. 조립형일 경우, 분리되어 있는 부재들을 유니트화된 패널로 부른다.

커튼월은 유리를 통한 열전도와 복사, 알루미늄 프레임 부재에 의한 열전도, 건물 구조부재에 열교형성, 커튼월 패널들 사이의 밀실도 부실 등을 포함하여 다양한 에너지 손실의 취약성을 가지고 있다.

고성능의 유리, 단열된 스팬드럴 패널, 열적 차단이 잘 된 프레임이라 하더라도, 커튼월은 에너지 결합체로는 성능이 낮은 편이다. 보통의 커튼월은 R-값이 R-2에서 R-3 로서 열적 저항성이 낮다. 고성능의 커튼월은 R값이 R-4정도이며, 최상급의 커튼월은 R값이 R-6에서 R-9 사이 정도까지 된다.

7.23 미국에서 외벽의 내재 에너지

외벽의 종류	내재 에너지 (MMBtu/SF) 미 북부	미 남부
2x4 금속 스터드 벽		
405mm o.c. 벽돌마감	0.10	0.10
610mm o.c. 벽돌마감	0.10	0.09
405mm o.c. 목재마감	0.07	0.07
610mm o.c. 목재마감	0.06	0.06
405mm o.c. 금속마감	0.24	0.24
2x6 목재 스터드 벽		
405mm o.c. 벽돌마감	0.09	0.09
405mm o.c. 금속마감	0.23	0.23
610mm o.c. 스타코마감	0.07	0.07
610mm o.c. 목재마감	0.05	0.05
단열구조 패널 (SIP)		
벽돌마감 처리	0.15	0.14
금속마감 처리	0.30	0.29
스타코마감 처리	0.14	0.13
목재마감 처리	0.12	0.11
8인치 콘크리트 블럭		
벽돌 마감	0.26	0.26
스타코 마감	0.25	0.25
금속 마감	0.41	0.41
2x4금속스터드벽 (405mm o.c.)	0.24	0.24
6인치 현장타설 콘크리트		
벽돌 마감	0.13	0.13
스타코 마감	0.11	0.11
금속 마감	0.28	0.28
2x4금속스터드벽 (405mm o.c.)	0.11	0.11
6인치 현장타설 콘크리트		
벽돌 마감	0.14	0.14
스타코 마감	0.12	0.12
금속 마감	0.29	0.29
2x4금속스터드벽 (405mm o.c.)	0.12	0.12
8인치 콘크리트 설치공법		
벽돌 마감	0.16	0.16
스타코 마감	0.14	0.14
금속 마감	0.30	0.30

자료: 미국 에너지청

벽체 시스템의 선정

전통적으로, 건물벽체의 구조시스템 선정은 가격과 구조적 요구조건, 방화수준, 재료의 유용성 등과 디자인 전문가와 현지 계약자의 경험치 등에 따라 평균치를 선택하게 된다. 외관, 마감과 같은 건물의 미적인 측면은 또한 구조시스템 선정에 영향을 미친다. 친환경 건물에서는 열적 성능-열저항성과 열매스, 침윤제어, 습도제어, 내재 에너지- 등과 같은 또 다른 고려사항이 있게 된다.

목조프레임 벽은 내재에너지가 가장 낮고(0.07MMBtu/SF), 금속프레임 벽체는 전반적으로 열저항성이 균일하고, 스타코마감을 동일하게 했다고 가정했을 때 근소하게 높은 내재에너지(0.08MMBtu/SF)를 나타낸다. 현장타설 콘크리트와 조립패널, ICF패널 등과 같은 다양한 콘크리트 벽체들은 내재 에너지가 0.11-0.14MMBtu/SF 범주에 속하고, 단열구조패널(SIP)은 보통 0.14MMBtu/SF 정도이다. 8인치 콘크리트 블록은 0.25MMBtu/SF의 내재 에너지를 갖고 있다. 내재 에너지에 대한 추가 자료는 16장을 참조한다.

목재마감은 가장 낮은 내재 에너지를 보이며, 스타코와 벽돌이 다음이다. 금속마감이 내재 에너지가 가장 높다.

연속성의 확보

통상적으로, 친환경건축 디자인의 핵심은 벽체 단열성을 증가시키는 데에 있다. 이것은 또한 에너지 보존성능을 향상시키기 위한 건물규정에서 우선적인 방안이 되고 있다. 벽체 단열성의 증가는 에너지를 절약하게 된다. 그렇지만, 침윤과 열교와 같은 과제들이 다루어지지 않는다면 단열성 증가의 이득은 한계가 있을 수밖에 없다.

침윤과 열교의 영향을 최소화하기 위한 여러 가지의 설계방안과 공법이 제안되고 있다.

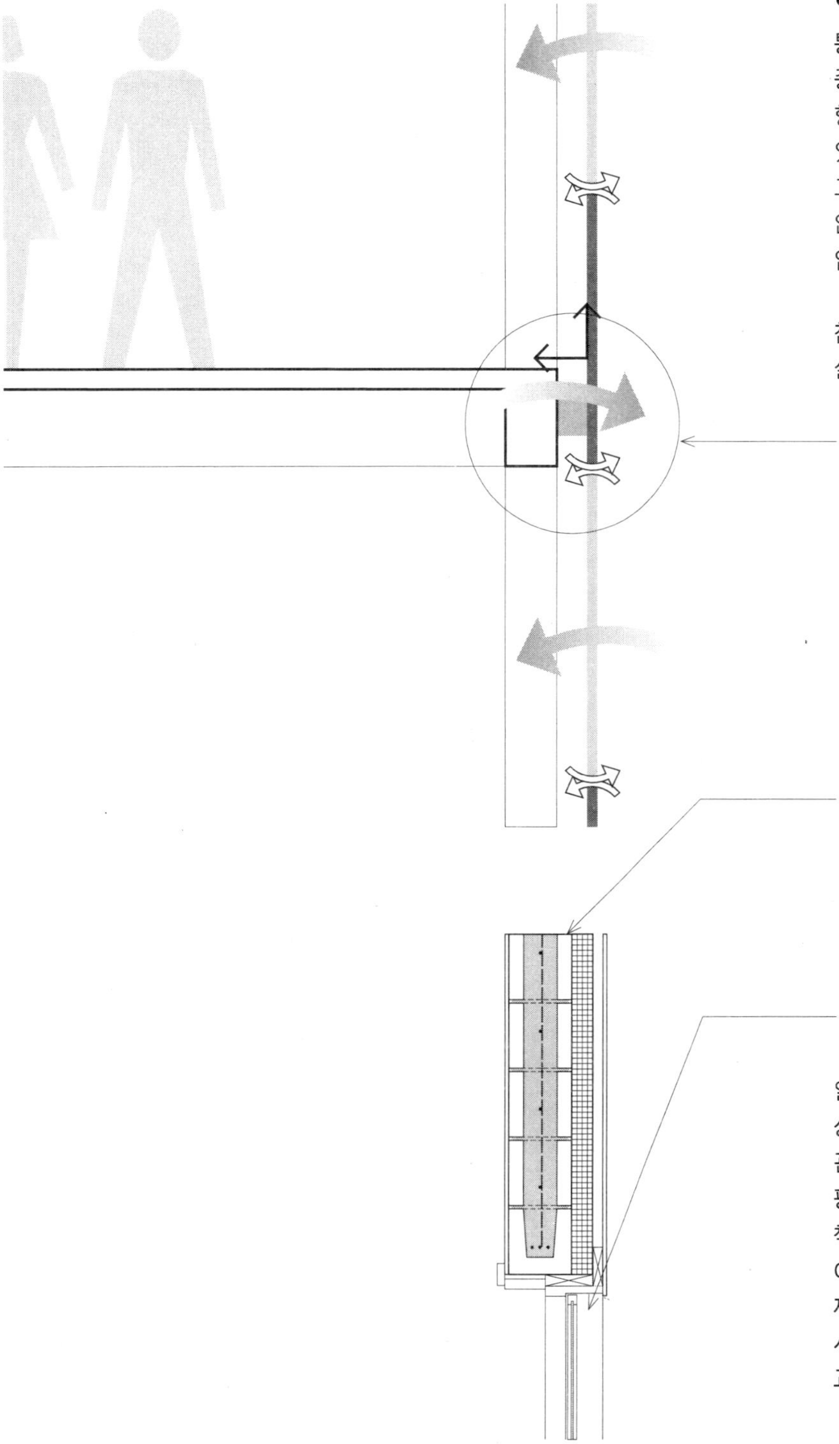

- 디테일에 주의를 기울여야 한다. 침윤을 줄인다는 것은 벽체 연결부에 있는 많은 잠재적 침윤부위에 기밀성을 강화하는 데에 초점을 둔 설계와 공법을 포함하고 있다. 유사한 것으로는, 열교를 방지하기 위해 설계단계에서 개발되고 시공과정에서 실행되도록 요구되는 적정한 디테일이 필요하다.
- 질적인 조절이 필요하다. 기밀성 강화와 열교방지를 위한 질적인 조절이란 아직 동등하게 적용되지 않았던 최상의 방안이 실제로 실행될 수 있는 디테일로 확보될 수 있도록 하는 것이다.
- 본래 구조와의 연속성을 가진 구조를 선택해서 시공과 사용과정에서 문제발생을 최소화 한다. 본래 기존의 연속성에 대한 예로는, 프레임 벽의 중공 층에 단열재를 충진하지 않고 기존 고정된 벽면에 성형 단열재를 부착시키는 것이 있다.
- 침윤방지를 위해 여러 겹의 연속층을 활용한다.
- 창, 문 등의 불연속 요소 수를 줄인다.

열교와 관련된 구조적 상세부분에 대해서는, 이러한 상세부분에는 종종 열교의 에너지 시스템과 친숙하게 관련되지 않은, 그리고 에너지 시험과 에너지 교환의 평가에 관여되지 않았던 구조엔지니어나 설계-시공자의 책임을 수반하기 때문에 특별한 조치가 있어야 한다. 여기에서 다시 통합된 디자인의 필요성과 가치문제가 제기된다. 즉, 건축가와 구조엔지니어, 에너지 전문가, 시공자 등이 열교를 감소시키고 제거하기 위해 평가하고 교류하는 것이 필요하다는 것이다.

7.24 침윤과 열교 영향 최소화를 위한 방안

창문

건물의 여러 부분을 고려할 때, 창은 가장 커다란 수수께끼 같은 존재라고 할 수 있다. 창은 건물로 햇빛을 초대하고, 거주자에게 조망을 제공하며, 외부 개구부와 저 너머 공동체와도 연결시켜 준다. 그리고 건물을 이용하는 많은 사람들에게 자연의 아름다움을 제공해준다. 그러나, 창은 건물에서 에너지를 낭비하는 주범이며 바람과 눈부심, 공기흐름에 대류를 일으켜 불안감을 주고, 열과 복사에너지를 소모시킨다.

고성능 창문

친환경 건축물의 첫 번째 선택조건은 고성능 창문의 사용을 고려하는 것이다. 고성능 창문의 혁신은 BC250년에 바빌론에서 비롯된 유리의 기원으로부터 시작된 이래, 17세기 후반에 프랑스에서 투명한 평판유리의 개발에 이르는 역사를 따라 이루어졌다.

1950년경, 방풍창이 기존의 창문과는 별개로 두 번째 판으로 첨가되었다. 명칭에서 보듯이 방풍창의 원래 목적은 에너지효율에 있었던 것이 아니라 태풍의 영향으로부터 건물과 기존 창문을 보호하는 데에 있었다. 또 허리케인 창으로 알려진 이 첨부된 창문은 기존창문과 방풍창 사이의 공기를 모아두는 역할을 했다. 이 모아진 공기는 훌륭한 단열작용을 하게 되었다. 이는 단면의 창문보다 대략 두 배의 열저항성능을 보이는 효과를 얻게 되었다. 단창은 목재프레임 벽에서는 U-계수가 1.1이고, 금속프레임 벽에서는 1.3을 나타냈다. 방풍창은 대략 0.5 정도의 U-계수를 줄여주었다.

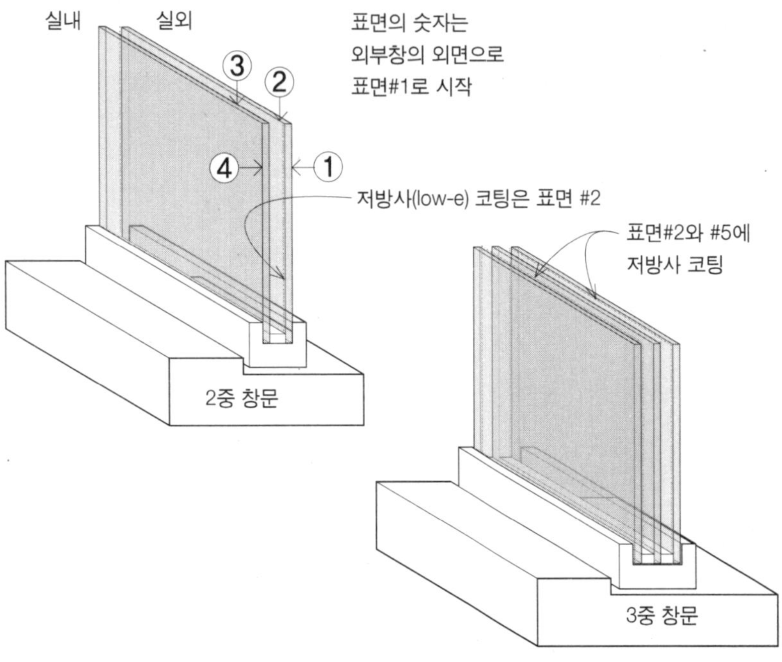

7.25 다중 창문의 표면 개수

1930년대에 발명된 2중창은 목재프레임이 공장생산되고 창문부품이 갖추어진 50년대에 와서 상업화 되었다. 이중창은 방풍창과 비슷한 효율성을 보였지만 방풍창은 종종 열린 채로 방치되는 부주의성이 있었지만 이중창은 신뢰감에서 뛰어났다.

1970년대 초 에너지 위기의 결과로 1980년대 초에 저방사 기술이 개발되고 소개되었다. 저방사창은 가시광선은 투과되고 방사열의 파장이 더 긴 것은 반사되도록 하기 위해 얇은 금속 또는 금속산화물이 외부판의 내측면에 코팅되어 생산되었다. 동절기에는, 더 많은 내부 열이 머물게 되고, 하절기에는 외부의 열이 유입되지 못하게 하였다. 오늘날, 저방사 이중창은 대략 0.40 정도의 U-계수를 나타낸다.

1980년대에, 창문업계는 프레임을 통과하는 열손실을 줄여주는 비닐과 비닐-목재 복합프레임을 내놓았다. 그 결과로, 단열재가 속이 비어 있는 창문 프레임에 충진되었다. 동시에, 비금속성 스페이서가 창문부위에 부착되어 프레임에 전도된 열의 손실을 감소시켜주었다.

1980년대 말에 소개된 가스충진 창은 복합다중창의 판 사이에 공간을 불활성, 무색 가스를 하나 또는 복합해서 충진시킨 것이었다. 주변 환경보다 더 밀도가 높게 만들어진, 이 가스는 유리판 사이의 공간에 대류현상을 최소화 하고, 열이 창문 부재를 관통하지 못하도록 하였다. 여기에는 알곤가스가 가장 많이 사용되었다. 크립톤은 밀도가 높고 훨씬 효과적이지만 알곤보다 가격이 높다. 저방사 코팅된 알곤충진 이중창은 U-계수가 약 0.30 정도이다. 저방사 코팅 3중 창에 불활성가스가 충진되면 U-계수가 0.20에서 0.25 범주를 나타낸다.

고성능 창은 R-값을 올려주고 U-계수를 더 낮게 해서 에너지 사용량을 줄여주고 응축과 결로 가능성도 줄여준다. 겨울에는 유리면 사이의 공간 내부에 있는 공기온도가 인접한 내부 유리표면의 온도를 올려주게 되어 대류가 일어나거나 방사열이 손실되는 것을 줄여주게 되어 건물 내에서의 쾌적성을 증진시킨다. 여름에는, 낮은 열획득 계수를 가진 창문이 태양열 복사와 공간의 과열로 인한 불쾌감을 줄여주게 해준다.

일조

친환경 건축이 되기 위해서는, 창문이 주간의 일조를 통해 에너지를 절약하는 잠재능력을 가져야 한다. 일조는 측창과 천창의 빛에서 얻어진다. 측창의 빛은 벽에 있는 창으로 들어온다. 반면 천창의 빛은 천창과 지붕의 채광통풍창 등과 같은 여러 개의 지붕설치 창을 통해 들어온다.

일조에 최상의 유리는 조망을 위한 유리와는 차이가 있다. 최상의 일조방식은 건물의 평지붕면에 평평하고 넓은 천창을 통한 것이다. 이 경우 빛이 공간에 고르게 유입된다. 이 방식은 단층건물이나 다층건물 최상층 또는 빛 튜브를 활용해서 쉽게 도달할 수 있는 그런 층에서는 제한적이다. 측창의 빛을 얻기 위해서는, 창문이 눈부심 없이 가능한 한 공간에 깊이 빛을 유입해주는 천정에 인접한 벽 상부에 위치하는 것이 이상적이다.

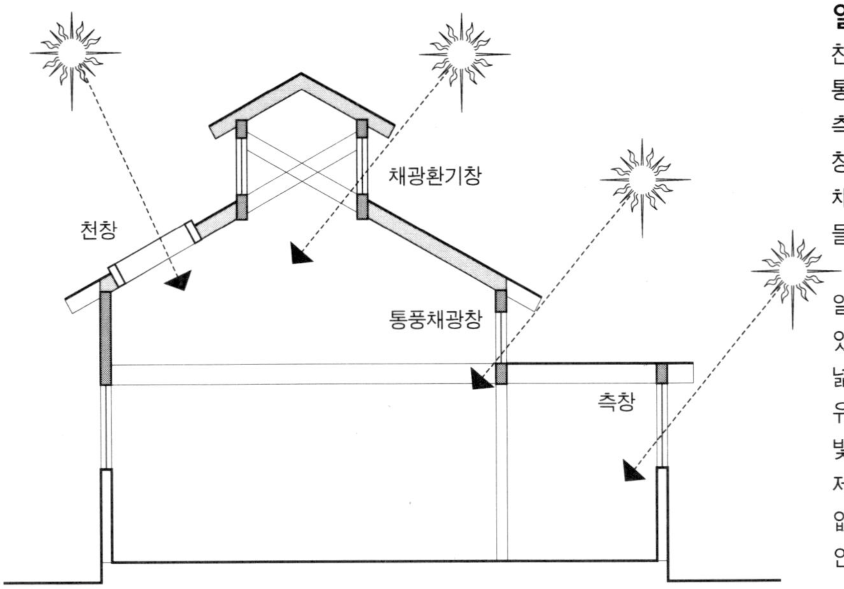

7.26 일조의 선택조건

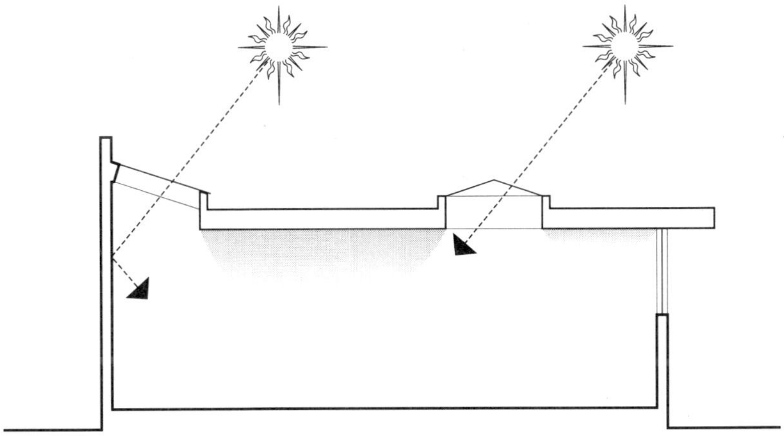

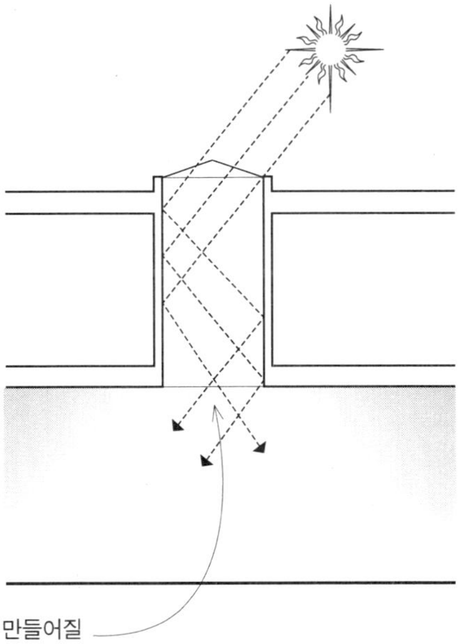

7.27 다락방이나 최상층에서 아래층까지 빛을 관통시키기도록 확장시킨 다양한 빛 발생 통로가 만들어질 수 있다고 해도, 천창의 빛 유입은 단층이나 다층의 최상층에서는 매우 제한적이다.

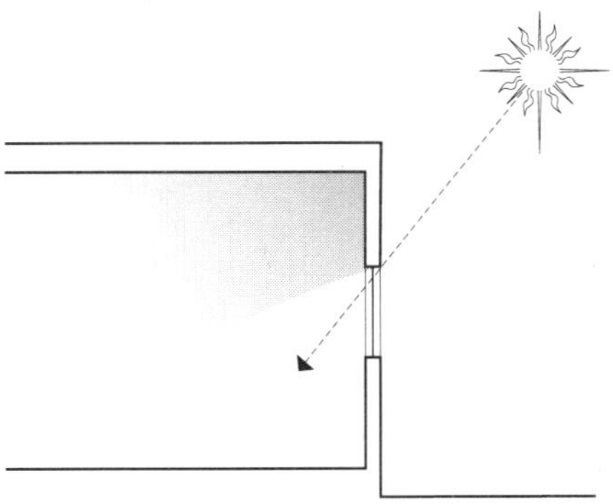

7.28 측면창은 가능한 한 공간에 빛이 깊이 유입될 수 있도록 벽의 높은 위치에 설치되어야 한다.

7.29 어떤 공간이나 경관의 조명을 더욱 정확하게 실험하기 위해 정교한 산정방법을 활용한 전반적인 조명방식의 사례

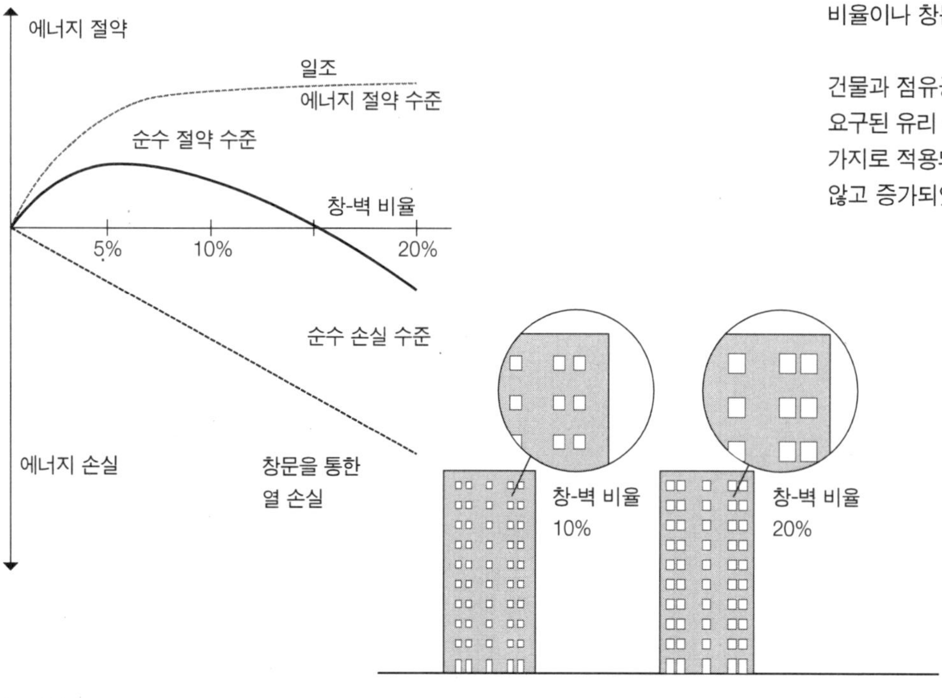

7.30 일조를 얻기 위한 최적의 개구부 크기 사례

일조는 조명방식의 모델로서는 최고로 다루어지고 있으며, 주광조절에 신중하게 주의를 기울여서 눈부심의 위험성을 평가하고 보호하고 이를 실행에 옮기도록 함으로써 창문에 의해 발생되는 냉난방의 손실 때문에 빛을 차단하게 되는 것과의 비교검토를 통해 에너지 효율에 최적화된 어떤 복합적인 과제의 대상이 되고 있다. 주광은 외부마감을 고려하게 되는 경우에, 그것의 최적화되게 할 경우, 그리고 인공조명의 디자인을 하기 전의 디자인 단계에서 확실하게 정리해야 한다.

주광은 건물에 만들어지는 창 이상의 것들을 포함하고 있다. 창면적이 커질수록 창을 통해 얻어지는 에너지와 냉난방에너지의 손실 사이에 교류조건이 생긴다. 전기적인 이득은 주광을 위주로 한 창문면적의 확대로 증가되지만, 창의 열적 손실도 증가한다. 창문면적을 더 줄이면, 주광으로 인한 전기조명의 필요성 감소효과가 창문의 냉난방 부하상 손실의 부정적 효과보다 통상 더 크다. 그래서 이 경우 순이득이 발생된다. 그러나 주광의 전기적 절약효과는 창문면적의 증가에 따라 최대치에 이르게 되며, 창문 열손실의 부정적 영향은 증가된 창문면적에 따라 계속적으로 늘어나게 된다. 그래서 적정 개구부의 규격이 있게 되고, 그 보다 커지면 열손실은 주광으로부터의 순이익을 줄어들게 한다.

주광에 따른 잠재적인 열저장은 인공조명 기술의 효율이 훨씬 높아지고 인공조명 내구성의 감소를 조절하는 기능이 향상됨에 따라 근래 수년간 줄어들고 있다. 실내 마감재가 미치는 영향을 더하게 되면 잠재적 저장량은 더 감소하게 된다. 이러한 변화에 따라 창문-벽면의 비율이나 창문-지붕의 적정 비율은 줄어들게 된다.

건물과 점유공간의 형태가 다양하기 때문에 주광을 위해 요구된 유리 규격은 창문의 열손실을 고려하지 않고 여러 가지로 적용되어 왔으며 건물의 에너지 사용은 줄어들지 않고 증가되었다.

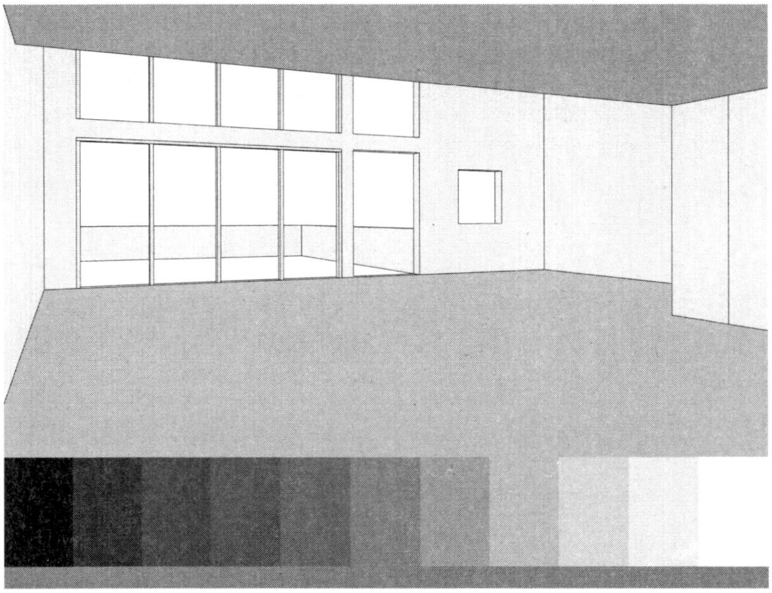

7.31 실내 마감에 의한 반사량이 공간의 주광전략에 미치는 영향

주광전략의 성공여부는 청정, 벽, 바닥, 가구 등 실내 마감재의 반사정도에 크게 영향 받는다. 예를 들면, 평균 실내마감 반사정도가 50%에서 75%로 증가하면 3.7M x 4.6M 크기의 사무실에서 요구되는 유리면 면적은 2.3㎡에서 1.1㎡로 50% 이상 감소된다. 천정, 벽, 바닥, 창문면, 가구 등에 대한 반사형 마감재의 선정은 잠재적인 중요성과 친환경 효과의 증대를 얻게 된다. 그러나 주관을 위한 더 높은 반사효과의 이득을 얻기 위해서, 일조창의 크기와 대수를 줄여서 열손실을 줄이는 것이 최상의 결합이라고 할 수 있다.

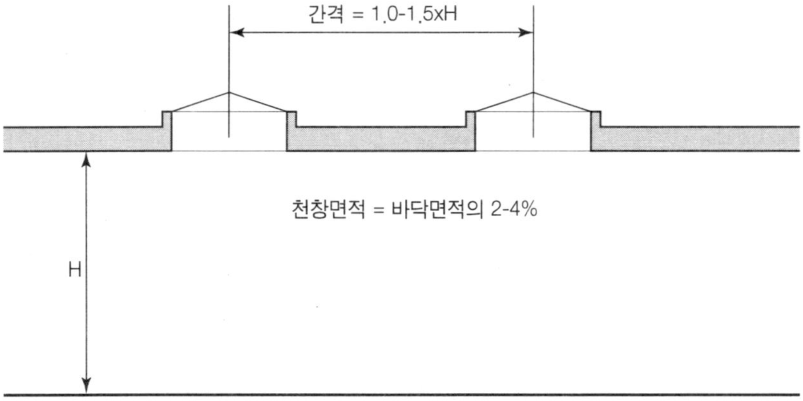

7.32 천창 주광에 따른 규격

인공조명의 전기사용량을 의도적으로 줄이기 위해 고안된 주광과 미적 목적을 위해 제거될 수 없는 조망용 유리에 따라 얻어지는 주광 사이에는 차이가 있다. 후자는 일시적인 주광이라고 불릴 수 있으며, 그것은 단순히 조망을 위한 유리를 덧붙였다기 보다는 오히려 이중의 에너지 손실- 인공조명에 의한 에너지 사용량 증가와 창문의 열손실- 을 피하기 위한 수단이라고 할 수 있다.

천창과 모니터를 통해 들어오는 천창조명 toplighting 은 일관성의 정도는 더 커지고, 조절이 더 용이해지고, 공간영향 정도는 더 커지며, 눈부심의 문제는 더 적어지는 등 여러 가지 이득이 있다. 이 외의 열손실은 주광을 얻게 되어 줄어들게 된다. 천창을 위한 적정 유리 규모는 컴퓨터 시뮬레이션에 의해 산정된다. 규격에 의한 규모는 천창 조명 면적이 천정 높이의 1-1.5배 크기인 바닥면적의 2-4% 만 있으면 되도록 하고 있다. 미국에서는 상업건물의 대부분이 2층 이하이기 때문에 지붕 하부의 바닥면적 60%가 천창으로 되어있다. 천창의 여러 가지 종류 중에 천창의 빛은 더욱 균질한 빛을 제공해주고 지붕의 모니터 보다 연간 더 많은 시간의 주광을 제공해 준다.

주광의 장점은 실내 인공조명과의 종합적인 제어가 되었을 때만 가능하다고 할 수 있다. 이 제어시스템이 없다면 에너지를 절약하기 보다는 주광이 그 조명부하를 절약하지 못해서 열부하로 인한 에너지 사용량이 증가될 수 있다. 조명 조절방식에는 두 가지의 주요 방식이 있다 : 단계별로 변화하는 것과 연속적으로 어두워지게 하는 방식 등이다. 이 두 가지는 주광의 수준을 검토하기 위해 영상감지기를 사용하고, 공간에서 필요한 만큼이나 추천된 수준의 밝기를 만들어 내기 위해 자동으로 전기조명의 적절한 수준을 갖도록 해서 에너지 소모를 감소시킨다. 청문으로부터의 주광이 사용자의 요구에 충분하다면, 조명조절 시스템이 인공조명의 전부나 일부를 자동으로 끄거나 조명을 어둡게 해준다. 그리고 주광이 사전 설정된 수준 아래로 내려가면 즉각적으로 조명이 작동한다. 이러한 주광획득 조절방식은 사용자들에 따른 적절한 조명수준 설정을 위해 적정 작동정지 조절과 마찬가지로 에너지 절약을 훨씬 높일 수 있는 자동 점멸장치 등을 위한 사용자 감지기로 통합될 수 있다. 몇 가징의 조절시스템은 상부의 고정장치 에 여러 가지 색으로 설치된 개개의 LED조명의 다양한 강도에 의해 적절하게 조명의 색채균형을 갖도록 해준다.

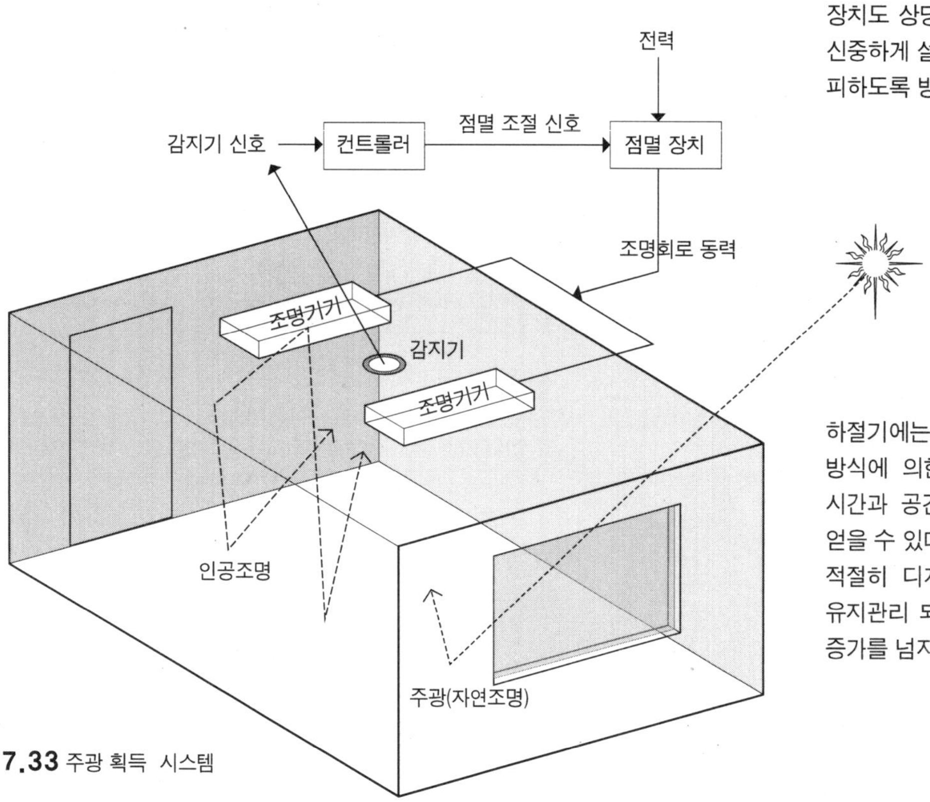

7.33 주광 획득 시스템

자동 조명조절 장치는 불편한 조명기기의 작동 없이도 에너지 절약을 해 줄 수 있도록 하는 스위치를 설치하게 된다. 예를 들면, 단계별 조명조절에 의해 작동되는 한 개의 조명조절장치가 있는 오피스는 30x10.764Lux(30 foot-candles)의 조명수준이 필요하게 된다. 아침에는 구름에 의해 어둠이 걷힌 후에 10x10.764Lux의 조명이 공간에 필요하고, 자동조절시스템에 의해 전기 조명이 켜지게 된다. 해가 뜨게 되면, 조도가 급격이 증가되어 10x 10.764Lux에서 30x10.764Lux까지 오르게 된다. 조절장치는 공간의 조명도가 31x 0.764Lux 이상으로 올라가면 전원이 꺼지고, 그 이하로 떨어지면 전원이 들어오게 해준다. 구름이 통과하는 것에 따라 빠르게 점멸이 반복될 경우는 고장 등으로 더 불편해질 위험성도 가지고 있다.

조도가 30 이하로 떨어져서 조명이 커지고, 50 이상의 조도에서 조명이 꺼지게 된다면, 조명은 구름 조건에 따라서 오피스의 조도가 오르고 내리게 되어 더 이상 점멸이 되기 어려울 것이고, 이는 불편을 초래하는 장치가 될 수도 있을 것이다. 또한 그 조명이 필요보다 더 오랫동안 유지되게 되어 에너지 절약효과를 감소시킬 수도 있다. 불편함의 반복과 불편한 조도의 파장 사이에 정확한 균형을 모색하는 것은 변화를 주는 것이다. 자동 점멸 장치는 이 문제를 어느 정도 해결해 준다. 그러나 그 장치도 상당히 주의 깊게 설치되어야 한다. 주광센서를 신중하게 설치하고 다른 인공조명에 의해 작동되는 것을 피하도록 방향을 설정해야 한다.

하절기에는, 매일 주광의 지속성이 높기 때문에 이 방식에 의한 건물의 에너지 절약이 유용할 수 있다. 시간과 공간을 막론하고 다양한 조도의 적용가능성을 얻을 수 있다. 에너지 효율을 위해서는, 자동 조명조절로 적절히 디자인되고, 승인받아서, 설치되며, 작동되고, 유지관리 되도록 하여 하여 개방부분이 창문의 열손실 증가를 넘지 않도록 한다.

조망

창문을 통한 조망은 외부와의 활력 있는 연계감을 주며, 외부의 기후환경 등을 알려주며, 인간의 정신적 건강과 생산성 향상에 도움을 준다. 전망창은 LEED의 비율시스템에서 바닥 위 760mm에서 2,285mm(30인치-90인치)로 정의하고 있다. BREEAM은 조망조건을 710mm의 책상 높이에서 하늘을 볼 수 있게 하는 것으로 정의하고 있다. 즉, 창문 대 벽면적의 비율이 20% 이상의 외부조망 상태를 말한다.

주광에 따라 조망을 위한 창문의 크기는 창문의 과도한 열손실을 피하기 위해 자세하게 규정 되어야 한다. 예를 들면, 창문의 아래 부분은 760mm 이상이어야 하고, 조망에 여유가 있어야 한다. 창문의 상부부분은 양호한 조망에는 2,285mm, 즉 90인치 이상은 필요치 않다. LEED에서 정의하는 90인치의 전망창은 조망을 위해 필요한 창의 범위라기보다는 일조 즉, 주광을 위한 창이 시작되는 상부 영역을 정의하고 있다. 나아가 창문은 양호한 조망확보를 위해 벽의 길이를 늘일 필요는 없다. BREEAM에서는 개구부 대 벽면의 비율을 최소한 20%로 하기 위해서 외벽의 7m 이내에서 볼 수 있도록 정의하고 있다.

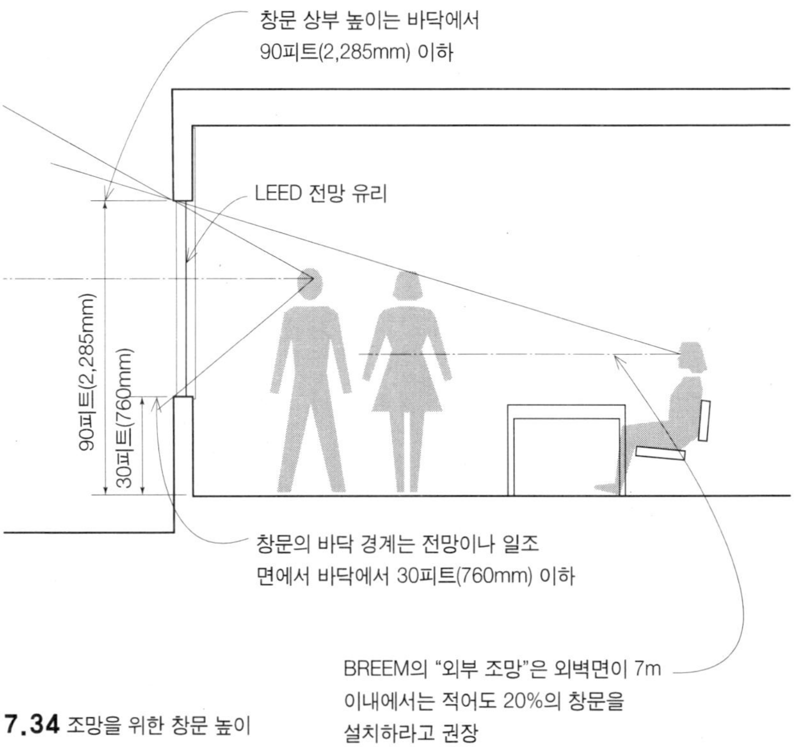

7.34 조망을 위한 창문 높이

LEED에서는 일상적으로 거주하는 공간에서의 조망에 필요한 창문에 대해 제안하고 있다. 그것은 주로 사용하지 않은 공간에는 필요치 않다. 각 단계에서 창문을 통해 발생하는 커다란 열손실을 검토하고 손실을 줄이기 위한 방안을 고려해야 한다.

LEED는 또 실내 창문의 활용과 실내 거주자가 인접 공간을 통해 조망할 수 있도록 하는 것, 그리고 전망을 방해하는 실내 파티션을 낮게 하는 것 등을 포함한 조망전략을 제안하고 있다.

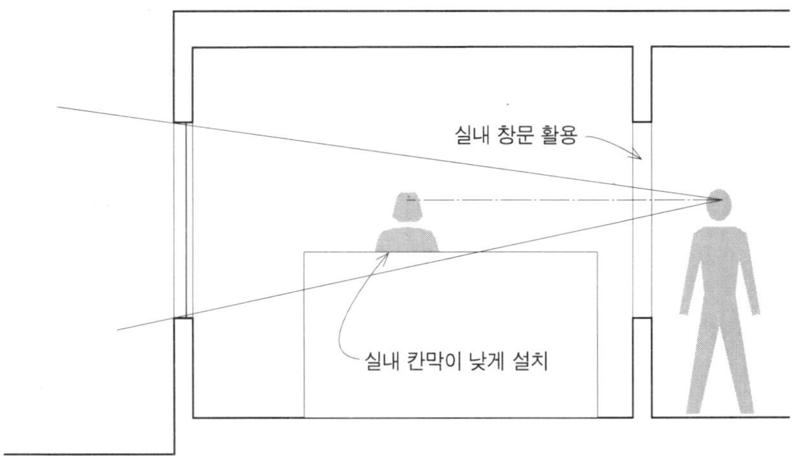

7.35 실내에서의 조망 강화를 위한 추가적 전략

창문 열손실

주광과 조망의 잇점과는 대조적으로 창문은 복합적이고 심각한 에너지 비효율성을 나타낸다. 창문은 겨울철에 열전도, 공기누출, 난방 등에 의해 열손실을 가져오고, 반대로 여름에는 열을 얻게 되어 에어컨 등을 작동하게 하는 근본 원인이 되기도 한다. 창문은 또한 그것이 설치되는 벽면과 관련해서 저층이건 고층이건 시공비를 높이는 주요요소가 되기도 한다.

전체적으로 창문이 중요한 에너지 손실을 가져오는 것은, 표준적인 벽의 열저항지수 R이 10에서 30 사이로 평균 20이 되는데, 거기에 이중창의 경우는 벽의 평균치보다 10배나 비효율적인 R-2로 나타나고 있다. 고효율 창문조차도 R치가 3-5 사이이다. 그리고 이 수치는 창문 주변 벽창틀의 열교를 통한 손실과 침윤 손실, 열손실은 산정하지 않은 것이다. 야간에 방으로 되돌아오는 반사빛 때문에 실내에 더 많은 인공조명을 해야 하는 것과 같은 더 심각한 손실도 많이 있다. 이러한 모든 창문의 손실을 고려하면, 창이 없는 벽보다 10배 이상의 에너지 손실이 있을 것이다. 이러한 이유로, 창문을 통한 에너지 손실은 보통의 건물에서 25%이며, 이 에너지 손실은 창문-벽 비율이 높아질수록 훨씬 커지게 된다.

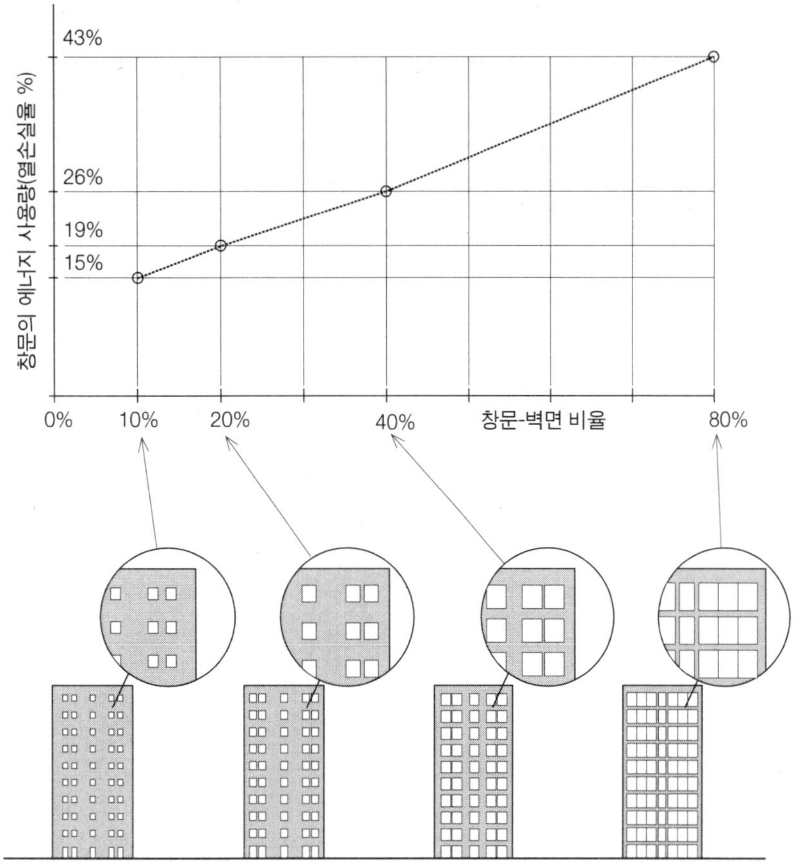

7.36 창문을 통한 에너지 손실

창문의 영향은 에너지와 시공비의 증가 뿐 아니라 불쾌감도 초래한다. 이 불쾌감의 증거는 창문에서 오는 냉기를 막기 위해서 통상 창문 하부에 난방설비를 하는 것에서, 그리고 공기유입을 막으려고 창문에서 가구를 이동시켜야 하는 것 등에서 확인 할 수 있다. 더군다나, 창문 하부에 열원을 설치하는 것은 평균적인 실내 공기의 온도보다 창문의 내측 표면이 더 높은 온도를 갖게 되는 것처럼 겨울에 창문에 의한 열손실을 더 가속시키게 된다. 인체는 또한 난방열이 창문으로 전이되고, 외부의 차가운 면이 창문을 통해 유입되어 열손실을 하게 된다. 고정창조차도 불쾌감은 마찬가지이다. 넓거나 높은 창을 가진 방에서 명확한 온도의 계층화를 발견하는 것은 통상적인 상황이다. 거주자의 머리와 발부분의 온도차가 섭씨 5.6도 정도까지 차이를 가져오기도 한다. 마지막으로, 창문은 눈부심의 원인이 되어, 색조를 넣거나 차단을 위한 블라인드나 커튼을 해야하는데 이는 창문의 본래 목적인 조망과 일조를 차단하게 된다.

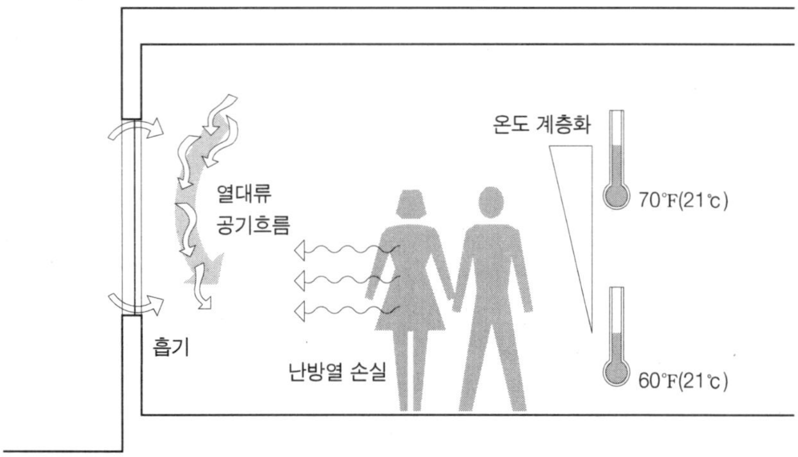

7.37 안락함과 창문과의 상관성

창은 태양에 노출되기 때문에, 창에 의한 열손실은 부분적으로 겨울에 태양열을 얻는 것으로 상쇄되기도 한다.

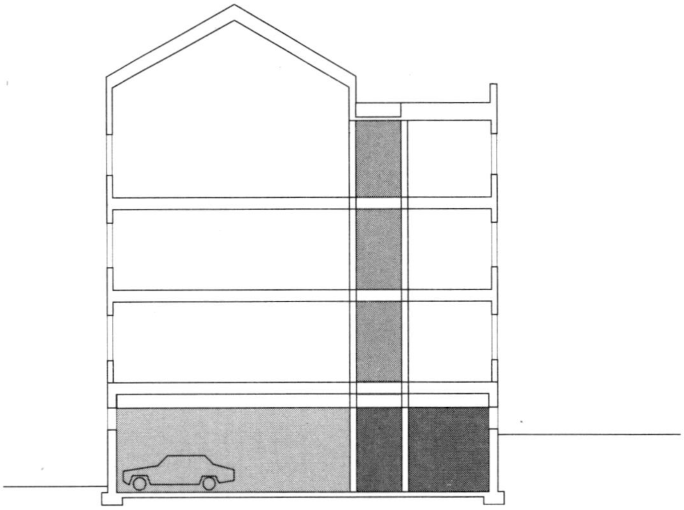

7.38 다용도실이나 서비스공간의 창은 최소화하거나 제거

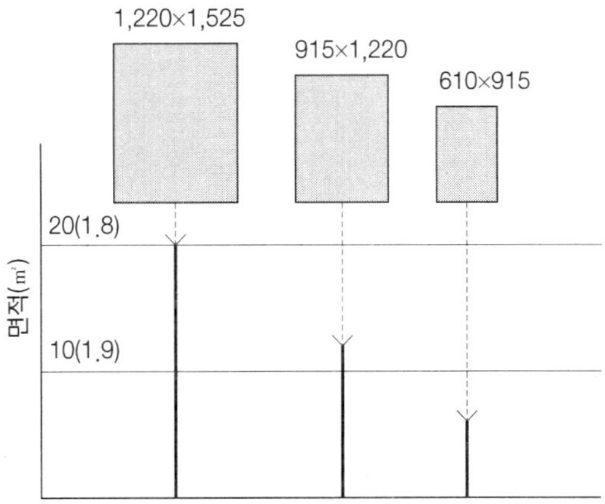

7.39 창 크기와 면적 비교

창 열손실 절감

친환경건축물에서 어떻게 창의 열손실을 줄일 수 있을 것인가? 첫째, 주차장, 계단실, 계단참, 복도, 옷장, 지하실, 세탁실, 출입구, 현관 등과 같이 거주가의 이용시간이 짧은 곳과 같은 창이 필요 없는 공간에 창을 만들지 않거나 줄인다.

둘째, 소형 오피스나 침실 같은 곳에는 창을 3개 이상 두지 말고 가능하면 한, 두 개 정도만 설치한다. 창의 크기는 신중하게 설정한다. 3x4피트(915x1,220) 크기의 창은 4x5피트(1,220x1,525) 창면적의 거의 1/2이다. 2x3피트(610x915) 창은 3x4피트(915x1,220)의 또 1/2 이다.

셋째 전략은 개방이 필요치 않은 곳에 고정창을 설치하는 것이다. 창과 창틀 사이에 공기누출을 방지하도록 해야 하지만 고정창은 이 누출을 줄여준다. 예를 들면, 1겹 매단창(single -hung)은 2중 매단창(double-hung) 보다 침윤 잠재성이 적다. 반면 개방할 수 없는 것을 감수해야 한다.

자연환기를 위해 창을 만들려면, 여닫이나 어닝 창이 전체 면적의 1/2정도만 개방이 가능한 미서기나 2중 매단창 보다 개방면적이 더 크다. 여닫이와 어닝 창은 수직이나 수평 미서기 창보다 다 밀실하고 낮은 공기누출을 나타낸다. 그래서 창 전체 크기는 일조나 조망에 필요치 않을 경우에는, 여닫이나 어닝 창이 더 작은 크기로 더 많은 환기효과가 있고, 에너지 효율과 더 경제적이어서 유용하다고 할 수 있다.

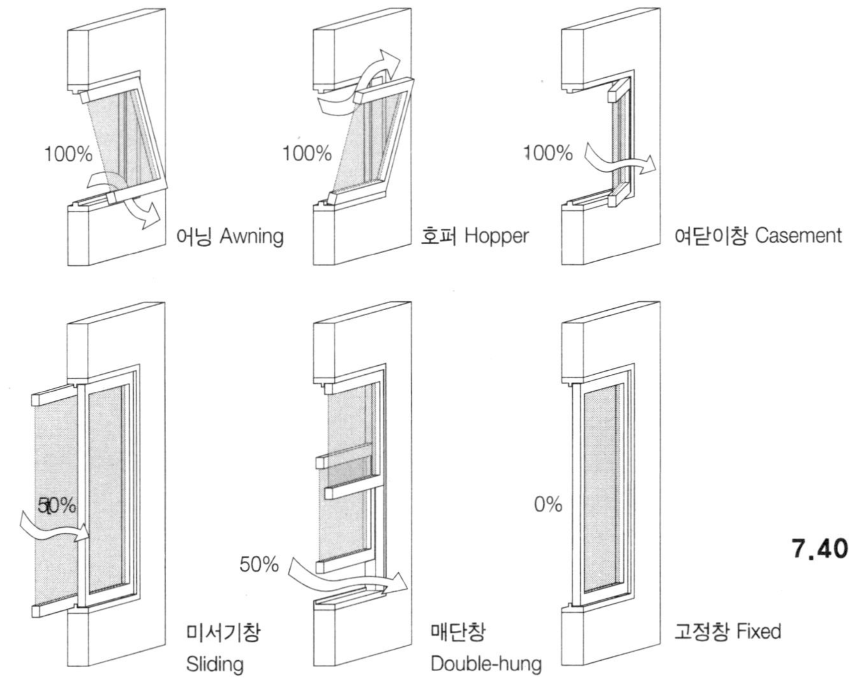

7.40 환기면에서 창 형태에 따른 효율성 비교

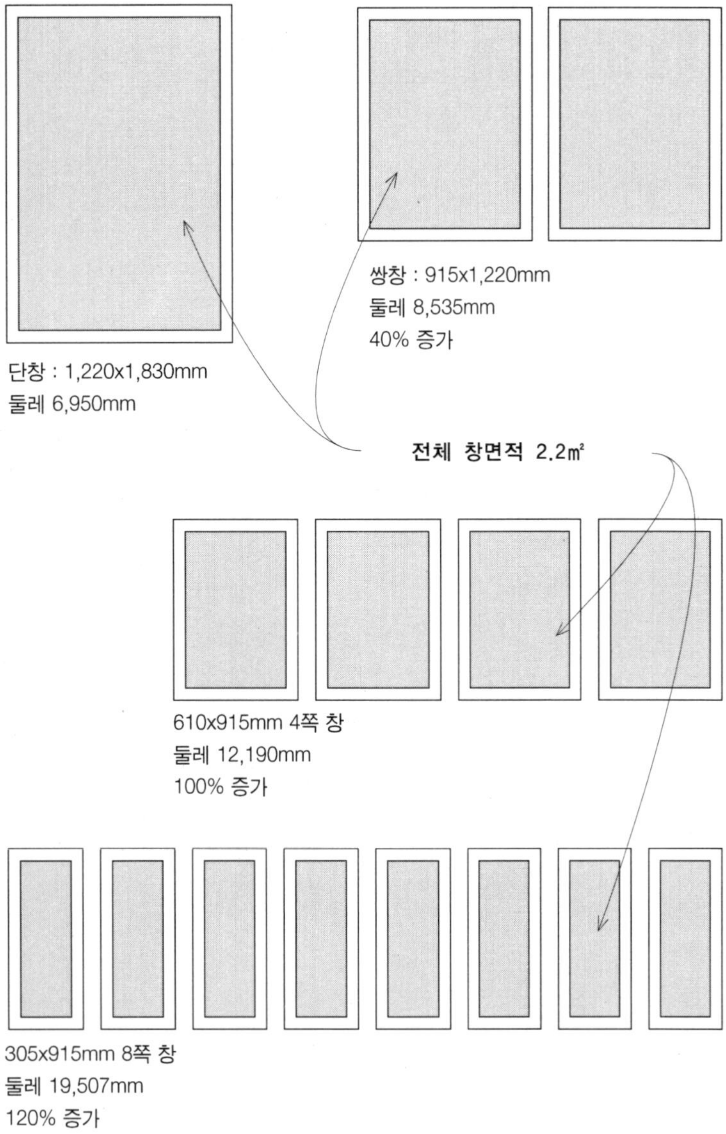

7.41 창이 커질수록 단위면적 당 둘레면의 침투율과 전도율은 저하

요구된 필요 창 면적 범위에서는, 작은 창이 많은 것보다 큰 창으로 창수량을 줄이는 것이 더 효율적이다. 에너지 손실의 주요 취약 연결부는 창틀인데, 창틀의 개폐부와 창 주변 벽과 창틀 및 구조사이를 따라서 침윤이 발생하며, 창의 중심 보다는 그 부분들의 전도에 의한 열손실율이 더 높다. 4x6피트(1,220x1,830mm) 창은 둘레가 6,095mm 이다. 그 반만한 3x4피트(915x1,220mm) 창 2개는 창면적은 2.2㎡로 동일하지만 둘레길이가 8,535mm 로서'40%가 증가한다. 2x3피트(610x915mm)의 창 4개도 전체 면적은 동일한데 둘레길이는 단창 보다 100% 증가된 12,190mm가 되고, 1x3피트(305x915mm)의 창 8개도 창면적은 같지만 전체 둘레길이는 120%로 훨씬 커짐을 알 수 있다. 이 비율은 매우 중요하게 참고되어야 한다. 동일한 24제곱피트 면적을 가진 1x24피트(305x7,315mm) 크기의 세장형 창문은 50피트(15,250mm)의 둘레길이를 갖게 된다. 그래서 정방형과 직사각형의 차이는 크지 않지만, 정방형이 가늘고 긴 창보다 유리하다.

또한 개수는 적고 크기가 더 큰 창이 같은 창면적의 작은 창, 개수 여럿인 창보다 시공비도 낮다. 예를 들면, 3x4피트(915x1,220mm) 크기의 이중창 1개는 2x3피트(610x915mm)의 2개 창의 설치비 보다 시공비가 25% 절약된다.

시각 범위인 크기와 조망과 일조의 질과 같은 또 다른 창문의 특징도 크기와 양적인 면에서의 에너지 전달과 관련되어 비중 있게 다루어져야 한다. 이러한 평가를 통해, 빈번하게 사용되는 공간에서 사람들이 심도있게 가치를 부여하는 일조에 대한 유지와 공급에 관한 것들에 대한 주의도 잘 검토해야 한다.

문

문은 여러 면에서 창과 유사하다. 외부 문은 건물 표면과 열 경계를 관통하게 된다. 각각의 문은 침투할 여러 경로를 가지고 있다. 문과 문틀 사이, 문틀과 그에 접한 틀이나 구조체 사이, 문틀 하부 등이 있다. 각 문은 또 전도 등에 의해 열 손실이나 획득의 경로도 가지고 있다. 문 자체, 문에 있는 유리, 문틀, 주변 벽구조물 사이 등이 있다.

그러나 외부 문은 열손실과 관련해서 창과는 여러 면에서 차이가 있다. 단단한 문은 창보다 열손실이나 획득면에서 더 양호하다. 그리고 단열처리된 문은 그보다 열손실율이 더 낮다. 외부 문을 가진 타운하우스나 호텔과 같이 많은 문이 있는 건물이라고 해도 통상 창보다는 문의 개수가 적다.

문에서 보통 발생하는 실수는 외부 문과 같이 단열되지 않은 내부 문을 부주의하게 사용할 때이다. 특히 난방된 공간 사이와 주차장이나 다락방 같이 공조처리되지 않은 실들과 접하는 경우이다.

건물에 창보다 외부 문이 더 적다고 하더라도, 문은 창보다 여닫는 빈도가 더 많다. 이런 작동은 문틀마감과 문 쓸림과 같은 상호움직임과 창 부재의 작동 보다 더 많은 마모와 손상을 발생하게 되어 공기누출에 대한 통로가 되기도 한다.

이중문은 각각의 상이한 요소를 밀실하게 하기 위한 두 개의 동적 요소로서 작동부재와 고정부재가 하나가 아니기 때문에 밀실의 정도가 좀 더 가능하게 될 수 있다. 문 사이에는 종종 틈마개가 없는 경우도 있고, 틈마개를 하기에는 너무 커서 열교가 되는 틈이 생기게 될 수도 있다.

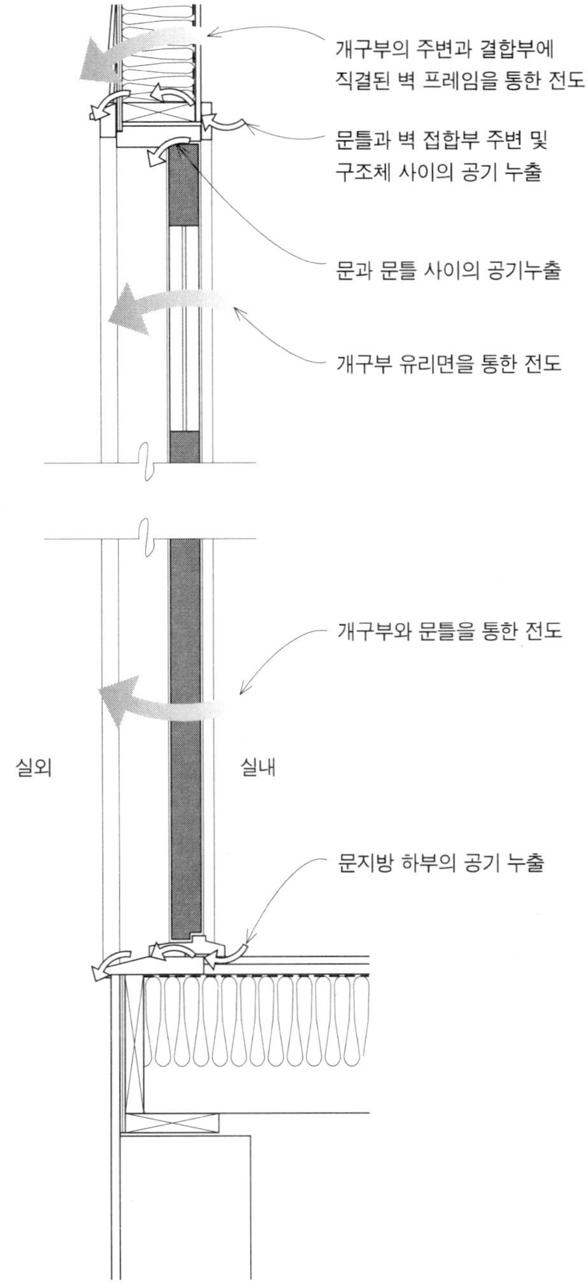

7.42 개구부를 통한 열 손실과 침투 경로

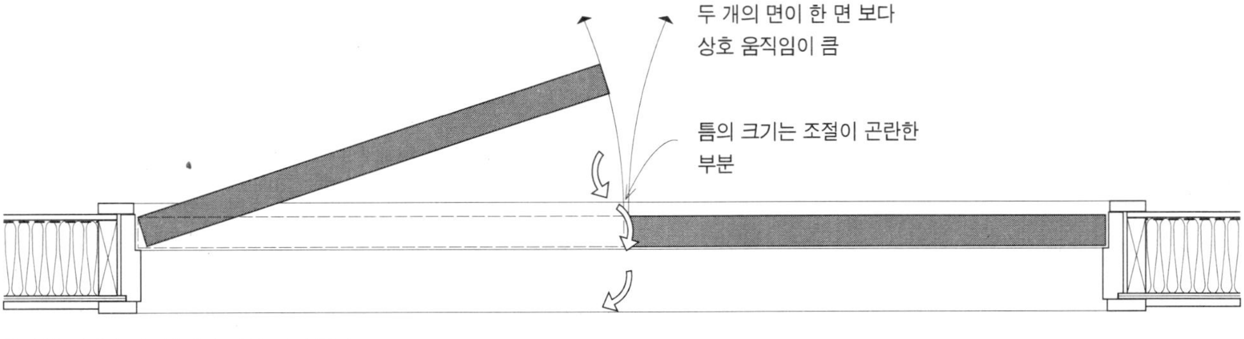

7.43 밀실한 양면창에서의 두 가지 문제

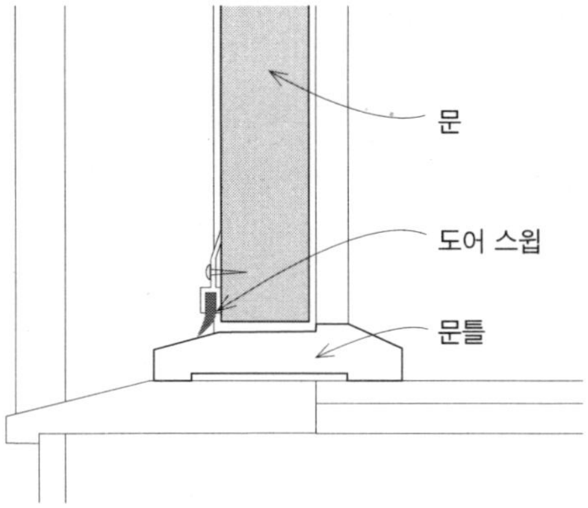

7.44 외부 문 하부의 틈마감

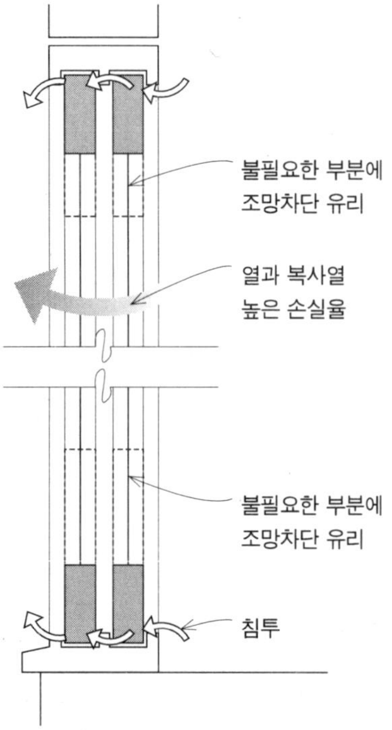

7.45 미서기 유리문

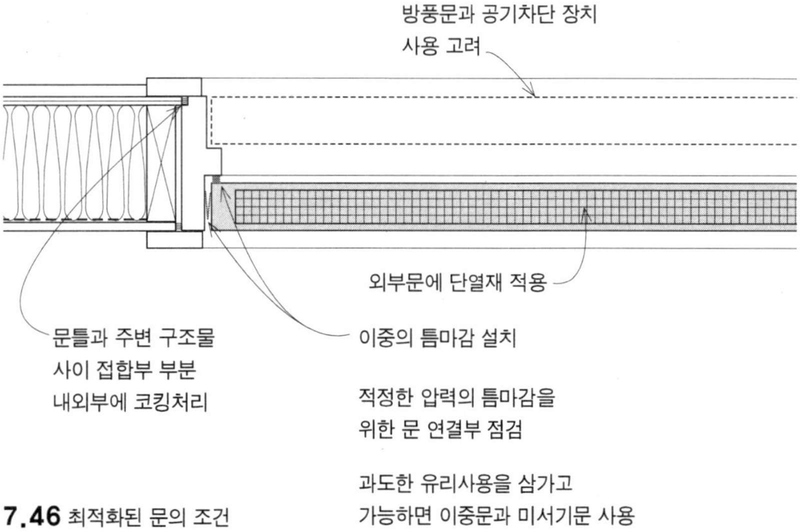

7.46 최적화된 문의 조건

외부 문은 통상 건물 하부층과 지붕으로 향하는 최상층에 위치하기 때문에 창에서 보다 굴뚝효과의 문제를 더 많이 가지고 있다.

외부 문의 하부마감면은 고정된 표면과 문틀에 틈새마감이 되어 있는 특성이 있으며, 보행출입을 하도록 고려해야 한다. 이러한 것을 해결하기 위해 개발된 것이 도어 스윕(door sweep)이다. 이 스윕의 다양한 형태는 브러시나 비닐 또는 고무커버로 되어 있다. 도어스윕은 잘 고정되지 않으면 시간이 지남에 따라 손상될 수 있다. 도어스윕은 손상되기 쉬운 위치에 설치되기 때문에 방풍문과 같은 별도 보호층이 필요하다. 그러나 효과적인 방풍문이 되기 위해서는 그 자체가 청소가 용이하고, 틈마감이 잘되어 있고, 문틀의 코킹이 밀실해야 한다.

보통 전체가 유리로 되어 있는 미서기 외부 문은 특히 부적당한 결합이나 공기 침투에 의해 영향 받기가 쉽다.

문에서의 유리는 창의 높은 열손실을 반복하기도 한다. 그러므로, 유리는 조망이나 안전한 시야확보를 위해 필요한 곳으로 설치를 한정해야 한다. 열손실율이 높은 조망유리가 그다지 필요치 않은 미서기문이 있는 중정이나 발코니문과 같은 곳에는 전면이 유리로 된 문의 사용을 제한한다. 상업용 건물에서 측면이나 후면 입구 출입문 같은 로비의 문은 전면유리로 된 문이 항상 필요치 않은 떠 다른 예라고 볼 수 있다.

친환경 건축물에서의 문에 관한 최상의 조건 :

- 건물의 외부 문 숫자를 최소화한다.
- 가능하면 미서기문은 피한다.
- 가능하면 양면문은 피한다.
- 가능하면 과도한 유리를 가진 문은 피한다.
- 공조가 된 부분과 안 된 부분 사이에는 단열 외부 분과 단열 문을 사용한다.
- 가능하면 방풍문을 사용한다. 열저항성을 증가시키고 침투에 대비한 방어막이 추가된 층을 만들어 준다.
- 문틀과 문지방은 하부는 내외면 모두 코킹처리 한다. 방풍문의 틀도 코킹해준다.
- 건물 출입에는 공기차단 복합체를 고려한다.
- 문틀 주변을 단열한다.
- 틈마감 처리와 적정한 틈 압력을 위해 시험이 필요하다.

지붕

ASHRAE와 같이 에너지 조건과 고성능 기준에서는 지붕단열의 필요성을 기술하고 있다. 그것은 특수한 지형조건에 따라 선택할 수 있게 된다. 벽과 마찬가지로 지붕도 열교 때문에 열손실이 발생하지만 연속된 단열층이 이를 방지할 수 있게 해준다. 지붕은 통상 물의 침투를 막도록 되어 있기 때문에 공기침투도 안되게 되어 있다. 그러나 용마루 환기와 같은 지붕부의 통풍은 공기를 다락공간으로 의도적으로 이동하게 하는 전략이 되기도 하며, 이는 특히 기둥형 구조로 지붕이 형성된 건물에서는 의도치 않은 문제를 야기시킬 수도 있다.

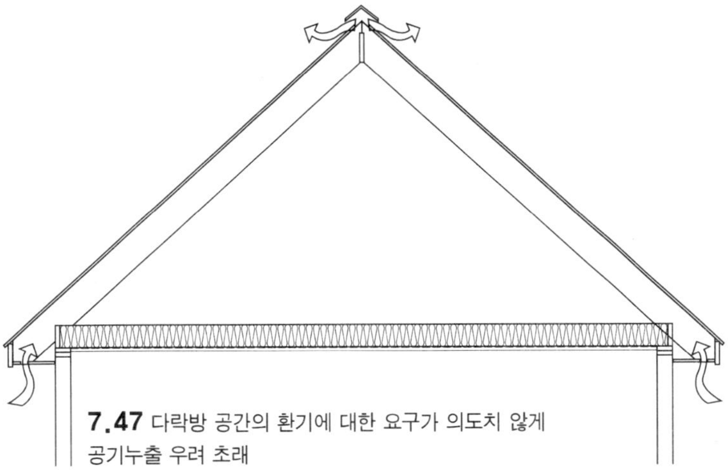

7.47 다락방 공간의 환기에 대한 요구가 의도치 않게 공기누출 우려 초래

경사 지붕

에너지 전반에서 볼 때, 지붕과 관련해서 가장 중요한 개발은 건물에서 다락공간으로 그리고 경사지붕의 다락통풍을 통해 공기누출이 얼마나 심각한 정도인가를 발견한 것이다. 다락공간에서의 공기누출 방식에 대한 여러 가지 종류와 양에 대한 문제는 중요하다. 공기는 다락문이나 굴뚝이나 환기구 주변의 중공벽 상부에서, 전기나 다른 배관 관통로 주변과 배출팬과 배입형 전기설비의 뚜껑이 없는 홈을 통해, 그리고 분할된 벽면의 처마를 따라서 누출될 수 있다.

이 공기누출의 또 다른 부정적인 영향은 동절기에 지붕에 아이스댐이 형성되는 것이다. 누출된 공기가 지붕의 눈을 녹이고 녹은 물이 지붕을 따라 흘러서 지붕연결부에 그리고 처마와 홈통에서 다시 결빙되는 것이다.

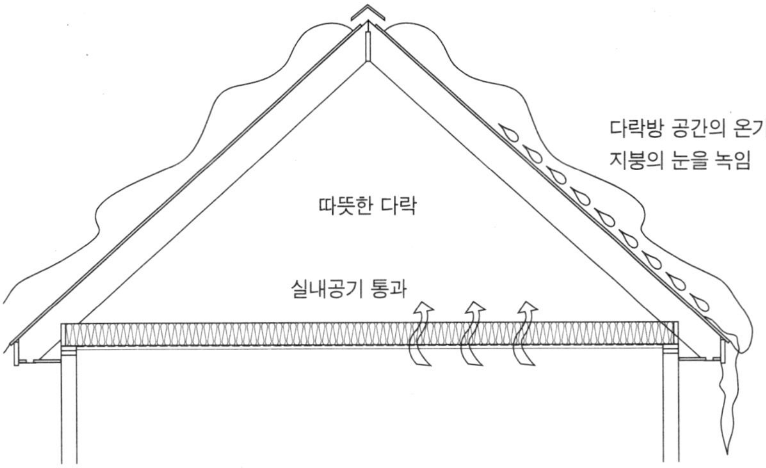

7.48 아이스댐의 형성

경사형 지붕과 다락은 왜 많은 침투의 문제를 발생시키는가? 이에 대한 답은 지붕의 역할과 최상층 천정, 즉 다락 바닥의 역할 사이에서 야기되는 불명확함에서 찾을 수 있다. 경사지붕의 기능은 건물 내로 빗물이 들어오지 못하게 하는 것이다. 다락층의 역할은 원래 열적인 경계선으로 되어 있다. 그러나 이러한 역할분배는 다락부의 부적절한 마감을 허용하게 된다. 벽이나 평지붕과 같은 곳에서 다락층에 물이 침투하지 못하게 할 필요가 있으면, 공기가 통하지 못하게 해야 한다.

평지붕은 두 가지 이유로 경사지붕 보다 더 친환경적임을 사례가 보여준다. 평지붕은 경사지붕과 다락공간에서 발생할 우려가 있는 공기누출을 근본적으로 피할 수 있다. 그리고 태양열패널과 옥상녹화와 같은 친환경 요소들의 설치에 훨씬 유리하다.

평지붕은 또한 경사지붕 보다 더 유용하다. 경사지붕은 근본적으로 지붕부분과 경사다락부분의 두 분리된 부분으로 지붕구조의 시공이 요구된다. 그러나 평지붕은 하나의 공정만 필요하다. 경사지붕보다 평지붕이 22% 정도 경제적이다. 우리는 미적인 측면에서 평지붕의 여러 가지 단점을 알고 있다. 물웅덩이가 생기거나 눈이 흘러내리지 못하게 되는 경향이 있다. 경사지붕이 다른 여러 이유로 인해 건물의 미적인 디자인으로 생동감을 줄 수 있다면, 경사지붕 부분이나 다락의 바닥부분 중 한 곳에 강력하고 연속되는 열적 경계부분을 만들어 주어야 한다.

상반된 의견은 친환경 또는 옥상녹화 자체에 관한 것이 될 수 있다. 고가의 옥상녹화의 시공비와 열에너지의 이득의 크기에 관한 논쟁이다. 그럼에도 불구하고 열섬효과, 유출량 조절 그리고 건물 옥상부의 녹색정원 조성 등의 측면에서는 어떤 이점이 있을 수 있다. 녹화된 지붕은 시간이 지남에 따라 가격경쟁력과 안정성이 증가하게 되고, 평지붕은 경사지붕 보다 그런 면에서 더 유용하게 활용될 수 있다.

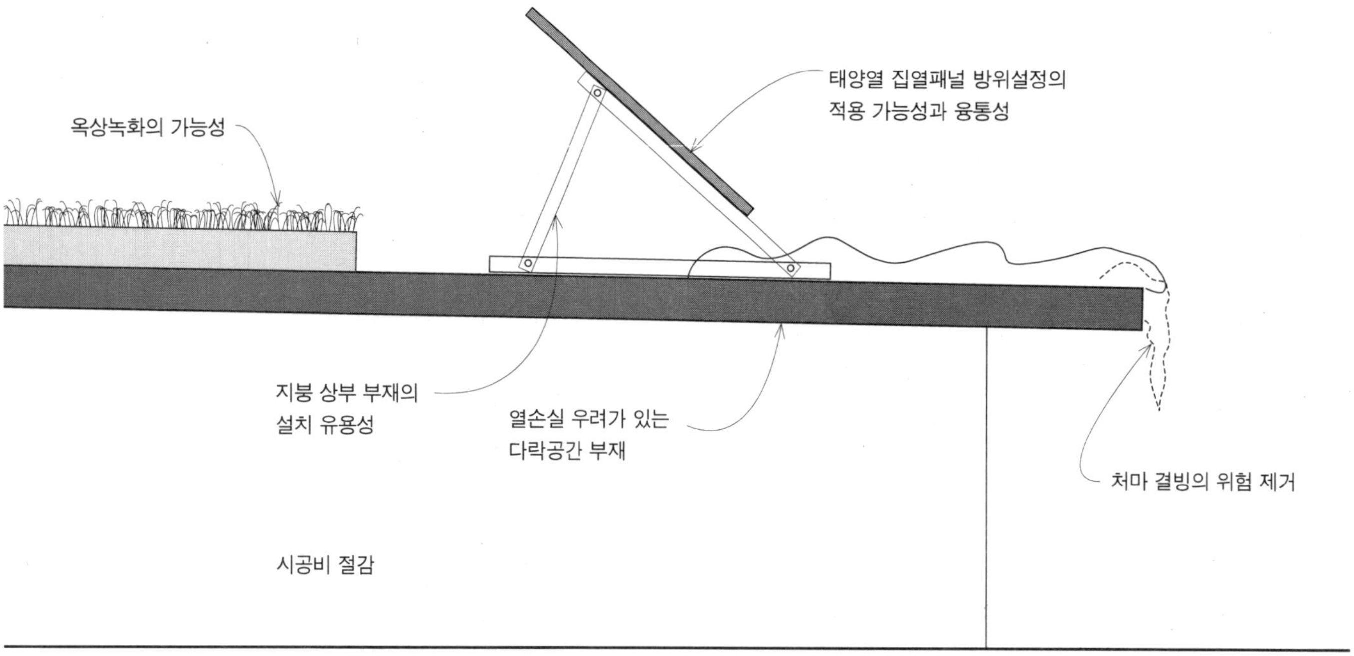

7.49 평지붕의 친환경적 장점

바닥

우리는 바닥 특히 지면에 접한 최하층 슬래브, 즉 지하층이나 8장 '조절되지 않은 공간'에서 다루어질 바닥 밑 얕은 공간에 대한 논의와 함께 외부 마감에 대한 검토를 통해 결정해야 한다.

건물에서는 지면 하부에 있는 바닥에 접한 슬래브를 통해 열 손실이 이루어진다. 지변부는 보통 건물의 빈공간보다 더 차갑다. 지형적 조건에 따라 겨울에는 섭씨 1.1도에서 5.5.도 까지 낮다. 그러나 건물 내부에서의 공기온도는 겨울에 21.1도 정도 된다. 그래서 지면 하부에서 건물이 있는 상부의 열을 끌어 내리게 된다. 에너지 효율을 실천한 33가구를 대상으로 연구한 결과, 집 전체 열손실의 24% 정도가 바닥에서 된다고 추측되고 있으며 그 손실은 비효율적으로 시공된 건물보다 오히려 높았다. 모서리부분 단열은 겨울에 열이 바닥의 모서리부와 지면을 통해 상부로 찬 공기를 이동시키기 때문에 특히 중요하다. 적외선 촬영을 통해 이 열 손실을 볼 수 있다. 보통 건물 슬래브의 단부는 적외선 촬영을 통해 열이 외부로 전도되는 것을 볼 수 있다.

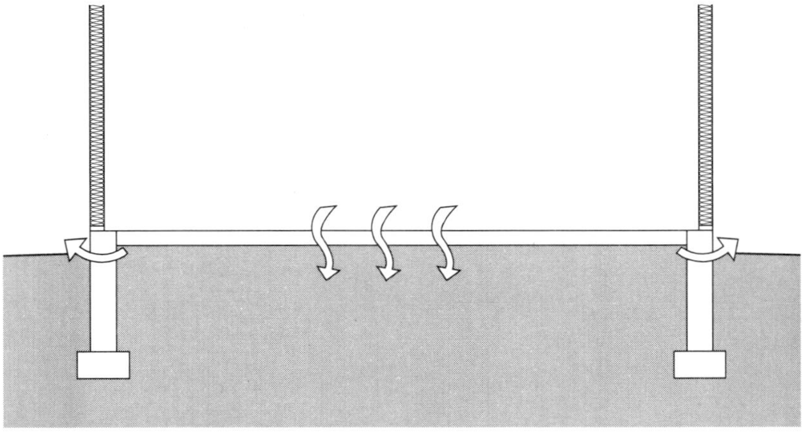

7.50 지면에 바닥슬래브가 직접 접한 경우의 열손실

열적 연속성은 도전과제이다. 단열된 벽은 통상 열의 전도체라고 할 수 있는 단단한 콘크리트 슬래브에 접합되어 있다. 건물 상부 표면에 단열이 되어 있다면, 그 슬래브는 열교가 그 내,외부 벽구조물을 통해 슬래브의 하부로 이동하여 열적 표면의 외부 마감면에 설치된 것이다. 슬래브 하부면에 단열이 되어 있다면, 그 단부에 단열이 안 되어 있을 경우에는 슬래브 단부에 열교가 생기게 된다. 연속성을 갖기 위해서는, 구조물 주변과 하부 등 슬래브의 외부면에 단열을 하는 것이 훨씬 효과적이다.

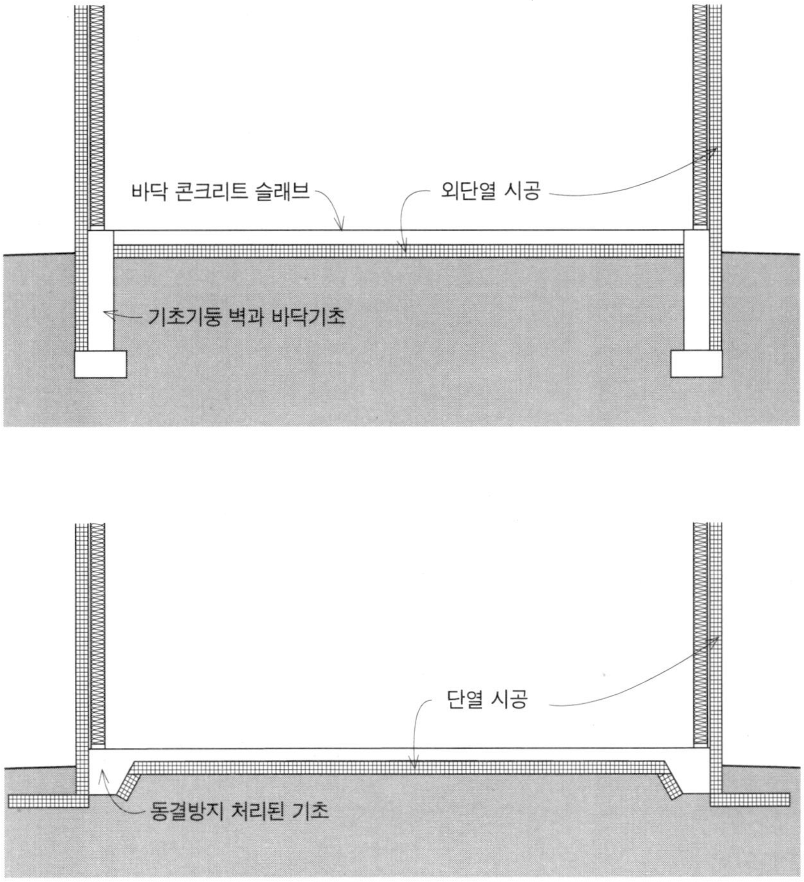

7.51 지면에 접한 슬래브의 열적 지속성 유지방안

안정적이고 온화한 난방환경을 조성해 주는 바닥난방시스템이 선호되고 있다. 실내공기 온도가 바닥난방 시스템이 주는 안정감 때문에 주어들게 되기 때문에 잠재적인 에너지 보존효과도 얻게 된다. 그러나 바닥층에서는, 슬래브에 바닥 단열이 되어 있어도 지면 하부로 열이 손실될 우려가 있다. 지면 기초부에 있는 슬래브의 난방열을 고려해 보면, 지면 하부로 손실되는 에너지양은 슬래브가 충분히 단열이 되어도 발생되게 된다.

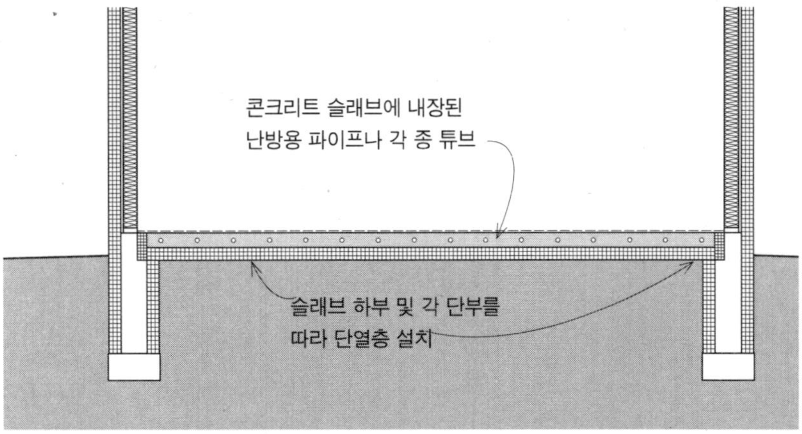

7.52 바닥 난방시스템

바닥 단열은 에너지 문제 뿐 아니라 안락함을 위해서도 매우 중요하다. 차가운 바닥은 발을 불편하게 하고 몸에서 열을 빼앗게 되어 몸 전체가 추위를 느끼게 한다.

지면에 접한 바닥을 통한 습기 이동을 방지하는 것은 매우 중요한 과제이다. 다시 말해, 바닥에 접한 재료는 젖어 있을 것이고 공간에는 습도가 올라가게 된다. 일련의 여러 방수층이 그 문제 해결을 위해 필요하게 된다. 지표수를 건물 밖으로 흐르게 하는 것, 건물에 접촉하게 되는 어떤 물도 주변 배수시설로 밖으로 내보내며, 슬래브와 습기찬 흙의 접촉을 최소화하기 위해 슬래브 하부에 자갈층을 만들고, 강력하고 연속된 슬래브 하부 방습층을 만들어 야 한다.

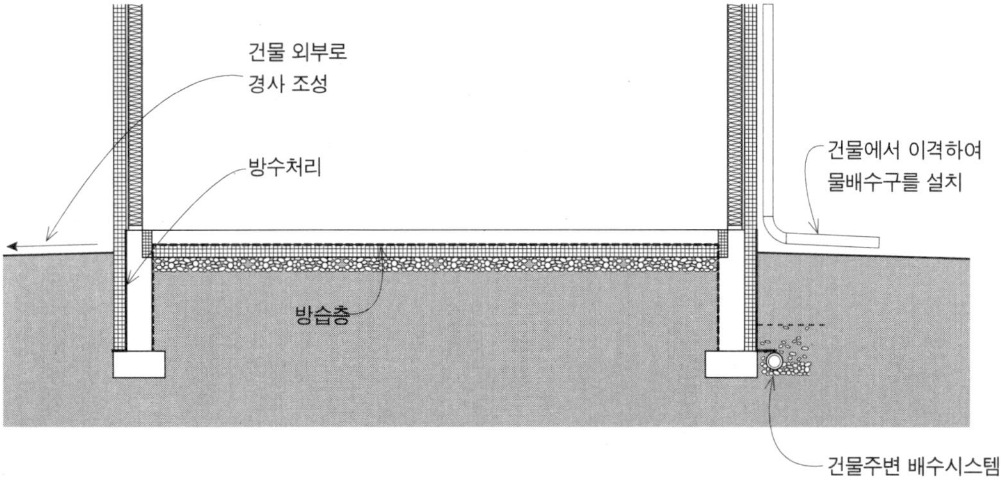

7.53 지변에 접한 슬래브를 통한 습기 이동 방지 방안

8
공조되지 않은 공간

냉/난방 등이 안 되어 있는 공간이란 실내공기가 조절되어 있지 않은 공간이다. 건물의 외부와 실내 마감 사이에는 다양한 종류의 공조되지 않은 공간들이 있다. 다락, 지하실, 지면과 건물사이 공간, 주차장, 흙과 접한 하부공간, 출입부, 기계실, 창고 등등이 그것이다.

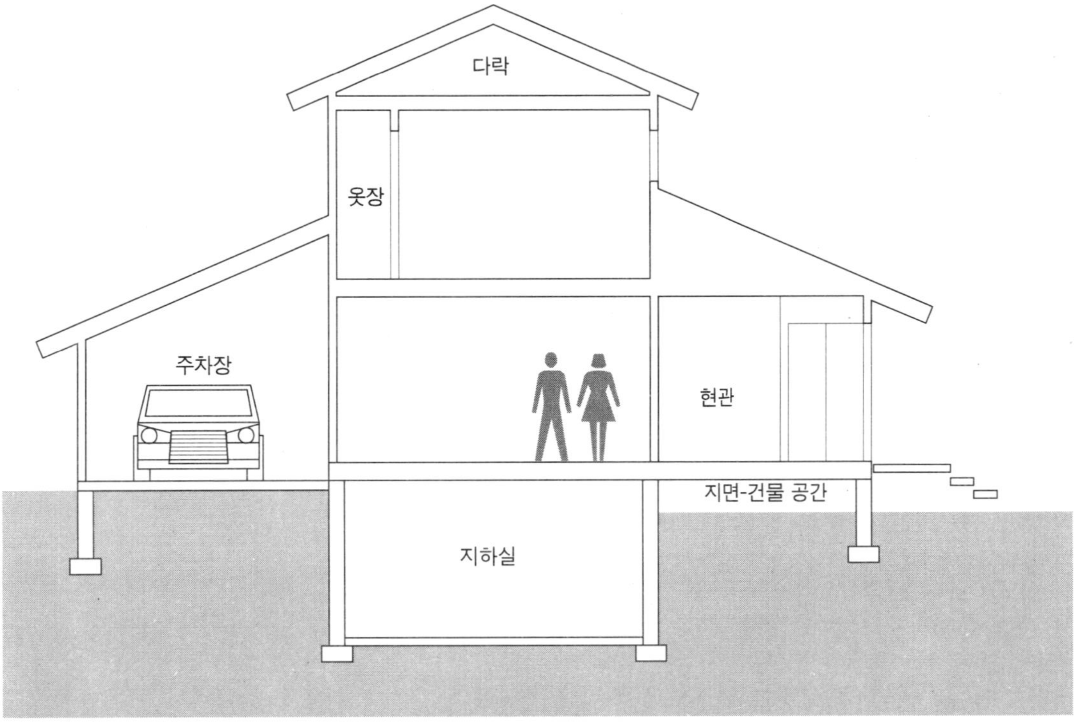

8.01 공조되지 않은 공간

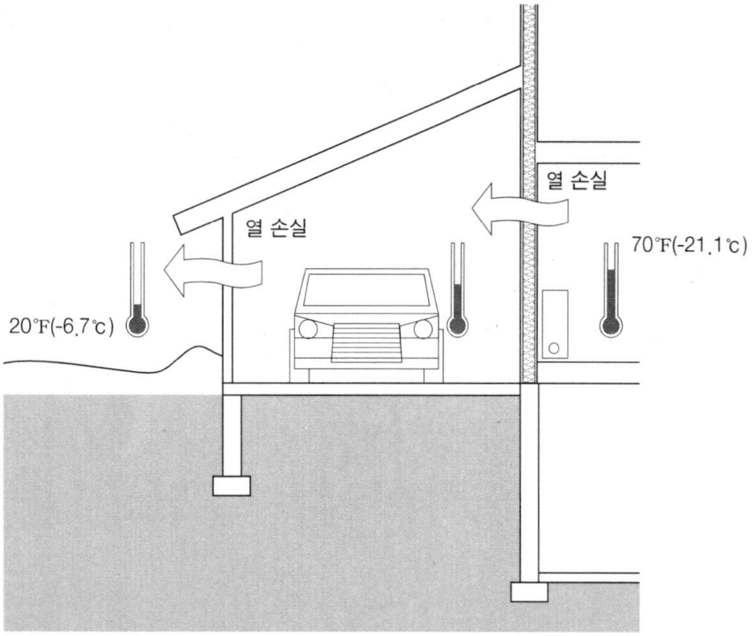

8.02 공조되지 않은 공간에서의 열 손실

8.03 에너지설비 공급시스템의 열손실

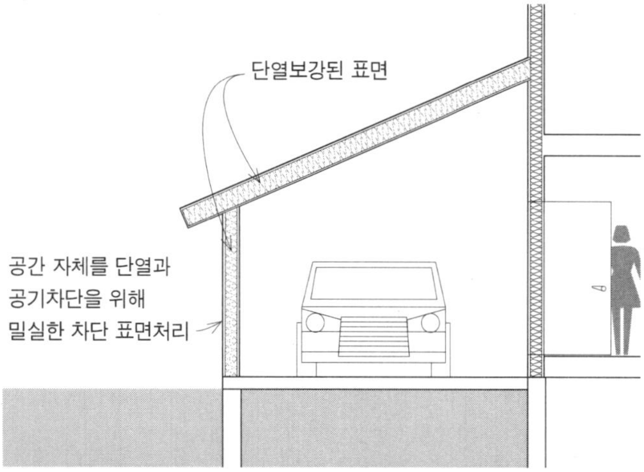

8.04 에너지 소비를 줄이도록 조성된 공조되지 않은 공간

공조되지 않은 공간은 패시브적인 냉/난방의 영향을 받게 된다. 동절기에, 열기는 분리벽을 통과해서 난방된 공간에서 조절되지 않은 공간으로, 그 조절되지 않은 공간에서는 외부 개구부를 통해 전이된다. 반대로 하절기에는 외부 열기가 건물 내부로 전이된다. 조절되지 않은 공간은 통상 냉/난방 된 공간과 외부공간 사이에서 평형을 이루게 된다. 결과적으로 조절되지 않은 공간이 냉/난방을 패시브적으로 수용한다 해도, 이 열전달은 궁극적으로 냉/난방된 공간에서 발생되게 되어 있다. 그래서 공조되지 않은 공간의 열 손실로 인한 에너지가 사용되게 된다.

공조되지 않은 공간은 에너지상의 두 번째 취약점을 가지고 있다. 그곳은 종종 냉/난방 공급 시스템이 작동되는 공간이 된다. 이 공급시스템은 덕트나 파이프 또는 둘 다에서 이루어진다. 정확히 말하면, 공조되지 않은 공간에는 냉/난방이 불필요하다. 어떤 조절되지 않은 공간에서의 이러한 공급시스템을 통한 열손실은 에너지를 낭비하는 결과를 낳게 된다.

공조되지 않은 공간의 이러한 에너지 상의 취약점에 주의할 필요가 있다. 우리는 이러한 문제들을 적극 수용해서 거주공간의 또 하나의 층으로 활용하여 조절되지 않은 공간을 장점으로 활용해야 한다. 본래, 공조되지 않은 공간은 단열층의 형태로 활용될 수 있는 부분이다. 더 나아가서, 공조되지 않은 공간은 보통 조절되지 않은 공간과 외부 개구부 사이, 또는 조절되지 않은 공간과 인접한 냉/난방 처리된 공간 사이 등 적어도 한 부분 이상의 조절되지 않은 공간을 갖게 된다. 이는 거주층에 추가해서 단열을 덧붙일 필요를 갖게 한다. 결국, 조절되지 않은 공간은 사람들이 출입하는 공간에서의 에너지 누출을 줄여주는 공기층 즉 에어락 air-lock 역할을 하게 된다.

이 장의 후면부에서, 냉/난방 된 공간부터 공조되지 않은 공간까지 변화된 상황을 파악하기 위해 공통의 특징을 가진 다양한 공간들을 검토하게 될 것이다. 이를 통해 시공비의 절감만큼 에너지의 절약을 할 수 있게 된다.

지하층

지하층은 주택에 대개 있고, 상업용 건물에서도 많이 찾아볼 수 있다. 이러한 부분 또는 전체적인 지하공간은 창고나 작업공간으로, 기계설비공간으로, 그리고 파이프, 덕트, 분전반설비와 같이 노출되지 않는 여러 설비공간으로 아주 유용하다. 지하층은 또한 적절한 채광과 통풍이 되면, 오피스나 침실, 아파트에 이르기까지 거주공간으로 사용되고, TV룸이나 식당으로도 활용된다. 냉/난방의 관점에서 지하층은 대부분 지면에 접해있고 그래서 노출된 지상부 보다 열손실도 적다. 그럼에도 지하층에서는 많은 양의 열과 에너지가 얻어지고 손실되기도 한다.

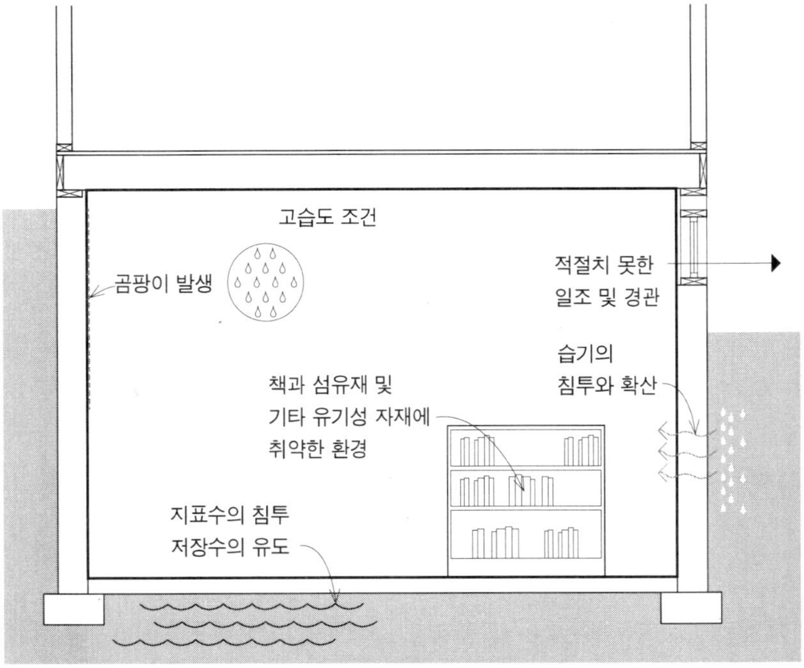

8.05 지하공간에서 생기는 환경의 질적 문제점들

부정적 측면에서, 지하층은 콘크리트 기초벽과 슬래브를 통해 공간으로 습기가 침투하게 되면, 고습도에 의해 피해를 갖게 된다. 지표수는 틈새를 따라 지하로 침투하는 경로가 생긴다. 조절되지 않은 공간은 다용도로 사용되기 때문에 지하층은 시공에 필요한 굴착이나 기초공사로 인해 비교적 시공비가 많이 든다. 채광이 안 되거나 아주 적고, 조망이 없거나 아주 작은 지하층은 거주공간으로 부적절하다.

지하층이 항상 공조되었거나 공조되지 않은 공간으로 인식되는 것은 아니고, 실제로 공조되었거나 공조되지 않은 공간으로만 판단할 수는 없다. 지하층 천정은 대개 단열되어 있지만, 그렇지 않은 경우도 있으며, 상부층의 난방공간에서 지하로 열과 에너지 손실의 통로가 되기도 한다.

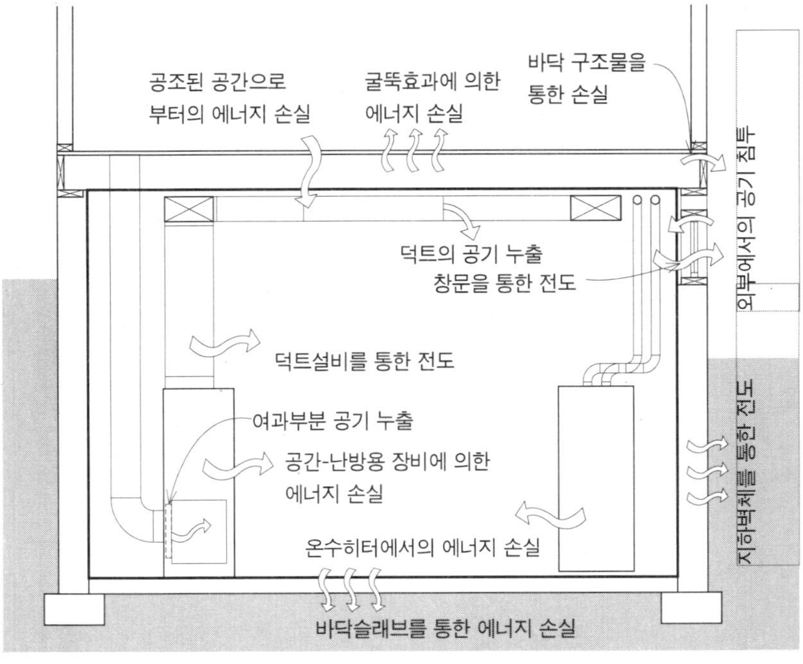

8.06 지하공간에서 발생되는 에너지 손실

지하층은 냉. 난방 분배시스템에서 많은 양의 에너지가 손실되는 곳이기도 하다. 최근 연구에 의하면, 그러한 손실의 실제적인 영향정도가 확인되고 있다. 에너지는 보일러, 난로, 덕트, 파이프, 밸브, 펌프와 같은 장비와 분배시스템을 통한 전도에 의해 손실이 발생한다. 에너지는 또한 공기의 자연적인 조절과 여과장치 등으로부터 덕트연결부와 덕트틈을 따라서 기계적 공조에 의한 공기의 유출입에 의해 손실되기도 한다. 건물에서 냉/난방 장비와 공급처리가 지하층에서 될 경우, 건물에서 사용되는 냉/난방 에너지의 15% 이상의 손실이 지하의 공급처리시스템에 의해 발생된다. 지하층에서의 공급처리시스템은 또한 시간이 지남에 따라 취약해지고 오염된다. 덕트와 파이프의 단열을 분리하거나 제거할 수는 있지만 자리를 옮길 수는 없다. 덕트의 섬유질 단열은 그 열 저항력을 줄이기 위해 압착시킨다. 덕트의 공기누출은 시간이 지남에 따라 증가하고 악화된다. 그리고 차단되게 되어 있는 덕트의 그릴은 개방된 채 방치될 우려가 있다.

지하층에서 나타나는 또 하나의 에너지 문제는 굴뚝 효과와 관련된 것이다. 지하층은 단층짜리 건축이라 해도 굴뚝효과를 증폭시키는 건물의 또 하나의 층이 된다. 지하층은 통상 동절기에 쉽게 누출되고 차가워지는데, 이는 문틀면, 창과 문의 설치불량과 같은 부분에서 쉽게 지하층에서 발생된다. 지하층은 난방 된 상층부 공간들과 상관된 밀실함이 부족해서, 공기의 굴뚝효과가 파이프, 덕트, 전기관통부 등과 같은 문이 달린 통로들과 바닥면 사이 또는 바닥마감면 사이 등을 통해서 나타나게 된다. 이라한 공기는 난방된 공간에 유입되자마자 건물의 에너지 사용량에 부담을 주게 된다. 이때 난방된 공기는 개구부와 상부층 바닥 그리고 다락을 통해 건물로부터 분출되게 된다.

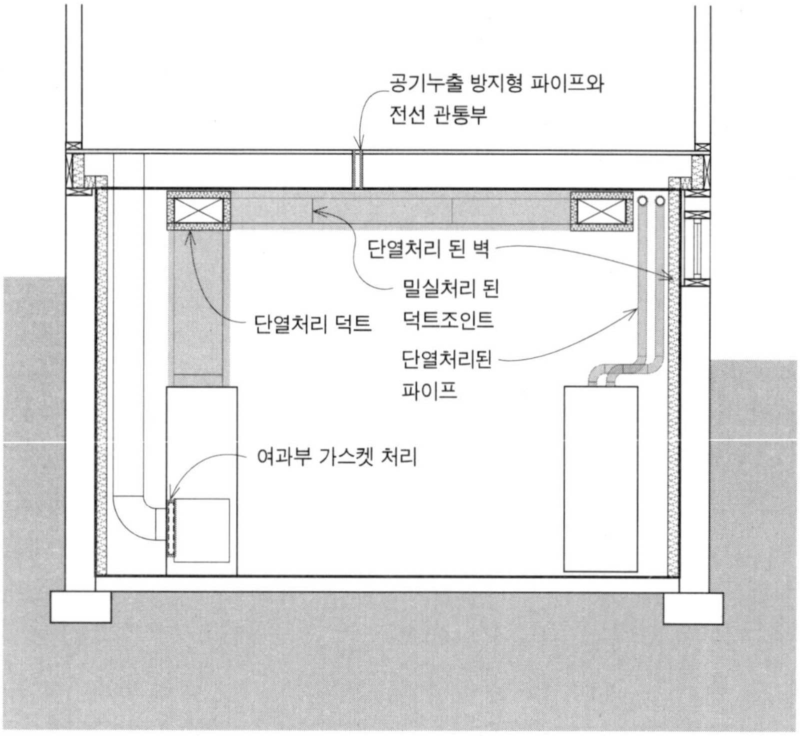

8.07 지하층 공간에서의 에너지손실 저감방

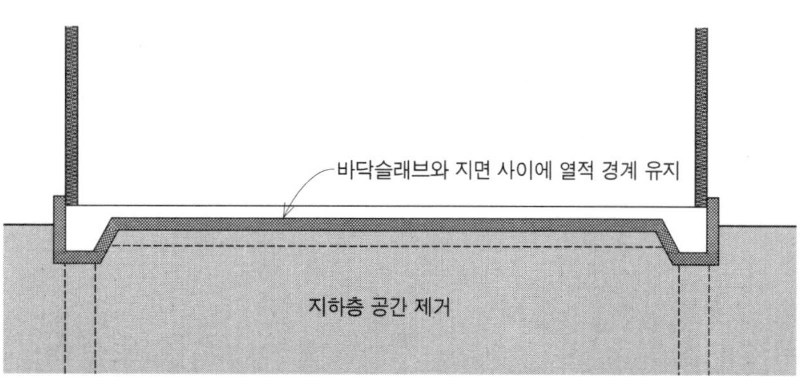

8.08 지하층 손실 제거

지하층은 벽, 창, 지하층 실링 등에 공기차단처리, 상부층으로 통하는 문의 밀실한 틈마개처리 등에 의한 더 많은 에너지적 효율을 가져올 수 있다. 덕트, 파이프, 파이프 고정설치부 등은 단열과 덕트공기 차단처리 등도 가능하다. 전도상의 열손실은 벽과 지하천정의 단열과, 창문의 열적 차단처리 등으로 인해 줄일 수 있다.

공통된 착각은 단열된 지하벽은 열적 보호막이 될 것이라는 것과 어떤 지하층 열손실이 없을 것이라고 생각하는 것이다. 지하층이 열적으로 조절되지 않는 한, 지하층의 열 손실은 계속될 것이며 심각한 상태를 야기할 수도 있다. 예를 들면, 주거의 열공급처리 설비에서 디자인과 계절적 효율성의 결정을 위한 ASHRA의 시험방안을 적용한 결과, 지하층 벽이 단열되어 있을 때도 일반 주택에서 19.1%에서 17.6%까지 손실이 발생되는 것으로 나타났다.

또 다른 선택조건은 친환경 건물에 지하층을 설치하지 않는 것이다. 잠재적 에너지의 축적은 우리가 냉/난방 분배에 의한 손실을 제거한다고 했을 때 심각한 상황이 될 수 있다. 난방된 상부층까지의 굴뚝효과와 침투에 의한 손실의 절감과, 상부층에서 지하층과 기초벽, 슬래브로 내려오는 열손실의 제거 등이 필요하다.

과거로부터 보면, 조절되지 않은 지하층에는 커다란 기계실을 가지고 있다. 커다란 기계실이 100년 전에도 필요로 했지만, 보일러와 난로가 오늘날 보다 더 컷을 때였고, 지금의 지하층은 기계실에 필요한 것보다 더 커져 있다.

습도가 높은 지하는 종이, 책, 옷과 다른 유기성 물건들을 보관하기 곤란하다. 습기찬 환경과 물이 고이는 조건은 실내공기의 질적 문제를 야기시킨다. 부분 또는 전반적으로 볼 때, 지하층은 자연채광과 조망상의 문제도 안고 있다.

에너지 문제, 공기의 질 문제, 조망과 자연채광의 부재 등과 같은 총체적인 상황을 볼 때, 실질적인 방안들이 전반적인 문제점 들을 방지할 수 없다면, 친환경 건축을 위해 지하층이 건강한 공간으로 고려될 수 있는 것인지에 대한 의문을 갖게 된다.

다락공간

지하층과 마찬가지로 다락은 건물의 굴뚝효과에 실질적인 영향을 미치는 공간이다. 이는 본래 동절기에 굴뚝이 공기누출을 어떻게 하느냐에 달려 있다. 전도된 열손실은 다락의 커다란 표면영역 때문에 악화된다. 보통 열공급처리설비는 지하에만 있지 다락공간에는 없다. 그러나 만약 다락에 있다면 더 많은 손실이 일어날 수 있다. 지하와 달리 다락은 인위적으로 환기를 하게 되고, 그래서 겨울에는 외부 기온에 더 가깝게 된다. 이 공간에서의 열머뭄 현상으로 여름에는 외부보다 더 뜨겁다. 덕트장치가 된 내부에 공조된 공기와 덕트 주변공기 상이의 온도차이는 다락에서 더욱 심하다. 그래서 다락을 따라 덕트가 설치된 경우에는 손실이 더 크다.

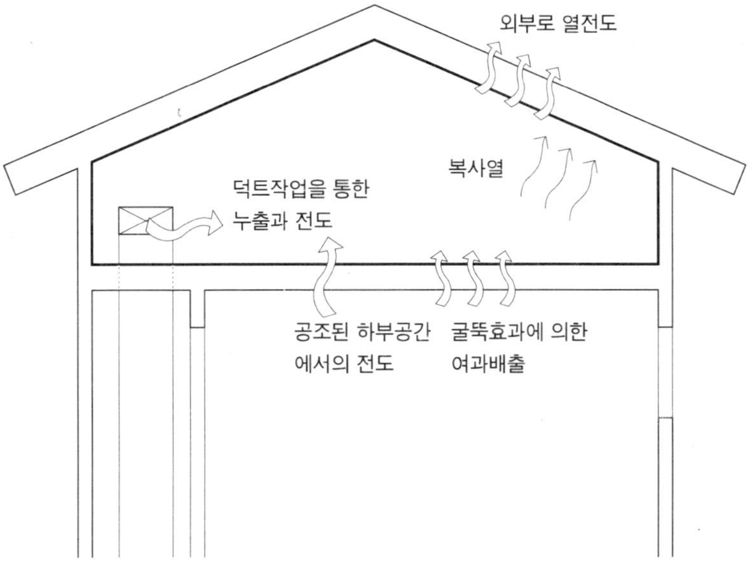

8.09 다락공간의 에너지 손실

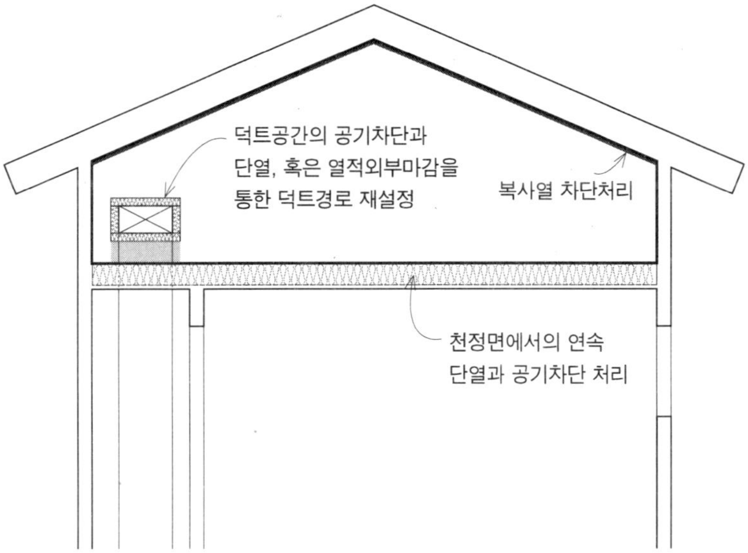

8.10 다락공간에서의 에너지 손실 절감방안

지하층과 마찬가지로 다락도 다락의 바닥과 천정면의 단열처리, 공급처리설비의 단열과 실링처리 등의 공기차단처리에 의해 효율을 높일 수 있다. 공급처리설비는 다락에 있는 것이 더 좋지 않다. 지붕면을 따라 단열을 통해 열적마감처리를 한 것은 또 다른 가능성을 부여한다. 세 번째 선택조건은 다락을 아예 만들지 않는 것이다.

지하공간

여기서 지하공간이란 본래 층고가 낮은 지하층으로 흙바닥과 접한 공간을 말한다. 2차대전 후 초기 디자인에서, 지하공간은 역사상 처음으로 환기기능을 갖게 되었다. 또한 이동식 주택 아래에 공용공간으로 자리하기도 했다.

최근 연구에 의하면 통풍이 되는 지하공간에 대한 전통적인 연구결과가 많은 문제가 있는 것으로 발견되었다고 한다. 지하공간은 높은 습도에 의한 전도손실, 공급처리 손실, 그리고 굴뚝효과에 의한 침윤으로 에너지 손실, 거주하지 않는 공간으로 사용되는 불안정성 등 지하층으로서의 동일한 많은 문제점들을 가지고 있다. 지하공간 상부의 바닥하부를 따라 설치된 단열이 분리될 가능성과 같이 동절기에 지하층 결빙에 의한 파이프 동결 우려도 있다.

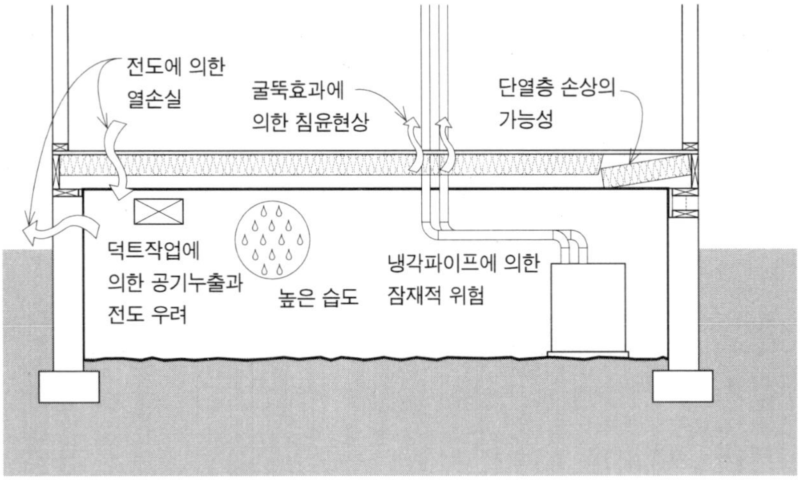

8.11 하부공간에서 발생되는 문제점

지하공간에 있는 통풍장치를 제거함으로써 열적인 보호막 안에 있을 수 있다는 데에 의견이 모아지고 있다. 지하공간에 습기가 유입되는 것을 지연시키기 위해서 지하공간에 단단한 수증기 방어벽을 설치하고, 벽 주변에 단열을 해야 한다, 이러한 처리는 지하공간의 에너지 효율을 더욱 높이고, 파이프 동결 위험성을 제거시키며, 습기자체를 줄이고 실내공기의 질적 문제점 등을 줄여주게 한다. 덧붙여서, 지하공간 천정의 단열은 또 하나의 거주층을 만들어 주게 된다.

다락방과 지하층에서와 같이, 또 하나의 해결책은 친환경건축 디자인에서 지하공간을 포함하지 않게 하는 것이다. 지하공간과 관련해서 단순히 모든 문제들을 줄여나가는 것보다는 없애는 것을 말한다.

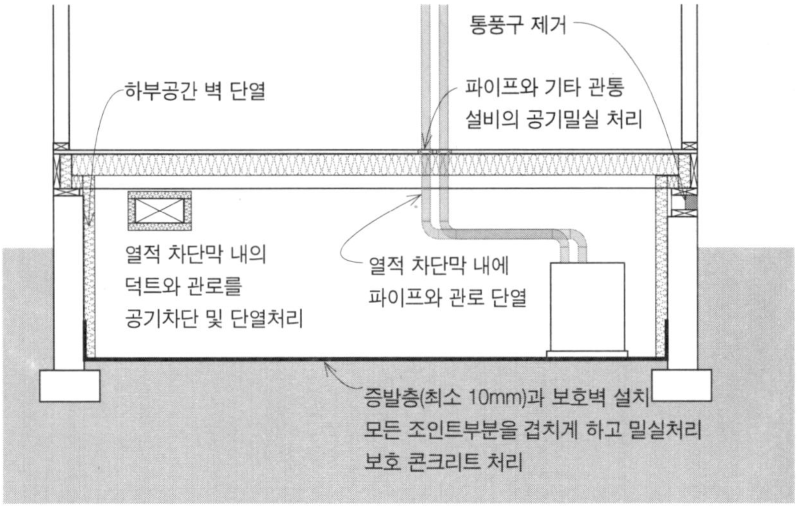

8.12 하부공간에서 열손실 감소방안

차고

차고는 독립적으로 세워지거나 건물에 덧붙여 개방 또는 반개방 상태로 설치된다.

사방이 둘러싸여진 차고는 다락방, 지하실, 기타 공조처리 안된 다른 공간들처럼 에너지 상 많은 문제를 가지고 있다. 전도열 손실, 침윤 손실, 각 공간을 관통하는 공급처리설비에 의한 열손실 등이 있다. 차고에서 열경계가 불명확함에 따른 문제점들은 앞서 언급한 바 있다. 또 다른 차고의 취약점은 차고에 있는 차의 배기가스와 화학물질의 냄새에 의한 공기의 질적 저하이다. 동결된 파이프는 종종 문제를 발생시킨다.

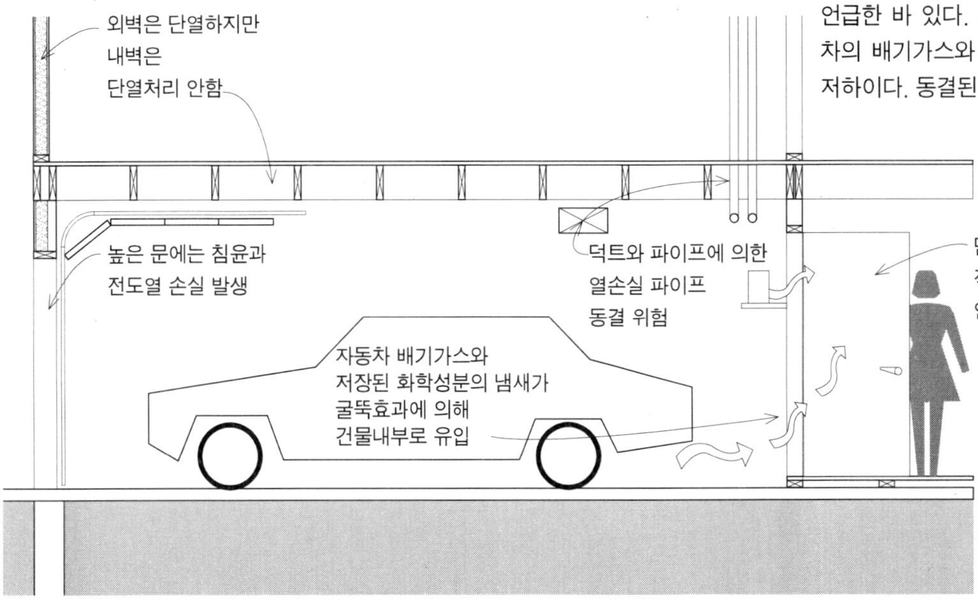

8.13 차고의 문제점

차고는 난방된 공간과 외부공간 사이에서 열적 차폐 역할을 할 수도 있다. 열적 경계에 대한 정의, 디자인, 실행이 이루어져야 한다. 차고 외벽은 기밀화와 열단열 그리고 단열된 대형 출입문의 사용 등을 통해 호전될 수 있다. 이것은 외부 방어막의 강화와 차고를 건물의 추가적인 경계층으로 전환할 수 있게 한다.

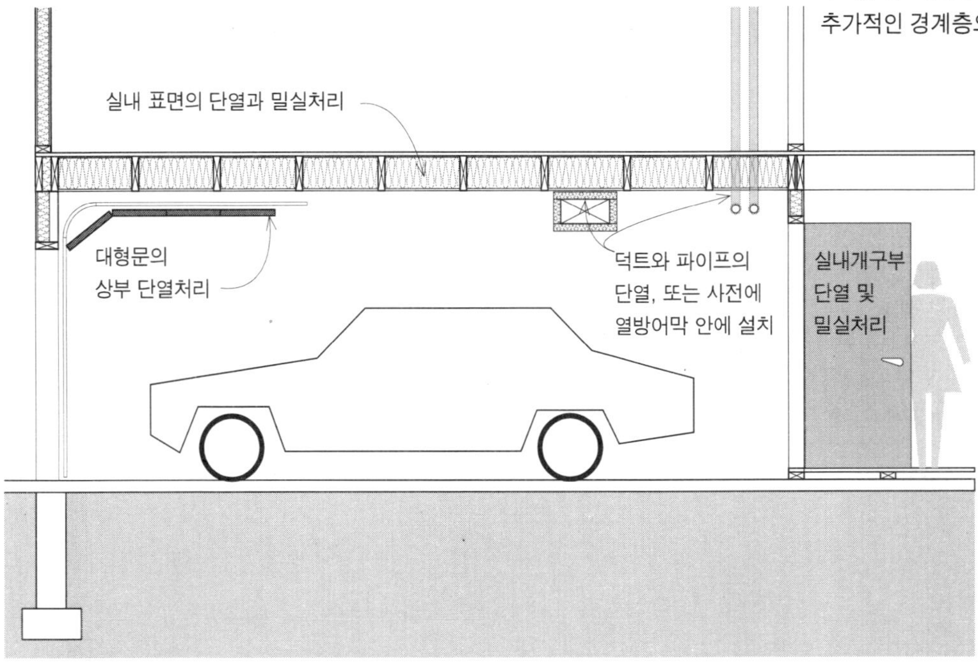

8.14 차고의 열손실 절감 방안

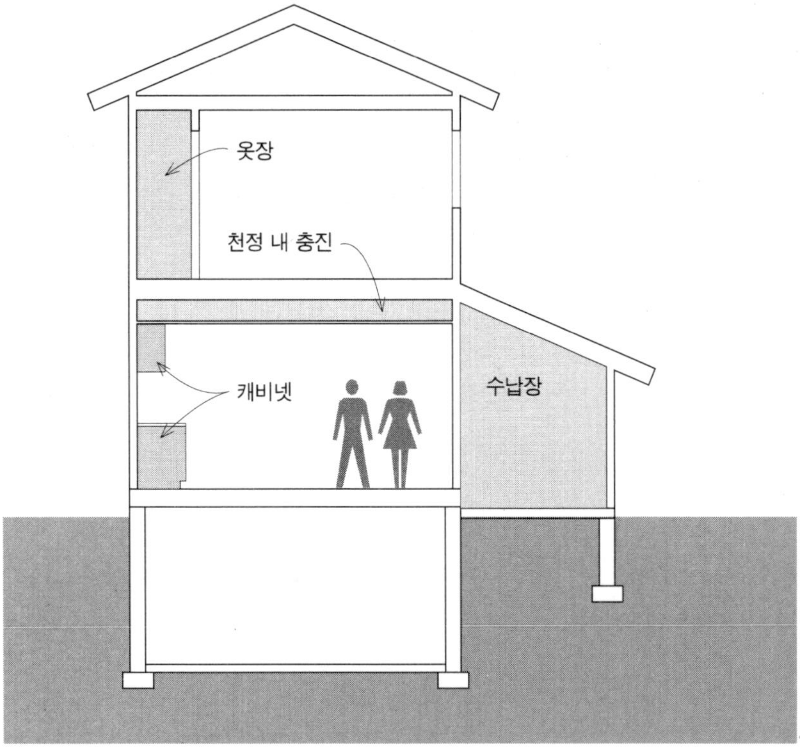

8.15 공조와 난방이 되지 않은 공간

숨겨진 공조되지 않은 공간들

"숨겨진 공조되지 않은 공간"으로 부르는 장소들이 곳곳에 있다. 수납장, 옷장, 천정 상부공간 등이 이에 속한다. 이러한 공간들은 거주공간의 부가적인 겹층으로 유용하게 사용된다. 효과적으로 활용된다.

- 이러한 공간들은 적어도 한 면은 외벽이나 지붕에 인접한 공간
- 이 공간들과 실내공간(실내에 열차단층이 있는) 또는 외부공간(덧대어 설치된 수납공간처럼 열차단층 밖에 있는) 사이의 공기순환을 줄이기 위한 추가적인 방안
- 또 하나의 거주층을 형성하기 위한 부가적인 열단열 고려

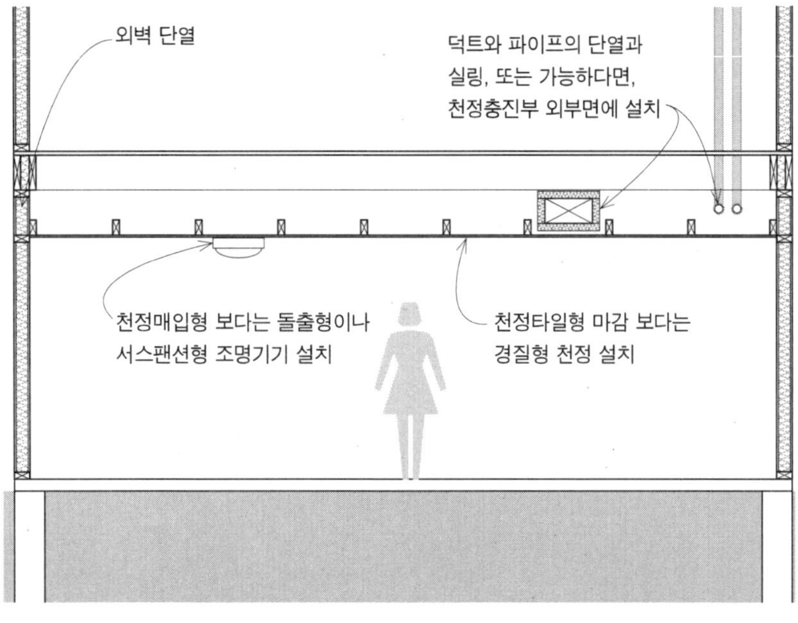

8.16 천정 충진부의 손실 저감 방안

넓게 사용되는 공간은 천정 상부의 충진부이다. 상업용 건물에서는, 이 공간이 냉/난방 공조설비와 다른 설비들을 공용으로 설치된다. 전통적으로, 에너지에 대한 규정에서는, 이 공간이 보통 열차단층 내부에 형성되기 때문에 충진부에는 파이프와 덕트부분을 단열하라는 요구조건이 없다. 그러나, 충진부의 에너지 손실은 불필요한 냉/난방과 온도의 평형상태를 변화시키게 된다. 그래서 충진공간의 단부 주변의 외벽을 통해, 최상층의 경우는 지붕을 통해 외부로의 유출입으로 손실이 증가된다. 천정타일은 천정 상부공간과 공조된 하부공간 사이에 공기를 통하게 한다. 천정 상부공간의 친환경적 시공이란 천정 상부에 공조설비를 하지 않고, 단열과 실링처리를 하며, 매입형 조명을 피하고, 구멍이 뚫린 천정타일 보다 단단하고 틈이 없는 천정마감을 한다. 이러한 방안이 천정 상부공간을 한층 단단한 공조되지 않은 공간으로 만들어주며 오히려 실내·외 사이의 차폐역할을 하게 해준다.

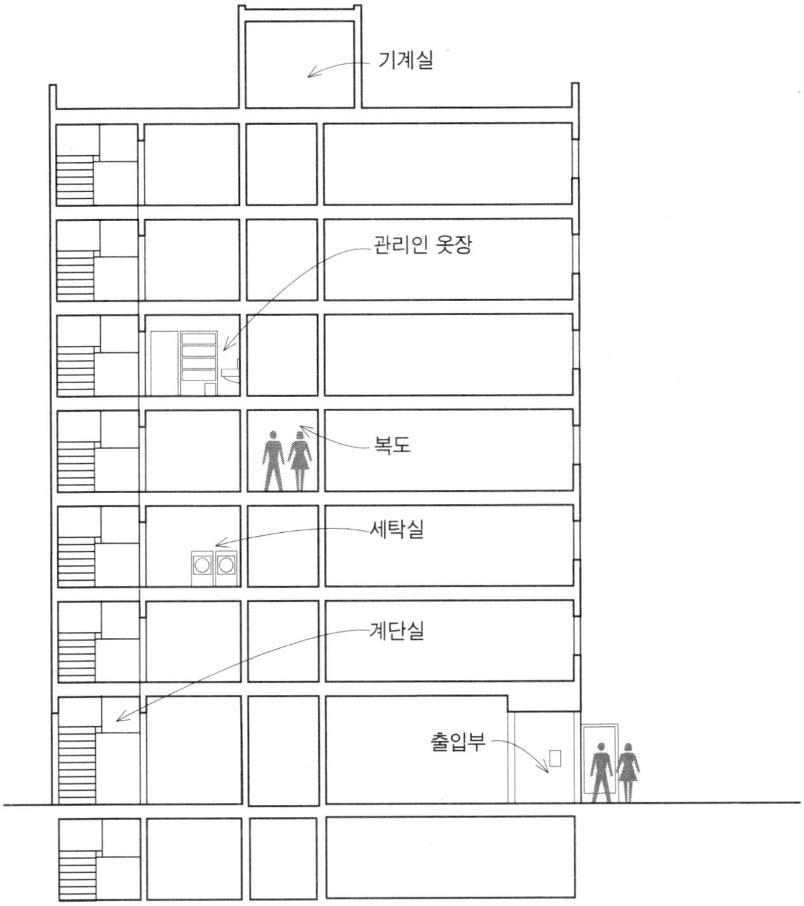

8.17 공조설비가 되어 있지만 별로 필요 없을 수도 있는 공간

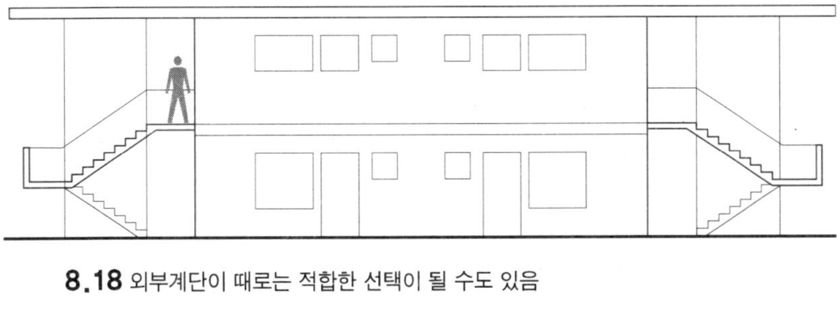

8.18 외부계단이 때로는 적합한 선택이 될 수도 있음

복도, 계단실 등등

건물 내의 많은 공간들은 대개 공조설비를 하지만 필요 없는 경우도 있다. 복도, 계단실, 기계실, 세탁실, 관리인 옷장, 출입부, 현관, 창고 등이 해당된다. 어느 곳이나 공조를 하는 것이 아닌 필요 없는 공간은 공조설비를 하지 않는 것이 에너지 절약이 된다.

예를 들면, 복도와 계단실은 항상 공조가 필요하지 않다. 겨울에 건물에 출입하는 사람들은 현관과 거주공간 사이를 이동할 때와 마찬가지로 외투를 입는다. 현관과 복도 및 계단실을 따라 난방이 된 것은 이러한 공간이 편안하지 않은 온기를 느끼게 한다. 복도와 계단실과 같은 공간을 난방하는 유일한 이유라면, 주간에 실내공간으로서 활발히 사용되기 때문이며, 이 경우는 대개 노인주거나 입원실일 경우이다.

옆의 사례는 외부계단에 만들어진 장소이다. 많은 건물들이 2층뿐이고, 1층에서 2층까지의 단일 계단이면 충분하다. 유일한 외부에서의 접근이 2층이라면, 다시 말해서 1층과 2층 사이의 내부계단이 필요 없고 각각의 접근이라면, 계단이 외부가 될 수 있다. 이 경우 공조면적을 줄일 수 있고, 굴뚝효과를 줄여주며, 잠재적으로는 시공비를 줄여준다. 외부계단ㅇㄹ 설치하는 것은 오래된 적벽돌 건물에서 볼 수 있으며, 여러 양식의 건물에서 국제적으로 많이 사용된다. 186㎡(2,000제곱피트)의 2층 건물에 외부계단을 만들면 2-3% 건물 표면적이 줄게 되고 냉/난방 절감 효과가 있다. 다층 건물에서는 외부계단이 확실히 실행성이 덜하다. 이는 어떤 사례가 계단실을 난방하지 않는 것으로. 그리고 열차단층 외부에 설치되더라도, 여전히 둘러싸여진 실내가 되기 때문일 것이다.

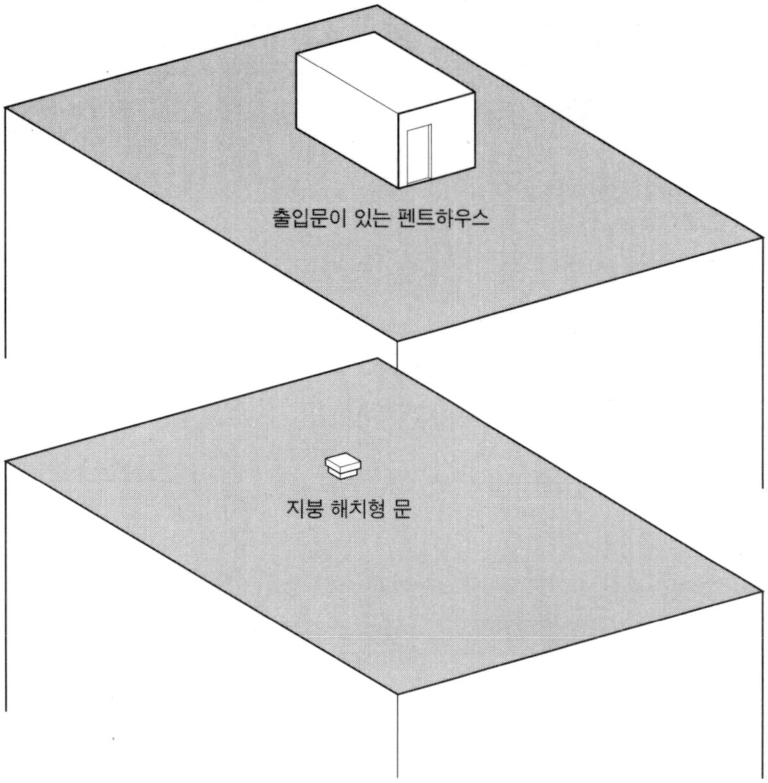

8.19 지붕의 해치문은 펜트하우스에서 가능한 선택조건임

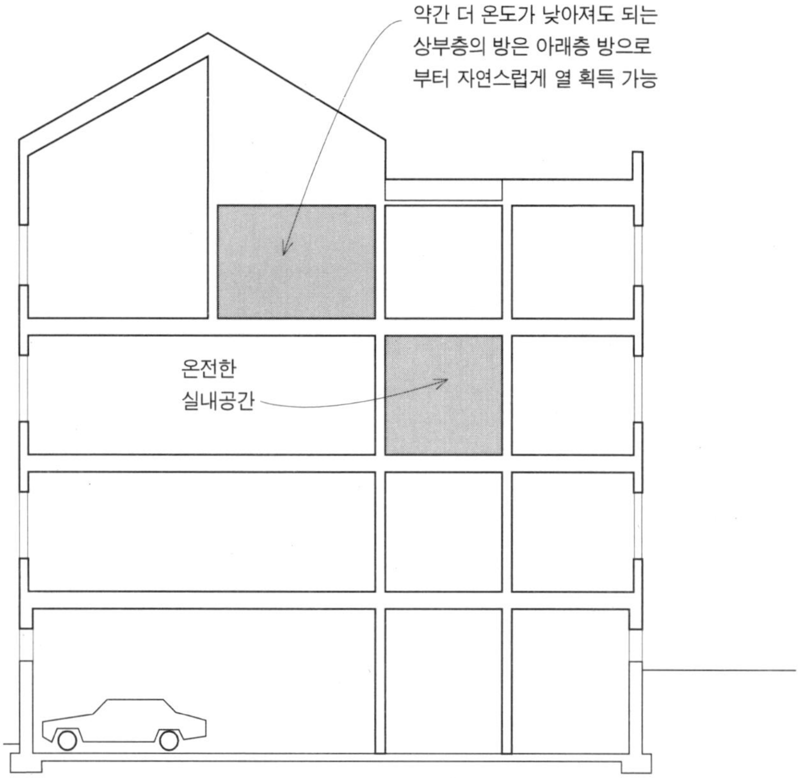

8.20 난방할 필요가 없는 기타 공간

별도의 문제에서, 평지붕을 가진 건물에서 계단실이 지붕까지 연결하는 것이 좋으냐를 놓고 흥미로운 논의를 할 수 있을 것이다. 고층건물에서는 종종 지붕층까지 보행으로 쉽게 도달할 수 있게 하기 위해 1개소 이상의 작은 펜트하우스를 둔다. 그러나, 펜트하우스에는 태양열집열판이나 기타 친환경적 장치를 설치하기 위해 옥상에 실을 만들어 준다. 펜트하우스 공간의 표면적이 증가하게 되고 건물의 열손실을 동반하게 된다. 펜트하우스는 또한 시공비를 증가시키고 열차단막에 더욱 커다란 관통지점이 되게 된다. 계단실을 통한 접근이 쉬운 일이지만 손실이 크므로 최소 크기의 해치를 설치하면 에너지 손실과 시공비의 낭비를 줄여준다.

현관 진입부를 냉/난방 하는 경우도 있고 때로는 과도하게 하기도 한다. 공조된 입구는 단지 건물 에너지 사용량을 증가시킬 뿐이다. 특히 출입부를 보행출입하고 출입문 개폐와 같이 국부적으로 높은 양의 에너지 누출 때문에 더욱 그렇다. 분명한 것은, 출입부나 현관 지역이 건물 근무자에 의해 쉴 새 없이 사용되고 있다면, 마땅히 공조설비가 되어야 한다. 그렇지 않다면, 공간의 냉/난방은 선택적이어야 하고 필요 없다면 제거되어야 한다.

공조가 필요치 않은 공간을 공조하지 않음으로써 시공비는 절약되고, 냉/난방에너지의 가격과 사용량은 줄어들며, 환경적인 안락함이 증가하게 된다.

공조된 장소 줄이기

사례에서 보면, 특히 친환경적 건물에서, 냉/난방 부하의 비율은 공조되지 않았거나 가끔 사용되는 공간보다 훨씬 더 많은 방에서 더 제거될 수 있다. 잘 설계되고 시공된 열적 방어막은 건물 내의 공기온도 변화를 통해 매우 안락하게 해준다. 폐기물도 줄여주고, 동절기에 차가운 실내 창과 벽면도 줄여준다. 냉/난방을 해야 하는 건물 내의 장소도 훨씬 줄어들게 해준다.

예를 들면, 건물 전체를 인테리어 한 방은 난방 할 필요가 없을 수 있다. 주변이 외부에 노출된 또는 친환경 건물의 옥상층을 가진 실들은 난방공급의 필요가 없다. 건물 내의 모든 실에 공조가 동일하게 공급되는 것이 아니라, 냉/난방이 아파트의 실제 거주하고 있는 실에만 제공하게 할 수 있도록 할 수 있다. 컴퓨터 시뮬레이션을 통해 안락한 환경을 제공하는 데에 난방이 필요한지 여부를 결정할 수 있다. 여러 컴퓨터 프로그램들은 실내의 환경이 안락함을 필요로 하는 수준에 적합하도록 공조되지 않은 실에도 최소한의 평형을 유지하게 하는 기준을 정할 수 있게 해준다.

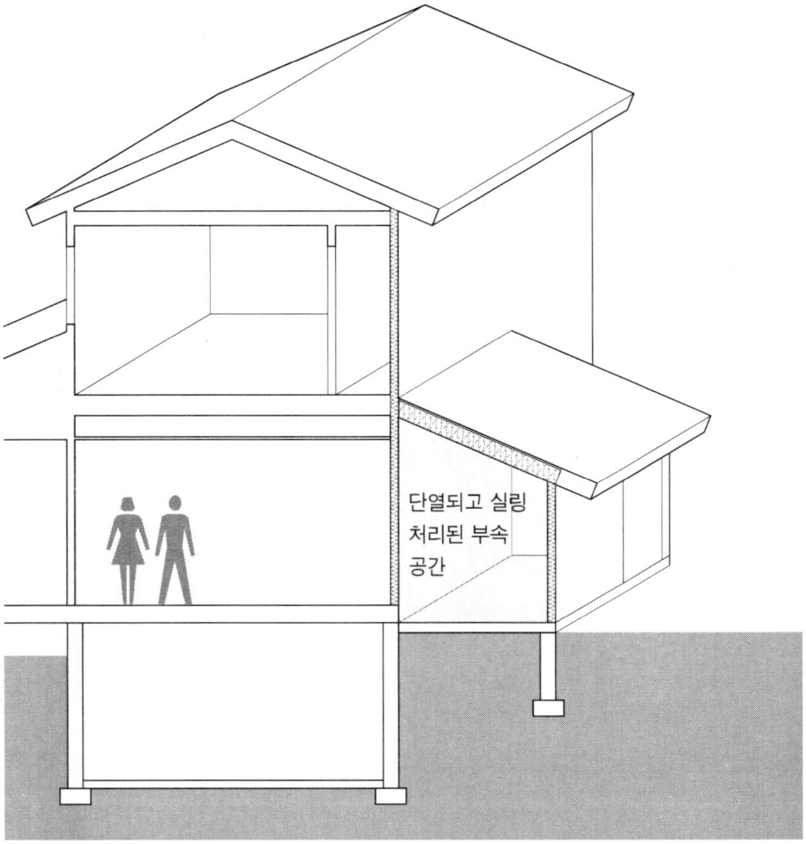

8.21 단열되고 실링처리 된 부속 공간은 거주공간의 부가된 층의 역할 수행

수납공간의 설치

다락방, 지하실, 하부공간, 수납공간 등과 같은 공간들의 제거하는 것이 논란의 여지가 있다고 생각한다면, 그 제거될 공간들이 전례로 볼 때 수납공간으로 사용되어 왔다는 점일 것이다. 이렇게 문제가 있는 공간들을 없애는 것이 에너지나 환경적으로 장점이 있지만, 그 부가된 수납공간들의 필요성에 대한 것이 친환경 설계의 중요한 과제가 될 수도 있을 것이다.

실내 공간에서 수납을 용이하게 할 필요가 없는 곳과 온도가 더 낮아도 되는 곳이 있다. 즉, 건물에 부가된 창고와 같은 공간들이 고려 대상이 된다. 본 건물에 부가되어 설치된 수납공간은, 거주공간의 겹친 층이 될 수 있다. 실내에서의 접근이 가능할 수도 있는데, 그 경우 열 방어층이 되기도 한다. 외부에서만 출입이 가능한 곳은 벽 양면에 꽉 닫힐 수 있는 문과 실링처리가 되어 외벽과 마찬가지로 난방이 잘 된 건물이 되기도 한다.

8.22 거주공간에 보호층이 추가된 역할을 하는 수납공간

실내에서 수납공간으로의 접근성이 중요할 때 또는 더 따뜻할 필요가 있는 장소는 옷장 등의 수납층을 고려할 수도 있다. 외벽에 부착된 수납장은 거주공간의 부가된 층이 되어 준다. 욕실이나 통로와 같은 공간의 천정을 낮추는 것은 천정상부 수납도 가능하게 한다.

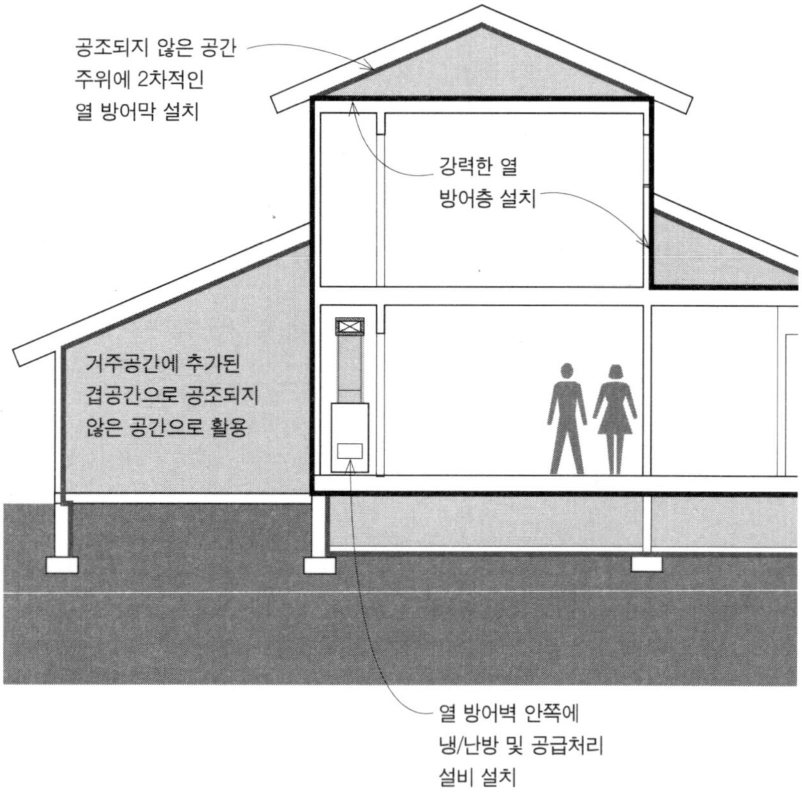

8.23 공조되지 않은 공간을 활용한 열손실 방지

공조되지 않은 공간의 온도 조절

공조되지 않은 공간에서의 온도는 정확하게 조절되지는 않지만, 공간설계를 통해 온도조절 정도를 확인 할 수 있다.

동절기에 파이프와 저수조의 동파를 방지하기 위해서 공조되지 않은 공간의 온도를 높이려면 공조되지 않은 공간과 외부 사이를 단열하고, 공조되지 않은 공간과 인접한 공간 사이는 단열할 필요가 없다. 실내외 공간 사이의 공조되지 않은 통로공간의 온도를 유지하기 위해서는, 그 표면을 동일하게 단열할 수 있다. 공조되지 않은 공간과 실내/외 간의 공기흐름은 또한 공간의 온도변화에 영향을 미친다. 공조되지 않은 공간에 공기 온도를 더욱 정확하기 예측하기 위해서는, 컴퓨터 시뮬레이션을 활용하는 것이 필요하다.

공조되지 않은 공간—요약

요약하면, 건물에서 실질적인 에너지 손실을 피하기 위해서는 공조되지 않은 공간의 여러 상세한 부분에 주의를 기울일 필요가 있다. 여러 사례에서, 이러한 공간들이 에너지 보존의 방안을 얻게 되었다.

- 단열과 공기누출 최소화를 위해 적어도 하나 이상의 잘 정리되고 강력한 열 방어벽을 가진 방안이 제공되게 한다.
- 공조되지 않은 공간이 거주지의 주요한 부가 층이 되도록 추가적인 2차 열 방어벽을 고려한다. 예를 들면, 부설주차장과 난방된 본 건물 사이에 이미 단열이 되었으면 그 외벽에 추가로 단열하고 공기가 통하지 않게 해준다.
- 공조되지 않은 공간에는 냉/난방과 공급처리 설비의 설치를 피한다.
- 공조되지 않은 공간이 거주공간의 부가적 층으로 그리고 실내/외의 완충공간의 역할을 할 수 있도록 위치를 정한다.
- 복도, 계단실, 기계실, 수납창고 등과 같이 공조된 공간을 공조되지 않은 공간으로 전환시킨 곳은 난방을 하지 않도록 고려한다.

9
내부 방어벽

7장에서, 실내/외의 방어벽을 구분한 바 있다. 즉, 외부 방어벽은 외부 개구부와 연계되어 있고, 내부 방어벽은 공조된 공간의 실내 개구부와 관련이 있다.

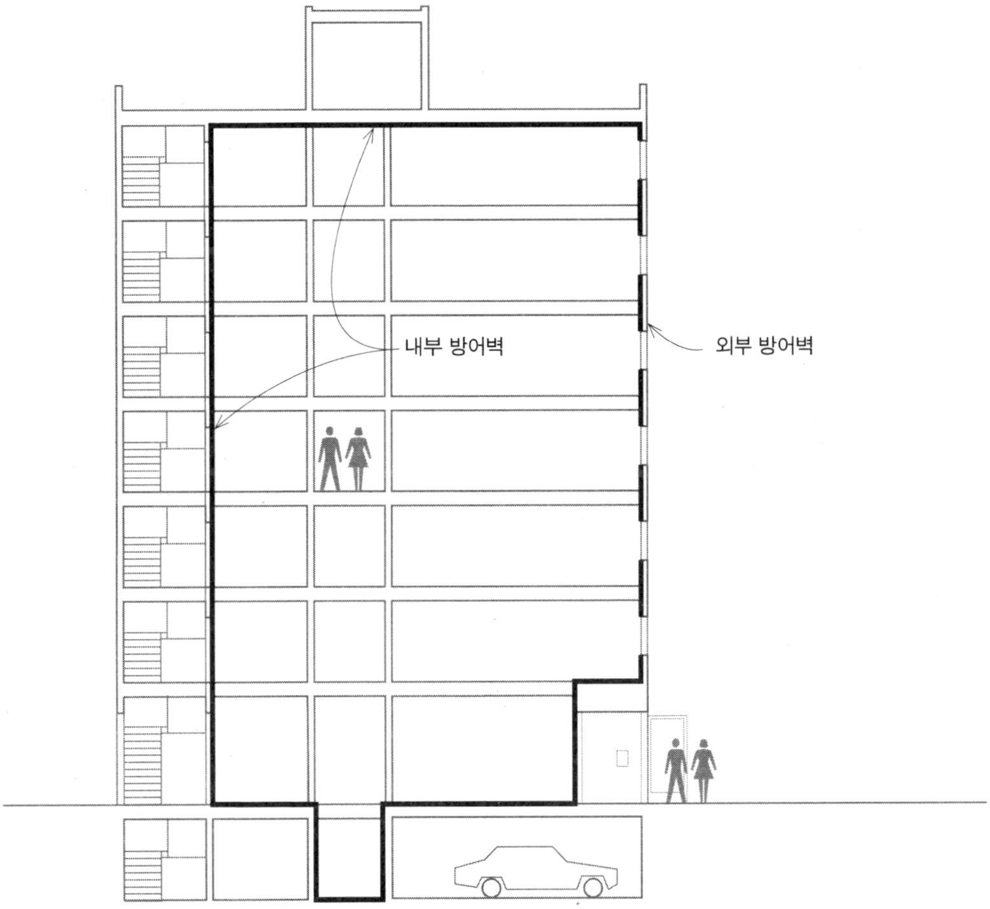

9.01 내부 방어벽

취약부

8 장에서 다락방과 기타 공조되지 않은 공간을 다룰 때 내부 방어벽의 취약부를 다룬 적이 있다. 우리는 너무 자주 경사지붕이나 차고 외벽과 같은 외부 방어막이 있으므로 내부 방어막이 열적인 면에서 완벽할 필요가 없다고 하는 잘못된 인식을 갖게 된다. 그러나 모든 열적 경계면은 강력하게 할 필요가 있다. 표면은 공기누출이 에너지 손실의 중요한 원인이 되기 때문에 심각한 수준의 공기누출이 있어서는 안 된다. 또한, 단열은 벽, 바닥, 지붕 돌출부의 양면에 다 되어져야 한다. 양면에 방어막이 없게 되면, 단열은 물리적인 손상, 표면 박리 등과 단열층을 관통하거나 인접한 곳에 문제를 발생시킨다. 밀실하게 묶인 다공판이나 단단한 단열판, 스프레이 폼과 같은 공기 유동을 막아주는 주요 단열재는 공기누출이 단열재를 관통하거나 인접부에 새어나갈 위험성을 막아준다. 그러나 물리적인 손상이나 박리는 남게 된다.

단열은 통상 다락부분에서 떨어져 나가거나 깨진다. 일반적인 다락부분에서, 전선과 통신선을 설치하거나, 배출팬 설치, 태양열 집열판 설치 등의 추가보수가 이루어진다. 작은 구멍을 뚫어서 천장면까지 다다르게 하려면 상당한 면적의 단열면이 제거되게 된다. 종종, 이 단열부분이 보완되지 않기도 한다. 시간이 지나면, 다락부분의 노출된 천정표면이 조각맞춤이 되어 버린다.

완벽하게 튼튼한 층이란 양면 단열에 의한 단단한 표면을 가진 것을 말하며, 열교현상을 줄여서 열손실을 막는 견고한 단열층을 가진 것으로서 공기누출을 막는 효과적인 방어막이 된다. 이에 반해, 취약한 층이란 한쪽면 만 단열이 된 곳을 말한다. 매우 취약한 층이란 하나의 단열면을 가진 곳이며, 보통 종이면이나 테이프로 막아져 있다. 취약한 층은 지하층 천정면을 따라 있는 것과 마찬가지로 대개는 다락 바닥면과 낮은 벽을 가진 다락부분에 있게 된다. 매우 취약한 층은 일반적인 공간보다는 다락의 낮은 구석벽 공간과 낮춰진 천정 상부와 같은 공간을 규칙적으로 배열해 놓은 신축건물에서 나타나고 있다. 취약하고 매우 취약한 층이란 건물 시공상의 문제에서 심각한 원인이 있다.

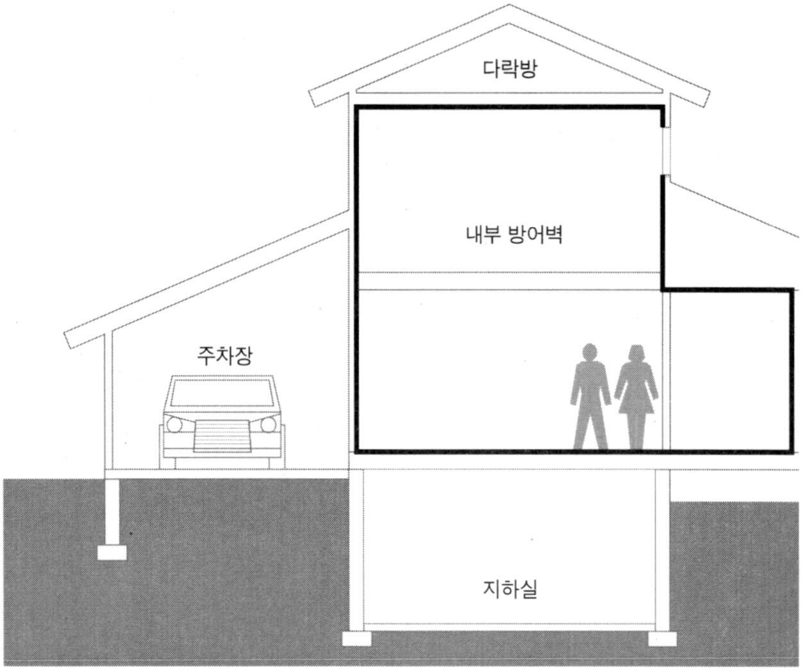

9.02 저층 건물에서의 내부 방어벽

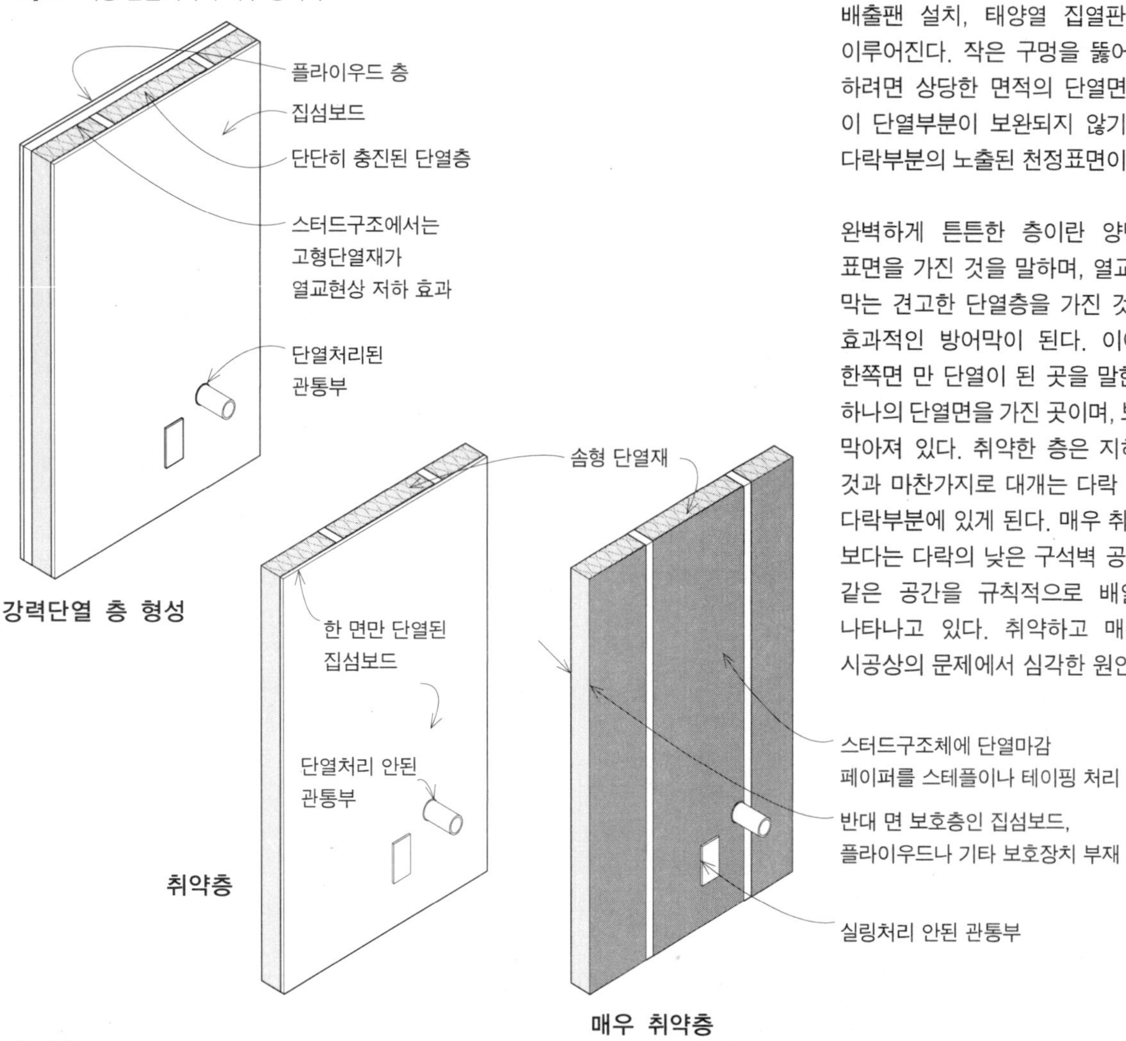

9.03 강력한 층부터 매우 취약 층까지의 사례

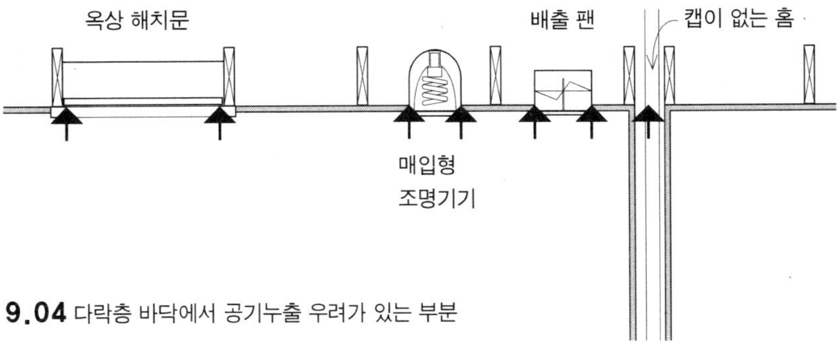

9.04 다락층 바닥에서 공기누출 우려가 있는 부분

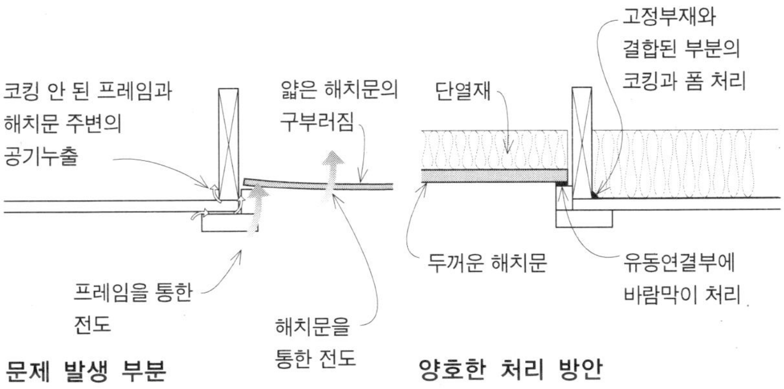

9.05 해치문 부분 처리

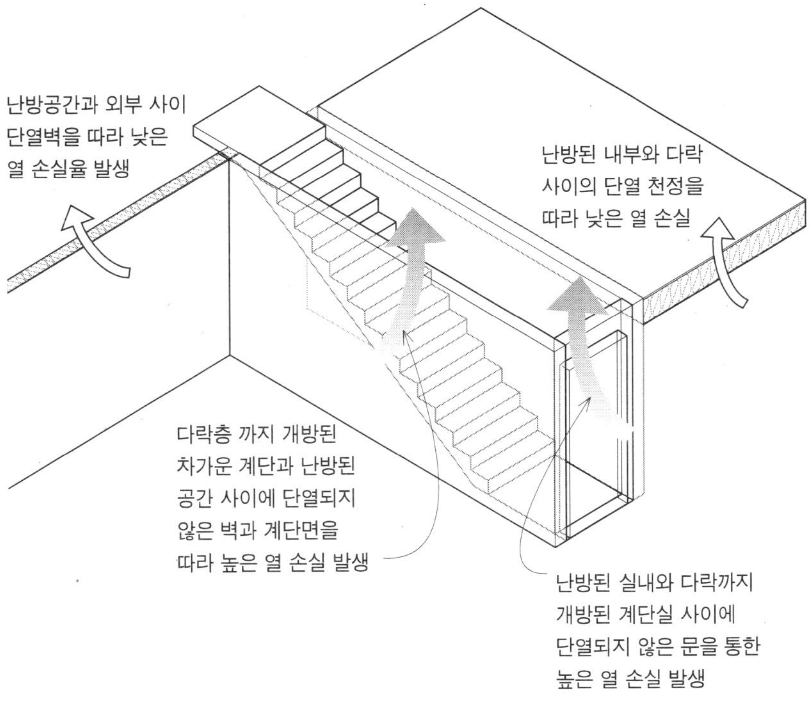

9.06 다락층을 연결하는 계단에서의 열 손실

다락층은 내부 마감부 중 비교적 취약한 층이다. 여기에는 매입형 조명, 배출휀, 덕트, 전기통신선, 해치문 등 관통부가 많이 있다. 매립홈 상부에 덮개가 안 씌워져 있다. 굴뚝과 배관 주변으로 틈이 있다. 덧붙여서, 대부분의 단열부가 손상과 박리로부터 보호되지 못하고 있다.

실내 마감부의 부분적인 취약부분은 다락으로의 출입부분이다. 최근의 연구에서는 단순히 다락의 해치가 여러 취약점을 갖고 있음을 보여준다. 보통 6.3-12.7mm로 만들어진 합판으로 된 이 문은 내부 온도의 압력에 따라 끝부분이 위로 휘어지게 되어, 문틀에 지지된 문틈으로 공기가 새게 된다. 19mm 두께 정도의 합판이 되어야 본래의 형태를 유지하게 되는 것을 알 수 있다. 그리고 단단한 목재 사이의 실링은 공기 누출을 막기 어렵다. 문틈마개는 이러한 조인트 부분의 공기누출을 줄여주게 되며, 문고리가 이 문틈마개를 단단히 조여줄 수 있게 되면 공기누출은 실제 별로 발생하지 않는다. 한번 문과 문틀 조인트를 단단히 해 놓으면, 공기누출은 구조체와 천정 사이에 우려되지만 이는 코킹으로 마감하면 된다. 결론적으로, 해치형 문은 전도에 의한 열손실을 줄이기 위해 단열되어야 한다는 것이다.

다락으로 가는 계단실은 다락해치 보다도 오히려 더 취약한 곳이다. 실내디자인만을 고려한 다락의 문은, 통풍이 된 다락이 외부와의 온도상 차단이 되었다 해서 대개 단열이 안 되어 있다. 이 문에 문틈마개가 안되어 있으면, 다락의 굴뚝효과에 의해 공기의 침투가 이루어진다. 문 주변의 틀도 통상 코킹처리 되어 있지 않다. 더구나, 내벽과 마찬가지로 난방공간과 다락 계단 사이에 벽들도 그렇게 되어 있고, 단열 안 되고 공기 실링처리도 안된 경우가 일반적이다. 계단실을 둘러싼 벽들은 종종 상부마감이 잘 안되어 있어서 다락과 하부 난방공간 중공벽 사이에 열적 교류를 허용하게 된다. 심지어 계단의 바닥부분도 공조되지 않은 다락과 난방공간을 분리하고 있는데 공기의 코킹처리와 단열처리를 안하는 등 열적 경계부로서 다루어지지 않고 있다. 이러한 단열의 누락은 1층에서 2층으로 가는 계단에서는 흔히 볼 수 있다. 다락 상부의 계단 공간은 통상 덮개마감처리가 안되어 있고, 이 계단 상부의 노출된 천정과 벽에 단열도 되어 있지 않다.

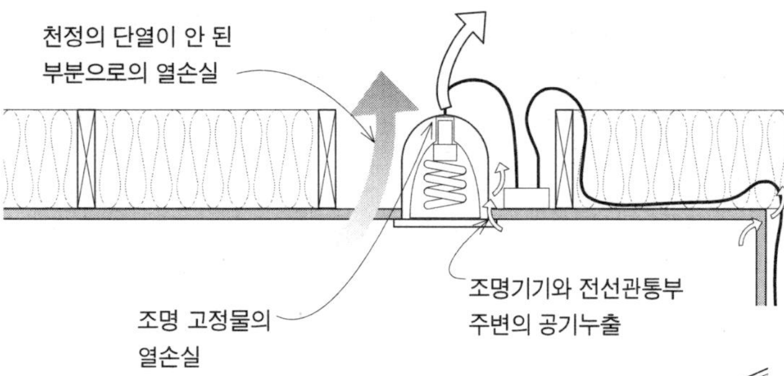

9.07 매립형 조명기기 주변에서 발생되는 통상적 문제점

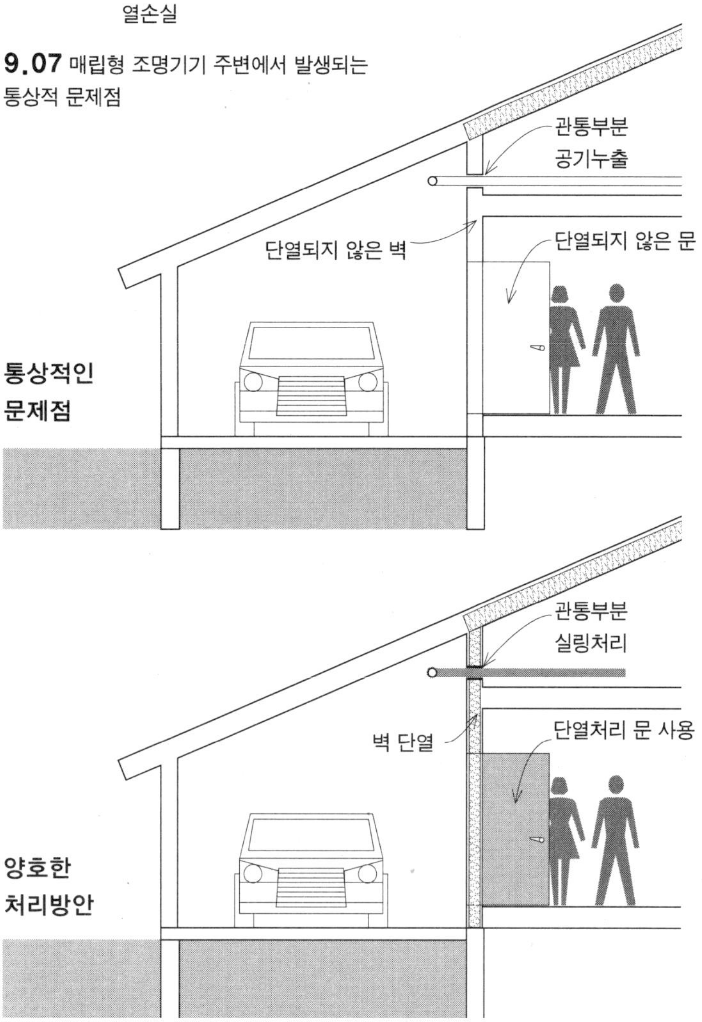

9.08 건물에 부속된 난방하지 않는 차고를 열경계층으로 유지시키는 방안

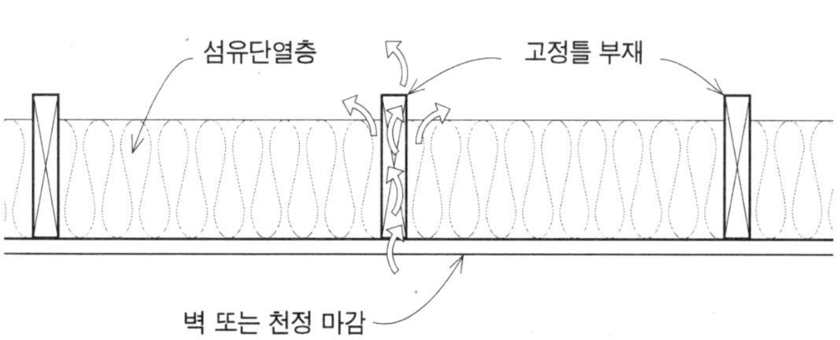

9.09 스터드나 장선틀 부재를 활용한 열전환 방안

건물 옥상층의 내부마감에서 도 하나의 취약부분은 천정에 매입된 조명기기 부분이다. 다시 말하면, 그냥 보기에는 한가지 문제이지만 사실은 여러 가지 문제를 가지고 있다. 조명에서 나는 열은 다락으로 들어가서 건물에 남아있지 않게 된다. 조명 자체는 난방공간으로부터 공조되지 않은 다락으로의 열교 역할을 하게 된다. 조명 주변으로 열이 누출될 수 있는 것이다. 상부 다락에서 조명으로 연결되는 전선은 아래쪽 건물에서부터 시작되도록 되어 있다. 그래서 이 조명기구와 분리되게 되어 공기누출의 또 다른 경로가 생기는 것이다.

주택과 같은 저층건물이나 큰 규모의 건물에 부속된 차고는 여러 대가 주차되어 있는데, 차고와 공조된 건물공간 사이에 있는 천정이나 벽에 종종 취약한 내부 방어 층이 되기도 한다. 취약부분은 벽, 천정, 단열되지 않은 개구부 그리고 공기유동이 허용되는 관통부 등이 있다.

다락층 또는 부설차고와 난방공간 사이의 벽과 같은 내부 마감의 단면에 관해 검토해 보면, 한쪽 면만 견고하고 단열층을 보호하기 위한 두 번째 면의 보호층이 없기 때문에 열적인 측면에서 취약부분이 생기게 된다. 이러한 종류의 취약층에서의 또 다른 부정적인 면은 고정틀부분으로서, 난방공간에서 공조되지 않은 공간에 이르기까지 열손실을 증가시키는 열교역할을 하는 벽의 스터드나 다락의 장선부분이 있다. 이러한 경우는, 중공벽에 있는 열교와는 다른 것이다. 즉 최소한의 단열형태로 작용하는 외벽의 덮개와 외벽마감처리와 같은 2중의 고정판 처리를 안 한 것이다. 그리고 열교형성 뿐 아니라 일종의 열전환용 키의 역할을 하는 목재틀이 있다. 열손실은 구조부재의 후면단부를 통해 발생하는 것과 같이 한 부분에만 한정되는 것이 아니라 구조부 양면인 두 부분에서도 발생할 수 있다.

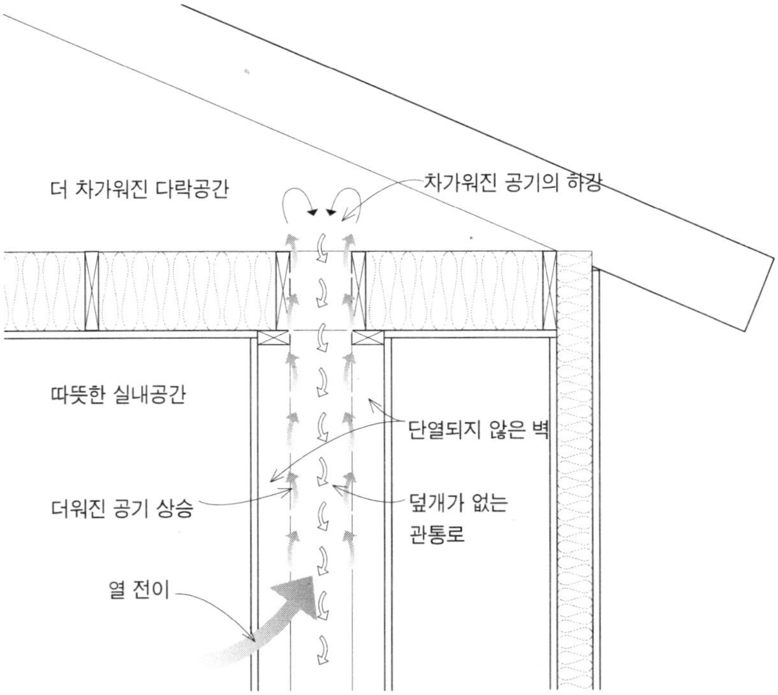

9.10 따뜻한 실내공간에서 차가워진 관통로로의 열 전이

덮개를 씌우지 않은 홈통은 중공벽은 다락층에서 주요 취약부라고 할 수 있다. 이 문제의 심각성은 하부의 중공벽과 관통로에 있는 실내 벽과 연결되어 공기가 통할 수 있도록 되어 있고, 그 열이 따뜻한 공기를 상승하게 할 수 있게 하는 통로인 개방부의 크기에 따라 발생된다. 벽 하부를 밀실하게 했다 하더라도, 그 뚫린 중공부는 찬공기를 다락공간에서 하부로 내려 보내고 그 공기의 온도가 상승하면 다시 다락공간으로 상승하는 열 사이펀 작용이 일어날 수 있을 만큼 충분히 크다.

다락에서 또 하나의 취약부는 경계벽이다. 아파트처럼 두 개의 거주공간으로 분리하는 방화벽은 기초에서부터 다락을 통해 지붕까지 이어진다. 다락에서 이러한 벽들의 적외선 사진을 보면, 겨울에 다락공간에 있는 열이 사라져가고 있는 것들을 보여준다. 경계벽은 세 가지의 에너지 손실 양상의 대상이 되고 있다. 경계벽과 다락층 사이의 크랙부분에서 공기의 누출, 난방된 건물에서 온기가 상승하는 것처럼 이 경계벽체를 만들어 주는 콘크리트 블록의 구멍을 통한 열-사이펀 작용으로 열이 전이되는 것 등이 그것이다. 그렇게 되면 다락공간에서 다시 차가워져서 하강하게 되고 경계벽의 구조체를 따라 전도되는 것이다.

지하층과 그 하부공간에서는, 열적 층에서 취약한 부분은 종종 지하층이나 하부공간 상부에 있는 신축(伸縮)연결부재 사이의 연장된 단열부라고 할 수 있다. 그곳은 쉽게 외부로부터 침식이나 박리가 발생한다. 단열의 표면종이를 지지 구조물의 경계를 따라 고정시킬 때, 이 경계부 주변을 자유롭게 유동하는 공기를 막기가 어렵다. 예를 들면, 약 93㎡ 면적의 지하층은 단열경계의 고정부분의 길이가 약 400m나 된다. 그 다공질의 섬유로 된 단열부를 따라 공기가 통하게 되고, 층바닥 하부 면에 닿게 되거나 구멍들을 통해 흐르거나 또는 난방공간 상부의 바닥에 생긴 크랙을 따라 공기가 흐르게 된다.

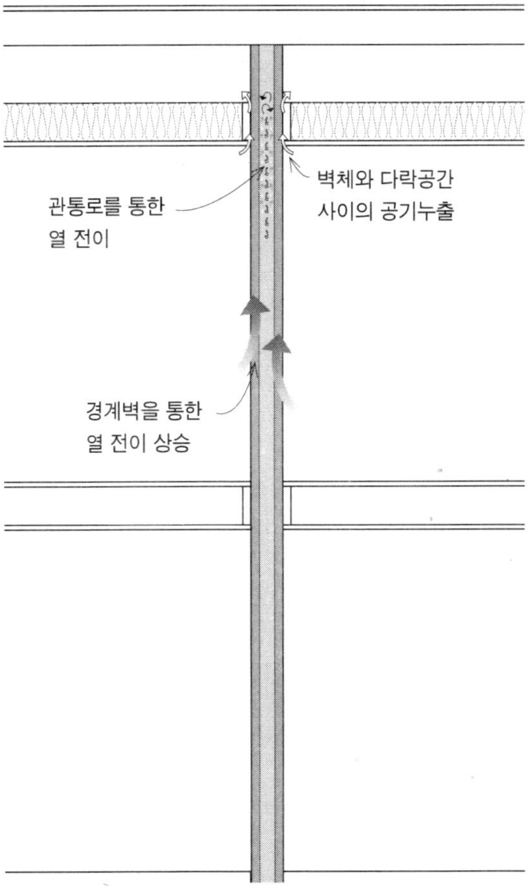

9.11 중공 조적벽체를 통한 에너지 손실

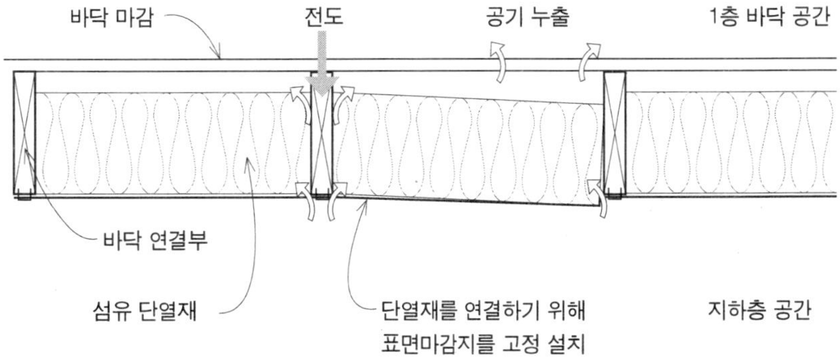

9.12 지하층 천정공간에서의 에너지 손실

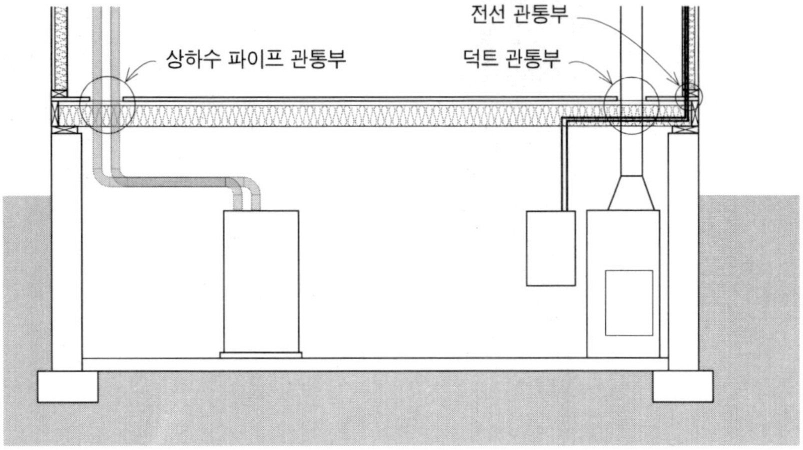

9.13 지하층과 하부공간의 천정부 공기누출 부분

지하층이나 하부공간의 천정부 내부 마감부에는 많은 설비 관통부를 위한 자리가 필요하다. 냉온수 파이프, 덕트, 전선, 통신케이블, 하수설비관 그리고 기타 모든 설비가 이 내부 마감부를 관통해서 상부로 보내진다. 이러한 관통부가 제대로 실링되지 않으면, 지하층에 있는 공기가 상승해서 굴뚝효과에 의해 빨려 올라가게 된다.

다락방과 마찬가지로 지하층과 하부공간은 문이나 해치에 취약한 부분이 생긴다. 그 취약부는 그렇게 크지는 않은데, 이는 일반적인 지하층 온도가 보통의 다락만큼 극단적으로 변화가 있지는 않기 때문이다. 그렇지만 연구에 따르면 개방된 지하층 문은 건물에서 에너지 손실이 계속 증가하고 있다고 한다.

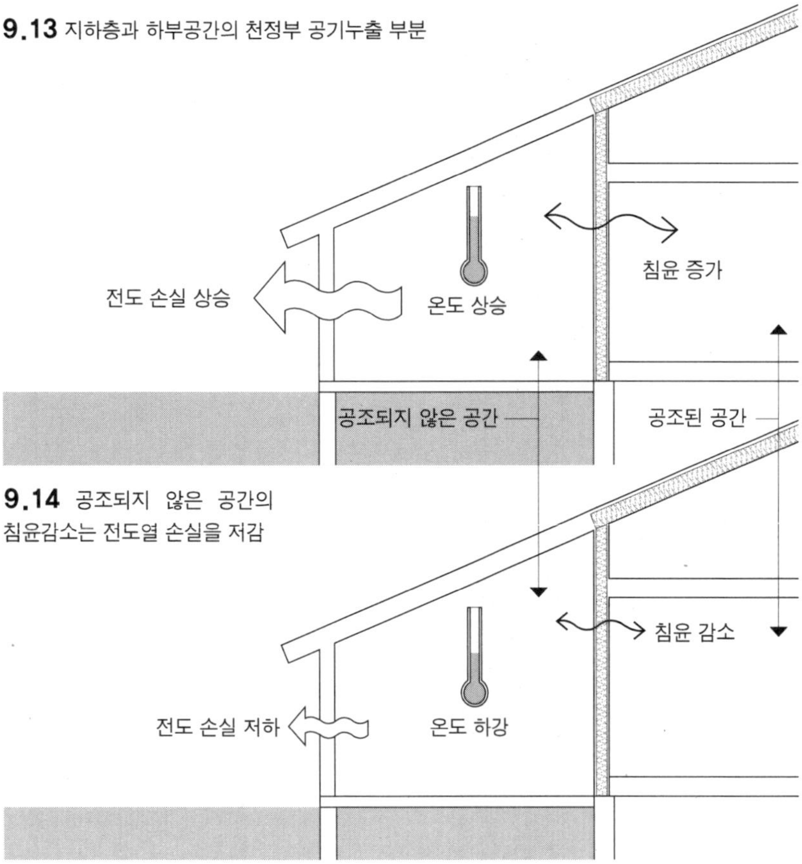

9.14 공조되지 않은 공간의 침윤감소는 전도열 손실을 저감

해결방안

내부 마감의 취약층에는 여러 가지 해결방안이 있다.

가장 우선 방안은 표면에 있는 배출구를 통해 내부 마감을 통해 공기의 이동을 줄이는 것이다. 공기층 실링의 첫 번째 이유가 여기에 있다.

- 내부 마감재에 접한 공조되지 않은 공간의 공기출입은, 잘 조절된 완충공간과 마찬가지로 단열층으로 형성된 잠재적인 공간에 의해 감소되도록 한다.
- 이 표면의 구멍을 실링처리하는 것은 이 여러 장치들을 단열하기 전에 해 놓아야 한다. 단열을 우선 처리하게 되면, 이 구멍의 위치를 찾아서 실링처리 하기가 어렵게 된다.

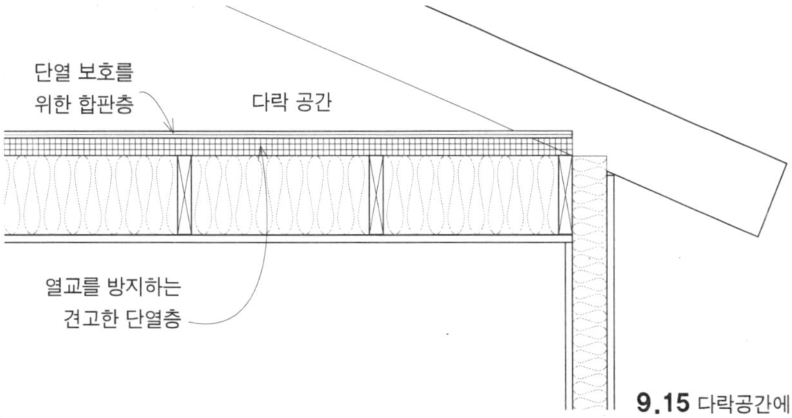

두 번째, 단열재 양면에 단단한 층으로 고정된 면을 형성해야 한다. 가능한 곳이라면, 발생가능한 열교를 지속적으로 차단할 수 있도록 단열처리를 해야 한다.

9.15 다락공간에 강력한 방어층 구축

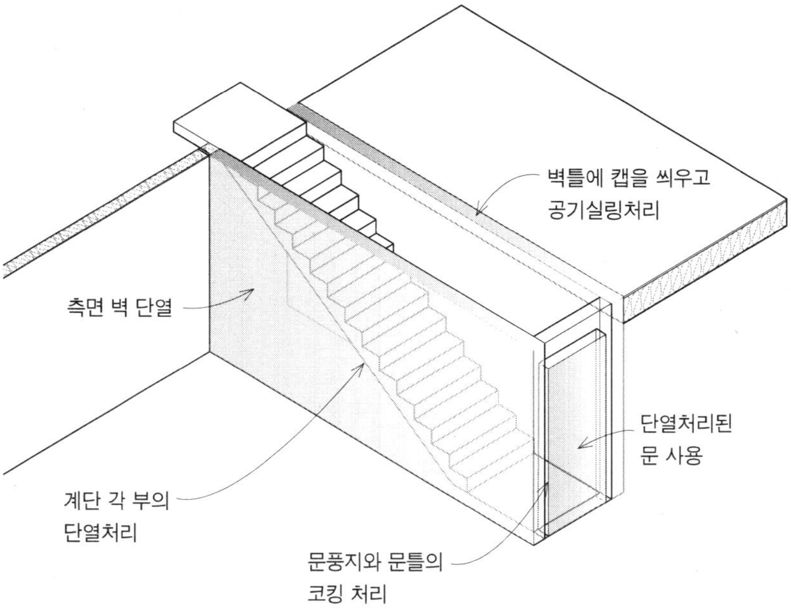

9.16 다락 계단부의 열손실 방지 방안

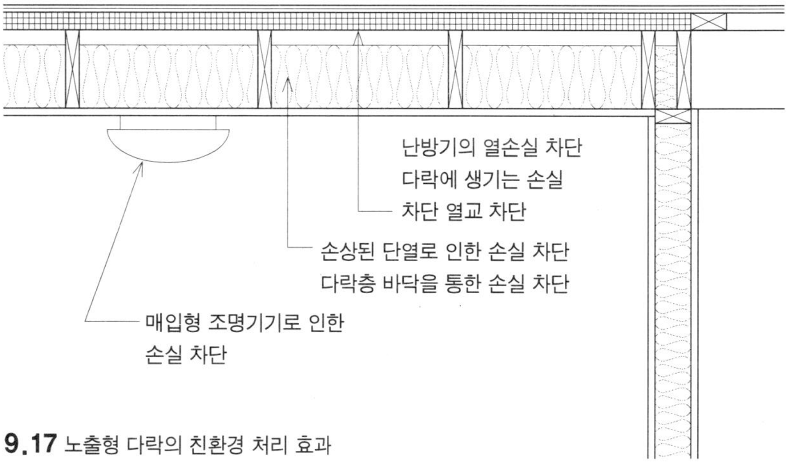

9.17 노출형 다락의 친환경 처리 효과

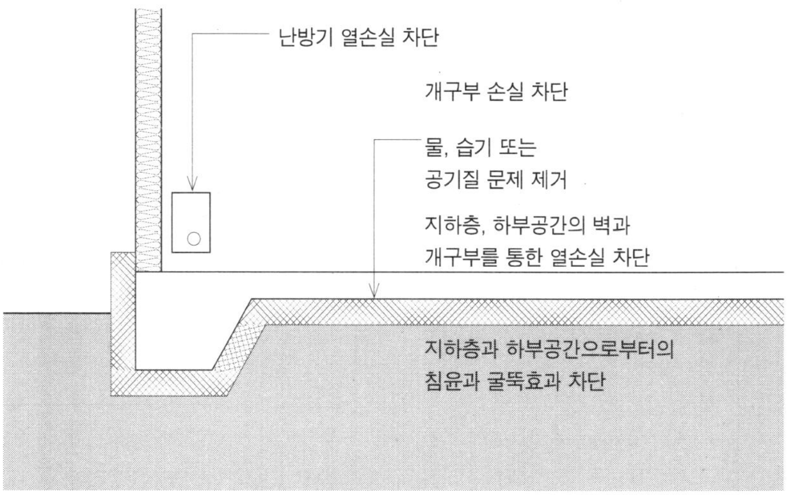

9.18 노출된 지하층과 하부구조의 친환경 처리 효과

매립형 조명기기 같이 어느 곳에나 연속성을 막아버리는 것은 제거해야 한다. 계단과 옥상 해치는 난방된 공간에서 공조되지 않은 공간으로 이동하는 통로가 되는 곳은 단열처리 하고 공기실링을 통해 내부 마감에서 불연속성 출입구가 만들어지지 않도록 완벽하고 일체형으로 처리되어야 한다. 이러한 복잡한 출입부 주변은 개구부와 해치 뿐 아니라 인접한 문틀과 통로 등에 까지 세밀하게 주의를 기울여야 한다. 문과 해치는 단열되어야 하고, 움직임이 일어나는 곳에는 표면을 따라 문풍지 처리를 하며, 문틀과 인접한 벽이 만나는 부분에 있는 조인트처럼 고정된 부분에는 코킹처리를 하도록 한다. 다락에는 벽틀과 중공벽 부분에 캡을 씌우고 실링과 단열처리를 한다.

다락에서 복잡하게 된 부분은 불연속과 에너지 문제에 아주 큰 위험요소가 된다. 단순하게 처리된 지붕선은 이 위험성을 줄여준다. 초기에 제안된 것처럼, 다락이 일체화되지 않도록 하거나 평지붕 또는 완만한 경사지붕으로 설계하는 것 등이 가능한 해결책이 된다. 제거해야 하는 문제점들을 찾아본다. 다락이 없다면 다락층을 관통할 일이 없을 것이고, 단열부가 보호되지 못해서 표면이 취약해지지 않을 것이며, 다락으로 출입하는 해치나 문에 의한 취약부도 없을 것이고, 매립형 조명기기 등에 의한 문제도 발생되지 않을 것이며, 다락에서 열손실이 일어나지도 않을 것이고, 열교문제도 없고, 추운기후에 아이스댐이 형성되는 일도 없을 것이다.

쉽게 말해서, 지하층과 하부구조 공간을 제거하고 대신 평기초에 건물이 세워질 경우의 장점을 고려해 본다. 평기초에 위에 있는 설비파이프와 전기통신선 등과 같은 설비장치들은 콘크리트 슬래브 위에 양호한 실링처리가 가능하다. 여기에는 통상의 지하층에서 일어날 수 있는 대형 난방공급 상의 손실이 더 이상 발생되지 않는다. 그리고 지하층이나 하부공간으로부터 굴뚝효과에 의한 문제가 발생되지 않고, 문이나 해치 주변에서 에너지 손실발생이 없게 되고, 상부 난방공간으로부터 지하층이나 하부공간으로 열전도에 의한 손실이 일어나거나 벽과 창을 통한 열 낭비도 나타나지 않게 된다. 습기가 찬 지하층이나 하부공간이 제거된에 따라 실내공기의 질 문제도 해결되는 장점도 덧붙여진다.

결론적으로, 실내마감은 거주층의 여러 취약한 부분을 없애기 위해 세심하고 단단하게 처리해야 한다. 내부마감을 강화시키는 경제적인 방안에는 무엇이 있을까? 일반적으로 내부 마감을 단단히 하는 것은 비용부담을 초래한다. 단열 양면을 단단하게 처리하는 데에는 시공비 증가가 요구되는데, 다락으로 통하는 계단, 해치, 다락층 바닥부분과 지하층 천정 등이 이에 속한다. 그러나, 매립형 조명기기를 설치하지 않는 것 같은 다른 방안은 시공비를 절감시켜 준다. 그리고 지하층, 다락과 같은 부분의 선택을 포기하게 된다면, 이러한 공간 대신 다른 곳에 수납공간을 추가로 필요로 하게 되더라도, 취약부 제거에 따른 공사비 절감효과를 얻게 될 것이다.

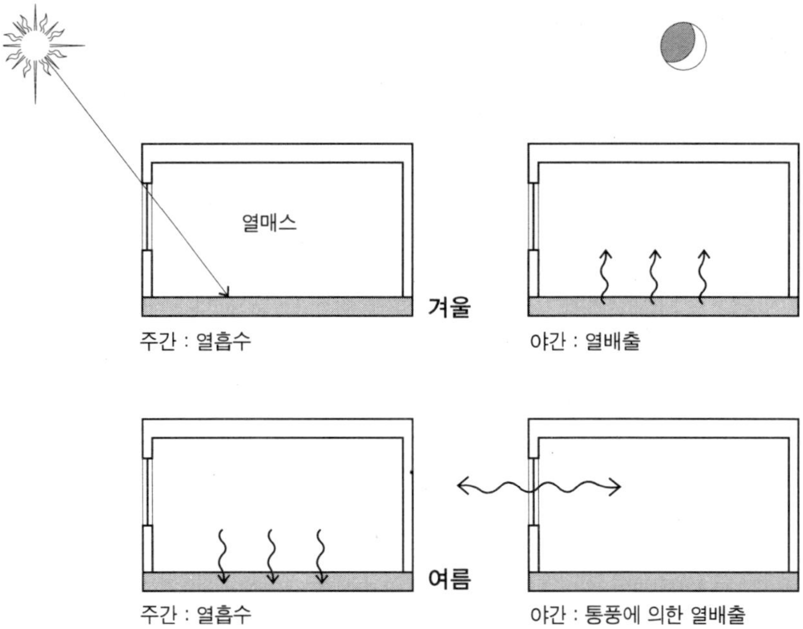

9.19 열매스의 기본원리

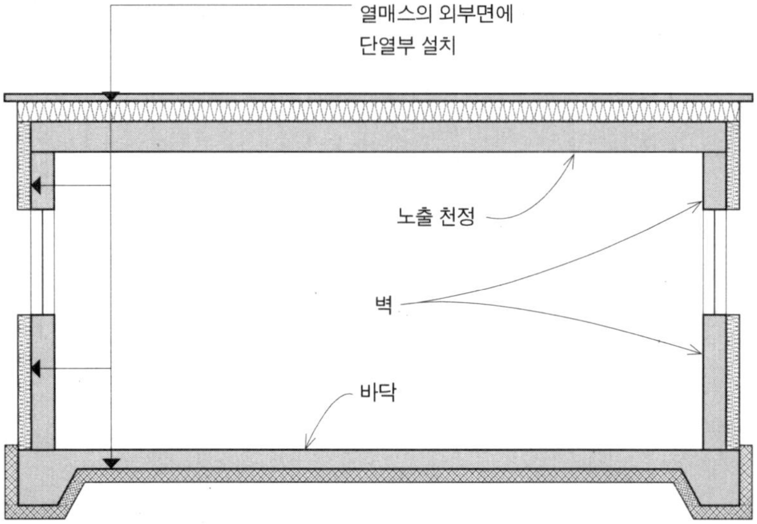

9.20 열매스의 배치 방안

열 매스

열매스란 열을 흡수해서 저장할 능력을 가진 콘크리트 구조체를 말한다. 열매스는 열적 경계부의 내부에 자리할 때 가장 효율적이 된다. 겨울에는, 열매스는 태양광이 비추고 있을 때 태양열을 흡수하고 저장하고, 햇빛이 없을 때는 이 열기가 건물 내부로 서서히 흘러들어가게 해준다. 열매스는 또 자연냉동체로서 여름에 야간 통풍에 활용되기도 하는데, 야간의 차가운 공기를 흡수했다가 주간에 공간을 차갑게 하도록 흘려준다. 열매스는 겨울에 활용될 때를 대비해서 통상 남측을 면하도록 하는 것이 선호된다. 이것이 불가능하다면, 열매스는 공기순환 덕트나 물순환 파이프를 이용해서 열적인 연결을 해주어야 한다.

열매스는 높고 무거운 벽, 바닥, 천정으로 구성된 것 이외에 다양한 형태를 가지고 있다. 친환경 난방과 냉방을 위해, 열매스는 보통 적절한 통합체계와 야간에 열손실을 방지하거나 냉방을 위한 야간통풍을 가능하게 하기 위해 창문 단열과 열적 차단막과 같은 조절장치를 활용한 통합적인 전략 중 하나라고 할 수 있다.

열매스는 에너지 모델방법이 에너지 사용의 절감이 예측되면 건물에 포함되도록 해야 한다. 이것을 무절제하게 사용하게 되면, 열매스는 건물의 에너지 사용량을 증가시킬 수 있다. 여러 연구에서 잘못된 저장(에너지 사용량의 증가)이 10% 이상의 범위에서 발생되고 있음을 보여주고 있다.

열매스는 보통 내장된 에너지보다 더 높은 것을 의미하기 때문에, 작동되고 있는 열매스의 교류는 신중하게 검토되어야 한다. 예를 들면, 100mm 두께의 고체 단열재를 가진 150mm두께의 콘크리트 벽은 저항값(R-value)이 17이지만, 저항값 27의 목재구조벽이 동등한 열저항성을 갖는 것은 열매스의 장점 때문이다. 그러나 150mm 콘크리트에 부착된 동급의 단열재에 저항값 10이 추가되면, 27의 동등한 열저항성에 도달하기 위해 목재구조벽에 63.5mm 두께의 고체형 단열재의 첨부사용으로 인해 두 배 이상의 내재 에너지를 나타낸다.

열매스는 바닥과 천정에 의해 만들어질 수 있다. 천정에서 열매스로서의 효율을 높이기 위해서는, 천정마감 속에 숨기지 말고 노출시키는 것이 좋다.

마감처리

외부 마감재를 통해, 공조되지 않은 공간을 통과하고, 그리고 내부 마감을 통해서 그 지역공동체와 대지로부터 옮겨오고 있는 것을, 우리는 어떤 공조된 건물 내부에서 자연스럽게 바로 발견하게 된다. 그렇지만 거기에는 우리가 활용할 수 있는 더 많은 거주층이 존재하고 있다. 예를 들면, 실내마감은 에너지 보존을 위해 생산적으로 사용될 수 있고, 만약 잘못 적용이 되었다면 에너지 효율에 반하는 잘못된 작용을 할 수도 있다.

마감처리에서 열과 빛의 특성

카펫마감은 R수치가 0.5-2.5 범위에 있는 아주 적당한 열저항성을 가지고 있다. 카펫 패드가 겹쳐질 때마다 열저항성은 0.6에서 2.1로 추가되는 것으로 예측되었다. 이러한 전도열의 획득이 넘치게 되면, 카펫에 의해서 감소되는 빛의 손실은 실내온도가 낮아질 수 있게 한다. 카펫마감은 또한 건물에서 소음의 전달을 줄여준다. 벽과 벽 사이에 카펫을 활용할 때는, 그 벽면의 겹층을 가로지르는 단열마감층을 만들어주어야 하며 이를 통해 그 상태가 지속될 수 있도록 해주어야 한다. 그러나 카펫마감이 슬래브 하부의 성형단열재나 일반적인 표면 단열처리를 위한 대용재가 될 수는 없다.

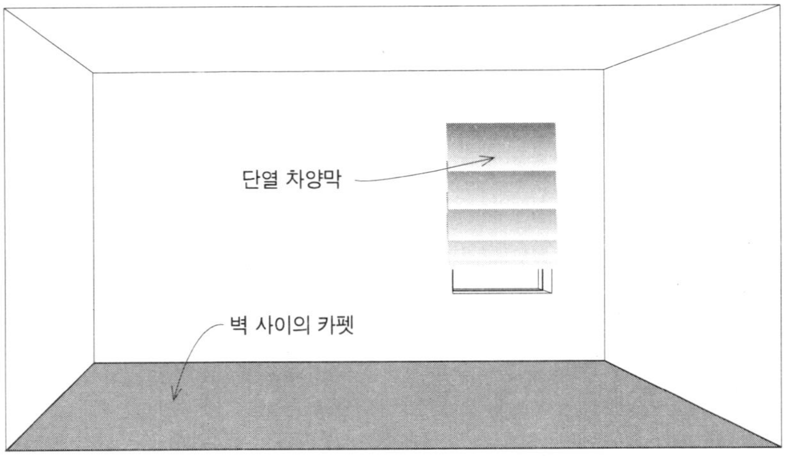

9.21 거주 층에서의 마감처리

부정적인 면에서는, 몇몇 종류는 낮은 함유율을 가지고 있지만 대부분의 카펫에는 화학성분을 포함하고 있고 현재도 많이 사용되고 있다는 점이다. 카펫은 또한 에너지의 혼합적 사용에 따른 진공처리가 필요하다. 카펫은 콘크리트 바닥에서는 열매스로서의 장점을 감소시킨다. 그리고 매우 중요한 사실은, 카펫이 빛 반사율이 낮아서 더 많은 인공조명이 요구되고 일조를 받기 위해서는 창문의 면적이 증가되게 된다.

창문에서, 단열차양막은 효과적인 추가 마감처리방식이다. 단열치수가 대략 R-5정도 추가되는데, 단열차양막은 창의 열저항성을 2배 또는 3배 정도로 높일 수 있다. 더구나, 단열차양막은 창문틀에 적절한 실링처리를 할 경우 침윤을 줄여주는 양호한 공기차단막을 만들어 주는 것과 같이 복사열 손실을 막아주는 복사열 방어막이 되기도 한다.

그 외의 마감처리 방식들을 통해 열과 태양열 복사의 다양한 이득을 얻을 수 있다. 연한 색처리의 유리는 따뜻한 기후에서 원치 않는 태양열을 줄여주는 효과가 있다. 복사열 차단막은 벽으로부터 열 손실이 발생하는 것을 막기 위해 히터 뒷면에 설치한다. 블라인드는 눈부심을 막아주고 여름철에 태양열을 막아주는 소극적인 방어층이 된다. 그리고 실내공간에서 외부로 복사열이 유출되는 것도 줄여준다. 그러나 외부 차양막은 태양열을 줄여주는데 더욱 효과적이다. 블라인드는 또한 높은 빛 반사를 가능하게 함으로써 인공조명의 요구량을 훨씬 줄여준다.

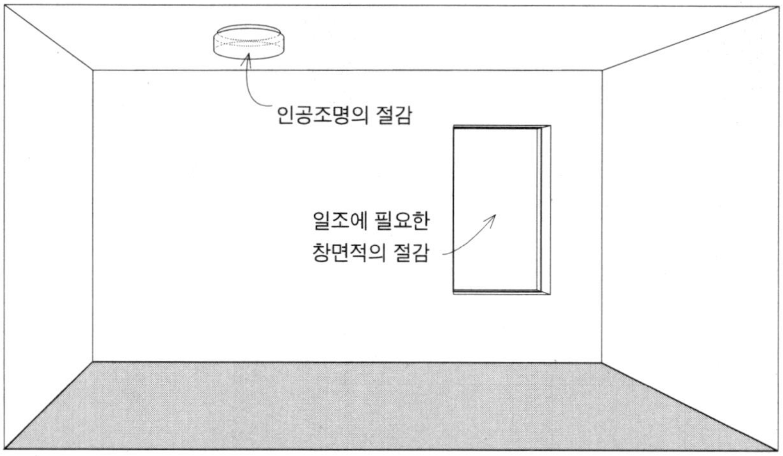

9.22 반사형 마감재의 장점

조명의 반사율

마감재의 열적, 복사열적 특징들은 훌륭한 장점들을 갖게 해준다. 조명의 반사는 건물의 에너지 사용에 중요한 영향을 미친다. 다음 두 가지의 두드러진 절감효과는 실내마감재에 반사체 사용에서 나타난다.

1. 인공조명의 수요를 줄여서 전기소모량을 절감시킨다.
2. 동일한 전등효과를 얻기 위해 일조의 필요량을 줄이면, 창문 수와 창문면적이 줄어들게 되고 냉난방의 비용도 동시에 절약할 수 있게 된다. 그밖에 조명장치의 가격을 절감하고 에어컨의 사용량을 줄이는 등의 에너지 절약이 되는 연속효과를 얻을 수 있다.

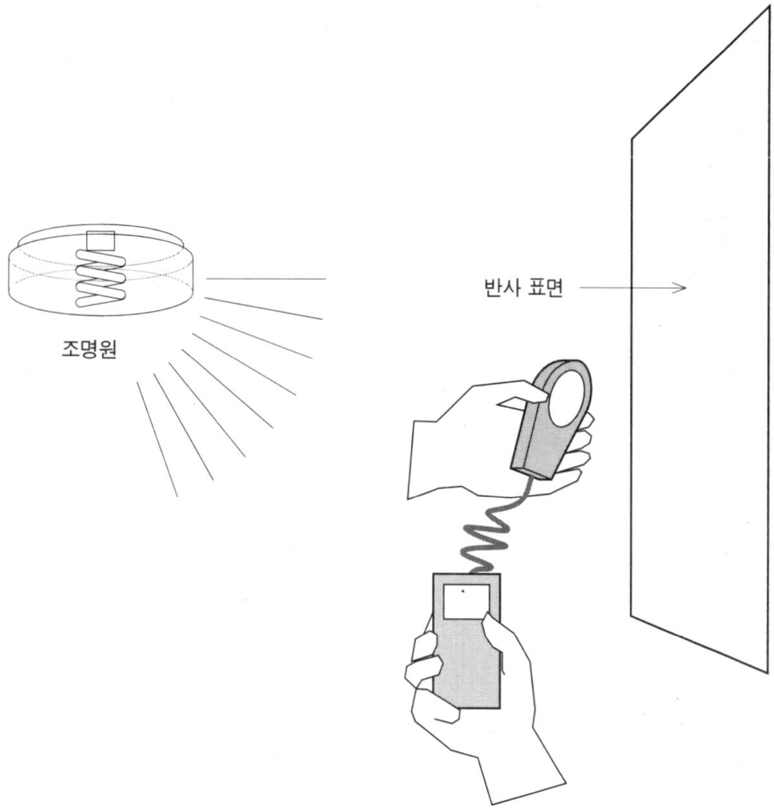

9.23 반사량 측정

반사량은 조명원을 마주하고 있는 표면에 빛 측정기를 대고 계측하게 된다. 빛이 표면에 도달한 양을 측정하고, 유입된 빛이 얼마나 반사되고 있는가를 보기 위해 표면을 향해 빛 측정기를 대게 된다.

사례 :
조명원 한 지점의 측정 조도 : 100 foot-candles
반사면 한 지점의 측정 조도 : 45 foot-candles
반사율 = 45/100 = 45%

9.24 마감재에 따른 반사율 정도 (%)

페인트	
고반사 백색	90
보통 백색	70-80
밝은 크림색	70-80
밝은 노랑색	55-65
밝은 녹색*	53
켈리 그린*	49
미디엄 블루*	49
미디엄 노랑*	47
미디엄 오렌지*	42
미디엄 그린*	41
미디엄 레드*	20
미디엄 브라운*	16
다크블루그레이*	16
다크 브라운*	12

*보통페인트용이고,
광택용은 5-10% 증가

목재	
단풍나무	54
포플러	52
백송	51
적송	49
오레곤송	38
자작나무	35
너도밤나무	26
오크	23
체리	20

카펫	
낮은 품질	2-5
보통 품질	5-9
고 품질	9-13
최상 품질	13+

리노륨	
백색	54-59
검정색	0-9

콘크리트	
검정 콘크리트	0
회색 콘크리트	20
밝은색 콘크리트	60
반사형 콘크리트	66-93

벽	
어두운색 패널	10
대마천 마감	10
합판	30

가구	
회색플라스틱코팅 책상	63
벽 보드	10
회색천 차단막	51
카운터 상판	4-85

천정 타일	
일반 천정타일	76-80
고반사형 타일	90

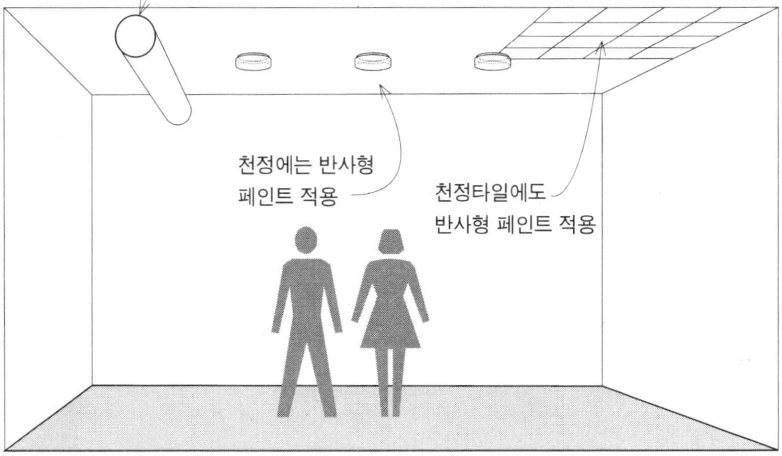

9.25 천정의 반사효과 전략

벽과 천정에는, 인공조명의 사용을 최소화하기 위해 반사형 표면을 우선적으로 고려한다. 반사형 바닥면과 가구 또한 이런 목적에 부합하게 된다. 목재바닥은 통상 20% 정도 부족한 반사율을 가지고 있지만, 유입된 만큼의 반사량이 필요하지는 않다. 어떤 경질목 바닥은 50%가 넘는 반사율을 가지고 있으며, 다양한 상업용 목재바닥제품 중에는 75%나 되는 것도 있다. 코팅된 콘크리트면의 바닥은 93%인 것도 있다고 한다. 카운터 상판 역시 10-85%정도의 폭넓은 반사율 정도를 가진 제품들이 있다. 초기 단계에서 마감재의 디자인을 완성함으로써, 최종 조명 디자인에서 실내 마감면의 반사율 상 장점을 적용할 수 있게 된다.

백색의 표면이 실제 높은 반사율을 보여주지만, 그것만이 유일한 선택방안은 아니다. 연구에 따르면, 금속이나 목재 마감처리, 반사형 블라인드, 반사형 코팅 콘크리트와 같은 다양한 표면에서 볼 수 있는 것처럼, 다양한 색채의 페인팅이 높은 반사효과를 보여주기도 한다는 것이다.

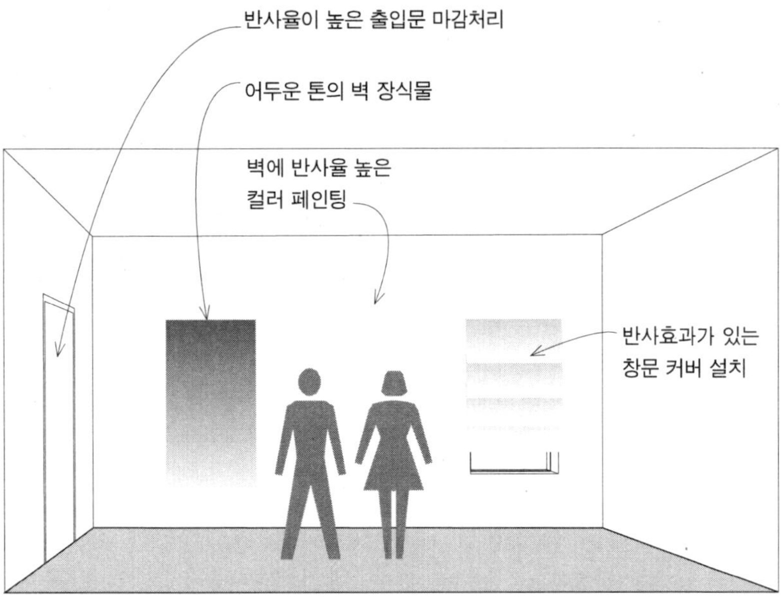

9.26 벽면 반사 전략

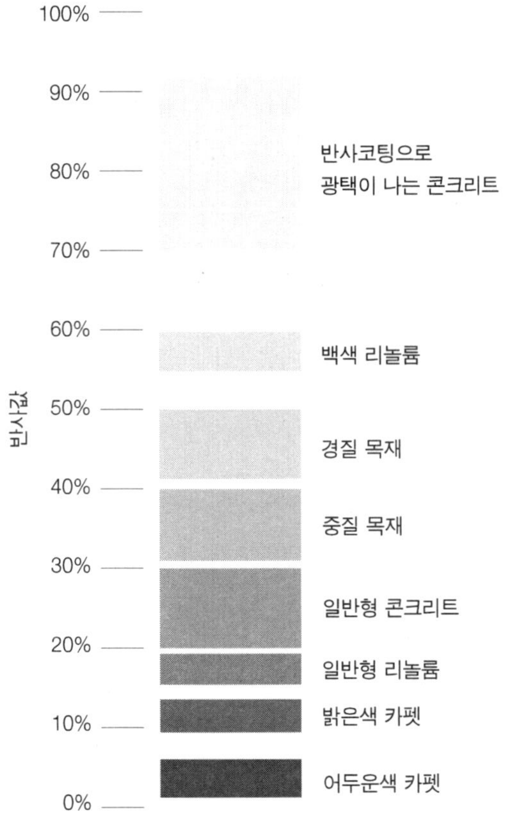

9.27 바닥 반사 전략. 조명에서는 보통 바닥에서 20%의 반사손실을 예상해서 디자인하기 때문에, 목재바닥은 천정이나 벽보다 반사율을 증가시킬 수 있는 기회가 훨씬 많다.

예를 들면, 천정에서 90%, 벽에서 60%, 바닥에서 30%의 실내 마감면 반사율을 가진 건물에서는, 천정 80%, 벽 50%, 바닥 20%인 표면반사를 가진 건물보다 11% 정도 인공전기가 절감된다. 반사율이 높아질수록 그 차이는 더 커진다. 천정 90%, 벽 70%, 바닥 40%라면 에너지 사용량을 28% 절약하게 된다. 표면 반사율이 높아진다는 것은 조명기기 수가 줄고 시공비도 낮아진다는 것을 의미한다.

벽체에서는 통상 반사율이 50% 정도 되기 때문에, 개선의 여지가 분명히 많아진다. 그 핵심은 반사형 벽 마감을 선택한 것 뿐 아니라 섬유질 마감과 같은 반사되지 않은 마감재를 피하고, 카운터 상판이나 탁자와 같은 벽에 세워지는 가구와 문짝들은 반사율을 높이게 하는 것이다. 마찬가지로, 반사형 창문커버는 커튼과 같은 반사되지 않은 커버보다 이 경우는 더 유용하다. 야간에 노출된 창문들을 보면 매우 반사율이 낮아서, 인공조명이 필요하게 된다. 그래서 반사형 블라인드나 그늘막으로 커버를 씌우지 않으면 조명의 수요가 증가하게 된다.

비교적 낮은 반사율을 가진 카페트는 특별하게 다루어질 필요가 있다. 9% 이상의 반사율을 가진 카펫은 유지비용이 훨씬 증가한다는 자료가 있다. 반사율이 13%를 넘어가면 대단히 높은 유지비용이 들게 된다. 카펫이 보통 10%의 반사율을 가지고 있다고 가정하면, 50% 정도의 반사율을 가진 보다 경질의 목재 마감재와 타일로 대체할 경우, 조명전력과 조명기기 수를 무려 36%나 줄여주고 일조량을 최대로 할 수 있는 가능성을 갖게 된다.

더욱 높은 반사율을 가진 마감재를 사용하여 절약도를 높이기 위해서는, 콘크리트를 다음과 같이 시공할 필요가 있다.

- 설계 초기 단계에 이러한 마감재를 선정한다.
- 조명 설계를 최적화하기 위해서 조명디자이너에게 이러한 수치를 전달한다.
- 이 마감재들의 시공상 적용을 확실하게 해둔다.
- 천정타일의 교체와 같이 마감을 변경하거나 페인팅을 다시 할 때를 대비하여 마감처리에 대해 문서화 해 놓는다.

건물주가 반사율의 중요성과 적절성에 대한 인식을 할 필요가 있다. 이는 건물주가 설계과정에 적극적으로 참여하고, 조명디자이너와 다른 모든 부문에서 인공조명을 줄이기 위해 고반사 마감처리를 하고 일조에 필요한 창문배치를 하는 것에 동의해서 통합된 설계가 이루어져야 한다는 것이다. 역사적으로 볼 때, 조명은 천정에서 80% 반사되고, 벽에서는 50%, 바닥에서는 20% 정도 반사되는 것으로 추정해서 설계되어왔다. 이 반사율은 대부분의 조명디자인 자료의 프로그램에서 생략된 채로 폭 넓게 사용되고 있었다. 고반사 마감재의 사용을 통해 조명을 절약하기 위해서, 특별히 주목해야 하는 것은 그러한 마감을 선정하는 것 뿐 아니라 조명시스템도 동시에 디자인되어야 한다는 것이다.

10
열적 구획과 공간 구획

열적 구획과 칸막이의 설치는 건물 내에 열과 공기의 임의적인 흐름을 제한하기 위해 거주공간의 실내 층들을 활용하여 에너지 사용량을 줄이고자 하는 것이다.

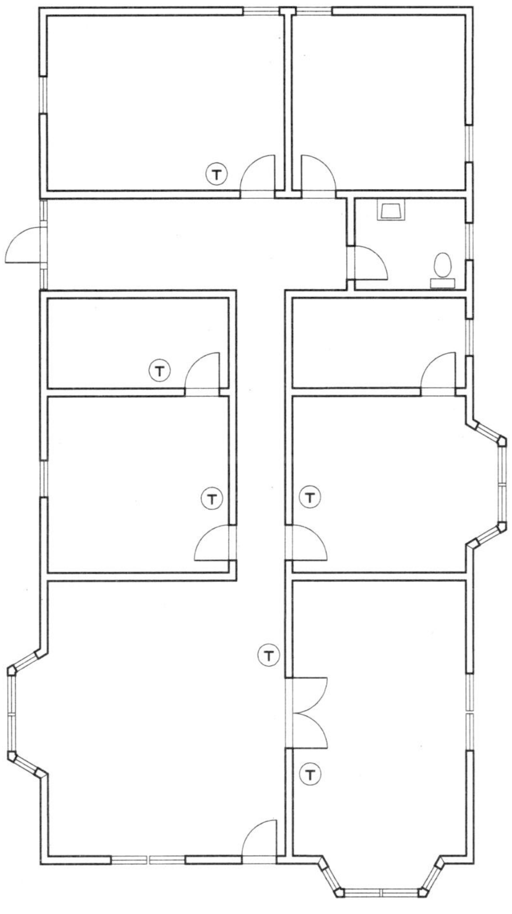

10.01 열적 구획으로 건물 내 서로 다른 영역별로 분리되어 있는 온도조절 장치 통합

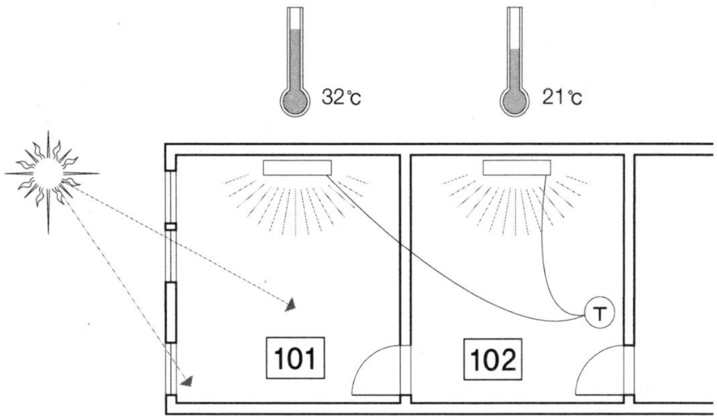

열구획을 하지 않은 예 : 상이한 공간에 한 개의 자동온도조절기로 열 조절 101호에 과도한 태양열 유입

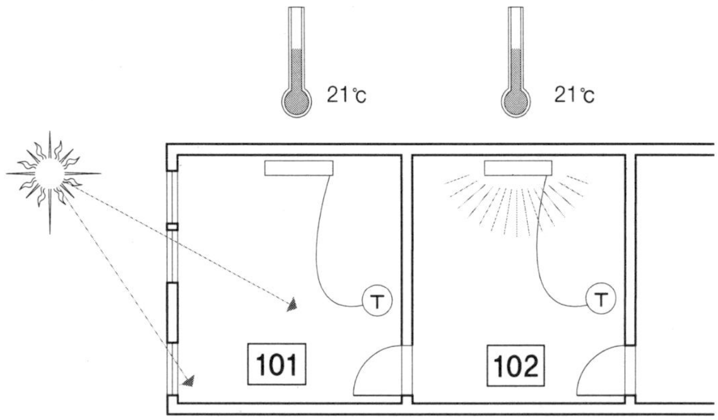

열구획을 한 예 : 101호에도 분리형 자동온도조절장치를 설치하여 태양열이 유입되는 동안 난방기의 동시작동을 차단, 따라서 에너지 절약 효과

▲

10.02 다른 열원으로부터 유입된 열로 인한 실내공간 과열 방지

10.03 적절한 시간대에는 공조된 공간에 공조가 중단 되도록 허용 ▶

열적 구획 Thermal Zoning

열구획은 온도조절을 분리하고 각각의 온도를 선택하기 더 좋은 상태를 만들어서 건물 내에 서로 다른 영역을 만들어 준다. 이는 두 가지 중요한 점에서 에너지를 절약해 준다.

- 열구획은 건물 남측 면에서 태양열을 얻는 것과 같은 다른 열원에서 열을 받을 수 있는 공간에서 과열을 방지할 수 있게 해준다. 즉, 회의실과 강의실 그리고 여타 부속실과 같이 부정기적이나 점유율이 높은 공간과 기계기기나 조명 등으로 인한 일정치 않은 실내의 높은 열획득 등이 그것이다.
- 열구획은 원래 공조가 되는 공간을 적절한 시간대에 공조가 안 되게 놔두는 것이다. 이 방식은 겨울에 기온이 낮아지거나 여름에 기온이 오르는 경우에 냉난방 부하를 줄여준다.

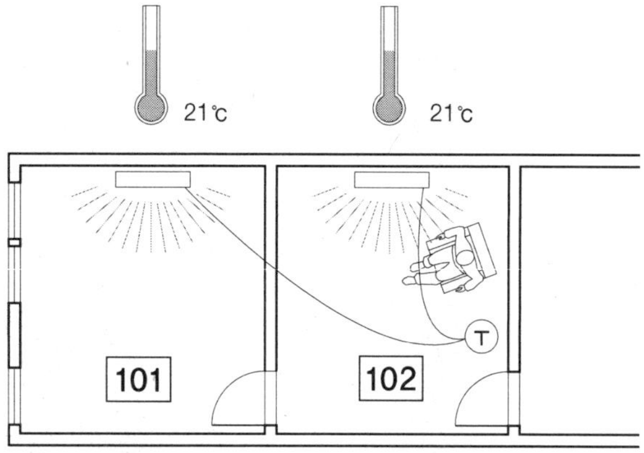

열구획 하지 않은 예: 서로 다른 공간에 한 개의 자동조절기 설치 101호를 사용하지 않는 중에도 두 공간 다 난방

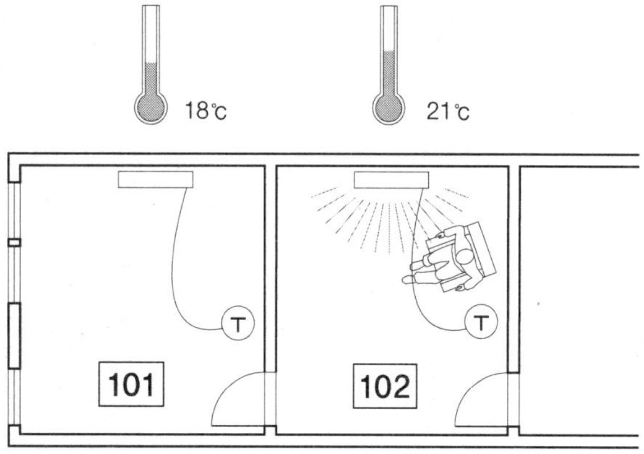

열구획을 한 예 : 실내가 비어있을 때는 101호에 별도 조절기 설치로 공조하지 않음으로써 에너지를 절약

이러한 이유 중의 하나로 열구획이 중요한 에너지 절약 방안이 되기 때문에, 항상 냉난방을 할 필요가 없는 공간이 있음을 확인하는 것은 매우 증요하다.

때때로 공조를 안 한 상태로 있을 수 있는 공간은 가능하면 외벽에 면한 부분에 위치시킨다. 이 방법은, 외부에 접하여 열을 받은 공간으로 인해 열손실을 줄여주게 된다.

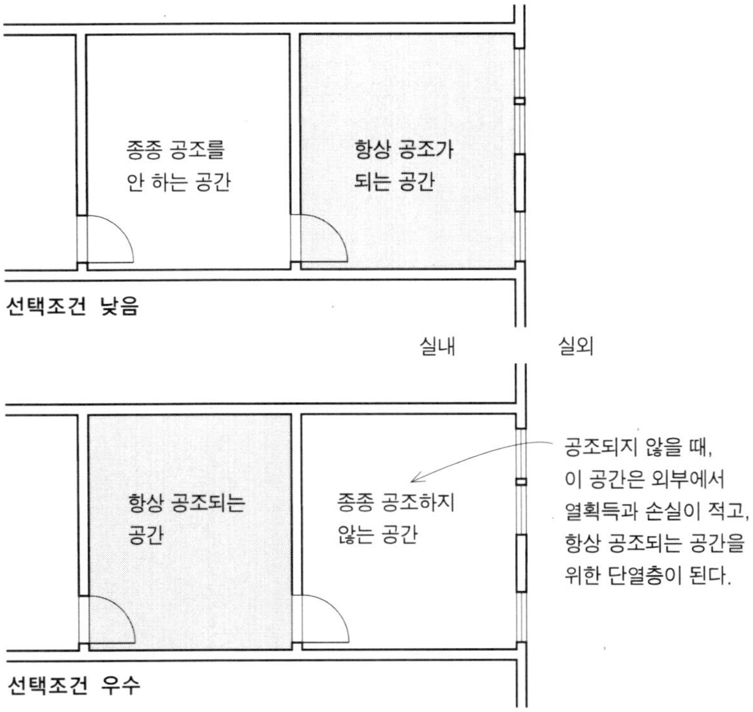

10.04 상황에 따라 공조되지 않는 공간의 설치 방안

다음과 같이 3단계의 열구획 방안을 고려해 볼 수 있다.

1. 온도조절: 필수. 온도조절이 안된다면, 열구획은 불가능하다. 온도조절은 하나의 공간이 자체의 자동온도 조절기를 갖게 됨을 의미하거나 인접한 공간에 냉난방을 분배해 줄 수 있는 장치를 조절한다는 것을 의미한다.

2. 공간 차단용 출입문 설치: 추천. 한 공간의 에너지 절감을 증가시키기 위해 공조된 공간과 일시적으로 공조되지 않은 공간 사이에 있는 출입문은 공기 출입에 의한 에너지 손실을 차단해줄 수 있다. 하나의 예로 계단의 상부나 하부에 출입문을 설치하면 2층의 오피스 건물에 상층과 하부층 두 개의 공간이 만들어지게 된다.

3. 공간의 열적 고립: 선택. 실내의 벽, 바닥과 천정은 공간을 분리하게 되고 단열과 공기차단, 문풍지 차단 등을 해주어야 한다. 이는 하나의 구획된 공간이 오랜 시간동안 사용되지 않고 있을 때 대단히 효과적이다. 이 사례에는 주택에서의 게스트 룸이나 서재, 호텔의 게스트룸 등이 속한다.

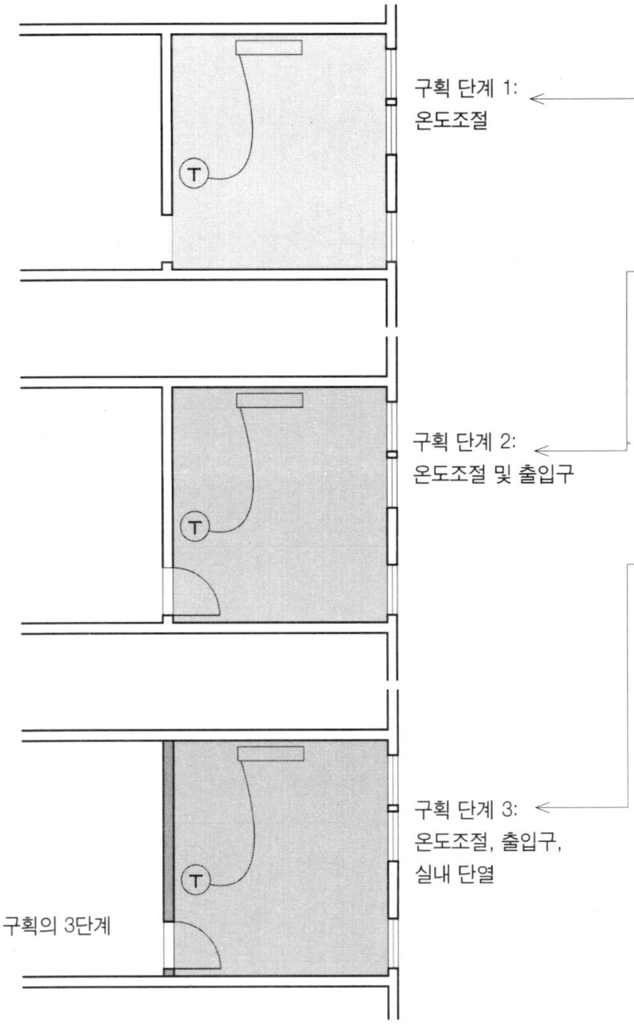

10.05 열적 구획의 3단계

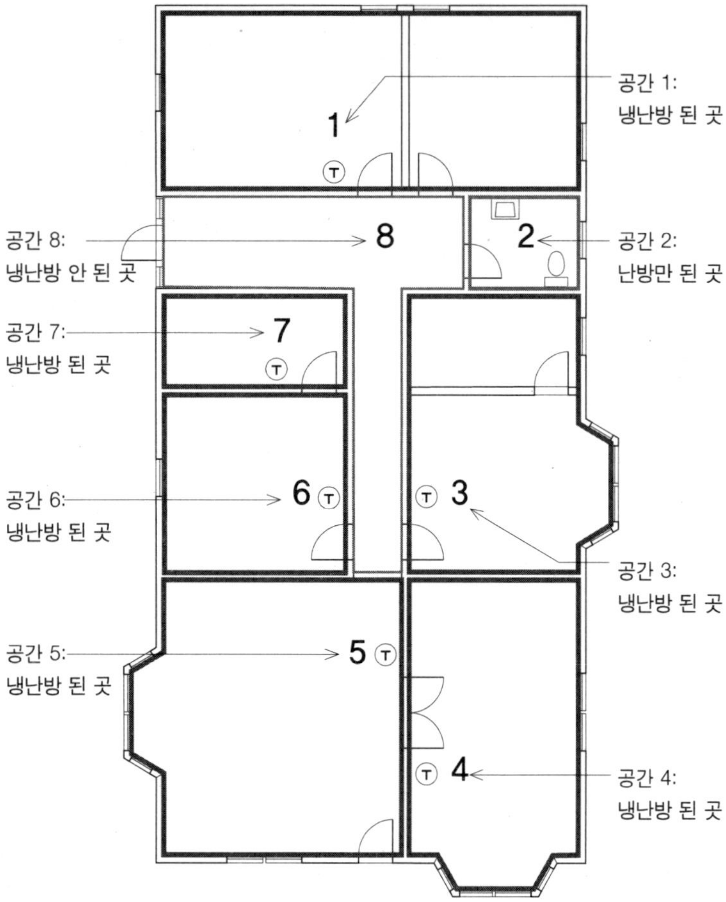

10.06 열적 구획 다이어그램

몇 가지 냉난방시스템은 열적 구획이 안 되어 있기 때문에, 열구획을 뒷받침하는 적절한 냉난방시스템을 선정하기에 앞서, 우선 열구획을 결정해 놓는 것이 도움이 된다.

열적 구획 다이어그램에서는 각 구획공간이 온도조절에 따라서 조정되어 구획 짓는 시방서를 포함하고 있다. 즉 어떤 공간들은 난방은 되고 냉방이 안 되거나 아예 공조설비가 안되어 있기도 하다.

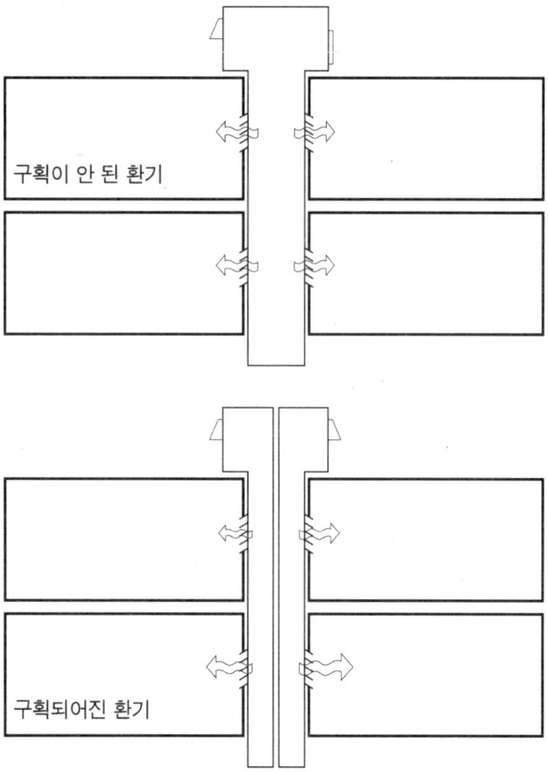

10.07 구획 환기시스템

건물을 구획 짓는다는 개념은 환기에도 적용될 수 있다. 대형 상업용 건물에서는 건물의 상당부분을 차지하는 대형 공기조절기를 가지고 있다. 그러한 대형시스템은 각 구역별 환기요구에 대응하기에 미흡하고, 어떤 공간에는 과도한 환기가 되거나, 그 과정에서 에너지를 낭비하거나, 환기가 부족하게 되어 실내공기의 질이 나빠질 수 있는 등에 위험에 처할 수가 있다. 건물을 보다 작은 공간으로 구획함으로 인해서, 각각의 공간의 환기시스템이 황기요구량에 적절하게 대응할 수 있고 적은 에너지 비용으로 적절한 실내공기의 질을 확보할 수 있다.

열구획이 시공비에 미치는 영향은 긍정적이기도 하고 부정적일 수도 있다. 온도조절기와 출입문, 단열 등이 추가되면 당연히 시공비는 증가한다. 그러나 냉난방을 각 공간에서 없앨 수 있다면 시공비의 절약은 가능할 것이다.

공간구획화

열구획에 관련된 용어지만 자체적인 특성을 가지고 있는 것이 공간구획화이다. 공간구획은 영역 간에 바람직하지 않은 공기흐름을 줄이기 위해 건물을 물리적으로 분리한 것을 말한다. 공간구획의 주요 목적은 굴뚝효과의 원인이 되는 공기이동을 줄여주는 데에 있다. 공간구획은 공조가 된 공간과 안 된 곳 모두에 적용된다.

공기밀실형 다락층 바닥과 지하실 천정과 같은 여러 형태의 공간구획을 접하게 된다. 공간구획은 그 수직 높이가 굴뚝효과 이면에 힘을 부여하기 때문에 중층과 고층 건물에서는 매우 중요하다. 그러나, 공간구획은 굴뚝효과가 저층건물에서도 작용한다는 연구결과가 있기 때문에 지하층이 있는 단층이나 2층 건물이라고 간과해서는 안 된다.

층마다의 통로라는 것이 대체 무었을 말하는가? 계단은 가장 중요한 통로이며 개방형인 경우는 특히 그렇다. 기타 공통의 통로는 엘리베이터 샤프트, 설비, 덕트 관통공간 그리고 건물 전체를 이동하는 여타의 다용도 공간 등이 있다.

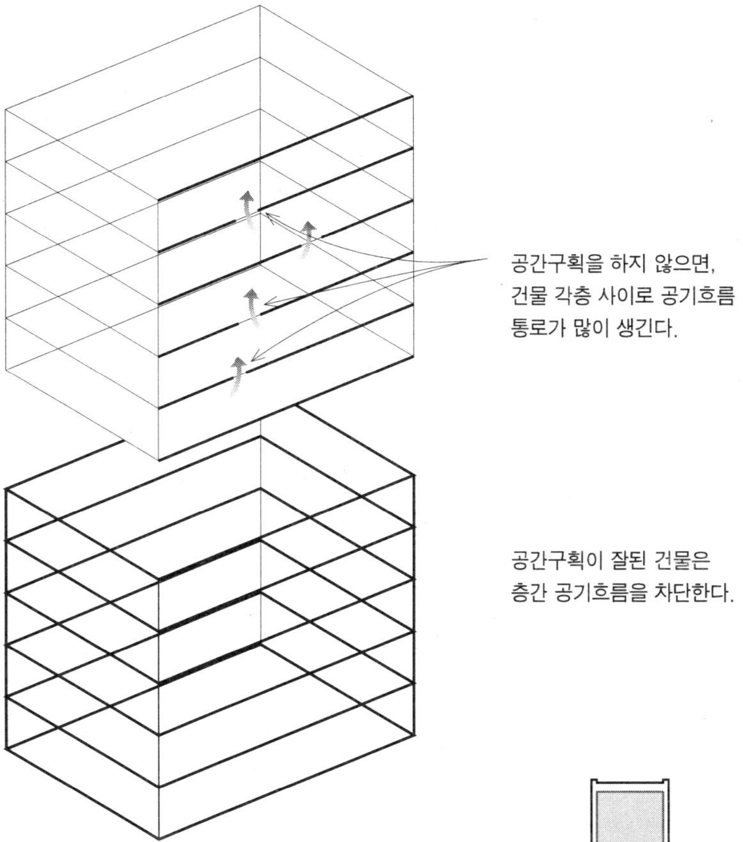

10.08 공간구획의 장점

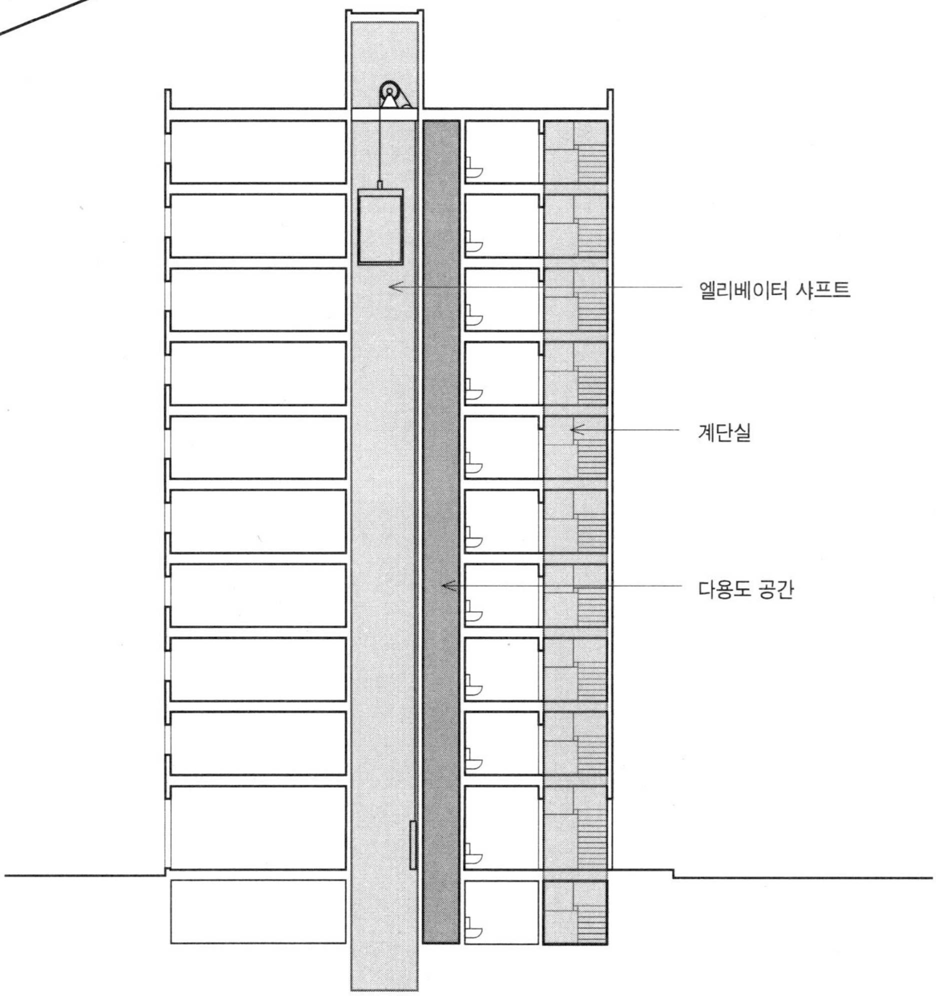

10.09 건물에서의 수직 통로

공기흐름의 한계점을 찾는 것으로서, 겨울에 굴뚝효과에 의한 공기흐름의 통로를 추적하는 데에 참고가 된다. 외부로부터 건물로 유입되어 상승하는 흐름을 가진 공기를 고려해보면, 건물 최상층에 도달했을 때 다시 외부로 나가게 된다. 공기는 중립압력면 이하에서 건물로 유입된다. 중립압력면에는 실내외 공기압력이 차이가 없게 되어 굴뚝효과의 압력에 의해 유입되지 않게 된다. 통상 건물 높이의 중앙상부 지점에서 중립압력면을 볼 수 있는데, 정확한 위치는 여러 지점이지만 건물 높이에 따라 비교적 유입위치가 정해진다.

굴뚝효과는 건물로 훨씬 더 많은 공기를 유입하고 그 지점은 중립압력면 아래가 되는데 그 이유는 위치가 지면으로 더 낮은 곳에 있는 것은 굴뚝효과에 의해 건물에서 진공압력이 더 높아지기 때문이다. 그러므로 공기는 대부분 지하층이나 1층과 같은 건물의 낮은 곳으로 유입된다. 개방된 출입문, 창문틀 주변의 틈, 수하물 하치장이나 후문과 같은 다용도 출입구를 통해 유입된다. 지하층과 1층은 대부분 수시로 개방되면서 굴뚝효과로 부터 가장 강력한 반대의 공기압력을 갖고 있다. 그래서 굴뚝효과의 첫 번째 방어막은 이러한 저층의 대형 출입부이다. 예를 들면, 전면 출입구의 방풍공간은 굴뚝효과에 의한 공기흐름의 양호한 차단층이 되므로 1층의 다른 출입문에도 고려되어야 한다. 다른 여러 가지의 넓은 개구부는 명확히 하고 밀실하게 해야 한다.

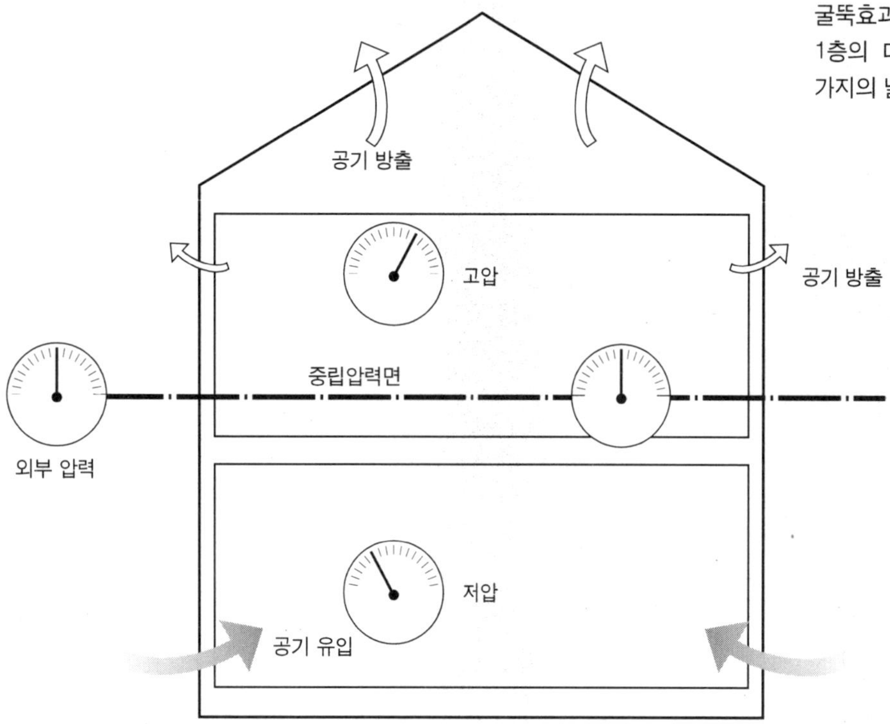

10.10 중립 압력면

공기가 건물을 통해 상승하기 위해서는 계단실, 설비통로, 엘리베이터샤프트 같은 수직경로가 필요하게 된다. 이 공기는 개방된 개구부와 닫힌 문의 하부, 각 실과 통로 등을 통해 이동하기 때문에, 상승하는 통로에서 발견되는 수평적 공기흐름을 차단하는 2차적 활용방안인 열구획에 용이하도록 출입문을 설치해야 한다. 이 통로를 따라 차단할 수 있는 개구부는 공기흐름을 줄여준다. 방풍막이 설치된 개구부는 공기흐름을 한층 줄여준다. 여러 경로를 따라 많은 지점에서 굴뚝효과에 의한 공기흐름을 차단하도록 하려면 거주하는 층의 여러 겹으로 만들어 준다.

다음으로, 공기는 계단실, 엘리베이터, 설비통로 등 수직 관통부를 통해 유입되어야 한다. 설비관과 환기관로의 연결은 대개 주방과 욕실에서 이루어진다. 공기는 싱크와 변기가 연결되는 곳으로 통하고 그곳의 환기용 그릴은 덕트와 연결된다. 파이프 방어막은 공기흐름을 줄이는데 도움을 주지만 더욱 효과적인 것이 되려면, 초크로 만든 알갱이를 그 방어막 주변에 놓아두는 방법이 있다.

관통부에서는, 층간 밀실화가 굴뚝효과로부터 공기를 역류하게 하여 매우 효과적이며, 종종 방화규정의 필수조건이 된다. 계단실에 관해서는, 문을 방풍 처리되게 하고 면을 깨끗이 하면 굴뚝효과를 줄이는 데에 효과적이다. 덕트공간에서 설비샤프트로 공기가 유입되어 굴뚝효과로 상승하는 것을 차단하기 위해서는 덕트를 밀실하게 하고 덕트연결부에 그릴을 밀실하게 연결하여야 한다. 다음 페이지 10.12의 그림 참조

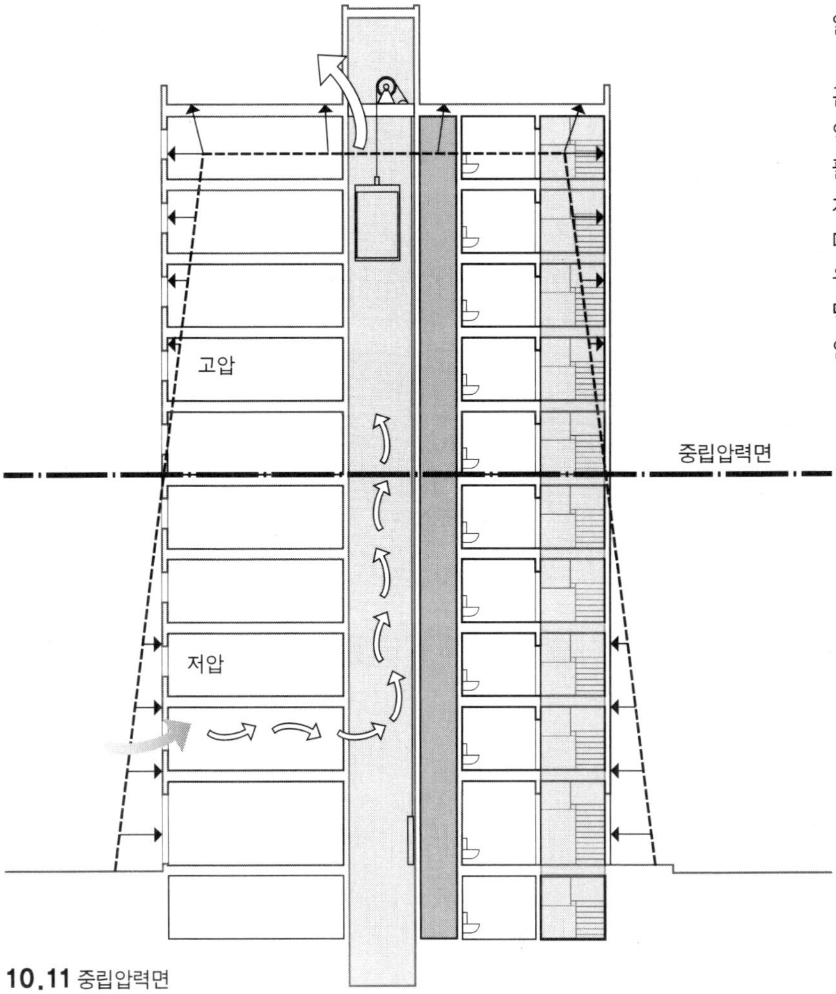

10.11 중립압력면

공기는 상부층으로 상승하기 때문에, 능동적인 굴뚝 효과의 상승에 따른 공기압력의 증가는 관통부와 계단실에서 공기를 빼내게 한다. 그러므로, 이러한 통로로 유입되는 공기를 차단하기 위해 사용되는 밀실화는 그곳을 나와서 상층으로 가는 공기도 차단해 준다. 마찬가지로, 실내 출입문은 공기의 외부방출을 막아준다. 이는 단단한 상부 천정마감의 필요성을 갖게 하고, 다락방이 왜 취약부인 가를 알려준다. 단단한 평지붕을 가진 경질의 마감을 한 건물은 굴뚝효과에 의한 공기흐름이 지붕을 통해 건물 밖으로 갈 수 없게 한다. 창문과 벽을 통과해서 나가는 데에는 한계가 있다. 벽이 단겹이라면, 공기가 창문을 통해 나가는 데에 한계가 있다. 창문이 좀 더 작아지고 그 숫자도 적어지면서 밀실해지면, 굴뚝효과의 공기흐름을 보다 더 막을 수 있다. 특별히 주의할 점은 종종 밀실화 처리가 잘 안되어서 몰딩과 주변 마감을 가진 창문틀이 있을 수 있다는 것이다.

엘리베이터의 문은 공기차단형이기 때문에 엘리베이터를 통한 공기흐름을 차단할 수 있고 이는 엘리베이터를 따라 복도로 유입되는 공기를 막을 수 있음을 의미한다. 엘리베이터 샤프트의 루버는 누출을 최소화한 작동 댐퍼를 장착할 수 있고, 비록 방화시스템과의 상호연결 필요성을 규정에서 정하고 있다고 해도, 고립된 상태를 유지할 수 있다.

공간구획방안이 경제성에 미치는 영향은 무엇일까? 일반적으로, 시공비가 증가하게 된다. 건물의 층간 밀실화는 건물로 공기가 유입되고 방출되는 공기를 차단하게 되어 공사비를 증가시키게 한다.

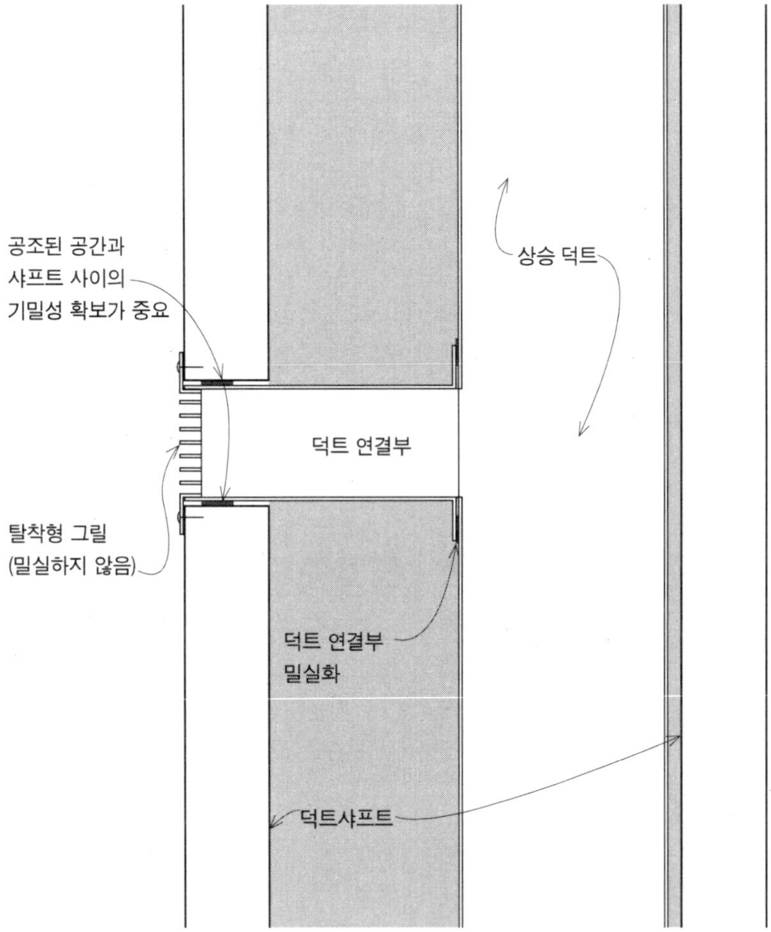

10.12 덕트 또는 공조된 공간에서 설비샤프트로 유입되고 굴뚝효과에 의해 상승하는 공기의 차단

11
조명과 기타 전기부하

외부로부터 내부로의 설계에 따라, 설계실무에서는 인공조명의 설계를 시작하기 전 초기에 외부마감 설계의 한 부분으로서 일조상태를 점검하게 될 것이다. 이 장에서는, 인공조명을 더 효율적으로 할 수 있는 가에 대한 방안을 모색하고자 한다.

인공조명은 어스름과 어둠으로부터 인간을 보호해준다. 햇빛이 건물의 모든 깊숙한 곳까지 뚫고 도달할 수 있을 때, 그리고 야간에 사용하기 위해 그것을 저장할 수 있을 때까지는, 그 용어가 말해주는 것처럼 자연과 같지는 않지만 인공조명에 의존할 수밖에 없다.

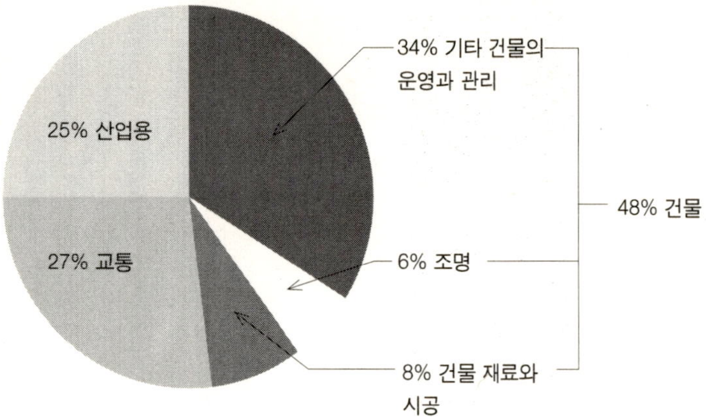

11.01 조명에 속한 에너지 사용의 비율

조명

조명은 건물에서 사용되는 주요 에너지 사용대상이고, 건물에 속한 주요한 에너지 사용대상 중에 냉난방 다음으로 두 번째를 차지하고 있다. 조명은 각종 설비 등에 사용되는 에너지의 50% 이하로 설계되며 많은 사례에서 훨씬 적게 사용하기도 한다.

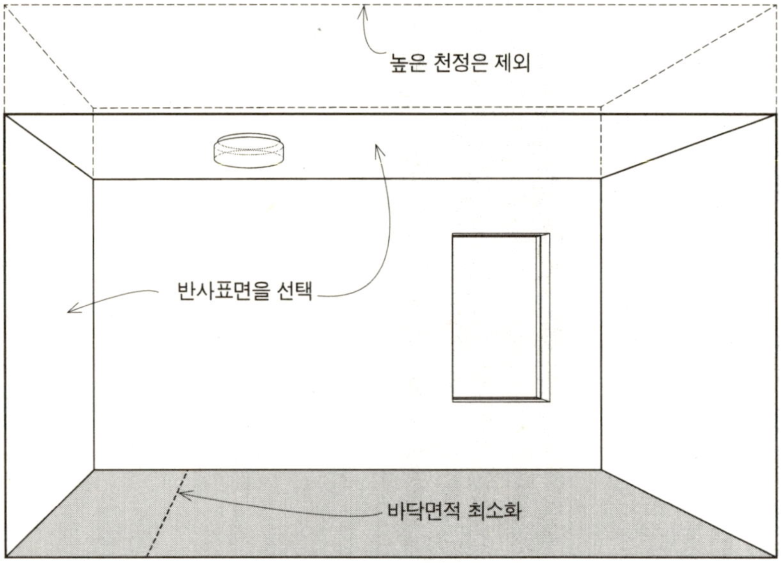

11.02 인공조명을 최소화 하는 실내공간 계획

조명 요구량 최소화를 위한 실내공간 디자인

인공조명의 필요성은 이미 IT로 인한 공간디자인에 의해 최소화 되어 왔다. 설계 초기단계로 되돌아 가보면, 하나의 특별한 건물이 더 적은 건축면적 내에서 적합하게 설계될 수 있다면, 많은 인공조명이 필요하게 되고, 그래서 많은 양의 에너지가 건물조명에 필요하게 되는 등의 것을 줄일 수 있을 것이다.

더 나아가서, 건물이 더 소형일 때, 획득한 일조는 같은 목적으로 대형건물에서 발생되는 양 보다 더 큰 건물면적을 관통하게 된다.

햇빛의 획득은 이전에 높은 천정을 낮추어서 만들어진 것이다. 예를 들면, 2.44m의 천정고를 가진 공간은 같은 공간에서 3.05m의 천정고의 경우보다 5% 정도 인공조명을 줄일 수 있다.

반사형 마감은 원래 조명 요구량을 최소화하기 위해 선정된 방식이다. 천정, 벽, 바닥의 반사율을 10% 더 높이면 13% 정도의 조명용 에너지 절약효과가 있다. 천정, 벽, 바닥의 반사율을 증가시키면 30% 이상도 절감할 수 있다.

조명설계의 최적화

인공조명을 최소화하기 위한 공간설계와 함께 조명설계도 진행된다. 친환경건축을 위해, 조명기기 선정과 공간면적의 구획을 하기 위한 광도측정이나 컴퓨터소프트웨어의 사용이 요구된다. 역사적으로는, 여러 조명이 가이드하인에 의해 설계되었고, 종종 필요량보다 더 많은 조명을 하는 경우가 있다. 각 실의 조명계획은 친환경 건축 설계에 최적의 과제이다. 각 실의 계획이 없다면, 건물은 필요량보다 더 많은 조명기기를 설치하거나 필수기준보다 훨씬 높은 에너지용량을 가진 자재를 사용하여 지나친 양의 조명낭비가 생길 우려가 있다.

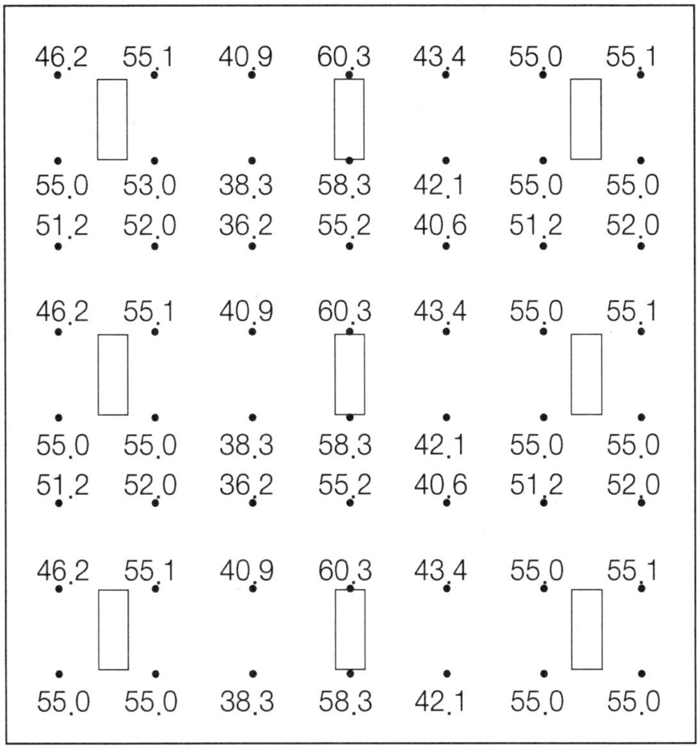

11.03 광도측정 산정 사례

조명기기	9
평균조도	55.4 촉광*
최대조도	60.3 촉광
최소조도	36.2 촉광
전체 동력	540watt
조명 밀도	0.82 watt/ft^2

* 1촉광 = 1루멘/ft^2 또는 10.765lux

11.04 조명기술기준에서 권장하는 조명수준 사례

작업 영역	촉광
회의실	20-50
사무실	50-100
교실	50-75
강당	30-50
상가	30-150
공장	50-500
복도, 계단	10-20

조명디자인을 할 때, 권장 조명수준의 범위가 있다. 친환경 건축을 위해서는, 조명기술기준협회(IES)에서 정해 놓은 권장범위의 하한선으로 설계할 것을 고려한다. 예를 들면, 50촉광의 조명수준을 유지하기 위해 사용되는 에너지는 20촉광의 조명수준에서 요구량의 두 배 이상이 되어야 한다.

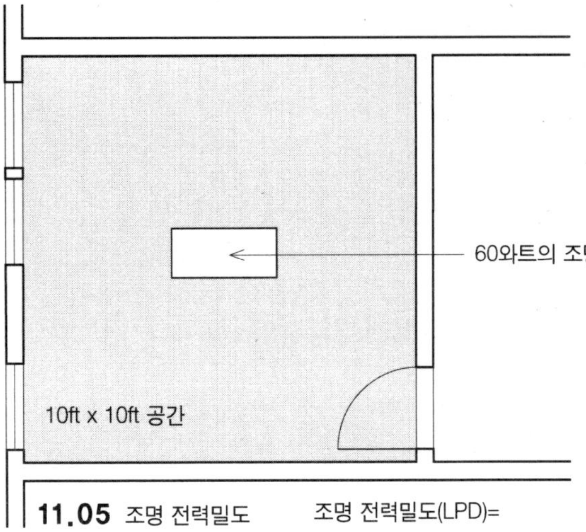

11.05 조명 전력밀도 조명 전력밀도(LPD)= 전력소비(watts)/바닥면적= 60W/10ft x10ft = 0.6W/sf

조명전력밀도(LPD)는 조명소비전력(W)을 바닥면적으로 나눈 것이다. LPD는 조명설계에 유용한 공식이다. 다양한 에너지 규정과 기준이 전체건물을 기반으로 하거나 면적을 기반으로 해서 조명전력밀도의 최대치를 요구 또는 권장한다. LPD의 최대 요구량은 허용 조명전력(LPA)이다.

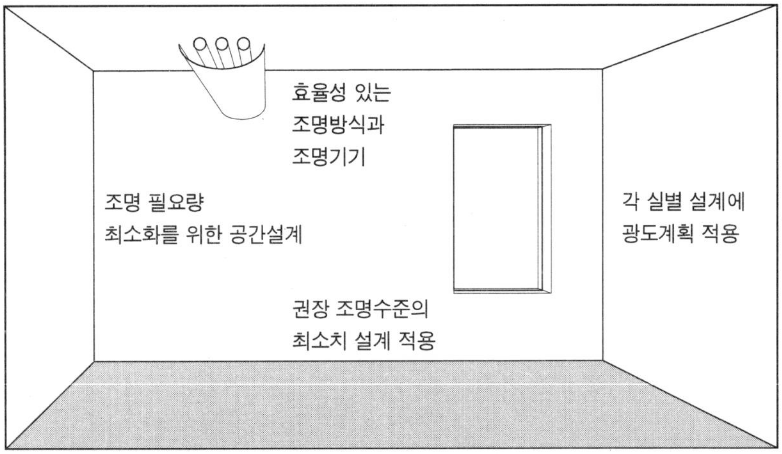

11.06 조명설계의 통합화 전략

규정이나 기준에 명기된 허용조명전력은 건물설계에서 여러 변수에 따른 융통성을 제공해주기 때문에, 규정과 기준에서 요구하는 수치는 통상 필요량이나 실행용량에 비해 높다. 친환경 건축은 높은 실행능력을 가지고 있는 규정과 기준에서 정한 필요량에 비교해서 더 낮은 조명전력밀도에서 실행할 수 있다. 그러나, 조명전력밀도를 더 낮춘다는 것은 앞서 말한 각 실별 광도계획과 IES권장의 최소치로 설계하는 것, 반사형 벽, 천정, 바닥의 활용 그리고 고효율의 조명기기 설치 등과 같은 접근방식과의 결합을 필요로 한다.

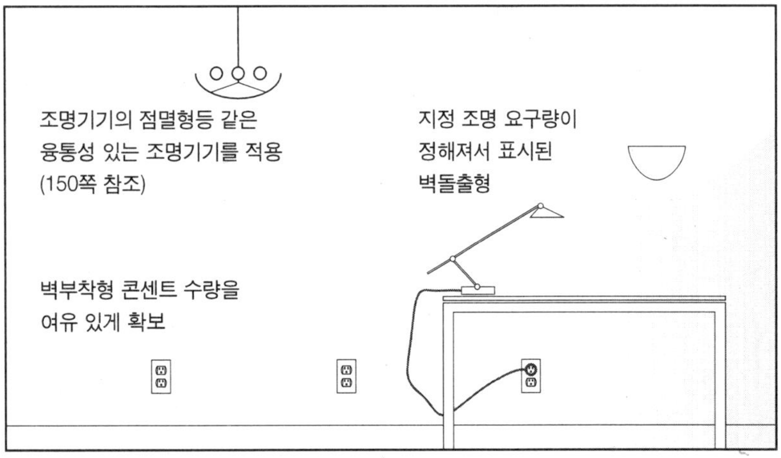

11.07 용량지정형 조명 전략

업무용 조명은 일반적으로 어떤 활동을 위해 적정한 국부조명을 하는 개별적인 방식으로써 조도와 에너지 사용량을 줄여줄 수 있다는 점이 고려된 것이다. 그러나, 바람직한 저에너지 업무용 조명이 실행하기 어렵다는 것을 알고 있어야 한다. 업무용 조명은 하나의 전략으로 개발된 것이기 때문에, 친환경 건축설계는 업무용 조명의 잠재적 가능성에 의존하지 않는 것이 좋다. 오히려, 융통성 있게 조절되는 고효율 에너지용 조명이 더 실제적인 접근방식이 된다. 미래의 업무용 국부조명을 허용하기 위해서는 업무용 조명이 필요한 장소에 소켓을 충분히 확보하는 것을 고려하는 것이 실질적이다.

고효율 램프와 조명기기

몇몇 종류의 광원과 조명기기는 다른 것에 비해 효율이 더 높다. 예를 들면, 형광등 조명은 백열등이나 할로겐 등에 비해 훨씬 효율이 높다. 더 나아가, 어떤 특수한 조명과 다목적의 조명기기들 조차도 다른 것들보다 더 효율이 높다. 예를 들면, 벽면돌출형 또는 매립선형 형광등은 매립된 박스로서 그런 종류의 하향 형광등 조명기기 등과 같은 것보다 상당히 효율이 더 높다. 그것들은 또한 점멸형, 천정돌출형 원형의 조명기기들 보다도 더 효율이 높다. LED조명은 또 하나의 고효율형 광원으로 관심을 얻기 시작했다. 그러나 그 질적, 효율적인 폭 넓은 적용성은 아직 미흡하다.

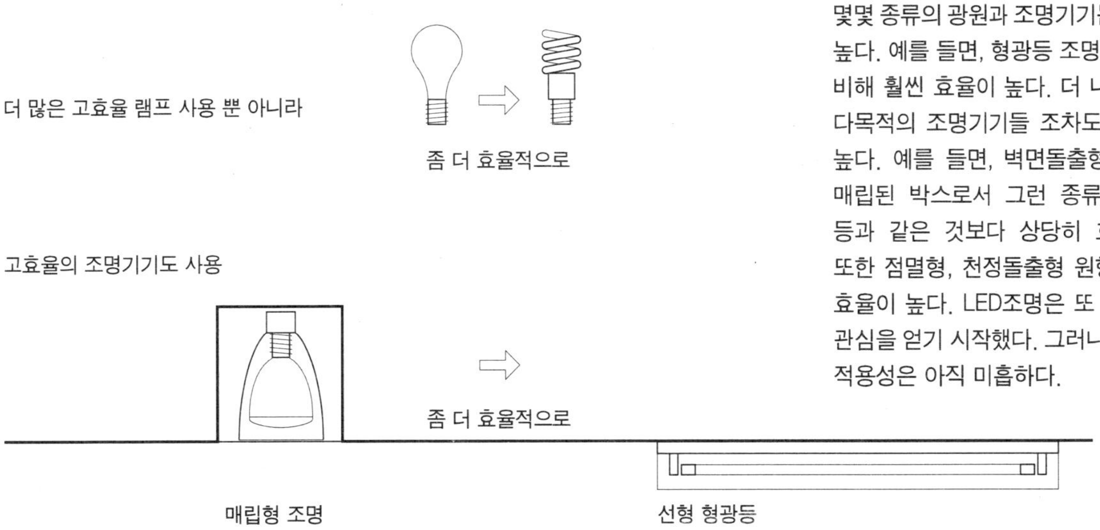

11.08 보다 고효율의 램프 및 조명기기 사용

조명기기 유용한 선정을 위해 도표에서 보여주는 것이 조도/watt(lm/w)로 표기되는 조도효율성이다. 이 자료에 의하면, 촛불은 조명효율성이 0.3lm/w이다. 백열등은 10-20범주에 있으며, 집중형 형광등의 효율성은 더 높아서 보통 40-65lm/w 정도 된다. 선형형광등은 더 높아서 50-100lm/w의 효율성이 있으며, 상부조명과 같이 공간 상부에 광원이 있을수록 더 효율이 높아진다. 점점 부각되고 있는 LED조명은 조도효율성이 20-120lm/w의 아주 폭 넓은 범역을 가지고 있다.

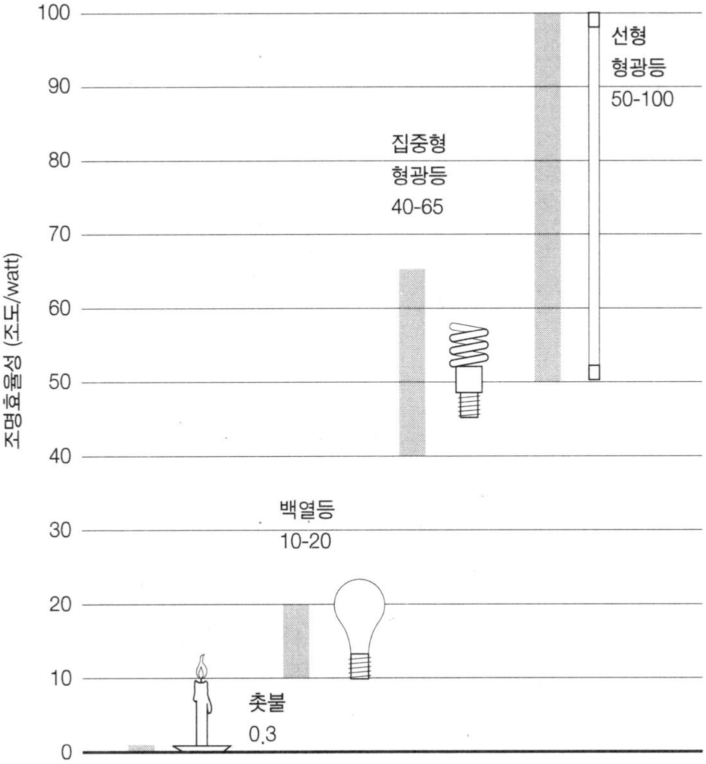

11.09 개략적인 조명효율 도표

외부 조명

외부조명은 실내조명, 고효율 조명기기, 필요한 만큼의 높이를 가진 안전한 조명을 위해 컴퓨터로 최적면적을 산정한 조명설계와, 필요한 곳에 조명을 더 근접시키고 효율을 높이기 위해 높이를 낮추고, 효율적인 밝기 조절을 하는 등과 같이 여러 기기들을 활용하여 가장 효율적으로 배분될 수 있다. 빛공해를 최소화 하는 추가적인 과제는 에너지 사용 최소화를 목표로 해서 사전에 논의하고 조화를 잘 이루도록 하는 것이다.

설계 초기단계에 건축주와의 적극적인 의논을 하고 외부조명의 수준을 어떻게 할 건지에 대한 신중한 판단을 하는 것은 영역별로 조명과 에너지 사용, 시공비 그리고 빛공해를 최소화 하는 데에 필요한 조치이다. 예를 들면, 낮은 높이에 설치하는 조명은 기둥을 세워서 설치하는 것보다 지면레벨에 바닥조명기기를 설치하도록 한다. 건축주의 요구조건은 저녁에 휴식이나 스포츠 활동 하는 데에 필요한 외부조명, 주차장, 건물 출입구, 보안, 장식물, 등등을 자세하게 제시된다. 핵심적인 문제는 이 모든 종류의 조명이 필요한지 여부이다. 원래 계획에서 각각의 불필요한 조명기기를 제거하면 시공비, 자재 이용료, 에너지 수요 등을 줄일 수 있게 된다.

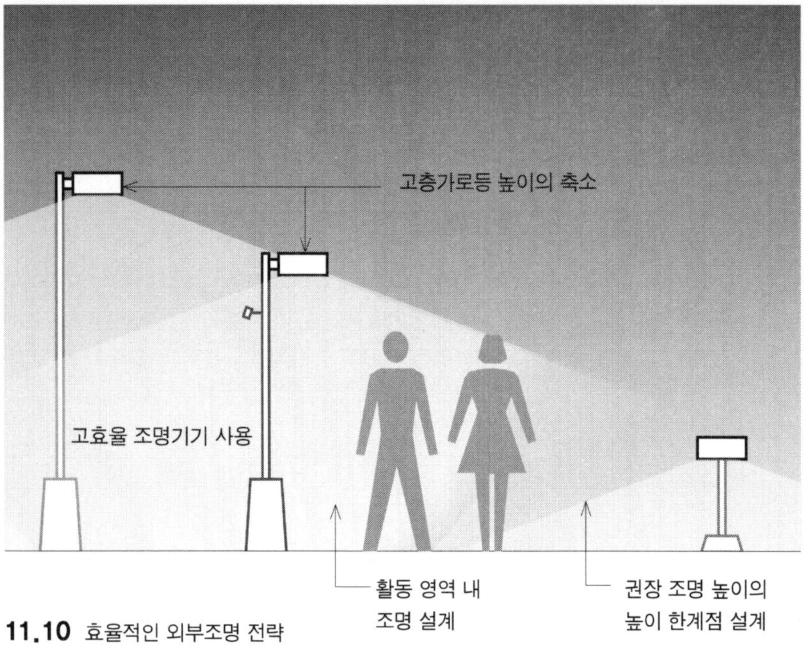

11.10 효율적인 외부조명 전략

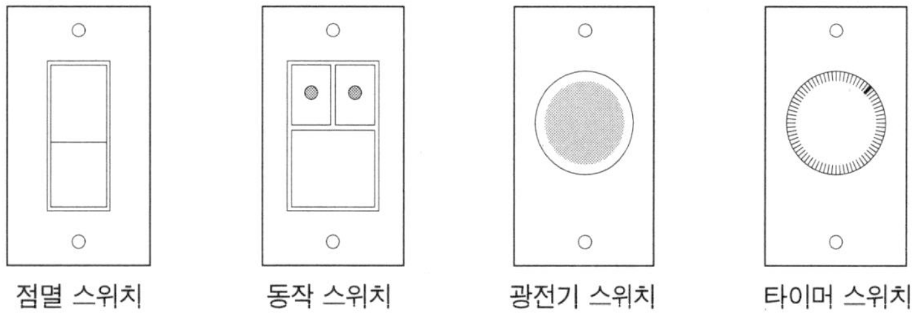

11.11 4종류의 조명 조절기

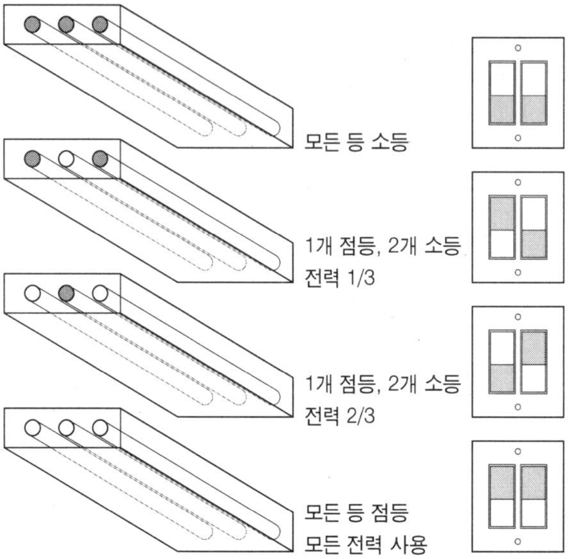

11.12 조명의 점멸 조절

조절

여기에는 4가지 주요 조절방식이 있는데, 그 각각은 조명에너지, 각각 별개 또는 결합하고, 사용설명서도 조절하고, 동작센서, 광센서 그리고 타이머 등을 줄여주게 된다.

사용설명서에 따른 조절은 통상 점멸스위치나 밝기조절기 등을 활용해서 조절한다. 하나의 공간에서 하나 이상의 조절기를 사용하는 것은 조명 수준과 에너지 절약에 훨씬 융통성을 부여해준다. 이 조절 전략은 다단계 조절 스위치를 말한다. 작은 방이라 할지라도 조명을 별도로 조절할 수 있게 최소 2개의 스위치는 있는 게 좋다. 조절은 같은 조명기기 내에 분리형 조명장치나 상이한 조명등을 위한 스위치나 조절기로 한다. 그것은 때때로 점멸형 또는 다단계 스위치로 불린다. 대형룸에서는 더 많은 스위치가 있어야 하고, 출입구가 2개라면, 3방향 스위치로 불리는 것을 각 출입부에 설치해야 한다.

특별한 적용을 위해서는 정확한 동작감지기가 적합한 작동을 보장해준다. 수동형 적외선감지기는 공간 내에 있는 거주자에서 발생되는 열을 감지해서 작동된다. 그리고 이 감지기는 거주자를 직접적으로 가시권 내에 둘 경우에 적합하다. 초음파감지기는 감지기에서 보낸 초음파 신호에 대한 반응을 감지함으로써 작동되며, 따라서 거주자에게 직접 닿거나 가시권 내에 없어도 감지가 가능하다. 그러나, 초음파감지기는 때때로 인접한 공간의 동작에 의해 잘못 반응하는 경우도 있다. 이중동작조절기술은 수동형 적외선감지기와 초음파감지기를 결합한 것이다.

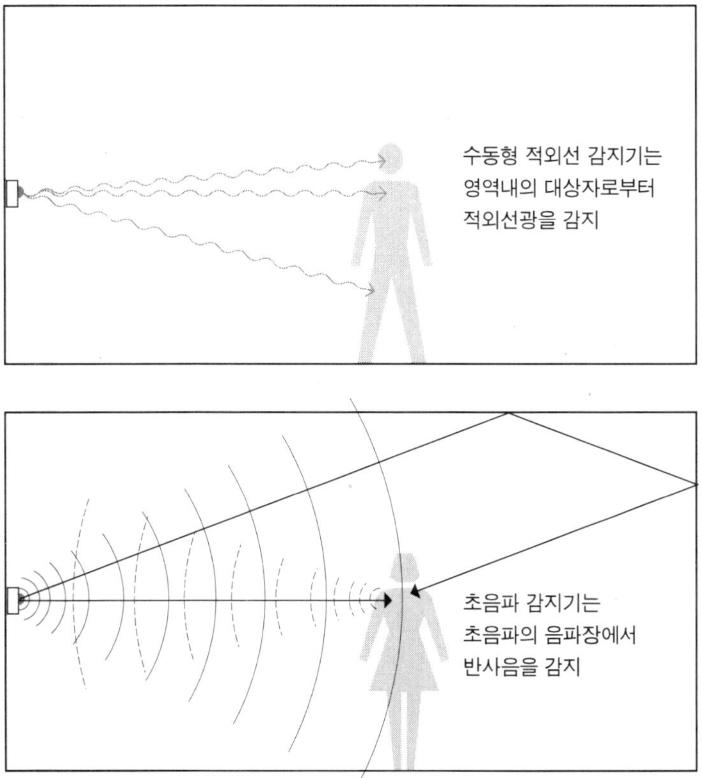

11.13 수동형 적외선과 초음파 감지기

시운전은 동작감지기에서는 중요한 과정이다. 동작감지기는 거주자가 더 이상 감지되지 않게 된 후에도 일정 시간동안 점등되고 있다. 이러한 상태를 지체정지 상태라고 한다. 예를 들면, ASHRAE표준90은 최대 30분의 지체정지 시간이 필요하고, 고층아파트 복도조명에서 30분으로부터 지체정지를 줄여가는 것은 24%에서 74%까지 절감되어 거의 3배 정도의 에너지를 줄일 수 있다. 아파트의 복도는 통상 97% 정도 비어있는 상태가 되는데, 30분 지체정지가 된다는 것은 하루 종일 켜진 상태가 된다는 의미이고, 복도에서의 동작감지기는 30분보다 더 자주 거주자를 보게 된다. 지체정지 시간이 짧아지는 것은 동작감지기가 실제 거주나 통행인이 없는 시간에도 작동하게 하는 것이다. 동작감지기의 지체정지 시간을 줄여서 얻는 효과는 학교나 오피스의 로비나 복도와 같은 거주빈도가 높은 곳에서 기대할 수 있다. 명심해야 할 것은, 아주 짧은 지체정지 시간을 가진 형광등은 램프수명에 영향을 주게 된다는 점이다. 모든 조명에 조절기를 장착하는 것과 같은, 적절한 지체정지 방안을 실행에 옮기기 위한 최상의 기회부여란 시방서에 이러한 설치방안을 특별히 제시해야 한다.

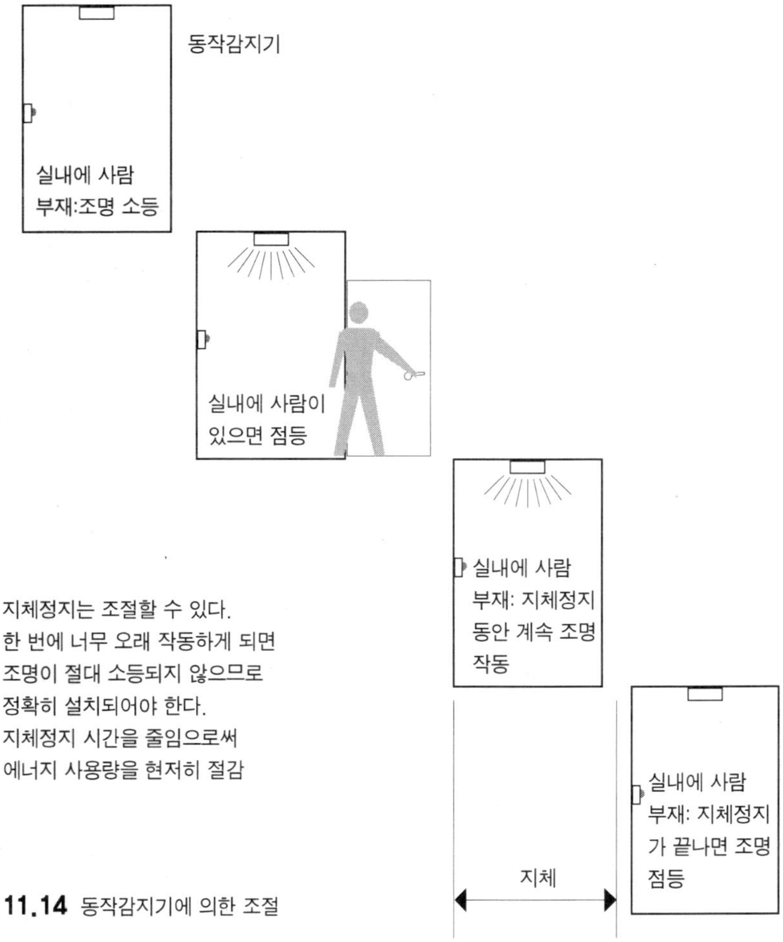

11.14 동작감지기에 의한 조절

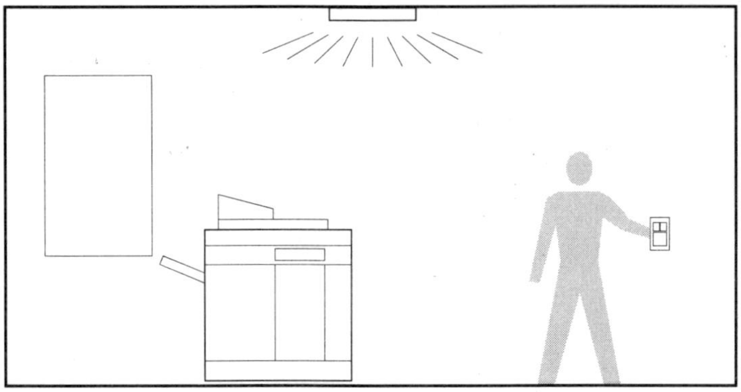

동작감지기 작동을 또 빈방감지기라고도 부르는데, 거주자가 규정에 따라 조명을 수동으로 켜는 것이다. 동작감지기는 오랜 시간 동안(지체정지) 동작이 감지되지 않은 후에 자동으로 조명이 꺼지는 것을 말한다.

감지기가 작동되어 있지 않으면, 출입자가 금방 들락날락하는 경우에는 조명이 꺼진 상태로 있게 된다.

11.15 동작감지기의 작동

동작감지기의 작동을 빈방감지기라고도 하며, 거주자가 수동으로 조명을 켜야 한다. 동작감지기는 동작이 더 이상 감지되지 않으면 조명이 자동으로 꺼진다. 이 조절방식은 인공조명이 항상 필요치 않은 곳에 적용되는 것으로, 주간에 태양광이 잘 비추는 오피스나 이용자가 조명을 늘 켜둘 필요가 없는 세탁실 등이 대상이 된다. 동작감지기의 작동은 하나의 공간에서 조명스위치가 잘못 작동되는 것을 피하는 데에 아주 효과적이다. 한편으로는, 자동 동작감지기는 공공 휴게실이나 주차장, 복도와 같이 거주자들이 친밀하지 않거나, 조명 스위치에 쉽게 출입하고자 할 경우에 아주 적절한 방식이 된다.

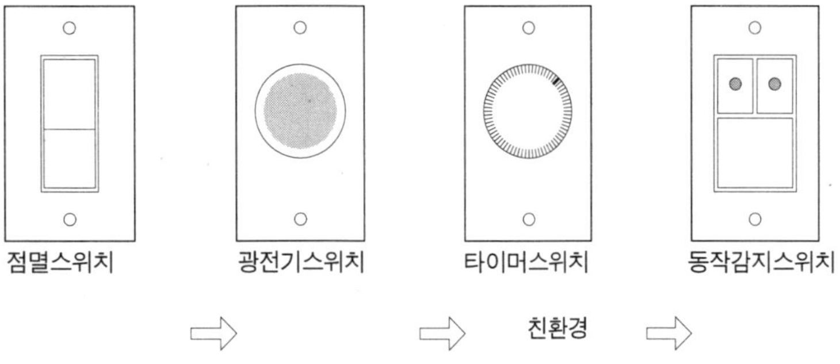

11.16 외부조명을 조절하는 친환경 방법

외부조명에서 가장 에너지 효율이 높은 조절방식은 다음 두 가지의 질문을 통해 얻을 수 그 해결책을 얻을 수 있다.

1. 다양한 외부조명에서 필요로 하는, 조명이 동작감지기에 의해 조절될 필요성이 있는가? 잘 적용된 동작감지기는 통상 최소한의 조명에너지를 소모하고 조명공해를 최소화 해준다. 실내에 사용되는 동작감지기처럼, 외부 동작감지기는 가능한 한 지체정지시간을 5분 이하로 짧게 하도록 특수화하고 시운전도 해야 한다. 외부조명 조정에 사용되는 동작감지기는 주간에 감지기에 의해 불필요하게 들어오는 빛을 차단하기 위해 광센서 조절기와 결합해서 사용되는 것이 가장 좋다. 이러한 조절방식의 우선 순위의 전제가 있어야 하는데, 두 개가 동시에 작동되거나 주변 조명이 없을 경우가 아니라면 외부조명은 작동되지 않는다는 것이다.

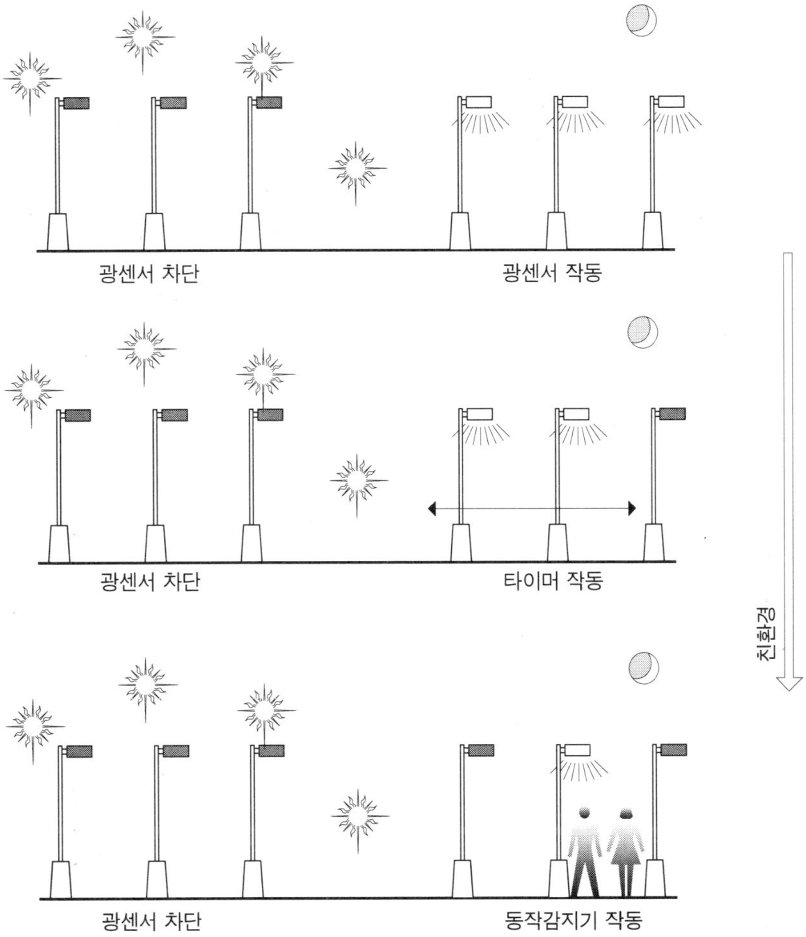

11.17 외부조명을 조절하는 친환경적 선택조건

11.18 표준 외부조명 수준

구분	촉광	Lux
직사광선	10,000	100,000
종일 맑음	1,000	10,000
흐림	100	1,000
황혼	10	100
별밤	1	10
깊은 밤	0.1	1
보름달밤	0.01	0.1
초승달밤	0.001	0.01
달빛없는 밤	0.0001	0.001
어두운 밤	0.00001	0.0001

외부조명이 밤새 켜져있어야 한다면, 외부가 어두워졌을 때만 조명이 켜지도록 하는 광센서가 작동되어야 한다. 에너지 효율형 디자인은 다음 내용에서 알아볼 수 있다.

2. 조명이 밤새 안전이나 출입에 필요한가? 또는 저녁시간 출입을 위해서만 필요한가? 후자라면, 조명에 광센서는 있어야 하지만 타이머는 꺼져 있어도 된다. 이러한 방식으로 하면, 철야조명을 위해 필요한 에너지의 50%를 절감할 수 있다. 다시 말해, 건축주의 프로젝트 조건에서는 타이머가 시험운전을 통해 확인한 바에 의해 조명을 소등할 수 있을 때인 저녁시간을 포함해서 각각의 외부조명이 안전과 저녁시간 출입을 위해 필요하다는 것을 강조하고 있다.

외부조명이 통상 조명이 필요하지 않을 때는 켜있지 못하게 하도록 하는 두 가지 분리된 조절방안, 즉 광센서와 동작감지기의 결합 또는 광센서와 타이머의 결합 등을 얼마나 필요로 하는지를 검토해라. 수동식조절기는 낮 시간 동안에 외부조명이 불필요하게 켜져있는 상태로 있는 것을 피하기 위해서 역시 광센서와 결합하는 것이 최선이 되는 또 하나의 선택방안이 된다.

동작감지기처럼, 외부 광센서는 아주 신중하게 지정하고 적절하게 설치되도록 한다. 야간에 통행하는 자동차에서 나오는 헤드라이트처럼 인공조명이 불필요하게 센서를 급히 작동시켜서 조명을 꺼지게 할 목적이 되지 않게 해야 한다. 외부조명 광센서를 통해 최대한 절감하기 위해서는 적절한 조명수준을 설정할 수 있느냐의 여부에 있다. 광센서는 인공조명이 외부의 시야를 확보할 수 있는 정도로 설정되어야 한다.

광센서는 종종 조명이 10촉광 아래로 떨어지거나 너무 높이 설정되어 더 높아질 때 조명이 켜지도록 설정되어 장착된다. 이러한 높은 기준의 설정은 흐린 한낮에 외부조명이 불필요하게 점등되는 원인이 되기도 한다. 여러 가지 규정이나 기준을 통해 권장된 조명 수준은 보도나 주차장 같은 장소의 조도와 같이 외부조명의 상이한 적용상태에 따라 0.5에서 0.2정도 이다. 외부조명의 요구수준은 시방서과 의뢰된 자료 등에 정해져 있어야 하며 광센서에 의한 조절은 주변의 밝기가 이 수준 이하로 떨어졌을 때 조명이 켜지도록 설정되어야 한다.

광센서를 위한 한계구간이 정해져 있어야 한다. 한계구간은 제거설치와 유입설치 사이의 차이에 있다. 이는 불필요한 조명의 반복을 피하기 위해 설치된 유입점보다 충분하게 더 높은 수준에서 설치되어야 한다. 예를 들면, 설계기준이 1촉광이면, 주변 조도가 1촉광 이하로 떨어졌을 때 조명이 켜지고 주변 조도가 3촉광 이상으로 올라갔을 때 조명이 꺼지도록 광전지가 설치되어야 한다.

11.19 광센서의 조명수준이 너무 높게 되어 있을 경우의 결과

외부조명 조절기를 정확하게 설치했는지 여부는 시공 후 검사를 통해 판정된다. 구름이 끼어 있을 때나 동이 튼 후 너무 오랫동안 또는 황혼이 오기 전에 너무 일찍 외부조명이 켜진다면, 그 조명이 켜졌을 때 그 광전지 조절기가 너무 높게 설정되었을 때는 그 장치 주변의 조도수준을 변화시키기가 어렵다. 적절한 기준설정은 낮은 조명수준에서 그러한 각 시간대에만 작동한다는 것을 명심해야 한다. 설정기준이 정확하다면 조명이 켜진 것을 확인하기 위해 커버가 덮여 있는 한 광센서를 노출시키지 않아도 된다.

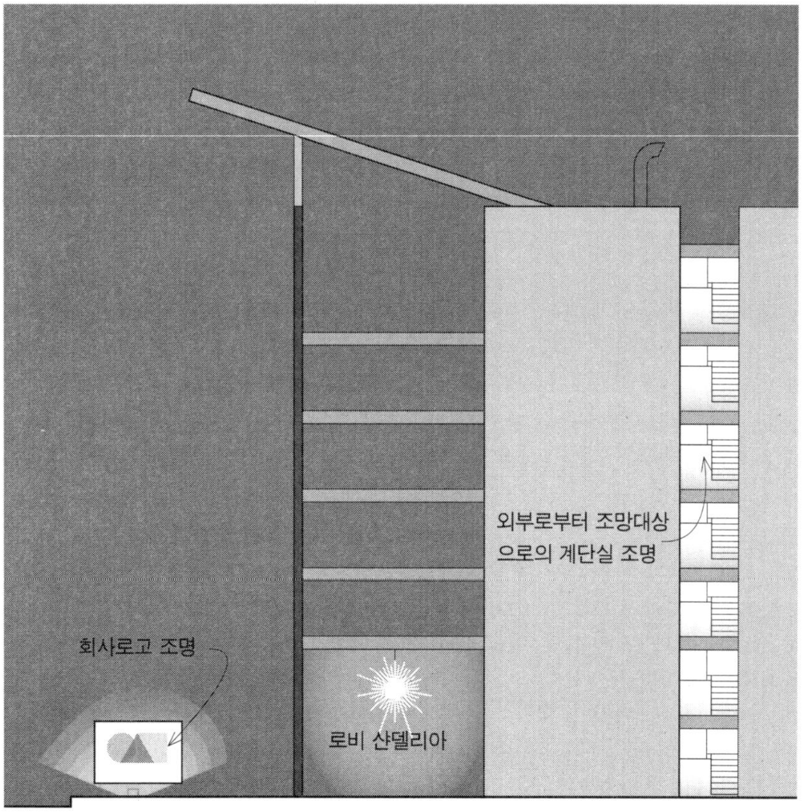

11.20 건물을 위한 장식조명

장식 조명

장식조명의 장점은 친환경건축과 관련해서 논의될 수 있다는 점이다. 실내조명을 포함한 장식조명은 건물 인테리어를 통해 외부로부터 주의를 끌게 해준다. 외부조명은 건물 파사드나 여타 외부공간 요소들, 싸인조명, 돋보이게 하는 외부예술품 조명, 상점 디스플레이 등과 같은 것들을 두드러지게 해준다. 장식조명은 비효율적일 때가 있는데, 고효율의 기기와 조명등이 사용 되었다해도 고효율 조절기로 조절될 경우에는 가끔 발생한다.

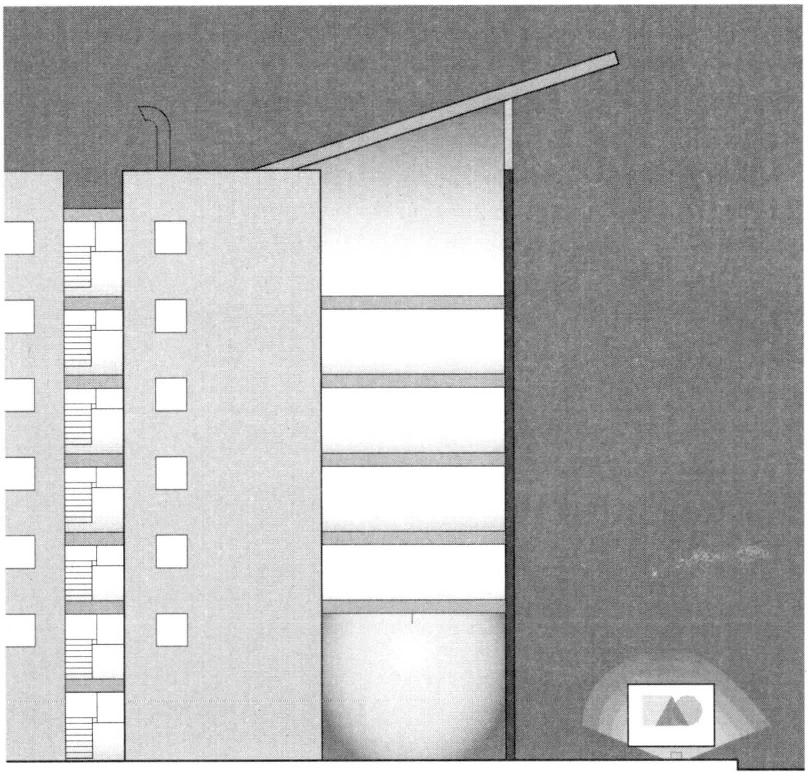

11.21 렌더링은 종종 실내조명이 거주자의 필요를 넘어 건물의 외부조명계획을 강조

고효율 기기와 조절기를 너머선, 친환경건축 설계는 그 질문에 근거가 되는데, 각각의 장식조명이 어떤 특수한 건물에 필요한가? 역사적으로, 건물에서 온화한 느낌을 전달하기 위해실내조명에 의해 밝게 된 창문을 표현하는 렌더링으로 기본계획을 하면서 개념화되어 왔다. 그런 렌더링은 거주자에게 필요한 조명에 의해서보다는 외부경관상으로 보여지는 창문디자인과 야간에 켜진 상태의 조명과 조절에 대한 디자인을 통해 만들어진다.

장식조명은 친환경 건축 규정과 기준 그리고 설계지침 등의 범주 내에 있기도 하고 예외가 되기도 한다. 그러나, 장식조명이 때로는 비효율성을 가지고 있기 때문에, 장식조명의 필요성은 친환경건축 디자인에서 각 경우마다 달리 적용하는 것이 최선이다.

여타 조명의 문제

조명에너지의 사용량을 낮추는 것은 공저설비의 사용량을 줄이는 효과가 있다. 공간에서 조명을 줄이면 겨울에 난방 요구량을 증가시키지만, 전기는 난방공급에 비효율적 방안이기 때문에, 조명의 필요성을 줄여서 에너지와 시공비 면에서 잇점을 갖고 있다. 난방시스템은 조명이 켜있을 때를 위해 그 양이 정해지는 것이 아니기 때문에, 조명이 줄어든다고 해서 시공비에 불리한 점은 없다. 그러나 냉방은 여름에 조명이 켜있을 때 그 용량이 좌우되기 때문에 조명이 줄면 시공비도 절감되며, 특히 보다 소형의 냉방시스템에서는 더욱 효과적이다. 그러나, 조명설계가 냉방시설의 용량이 정해지기 전에 확정되었을 때만 이러한 절감효과는 더 증가된다.

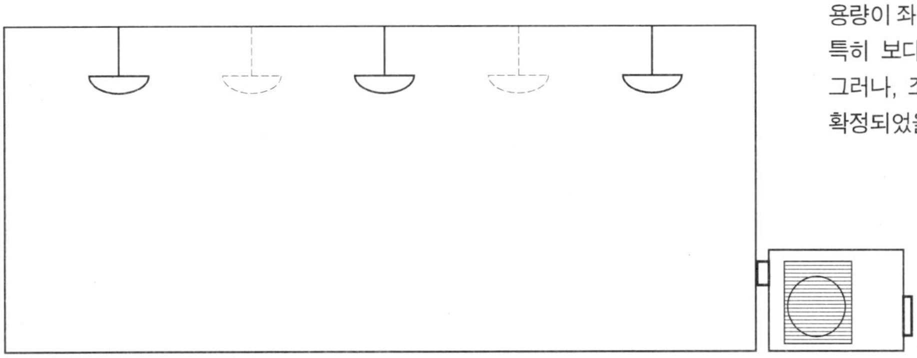

11.22 조명의 절약방안은 때때로 공조시스템의 부하절감 성과 획득

효율적인 조명디자인은 과도한 조명보다는 정확한 용량의 조명일 때 시공비를 절약하게 해준다. 한편으로는, 고효율기기와 보다 효과적인 조명조절이 기존 효율조건 대안 보다 더 가격절감효과가 있다.

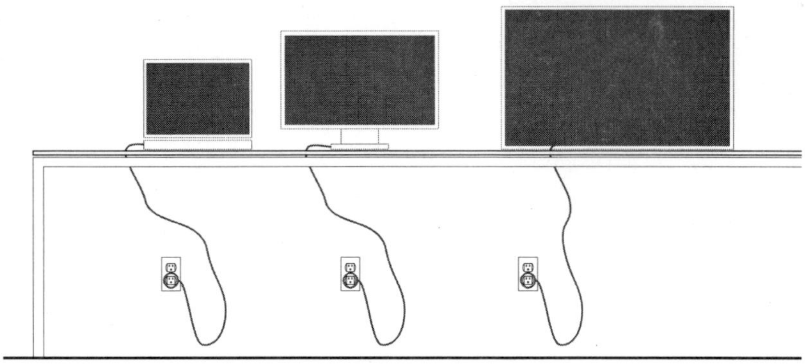

11.23 플러그 부하의 증가

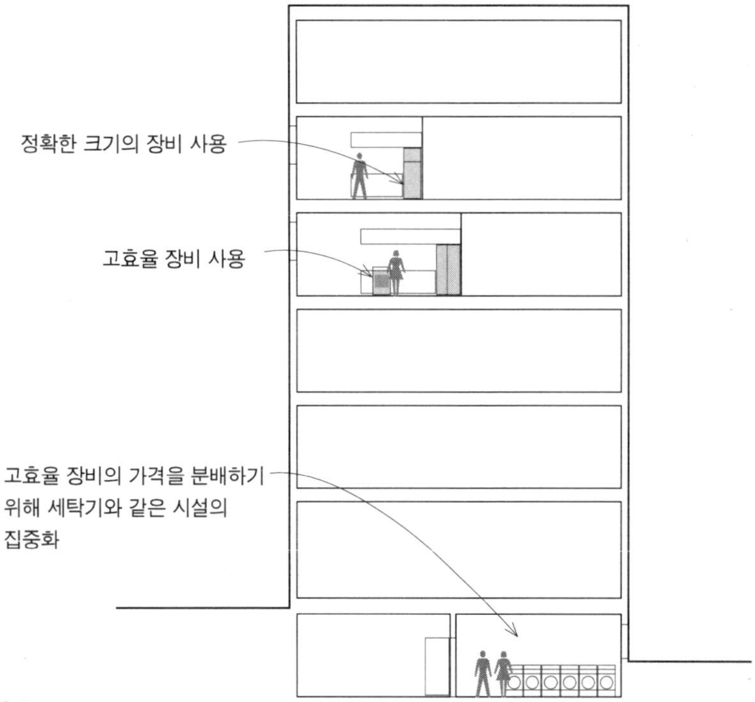

11.24 장비부하를 줄이기 위한 전략

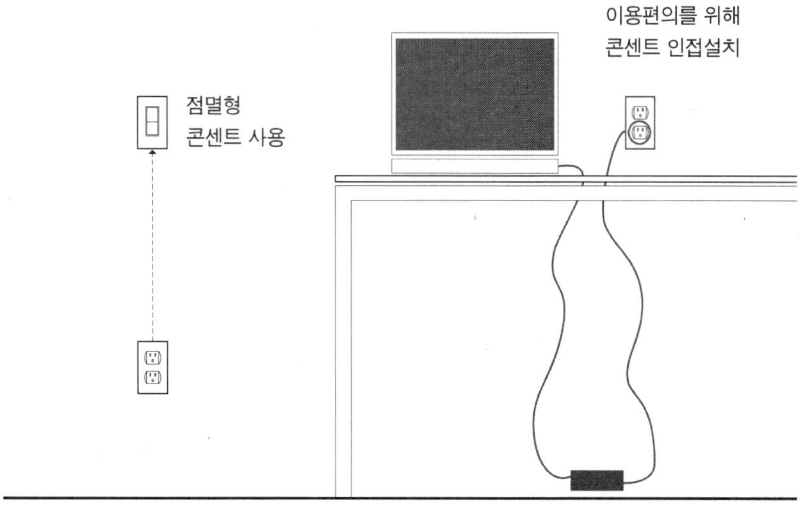

11.25 전력공급원으로부터 플러그부하 절감을 위한 전략

플러그 부하

플러그부하는 건물에서 에너지 사용에 따라 급격히 증가한다. 대형TV, 컴퓨터, 전자게임기, 대형 냉장고 및 냉동고, 기타 전자장비를 위한 전력공급원과 같은 장비들은 이러한 플러그 부하를 증가시키는 주요인이 된다.

전통적인 건축설계에서는 그 부하가 건물주나 거주자가 부담했다. 그러나, 근래 몇몇 사례를 통해 보면 장비기기들이 전문적 디자인을 통해 선정되고 있다. 그리고 미래에는, 플러그부하의 에너지 사용이 다른 방식으로 설계에 영향을 미치게 될 것이다.

냉장고, 식기세척기, 세탁기와 같은 대형 장비를 위해, 고효율성인 것을 정하게 된다. 사례를 보면, 장비의 연료와 종류를 변경함으로써 히트펌프형 건조기 등에서와 같이 에너지 사용량과 탄소배출의 절감효과를 얻을 수 있다.

장비사용의 집중화 - 예를 들면, 아파트의 세탁실에서 각 아파트 세대별로 설치하는 것보다 복합 집중시키는 것 - 은 많은 사용자들 사이에 분배되고 나누어지기 위한 고효율 장비가격은 증가된다는 점을 인정하는 것이 필요하다. 이러한 시나리오에서, 고효율의 지역온수방식은 더 많은 가격상 효율을 가져올 수 있다. 집중형 세탁은 급수, 건조통풍, 가스파이프 설치, 환기 등을 위한 건물 관통부를 더 적게 해준다. 이는 그 기계장비들이 개개인의 아파트에 설치되었을 때 보다 침투율이 낮아지는 효과를 가져온다.

장비는 적절한 규격을 갖도록 해야 한다. 예를 들면, 0.6㎥ 용량을 가진 냉장고는 스튜디오형 아파트에는 적합하지 않고 0.4㎥ 모델이 적당하다. 효율성을 가진 장비는 시용효율 또한 높다. 예를 들면, 냉장고는 냉장효율을 떨어뜨리기 때문에 난로 옆이나 다른 따뜻한 장소에 설치하지 않아야 한다. 냉각기용 콤프레셔와 기타 상업용 냉장고와 같은 냉장고는 따뜻한 장소에 설치되어서는 안 된다.

많은 전력이 휴대용 컴퓨터, 휴대폰, 충전기와 같은 전자기기에 공급된다. 바닥보다 접근성이 높은 위치에 콘센트를 설계함으로써 사용하지 않을 때 이러한 전력공급을 끊거나 플로그를 뽑는 데에 용이하다. 대안으로는, 상설 조절기가 벽돌출형, 손 높이의 점멸스위치 등과 같은 콘센트를 위해 설치되면 플러그부하는 쉽게 꺼지게 된다.

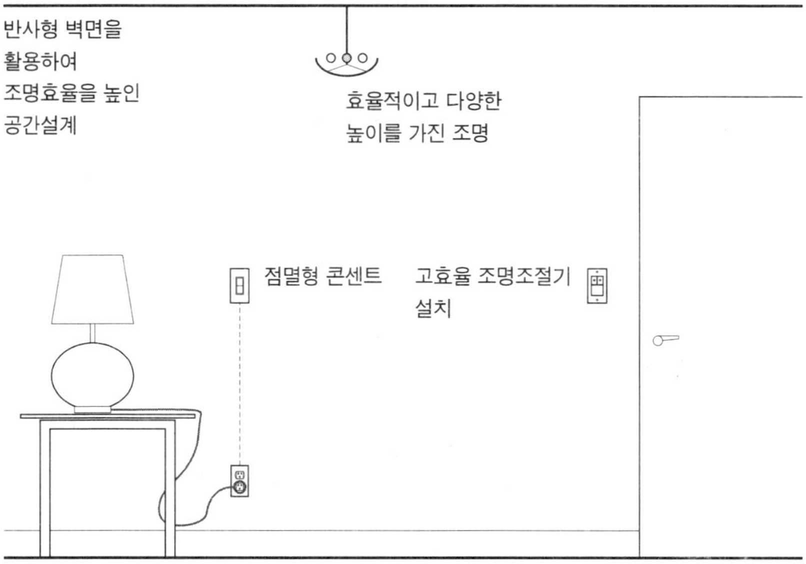

11.26 조명 플러그부하 절감 전략

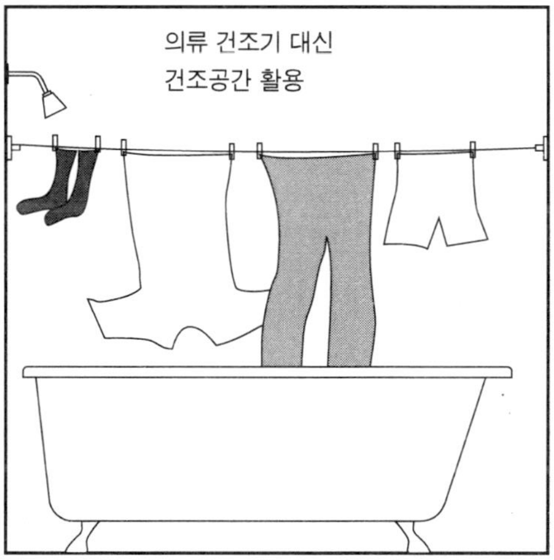

11.27 의류건조기의 플러그부하 절감 전략

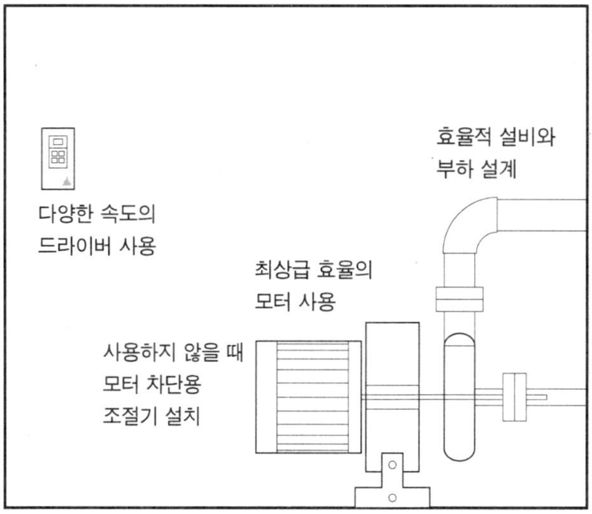

11.28 대형 모터의 에너지 사용 절감 전략

조명 플러그부하의 사례에서 보면, 건물설계에서 고효율성, 안전 고정형 조명기기 등을 설치함으로써 플러그부하의 에너지 사용을 잠재적으로 줄일 수 있다. 이것은 효율이 낮은 백열등과 할로겐등을 사용하는 플러그 인입형 등lamp에 하나의 조명이 놓이는 곳에 있게 된다. 조명기기가 보다 효율적일 뿐 아니라 조명설계를 통해 조명기기의 통일화와 공간구성화를 통해 더욱 효과를 높힐수 있다. 조명의 조절은 사람들이 조명을 쉽게 점멸할 수 있도록 동작감지기, 사진 조절기, 타이머, 벽스위치 등을 통해서 더 효과적이 되게 한다. 상용 콘센트의 적절한 양은 이러한 접근방식이 효과적인 조명을 전개할 수 있는 만큼의 필요한 조명을 공급하도록 해준다.

추가적인 창조적 접근방식은 건물설계를 통해 플러그부하를 즐여주는 것이다. 예를 들면, BREEAM에서는 건조공간을 마련하거나 의류를 건조세탁 하도록 해주는 조건을 제공해준다.

인디넷작동 조절형의 출현은 플러그부하의 조절과 에너지 사용절감의 더 많은 기회를 제공해준다. 이러한 조절에 의한 유용성과 경제성은 시간이 감에 따라 확대될 것이다.

대용량 전기부하

대용량 전기부하는 엘리베이터, 에스컬레이터와 기계설비의 휀과 펌프 등을 작동시키는 모터를 포함하고 있다.

주의할 것은 오랜 시간 작동되는 대형모터에 있다. 친환경적 선택은 최상급 효율의 모터, 변속형 드라이버, 고효율 설계, 사용하지 않을 때 모터를 중단시키는 조절기의 활용 등이 포함된다.

엘리베이터는 현대의 다층 건물에너지의 3-5%를 차지하고 있다. 저층건물은 종종 비용절감을 위해 유압식을 사용하며 고층건물은 에너지효율과 고속을 감안하여 AC모터를 가진 가변압, 변압조절형(VVVF) 방식을 이용한다.

엘리베이터의 에너지 사용은 사용빈도, 엘리베이터 용량, 그리고 효율 등을 포함한 여러 요인이 있다. 에너지 사용량은 동력브레이크와 같은 고효율 드라이버와 장비를 장착한 엘리베이터를 사용함으로써 절감된다. 엘리베이터는 또한 사용하지 않을 때는 자동으로 소등되는 고효율조명을 사용하여 에너지를 절약한다. 첨단조절장치는 아주 필요한 장소에 위치시키고, 다층 건물에서 이용도가 낮은 시간에는 몇 개의 엘리베이터는 정지시키는 증의 적정한 엘리베이터 작동시스템을 적용해서 에너지 사용을 훨씬 더 줄인다. 에너지 사용량의 추정을 목표치는, 유압식 엘리베이터가 작동 중에 대략 0.02-0.03kwh/start 이고 저층에 적용되며, 중량이 많이 나가는 것이나 중층의 경우에는 좀 더 소모된다. 고효율 드라이버에서는 0.01-0.02kwh/start로 줄어들게 된다. 고층건물의 VVVF드라이버를 장착한 엘리베이터는 대략 0.03-0.04kwh/start이고, 동력브레이크나 DC진동폭 조절형 드라이브를 가진 것은 0.02-0.03kwh/start으로 줄어든다.

전통적인 엘스컬레이터는 대당 매년 4,000-18,000kwh의 전기를 사용한다. 변속모터는 사람이 없을 때는 속도를 낮추기도 하고 이용자수가 아주 낮을 때는 작동을 중지하기도 하면서 에너지를 절감할 수 있다.

기준의 변환기는 15kVA에는 97%에서 1,000kVA에서는 98.9%로 바뀌는 변환기를 가지고 최소의 효율을 정한 연방기준에 따라야 한다. 최상의 효율을 가진 변환기는 현재 15kVA에서 97.9%이고, 1,000kVA에서는 99.23%로 상승한다. 변환기는 환기가 잘 되어야 하고, 저온일 때는 고효율로 작동되어야 한다. 그러므로, 더운 방이나 적절하게 공기순환이 되지 않는 폐쇄된 외주공간에 설치되어서는 안 된다.

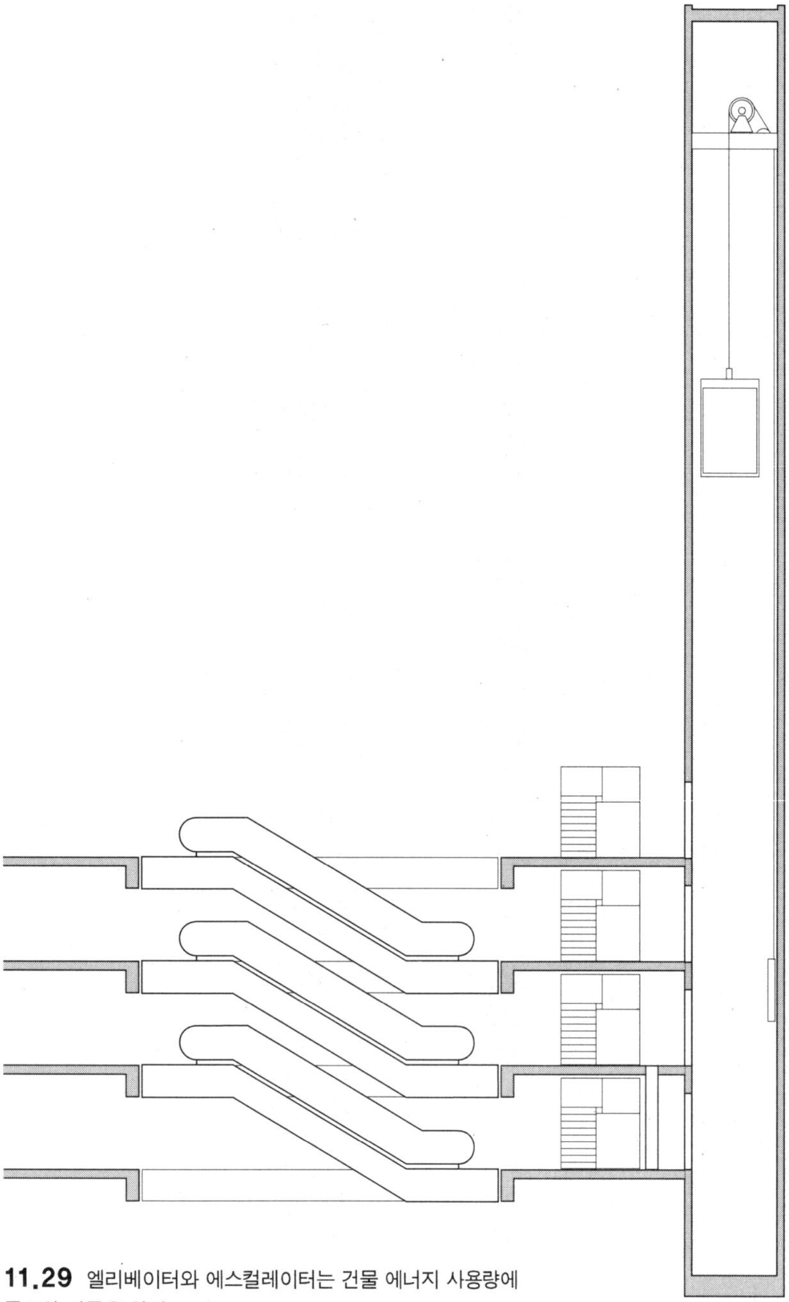

11.29 엘리베이터와 에스컬레이터는 건물 에너지 사용량에 중요한 비중을 차지

12
온수와 냉수

물은 무한 자원으로서의 존재가 상승하고 있다. 친환경 건축물을 위해 양호한 물로 평가된 물은, 냉, 온수의 공급과 소비가 고려되어야 한다. 온수의 소비를 줄이는 것은 물과 가열하기 위한 에너지를 절약하는 것이다.

지하수의 사용은 〈4장 커뮤니티와 대지〉에서 다루어진 바 있다. 이 장에서는 실내의 물 사용을 중점적으로 다루게 된다.

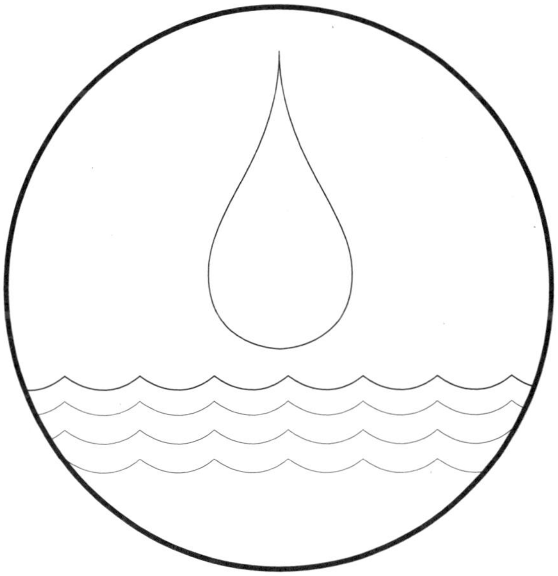

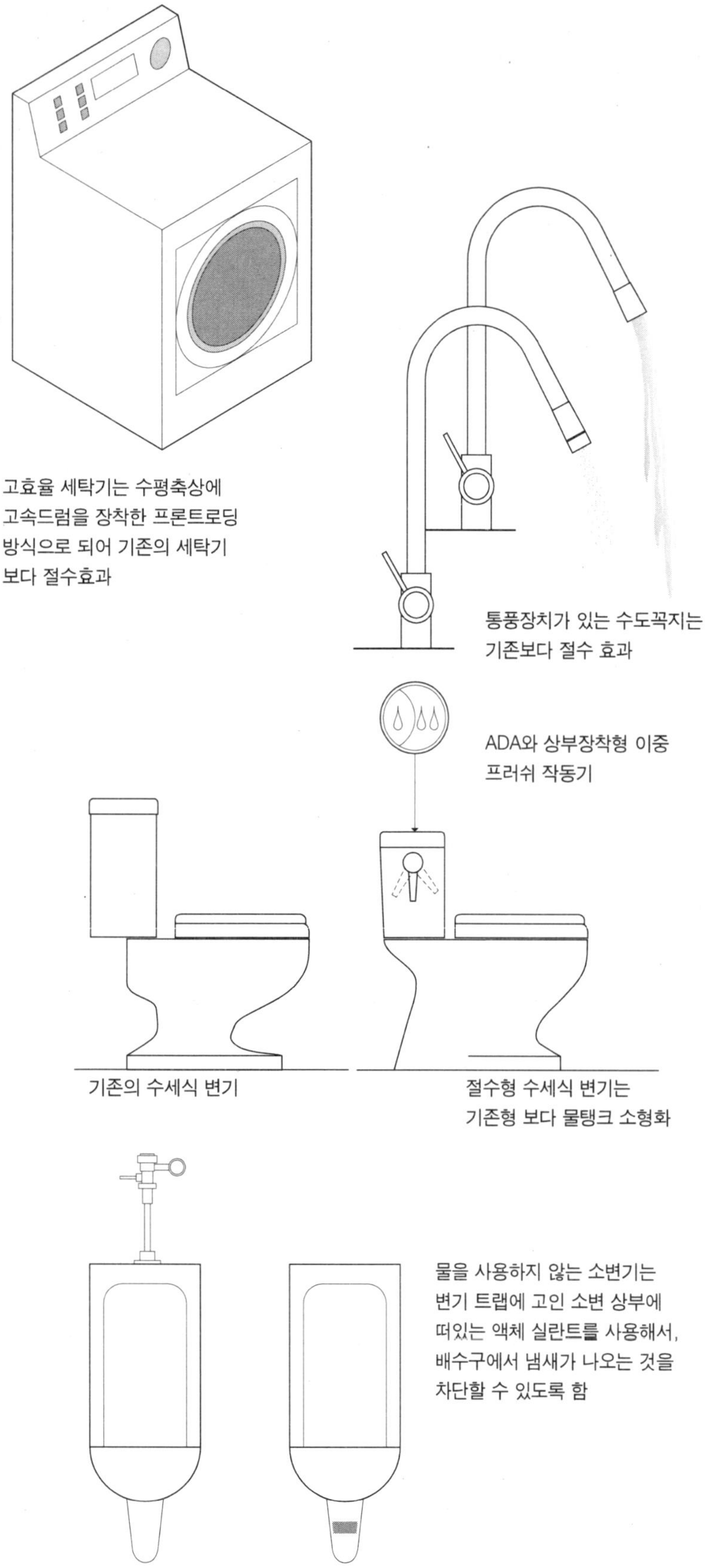

12.01 효율적인 기구적용과 장치

절수

절수와 에너지 사용은 최초 측정된 물의 양까지 매우 효과적으로 달성하는 것이다. 최종 목표로 된 사용점에서 시작한다는 것은, 동일한 목표까지 효율을 분배하고 절수형인 고효율 기구와 장비를 사용하는 것이 첫째 단계라고 할 수 있다.

고효율 식기세척기는 표준형보다 20% 정도 물이 절약된다. 고효율 세탁기는 표준형 세탁기보다 50% 절수가 가능하다. 절수형 샤워헤드나 세면기 또한 물을 절약하게 된다.

이중 플러쉬형 변기는 일반 수세식 변기보다 물을 덜 사용한다. 물을 전혀 사용하지 않는 워터리스형 소변기는 건물 내부로 냄새가 유입되는 것을 막기 위해 배수장치에 오일로 된 액체실링을 대신 사용한다. 대변기도 물을 사용하지 않는 것이 있다.

12.02 EPA의 자율 물감지 시스템에 의해 제시된 절수형 장비

장비명	연방 요구조건	EPA 물 감지 조건
샤워헤드	2.5 GPM*	2.0 GPM
소변기	1.0 GPF**	0.5 GPF
주거용 변기	1.6 GPF	1.28 GPF
상업용 세면기		
개인용 화장실	2.2 GPM	1.5 GPM
주거용 세면기		
욕실	2.2 GPM	1.5 GPM

*GPM: 분당 수량(갤런)
**GPF: 세면배수 당 수량(갤런)

하중으로서의 물은 단지 흐르는 것 뿐 아니라 계속해서 떨어지기도 한다. 물 사용의 절약이란 흐름양을 낮추는 것과 물 흐르는 시간을 줄이는 것 모두를 말한다. 물을 자동으로 차단하는 것으로서 공중화장실 같은 곳의 물흐름 조절기는 물이 계속 흐르는 것을 제한함으로써 물 사용량을 줄여준다. 유사한 방식으로, 샤워헤드나 수전의 레버는 수시로 물을 잠그거나 냉온수를 쉽게 전환시키도록 하면서 물이 계속 흐르는 것을 차단해서 에너지를 절약하기도 한다.

수량에서 중요한 점은 누수의 원인에 있다. 우리는 보통 누수를 건축설계를 통해 조절될 수 없는 실패사례로서의 비정상적인 상황에서 발생한다고 생각한다. 그러나 몇몇 누수상황은 본래 있는 장비가 요인이 되어서 발생된다. 이러한 것들은 설계에서 그 장비의 사용을 피하는 것만으로도 제거될 수 있다. 예를들면, 상부핸들이 달린 욕조꼭지는 샤워로 물을 맞기 위해 핸들을 뽑으면 대개 물이 새게 된다. 연구결과에 의하면 이러한 장비는 0.8GPM에서 평균 34% 정도 누수가 발생된다고 한다. 욕조꼭지의 끝단에 있는 핸들에 전환밸브가 달린 꼭지를 사용하면 누수가 제거된다. 또 다른 사례는 누수감지를 할 수 있는 변기밸브이다.

원래 누수가 되는 장비의 종류는 증기보일러였다. 19세기형 기술로 고안된 증기보일러는 하나의 작은 고안품으로 보여져왔다. 그러나 증기보일러 시스템은 일상적으로 증기를 누출시켰다. 이 시스템은 환경에 노출되어 증기누출이 잘 감지되지 않는다. 이 누수는 증기보일러의 사용을 피하기 위해 건축설계에서 제외될 수 있었다. 이와는 별개로 보일러에서 발생되는 물은 그것이 증기에 의해서건 온수에 의해서건, 이 자동급수 방식이 보일러 시스템에서 누수를 막아줄 수 있기 때문에 자동으로 흐르게 해서는 안 된다. 자발적으로 생성되는 물은 밸브로 차단되고 보일러를 채우기 위해서만 사용되어야지 누수를 채우는 것으로 되어서는 안 된다.

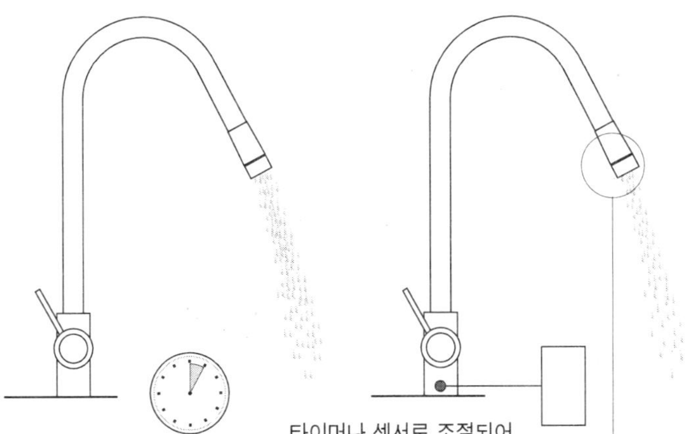

12.03 물 소비를 줄이기 위한 전략으로 물 흐름 조절

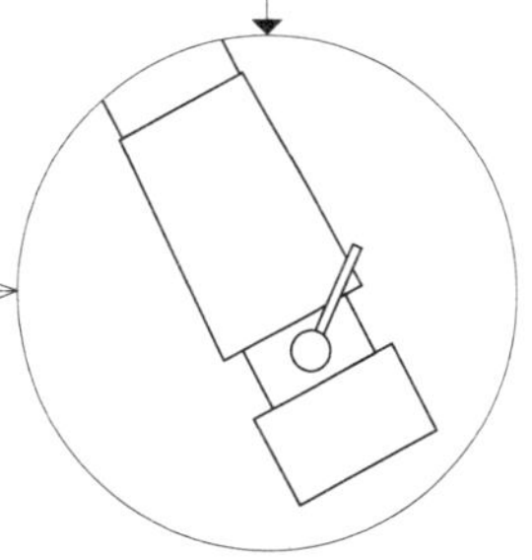

12.04 일시적 물 차단 레버가 부착된 통풍형 수전

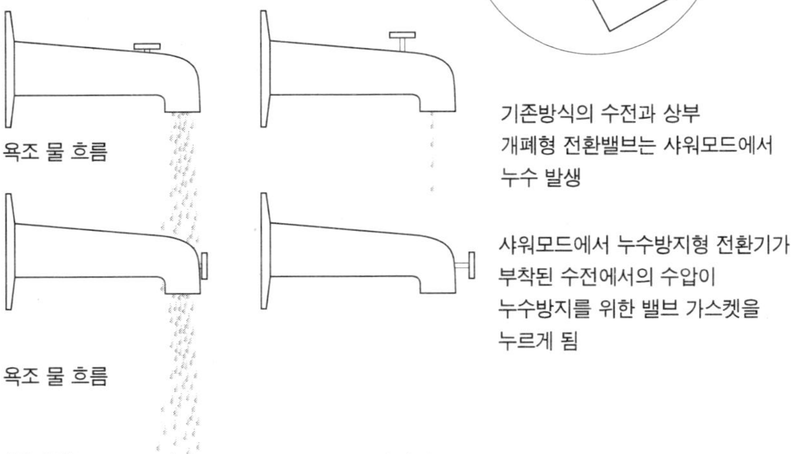

12.05 재래형과 누수방지형 욕조 수전과 전환밸브

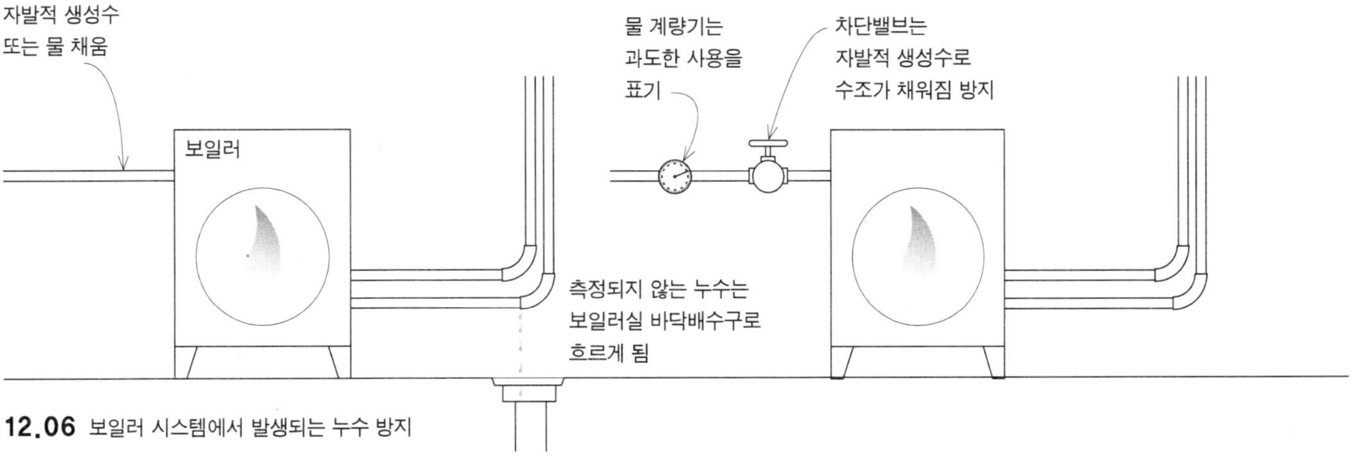

12.06 보일러 시스템에서 발생되는 누수 방지

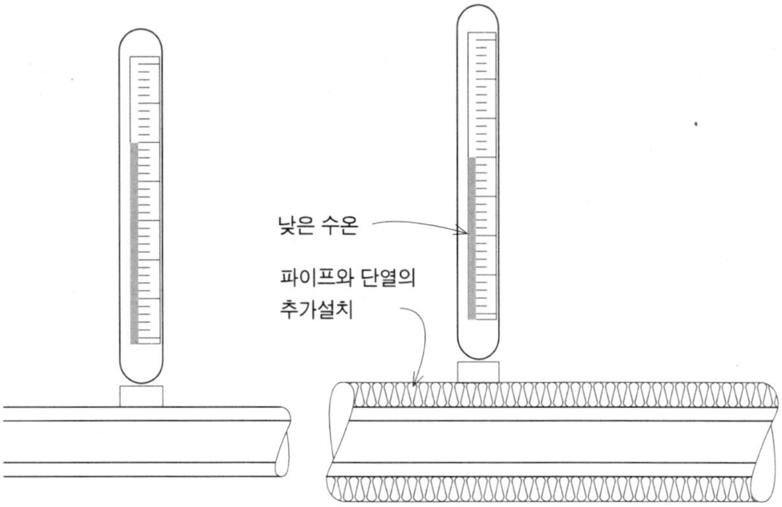

12.07 수온을 낮추고 파이프와 설비장치의 단열성능을 높이는 것은 온수 열손실 감소효과

온수

온수는 주방, 욕실, 세탁실과 다른 물 사용부분에서 사용되는데 비교적 에너지 비중이 높다. 주거용 건물에서는 두 번째로, 모든 건물에서 1차 에너지의 9%를 사용하며, 전체적으로는 실내난방, 조명, 공간 냉방 다음으로 4번째로 높다. 업무공간은 병원, 호텔, 아파트, 공장...등의 다른 건물보다는 대체로 낮은 편이다. 이 소비성 높은 온수는 보통 실내용 온수와 서비스용 온수로 분류한다. 건물에서 공간을 난방하기 위한 온수와는 구분되어야 한다.

실내 온수의 에너지 하중은 그 하중이 건물에 유입되는 물 온도가 낮아지는 겨울에 다소 증가한다고 하더라도 온도, 일조, 바람 등과 같은 외부적 영향요인과는 직접 비교하기 어렵다.

열 공급을 위해서, 특히 북쪽지방의 기후에서는, 온수는 대기 열손실량이 겨울에 공간난방을 위해 생산적으로 사용되게 하기 위해서 실내를 전체적으로 온수히터가 될 수 있게 열적 막 속에 있게 해준다. 다시 말하면, 온수히터가 지하와 같은 외부공간과 연결되어 있는 난방되지 않은 공간에 설치되지 않는 것이 최상의 방안이라는 것이다. 마찬가지로, 분배 설비가 난방된 공간에 설치되어 있다면, 열분배 상의 손실은 많은 양이 유용하게 사용될 수 있을 것이다. 비록 그러한 손실이 공조에 부정적인 영향을 줄 수도 있지만... 그러므로 파이프나 설비의 단열로 그 손실을 최소화 하는 것이 중요하다.

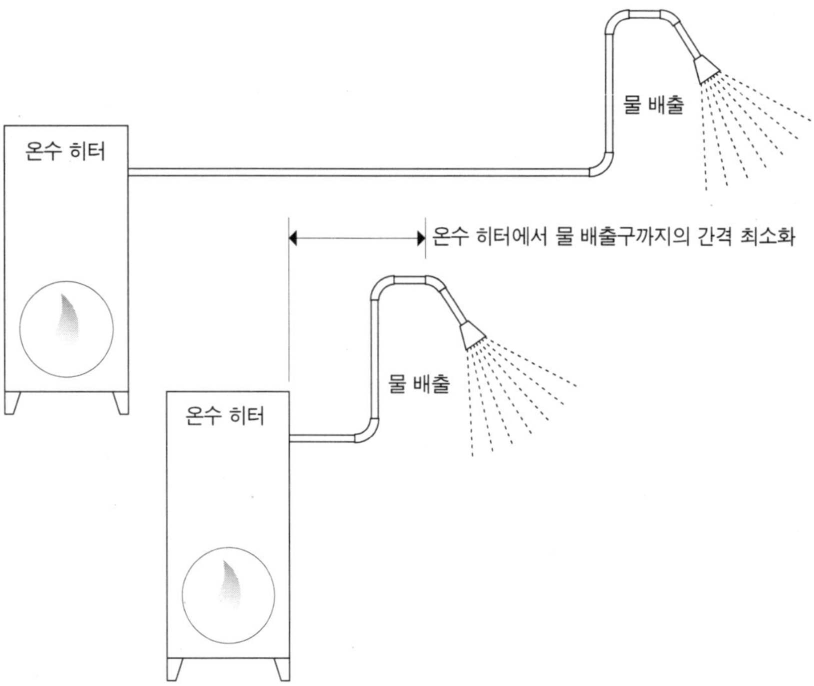

12.08 온수 히터로부터 물 사용지점까지의 간격을 최소화 하는 것은 에너지 사용 감소 효과

에너지 사용을 줄이기 위한 또 하나의 전략은 온수히터와 사용 장소 간의 거리를 최소화 하는 것이다. 이러한 것은 온수히터의 사용부분을 활용하거나 욕조나 주방 같이 사용 장소를 집합화 하는 방법 등으로 해결할 수 있다.
For the supply of heat, it makes sense to keep

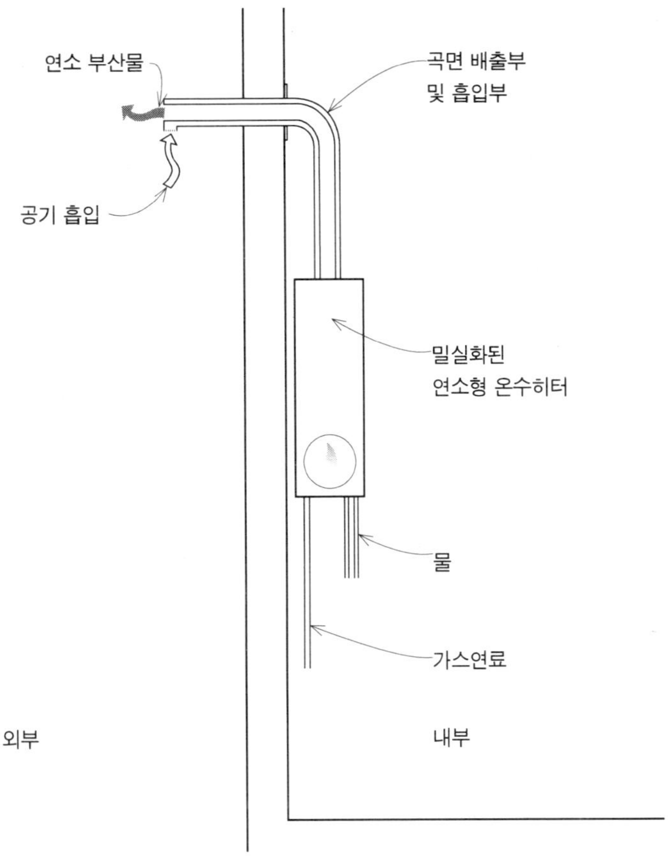

12.09 고효율 가스 온수히터

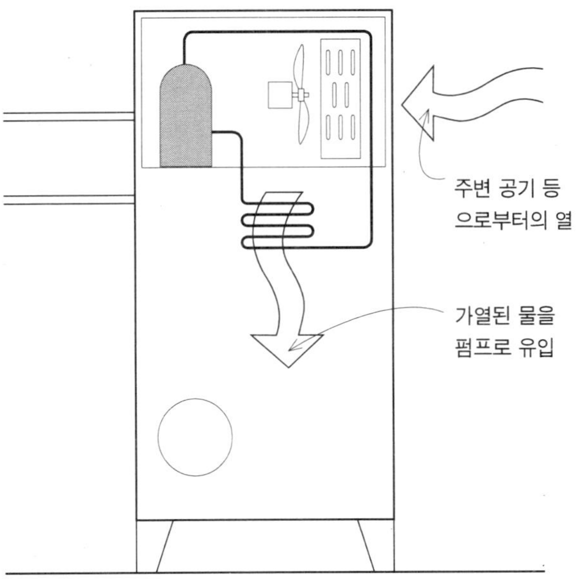

12.10 히트펌프 온수히터

천연가스와 같은 화석연료를 연소하는 온수히터를 위해서는, 통상 밀폐된 연소시스템이 효율을 더 높이게 하고, 또한 밀폐되지 않은 시스템에서 연소에 의해 발생된 침윤물을 제거해야 한다. 몇몇 연소연료는 한층 효율이 높은 것도 있다. 예를 들면, 천연가스와 프로판 히터는 보통 유류히터 보다 훨씬 높은 효율을 나타낸다.

또 하나의 두드러진 온수히터는 히트펌프형 온수히터이다. 이 설비는 주변 공기를 가열한 열을 온수에 유입시키는 히트펌프에 동력을 가하기 위해 전기를 사용한다. 그러한 시스템은 비록 그 기술이 아직 개발중에 있다 하더라도 대개 효율이 좋은 편이다. 주변 공기에 열을 가하기 때문에 히트펌프는 보통 그 펌프가 설치된 공간을 차갑게 한다. 이 열을 끌어들이기 위해서는 충분한 공간이 필요하게 된다. 그렇지 못하게 되면, 히트펌프의 효율이 떨어지고 에너지 사용량이 증가하게 된다. 또한, 히트펌프는 그것이 설치된 공간을 차갑게 하기 때문에 그 차가운 공간이 바람직하지만은 않다. 이 냉각현상은 동절기에 필요한 난방열 수요를 증가시키게 된다.

히트펌프 온수히터는 또한 작동시킬 수 있는 온도가 제한되어 있다. 높은 온도에서는 효율과 능률이 떨어지게 되어서, 영업용 주방에서 필요한 온수를 만들만큼 충분히 높은 온도를 제공하기 어렵다. 이러한 상업적인 문제에도 불구하고, 히트펌프 온수히터는 친환경 건물에서 주목받고 있다. 지열난방과 쿨링시스템 같은 방식이 유입될 수 있기를 기대하고 있다. 지열방식은 각 지역의 온수히터를 위한 열원으로 사용이 증가하게 될 것이며, 이 방식은 건물 내에서 열을 끌어들이거나 배출하는 등의 문제없이 물을 가열하는 데에 아주 효율적인 시스템이다.

대형 건물에서는, 지역의 온천수가 열병합발전(CHP) 시스템의 생산물로써 작동할 수 있다.

실내 온수를 위해서, 수온을 증가시키는데 필요한 열은 온수를 만들고 분배하는 데에서 손실되는 열보다 오히려 적다. 대기 전도열이 온수히트 저장탱크의 각 면에서 손실되는 것과, 온수히터의 가열을 위해 굴뚝으로 손실되는 것, 연속 가열을 위한 대기열 점화조정기로 인한 열손실, 침윤유도에 의한 손실, 분배파이프에 의한 열손실, 세면기와 샤워헤드에서 필요 이상의 물흐름, 파이프 누수, 수전과 밸브의 누수 등등을 포함한 많은 열손실이 일어난다. 온수히터 열효율을 증진시키는 핵심은 첫 번째가 열손실을 줄이는 것이다. 예를 들면, 밀실한 연소장치, 탱크 없는 온수히터 등은 대기열 손실, 굴뚝 손실, 침윤유도 손실 등을 줄여준다. 탱크없는 온수히터는 가열을 위한 물흐름 최소화, 가열시간 최소화, 여러 조건 하에서 나 대응하는 온수온도의 배분, 그리고 물 부족시의 문제에 적응하는 독특한 장점을 가지고 있다. 장래 온수히터의 사용상 주의점은 파이프로 인한 손실을 줄이는 것이다.

손실이란 특별한 부하가 주어지는 상황에서 단지 온수를 전혀 공급하지 않는 것에 의해서 발생되는 많은 경우에서 나타날 수 있다. 예를 들면, 소규모 욕실에서는 파이프 온수를 사용하지 않는 것도 고려할 수 있다. 이러한 소형 욕실은 많은 국가에서 공통적으로 이용하는 것과 같이 온수가 공급되지 않기도 한다. 온수가 필요한지 않은 지에 대한 이러한 평가는 또 다른 물 사용에도 적용될 수 있다. 비록 배관 조건은 온수가 어떤 특별한 에너지하중 조건에 필요한지 여부를 확인함에 따라서 검토되어야 한다.

예를 들어, 일체형 보일러 시스템에서는 실내 온수발생과 공간난방시스템이 결합될 수 있다. 역사적으로, 보일러는 겨울 아닌 계절에도 일 년 내내 온수를 발생시키기 때문에 에너지를 사용하게 된다. 고효율 압축형 보일러시스템의 하나로서 실내 온수가 탱크에서 공급될 때에도 열손실이 발생될 가능성이 있다. 그러한 시스템은 또한 보일러로부터 온수탱크까지 열을 순환시키는 펌프를 작동시키기 위해 에너지를 사용하게 된다.

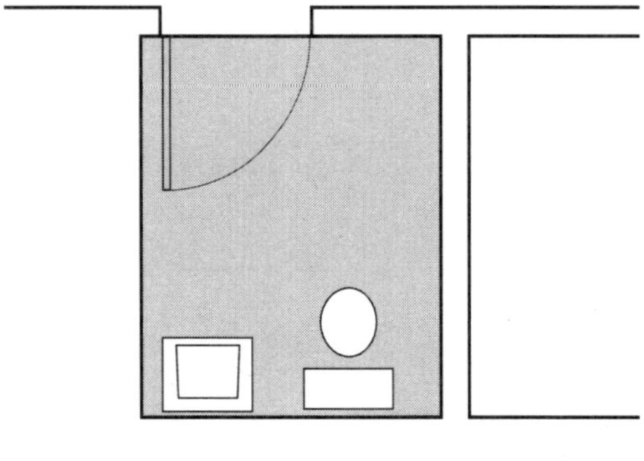

12.11 소형 욕실에서는 싱크에서 냉수만 사용하는 것도 고려

상수의 활용과 열원

한번 사용하는 양을 줄이고, 누수와 손실을 최소화하고, 소요 수량과 온수에 필요한 열 등은 다양한 재수거 방식을 통해 훨씬 줄여줄 수 있다.

물과 열 순환

물 순환이란 같은 물을 다양한 목적으로 사용되게 하는 것이다. 예를 들면, 화장실 싱크는 탱크에 물을 채우기 전에 먼저 손 씻는 데에 사용된 물을 사용하는 장치이다. 버리는 물은 여과해서 건물에서 재사용된다. 마찬가지로, 한번 사용된 온수에서 나오는 열은 오수열 재가열 장치에 의해 재수집 된다. 이러한 방식은 유입되는 냉수의 온도를 높이기 위한 열원의 부하를 줄여준다.

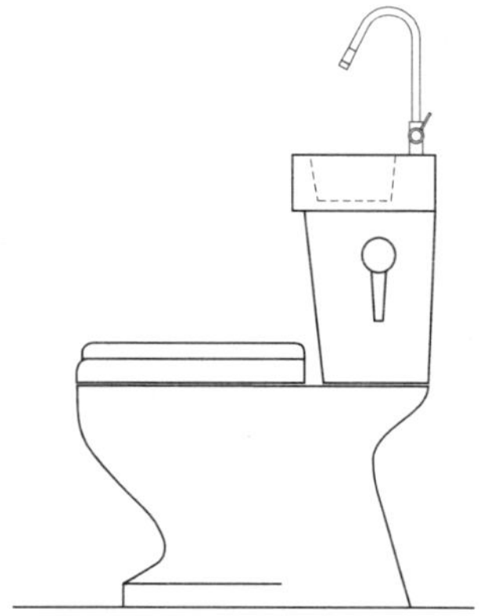

12.12 변기용 싱크

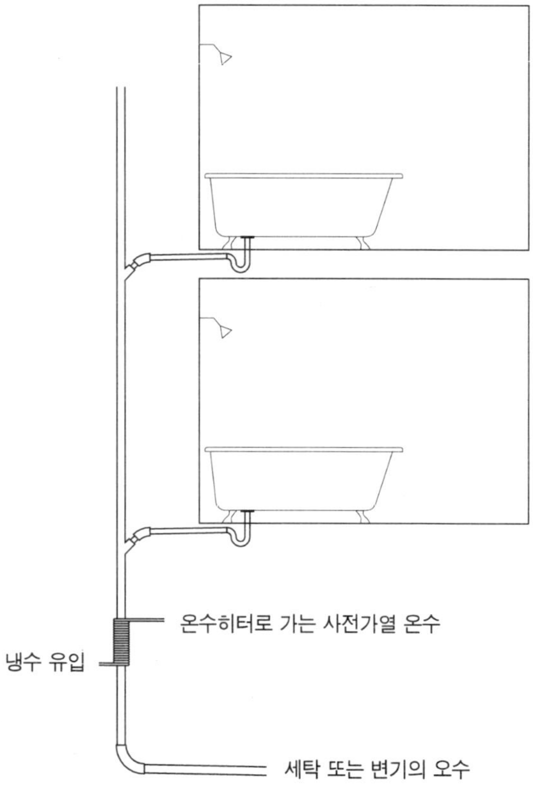

12.13 오수에서 발생되는 열 회수

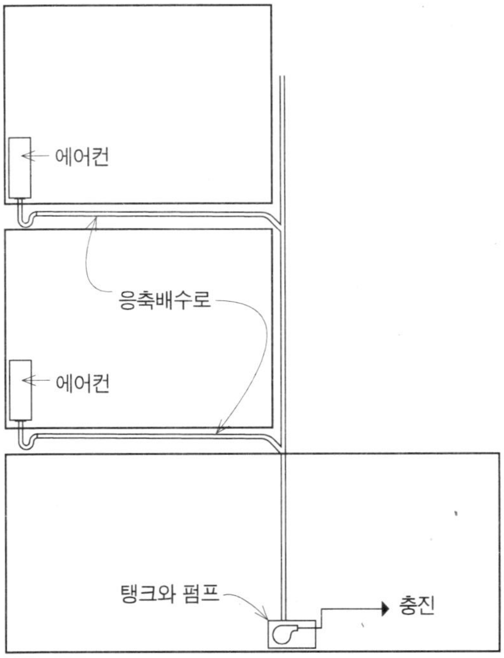

12.14 웅축수 재활용

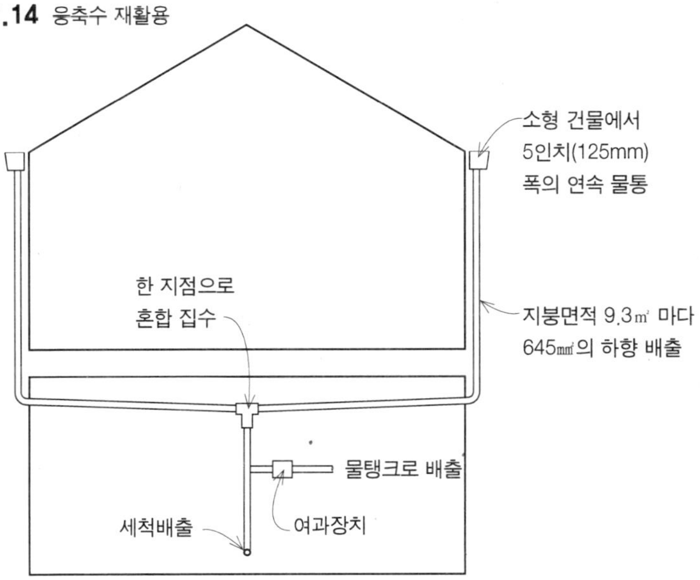

12.15 우수 집수 : 수집 및 여과

응축 재활용

응축은 물 흐름이 소량이고, 간헐적이며, 동절기에는 단수되는 경우라도, 대개 불순물이 섞이지 않은 물을 만들어 내는 것으로 에어컨으로부터 재활용 될 수 있는 것을 말한다. 다양한 형태로 생성되는 응축수의 양은 건물과 기후에 좌우된다. 매년 0.1㎡ 당 3.8-7.5L가 일반적인 규격이지만, 북측기후지역에서 냉방 용량이 적은 곳이나 건조기후지역의 습기가 적은 곳의 건물에서는 이 보다 적다. 그리고 미국 남동부와 같은 냉방과 제습이 많이 필요한 곳은 더 많아지게 된다. 응축수는 모아져서 우수집수용 탱크나 바로 사용하는 개방형 냉각탑의 집수통과 같은 또 다른 저장장소에 공급되어야 한다.

결론적으로, 물을 채우고 손실을 최소화하며, 관점은 수자원과 열원을 다시 활용할 수 있도록 하는 것이다.

우수 집수

우수는 상수와 지하수를 절약하고 건물에서 사용하기 위해 모아지게 된다. 우수집수 시스템은 물을 모을 수 있는 건물옥상이나 우수를 저장고로 보내는 이동시스템, 저장탱크나 물탱크, 여과와 오염처리시스템, 우수가 적을 경우의 보완시스템, 넘침 대비, 그리고 물을 배수로로 보내기 위한 분배시스템으로 되어 있다.

앞서 언급한대로, 우수통로, 하향배출, 배수 등은 자리를 잘 잡고 중심경로로 흐르게 해서 우수를 모을 수 있게 해야 한다. 첫 번째 원칙은 소형 건물에서는 폭 125mm의 물홈통과 매 9.3㎡의 지붕면적 당 645㎟의 하향배출 면적이 있어야 한다.

동절기에는, 집수된 물이 얼지 않도록 저장고가 실내 또는 지하에 위치해야 한다. 탱크는 금속, 콘크리트, 목재, 파이버글라스 또는 플라스틱 등 다양한 재질로 제작된다.

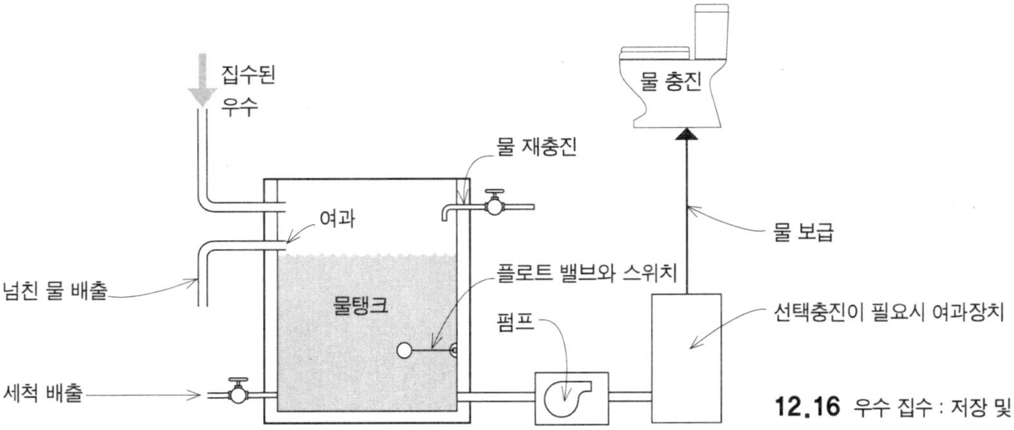

12.16 우수 집수 : 저장 및 분배

우수가 가장 빈번하게 사용되는 곳은 화장실이다. 이 사례에서, 건물 내의 화장실은 상수분배 시스템에 보다는 우수저장고에 우선 연결되어 있다. 통상, 이러한 장치는 물을 화장실로 펌핑하게 된다. 그러나, 수조가 화장실보다 높은 위치에 있게 되면, 펌프가 불필요하게 된다. 우수집수 시스템은 보통 플로트밸브가 장착되어 있어서, 우수가 적은 시기에는 건물 물조절 시스템을 작동해서 상수를 공급하도록 되어있다. 화장실에 플러쉬밸브를 사용하는 경우에는, 펌프는 통상 10psi 정도의 압력을 가진 플러쉬밸브에 의해서 필요한 최소한의 압력을 선택하게 된다. 양자택일일 경우, 플러쉬탱크는 우수공급시스템에서 물 저장고로 사용될 수 있다.

우수 자체는 비교적 깨끗하다고 여겨지지만, 공기가 오염되고 수집된 물을 이동시키고 저장하고 이용하는 과정에서 오염될 수 있다. 오염방지를 위한 최상의 방안은 박테리아의 숙주처럼 작용할 수 있도록 물이 지붕에 떨어지도록 개방하는 것이다. 또 다른 생물학적 오염원은 새나 다른 동물들의 분비물에 의한 것이다. 지붕에서 흘러내리는 동안 우수는 지붕의 불순물이나 구조체의 침출물에 의해 화학적으로 오염될 수도 있다. 우수는 또한 낙엽, 작은 가지 등과 같은 미립자들이 포함될 수 있다. 우수가 화장실 오수용과 같은 고정설치물에 사용될 경우에, 주요한 처리방식은 미립자 제거를 위한 여과장치가 필요하다. 우수가 이동할 수 있는 곳에 사용된다면, 추가적인 처리로는 생물학적 오염의 소독이 필요하게 된다.

우수집수 시스템은 지역의 간수 상황과, 가용 지붕면적 그리고 예상되는 물 수요 등에 따라 설계되고 필요한 소프트웨어를 활용하게 된다.

태양열 에너지

태양열 에너지는 실내용 온수난방에 매우 적절한 장치이다. 아파트, 호텔, 병원, 공장 등과 같은 중앙집중형 온수공급의 경우에 건물에는 최상의 방안이라고 할 수 있다. 그것은 또한 외부용 물파이프가 단순화되어 있고 동결방지가 불필요한 지역의 단독주택에서 많이 볼 수 있다. 태양열 에너지는 15장 재생 에너지 편에서 자세히 다루어져 있다.

물 가격의 증가

이러한 다양한 물 가격 상승 요인이 경제성에 영향을 주는 것은 무엇인가? 고효율과 낮은 물 사용설비 등에 사용되는 장치물들은 그 가격이 점차 낮아짐에도 불구하고 보통 일반적인 것들 보다 가격이 높다. 온수 히터에서 최종 사용처까지의 거리를 줄이는 것은 시공비를 절감하는 것이고, 불필요한 곳에 온수를 공급하지 않도록 해준다. 고효율의 온수 히터는 표준 온수 히터보다 가격이 더 높다. 태양열 온수 히터와 우수집수 시스템은 건물 시공비에 추가되게 된다. 전체적으로, 실제적인 물 사용의 절약과 온수 히터에 화석연료의 사용을 억제하는 것은 일단 건물시공에는 더 많은 비용지불 요인이 된다.

물

요약해보면, 효율적인 온수시스템을 위한 방안은, 누수 등 손실량을 줄이고, 고효율 온수히터를 사용하고, 온수히터를 설치하여 난방공간에 분배장치를 가능하면 사용 장소와 인접한 곳에 설치하는 등 사용량을 줄여주는 것 등을 포함한다. 이 과정에서, 목표는 태양열 에너지로 제공될 수 있는 범위 내에서 요구 열량을 줄이는 것이다. 상수와 마찬가지로, 유입과 손실은 그것이 취집된 우수에 의해 공급될 수 있는 범위 내에서 수요를 충당할 수 있도록 가능한 한 많이 절약되어야 한다.

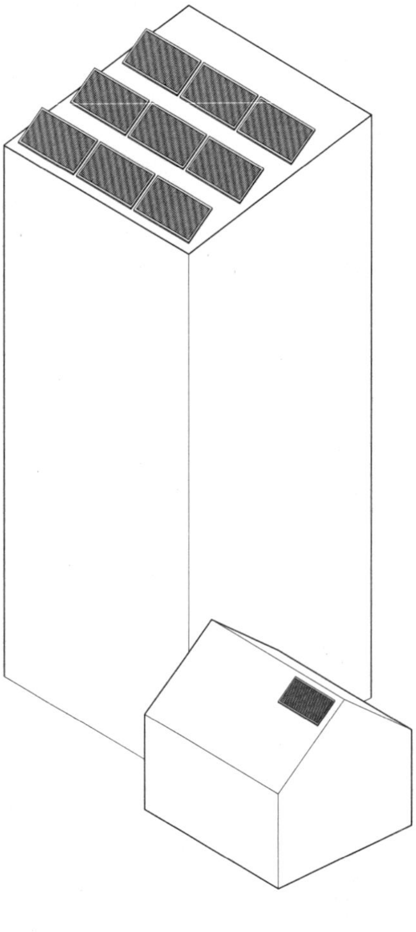

12.17 태양열 온수히터

13
실내환경의 질

실내 공기의 질

양질의 실내공기는 먼지 미립자, 이산화탄소, 유해화학물질, 담배연기, 향수, 습기, 생물학적 오염물 등과 같이 공기로 운반되는 오염물이 모여 있지 않은 것이다. 공기로 운반되는 오염은 건물 외부에서 발생되어 유입된 것 뿐 아니라 건물 내부에서 발생될 수 있는 것이 첨가되어 복합적인 요인으로 건물에 유입된다.

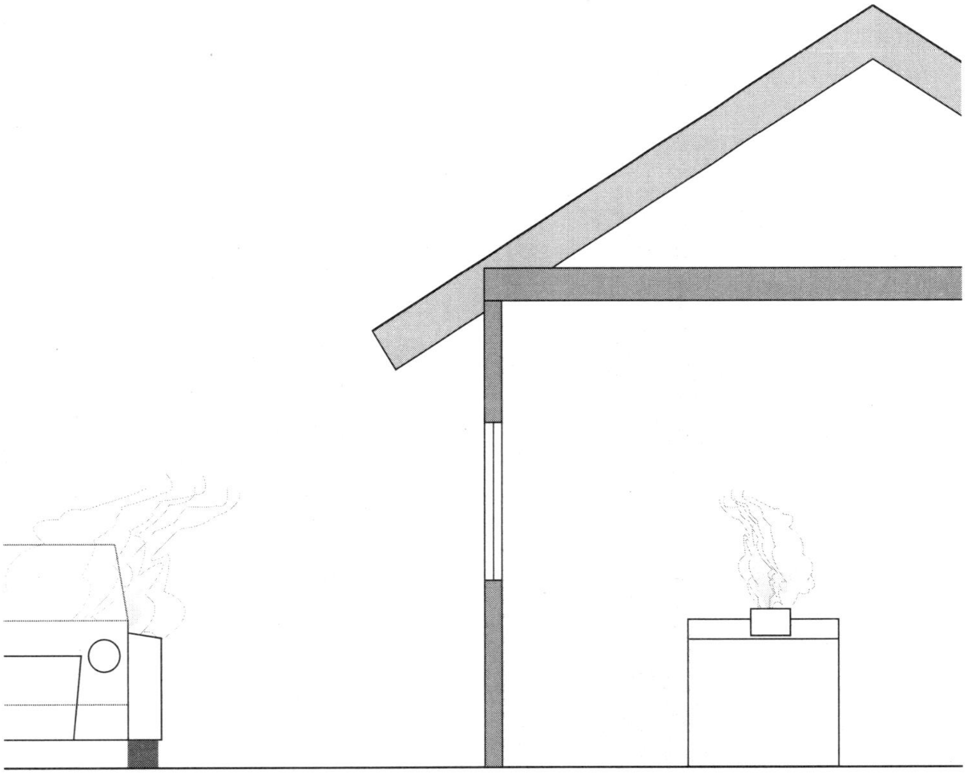

13.01 공기로 운반되는 오염은 건물 외부에서 뿐 아니라 실내에서도 발생

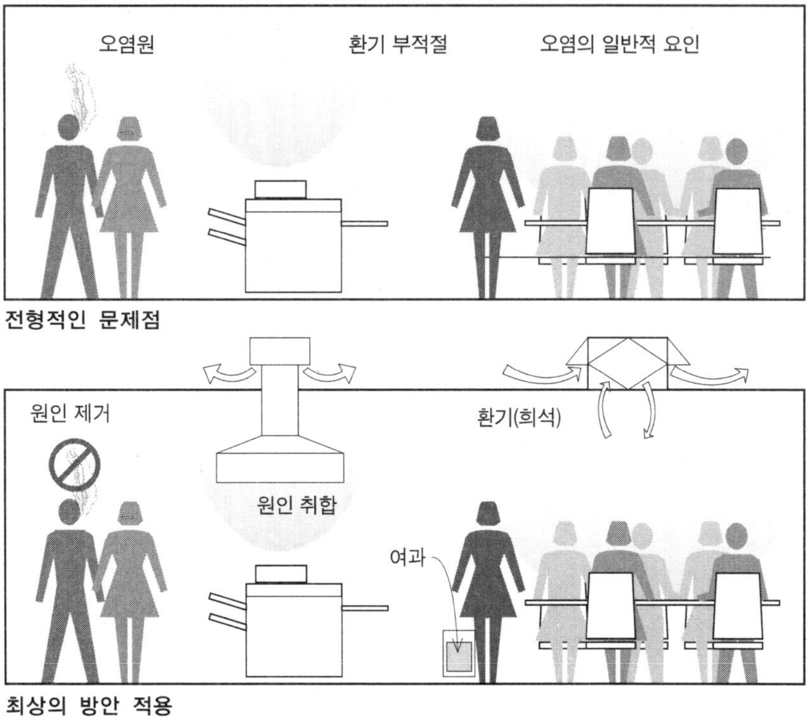

13.02 양호한 실내 공기의 질 공급방안

양호한 실내공기의 질을 공급하기 위한 4가지 중요한 방안은 오염원 제거, 오염물질 포집, 여과 그리고 희석 등이 있다. 최상의 방안은 원인에서 출발한다. 첫 번째로 실내 연기발생 금지, 페인트 사용과 화학물질이 낮은 카펫 사용 등과 같은 실내의 오염 요인을 제거한다. 오염원 포집은 사람이 숨 쉬는 영역에 도달하기 전 오염원을 빼내는 것이다. 이것은 통상 주방과 욕실의 환기휀 그리고 배기후드 등과 같은 것을 말한다. 여과란 공기 중의 오염물질을 제거하는 것이다. 우선적인 세 가지의 방안은 제거되거나 포집, 여과 될 수 없어서 오염물을 놓칠 수 있는 것을 의미한다. 각 사례는 신제품이나 공기 중의 이산화탄소로부터 침착된 화학물질을 제거하는 것을 포함한다. 이것은 양질의 실내공기를 공급하기 위한 최종적인 방안을 목적으로 하는 것으로, 외기를 이용한 희석, 아니면 환기 등을 말한다.

환기를 위해서, 전제 조건은 외기가 깨끗하다는 것이지만 여러 단계를 통해 사실상 가능하면 깨끗하게 한다는 것을 의미한다.

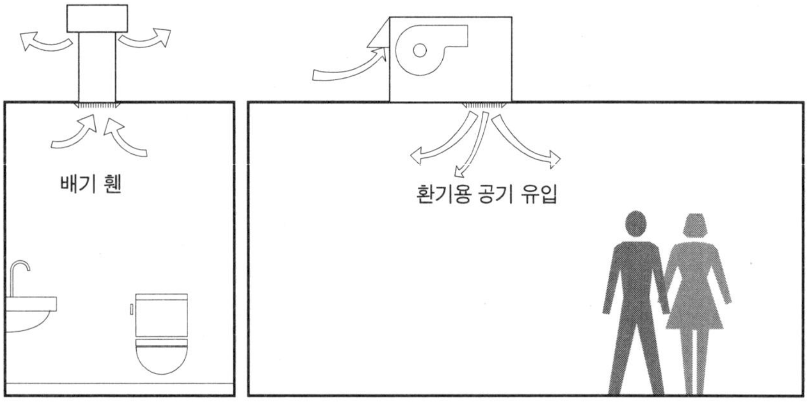

13.03 배기휀과 외부공기 유입 환기장치 사이의 분리

배기 휀 사이에 혼동이 올 수도 있다. 오염물 포집, 오염원 희석과 같은 외기를 활용한 환기 등에서 그렇다. 이러한 혼동은 환기장치라고 말하면서 함께 취급하는 데에서 발생된다. 배기는 건물 외부에서 유입되는 공기가 원인이 되기 때문에 이 두 가지가 종종 상호작용을 하게 된다.

이러한 혼동은 또 환기와 공기침투사이의 상호관련성이 원인이 될 수도 있다. 환기는 통상 휀을 통하게 된다. 그러나 침투는 실내의 공기오염물질을 희석시키기 위해 외기를 유입시키는 것으로서 환기와 같은 효과를 갖게 한다. 더욱이, 배기휀과 공기침투 사이와 같이, 외기를 이용한 환기와 공기침투 사이의 상호작용이 동시에 발생한다. 공기가 어떤 추가로 설치된 배기용 휀이 없이 하나의 휀을 가진 환기장치를 가진 건물로 유입이 된다면, 그때는 공기가 건물 외부로 새나가게 된다. 그래서 불가피하게 환기에 대한 논의에서는 공기침투에 관한 것도 같이 다루어지게 된다.

마지막으로, 환기가 종종 냉방에도 사용되기 때문에 환기와 냉방사이에 혼동이 발생된다.

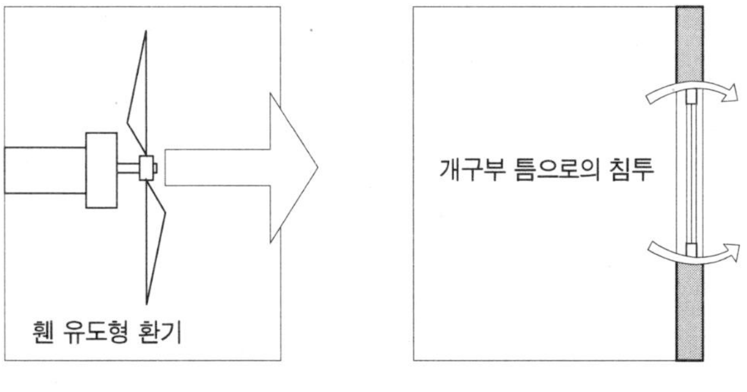

13.04 환기와 침투 간의 구분

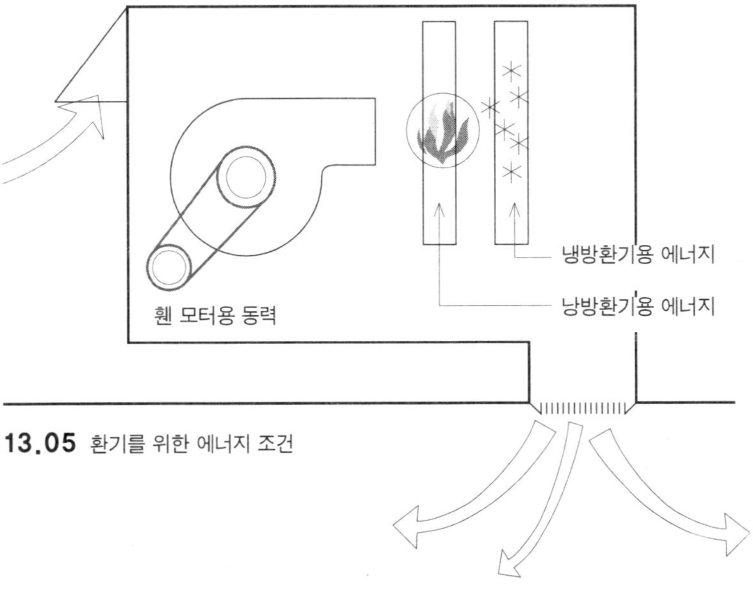

13.05 환기를 위한 에너지 조건

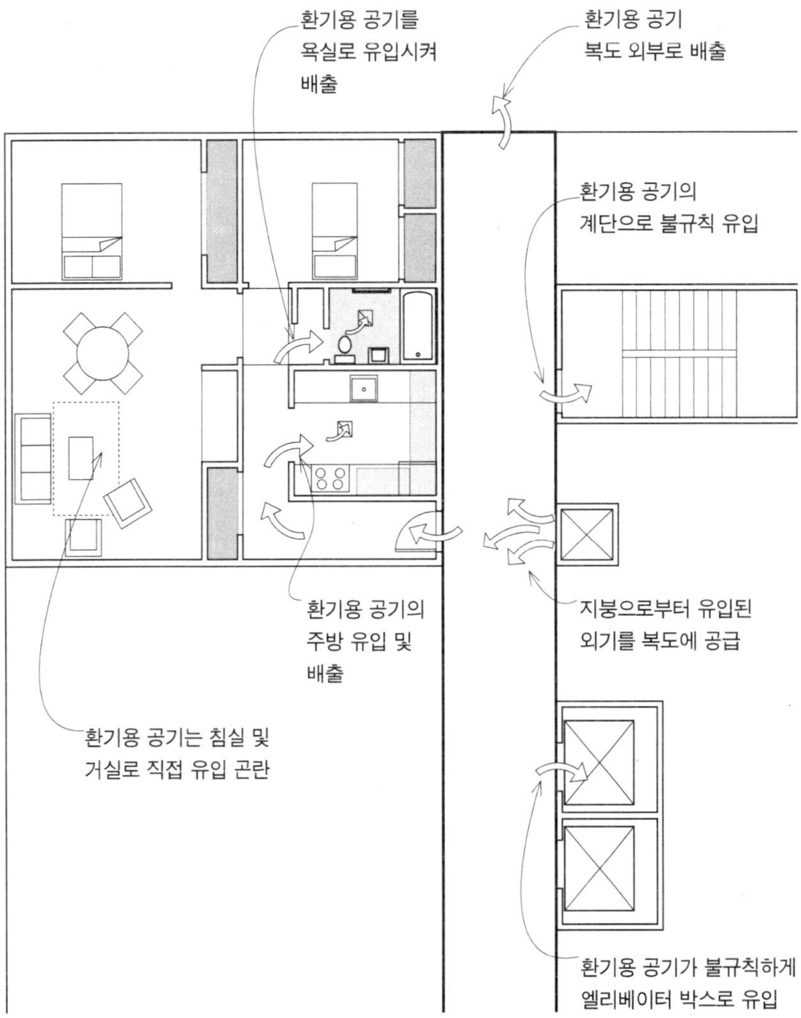

13.06 환기용 공기가 사람에게 필요한 만큼 항상 공급되기는 곤란

환기의 문제점

실내공기의 질을 높이기 위한 전통적인 방식은 환기를 통한 것이지만 환기는 또한 많은 문제들을 노출한다.

환기는 많은 에너지를 필요로 한다. 전기는 모터를 작동시켜 휀을 돌리고 환기용 공기를 이동시킨다. 더욱 중요한 것은, 건물로 유입되는 냉·난방의 환기용 공기를 에너지로 활용한다는 것이다. 건물에서 에너지의 활용률이 환기에서는 매우 민감한 일이다. 환기면에서 측정될 수 있는 에너지의 증가는 건물의 에너지 사용에 따라 즉각대응적이고 중요한 증가요인이 된다.

불안정성을 야기 시키지 않고 외기를 건물로 유입시키는 것이 과제이다. 냉·난방이 안 되어 있는 경우라면, 기온이 어떤 경우라 해도 외기가 건물로 유입된다. 외부온도가 0℃, 21℃ 또는 38℃일 때 보다 -18℃의 외기가 건물로 유입되는 것은 매우 다르다. 이 경우 중점 과제는 외부 온도 변화에 따라 외기를 변화시키기 위해 냉방, 또는 난방을 하는 데에 필요한 에너지이다. 특히 난방에서의 문제는, 불안정성의 위험이 높다. 제기된 문제들 중에는 환기용 공기의 과열, 히터가 공급되고 차단되는 연계 공간들과 온도 조절이 부적절해서 환기시스템이 꺼져버리는 경우 등을 포함하고 있다.

환기가 종종 필요로 하는 사람들에게 못 미치는 경우가 있다. 예를 들면, 많은 고층 아파트와 호텔에서, 환기는 지붕에서 유입되어서 천정 높이에 설치된 복도벽의 그릴을 통해 복도로 공급된다. 환기시스템은 아파트와 호텔의 복도나 개구부 하부를 통해 유입되도록 설계되어 있다. 그러나, 이 공기의 상당부분은 필요한 사람들에게 도달하지 못하고 있다. 오히려, 공기의 상당부분이 엘리베이터 샤프트나 계단실, 쓰레기통로, 복도 창문 등을 통해 건물 외부로 도로 배출되고 있다. 공기의 일부는 아파트나 호텔의 개구부 하부로 유입되지만 이 공기의 상당량도 주방이나 욕실의 배기휀을 통해 바로 흘러나가게 된다. 주방과 욕실은 보통 아파트나 호텔의 입구 주변에 위치하게 되고 건물 외면과 떨어져 있다. 그래서 신선한 공기가 거실이나 침실에 있는 거주자들에게는 도달하지 못하고 건물 외부로 배출되어 버리게 된다.

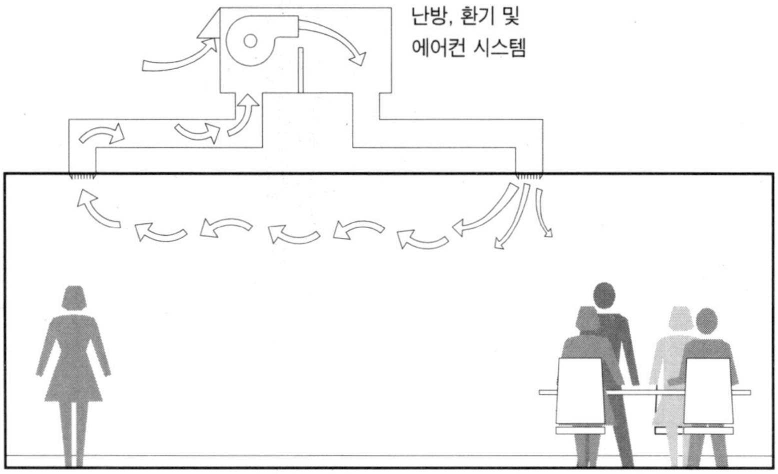

13.07 환기용 공기가 거주자의 호흡영역을 거치치 않고 우회하는 경우

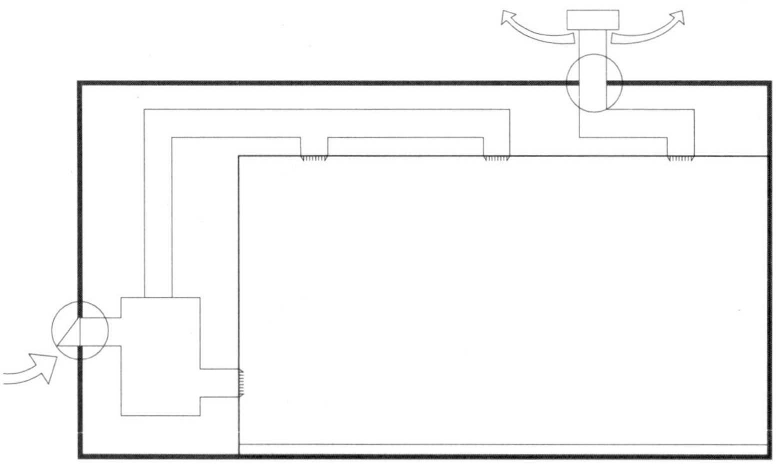

13.08 환기용 개구부가 난방영역의 연속성을 차단

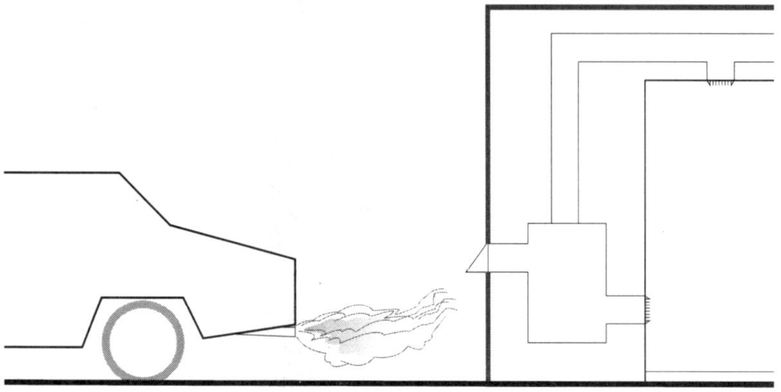

13.09 공기 유입구가 오염원에 너무 인접해서 차단이 곤란하여 환기가 오염물의 통로가 되는 경우

유사한 우회의 문제에서, 비효율적인 조건이 되면, 건물 내의 환기가 냉·난방용 공기와 함께 운반되는 경우가 발생한다. 많은 이런 건물에서는, 그 공기가 천정높이에서 공급되고 또 천정의 덕트를 통해 회수된다. 그래서 많은 환기장치의 경우에서 환기효과가 거주자의 호흡영역에 미치지 못하게 된다.

환기와 관련한 또 하나의 문제는 건물에 구멍들이 의도치 않게 열적인 범주의 연속성을 깨는 결과가 나타나는 것이다. 이 구멍들은 환기용 공기를 흘려보내게 한다. 적절히 디자인된 환기시스템은 필요할 때만 환기용 공기를 흐르게 한다. 예를 들면, 오피스에서는 건물이 비어있게 되는 야간에는 환기가 불필요하다. 이 경우 통상 환기 구멍들은 개폐할 수 있는 밸브장치가 장착된 댐퍼로 차단된다. 그렇지만 기체여서 댐퍼를 관통하기도 하는, 다른 말로 누출이 된다. 그리고 댐퍼가 깨지고 붙기도 해서, 지속적으로 개방되어 필요 이상의 공기를 누출시키거나 영구적으로 폐쇄되어 전혀 환기가 되지 않기도 한다.

환기는 측정이 곤란하고 환기시스템은 검사하거나 해석하기가 어렵다. 결과적으로, 건물 감리자들은 보통 어떤 것이 디자인이나 설치 면에서 나쁜 것인지를 알 수가 없다. 그래서 환기시스템은 건물이 완공된 후에만 고장 나는 것이 아니라 건물이 완공되기 전에도 고장이 발생된다. 환기시스템이 고장난 경우에도, 거주자나 관리인들은 고장안지 여부도 알 수가 없다. 환기가 건물에서 문제가 생기는 다른 요소들과 비교해 보면 알 수 있다. 냉, 난방이 잘못되면, 건물이 춥거나 더워지므로 수 시간 내에 고장여부가 감지된다. 또는 엘리베이터가 고장이 나도 즉각 알 수 있으며, 온수히터의 고장도 수도꼭지만 열면 알 수 있다. 그러나 환기는 다르다. 환기장치가 고장 나면, 때로는 몇 달, 몇 년씩도 잘 감지가 안 되기도 한다.

환기시스템이 작동되어 적합한 장소에 충분한 공기가 공급된다 하더라도, 통행하는 거주자들에 대응해서 환기량을 줄이고 늘이는 것이 문제가 된다. 우리가 이러한 것들을 가능하도록 하는 필요량조절형 환기장치의 부착이다. 여기에는 통상 이산화탄소 감지센서가 있어서 이산화탄소량이 너무 증가하면 환기량을 증가시키게 한다. 이것은 대단한 진보라고 할 수 있다. 그렇지만, 필요량조절형 환기설비는 보통 상업용 건물에만 적용된다. 이는 단독주택, 공동주택, 호텔과 같은 여러 가지 다양한 건물에 다 적용될 수가 없다.

환기와 관련한 또 다른 문제점은 공기 유입구가 가끔 오염에 의해 막히게 되는 경우가 발생된다. 그래서 외부의 신선한 공기로 환기를 통해 오염원을 건물 내로 이동시켜 오염된 실내공기를 희석시킨다. 이러한 것의 한 예로, 자동차에서 에어그릴에 모인 배기오염 찌꺼기들을 볼 수 있고, 건물에서는 하역장이나 주차장이 공기 유입부에 근접해 있는 경우에 볼 수 있다.

실내공기 질 문제 해결방안

외부에서 내부로의 접근방식을 사용해서, 건물과 작업공간으로부터 이격시킨다.

공동체

우리는 심각한 대기오염으로 고통 받지 않는 공동체를 선정하고자 하고 공동체 내에 있는 대기오염을 줄이고자 한다. 우리의 실내공기가 우리가 끌어들인 외부공기 만큼 좋게 될 수 있다는 것을 알게 된다. 우리는 대기오염원을 피하게 되는데, 특히 교통량이 많은 가로와 차량 속도가 줄어드는 코너부분 같은 데서의 배기가스가 그렇다. 공장의 대기오염원은 세심하게 조사하고 피하도록 해야 한다. 우리는 이러한 오염원으로부터 이격시켜 건물을 지켜 내거나, 적어도, 오염원으로부터 이격시킨 건물로 통풍에 필요한 공기가 유입될 수 있도록 해야 한다.

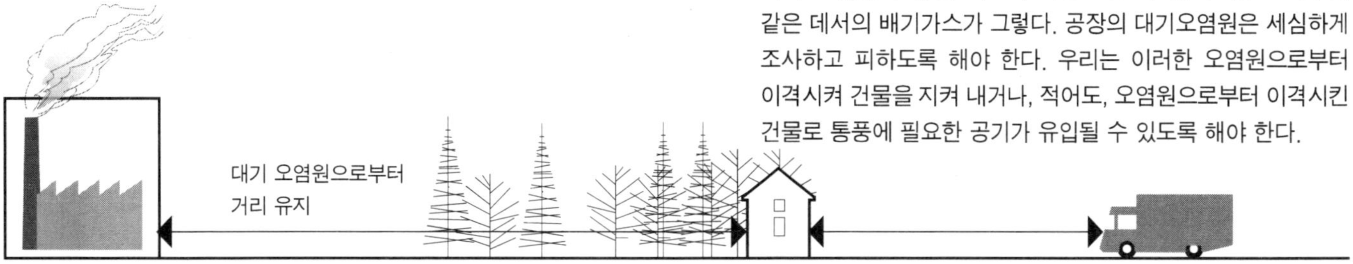

13.10 실내공기의 질 문제해결을 위한 공공적 전략

부지

자동차의 교통패턴과 주차 등 부지 내에서의 이동에서 건물과 자동차가 이격되도록 해야 한다. 건물에 인접하여 발생되는 담배연기의 발생은, 특히 공기가 유입되는 곳, 통로와 출입부, 그리고 가능하면 전체 부지에서 피하도록 해야 한다. 또한 연소기기, 화학물질 발생과 소각장 등과 같은 부지 내의 오염원을 줄이거나 제거한다. 무엇보다 중요한 것은 부지 정지와 부지 내 물 관리에 관심을 기울여야 한다. 건물에서 더 중요한 공기 질 문제점은 습기이다. 습기의 원인은 건물 내의 틈에서 발견되는 표면수에서 보여지는데 특히 지하공간에서 더욱 그렇다.

건물 외관

건물외관을 고려해보면, 어떤 작업에서는 이미 외벽면으로부터 디자인의 초안모양이 정해지기도 한다. 특히 소형 건물의 설계에서 기존 거주자들의 자취를 고려하고 높은 천정을 피하도록 하는 것이 환기필요량을 현저히 줄여줄 수 있다. 예를 들면, 아파트와 같은 주거용 건물에서는 수년 동안 시간당 필요환기율(ACH)이 0.35회였다. 바닥면적을 적게 하고 층고를 낮추면 환기율을 현저하게 줄일 수 있다. 미국의 사례를 보면, 242㎡의 면적과 305cm의 천정고를 가진 주택에서 분당 필요환기율(CFM)은 평균 4.3㎥이다. 또 훨씬 적정하고 효율적인 1973년경의 주택은, 154㎡의 면적과 245cm의 천정고의 경우에 CFM이 2.2㎥로서 환기용 공기의 흐름에 소요되는 에너지가 50%나 절약되었다. 많은 건물의 규정 중에서, 주방배기 문제는 시간 당 공기의 변화량에 따라 달라지므로 주방의 면적과 높이가 중요하게 고려된다.

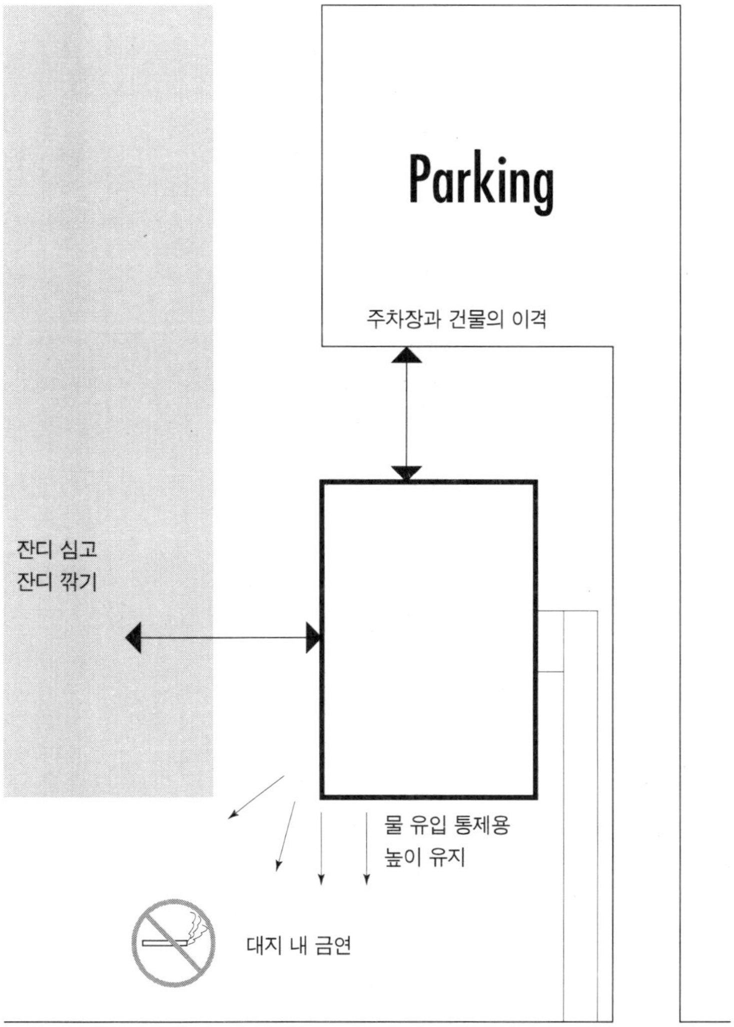

13.11 실내 공기질 문제 해결을 위한 배치 전략

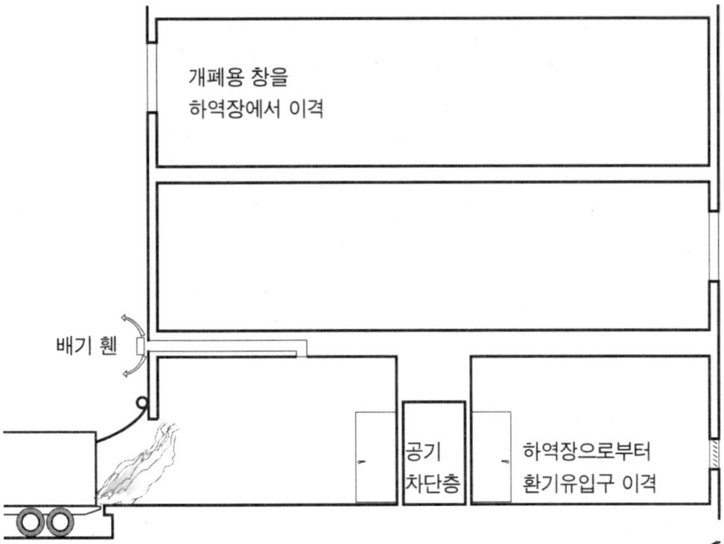

13.12 하역장에서의 예방조치

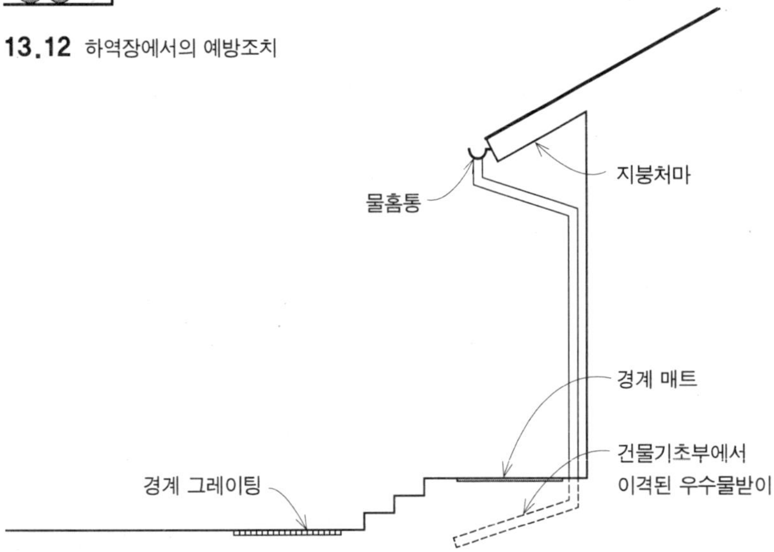

13.13 실내 공기질 문제점 발생 방지 건물인접 장치물

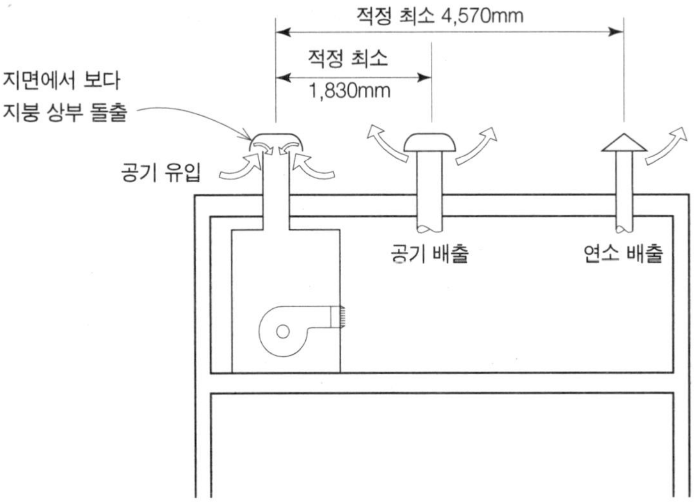

13.14 환기용 공기유입의 적정 장치

건물 인접부 Near-Building

건물 인접부에 설치물들은 하역장에서 위험에 노출되어 있다. 그것은 환기용 공기유입으로부터 실질적으로 거리를 떨어뜨려야 한다. 덧붙여서, 하역장은 굴뚝효과에 의해서 배기용 공기가 건물로 유입되지 못하게 하기 위해 배기용 환기장치를 해야 한다. 결론적으로, 공기차단층과 같은 강력한 경계공간이 하역장과 건물 사이에 설치되어야 한다.

사람들이 건물로 출입하는 데에 이용할 수 있도록 분리형 매트나 그레이팅과 같은 장치를 통과하도록 해서 먼지와 불순물들의 유입을 최소화 한다. 다시 말해, 수질관리가 중요하고, 건물 인접부의 장치 사례에서 보면, 이것은 먼저 물홈통의 효과적인 사용을 들 수 있다. 물홈통은 지붕의 우수를 모으는 곳이고 매우 중요하다. 물홈통은 재사용을 위해 집수하는 경우가 아니라면 건물로부터 직접 이 물을 내보내도록 한다. 지붕처마는 실내 습도문제를 해결하기 위해 우수 침투의 영향으로부터 건물을 보호하는 것이다.

외부 마감

외기는 가능한 한 지면의 상부, 더 좋기로는 지붕높이에서 건물로 유입되어야 하며, 그 공기는 자동차, 잔디깎기와 같은 소형 기계장치, 담배연기 등으로부터 이격되어 다 깨끗해지게 해준다. 공기의 유입은 환기 배출이나 더욱 중요한 것은, 연소통로 그리고 굴뚝 등의 배출구로부터 이격된 곳을 택한다.

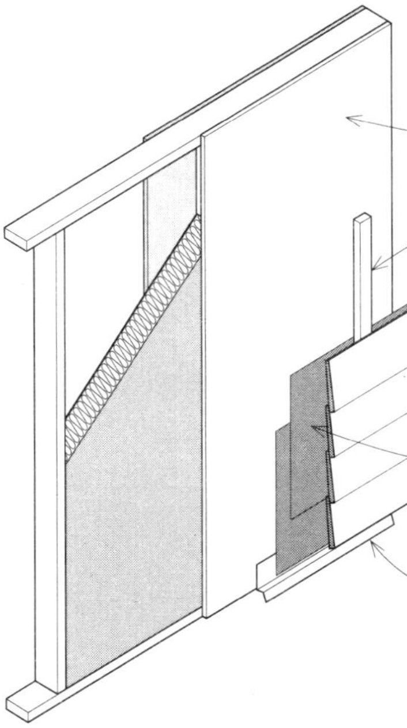

13.15 물 침투에 대비한 외부 마감의 강화방안

물 관리의 핵심은 우수 침투에 대비한 외부마감 강화의 노력을 지속적으로 하는 것이다. 차방어층을 강화하는 것이다. 첫 번째 층은 외부마감이다. 이 마감 뒷면에는 양호하게 차단되고 연속된 배수면이 외부마감을 통과한 물을 막아준다. 이 배수면은 구조용 종이, 면처리가 되고 테이프로 잘 싸여진 단열재이거나 밀실하게 되어있는 피복마감으로 만들어진다. 또한 플래싱은 배수판의 부분을 만들게 되고, 창문과 출입문, 벽 상부와 바닥에 불연속 부분을 만들어 방어해준다. 공기 침투와 습기 통과를 막는 이중의 기능은 종종 상대적이 되기도 한다. 공기 침투에 강력하게 저항하도록 된 벽과 지붕은 물 침투를 줄이게 해주기도 한다.

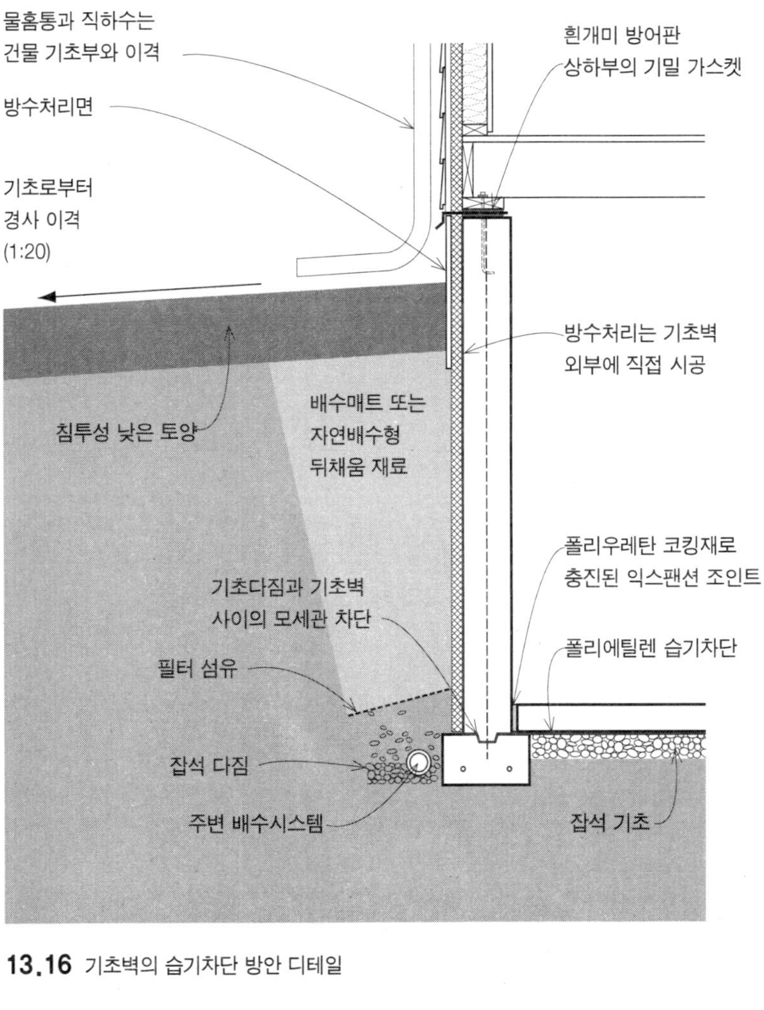

13.16 기초벽의 습기차단 방안 디테일

건물의 하부 부분에서 방습은 핵심과제이다. 습기방어막 구간은 불연속 구간이 되도록 잘 겹쳐서 덮이고 밀실하게 되어야 한다. 방습층은 최소 10mm 두께를 가져야 한다. 아주 작은 장치에서도 습기를 침투시킬 수 있으므로 방습구간의 침투를 피해야 한다. 익스팬션 조인트와 마찬가지로 슬래브의 단부는 코킹처리를 해야 한다. 기초부위에서 습기에 저항하게 하는 것은 토양에서 발생되는 라돈과 무취의 발암물질을 차단하는 것이다.

우리는 환기요구량에 따라 열의 경계면에서 불연속성을 줄이고자 한다. 한 가지 해결책은 자동(모터 작동식) 댐퍼를 사용하는 것이다. 그것은 환기가 필요치 않을 때는 양방향으로 공기의 흐름을 차단하고, 단지 한 방향으로 공기흐름을 차단할 때는 중력형 댐퍼를 사용한다. 밀실하게 가스켓이 설치된 댐퍼는 통상 많은 배기휀에서 쓰이는 느슨하고 가스켓이 설치되지 않은 댐퍼 보다 더 유리하다.

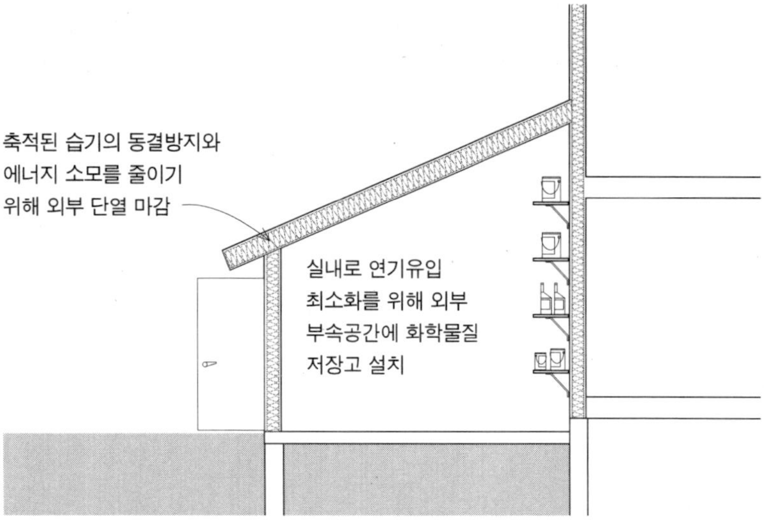

13.17 증축 부속공간으로 거주공간의 보호층 강화

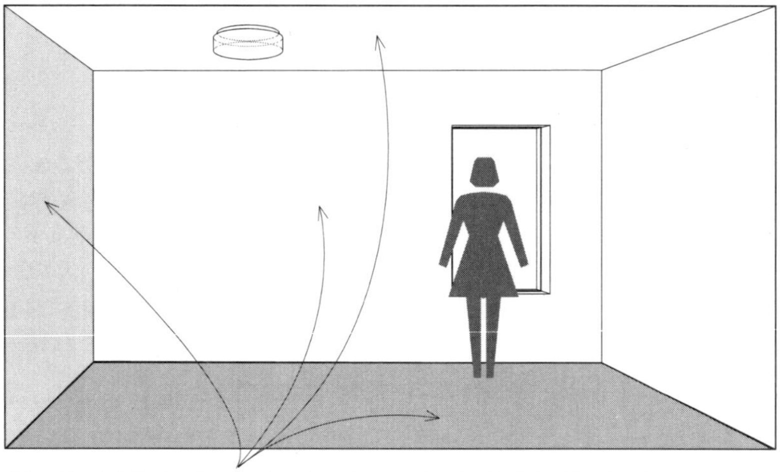

13.18 실내 공기질 향상을 위해 실내 마감 및 가구에 화학물질 사용 최소화

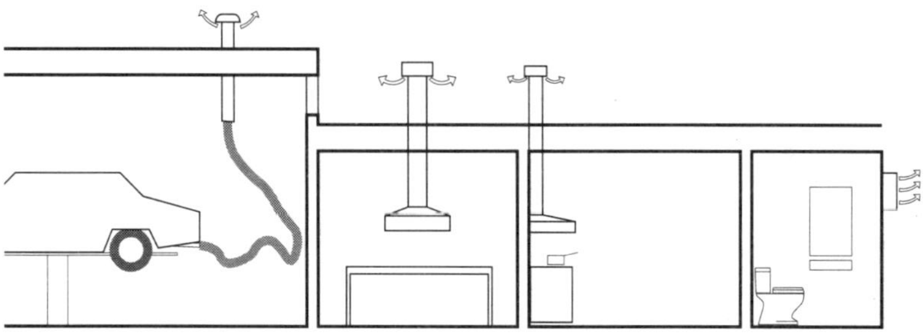

13.19 오염원 수거를 위해 배기용 환기장치 사용

공조설비가 안되어진 공간

증축된 주차장은 자동차배기가스가 건물 내로 유입되기 때문에 실내공기 질이 나빠질 위험에 처해있다. 앞의 그림처럼, 주차공간은 공조설비가 되지 않은 공간이 될 수가 있고, 열의 획득과 손실을 줄이게 되는 추가 보호층 역할을 하게 된다. 부가된 주차장을 계획한다면, 주차장과 건물 사이에 강력한 공간층을 만들어야 할 또 하나의 근거가 생긴 것인가. 이는 열단열 효과 뿐 아니라 건물로의 오염된 공기 유입을 막기 위한 공기차단 효과도 있다.

지하층을 만들지 않는 것은 근본적으로 습기의 문제를 줄여주는 효과가 있다. 이 경우 지하나 다락방과 같이 공조되지 않은 공간에 적절치 않게 보관하는 것 보다는 건물에 부가공간을 만들어서 세제, 농약, 페인트와 같은 화학물용 창고를 고려할 수 있다. 건물 측면이나 외벽에 강력한 거주층을 만들어 주는 증축공간은 추운 기후에서 액체가 동결되는 위험을 갖지 않게 될 것이다. 더 추운 지방에서는, 내부 마감부가 동결방지를 위해(그렇지만 공기차단이 되어 있는 채) 단열되지 않고 있을 수도 있다. 그러나 이 때도 외부마감의 경우는 단열이 되어야 한다. 효과적으로 공기차단이 되어 있는 강력한 거주층은 또한 불량한 연기와 공기가 건물로 유입되는 것을 막아준다.

내부 마감

오염원을 줄이는 원칙은 시공상 화학물질의 사용을 최소화 하도록 하는 것이고, 특히 페인트, 카펫, 목재마감과 같은 내부마감의 경우에서는 더욱 그렇다. 이는 16장 재료 편에서 보다 상세하게 다루어진다.

내부적 획득

내부적 획득은 앞서 조명과 기기들과 같은 것에서의 에너지 취득과 관련해서 논의된 바 있다. 실내에서의 취득이란 개념은 마찬가지로 공기로 이동되는 오염에 적용된다. 마감에서는 청소와 건물 운용에서 화학물질 사용을 최소화해야 한다. 담배연기는 건물 외부와 건물 주변에 있도록 해야 한다. 오염원을 줄이는 것에 그치지 않고 오염원을 잡는 것을 고려해야 한다. 공기를 내부로 다시 순환되게 하는 것이 아니라 주방의 후드 등을 통해 외부로 배출하는 것이다. 욕실 배기휀은 오염원을 잡는 또 다른 방식이다. 오염원 취득의 원리는 작업장, 접착과 마감처리를 하는 공방, 자동차 정비공간, 화학물질 저장공간 등과 같은 여타의 오염원에 까지 확장된다.

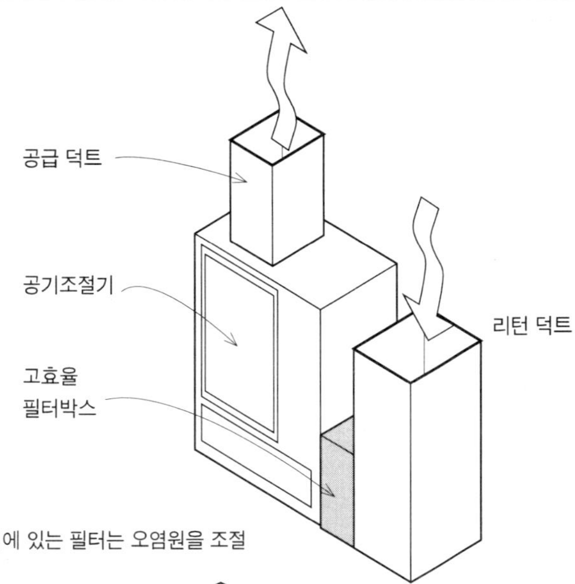

13.20 공기조절기에 있는 필터는 오염원을 조절

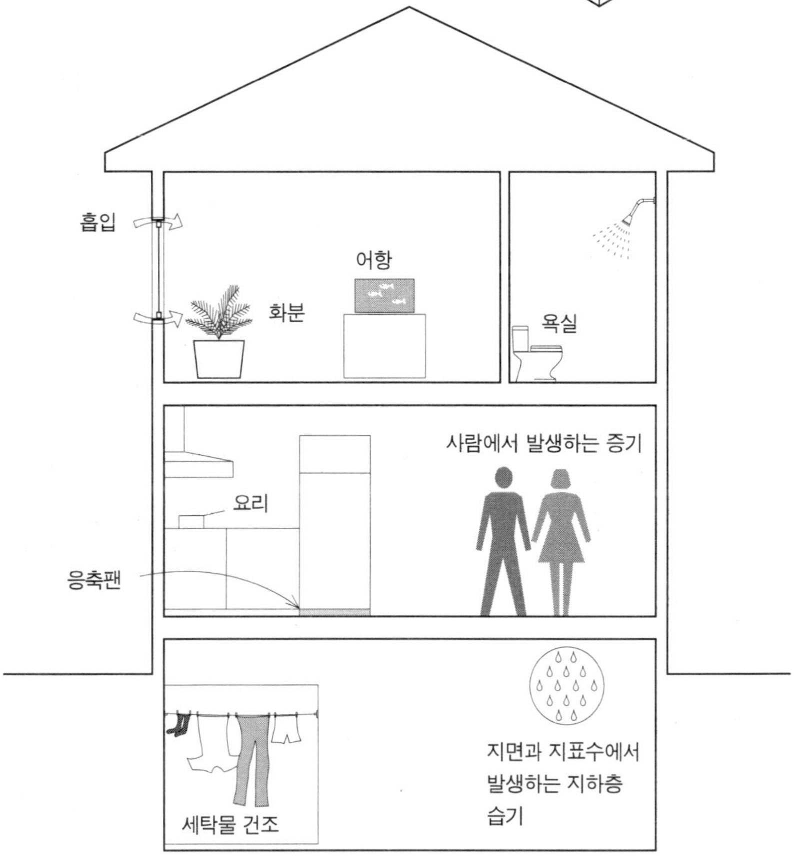

13.21 실내 습기를 유발하는 요인들

13.22 습기조절 방안

원인 관리와 함께, 여과방안이 활용된다. 공기조절기에는 저효율 필터를 사용하는 것 보다는 고효율 특수 필터나 화학필터를 고려한다. 공기조절기의 필터는 단단히 고정시켜 필터의 효율을 저하시키는 공기 유동을 차단한다. 필터는 또한 공기누출을 막기 위해 가스켓으로 밀실하게 한다.

자체의 확실한 우선순위를 가진 실내취득의 요소는 습도 조절이다. 습도는 실내 공기질 문제의 최우선 원인이 되며, 마모를 증가시키는 등 재료에 손상을 준다. 요리, 인체 증발, 식물, 샤워, 욕실, 세탁건조, 수영장과 어항의 물, 수도파이프 누수 등 많은 실내의 습기발생 요인이 있다. 앞서 언급된 것처럼, 습기 또한 콘크리트 기초 벽과 슬래브를 통해 우수와 지표수의 침투 결과로 외부로부터 발생된다. 습기는 또 보통 하절기에, 외부 습도가 내부보다 높을 때 공기 흡입으로 옮겨진다.

실내 습도조절은 실내환경의 질에 핵심이다. 습도는 60% 이하가 적절하고 70% 이하가 안전하며 그 이상은 곰팡이 발생의 원인이 된다.

일반적으로, 습기발생을 줄이는 것이 실내습도를 줄이는 가장 효과적이다. 이는 외부에서 세탁건조를 하거나 환기가 잘되는 건조기를 사용하고, 옷의 습기를 보다 많이 사전제거 해주는 고효율 세탁기, 샤워헤드의 물 절약장치, 실내 화분의 최소화, 실내에 누수요인 제거 등이 필요하다. 바깥 공간 내에 설치된 에어컨 때문에 응축팬에 나무받침과 넘침 방지를 설치한다. 고려사항은 에어컨 하부에 넘침이 발생했을 때 알람장치가 부착된 2차 응축팬을 설치해야 하는 것이다. 습기원인의 제거를 위해서는 주방과 욕실에 배기휀을 설치한다. 마지막으로, 제습기는 하나의 안전망으로 매우 효과적이다. 제습기는 전통적인 제습장치 뿐 아니라 에어컨으로도 될 수 있고, 온도 조절장치와 함께 습도조절장치도 설치된다.

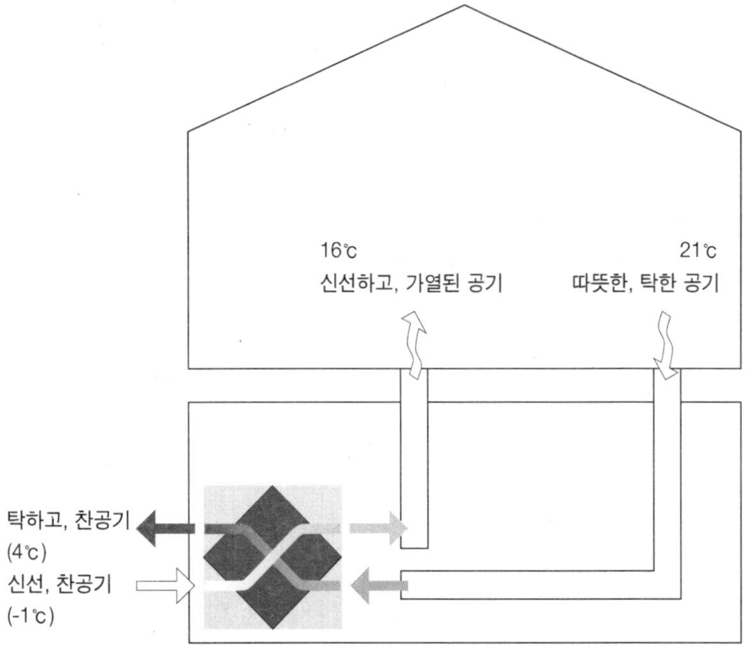

13.23 열 회수형 환기

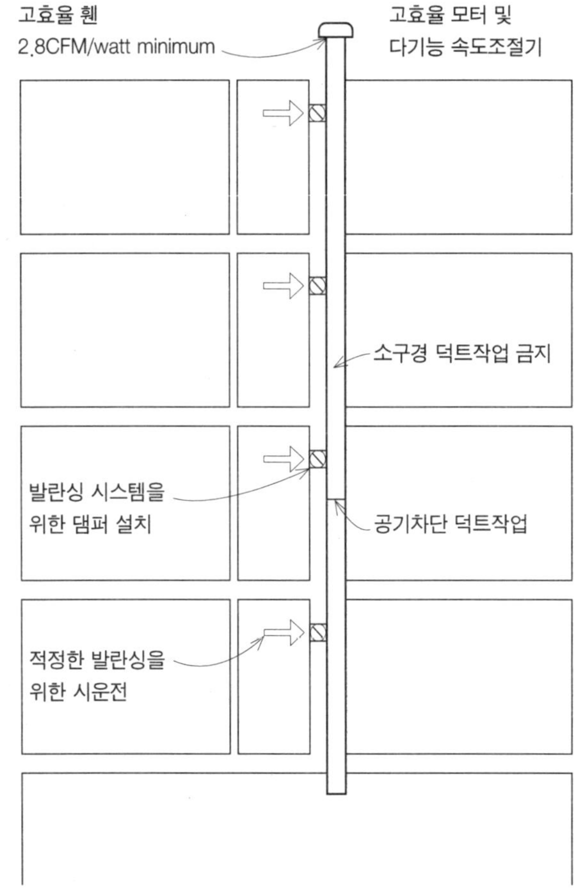

13.24 환기에 최적의 조건들

환기

많은 잠재적 오염원을 줄이고 제거하는 것을 위해, 환기시스템에 주의를 기울여야 한다. 열회수 환기장치를 고려하는데, 이는 환기용 공기로 냉난방 수요를 줄여주고 온도조절상의 변화를 줄여준다. 이 방식은 외기의 유입이 환기와 결합되게 되는 것인데, 욕실 배기와 같은 오염원 배출에서는 온도 변화에 의한 것만큼 오염되지는 않은 것을 말하며, 때때로 주방의 배출에서도 사용된다. 에어컨이 설치된 건물에서는, "에너지 회수용 환기"로 불리는 열회수용 에어컨이 열과 습기를 전환시키는 작용을 하므로 유용하다. 이것은 여름에 불필요한 습기를 건물 외부로 배출시키고, 겨울에는 필요하면 실내습도를 유지시켜 주며, 에너지 사용도 줄여준다. 습도조절은 건물이 공조설비가 되어 있을 경우에 만 여름에 에너지회수형 환기장치의 장점을 가지며, 공조설비가 안되어 있으면, 에너지회수 환기설비는 여름에 불필요한 습기를 실내에 갖게 될 위험이 있다. 열과 에너지 회수형 환기시스템은 공기조절용 덕트작업의 장치를 해야 하고, 외부 보다는 열적 마감부에 설치되어야 한다. 지붕상부 설치와 덕트작업은 전도와 공기누출에 의해서 외부로 에너지를 뺏기게 된다. 열회수 장치들은 외벽면에서부터 잘 설계되어야 하며, 건물 내로 진입하기 전에 외벽면을 냉난방하게 하여 냉난방 시스템의 부하를 줄여준다.

환기시스템은 다양한 에너지 효율을 갖게 한다. ENERGY STAR's 프로그램에 의한 시스템은 통상 500CFM 까지 올라가고, 휀과 모터장치, 소음레벨 저하를 위한 최소한의 효과적 등급을 확보하기 위해서는 ENERGY STAR의 요구조건을 충복시켜야 한다. 더 대규모의 배기휀을 위해서는, 최상급의 효율을 가진 모터가 필요하고, ENERGY STAR에서 필요한 최소 2.8CFM/watt가 필요하며, 환기등급을 적용가능하게 하는 다양한 속도의 모터드라이브를 고려해야 한다. 적절한 규격을 가진 덕트작업과 그릴은 환기휀과 모터가 자체적으로 규모를 키울 수 없는 한 휀의 동력을 줄일 수 있다. 균형감과 공기차단성을 가진 이 시스템은 전체시스템에 효율성을 부여할 수 있고, 환기를 위해 요구되는 휀모터 동력을 최소화 할 수 있게 해준다.

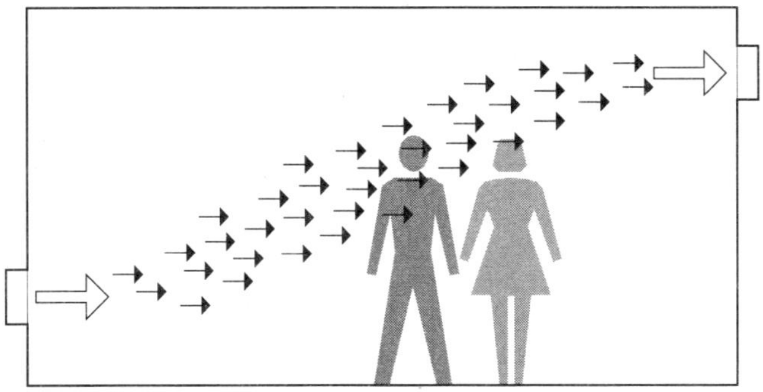

13.25 공급과 배기지점의 적절한 선정을 통한 효과적인 환기의 실현

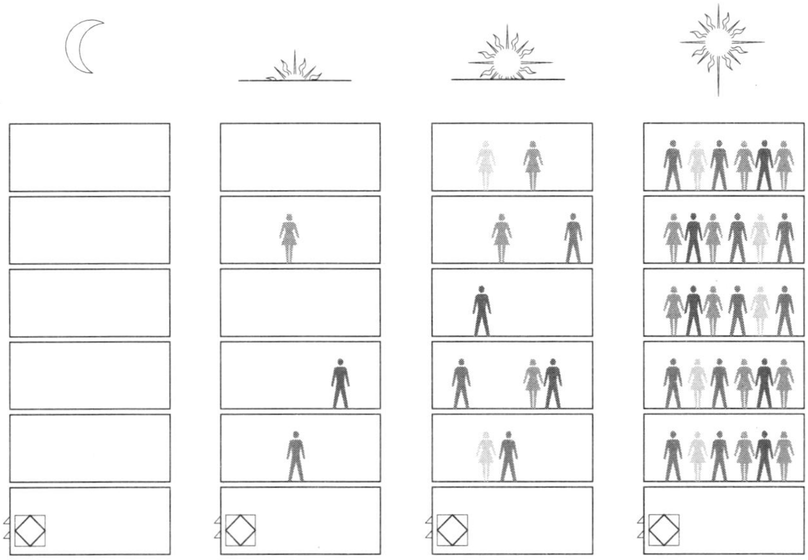

13.26 환기 조절

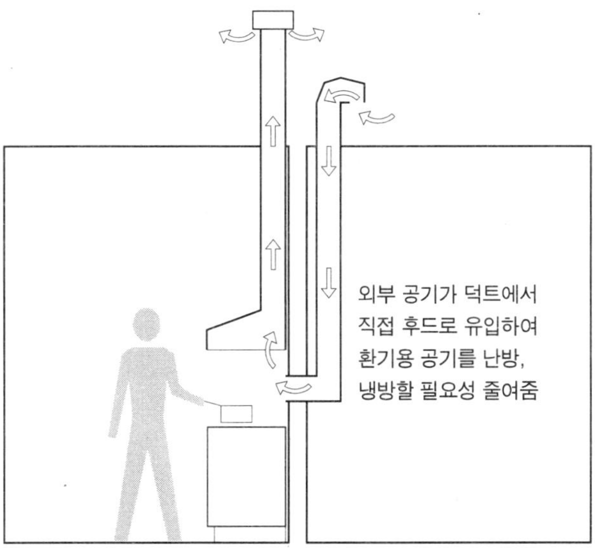

13.27 후드 환기

환기가 공급되고 배기되는 곳에 주의를 기울인다. 외기는 온도문제가 최소화 될 수 있는 안전한 장소에 공급되어야 한다. 환기되는 공기는 배기되기 전에 거주자가 숨을 쉬는 영역 내에서 방을 통과하는 방식이 되도록 해야 한다. 효율을 보다 증가시키기 위해, 환기는 방의 바닥에서 천정까지 미치도록 설계되어야 한다. 또는 반대로 맞은 편 문으로 통과하도록 하기도 한다.

환기조절에도 에너지가 사용된다. 필요하다면 독립적으로 조절하거나 냉난방을 조절할 수 있도록 환기를 냉난방용 공기흐름과 별개로 하는 것도 고려한다. 높은 공간점유도를 가지고 있을 때 증가시키거나 공간점유율이 줄거나 전혀 없을 때는 줄여주는 환기조절이 허용되어야 한다. 이것은 수요조절 환기, 타이머 조절 환기, 복합휀의 사용, 또는 환기를 위한 바람의 활용 등도 가능한 수단이 된다.

환기시스템의 시운전은 중요하다. 동시에 건물의 환기량을 측정하는 것이다. 한층 더 앞선 기반을 바탕으로, 온도조절에 따른 벽면의 이산화탄소 측정기, 자동으로 모니터링 되는 이산화탄소 감지기, 환기가 안 될 때 경고나 경보장치 등과 같은 측정장치가 고려되어야 한다.

업소용 주방후드, 냉동용 컴프레서가 있는 실, 배연후드 등과 같은 특별한 배출 환기장치를 갖기 위해서는, 외기를 통해 직접 배기시킬 수 있는 장비를 가지고 에너지를 절약할 수도 있다. 이 방식은 냉난방에 필요한 공기를 대체시키지 않고도 필요한 배기용 공기를 발생시킬 수 있다. 안락한 기존 환경에 문제를 만들지 않도록 외기를 직접 공급할 수 있게 하는 데에 주의를 기울인다. 예를 들면, 공기가 후드로 유입되고, 후드의 오염원을 빨아들여서, 업소용 주방후드 후면의 덕트로 공기를 보내게 해서 후드 주변에서 작업하는 사람들에게 불편을 야기하지 않고 배출시키는 것이다.

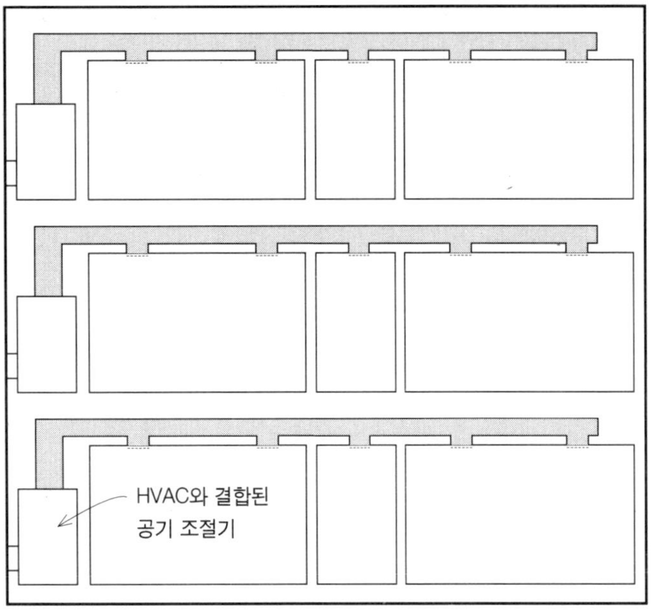

전통적인 방식 : 환기가 냉난방 시스템과 결합

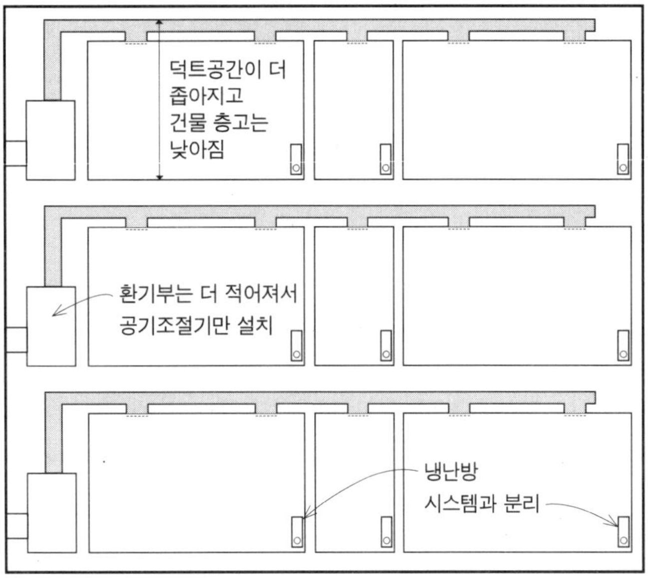

분리형 환기 방식 :
외기시스템에 따라 냉난방시스템과 분리

13.28 환기시스템을 냉난방시스템에서 분리

환기시스템은 냉난방시스템과는 별도로 개발되는 경향이 있다. 역사적으로 볼 때, 상업용 건물은 환기시스템이 냉난방시스템과 통합운용 되었다. 그것들은 보통 단층 상가 지붕에 설치되었다. 박스형태의 것이 냉난방 설비이고 작은 삼각형의 부착물이 환기흡입을 위한 지붕후드이다. 보다 대형의 상업용 건물에서는, 공기 유입이 중앙 냉난방형 공조기와 덕트로 연결된 대형 벽그릴을 통해 이루어진다. 그러나, 냉난방과 분리된 환기시스템은 다음 여러 이유로 친환경 건축에 더 가깝다.

- 휀동력을 줄인다. 환기용 통기율은 통상 냉난방용 통기율보다 몇 배 더 적다. 환기량이 적은 곳에 대형 중앙휀을 이용하기 때문에, 냉난방이 불필요한 때에도 필요 이상의 동력을 사용하게 된다.
- 냉난방용 통기율과 분리하여 환기용 통기율의 보다 적절한 제어를 허용한다.
- 환기용 공기를 적절하게 냉난방에 활용한다.
- 건물의 공기압을 보다 쉽게 평형상태로 해준다. 예를 들면, 일반적인 지붕의 소형 옥상 장치에서 공기 배출은 전혀 없이 환기용 공기를 유입해서, 건물에 압력을 넣어주고, 강제 배출시키므로 인해서, 벽면 조립에서 전도가 발생되는 것과 같은 위험이 발생된다.
- 덕트공간을 더 줄이고 층고를 더욱 낮출 필요가 있다.

자연환기도 선택의 문제이다. 자연환기는 개폐형 창과 물방울 환기장치와 같은 건물 내의 개구부와 벽과 창문 하부의 소형 개구부, 굴뚝효과와 부력유도형 통풍을 촉진시키는 타워와 윈드캐춰 등을 활용한다. 바람유도형, 지붕설치형 터빈 환기장치는 건물의 저층부에서 공기가 유입될 수 있게 개방되어 있을 동안에 공기 흐름을 건물 밖으로 유도한다. 자연환기는 개폐창문이나, 고정창이어서 조절이 안 되는 경우, 또는 잠재적으로 자동조절이 가능한 경우처럼 거주자에 의해 조절될 수도 있다.

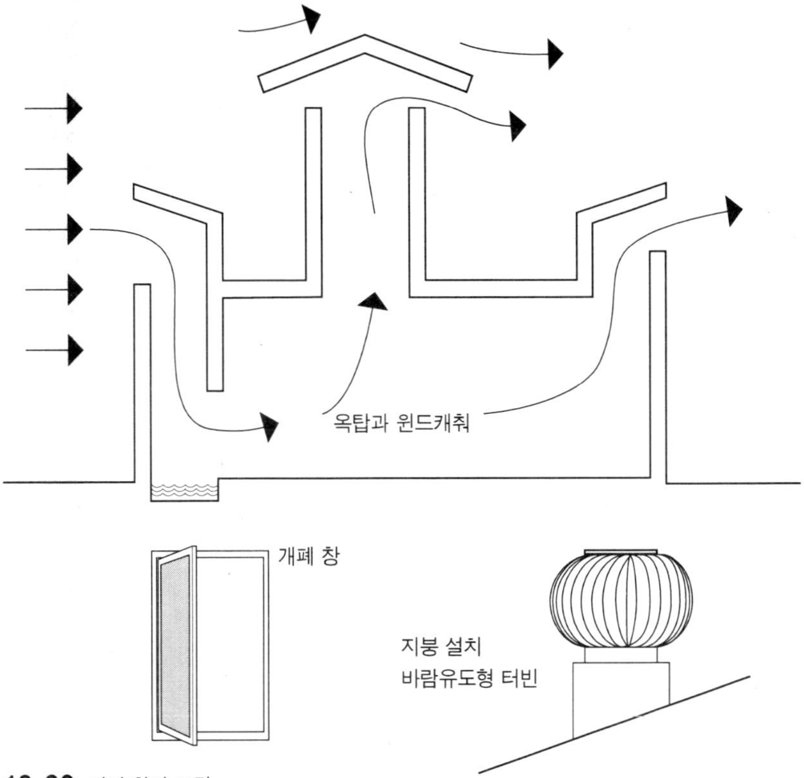

13.29 자연 환기 조건

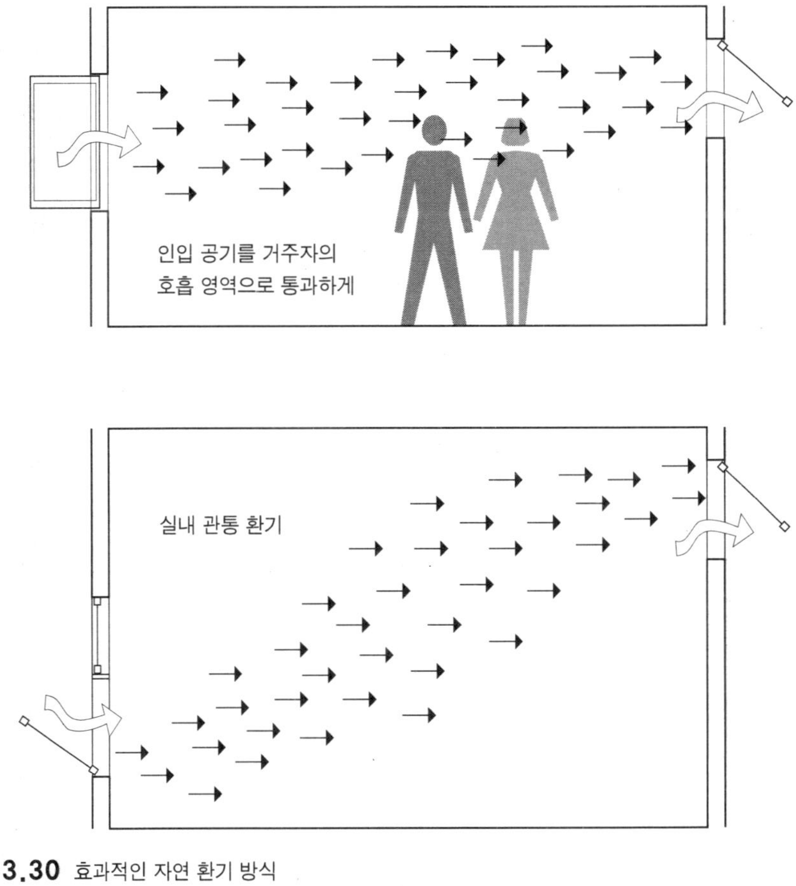

13.30 효과적인 자연 환기 방식

BREEAM은 자연환기를 위한 두 단계의 조절 방안이 있는데, 일시적인 냄새 제거를 위한 높은 단계와 지속적인 환기를 위한 낮은 단계를 포함하는, 자연환기의 방법에 대해 폭 넓게 다루고 있다. 관통형 환기는 반대편에 개구부를 갖는 것으로 기초검토 단계에서 중요한 전략이다. 부력유도환기를 위해서는 건물을 통과하는 환기용 공기의 흐름에 따른 통로로 유도하는 데에 집중해야 한다. 이것이 효과를 얻기 위해서는 신선한 공기가 거주자의 호흡영역 내로 공급되도록 해야 한다.

자연환기라는 것에는, 공간구획이 가지는 장점을 극복하고 공기가 건물 내를 통과하기 위한 통로가 있어야 함을 인지해야 한다. 그래서 두 접근방식의 교류와 상대적인 장점들을 교환하는 것을 고려해야 한다. 실 내부의 관통환기는 건물 폭을 가지고 부력유도 자연환기를 하는 것 보다 공간구획을 덜 하도록 하는 것이 유리하다.

부력과 바람을 포함하여 자연환기를 유발하는 첫 번째의 힘은 그 중 어느 것도 잘 조절될 수 없기 때문에, 자연환기는 고도의 예측불가 상태라는 점이다. 이것의 장점은 거주자에 의해 조절되는 휀의 동력과 창문의 사례에서 에너지 절약이 가능하다는 점이다. 부적절하게 조절된 환기의 경우에 포함되는 단점들은, 환기량 부족, 실내 공기의 질 저하나 과도한 환기, 냉난방용 환기를 위한 추가 에너지의 발생 등이 있다. 자연환기는 비록 그 주 목적이 외기를 활용하여 오염원을 희석시킴으로써 실내공기의 질을 증진시키는 데에 있지만, 때때로 온도조절을 위해 사용되기도 한다.

환기의 효과가 건물의 경제성에 얼마나 영향을 줄 수 있는가? 기존 거주자들을 위해 건물의 규모를 좀 더 줄이면 환기량도 줄어들고 결과적으로 시공비도 낮아진다. 오염원을 피하는 것이 보통 비용중립이 된다. 누출율이 낮은 댐퍼를 설치한 건물 외부마감을 관통해서 밀실하게 조절된 환기조건을 만드는 것은 비용이 추가된다. 독성이 낮은 페인트와 마감재 사용을 통해 오염원을 줄인 카펫은 보통 상당한 비용증가를 초래한다. 열 회복형 환기는 시공비를 더욱 증가시키고 생애주기 작동 비용의 관점을 통해 면밀히 검토되어야 한다. 그것은 사용연한이 높은 건물에서는 자체적으로 지불되어야 할 것이다. 그러나 하루에 불과 몇 시간 만 환기가 필요한 곳에는 별로 매력적이지 않다. 환기시스템을 냉난방시스템과 분리하는 것은 통상 덕트작업이 추가되기 때문에 비용이 증가한다. 이산화탄소 조절과 같은 환기조절 문제는 대부분 시공비를 증가시키게 된다.

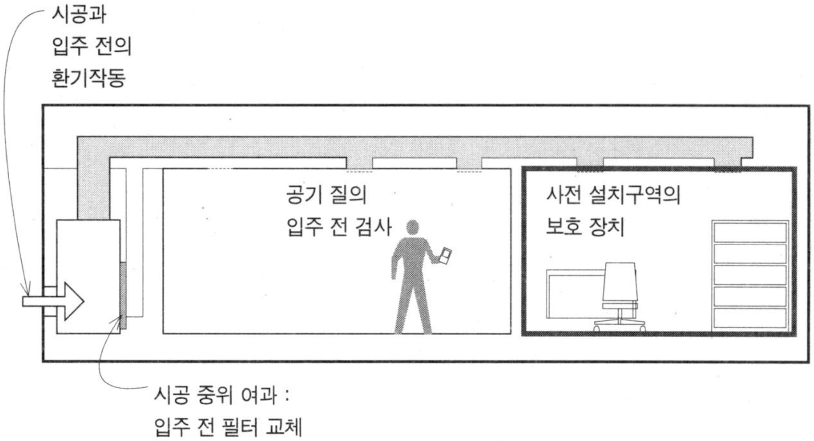

13.31 시공 중 오염 방지 방법

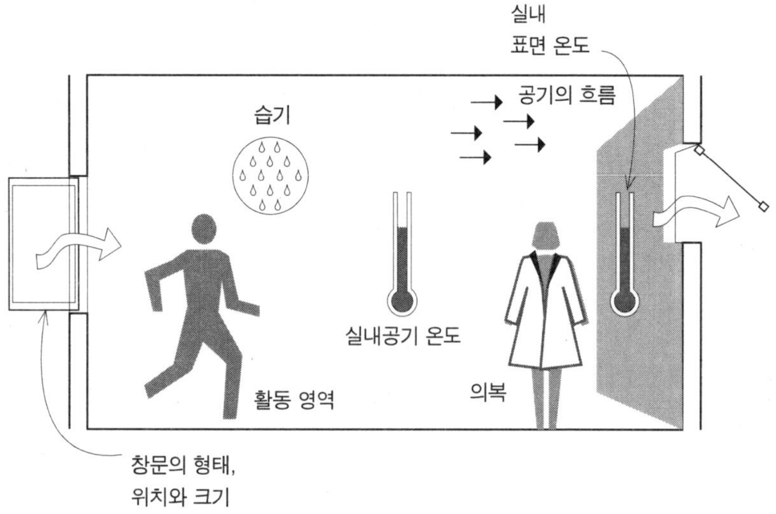

13.32 열적 안락함에 영향을 주는 요인

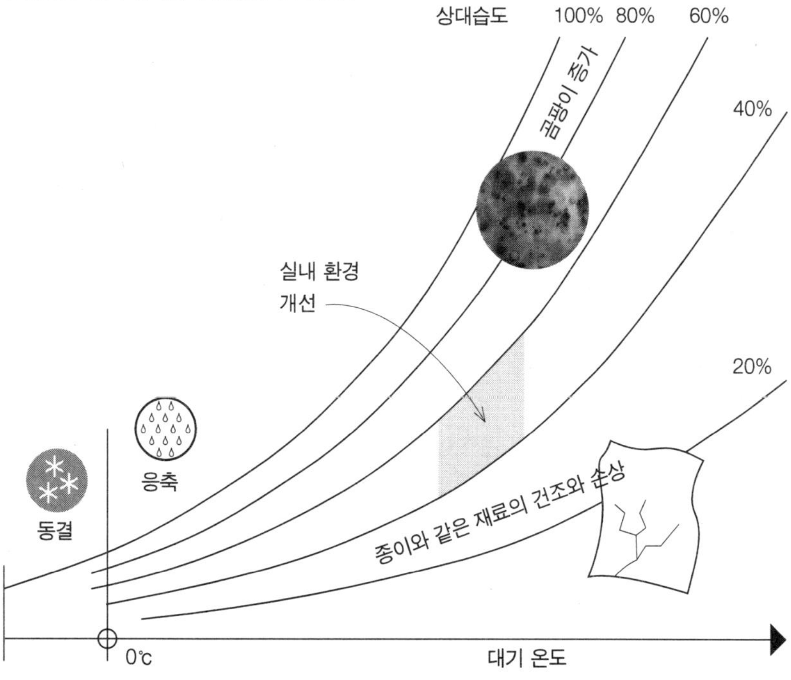

13.33 습기와 열적 안락함의 영향

시공과 입주 전 시운전 동안 실내공기의 질

장기간의 실내공간의 질을 위해 부가물로써, 시공기간 동안 건물과 건물시스템의 오염방지를 위한 여러 단계가 적용된다. 이러한 단계에는 시공 중의 환기, 공기로 이동되는 먼지를 공기조절기와 덕트에 방어막 설치, 리노베이션과 증축이 시행 중인 건물에서 입주 전 사용 중인 지역의 보호, 냄새와 마감면의 가스배출 처리 등이 포함되는데, 예를 들면, 공기의 질 검토시행을 위해, 신선한 공기를 통한 적절한 희석작용과 입주 전 경과시간의 확보 등이 필요하다.

열적 안락함

배경

역사적으로, 안락함에 영향을 주는 첫 번째 요인은 실내 공기의 온도가 그 중심에 있다. 시간이 경과함에 따라서, 습도, 통기성, 침장마감, 활동영역, 벽과 바닥 등 마감면의 온도, 방사열을 전환시키게 하는 창문의 면적, 기타 물리적 요인 등 안락함에 영향을 주는 추가적인 요소들이 수용되게 된다. 더욱 최근에는, 외부 공기온도의 역할도 더불어 중요하게 인식되고 있다. 이에는 개개인의 선호도, 감성 등과 건물환경에 대한 심리적 반응 등이 그것이다.

불만족, 저 생산성, 인간 면역체계의 스트레스 등을 포함한 안락함을 방해하는 요인들이 있다. 고온의 공기는 실내공기의 질을 떨어뜨린다. 질병, 열배출, 체온저하, 죽음 등 열적 조절실패의 극단적인 결과들이 있다.

추가적으로 두드러진 영향은 열적 안락함 뿐 아니라 건물 내의 재료에 영향을 주는 부적절한 습도조절에 있다. 높은 습도는 곰팡이 발생, 창문이나 문과 같은 건물부재에 목조가 증가하는 추세, 차가운 표면에 응축수 발생의 원인이 되고, 습도가 낮으면, 인체의 피부와 함께 목재, 종이, 필름 등이 건조하게 되고 찢어지거나 손상된다. 습도변화는 갈라지거나 휘어지는 등 자재의 스트레스와 손상을 일으키게 한다.

일반적으로 친환경건축은 앞서 특별한 단계를 통해 열적 안락함을 얻게 되지만, 몇 가지 안락함의 문제를 가지고 있다. 벽과 지붕의 단열이 강화되면 겨울에 이것들이 부착된 실내표면 온도가 높아진다. 공기침투를 줄이면 통풍량이 줄고 동절기 낮은 외부 습도의 영향을 적게 받게 되고 하절기에 외부 높은 습도의 영향도 적어진다. 침투가 낮은 것은 어떤 환경 하에서는 실내습도가 높아질 위험이 생기는 것도 경계해야 한다. 창문의 수와 크기가 줄어들면 인체의 복사열도 줄이고 공기흐름에 의한 전도효과도 축소된다. 에너지회수 환기시스템은 겨울에는 실내, 여름에는 실외에서 발생된 것으로부터 필요한 습도를 유지해준다.

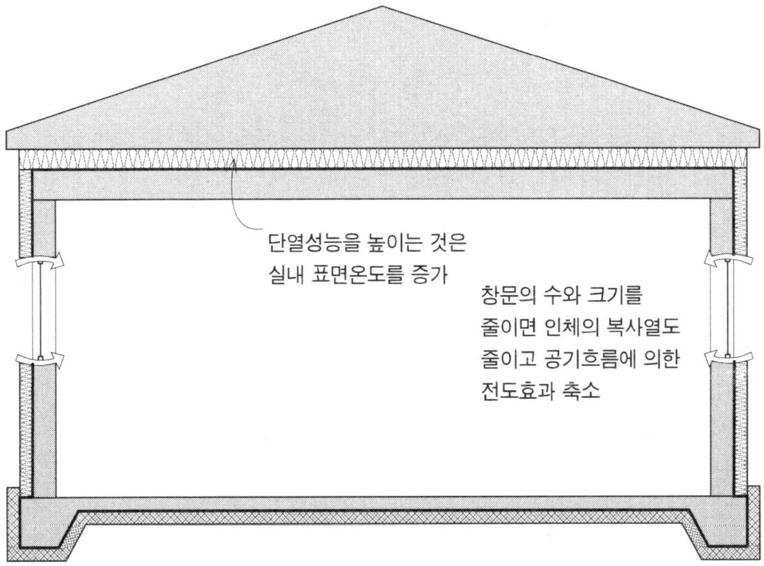

13.34 친환경의 효과로 열적 안락함 획득

온도의 층화(層化)는 볼트형태의 천정과 바닥 선큰 등을 피하고 건물이 잘 구획되도록 하는 것이다.

선제적 조치가 친환경 건물에서 이미 제공되었음에도 불구하고, 계속해서 적절한 열적 안락함에 대한 계획을 수립하고 배분할 필요성을 갖게 된다.

안락함의 측정

실내의 안락함은 공기온도가 우선이고 습도에 의해 두 번째로 정해진다. 상세한 예측은 특별한 공간이 특별한 거주자들을 위한 안락함을 갖도록 결정을 하기 위해서, 공기의 속도, 복사열 온도, 마감수준, 공기압, 순환률과 같은 양적인 면을 활용할 수 있게 한다.

거주자 조사방법은 건물이 훌륭한 열적 안락함을 제공하는지의 여부를 측정하기 위한 선택적 경로를 만들어 준다. 대부분의 규정, 기준, 지침은 거주자의 80% 이상이 건물에서 전반적인 열적 안락함을 가질 수 있는 필수조건들을 정의하고 있다.

최근의 연구에 의하면 에어컨을 사용하지 않고 개폐형 창문을 가진 거주자들에 대해서, 그들이 스스로를 안락하고 편안하다고 생각하는지에 대한 더 넓은 범주의 온도에서 더 많이 견디는 것을 보여준다. 거기에는 이 사람들이 개폐형 창 또는 적절한 차단형 마감재의 적용과 같은 것을 통해 지역의 기후조건에 적응하고 또 적용하도록 만들기 위한 양적인 것을 보여주고 있고, 중앙공조시스템을 가진 폐쇄형 건물의 거주자들의 경우에는 잘 사용되지 않는다. 여기에서 알 수 있는 것은 자연 환기형 건물에서 열적 안락함을 측정하는 또 다른 방법이 있다는 점이다.

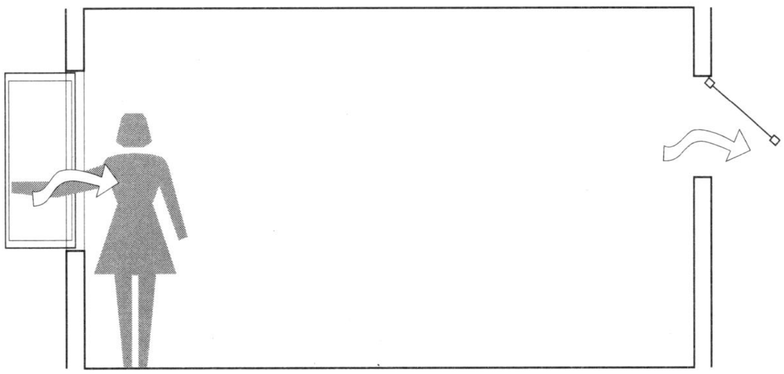

13.35 개폐형 창의 설치로 거주자들에게 지역의 기후환경에 적응효과 증대

목표/ 요구조건

열적 안락함의 가장 공통적인 목표는 ASHRAE 기준 55.에 기술된 조건이다. 인체의 안락함을 위한 열환경은 문서화된 설계방안이거나 평가와 증명 등에 의한 것으로 기술되어 있다. ASHRAE 기준55 는 우리가 실내공기환경을 조사한 결과, 온도와 습도의 결합에 우선을 둔 안락함의 영역을 만들어 준다. ASHRAE 기준 55 조건은 건습도표를 기반으로 만들어진다.

덧붙여서, 사전지표로서, 거주자 조사는 열적 안락함을 가진 만족도 결정에도 활용된다.

설계를 착수하기 전에, 하나의 프로젝트를 위한 목표설정에는 ASHRAE 기준55와 같은 기준을 가지고 단순히 요구조건의 승인절차 이상의 의미를 갖게 된다. 다음 질문에 대한 응답은 건물 거주자의 열적 안락함을 확인하는 것이 될 것이다.

- 어떤 공간이 냉방되었는가?
- 어떤 공간이 난방되었는가?
- 어떤 공간이 온도조절이 되고 있는가?

13.36 중요한 질문 : 어떤 공간이 온도조절이 가능한 것일까?

처음 두 질문은 자체 확인처럼 보이지만 실제, 냉난방이 다 필요하지 않은 몇몇 공간에서 발생되는 현상을 묻는 것이다.

공간에 냉방이 되어 있는가?—라는 이 질문과 관련해서는 건물 전체가 냉방된 것을 묻는 것이다. 기계적 공조는 열적 안락함과 연관된 두 개의 다른 기능 즉 건물의 공기온도와 습도를 낮추는 것을 말한다. 여러 기후조건과 많은 사람들을 위해서는, 공조가 필수적이지는 않고 오히려 사치로 여겨지기도 한다. 다양한 친환경 냉방전략이 사용되고 개발되고 있다. 앞서 몇 가지 언급한대로, 이에는 태양열 획득을 줄이고, 공기침투를 줄이며, 열회수형 환기, 단열성능 증가, 건물규모 축소화, 건물매스 단순화, 내부열 획득 축소 그리고 유입되는 빛도 줄이는 등의 방안을 포함하고 있다. 공조에 대한 필요성은 기후와 특별한 건물조건에 따라서 사실 없어지고 있다. 앞서 언급되었던, 공조설비 없이도 환경에 적응하는 인간의 능력에 관해 최근에 발견된 내용은 공조 없이 열적 안락함에 대한 방안을 더욱 지원해야 한다는 점이다.

그러나, 여러 기후와 많은 건물의 사용상에서, 공조를 피하는 것은 우리가 안락하고 건강한 실내환경을 유지하고 싶어 한다고 해서 가능한 것은 아니다. 더 나아가, 많은 사람들을 위해서는 공조에 관한 높은 기대를 오래도록 만들어왔다. 친환경 건축운동은 공조를 상당히 줄이기 위해 필요하고, 많은 사례에서 기계적 냉방에서 벗어난 건물들이 나타나고 있다. 그렇지만, 다가올 미래를 위해서는 기계적 냉방 건물이 많이 필요하게 될 것이 예상된다.

세 번째 질문은 명확하다. 온도조절이 되고 있는 공간은 어느 것인가? 이다. 이 질문에 대한 대답은 열적 안락함과 에너지 사용측면에서 중요한 영향을 미치게 된다. 열적 조절방안을 만드는 데는 여러 방법이 있다. 그러므로, 이러한 열적 안락함의 목표에 대한 초기 결정은 냉난방 시스템 선정방식에 영향을 미치게 되고, 열적 안락함을 갖게 되는 정도는 측정 가능한 기초자료와 거주자의 지각에 기반을 두게 된다.

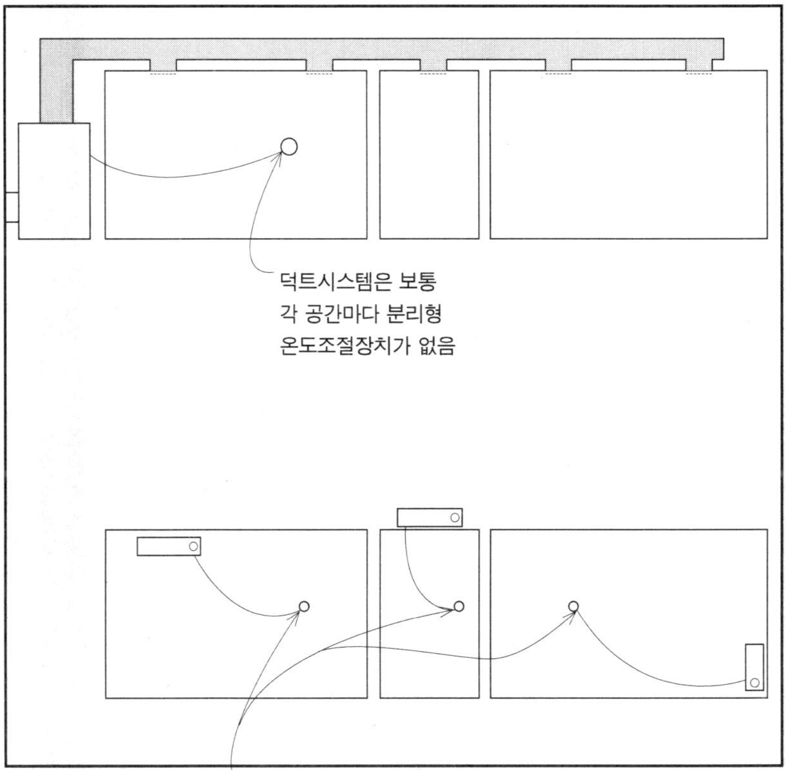

13.37 덕트와 팬코일시스템의 비교

전략

첫 번째 전략은 건축주의 프로젝트 요구조건과 같은 계획보고서에 열적 안락함의 목표와 필요성을 기술해놓는 것이다.

다음으로는, 열조절 전략을 선정하는 것이다. 중앙난방의 초기에는, 건물에서 온도를 감지하고 조절하는 장소가 적었고, 전체 건물에서 하나의 온도만 정하거나 동, 서, 남, 북 각 벽면에 1개씩 만 설치되었다. 이는 오늘날 사례에 비해 너무 적은 것이다. 그러나, 단순히 원래의 건물 전체에 대한 온도조절의 결과로 볼 때, 여전히 공간별로 분리된 온도조절이 되고 있지는 않다. 그래서 친환경 건물은 신중하고 유용한 선택을 할 필요가 있다. 왜냐하면, 각 공간에서 분리형 열조절을 한다는 것은 더 한층 열적 안락함을 나눈다는 것이고 결과적으로 에너지 효율이 더 커지게 될 것이기 때문이다.

대부분의 집중형 공기조절기로부터 거주용 난로와 덕트형 히트펌프에 이르기까지, 강제 에어덕트 시스템은 공간마다의 한 가지 온도를 공급할 수 없다. 다목적 공기량 시스템(VAV)조차도, 공기조절기 마다 복합온도조절장치를 설치하기 위해 실내온도 조절형 연결장치를 사용한다. 이 방안이 가능하지만, 실제 사용하는 경우는 드물다. 강제형 공기공급시스템은 단지 하나의 실에 공급될 만큼 작은 크기로 만들어지는 경우도 거의 없고, 방마다 조절되는 경우도 거의 없다.

왜냐하면 이러한 시스템은 공간마다 하나의 온도조절 시스템을 가지고 있지 않기 때문이며, 열적 안락함을 위해 인위적으로 조작한 결과로, 다양한 공간에 온도를 평균화하여 공급하거나 조절장치에 의해서 여러 공간 중의 하나에 온도감지기를 설치하는 것 등을 들 수 있다. 특별한 공간에는 온도가 측정되는 곳에 있는 시스템으로부터의 공기흐름에 의해 제공되고, 공간에서 일어나는 일은 조명이 켜지건 꺼지건, 기계가 작동되건 멈추건, 거주자 수가 증가하건 감소하건, 태양열 획득이 발생하건 안하건 간에 늘건 줄건, 공기 온도에 영향을 주게 된다. 그리고 그 시스템에 의해서 적절하게 반응하지는 않는다. 불안정과 불편함이 눈에 보이게 된다는 것이다.

반대로, 팬코일 유니트와 같은 덕트를 사용하지 않는 시스템에서는 통상 각 시스템이 하나의 공간에 설치되고 각 시스템이 자체의 온도조절장치를 가지고 있기 때문에 공간별로 하나의 온도조절이 가능하게 된다.

여기서 우리는 어떤 프로젝트에 대한 열적 안락함의 조건을 충족하는 동안에 받은 중요한 질문을 되돌아보게 된다. 방마다의 온도조절이 필요한가? 하는 것이다. 이 질문에 대한 답이 '그렇다'라면, 우리는 냉난방 설비시스템의 기본으로써, 팬코일 유니트와 같이 덕트가 필요 없는 시스템을 선호하는 것이 되는 것이다. 방열시스템은 또 다른 선택조건이 된다.

다음 장에서 냉난방 선택조건에 대한 보다 상세한 점을 보게 된다. 그러나 냉난방 시스템의 선택을 하는 데에 있어서 열적 안락함의 중요성은 매우 중요하다.

냉난방 장비와 관련 분배시스템의 적정 규모와 같은 열적 안락함의 목적을 충족시키려는 것이 우리의 전략이다. 양적 충족은 냉난방에 필요한 만큼을 공급하기 위해 필요하다. 그러나 그 시스템이 양적으로 부족하게 되면, 충분한 냉난방은 공급되지 못하게 되고 공간은 안락함을 잃게 될 것이다. 양적으로 과도한 것도 안락함을 위협받고 에너지 낭비가 되며, 이는 친환경 건축 기준에서 보면 잘못된 것이다.

13.38 안락함을 위해 개폐형 창을 설치.... 필요한 만큼만

공급되는 공기의 속도와 위치선정은 열적 안락함에 영향을 주고 각 공간의 바닥부터 천정까지의 설계를 통해 성립된다. 공간의 온도가 안락함을 갖고 있다 해도 건물과 공간의 거주자들에게 미치지 못하는 높이에의 공기흐름은 불안정성과 불쾌함의 원인이 된다.

개폐형 창은 거주자들에게 공간의 바닥부터 천정까지 적정한 환기를 가능하게 함으로써 열적 안락함을 증진시키게 됨을 보여준다. 개폐형 창을 공급하는 것으로 결정했다면, 개폐창의 개수는 매우 증요하다. 각 개폐창이 잠재적인 침투공간이 됨을 상기해야 한다. 개폐창의 수와 위치는 거주자 조절형 환기에 필요한 요구량을 충족시키는 선택이 되어야 하고 모든 창문이 개폐형이어야 하는지의 여부는 단순히 예측할 일이 아니다.

열적 안락함의 시운전은 또 하나의 주요 전략이다. 이것은 요구조건, 예측치, 열적 안락함 공급의 확인 그리고 안락함이 부족한 영역에 개선을 위한 수정방안 적용 등을 포함하고 있다.

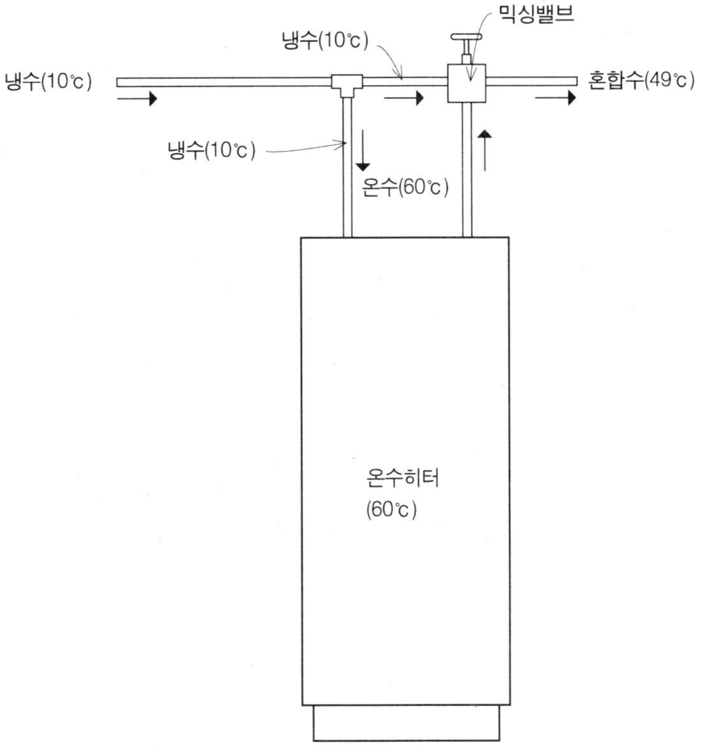

13.39 온수히터의 수온 관리

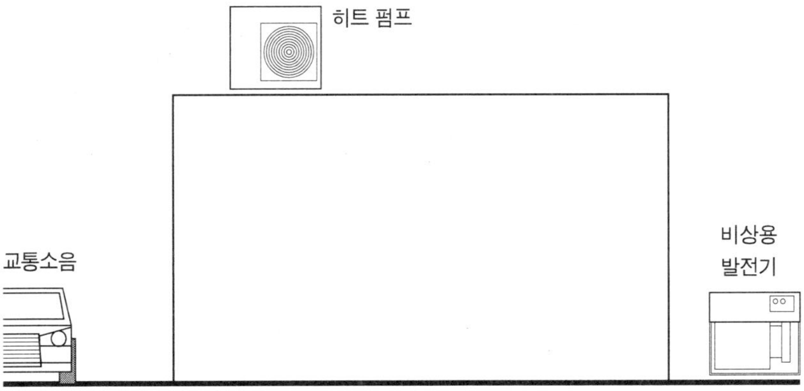

13.40 외부의 소음원

수질

수질은 종종 친환경 규칙, 기준, 지침서 등에서 무시되곤 한다. 건물에 우수한 수질을 공급하는 것이 그냥 받는 혜택으로 생각되는 것이다. 그러나 부적절한 수질은 건강에 심각한 해를 끼치게 한다.

친환경 건축은 깨끗한 식수를 제공해야 한다. 정수처리된 상수도가 휴대용 식수의 유일한 수원이 아니라면, 예를 들면, 우물물, 우수 또는 재활용된 물이 활용되지 않는다면, 적절한 여과와 정수처리가 필수적으로 필요할 것이다.

이와 관련해서, 건물 내의 물은 일종의 박테리아 감염원인 레지오넬라균의 위험을 제거하도록 관리되어야 한다. 이를 위해서는 온수 온도가 이 균을 없앨 만큼 높게 유지되어야 한다. 그렇지만 그 온도는 에너지 소모가 우려되거나 화상의 위험이 있는 정도는 아니다. 효과적인 전략은 높은 온도로 물을 가열해서 공급하기 전에 그 온도를 낮추는 믹싱밸브를 사용하는 것이다. 냉각탑과 같이 물이 저장되어 있는 경우에도 레지오넬라의 위험성을 제거하도록 관리되어야 한다.

음환경

우수한 음환경을 위한 설계란 외부에서 건물로 원치 않는 소음이 전달되지 않도록 하는 것이다. 즉 건물의 소음발생 구역에서 정숙한 공간으로, 낮은 소음이라도 공간 안팎으로 불쾌하게 들리지 않게 하는 것이다.

외부소음은 대형 기계, 교통소음 그리고 경량지붕에서의 빗소리도 포함된다.

열적 안락함의 사례에서처럼, 친환경 건물은 통상 두 가지의 이유로 전통 건축물보다 더 방음이 잘된다.

1. 침투정도가 낮은 것은 소음전달의 통로가 되는 구멍이나 틈을 통과하는 정도를 낮게 해 준다.
2. 벽과 지붕의 단열층을 강화하면 소음차단효과가 더 크게 된다.

친환경 건물은 또한 소음발생 구역에서 건물로 - 음향실이나 기계설비실과 같은 공간- 소음이 전달되지 못하게 하는 것을 전제로 한다. 또 다른 구역으로는, 회의장, 소회의실, 음악 감상실과 같은 소리에 민감한 공간들에 전달이 안되도록 한다. 열적인 구획과 칸막이로부터 야기되는 이것의 이점은 에너지보존에 바람직한 결과를 얻는다는 것이다.

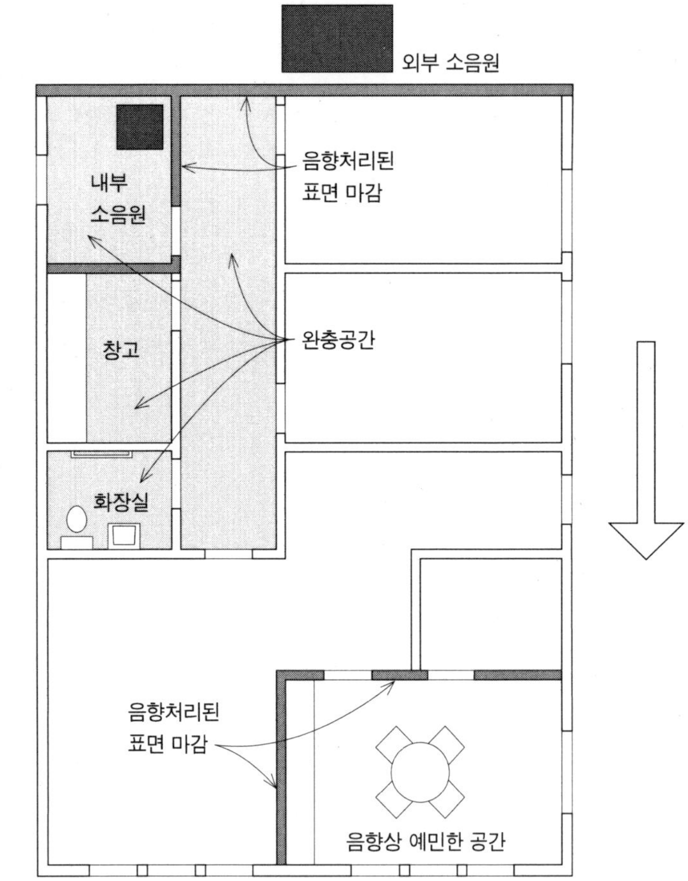

13.41 소음원으로부터 고립된 음향상 예민한 공간

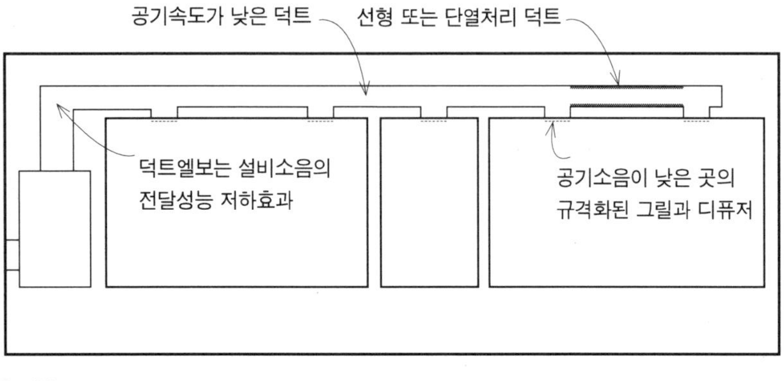

13.42 덕트작업과 그릴 및 디퓨저를 통과하게 하여 공기흐름을 통한 소음수준의 축소

그러나 친환경 건물이 모든 소음문제를 해결해 주는 것은 아니다. 잠재적 소음원, 예민한 공간, 잠재적 소음전달 통로 등의 발생에 대한 양호한 대비는 설계 초기단계에 이루어져야 한다.

외부면에서 시작되어 내부로 향하는, 건물의 방위와 형상은 외부 소음의 주요 원인이 되는 영향요인을 최소화하게 한다. 건물 내부에서, 소음이 자체적으로 계속 너무 높게 유지될 경우에는, 소음원으로부터 작동되어 이러한 것들을 고립시키려고 하고, 음향상 예민한 공간으로 이동하여, 이러한 것들을 음향처리하고 독립시키는 것이 필요하다.

특별히 주의를 기울여야 하는 것은 HVAC설비와 엘리베이터 같은 건물 내부의 주요한 소음원들이라고 하겠다. 이러한 부분들과 거주나 활동공간 사이를 구획 짓거나 완충공간을 형성해서 우선 물리적으로 고립시켜야 한다. 소리가 차단되도록 처리된 방음문과 같이 벽, 천정, 바닥 등에 대한 것은 적정한 음전달 등급(STC)에 따라 음향적으로 독립되도록 해야 한다.

덕트와 그릴 및 디퓨저에서의 공기흐름은 또 다른 주요 소음원이어서 엘보나 다른 물리적 장치를 사용해서, 음을 고려한 덕트를 설치하고, 그릴과 디퓨저를 정확하게 규격화해서 공기의 흐름을 충분히 낮추고 규격화된 덕트에 의해서 적절하게 낮은 수준으로 설계되어야 한다. 파이프 내의 물 흐름에서, 파이프 규격이 좀 작거나 유속이 너무 높으면 소음원의 대상이 된다. 주물 파이프는 플라스틱 파이프 보다 소음전달이 적다. 복사기, 프린터, 식당, 휴게실, 주방과 같은 기타 소음원도 고려해야 한다. 간단한 사전 검사를 시행해서 비상발전기와 같이 간헐적이고 드문 소음원을 간과해서는 안 된다.

소음의 목표수준은 공간의 종류에 따라 달리 수립되어야 하고 최상의 방안은 본래 지향했던목표에 따르도록 해야 한다. 필요조건들은 프로젝트의 사전 보고서에 기술되어 있어야 한다. 프로젝트에는 질적인 조절의 확인을 위한 검사를 필수적으로 포함해야 한다. 필요하다면, 음향기술자나 음향전문가가 이러한 과정의 전문가 자문으로 프로젝트 팀의 일원으로 참여될 수 있을 것이다.

14
난방과 냉방

냉난방시스템은 건물 설계와 시공 그리고 관리운영의 주요 과제이다. 이것들은 복잡하고, 가격도 높으며, 안락함을 판단하는 지표이고, 소음문제, 에너지 문제, 유지관리 문제, 그리고 물리적 비중 등 건축설계에 중요한 영향을 미친다. 궁극적으로, 최상의 냉난방시스템은 알려지지도, 보이지도, 들리지도, 불편함을 느끼지도 못하는 것을 말한다.

냉난방은 거주공간의 마지막 단계이다. 그러나 냉난방은 건물의 열적인 범주 속에서 충분히 접근가능한 것이다. 전통적으로, 냉난방설비는 냉난방의 많은 배출이 가능한 외부 경계면 주변이나 이격된 위치인 외부공간, 지붕, 지하, 마루밑 공간, 다락, 중공벽 사이, 바닥공간, 창문옆 및 외벽 등에 설치되었다. 건물은 외부 경계면에서 부터가 아니라 실내 코어로부터 냉난방 되는 것이 가장 유리하다는 것에 의견이 일치하고 있다.

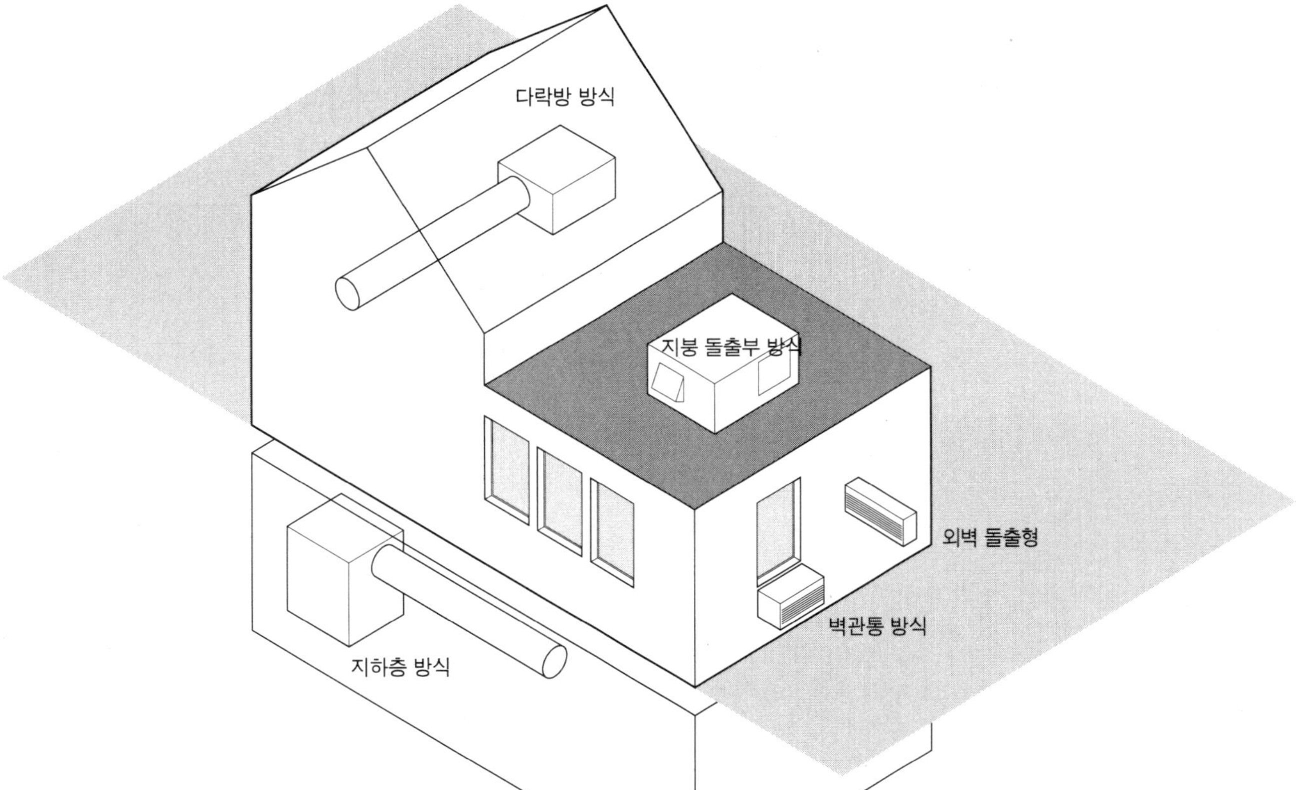

14.01 에너지 손실이 많은 건물
외부 경계면의 냉난방

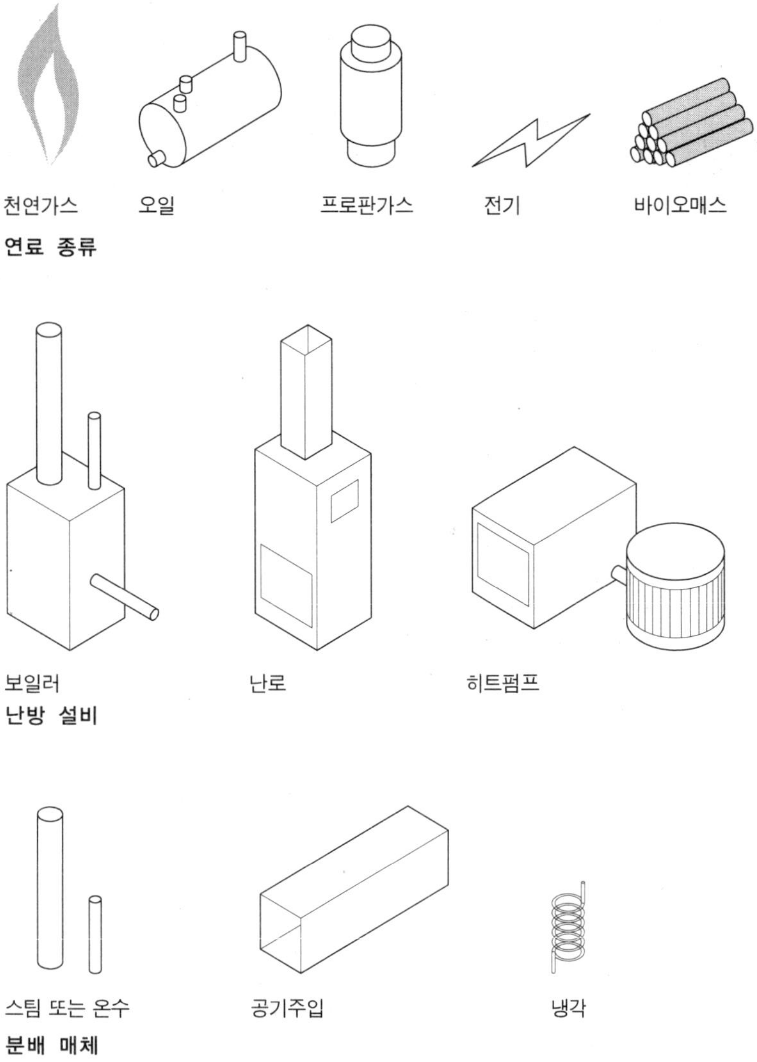

14.02 냉난방 시스템의 분류

시스템 종류

냉난방시스템은 유용한 시스템의 이해를 바탕으로 가장 효과적인 선택을 할 수 있다.

냉난방시스템은 여러 방식으로 분류된다. 천연가스나 석유, 석탄, 프로판가스와 같은 화석연료 연소시스템과, 히트펌프, 전기저항식 히터, 혹은 화목연소, 목재펠렛, 목재칩과 같은 바이오매스 시스템 등 사용된 연료에 의해 정의된다. 난방시스템을 구분하는 또 하나의 방식은 열을 발생시키는 데에 사용되는 시스템에 의한 것이다. 이러한 것은 공기를 덥히는 난로, 물이나 증기를 가열하는 보일러, 공기나 물을 가열하는 히트펌프 등이다. 그러나 난방시스템을 분류하는 다른 방식은 스팀, 온수, 공기주입, 냉각 등과 같은 분배방식에도 있다. 물론 전기바닥판 히터, 캐비넷형 히터, 룸 히터, 또는 공장에서 볼 수 있는 적외선 히터 등과 같이 분배시스템이 필요없는 난방설비도 있다.

최상의 분류체계라는 것은 없다. 이러한 분류는 시스템 선정의 복잡함을 보여준다. 그러나, 시스템의 조건을 이해하고, 시스템 선정 초기 단계에서 유익한 질문에 응답하는 것 등이 결정에 도움이 될 수 있다. 사용연료가 무엇인가? 냉난방시스템이 무엇인가? 분배시스템은 어떤 것인가?

역사적 추세의 검토는 난방시스템 발전에 안목을 키워준다. 1900년대 이전에는, 난로에 목재를 연소시키는 것이 유행이었다. 스팀과 온수시스템은 20세기 전반에 널리 사용되었고, 그 기간 동안 중력덕트 시스템도 마찬가지로 등장했다. 덕트형 공기주입시스템은 20세기 후반에 널리 사용되었다. 더욱 최근에는, 냉각기반 시스템과 역시 냉각기반시스템이 적용된 지열히트펌프 등의 덕트가 없는 방식이 출현되었다. 온수시스템이 다시 나타나고 신축 건물의 설계 등에 포함된 고전적 형태의 스팀난방 등과 같은 오래된 시스템이 여전히 많이 사용되고 있음을 주목해야 한다.

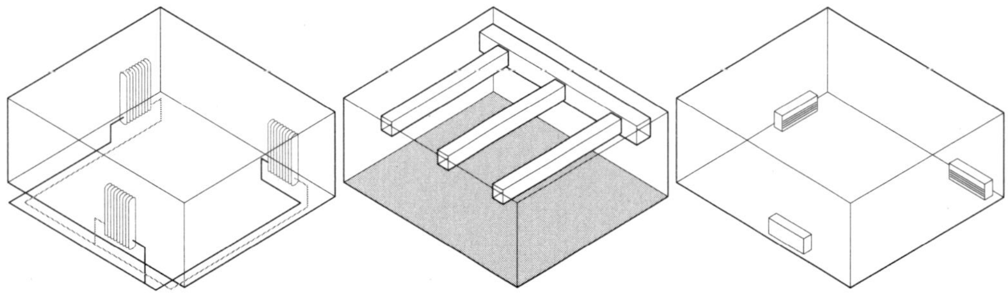

14.03 난방시스템의 발전사

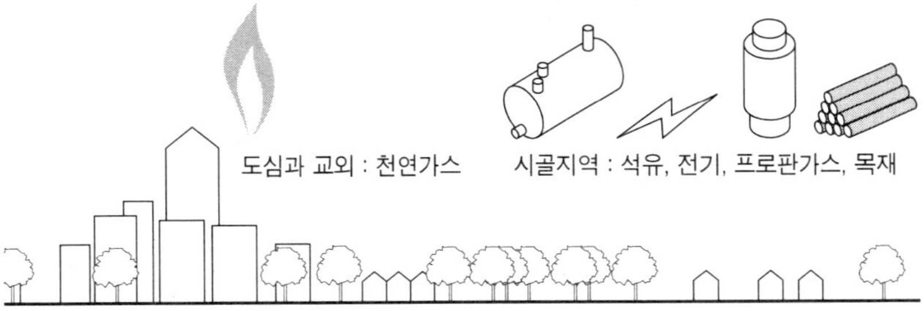

14.04 난방시스템의 선정에서 도심, 교외, 시골지역의 선택 조건

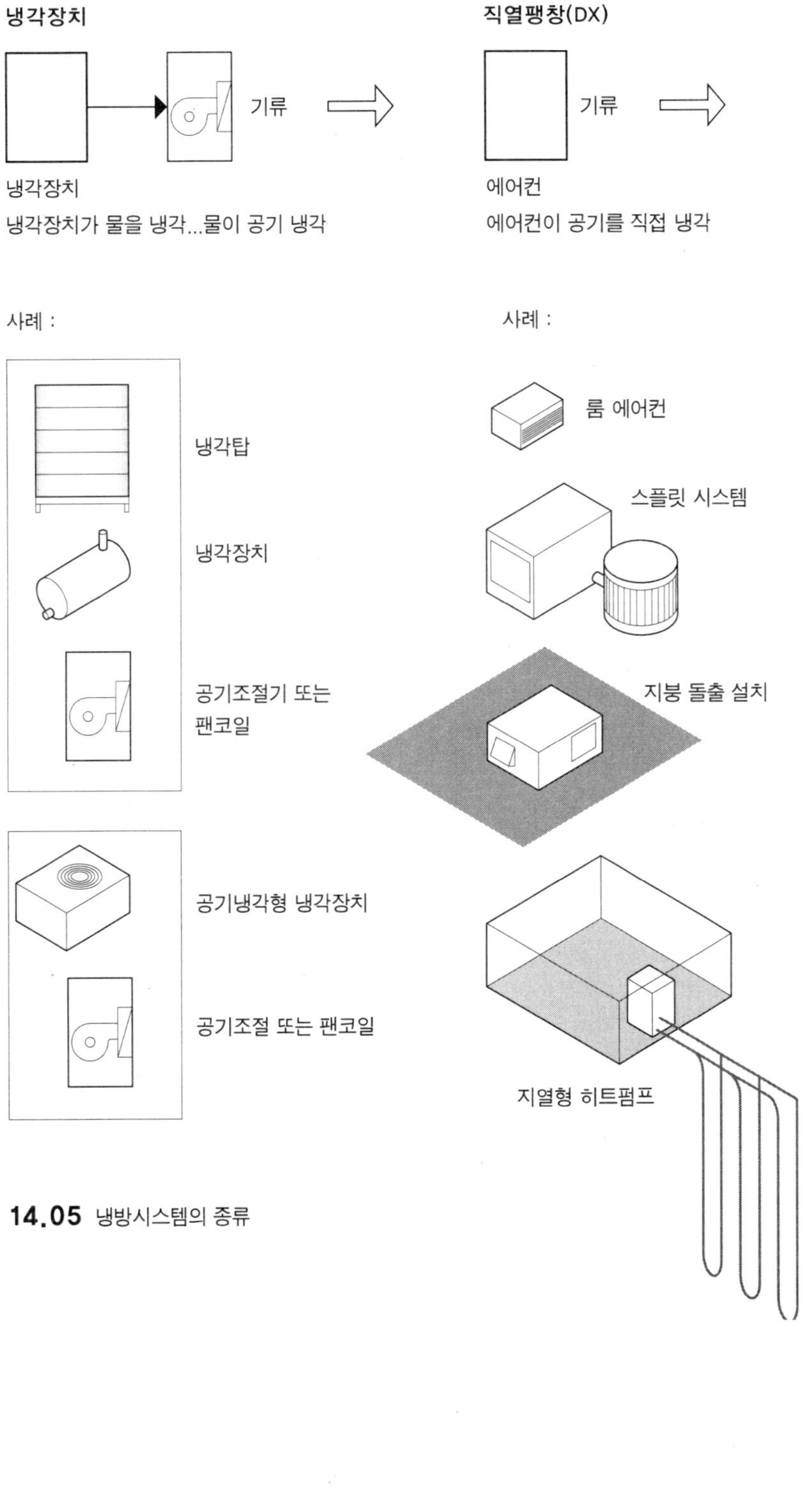

14.05 냉방시스템의 종류

지리학적 요소들은 난방시스템, 특히 연료의 선정에서 주요한 역할을 한다. 천연가스는 파이프설치가 가능한 도심과 교외지역에서 유리하고, 시골지역에서는 프로판가스, 석유, 목재, 등유, 전기 등이 많이 사용된다. 미국 남부지역에서는, 온화한 외기온도에서 매우 효율적이기 때문에 1980년대 이래로 히트펌프가 폭넓게 사용된다. 그리고 더 따뜻한 지역에서는 에어컨과 통합형이 사용된다. 그 외의 국가들에서는, 중앙 냉난방이 아직 적용되지 않고 있고 화석연료 연소시스템이나 덕트시스템의 역사가 짧은 많은 국가에서는 덕트가 없는 히트펌프의 사용이 지배적이다.

냉방시스템은 물이 공기를 차갑게 하기 전에 물을 먼저 냉각시키는 냉각장치시스템과 열전환장치를 통해 냉수냉각장치가 직접 공기를 냉각시키는 직열팽창시스템(DX)으로 크게 둘로 나눌 수 있다. 그러나 냉방시스템은 여러 다른 방식으로 분류된다. 하나의 박스 안에 전체 시스템이 있을 경우에는, 단층의 상가건물 같은 데에서 흔히 볼 수 있는 지붕설치 시스템을 포함한 "패키지 시스템"이라는 소분류로 칭할 수 있고, 요즘에는 잘 사용하지 않는 호텔, 모텔에서 주로 사용되던 실내형 패키지 시스템과 소형 벽 관통장치, 그리고 아주 저렴한 냉방장치로서 창문돌출설치형 등이 있다. 이 시스템을 실내, 실외의 두 가지로 분류하게 되면, 이는 덕트형과 논덕트형 그리고 덕트가 불필요한 방식 등으로 소분류되는 분할시스템이라고 할 수 있다. 덕트분할 시스템은 교외에서는 유비쿼터스로 사용되고 오늘날 에어컨 방식에서 가장 일반적인 방식이다. 덕트가 없는 시스템은 미국 이외의 지역에서는 가장 일반적인 방식이다. 대형 건물에서는, 냉각장치 자체가 컴푸레샤 방식(원심성, 소용돌이, 나선형, 상호작용 등)과 열제거 방식(액체형 코일 또는 공기 코일)으로 세분화 된다.

건물 형태와 규모는 시스템 선정에 영향을 준다. 대형 건물은 분배 매체로 물을 사용해서 보일러와 냉각장치를 갖는 경향이 있다. 소형건물에서는 대개 분배매체로 물을 사용하지 않고 난로난방이나 직열팽창형 냉방방식이 사용된다.

시스템상의 취약점

시스템 종류가 상이하면 각각 다른 취약점도 갖게 된다.

과도한 물과 에너지의 손실로 부터의 어려움을 겪는 스팀시스템이 통상 40%가 넘는다. 공기주입시스템은 덕트작업을 통해 공기 누출과 열손실로 피해를 보는 비율이 25-40% 정도이다. 원래 냉방에만 사용되던 냉각장치 기반 시스템은 현재 오히려 히트펌프에서 난방에 서의 사용이 증가하고 있는데, 부정확한 냉각장치의 부하에 민감함 때문에 문제가 발생되며 종종 10-20% 정도의 손실이 예측된다. 그것들은 또한 실외기 주변에서 자라는 식물과 불결한 여과기나 관로 등으로 둘러싸여 있는 열교환기의 영향으로 피해를 보게 된다. 이중 하나는 기계장치의 전기소비를 급격하게 증가시키기도 한다. 화석연료 연소형시스템은 불완전 연소 때문에 문제가 발생된다.

대부분의 설비시스템은 적용미숙으로 문제를 발생시킨다. 예를 들면, 고효율의 온수보일러는 분배시스템이 정확하게 설계되고 설치되어 있지 않고 수온이 너무 높으면 작동효율이 떨어지게 된다. 고효율의 지열형 히트펌프는 공기 흐름이 적절치 않거나 지열저장소가 너무 적으면 역시 작동효율이 낮아진다.

몇 개의 시스템은 냉난방 시스템 자체에 상관없는 문제들을 건물에 적용하기도 한다. 그 예로, 많은 화석연료시스템이 건물에서는 굴뚝과 같은 연소에 필요한 공기를 유입시키고 연소 후 사용된 고이를 배출하기 위한 개구부를 필요로 한다. 굴뚝은 연소에 필요한 공기를 상부에서 과도하게 유입하게 되고 이 공기는 종종 가열되어서 상승배출된다. 또 다른 예로는 벽관통형 공기조절방식으로 열교에 따라서 전도되는 것과 같이 건물 내로 공기를 누출되게 한다.

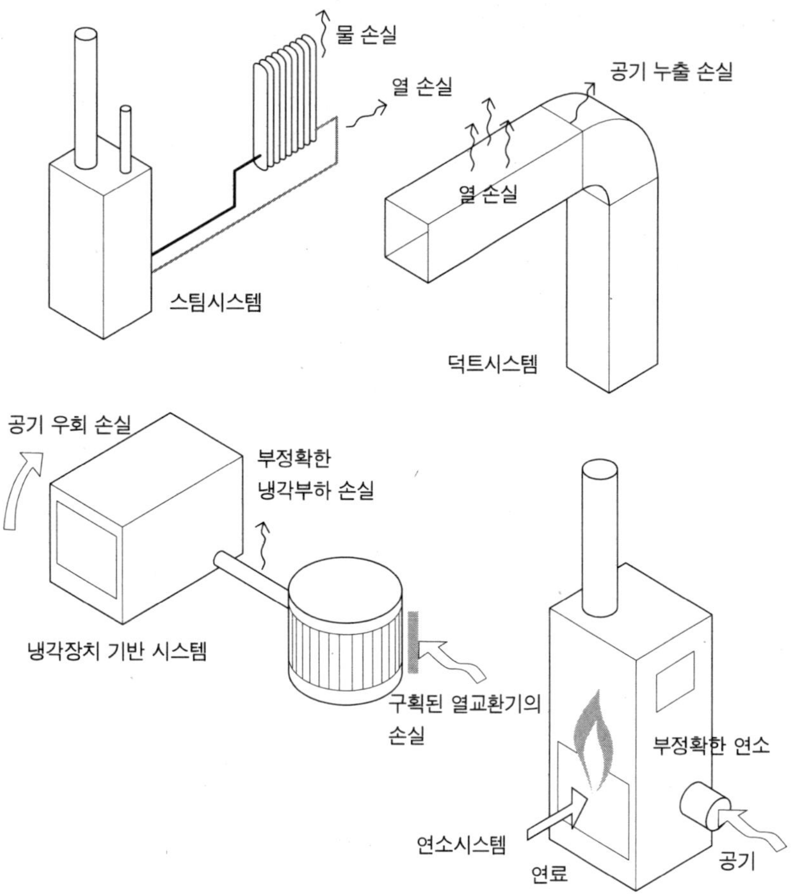

14.06 냉난방 시스템의 취약조건

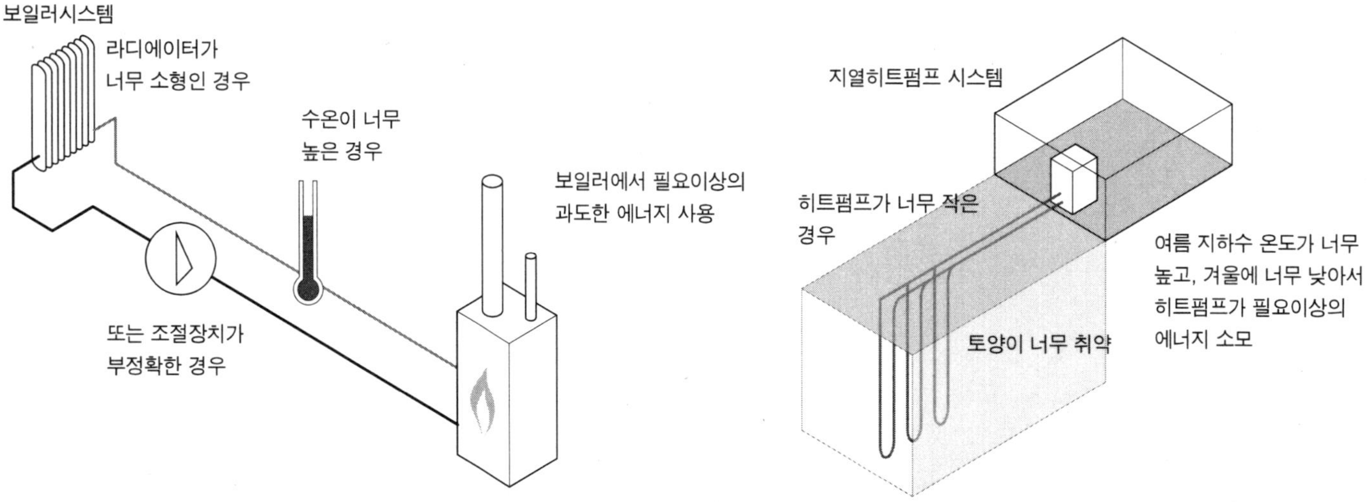

14.07 냉난방시스템의 적용상 문제점들

외부로부터 내부로의 유출입

외부에서 내부로의 냉난방을 유입 하는 것의 핵심은 열단열 마감층 안쪽에 냉난방시스템을 설치하는 것이다. 열단열 마감층 외부나 지하실과 같은 냉난방이 안된 곳에 이 설비를 위치시키면 10% 이상의 건물 에너지 손실율이 발생한다.

열단열층 내부에 냉난방을 위치하면 친환경을 위한 조건이 단순해진다.

- 지하층, 마루밑, 다락방과 같은 냉난방이 안된 곳에는 냉난방이나 분배시스템을 설치하지 않는다.
- 지붕이나 외부에는 냉난방시스템을 설치하지 않는다. 여기에서, 실내공기의 흐름과 냉난방설비의 반출입을 포함해서 공기조절기 설치나 장비들의 집중화 방안 등을 특히 고려한다. 그리고 실내공기의 흐름과 관련이 없고 제한적으로 외부에 설치할 필요가 있는 냉각탑과 냉각실외기, 응축기와 같은 열배출 장비는 고려하지 않는다.
- 연소설비가 건물 실내와 통하게 되는 건물의 각 개구부나 구멍으로 연결되지 않도록 한다. 다시말해, 연소설비는 밀실하게 설치되어야 한다.
- 공기가 실내로 스며들 우려가 있는 벽관통형이나 창문설치 등은 피한다.
- 공급되는 열은 창문 하부나 외벽 또는 냉난방되지 않은 공간 상부 바닥면 등과 같은 실내마감면 내부에만 있도록 한다.

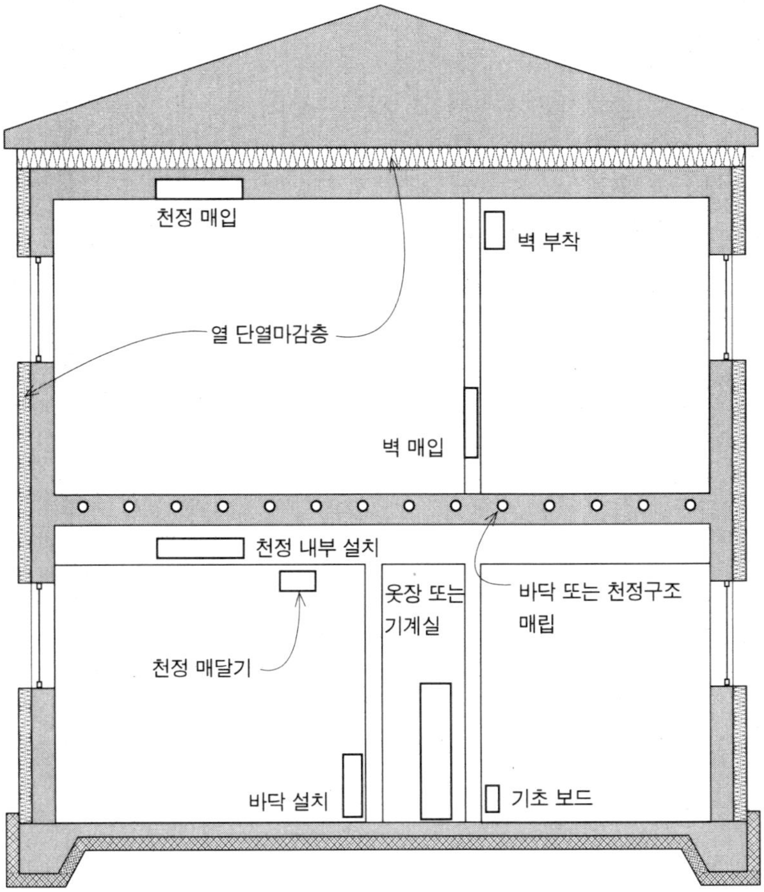

14.08 냉난방 분배시스템은 열단열 마감층 내부에 설치

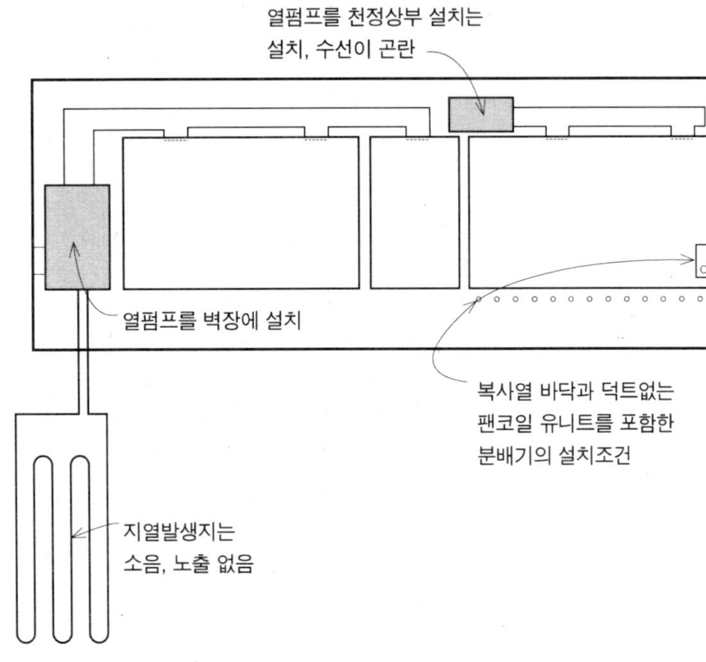

14.09 지열 히트펌프 시스템

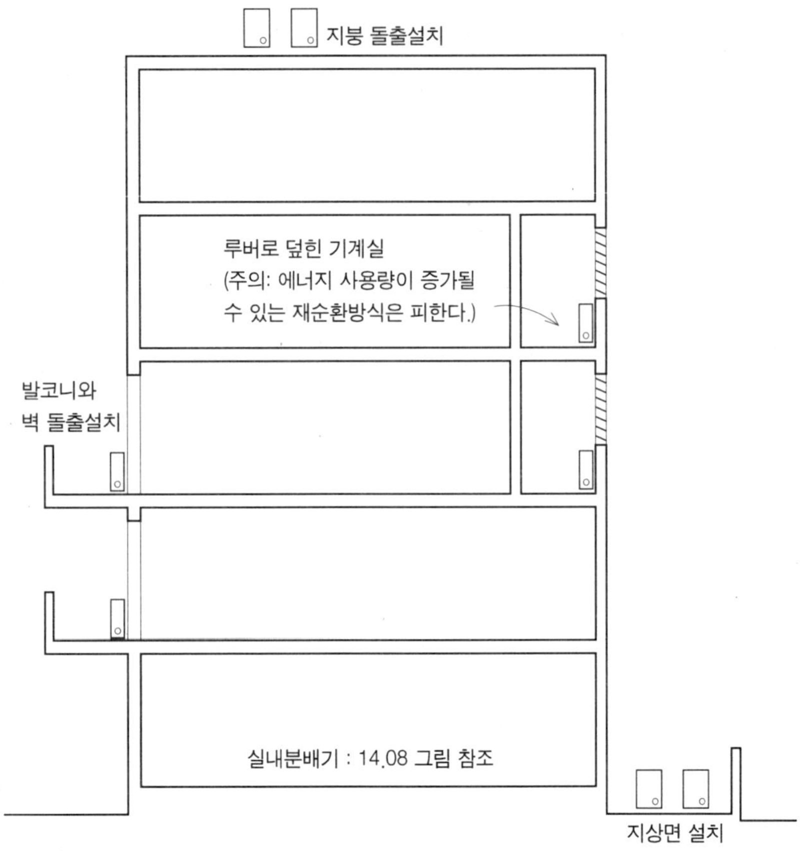

14.10 공기발생 히트펌프의 설치

공간이 좁더라도, 이러한 단순함의 추구는 여전히 많은 선택조건을 가지고 있다.

열단열층 내에 히트펌프가 설치된 지열형 히트펌프는 가장 효율적인 냉난방 방식이 될 것이다. 이에는 지붕, 지하층, 마루밑, 외부공간, 다락방 등과 같은 열단열층 외부에 히트펌프를 설치하지 않아야 한다는 것이다. 공기유도 분배시스템을 사용하게 되면, 덕트장치를 밀실하게 해야 한다. 주의할 점은 히트펌프 설치시 압축기 소음과 진동이 거주공간으로 전달되지 않고 수선정비가 용이하도록 해야 한다는 것이다. 벽장은 소음을 차단하고 정비가 용이하여 덕트형 히트펌프 설치에 좋은 곳이다. 또 천정 상부에도 설치될 수 있지만 수리 등이 매우 곤란하고, 천정 내부에 설치하는 경우에는 층고와 건물 높이가 증가하게 된다. 지열형 시스템은 미적인 측면이나 소음면에서 유리하다. 외부 열교환기가 땅 속에 있기 때문에 냉각탑, 응축기, 옥상설비 또는 공간에 돌출되어 눈에 띄거나 지상이나 옥상에서 소음이 발생될 우려도 없다.

공기를 사용하는 덕트가 없는 히트펌프는 또 하나의 선택조건이다. 전세계적으로 폭 넓게 사용되는 이 시스템은 미국에서도 승인된 것이다. 이 시스템의 다양한 속도조건을 가진 종류는 효율을 증대시키고 낮은 외기에서도 성능을 증가시키게 되어 추운 북측지방에서도 적용이 가능하다. 열회복형의 경우에는 실내의 중심공간이나 다른 냉방이 필요한 공간을 가진 건물에서 동시에 냉난방을 효율적으로 할 수 있게 해준다. 냉각 파이프로 인해 분배에서 발생하는 손실은 덕트장치나 물, 스팀 파이프에서 생기는 손실보다는 적다. 낮은 부속동력(예를들면, 펌프와 휀에 필요한 동력같은)에서 에너지를 전달하는 능력은 아주 뛰어나다. 이러한 시스템을 설계하는 것이 보일러와 냉각시스템 같은 중앙공급형 시스템의 적용보다 더 용이한 경향을 보인다.

그것들은 통상 더 작아진 용량으로 만들어지기 때문에, 대형 건물에는 복합장비들이 필요하게 된다. 그러나, 이러한 작은 규격의 것들은 설치에 융통성을 갖게 된다. 냉난방시스템은 설치장비가 너무 커서 일반 엘리베이터를 이용하지 못할 만큼 단일화된 부품이 아니기 때문에 크레인작업 없이 쉽게 설치할 수 있다.

덕트가 없는 냉난방시스템이 가진 가장 중요한 한계조건은 실내와 옥외 사이에 최대 길이가 152m 가 한계라는 점이다. 유사한 점으로는, 실내,외의 최대 수직 높이의 한계가 91m이다. 적절한 입지조건은 외부의 설비를 위한 곳을 정할 필요가 있다.

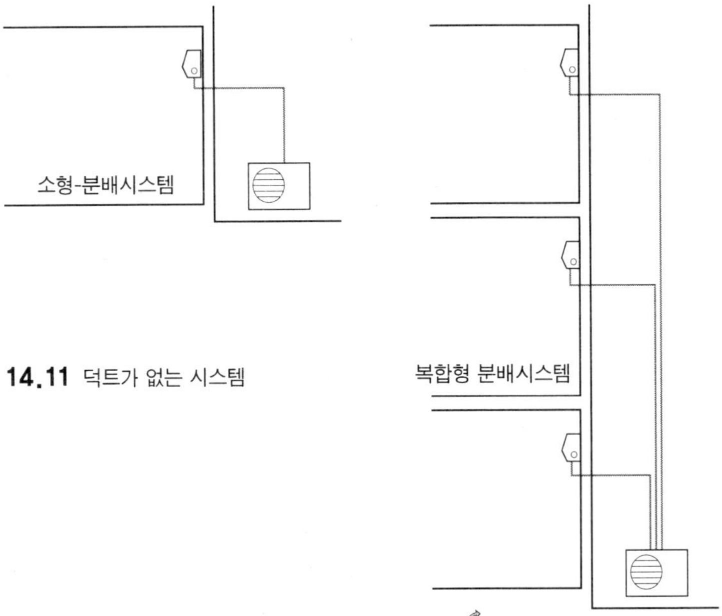

14.11 덕트가 없는 시스템

덕트가 없는 시스템은, 하나의 실외기가 한 개의 실내용 장치와 연결된 소형분배시스템과 하나의 실외기가 여러 개의 실내용 장치와 연결된 복합분배시스템의 두 가지가 있다.

몇 가지의 화석연료 시스템은 또 하나의 선택조건이다. 이러한 밀폐형 연소보일러나 난로는 열단열층과 개스연소형 룸히터 내부에 있는 벽장이나 기계실에 설치된다.

보일러 시스템을 위해서, 건물 외부와 연계된 벽을 통해 직접적으로 열이 손실되는 외부 벽면에는 난방기를 설치하지 않는다. 실내 공기온도의 변화에 신속히 대응할 필요가 있는 건물에 적합하게 잘 설치되지 않았거나 사용되지 않는 시간 대에 상당한 온도 변화가 일어난다 하더라도 복사열 바닥분배방식은 하나의 선택조건이다. 복사열형 바닥은 또한 단열이 되었어도 바닥슬래브를 통해 열손실이 발생되므로 건물의 지면 접촉층 바닥슬래브는 불리한 조건이 된다.

밀폐형 연소기, 개스난로, 배기실 히터 등은 또 다른 선택대상이다. 그 연소 부산물을 바로 거주공간으로 배출시키는 경우를 제외하고는, 배기형 히터와 모양과 작동이 유사한 배기장치가 없는 방식의 히터들과 혼동하지 않는 것이 중요하다. 배기장치가 없는 히터는 건물 실내로 유입되는 습기와 연소 부산물들 때문에 친환경 건물에서는 별로 선호되지 않는다. 전기저항형 난방시스템과 마찬가지로 이러한 설비장치들 중 어느 것도 냉방은 되지 않는다.

보일러, 난로, 히트펌프 등 거의 모든 선정대상 시스템에는 다양한 변속 휀과 펌프모터가 가능한 곳 어디나 변속 휀과 펌프모터가 부착되어야 한다. 대형부터 소형시스템까지 장비 크기에 상관없이 대부분 선택사양에 활용되어야 한다. 대형시스템에서는, 변속장치(VSD) 또는 속도고정장치(ASD) 등 속도를 조절하는 장치를 적용한다. 소형시스템에서는, 변속모터만 적용된다. 조절형 난로, 보일러, 히트펌프와 같은 다양한 제품의 냉난방시스템으로 특성화해야 한다. 더욱 경제성을 기준을 한 대안으로는, 제한용량 시스템 이상의 효율적인 이득을 계속 제공해주는 두가지 단계의 시스템이 고려될 수 있을 것이다.

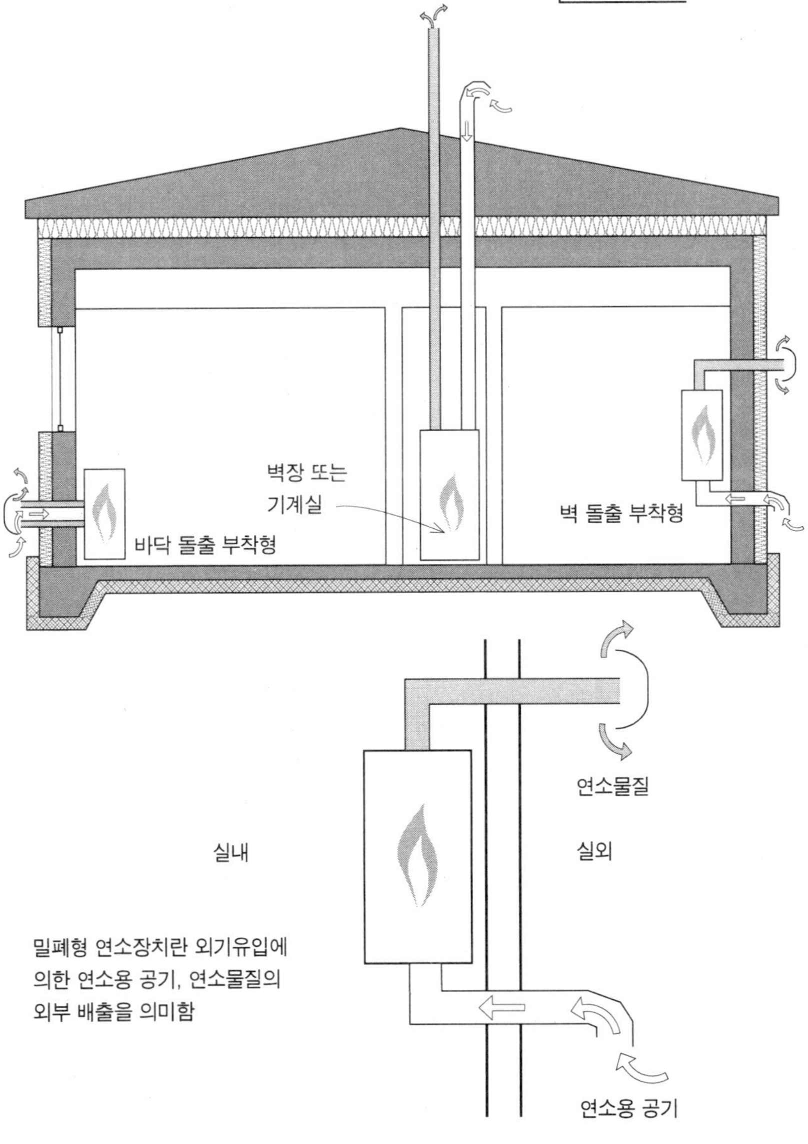

14.12 밀실하게 처리된 연소시스템을 위한 열단열층 내의 설치 장소

전기바닥판 히터나 캐비넷형 히터와 같은 전기저항형 난방기는 각 실별로 설치될 수 있다. 이는 전기저항형 히터가 난방기 형식이 고가이며 비효율적인 히터처럼 오래전부터 보아왔던 것으로서 친환경건축물에는 맞지 않는 것이다. 전기에너지에 의존하는 것은, 전기저항형 히터가 탄소배출량이 높기 때문이다. 그래서 친환경 건축에 먼저 선정되지는 않는 것이다. 그러나, 전기는 바람이나 태양전지에너지와 같은 새로운 에너지가 제공될 수 있다면, 그리고 건물이 난방을 위해 낮거나 제로에 가까운 에너지로 설계될 수 있다면, 그때 전기저항형 히터는 분배손실이 적고, 건물외벽에 영향을 덜 주고, 설치비가 낮으며, 조절이 편리한 점을 장점으로 선정대상에 들 수도 있다.

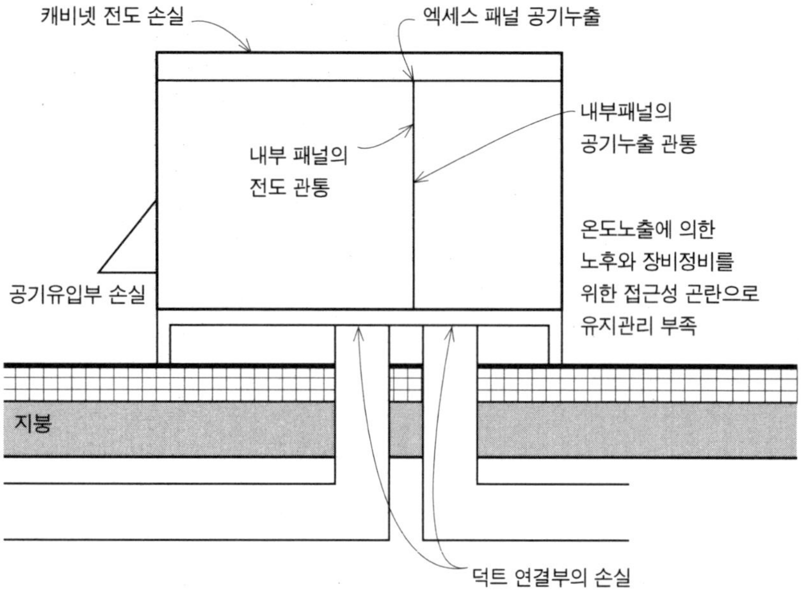

14.13 옥상설치 시스템의 취약부분

옥상설치형 냉난방시스템은 소매상가처럼 단층건물에서 보통 찾아볼 수 있는데 이것이 친환경건물에 적합한가? 옥상형시스템의 에너지 손실량은 상당한 수준이다. 공기차단형 옥상 냉난방 설비를 하는 것은 어렵다. 이러한 설비에 있어서의 공기는 외부와 상관해서 깨진 틈과 구멍을 통해 이 시스템으로 출입하면서 생기는 공기누출은 긍정적 또는 부정적 압력을 갖게 된다. 실내나 실외공기는 이 시스템에 의해 장비 내부에 한 장의 얇은 금속막이 있어서 공기의 흐름이 조절되고 실내공기와 외부공기를 분리해준다. 이 칸막이는 파이프 설치, 동력과 조절 선들과 같은 것이 관통하게 되어 잠재적 공기 누출 자리가 많기도 하다. 즉, 옥상 마감면과 설비의 밀실한 조임부, 벽 패널, 금속 분리판의 장치 바닥부분, 그리고 많은 나사연결 관통부 등이 있다. 덧붙여서, 실내 칸막이는 패널과 접합된 많은 금속판 조인트를 가진 외부면에 의해 둘러싸여 있고, 다른 관통부는 그 설비의 내외부로 공기가 누출되게 한다. 이러한 장치에 사용되는 단열층은 통상 1인치 내지 2인치(25.4-50.8mm) 두께로서 건물 벽이나 옥상에 사용되는 것보다 얇다. 추가적인 손실은 지붕상부의 덕트에 노출되어 있거나, 건물 하부에 노출된 덕트 등 덕트연결부에서 발생된다. 시간이 지남에 따라, 이러한 시스템의 상황과 효율성이 점점 떨어지게 된다. 왜냐하면 건물 옥상에 손상이 오고 유지관리가 잘 안되기도 하고, 바람과 비, 햇빛 등에 노출되기도 하기 때문이다. 결론적으로, 옥상형 기계설비 시스템은 친환경 건물에서 많은 에너지 상의 위험성을 가지고 있다고 할 수 있다.

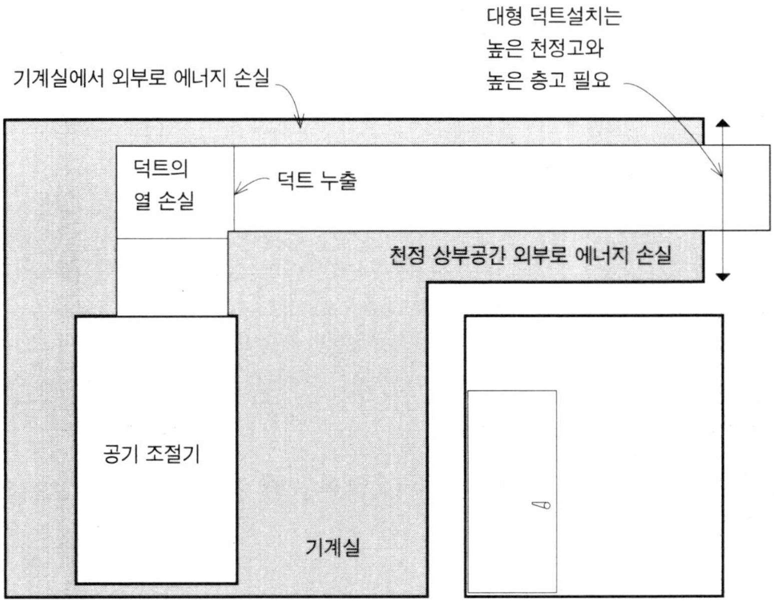

14.14 대형 공기조절기와 기계실의 취약부

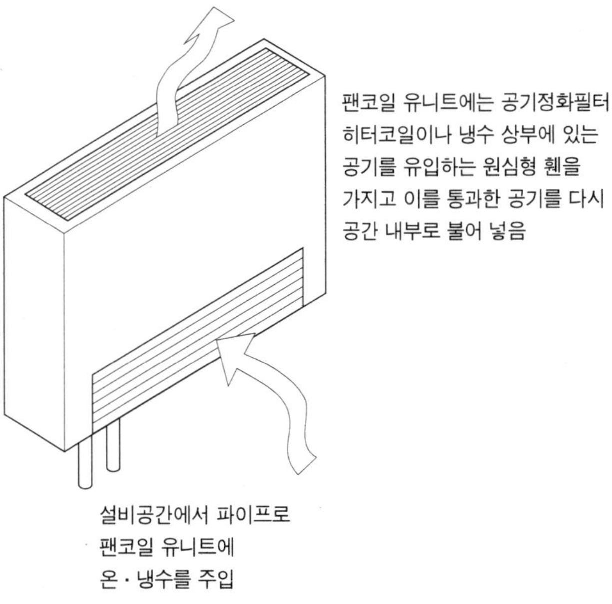

14.15 물을 이용한 팬코일 유니트

기계실에서 중심형 공기조절기를 사용하는, 대형 중앙집중형 냉난방시스템은 지붕, 다락방, 지하실에 설치된 시스템 보다 훨씬 효율이 높은 것으로 보인다. 그렇지만 그것들은 여전히 복합적인 에너지 문제들을 가지고 있다. 이러한 것들은 단열이 안 되었거나 적절치 않게 단열된 덕트와 파이프, 덕트와 파이프의 누출 그리고 덕트와 파이프의 단열이 잘 되고 누출도 없더라도 발생되는 열손실 등을 포함하고 있다. 팬코일 유니트의 조건은 또한 높은데, 기계실에서 공조되는 실까지 거리가 너무 멀어서 많은 양의 공기를 보낼 필요가 있어서이다. 중앙집중식 공기조절기도 대형 덕트작업이 필요하다. 결과적으로, 천정 상부공간의 확보필요성 때문에 전체 건물 높이도 올라가고 건물 외부면을 통한 에너지 손실도 증가해서 시공비도 10-20% 증가된다. 덕트가 있는 천정공간은 기계실과 공조된 공간 사이에서 발생되는 또 다른 일련의 손실을 가져오게 한다.

중앙집중형 기계실과 대형 덕트작업에 따른 이러한 냉난방시스템의 문제들은 냉난방을 필요로 하는 공간 내부에 분배 및 공급시스템을 설치하는 데에 더 좋은 대안을 제시하게 된다. 거기에는 단열과 공기밀폐에 의존하지 않아도 되고 장비설치와 분배로 인한 잠재적인 손실우려도 거의 없다. 여러 시스템들이 이러한 선택조건을 가지고 있다. 덕트가 없는, 분리형 히트펌프는 마천루를 포함한 여러 건물종류에서 전 세계적으로 많이 사용되고 있다. 대부분의 시스템이 여전히 덕트를 이용하고 지열형 온수펌프 시스템을 위한 필요 동력만큼 덕트 손실을 가지고 있지만, 지열형 히트펌프는 일정한 효율수준을 유지한다. 냉방설비가 없다고 해도, 어떤 화석연료 연소형 룸히터는 바닥난방형을 공급하기도 한다. 여전히 펌핑과 파이프 손실이 발생된다 하더라도, 온수활용 팬코일방식은 또 다른 증명된 선정기준이 되고, 팬의 동력을 낮추고, 덕트손실도 없으며, 구역별 조절도 가능하다.

영역구획이라는 맥락에서 초기에 논의한 것처럼, 중앙형 공기조절기는 팬의 동력을 기준도 없이 많이 소비한다. 에너지상의 이점은 대형 공기조절기(변속형 공기용량, 또는 VAV, 설비시스템과 같은)에 있는 변속 모터에 의해 생기는데, 이는 현재 다량의 초소형 팬 코일이 변속모터를 사용할 수 있도록 하는 것과 마찬가지로 에너지를 줄여준다. 소형의 분배시스템은 대형시스템보다 팬모터 동력을 현저히 줄여서 사용된다. 환기를 집중시키기 위해서 대형 공기조절기를 사용하는 것은 환기를 선택하는 측면에서 보면 자체적인 문제를 안고 있다. 불필요한 팬 동력을 발생하게 하는 대형 공기조절기에서의 환기집중화는 분리를 막아서 환기용 공기의 보다 효율적인 냉난방을 방해하게 되어 결과적으로 과도한 환기를 하게 한다. 이러한 이유 때문에, 대형 중앙집중형 공기조절기는 분배된 시스템, 즉 덕트가 없는 히트펌프나 지열 히트펌프, 온수 기반의 팬코일과 같은 것들만큼 효율적이지 않아 보인다.

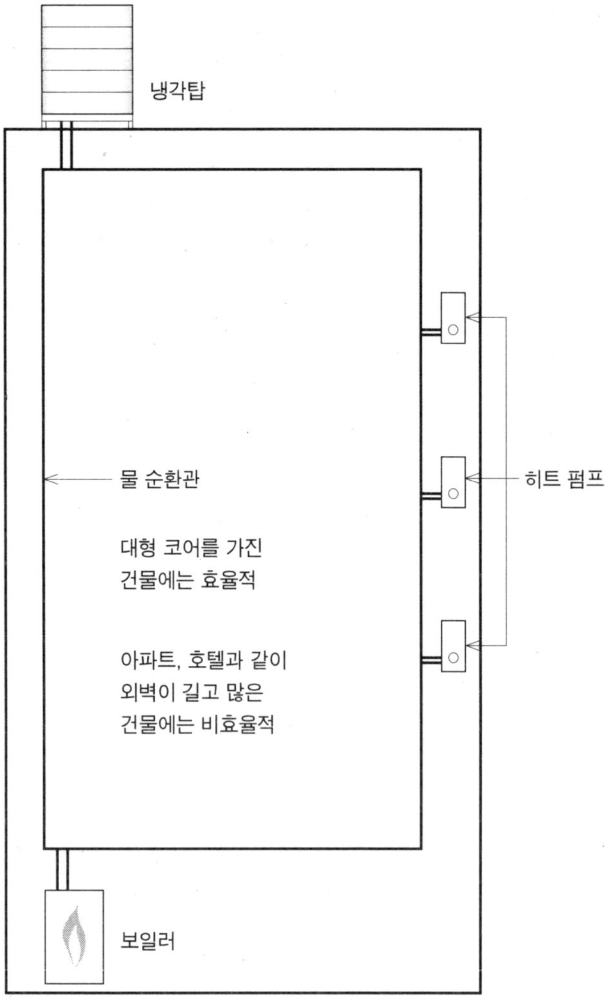

14.16 보일러-냉각탑 물순환 히트펌프 시스템

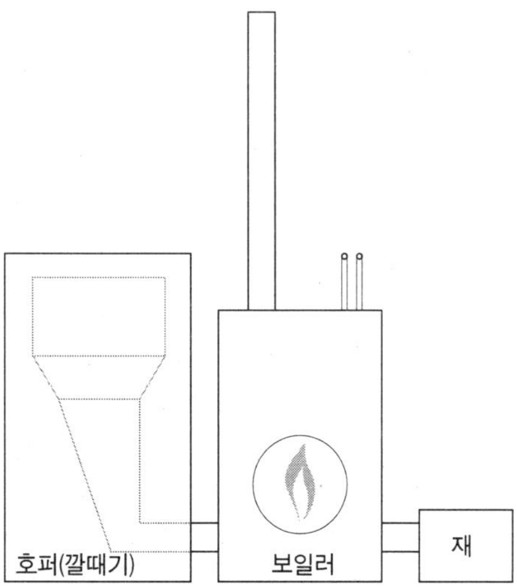

14.17 바이오매스 보일러 시스템

또 하나의 선택 대상은 보일러-냉각탑 물순환식 히트펌프시스템이다. 이것은 열원으로 보일러를, 열을 외부로 배출하는 것으로 냉각탑을 활용한다. 히트펌프와 연동해서 공조공간에 냉난방을 공급하는 것이다. 보일러, 냉각탑과 히트펌프는 모두 물순환관을 통해 열을 더하거나 열을 뺏기도 한다.

그러나 보일러-냉각탑 물순환형 시스템은 외벽면이 많은 건물이 아닌 중심코어형 건물에 설치되지 않는다면 효율성이 떨어진다는 점이 확인되었다. 다시 말해서, 이 히트펌프는 아주 추운 겨울 날씨에 건물 외벽면의 난방에 사용되는 것으로 건물의 중앙코어로부터 일년 내내 잉여열이 생성되게 되는 건물에 가장 적합한 방식이다. 주택, 아파트, 대부분의 호텔, 단층 상가, 소형 오피스, 보일러-냉각탑 물순환 히트펌프 등과 같이 건물시공의 대부분을 외벽면이 차지하고 있는 경우에는, 화석연료연소형 난방, 지열히트펌프, 공기난방 히트펌프 등과 같은 모든 여타 대부분의 선택 가능한 방안들에 비해 에너지 사용량과 탄소배출이 훨씬 높다. 외벽 난방형 건물에서 보일러-냉각탑 물순환 히트펌프 방식은 외부공간, 지상면, 잉여 열을 가진 공간 등으로부터 어떤 열도 얻을 수 없기 때문에, 전기난방을 사용하는 데에 비용과 에너지가 더 높아지기 때문에 부분적으로 화석연료 난방이나 부분 전기난방 건물이 될 수밖에 없는 것이다.

친환경 건물프로젝트를 수행하는 일반적인 건물에서는 먼저 지열형 히트펌프 방식으로 설계하고 프로젝트의 예산에 비해 입찰가격이 너무 높으면 보일러-냉각탑 물순환 히트펌프 방식으로 전환하게 된다. 이 방식은 효율면에서 최소이고 탄소배출율은 가장 높은 것 중의 하나가 되는 외벽난방형 건물에 적용하지 말아야 한다.

또 하나의 난방방식은 바이오매스-연료방식이다. 목조 알갱이, 목재 칩, 통나무 등과 같은 연료가 이에 포함된다. 난방연료로 바이오매스를 사용하는 장점은 생장하는 바이오매스의 탄소흡수량이 고려될 때는 탄소배출의 영향이 낮아진다는 것이다. 그러나, 구식 목재난로는 개방된 시스템이어서 연소와 배출을 위한 공기가 필요하다. 이는 침투가 불필요한 것이라는 것을 의미한다. 신형의 목재난로는 외기와 직접 접촉해서 밀폐된 연소방식을 고려한 것이다. 바이오매스형 온수보일러는 최근에 소개되었다. 그것이 보통 건물의 난방코어 내부에 설치되어 있지 않았지만 바이오매스 연료를 적재할 수 있는 곳에 자리 잡을 필요가 있다. 연소된 재 또한 제거해서 처리될 필요가 있다. 마지막으로, 바이오매스 시스템은 난방만 되고 냉방은 안된다. 바이오매스 시스템의 순수 탄소배출량이 낮은 것은 이 방식을 어떤 건물에 적용할 이유가 된다고 할 수 있다.

친환경설계의 공통조건에 대한 냉난방 상의 하나의 중요한 결정은 실내에 장비의 설치위치 설정이다. 이것은 벽 돌출형과 바닥설치형 아니면 천정설치형 중에 소형팬코일 설비를 적용하는 것이다. 실내에 기기 설치하는 잇점은, 분배 중 손실의 제거, 분배용 휀 동력의 절약, 구획에 따른 부분적인 온도조절 가능, 덕트작업을 위한 천정 상부나 바닥 하부에 공간확보 요구조건 삭제 가능성, 설치비 절감 등 많이 있다. 실내에 장비설치를 하는 경우의 단점은 소음과 미관이다. 그럼에도 불구하고 실내에 장비를 설치한 역사는 꽤 길다. 예를 들면, 바닥설치형 주물제 라디에이터는 초기 반방시스템의 전형이고, 여전히 폭 넓게 사용되고 있다. 또 다른 예로는, 학교에서는 보통 창문 하부에 냉난방시스템을 설치한다. 미국 이외의 지역에서는, 실내의 닥트 없는 팬코닝 방식이 많은 국가에서 사용된다. 그리고 실내의 팬코일설비는 특수한 건물에서는 적응되지 않고, 천정매입형 팬코일은 벽장이나 다른 노출되지 않은 장소에 덕트와 함께 설치되는 팬코일방식과 같이 또 하나의 선택조건이 된다. 이를 피하기 위한 도 한가지 실내형 방식은 벽관통형 인데, 이 방식은 벽관통형 에어컨과 팩키지형 에어컨 또는 유사한 히트펌프 방식 등이 있다. 벽에 필요한 커다란 관통을 하는 것은 공기의 통과 및 전도열 손실의 원인이 되기도 한다.

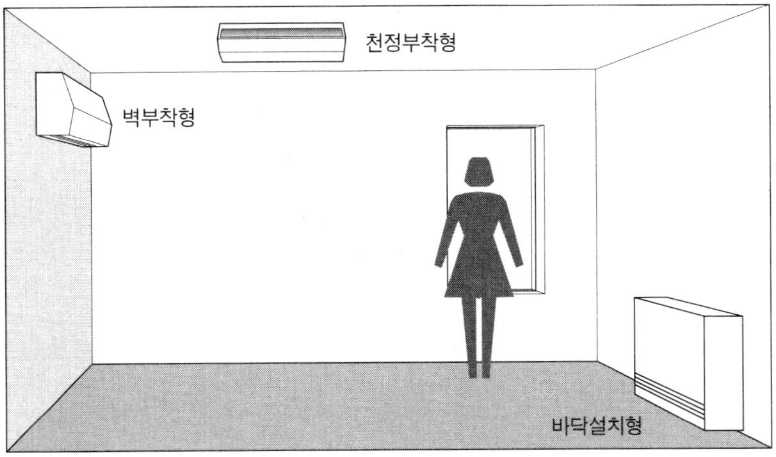

14.18 실내 팬코일 유니트 설치 장소

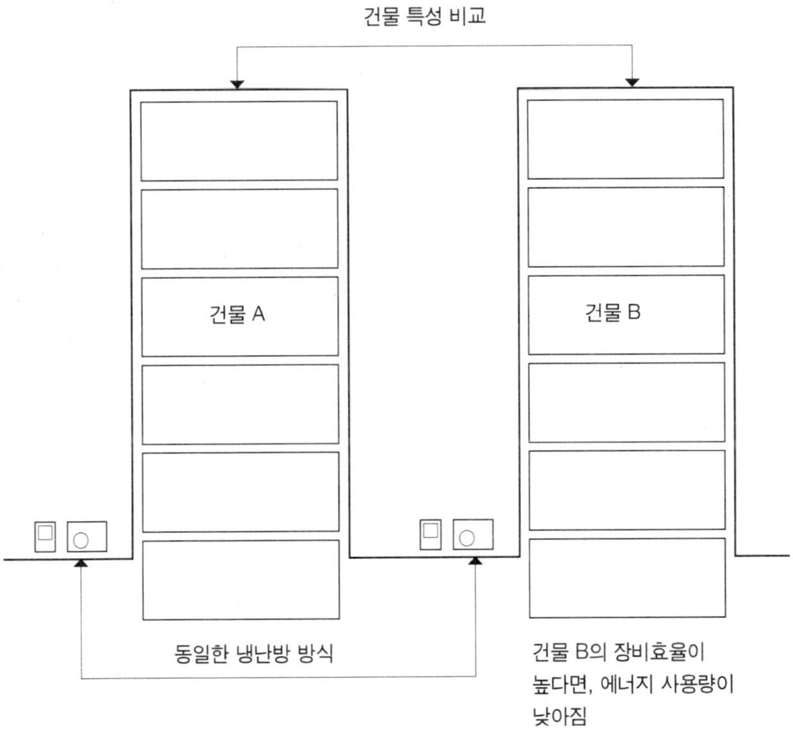

14.19 고효율시스템은 에너지는 절약되나 설치비는 증가

설비 효율

냉난방시스템은 여러 가지 효율성 면에서 유용하다. 일반적으로, 고효율 시스템은 에너지를 절약하지만 설치비가 높아진다. 통상, 고효율시스템의 초기 비용은 시간의 경과에 따라 에너지 비용의 절감에 의해 상쇄되지만, 이 경우 에너지 성능시험에 의해 확인되어야 한다.

최소한의 장비효율은 에너지 규정조건에 의해 요구되고, 이 규정들 자체의 많은 부분들은 연방 효율규정을 통해 미국 전역에 균형 있게 적용되고 있다. 더 높은 장비효율성이 추천되거나 ASHRAE 189, 국제친환경시공규정과 같은 고성능 건축기준에 따라 조건이 주어진다. 그리고 지역현황과 유용성 에너지프로그램과 같은 ENERGY STAR 등의 프로그램이 제안된다. 설치비용과 운용비용이 고효율 장비와 상관적이라는 것은 컴퓨터 모델링에 의해 설계 중에 쉽게 검토할 수 있다. 에너지 비용의 개략적인 산정 또한 가능하다.

14.20 에너지 비용 산정을 위한 간단한 공식

고효율설비에 의한 절약정도는 다음 공식으로 산정된다.

$$1-(E_{low}/E^{high})$$

여기서 Elow는 효율이 더 낮은 것이고 Ehigh는 더 높은 것이다. 예를 들면, 연소효율이 95%인 것과 80%의 연소효율을 비교해 보면, 1-(0.8/0.95) = 16% 가 절약되는 것이다.

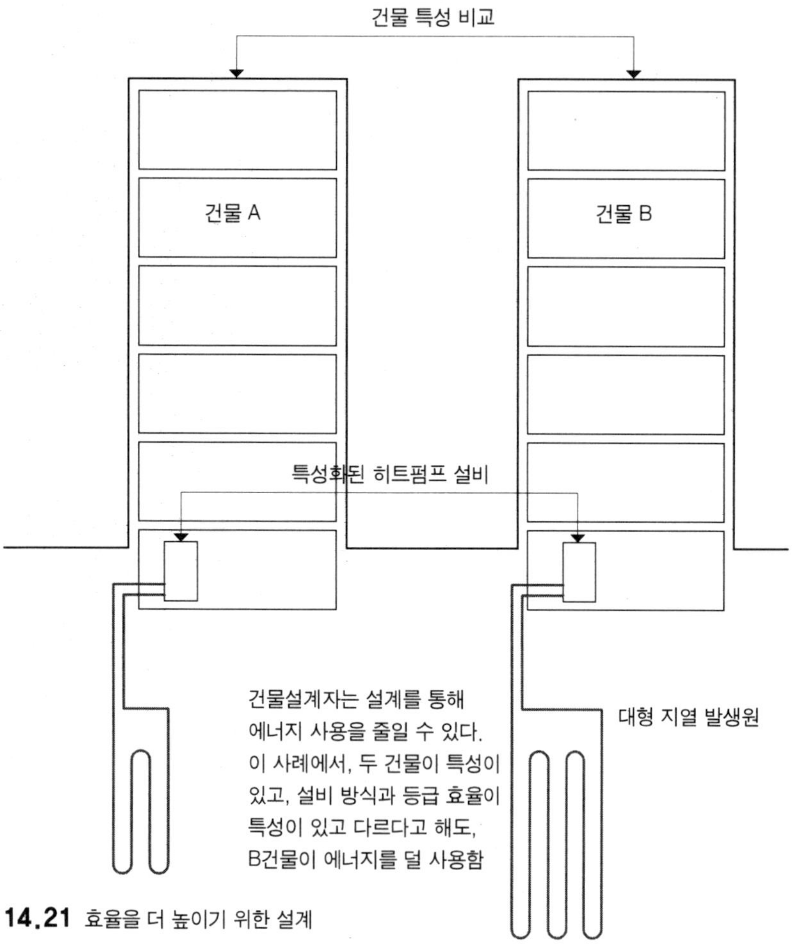

14.21 효율을 더 높이기 위한 설계

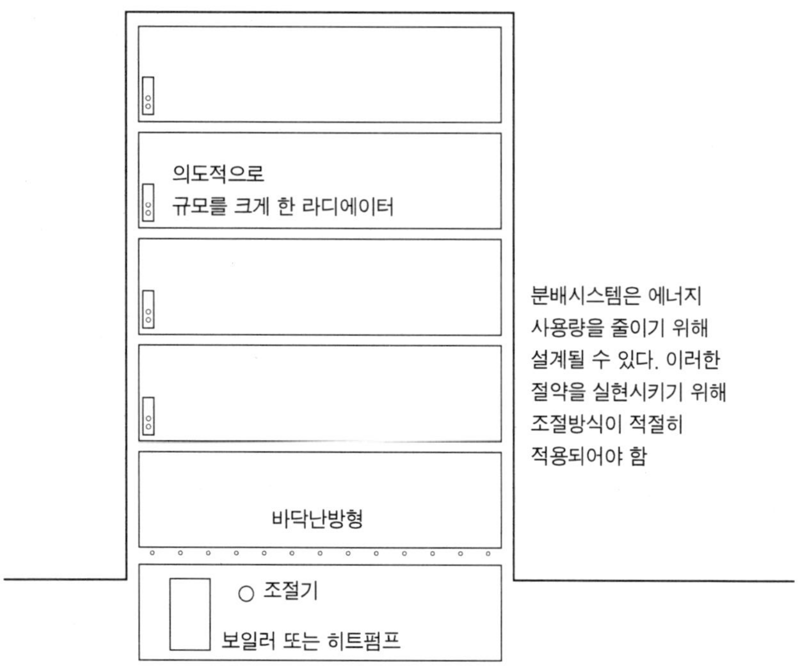

14.22 효율을 더 높이기 위한 분배시스템 설계

특수한 장비부품의 효율등급이 항상 실행으로 옮겨지는 것은 아니고 특수한 건물에 대한 효율등급이 특별한 기후조건에서 적용되는 것이라는 것을 고려하는 것이 중요하다. 더구나, 건축설계의 실무에서는 여러 가지 다양한 방식으로 설비의 실질적 운용효율을 조절하는 것이 중요하다. 예를 들면, 지열히트펌프방식은 지열발생원 범역이 더욱 커진다면, 전도토양 현상이 나타난다면, 그래서 더욱 많은 열이 지면에서 전환될 수 있도록 하면 더욱 효율적으로 작동된다. 반대로, 토양의 열적 상황이 약하다면 혹은 발생원지역이 더 적어진다면, 그 시스템은 훨씬 효율이 적게 작동되게 될 것이다. 유사한 예로, 냉각기 시스템은 냉각탑이 크기가 커질수록 더 높은 효율을 나타낸다.

보일러시스템이나 히트펌프 방식이 온수를 공급하는 것처럼, 건물에서 온수순환을 하는 난방설비는 수온이 더 낮아지는 만큼 분배공급시스템의 용량이 더 커지면 더 높은 효율을 가지고 작동된다. 바닥난방 시스템과 같은 종류의 분배공급시스템은, 적절하게 설계가 된다면, 본질적으로 수온이 더 낮아지도록 하면서 더 넓은 표면에 효과를 줄 수 있다. 그 핵심은 보일러나 히트펌프로 돌아들어가는 수온을 더 낮게 하는 것이다.

이러한 저온전략의 장점을 충분히 부각시키기 위해서는, 시스템의 관리가 뒤따라야 한다. 잠재적인 효율을 획득하는 것이 중요하다. 회수 수온이 54℃이고 효율 87%에서 작동되는 콘덴싱 보일러는 대형 라디에이터나 바닥난방의 사용으로 회수 수온이 32℃ 이하가 되면 그 효율이 95% 이상으로 올라가게 된다. 히트펌프 때문에, 얻어지는 효율은 훨씬 확실하다. 회수수온 40℃과 실행계수(COP) 3.1인 조건에서 난방이 작동되는 히트펌프는 회수수온 32℃와 COP 3.8에서는 23%의 효율을 획득하게 되어 효율성이 높아지게 될 것이다.

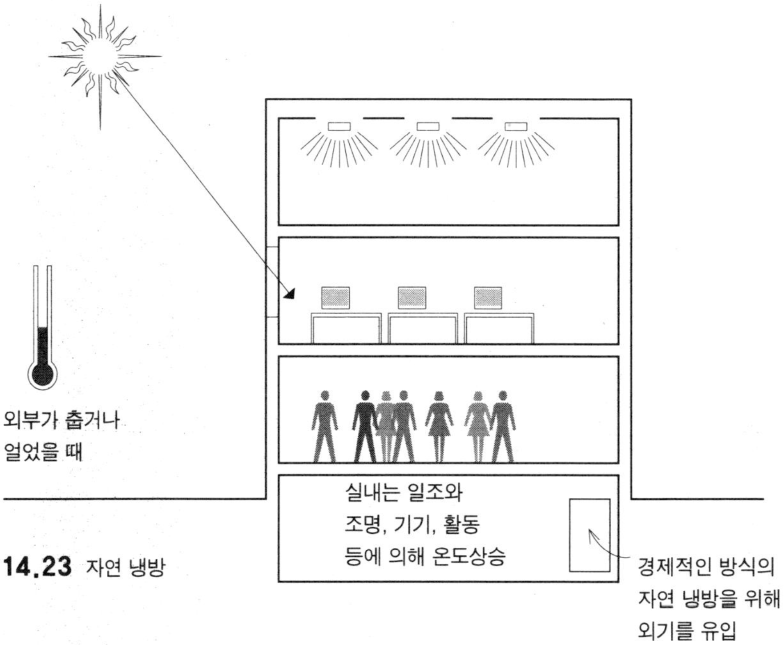

14.23 자연 냉방

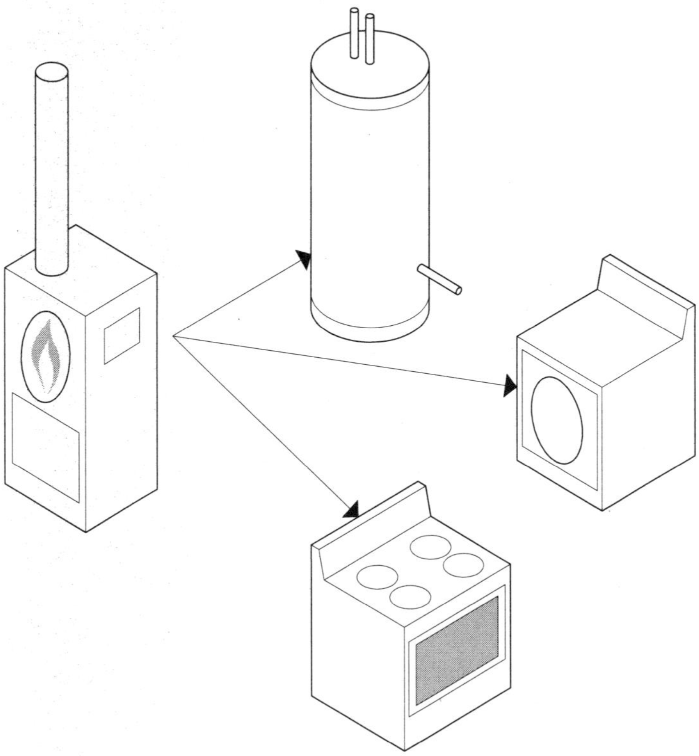

14.24 난방연료의 선택은 종종 온수히터, 의복 드라이어, 난로 등과 같은 장비를 위한 연료선택에 영향을 줌

다양하고 폭 넓은 효율 강화방안은 냉난방 설비에 유용하게 활용된다. 이러한 많은 것들은 특히 설비가 대형화 될수록 에너지 보존 규정에 따라 정해지는데, 규정에서 요구되지 않은 것들도 동등하게 잘 적용된다. 이 내용들은 다음과 같다.

- 자연냉방. 경제적인 방식으로 잘 알려진 이 시스템은 통상 높은 내부 에너지를 가지고 있는 건물에서 계절이 바뀌는 동안에 외부는 시원한데 실내가 더운 경우, 건물에 공조를 하기 위해 때때로 차가운 외부공기를 사용하거나 외부공기에 의해 차가워진 물을 사용한다.
- 외부환경은 차가워진 물, 온수 그리고 공급되는 공기온도에 의해 정리된다. 설비효율은 냉난방 시스템의 다양한 온도변화에 의해 증가된다. 예를 들면, 외부 기온이 온화할 때나, 보일러 설비에서 수온이 낮아졌을 때 냉각설비에 있는 수온의 상승에 의해 효율이 올라가는 것과 같은 것이다.

최근 수년간, 과도한 냉난방은 에너지 손실이 된다는 결과를 얻었다. 이러한 손실은 과도한 설비로 사용수명이 짧아지게 되었다. 에너지 규정과 친환경기준에서는 설비를 지나치게 하지 않도록 요구하고 있다. 그만큼 또는 그 이상으로 중요한 것은 다양한 용량에 대응하도록 하는 것이며, 이는 전체에 부하를 가하는 것과 부분적으로 부하를 주는 것으로 과도한 손실을 줄여준다.

또한, 앞서 지적한 바와 같이, 친환경건물이 실패하게 되는 취약점을 명심해야 한다. 단지 과도한 설비규모가 나쁘기 때문에 규모와 용량을 줄이는 것만이 좋다는 의미는 아니다. 부족한 냉난방의 결과는 안락한 건물이 되지 못하게 되고, 겨울에 춥고, 여름에 덥게 된다. 냉난방시스템은 지나치게 크고 작은 것이 아니라 적정한 것이 되어야 한다는 것이다.

연료의 선택

어떤 친환경 건축에서도 중요한 결정사항은 난방연료의 선택에 있다. 이 연료의 선택은 종종 다른 곳에 적용해야 하는 연료를 선택하는 것처럼 상이한 결과를 낳기도 한다. 이는 마치 실내의 온수를 가열하거나, 여러 개의 주방이 있는 건물에서 요리하거나, 세탁기가 있는 건물에서 옷을 세탁하는 것과 같다.

난방연료는 태양열 난방, 히트펌프나 전기저항형 히터를 위한 전기, 천연가스, 석유, 프로판가스, 등유, 바이오매스, 석탄과 같은 것들이 있다. 도시에서나 혹은 지역난방시스템이 있는 대학캠퍼스, 증기 또는 온수난방 등도 선택대상이다. 비록 이것들이 결국에는 위의 연료들 중 하나를 선정하겠지만... 많은 산업용 설비는 산업화 과정에서 발생되는 배출 열들을 비용부담 없이 쓸 수 있다. 복합발전은 또 하나의 열원으로써, 전기와 열은 하나의 공정으로 발전을 일으키고, 그 공정은 역시 상기의 연료 중 하나를 사용하게 된다.

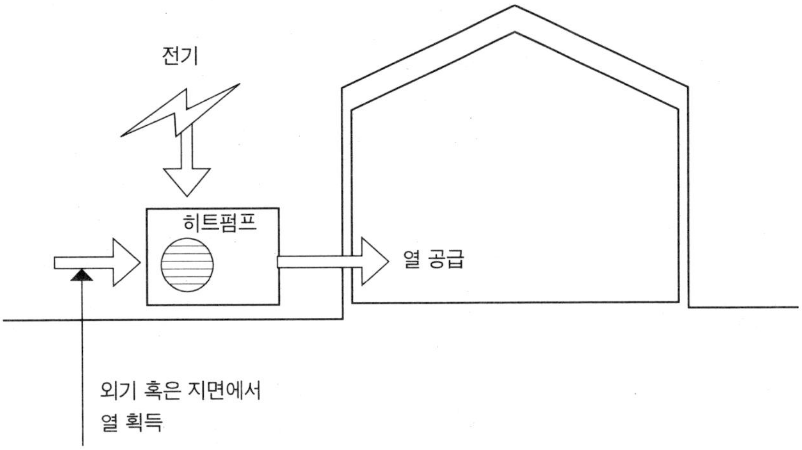

14.25 히트펌프 시스템

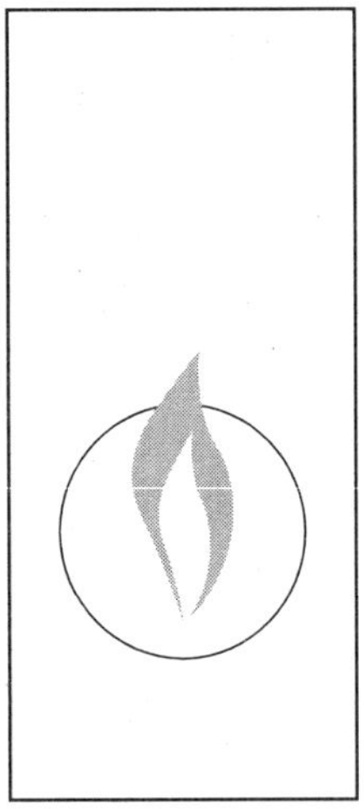

14.26 천연가스는 비교적 청정연료지만 유한한 열원이다.

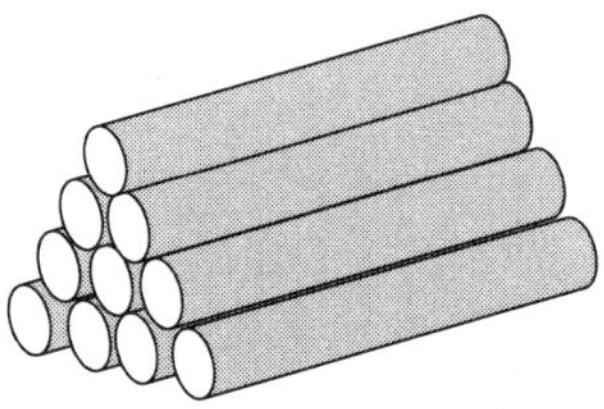

14.27 바이오매스 제품은 연소재료의 신속재생 열원이며 탄소중립이 되도록 고려된 것

탄소배출량이 높다는 이유로, 몇몇 연료는 친환경건축 계획에서 고려되지 못하게 된다. 석유, 등유, 프로판가스, 석탄 등이 이에 속한다. 이것은 친환경 건축에서 난방 연료의 유용한 대상으로 태양열, 전기, 천연가스, 생태연료 등과 같은 것이 남게 된다는 것이다.

태양열 난방은 15장, 재생에너지 편에서 따로 설명된다. 이 장에서는, 태양열 이외의 난방을 중점적으로 다루게 된다.

전기저항형 난방에서의 전기는 넷-제로(net-zero)에너지에 가까운 건물을 제외한 모든 건물에서 또는 매우 낮은 열부하를 가지고 있는 공간에서는 배제되어야 한다. 전기저항형 난방은 건물난방에 비용이 매우 높아진다. 전기는 높은 단계의 에너지원이라고 할 수 있다. 에너지 소비량이 낮은 단계에 있는 것을 난방에 적용하는 것은 적절치 않다.

전기가 히트펌프용으로 사용될 때, 그 설비효율은 외기로부터 또는 지면이나 지표수로부터 얻어지는 공짜 열로 인해서 확대되게 된다. 히트펌프는 아마도 오늘날 친환경 건물 난방에 가장 폭넓게 사용되고 있는 방식이다. 앞서 알려준 것처럼, 한가지 예외는 보일러-타워 히트펌프 시스템이다. 그것은 대형 코어면적을 가지고 있거나 상당한 내부적인 에너지 획득이 가능한 건물과 같은 특수한 경우가 아니라면 친환경 건축에 추천되기 어렵다.

천연가스는 몇 가지 친환경건축에 사용된다. 연소에서 비교적 청정하고 고효율인 이 선택은 지난 수십 년 동안 유용하게 사용되었다. 천연가스가 유한 자원이고 천연가스의 추출이 근래에 개발된 것이며, 고압의 유압파쇄를 포함하고 있다는 단점은 환경에 심각한 역효과를 주고 있음을 알려주고 있다. 이러한 것들은 굴착지반에 필요한 천공과 동력, 시야방해 등과 굴착지역에서 나온 오염된 물을 옮기기 위해 매일 수백 대의 트럭이 이동하는 것들 때문에 공기, 물, 토양 오염 및 소음과 빛공해 등을 유발한다.

바이오매스 연료는 목재, 목재 알갱이, 목재 부스러기, 기타 급속하게 재생된 연소연료원 등을 포함하고 있다. 바이오매스의 장점은 탄소배출의 영향이 적다는 점이다. 바이오매스 연료는 그것이 자람에 따라 환경으로부터 탄소를 흡수하게 된다. 연소에의 적용으로 미립자와 다른 연소 배출이 그동안 문제가 되어왔음에도 불구하고 청정도는 증가한다. 바이오매스의 단점은 연소가 깨끗하게 되지 않고 연료의 적재 필요성이 생긴다면, 자동감지기가 그 과정을 더 쉽게 해준다고 해도, 대기오염을 유발한다는 점에 있다. 전통적인 난로와 많은 고전향 목재난로는 불완전 연소, 낮은 효율, 그리고 건물 내로 유입되는 많은 양의 연기 등 때문에 친환경으로 고려되기 어렵다.

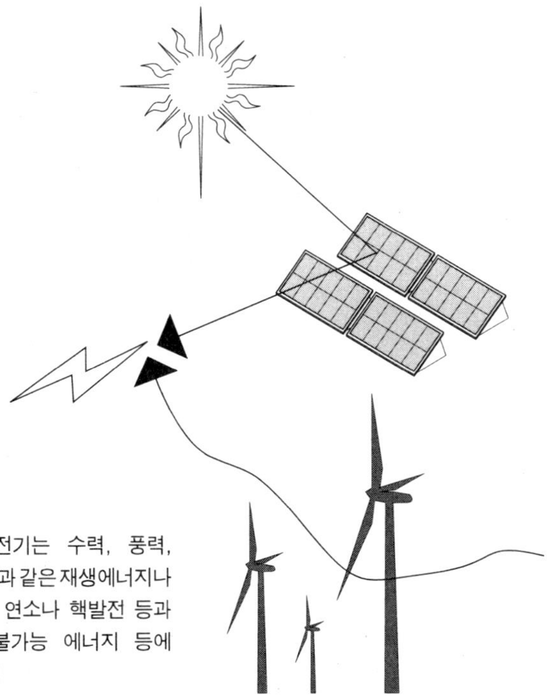

14.28 전기는 수력, 풍력, 태양전기 등과 같은 재생에너지나 화석연료의 연소나 핵발전 등과 같은 재생불가능 에너지 등에 의해 발전됨

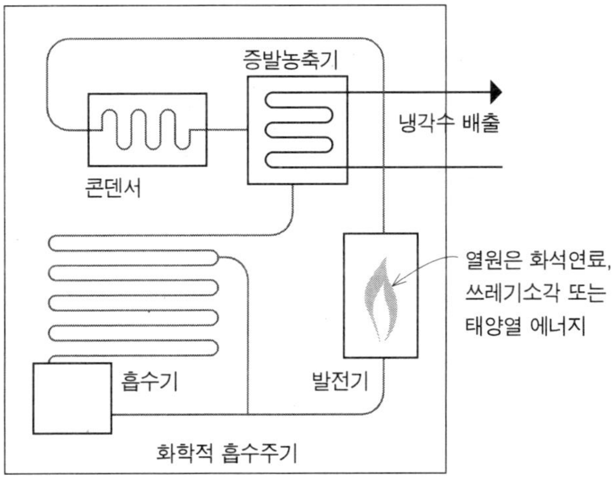

14.29 흡수형 냉각

특수한 건물에 직접 관련된 연료의 선택은 통상, 연료의 유용성 면에서, 건물에의 적절성 여부에 관련이 있다. 대형의, 더 폭넓은 사례에 따르면 특별한 연료에 따라 선택되거나 배제될 수도 있다. 이 사례는 전기는 바람, 태양열, 수력발전과 같은 재생 재료에 의해 획득되는 경우가 증가하고 있다는 것에 따른 것이다. 다른 말로, 우리가 사용하는 전기의 비중은 이미 재생에 두어져 있고 이 비중은 증가하고 있다. 한편으로, 화석연료는 결코 재생될 수 없으며, 화석연료의 고갈은 더 많은 채굴을 해야 하고 환경에 부정적인 영향을 증가시키는 어려움을 갖게 한다.

실내난방을 위해 연료를 선택한 후에는, 그 연료가 건물에 부하를 더 적게 줄 수 있도록 해야 한다. 두 번째로 중요한 선택조건은, 실내 온수난방을 위한 연료이다. 실내 난방에 전기를 사용하는 건물은, 난로, 세탁건조기 등등, 전기제품의 선택을 선호할 것이고, 이는 실내공간 난방 연료의 선정과 기기선정에 대한 또 하나의 고려가 있게 된다.

첨단화된 신개발형 시스템

다양한 첨단 · 신개발형 시스템은 특수한 냉난방에 유용한 방식이다. 흡수설비는 화학적 흡수순환 방식의 활용을 통해 냉방을 공급하고, 전기유도방식에 의한 콤프레샤보다 오히려 열의 유입을 필요로 한다. 휀과 펌핑을 위한 동력도 물론 필요하다. 이러한 시스템은 공장생산과정에서, 전기생산 공정에서, 태양열 에너지 등에서 발생되는 열과 같은 무료의 폐열로 된 열원이 가능할 때 잇점이 있다. 화석연료 열원에 의해 가열된 또는 증기와 온수를 위해 비용이 지불되어야 하는 흡수식 냉방은 열원이 비용이 안드는 폐열이 아니기 때문에 기존의 냉방방식과 비교할 때 가격 경쟁력이나 에너지 효율이 없다고 할 수 있다.

구역별 냉난방은 중앙공급처리장에 의해 공급되는데, 보통 난방에는 증기나 온수가, 냉방에는 냉수가 사용된다. 증기는 누출성향과 이러한 누출이 열손실만큼 감지되지 않기 때문에 그리고 고열의 위험성 때문에 친환경건축계획에서는 피해야 한다. 구역별 냉난방의 장점은 전기발전과 결합될 때(열과 동력 또는 CHP의 결합) 더 강화된다. 구역별 냉난방의 단점은 공급상의 손실이라고 할 수 있다.

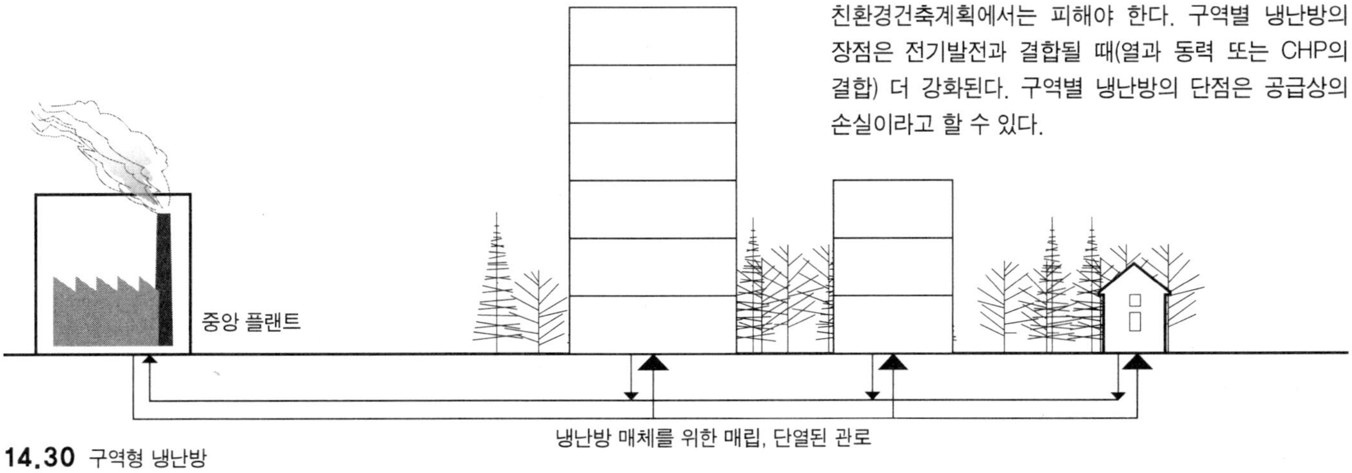

14.30 구역형 냉난방

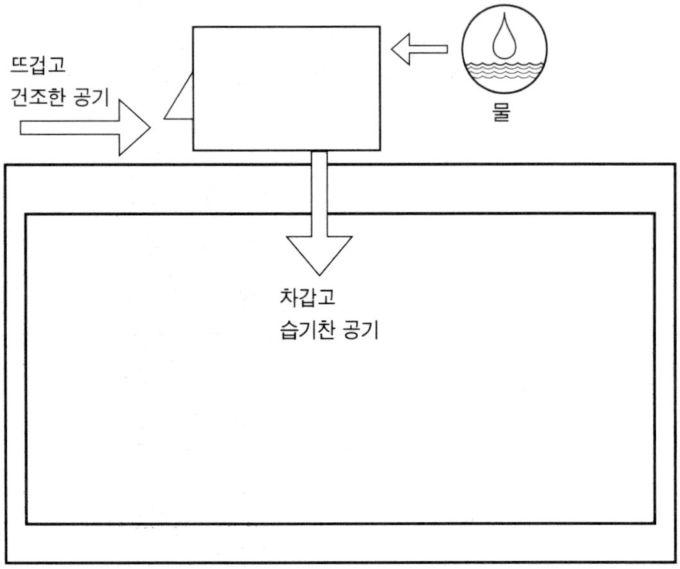

14.31 기화형 냉방

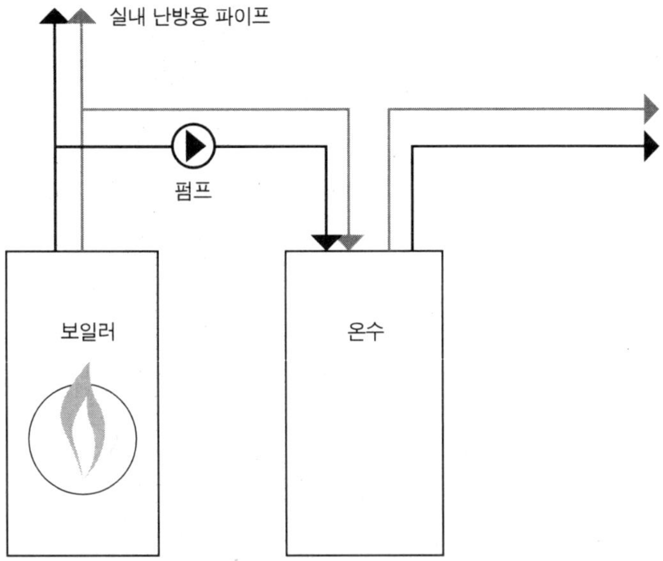

14.32 통합 시스템

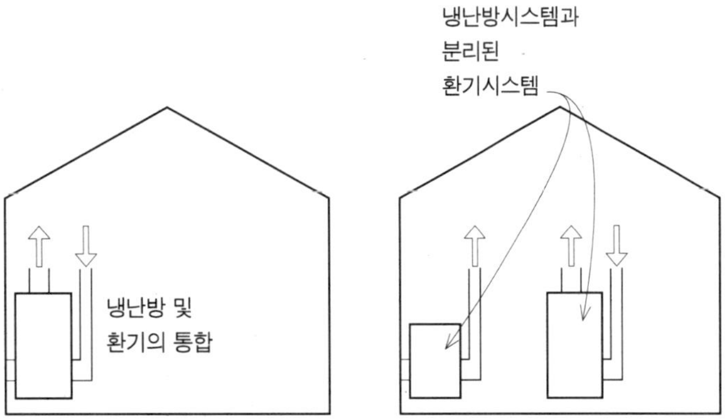

14.33 친환경 건축물에서, 환기와 구역별 온수난방과 같은 기능을 실내공간 냉난방과 분리한 것은 매우 사려 깊은 방안임

기화형 냉방은 물의 기화를 통해 이루어진다. 이 시스템은 건조한 기후조건에서 작동되며 물을 사용하지 않는 기존의 냉방보다 에너지 사용량이 적다.

다양한 열에너지 저장기술이 쓰이고 있다. 냉장저장은 보통 낮부터 밤까지 피크로 올라간 전기부하를 변화시키는 데에 사용된다. 에너지 절약 또는 탄소배출 감소 보다, 이 기술의 핵심은 여름의 최대 전기요구량을 줄이고 그래서 최대 저장 요구량도 줄이는 데에 있다. 대지조건에 따라, 냉장저장은 몇몇 사례에서 에너지와 탄소배출을 감소시킬 수 있다. 그러나 다른 사례에서는 에너지 사용량과 탄소배출을 증가시키기도 한다. 대개 콘크리트로 제작된 저장창고에 실제적으로 저장된 에너지는 분석을 통해 정확히 산정되어야 한다.

또 다른 신개발형 기술은 냉각된 빔의 공급방식, 집중형 외기시스템(DOAS), 그리고 건조냉각 및 제습방식 등이 있다. 냉각빔 냉방방식은 두가지 기능-공기온도를 낮추고 습기를 제거하는-의 공조방식을 분리하고 고효율로 각 기능을 분리해서 공급함으로써 냉방에 사용되는 에너지를 줄이기 위해 집중형 외기시스템과 결합해서 사용된다.

설비시스템의 통합

냉난방시스템에서 환기나 구역 내 온수의 가열과 같은 추가된 기능과 통합하는 것은 일반적이다. 그러한 통합운용은 설치비용을 낮출 수 있지만 그동안의 경험에 의하면 복잡함을 동반하고 불필요한 에너지 사용과 같은 의도치 않은 결과가 나타나기도 한다.

대형 보일러시스템에서의 구역 내 온수방식과의 통합은 구역 내 온수에 필요한 열량이 비교적 적게 공급되는 여름에는 여러 개의 보일러를 작동하는 비효율적 작동이 필요하므로 종종 비효율성이 나타나기도 한다. 고효율의 구역 온수방식과의 통합과 파이프와 펌프의 상호연결과 보일러의 손실이 나타나는 등과 같이 난방용 보일러를 집중화하는 것이 에너지를 절약하는지 의문을 갖게 한다.

중앙집중형 공기조절시스템과 통합된 환기설비도 역시 문제점을 안고 있다. 환기는 냉난방, 을 위한 여러 종류의 부하를 첨가하게 되고 특히 여름에는 상당한 제습부하를 추가로 갖게 된다. 분리해서 보면, 중앙공급시스템과 통합된 환기시스템은 환기시스템이 자체에서 휀에 의한 동력이 만들어지는 경우 보다 휀의 동력이 4-5배 만큼 더 필요하게 된다. 최근에 개발된 집중형 외기시스템은 냉난방시스템에서 환기를 분리하는 것이 에너지상 장점이 있다는 것을 보여준다.

경제성과 냉난방 설비

지열시스템의 설치비는 지열저장고의 확보 때문에 높은 편이다. 그러나, 에너지 절약은 종종 건물수명을 고려할 때는 가격상승을 정당화 할 수 있다. 여러 가지의 냉동시스템은 통상 덕트가 없는 히트펌프의 한 부분인데, 초기에는 지열시스템 보다 가격이 낮지만 냉난방시스템의 최저가격 보다는 언제나 높다. 가장 경제적인 냉난방시스템은 일체형 옥상설비, 관통형 설비, 기밀성이 낮은 연소시스템 등과 같이 대개 에너지 효율성이 낮다.

친환경설계에 따른 시공비 절감할 수 있는 기회란 거의 없다고 할 수 있다.

냉난방에 의해 발생되는 주요한 가격절감 방안은 외벽 부재를 좀 더 단순화하고 효율을 높혀서 부하를 저감하는 데에서 가능해진다. 냉난방 가격의 절감은 외부마감 부하를 줄이는 것과 대략 비례한다. 그러나, 이러한 절감효과는 단지 냉난방 장비와 공급량의 크기가 외벽설계가 완료된 후 발생된다면 충분히 나타날 수 있다.

친환경설계의 또 다른 요소는 여러 실내공간과 냉난방을 분리되게 하는 것이고, 이는 나아가 시공비를 낮추는 것이다. 수평적(건물 외부마감과 인접해서)이고 수직적(공간 내에서, 층수와 층고를 줄인 것 때문에)인 실내온도의 공급을 개선하는 것은, 결국은 몇 개의 실내공간으로부터 냉난방을 분리되도록 해준다. 예를 들면, 어떤 아파트에 있는 침실은 난방이 거실에만 공급되도록 하면 안락한 난방효과를 갖는다는 것을 보여준다.

열적 마감면 내부면에 냉난방을 설치하는 경우, 시공비가 공급용 파이프와 덕트의 길이를 줄임으로써 절감된다. 예를 들면, 전래의 급수설비설계에서, 주된 파이프는 통상 지하층 주변을 따라 설치되고 분배 파이프와 난방은 각층 주변에 설치되도록 한다. 개선된 외부마감 설계에 의해 더 좋은 온도배분이 되면, 난방관이 더 이상 건물 주변으로 설치되지 않아도 되고 대신 실내 벽에 설치될 수 있다. 그러므로, 공급과 회수형 상승용 주 파이프는 건물 z코어에 위치시키고, 각 공간을 난방하기 위한 파이프 작업은 단지 건물 코어의 샤프트로부터 외벽까지 긴 거리가 아니라 내벽의 난방분배기까지 좀 더 짧은 거리만 필요하게 된다.

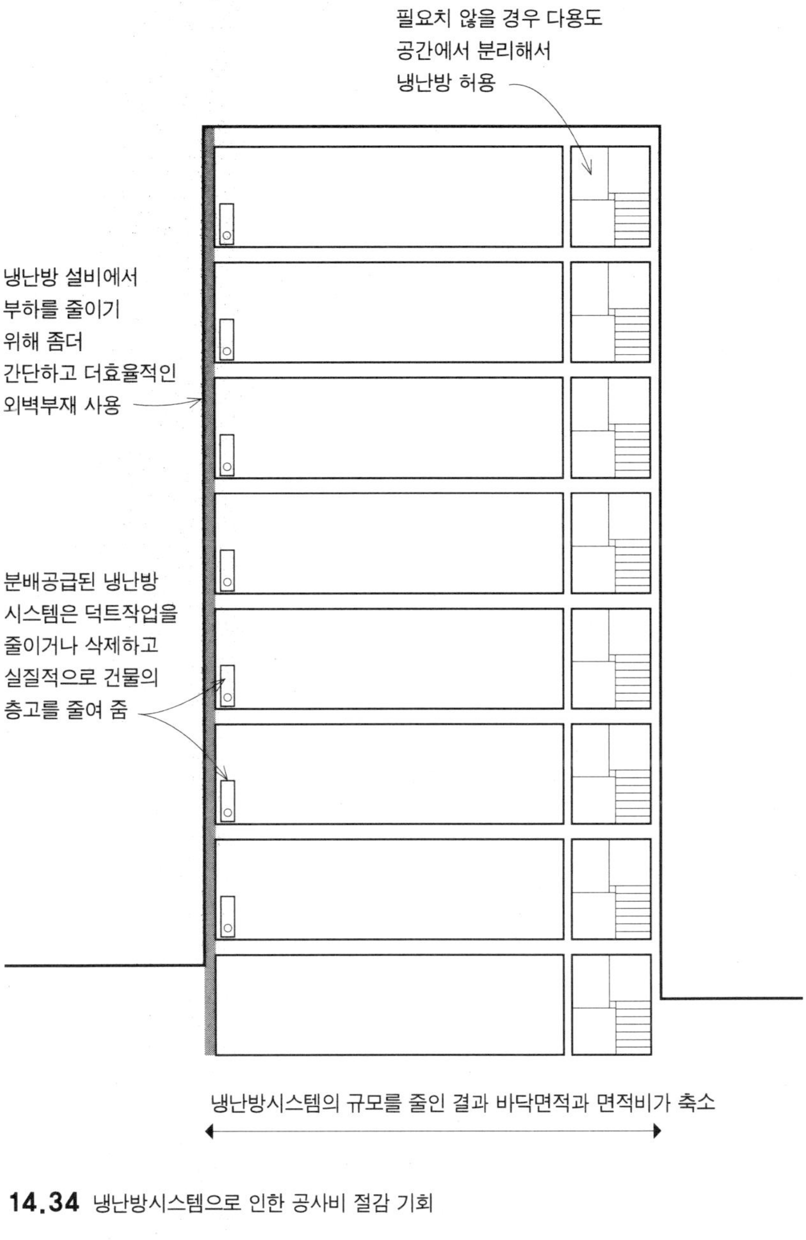

14.34 냉난방시스템으로 인한 공사비 절감 기회

시공비가 가장 크게 절감할 잠재력을 가진 것은 소형이거나, 고효율이거나, 덕트작업이 줄어들었거나 제거된 냉난방시스템 중의 하나라고 할 수 있다. 대부분의 건물에서, 명확한 높이는 - 층고 - 라고 할 수 있는데, 이는 덕트작업에 필요한 천정고에 의해 정해진다. 덕트공정이 줄거나 없어짐에 따라서, 이 치수도 실제적으로 줄어들게 된다. 많은 건물에서, 이 치수는 300-600mm 정도이고, 건물 주간선 덕트가 지나가는 층에는 900-1,200mm 높이가 확보되어야 하는 경우도 있다.

15
재생 에너지

재생에너지는 태양이나 바람처럼 재생가능한 열원을 공급하는 것을 말한다. 재생에너지는 수백만 년 동안 축적되어 형성된 석유, 천연가스, 석탄과 같은 고갈되게 되어 있는 연료에 의해 발전되는 에너지와는 대조되는 것이다. 이 화석연료는 형성되는 시간에 비해 매우 빠른 비율과 속도로 소모되고 있다. 재생에너지는 원자력에너지처럼 지속적인 효과를 가지고 있으나 공해를 유발시킬 수 있는 연료로 발전되는 것과도 대조되는 에너지이다.

15.01 대체 에너지원

저에너지 건물을 설계함에 있어서, 건물에서 필요로 하는 에너지의 전부 또는 일부를 공급하기 위해 재생에너지에 관삼을 가질 수 있다. 재생에너지는 많은 건물의 효율성을 개선하는 것보다 일반적으로 설치비가 더 소요된다는 것과 우선적으로 모든 건물의 효율개선을 언급함에 있어서 가격효율성이 더 많은 경우가 자주 발생하기 때문에 이러한 점에서 대부분 효과적이라고 알려져 있다. 이와는 별도로, 재생에너지의 장비 자체는 생산과 운반과정에서 소요되는 에너지를 포함하고 있고, 그래서 에너지를 생산하는 동안의 부분적인 손실로서 에너지상 불이익이 나타나게 되는 것이다.

외부로부터 내부로의 설계에서 이러한 연계점에서는, 지붕이나 대지의 설계에서처럼, 수용성에 우선 관심을 두기 때문에 재생에너지 설비를 긍정적으로 인정해야 한다. 예를 들면, 지붕은 태양광을 최대한 받을 수 있는 쪽을 향하게 하고 집열패널 설치면적을 최대로 하기 위해 장애가 되는 것들은 제거한다.

재생설비에서는 태양열과 바람을 우선적으로 고려한다. 난방을 위해 바이오매스를 사용하는 것은 때로는 재생에너지로 취급되지만 14장 냉난방에서는 별도로 언급되기도 한다. 지열펌프는 재생에너지 기술로 취급되지만 이는 잘못된 것이다. 온천지대에서의 지열펌프방식은 재생으로 간주될 수 있지만 그 재생 펌프는 다른 종유의 히트펌프나 마찬가지로 전기를 사용해야 하고 그래서 재생이라고 생각하기는 어렵다.

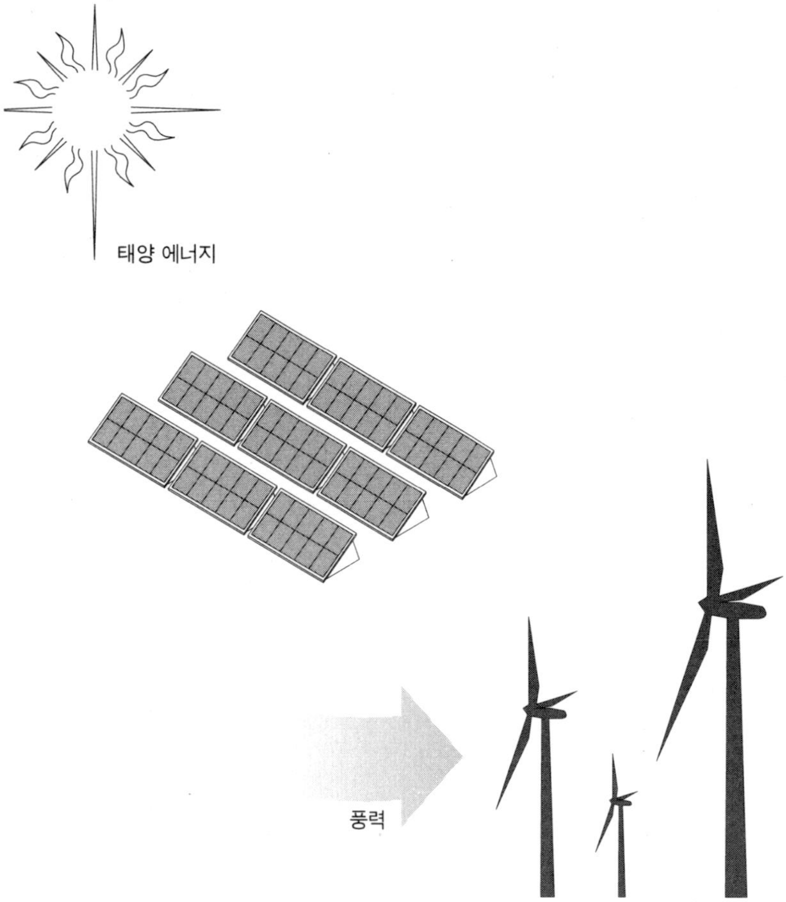

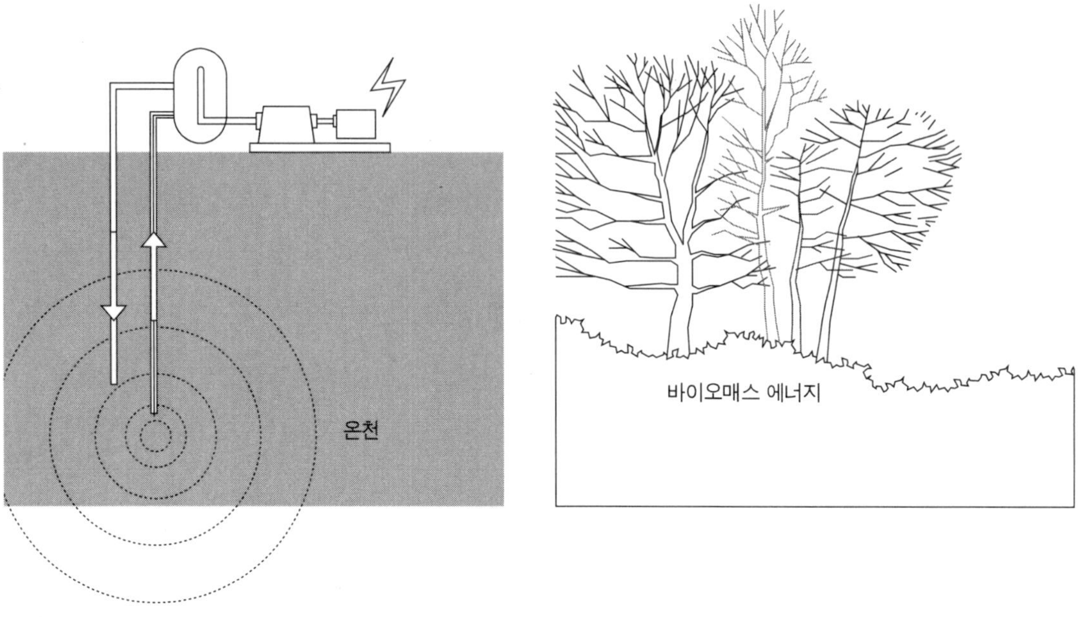

15.02 재생에너지 열원들

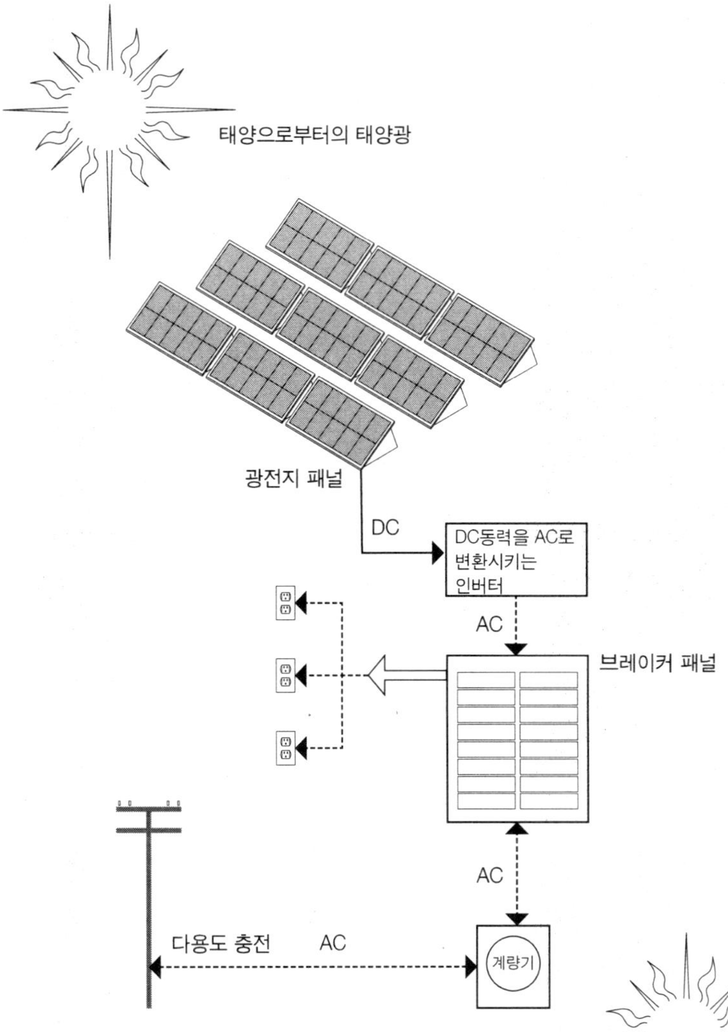

15.03 태양광전지 시스템

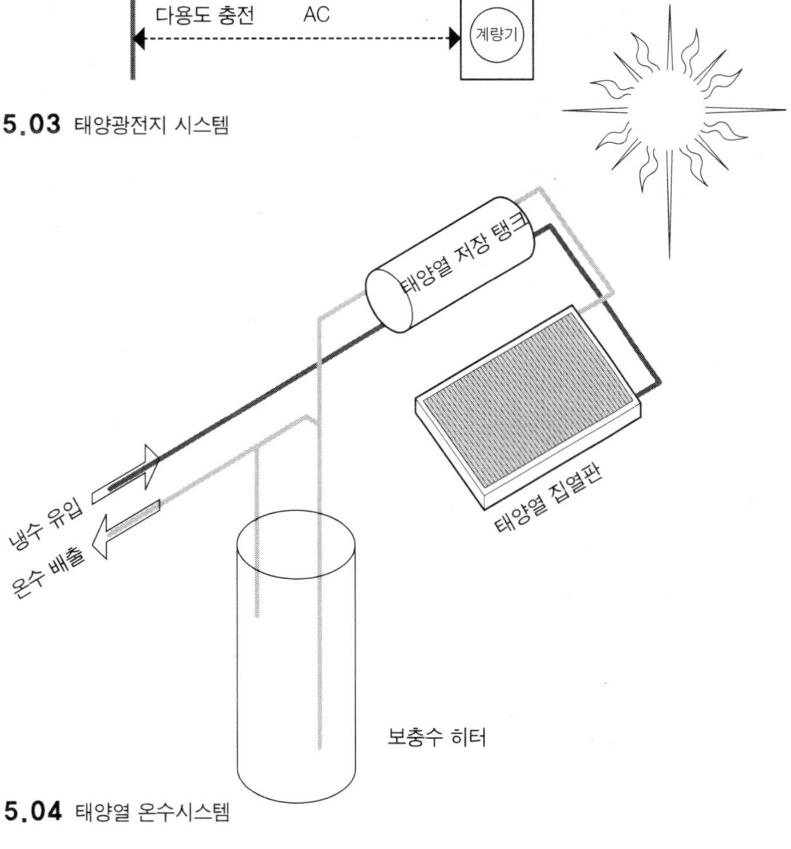

15.04 태양열 온수시스템

태양열 에너지

태양열 에너지는 태양광시스템(PV)을 통해 전기를 발생시키거나 태양열 시스템을 사용하여 난방을 한다. 전에 커뮤니티시설과 부지(지상돌출시스템) 그리고 건물인접설치(지붕돌출 시스템)의 일부에 태양열 패널 설치에 관해 논의한 적이 있다.

태양광전지 시스

태양광전지 패널은 보통 모듈로 표현된다. 광전지 시스템은 고정요소로 되어 있다. 전력은 직류(DC)의 형태로 모듈에서 발전된다. 인버터라고 불리는 조절장치가 이 직류DC를 건물에서 필요한 교류AC로 변환시킨다. 태양광전지 시스템에서 발전된 에너지는, 건물에서 필요한 양보다 더 많은 전력이 발생되면 전력충전기에 회수될 수 있다. 광전지시스템에서는, 충전하기 위해 두 가지를 연결하거나 전력이 소진되었을 때 자체적으로 작동하기 위해서, 전기충전기(집합형 충전기)에 연결되거나 자립시스템으로 활용되는 배터리 중 하나를 사용하거나 두 가지를 다 사용하기도 한다. 대부분의 전류시스템은, 배터리가 자체신뢰도를 갖고 있는 사람들에게 선호되기는 하지만, 대개 충전된다. 태양열광전지 시스템의 장점은 발전될 수 있는 많은 양의 전기에서 익숙함과 신뢰성을 가진 기술과 예측가능성 등을 포함하고 있다. 태양광전지 에너지의 사용량은 가격하락과 정부의 인센티브, 공공적 잇점, 새로운 재정조건 등의 결과로 상당한 속도로 성정하고 있다. 인버터에 따른 각 모듈과 문제점들에 대한 손실 등을 포함하는 신뢰성의 위험성이 있으나 이러한 위험은 일반적으로 낮은 편이다.

태양열 시스템

태양열시스템은 액체를 가열하거나 공기를 가열하는 데에 사용될 수 있다. 태양열 패널은 보통 집열판으로 불린다.

태양열시스템에서 사용되는 액체는 더운 기후에 있는 물이나 추운 기후에서 결빙되지 않는 물 중 하나이다. 액체시스템은 펌프 없이 작동되는 수동식이거나, 펌프를 사용한 자동식이 있다. 수동식시스템은 저장탱크가 지붕의 집열판 보다 높은 위치에 있는 설비장치의 높이에 설치된 열-사이펀시스템으로 불리는데 물이 중력에 의해 순환되도록 되어 있다. 이러한 물을 이용한 열-사이펀 시스템은 결빙의 우려가 없는 더운 지방에서 더욱 많이 사용된다.

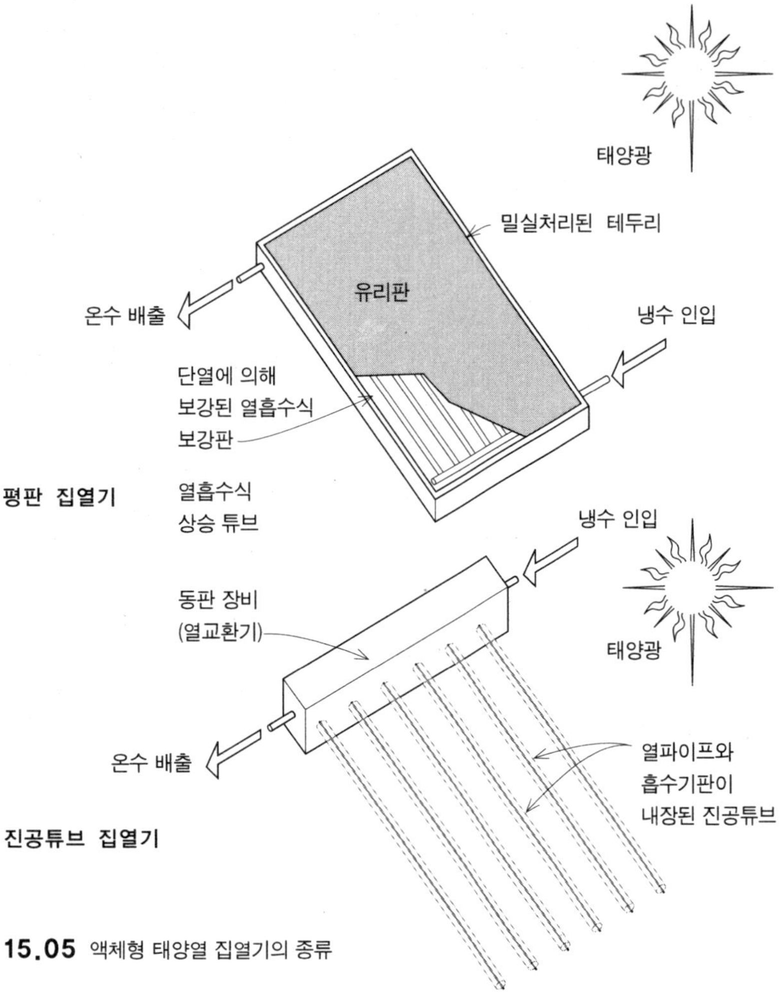

15.05 액체형 태양열 집열기의 종류

공통형 액체집열기 시스템은 평판형 집열기와 진공튜브형 집열기를 포함하고 있다. 평판형집열기는 가격이 낮지만 효율면에서도 떨어진다. 진공튜브형 집열기는 가격도 높고 효율도 높다. 그리고 그 집열기는 모듈화된 튜브가 조립된 것이기 때문에 지붕에 설치하기가 더 쉽다.

공기활용 시스템은 환기를 위해 유입된 외기를 가열하거나 실내공기를 가열하는 것이다. 환기의 적용은 집열기에 있는 구멍을 통해 공기가 유입되는 유동형 태양집열기로 알려진 집열기의 일종으로 알려져 있다. 공기를 가열하는 시스템은 공기순환용 휀을 사용하거나 휀이 없이 작동하는 수동형을 사용하여 작동된다. 자동이건 수동형이건 간에, 태양열시스템은 통상 다음 세 가지 구성요소를 갖는다.

- 집열, 태양에너지를 받기 위한 것
- 저장, 태양이 있을 때 얻어진 열을 저장하여 태양이 없을 때 공급하기 위한 것
- 조절, 이용가능하고 태양이 비추지 않을 때 손실을 막기 위한 태양에너지의 집열과 저장을 하는 것

이 세 가지 요소는 태양열 시스템의 효율성 확보에 중요한 것이다. 세 가지 요소가 없다면, 태양열 시스템은 얻는 열보다 손실열이 더 많아진다. 마치 정확하게 집열되고 저장, 조절되지 않으면 집열기가 주간에 태양에서 에너지를 얻은 것만큼 밤하늘에서 쉽게 에너지를 잃는 것과 같다.

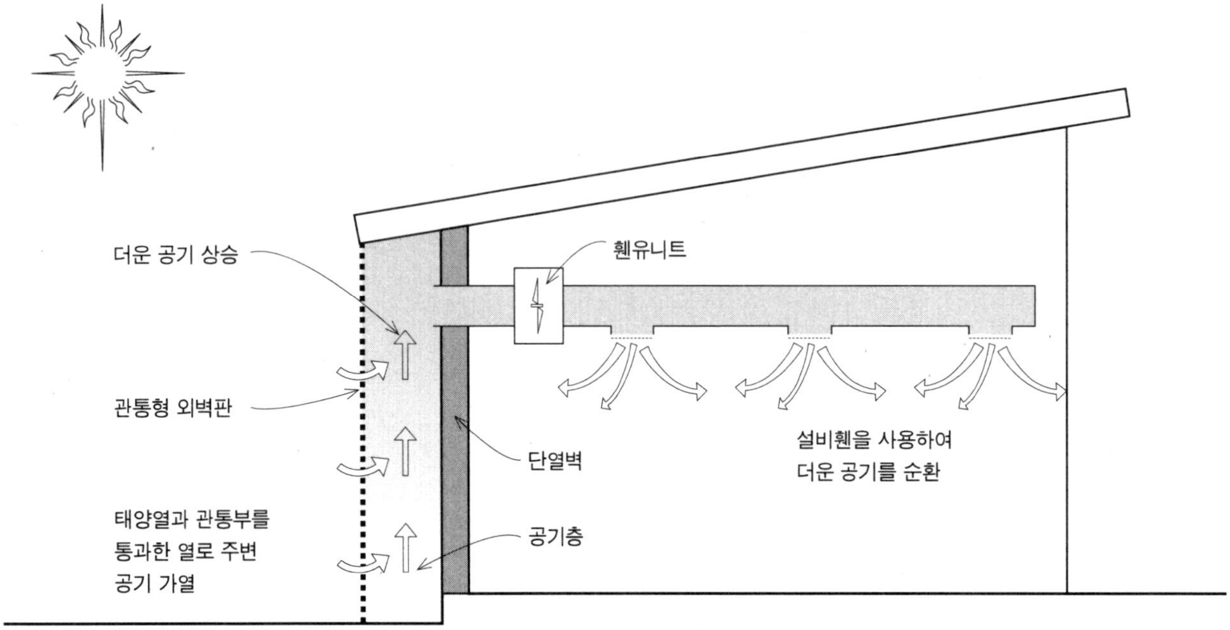

15.06 태양열 유통시스템

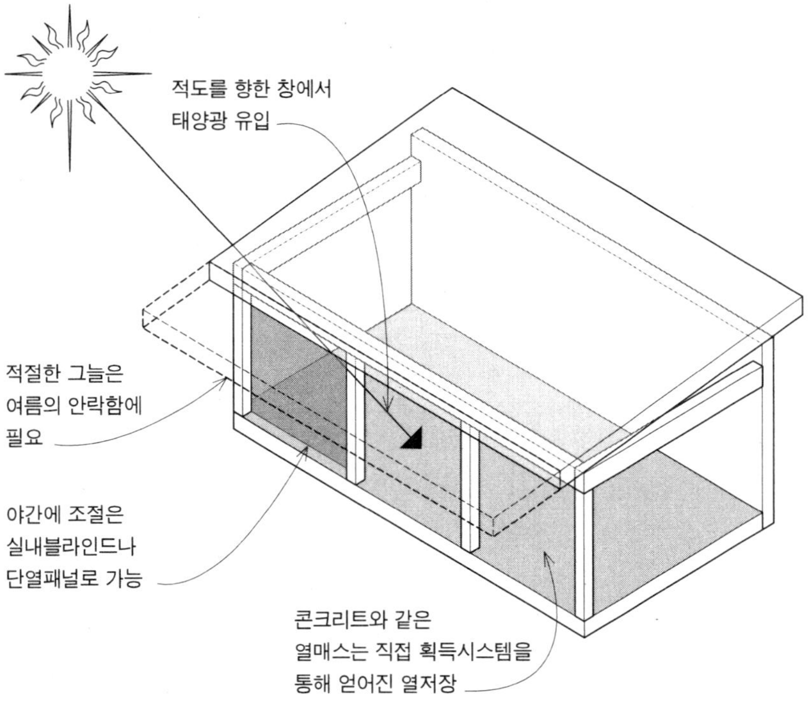

15.07 태양열 에너지 시스템

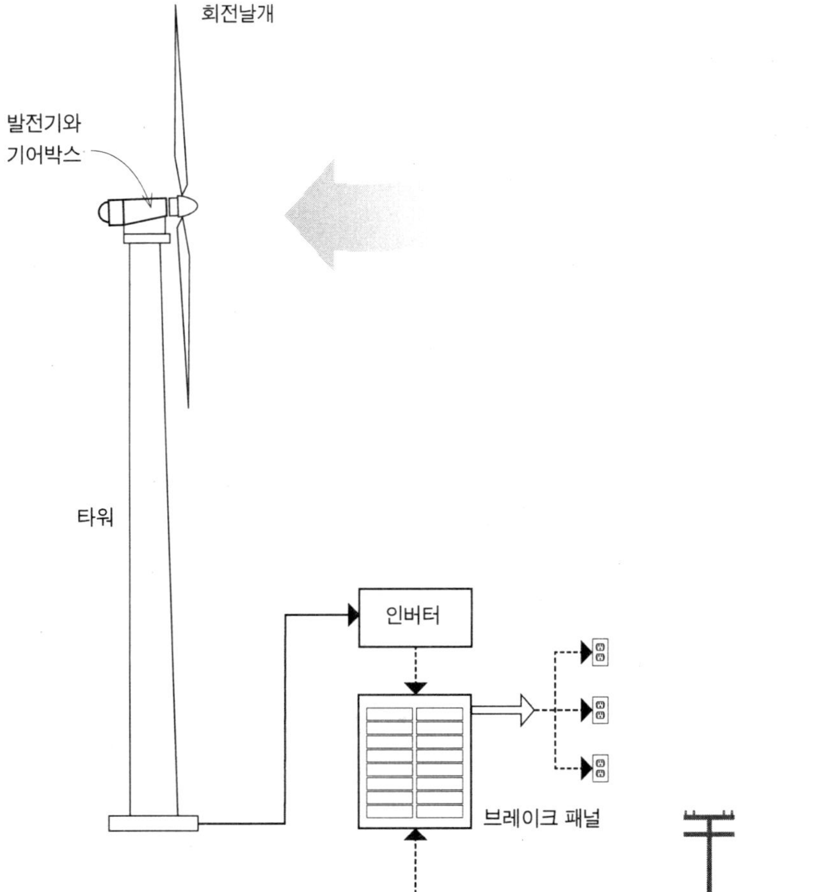

15.08 풍력발전 시스템

태양열 에너지

태양열에너지는 펌프나 휀 같은 기계나 전기동력 없이 태양열을 획득하는 것을 말한다.

여러 가지 면에서 태양열에너지는 건물효율과 태양에너지 면에서 현재 우리의 많은 지식을 기반으로 만들어진다. 선진화된 태양열시스템에서 열심히 얻어 낸 경험을 가지고, 태양열 건물이 집열, 저장, 조절의 세 가지 태양열에너지시스템의 요소를 얼마나 필요로 하는지를 알게 된다. 집열은 남측을 면한 창에서 얻어진다. 저장은 통상 열매스에 축적된다. 조절은 야간에 창을 덮는 이동형 단열장치 같은 것에 의해 이루어진다. 저장과 조절이 없는 대형의 적도를 면한 창은 낮에는 건물을 과열시키고 밤에는 과도하게 불필요한 화석연료 에너지를 사용하게 되어 손실의 원인을 제공한다.

태양열은 사람들에게 필요한 조건을 남기게 된다. 즉, 몇 개의 이동식 시설을 가진 건물에너지시스템을 활용하려고 하고, 실내온도의 변화와 같은 불안정성을 수용하는, 그리고 예를 들면, 야간에 창에 단열이나 그늘을 설치하고 제거함으로써 에너지시스템을 조절하는 데에 적극적으로 참여하는 사람들을 대상으로 한다.

풍력에너지

현대의 풍력터빈은 발전에 사용된다. 풍력터빈의 장점이 태양열광전지 시스템보다 좋은 점은 주야간 모두 발전할 수 있다는 점이다. 고가이며, 일정한 바람이 필요하고, 소음공해가 있다는 단점도 있다. 태양광전지시스템과 마찬가지로, 풍력터빈은 충전되거나 배터리로 자립하는 구조이거나 둘 다 사용되기도 한다. 풍력터빈은 다양한 크기가 가능한데, 단독주택용 소형부터 풍력발전소와 같이 여러 대의 터빈이 그룹화 된 것은 파워플랜트 만큼 대형의 경우에 사용된다. 풍력터빈은 지면에서 높이 설치되며, 통상 바람이 일정하게 불어오는 바람 부는 정상에 있게 된다. 건물 위에 설치되는 풍력터빈도 유용하지만 효율과 용량이 적은 것이 단점이다.

태양열광전지시스템과 마찬가지로, 풍력시스템은 보통 직류전기AC이며, 인버터로 교류DC로 변환시켜 사용된다.

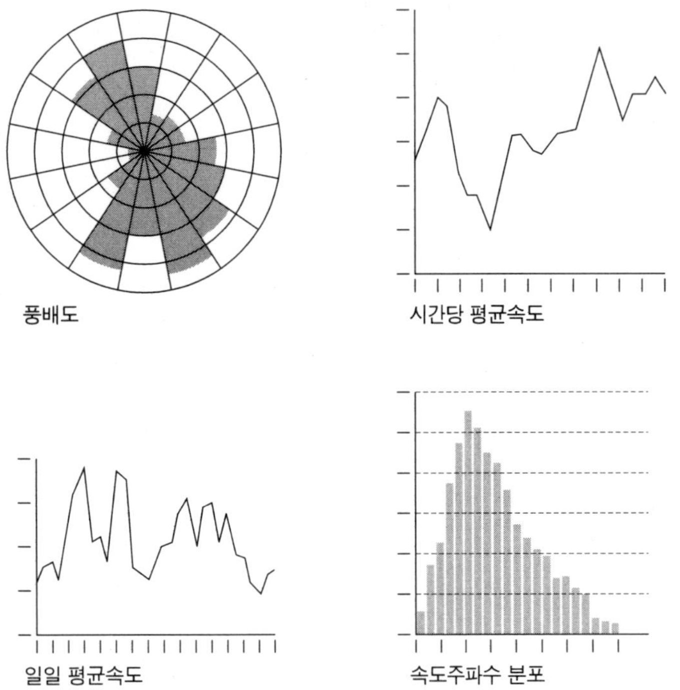

15.09 풍력시스템을 위한 풍환경 지도

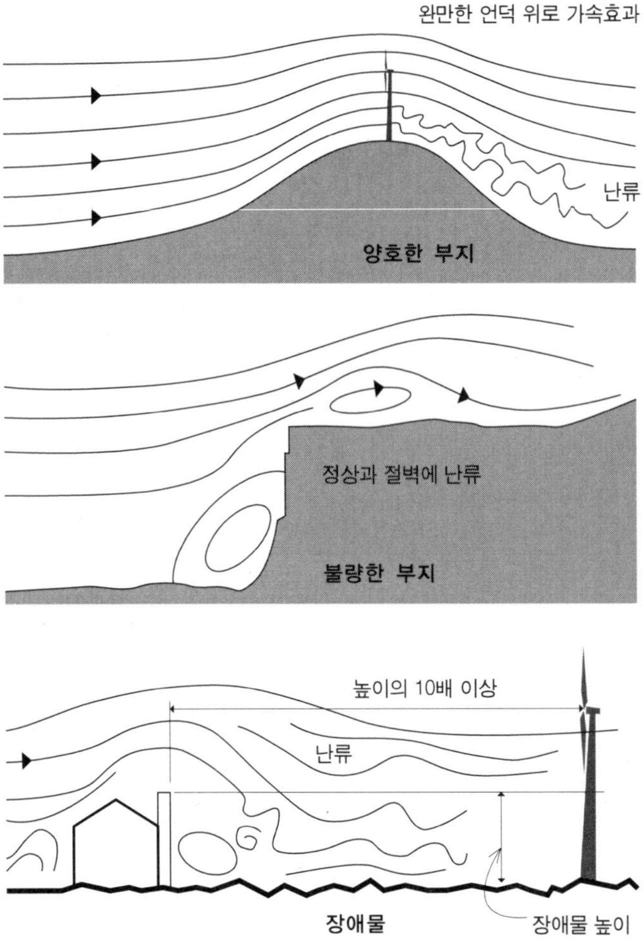

15.10 언덕과 장애물의 바람흐름

풍력시스템 설계는 바람의 상황이 충분한지에 따라 평가된다. 국가재생에너지연구소나 그 외 민간연구소에서 제공된 대상지에 관한 바람자료가 기준이 된다. 더 상세한 자료는 대상지를 면밀히 측정해서 사용한다.

풍력터빈의 사용에 있어서 고려해야 할 변화무쌍한 기본조건은 풍속이다. 풍속이 두 배이면, 획득가능 에너지는 8배가 된다. 그러므로, 풍속의 작은 변화는 풍력에너지엔ㄴ 커다란 변수가 된다. 풍력에너지는 지상 48m 높이에서 26km/h의 평균 풍속을 가지고 있는 지역이 가장 좋은 곳이다. 또 하나의 좋은 부지조건은 지상의 풍속이 11-14km/h 사이인 경우이다.

풍력타워는 소음과 진동문제를 피해 건물에서 충분히 이격되어야 하는 반면 타워에서 건물까지의 전선거리를 감안하여 고가의 시공비를 절약하려면 가까워야 한다. 바람패턴에 따른 건물자체의 영향도 고려되어야 한다. 건물에 인접한 언덕은 좋은 장소라고 할 수 있다. 타워는 지역의 단지규정에 맞게 높이를 정해야 한다. 타워가 높을수록 다 강력하거나 낮은 난류가 생긴다. 풍력터빈은 건물의 위나 옆에 세우지 않는 것이 좋다. 건물에 막힌 바람은 난류가 되거나 약해진다. 지상면 주변에 세워진 풍력터빈은 매우 효율이 낮다. 최고의 원칙은 풍력터빈 날개의 최저면이 장애물 위로 최소 9m 정도 높아야 하고, 91m는 넘지 않게 한다.

새와 박쥐에 의해 발생되는 풍력문제도 고려한다. 그러한 충돌은 동력선과 연결타워, 건물자체에서 발생하는 것보다 현저히 빈도 낮은 것으로 측정된다고 해도 고려대상이 된다.

재생시스템의 위협요인

재생에너지시스템에는 두 가지의 위험이 상존한다.

하나의 위협요인은 재생시스템이 멈췄을 때 그 장소에 자동 백업시스템이 있기 때문에 문제가 없음을 건축주가 인지하지 못할 때이다. 광전지시스템이나 풍력시스템에서, 전기충전량은 통상 자동 백업이 될 수 있게 되어 있다. 그러므로, 모니터링과 계량화는 반드시 필요하다. 태양열시스템의 경우에도, 백업할 수 있는 화석연료시스템이 있고, 이 시스템은 또한 건축주가 태양열시스템이 더 이상 기능적으로 좋은 것이 아니라는 것을 모른다는 것을 의미한다.

또 하나의 위협요인은 태양열시스템이 그다지 적절하지 않은 지붕면에 설치되었을 경우에, 지붕을 교체할 시기가 되었을 때 제거할 필요가 있다는 점이다. 이는 유지관리 및 지붕교체 비용이 증가할 수 있다.

16
재료

건물재료의 환경적 영향은 관련 에너지 사용과 배출의 결과이다. 유한한 재료자원의 고갈과 매립지에 있는 자재의 바람직하지 못한 퇴적물들도 환경에 영향을 미친다. 원자재의 채굴과 수확을 포함하는 이러한 영향의 원인이 되는 활동은, 마감재의 제조공정과 생산, 자재운반, 위험한 재료의 사용, 건설부산물의 발생 등이 있다. 현명한 건축설계와 재료선정을 통해서, 이러한 영향을 실질적으로 감소시킬 수 있다.

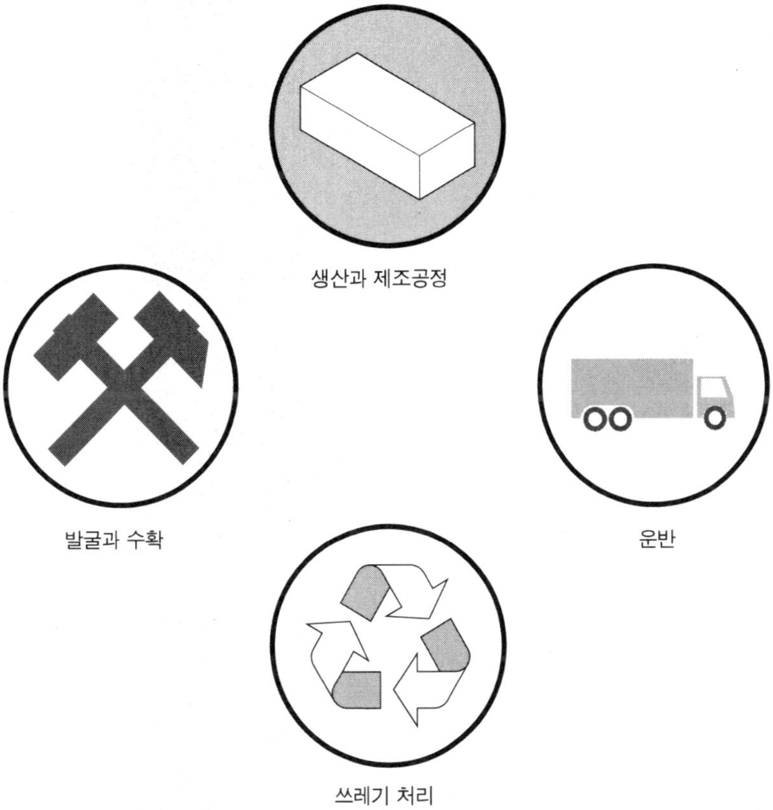

16.01 환경에 영향을 주는 건축자재의 순환공정

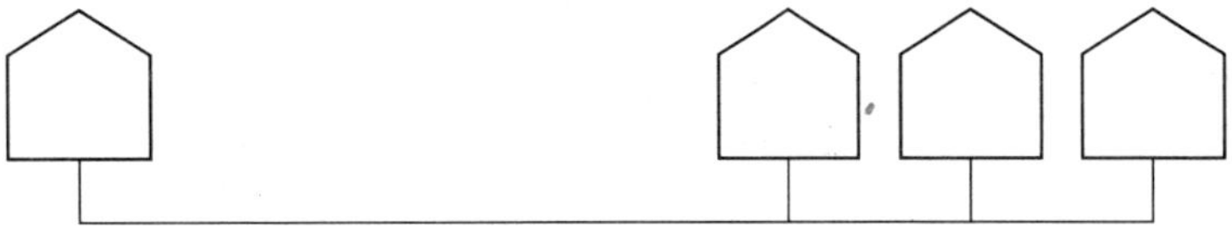

16.02 도로와 다기능 도시시설 같은 기반시설을 분리시키면 새로운 시설물에 영향 저감

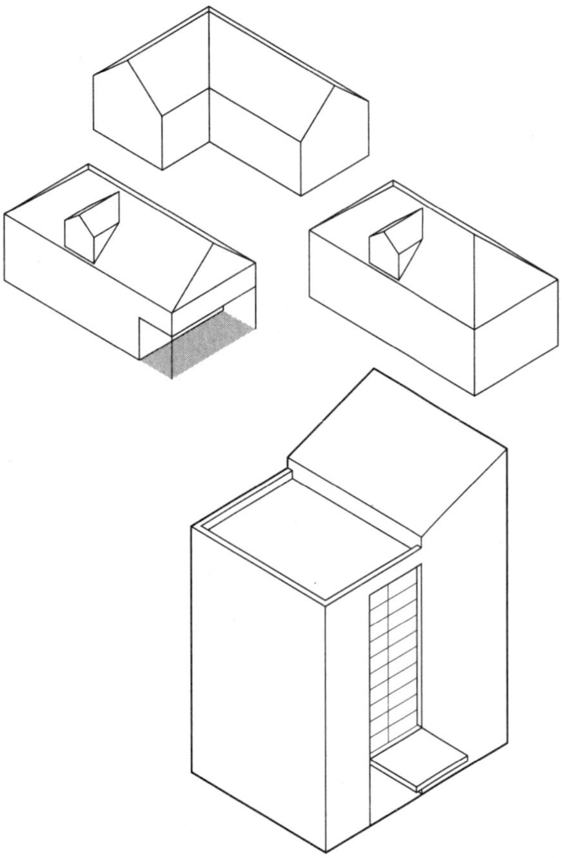

16.03 바닥과 표면적을 줄이면 재료사용량 현저히 절감

건물설계과정에서, 유해자재의 처리계획과, 철거와 건물자재의 재활용 계획, 건물에서 재활용 부분에 대한 설계 등을 통해, 건물 운영상 발생되는 자재 쓰레기의 절감을 기대할 수 있고 앞으로 지원할 수도 있다.

자재의 취득과 제조공정 상에 필요한 에너지의 사용량을 내재 에너지라고 한다. 건물의 환경적 영향을 산정하는 부분에서 만들어지는 중요한 그리고 증가하는 양적 특성을 가지고 있다. 그리고, 에너지를 덜 사용하기 위해서 설계되고 시공된 건물로서, 건물의 어떤 부분은 내재된 에너지의 증가에 따라 나타난 것을 사용한다.

마지막으로, 건설자재 부산물들에 의한 영향은 시공 중에 신중하게 적용된 공정과 설계상의 면밀한 계획을 통해 최소화 할 수 있다.

자재 사용 절감

가장 친환경적 자재운용은 자재사용량을 최소화 하는 것이다.

자재에서 잠재적으로 커다란 절약방안은 대지부분에서 일어날 수 있다.—즉, 건물 자체의 설계에서가 아니라 대상부지와 기반시설에 의해서라는 것이다. 이미 조성된 지역에서의 건물 입지에 따라, 기존의 기반시설 자재들을 활용할 수도 있다. 도로와 상수도설비와 같은 기반시설은 근본적으로 그것이 분배되는 것으로서 재활용 되고, 새로운 기반시설을 위한 자재소비 가능성을 없애준다.

친환경 설계를 위한 두 가지 강력한 접근방식은 에너지 효율, 재료사용량의 절감 등과 관련해서 초기에 논의 되었는데—이는 바닥면적과 표면적의 절감에 있다. 바닥 면적이 적어진 건물은 자재 사용량이 더 적게 되고 대형건물보다 사용되어야 할 잠재 에너지도 적다. 천정고가 낮은 건물은 높은 천정고를 가진 건물보다 자재와 잠재에너지의 사용량이 적어진다. 단순 기하학적 구조는 복잡한 구조보다 재료와 잠재에너지의 사용량이 준다. 단일 대형 건물은 같은 기능을 가진 여러 동의 건물보다 자재와 잠재에너지 사용량이 적어진다.

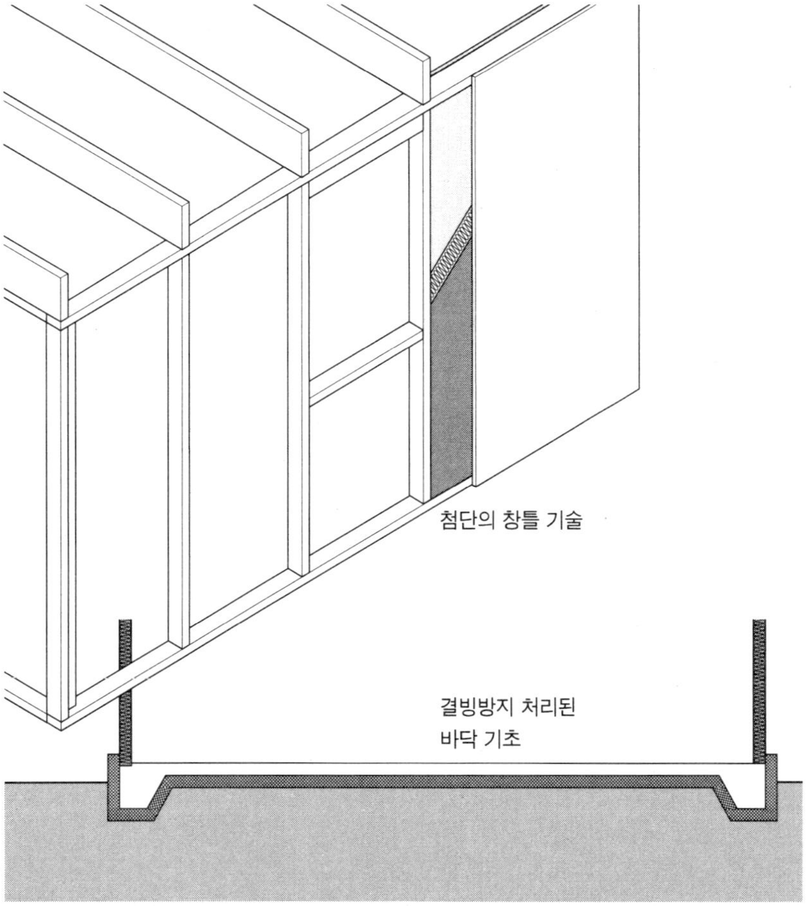

16.04 진보된 시공기술을 적용한 재료보존 사례

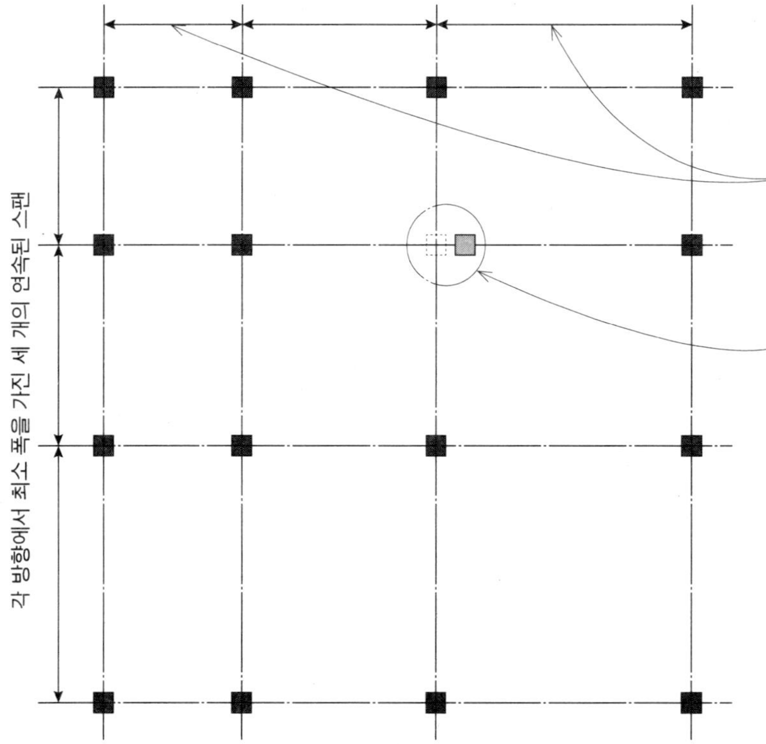

16.05 자재사용을 줄이기 위해 구조효율성을 극대화 한 예

자재사용을 줄이기 위한 또 하나의 방법은 재료효율형 설계이다. 앞에서, 진보된 창틀 기술을 논의했는데, 특히 열교를 줄이는 방안에 대한 것이었다. 그렇게 하는 데에는, 자재 절감이 통상의 방법이다. 16인치(405mm)의 간격 대신에 24인치(610mm)의 스터드 간격을 갖는 것 등이 하나의 예인데, 싱글 헤드와 싱글 탑플레이트를 갖게 하는 것, 창과 개구부에 싱글 스터드를 사용하는 것, 코너에 두 개의 스터드를 갖는 것 등이다. 열교에 따라 외벽과 에너지 손실에 초점을 맞추는 것이 우선 고려 대상이다. 자재사용 절감의 목적을 위해, 실내 벽체도 검토대상이 된다. 두 개의 목재 스터드와 금속 스터드에 표준인 16인치(405mm)의 간격을 두는 것 대산에, 규정에 따라 허용된 24인치(610mm)의 간격이 고려되고 있다. 재료효율형 첨단설계의 또 다른 사례로는 기초를 포함해서 규격화 된 기초벽 대신에 결빙방지형 바닥기초를 사용하는 것이다. 결빙방지 바닥기초는 미국에서 계속해서 사용되고 있고 100만 이상의 가정에서 스칸디나비아에서 사용하는 이 기초방식으로 건설되고 있다.

경사지붕건물에서 다락방을 없애는 것은 — 다락바닥면과 지붕면—이 하나로 결합된 두 개의 구조물처럼 자재 사용이 절감된다.

지침이나 오래된 사례를 사용하기 보다는 상세한 구조 설계가 되었을 때, 자재절감의 기회는 확실해진다. 예를 들면, 4인치(100mm)두께의 슬래브는 5-6인치 두께의 슬래브보다 분리된 층에서 더 타당하게 된다. 설계에 따라 충분할 수 있다는 것이다.

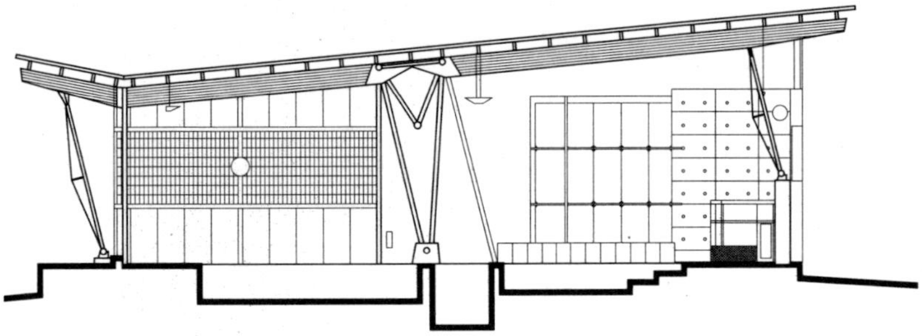

Angus Glen 커뮤니티센터와 도서관. Markham. 캐나다. 2006
설계: Shore Tilbe Irwin & Partners Architects
+ Halcrow Yolles Structural Engineers

16.06 마감재로 쓰인 구조노출 사례

16.07 여분의 자재 조각을 줄이기 위한 계획과 설계

재료사용량을 줄이기 위한 또 하나의 방법은 불필요한 마감을 하지 않는 것이다. 때때로 "마감이면서 구조" 라고 하는 이 방법은 구조와 마감의 두 가지 역할을 수행하는 구조요소를 말한다. 추가되는 조명의 필요성은 노출형 구조가 조명반사율이 낮을 경우 등을 고려하여 신중하게 판단해야 한다. 그리고 재료사용을 줄이기 위한 또 하나의 방법은 덕트와 파이프를 노출하는 것과 같이 외관요소로 남겨두는 것이다. 이것은 마감면과 마찬가지로 연결홈, 수평구조 하부면, 연결부재 등에 합성보드나 관련 보호 마감처리를 하는 데에 사용되는 재료를 줄여준다.

재료사용을 줄이기 위한 마지막 방법은 쓰레기 발생을 줄이는 것이다. - 다시 말해서, 쓰레기를 발생시키지 않는 것을 말한다. 이것은 매립지로 직접 버려지는 것이나 쓰레기 재활용 에 대한 것이 아니고, 다시 말하지만, 오히려 폐기물을 덜 발생시키도록 하는 것이다. 이것은 그 자재가 목조이건 철이건 간에, 구조적 요소의 길이가 상업적으로 유용한 구조재로의 길이로, 그리고 피복과 짚섬보드 같은 부재의 크기와 비슷하게 설계하는 것을 의미한다. 그것은 제재목과 쉬트마감지의 재단자료를 만들어 놓는 것을 의미하며, 주문해서 폐기한 초과된 자재 보다는 소요되는 정확한 양을 주문할 수 있도록 하는 것이다. 양을 초과하기 보다는 정확한 요구량을 확실하게 정리함을 의미하기도 한다. 구조단열패널 (SIPS)과 같은 조립부재는 컴퓨터 설계를 통해 자재의 낭비를 줄이도록 한다.

실무 설계에서는 재료의 양과 관련해서 시방서에서 추가정보를 제공받은 자재효율형 설계에 중요한 역할을 부여한다. 예를 들면, 콘크리트나 아스팔트 포장, 발포단열재 등과 같은 것의 도면에서 재료의 전체적인 양을 알 수 있게 표기되었다는 것은 과도한 주문에 의해 생기는낭비를 줄이고 계약할 수 있게 해준다. 유사하게, 지붕마감과 피복, 옥외구조물, 조경부분들에 대한 설계도면에서 양을 파악할 수 있다면 정확한 양을 주문할 수 있을 것이다. 구조체의 상세면 전체를 정확하게 발주하게 될수록 과도한 주문이나 폐기물 발생의 잠재성을 훨씬 줄일 수 있게 된다.

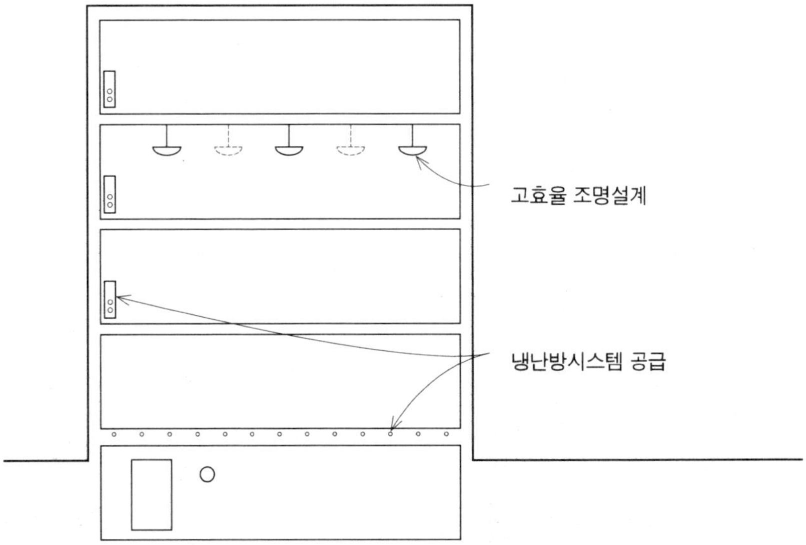

16.08 자재 폐기물을 절약하기에 적합한 시스템

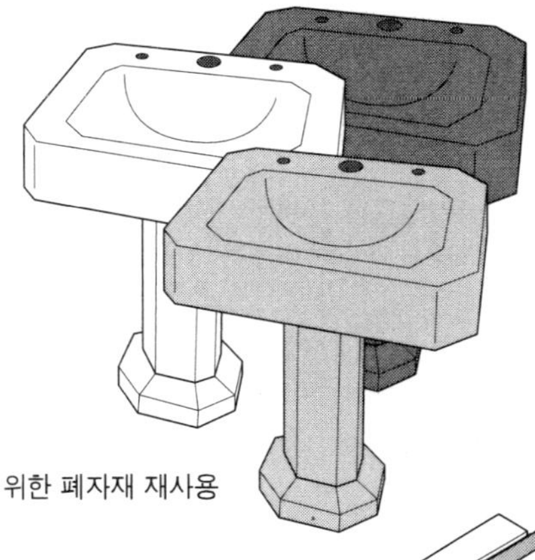

16.09 구조물 재활용을 위한 폐자재 재사용

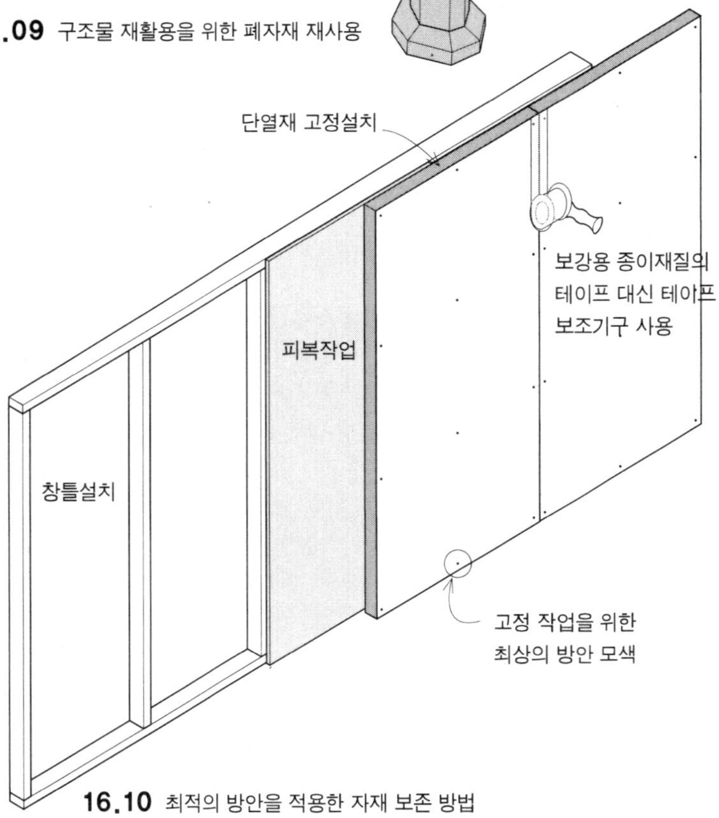

16.10 최적의 방안을 적용한 자재 보존 방법

설계를 통해 자재를 더 적게 사용하는 것은 건축적인 부재 뿐 아니라 조명, 냉난방 설비 같은 기계설비 및 전기설비 부재에도 적용된다. 앞서 언급한 것처럼, 고효율 조명디자인은 보통 조명기기를 줄이는 것을 말한다. 과시용으로 과도한 조명을 하는 것보다 필요한 만큼 적정한 조명을 하는 것과 같은 것을 말한다. 다른 친환경조명설계 기술은 자재의 절감이다. 예를 들면, 높은 천정 수가 보다 적고 반사표면이 더 많은 건물은 인공조명의 수요가 적어지게 되고, 이는 작동 에너지의 사용을 적게 할 뿐 아니라 조명기기 수도 적어지게 되며, 결과적으로 자재의 사용량과 잠재 에너지의 양을 줄여준다. 이러한 장점들은 잘 설계된 건물과 양호한 냉난방 효과를 증가시켜준다. 냉난방시스템은 효율적 설계 뿐 아니라 시스템의 효율성을 증가시킴으로써 더 소형화 될 수 있다. 보일러, 히트펌프, 난로와 같은 냉난방장비는 더 작아질 수 있고, 파이프나 라디에이터, 덕트와 같은 분배 시스템도 더 작아질수 있다. 적정규모로 된 냉난방 장비와 분배시스템은 자재와 내재에너지를 덜 필요로 한다.

재료보존은 가공되지 않은 재료의 사용을 통해 가능해진다. 예를 들면, 목재의 선정은 절대적으로 어떤 목재는 선정되고 어떤 목재는 포기하는 것이 아니다. 버려진 많은 목재들은 구조적으로 유용하다. 다듬어지지 않은 석재와 벽돌 조각들은 그것들을 잘 계획한다면 친환경건축 시공에 유용하게 사용될 수 있다. 마찬가지로, 형태를 완전하게 다듬은 것 보다는 기능성에 초점을 맞추어서 질적 관리를 한다면, 다른 많은 재사용된 자재들은 버려지지 않고 수용할 수 있다는 것이다. 새로운 친환경 미학측면에서는, 가공하지 않은 것을 무시하기 보다는 하나의 작품으로 승격시킬 수도 있는 것이다.

재료보존은 잘 계획된 설계와 시공을 통해 촉진될 수 있다. 이러한 면에서, 친환경 설계에 반해서 무리하게 가속화된 공정은, 설계 전문가들로서는 퇴보하고 과시용이 될 우려가 있고 부재와 부재 또는 실과 실간에 유기적인 설계가 어렵다. 친환경건축계획은 공정을 느리게 하는 것과 동의어가 아니고, 각 주요 건물부재가 자재사용에서 최소화될 수 있도록 적절한 시간계획 수립 등 상세한 설계를 통해 이루어지는 것을 말한다.

가장 좋은 사례들을 참조해보는 것은 실질적으로 자재의 양을 줄일 수 있다. 예를 들면, 외벽 면에 단열재를 빈틈없이 고정시키는 데에 있어서, 전통방식에서는 단열재 1매당 1,220 x 2,440mm 당 25개 내지 30개의 고정철물을 사용한다. 그러나, 분리될 위험이 있는 구부리고 꺾는 것을 하지 않고 단열재를 고정시키기에 적당한 양 보다 10-12개의 고정물이 더 많이 사용된 것이다. 비슷한 것으로서, 테이프형 외부고정 단열재는 테이프 지지용 종이를 제거하는 데에 손을 사용하는 것보다 테이프 적용도구를 사용함으로써 빠르고 효과적으로 사용되고 테이프의 낭비도 현저히 줄이게 된다.

16.11 신축을 위한 자재 공급을 위해 오래된 건물 철거

재사용 자재

새로운 자재를 만들고 사용하는 데에 사용될 잠재에너지를 최소화하고 원자재의 고갈을 최소화하기 위해 가능하면 자재 재사용을 모색해야 한다.

폐기된 자재

신축을 위해 필요한 재사용 자재를 공급하는 노후 건물 철거라는 새로운 산업이 부상하고 있다.

재사용을 위한 폐기용 자재들은 시공에 필요한 것들 — 규격화된 제재목, 문, 창문, 벽마감재, 주방기기, 짚섬보드, 합판, 단열재, 벽마감재, 몰딩, 기기장비, 블록, 벽돌, 덮개, 후레싱, 지붕쉬글, 그리고 접착용, 틈마감용, 그라우트용 사용되지 않은 제품들이 담긴 용기 등 건설에 필요한 자재들을 포함하고 있다.

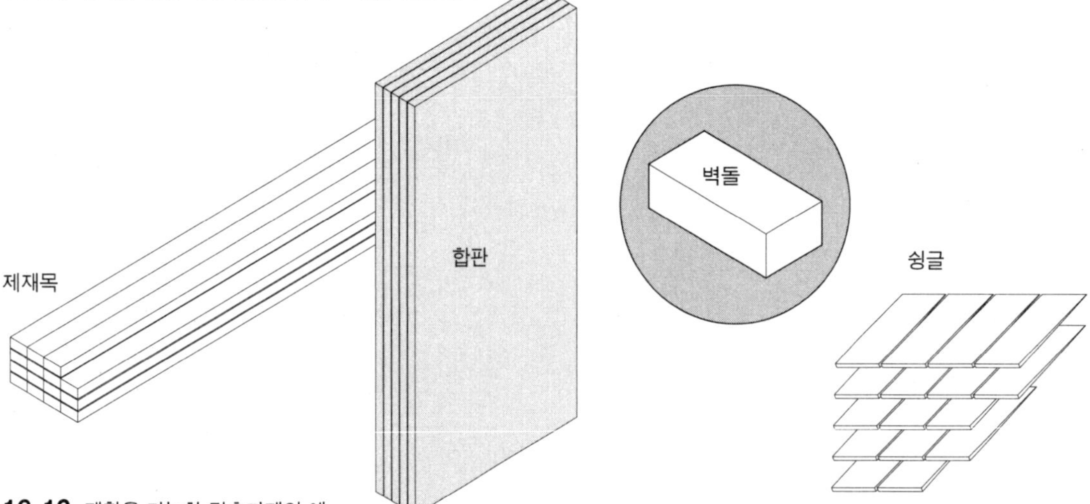

16.12 재활용 가능한 건축자재의 예

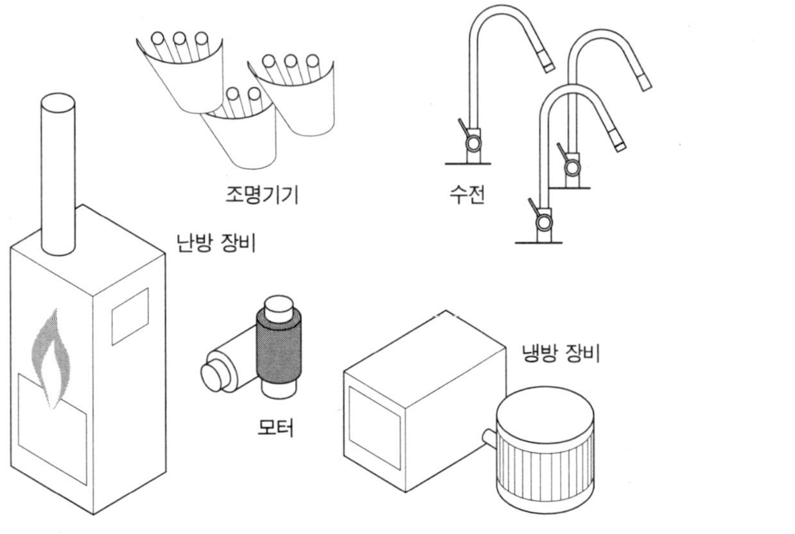

16.13 순환이 가능한 에너지와 물 사용을 포함하여 폐기된 에너지-소비형 그리고 물-소비형 장비와 기기들의 재사용을 위한 결정을 위한 여러 요소들

조명기기, 냉난방 장비, 모터 같은 에너지 소비형 장비와 그리고 변기와 세면기기 등과 같이 물 사용 장비의 재활용이 가진 장점들에 대한 문제가 제기되고 있다. 중요한 환경적 문제는 그러한 장비의 잠재에너지가 장비의 기재수명을 넘어선 새로운 고효율 장비를 설치해서 잠재적인 절약을 하는 것보다 더 큰지 작은지이다. 거기에는 잠재에너지 문제와 같은 데에 동일한 답(예, 아니오)을 줄 수 있는지 여부 등 그러한 재사용의 재정적 생존력에 관해서 해결이 어려운 문제가 있다. 거기에는 또한 법적 문제도 있다. 총체적인 최소 효율조건에 부합하지 않는 저효율장비의 판매 등이 그것이다. 다시 말하면, 자효율장비의 설치는 몇 개의 건물 규정에 반하는 것이 될 수 있다는 것이다.

오래된 창문과 같은 외부마감요소에 관련된 하나의 간단한 의문이 있다. 창문의 경우에, 그 판단은 보존 필요성에 대한 문제를 확인해야 한다. 보존 필요성이 없다면, 재사용 관련 장점은 수명을 기반으로 해서 평가될 수 있다. 보존이 필요하다면, 틈마개, 코킹처리, 방풍창 등과 같은 에너지 효율 개선과는 별도로 창문의 아름다움을 보존할 수 있는 다양한 개선방안이 가능할 것이다.

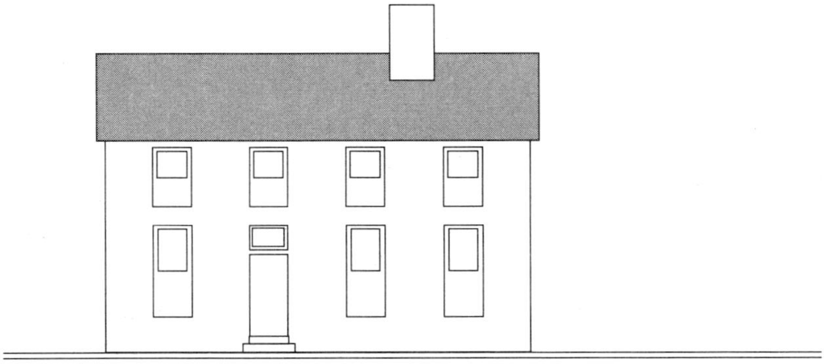

16.14 오래되지 않은 기존 건물이 창:벽 비율이 30%이고 면적비가 2.2이면, 재사용이나 재건축은?

같은 장소에서의 재활용

자재 재사용을 위한 또 하나의 접근방식은 자재의 운반을 안 하게 함으로써 잠재에너지의 사용을 절감할 수 있도록 기존 건물도 함께 재사용 하는 것이다.

바닥, 벽, 지붕과 같은 구조적인 요소는 대개 재사용된다. 실내 벽체, 바닥, 천정마감과 같은 비내력적 요소는 종종 그대로 재사용되기도 한다.

기존 건물을 재사용할 것인가 아니면 재건축할 것인가의 여부에 따라 달라지는 에너지의 영향에 관한 흥미로운 문제가 제기된다. 건물에 속해있는 잠재적인 자재는 건물 수명 전체를 통해 소비되는 에너지의 1/4을 나타낼 것으로 예측되는데, 그때 신축건물은 기존 건물을 대체하는 것으로 할 경우 기존건물보다 에너지 효율이 단지 25%만 더 필요하고 재순환 에너지 사용율은 더 낮다. 많은 오래된 건물들이 원래 단열이나 공기 밀실도에서 뿐 아니라 규모, 형상, 창:벽 비율 등과 같은 측면에서 가진 다양한 특성 면에서도 비효율성을 가지고 있다. 신중하게 생각해보면, 에너지 소비의 수명을 비교해 볼 때 기존 구조를 재사용하기로 결정한 부분만큼이라고 평가할 수 있다.

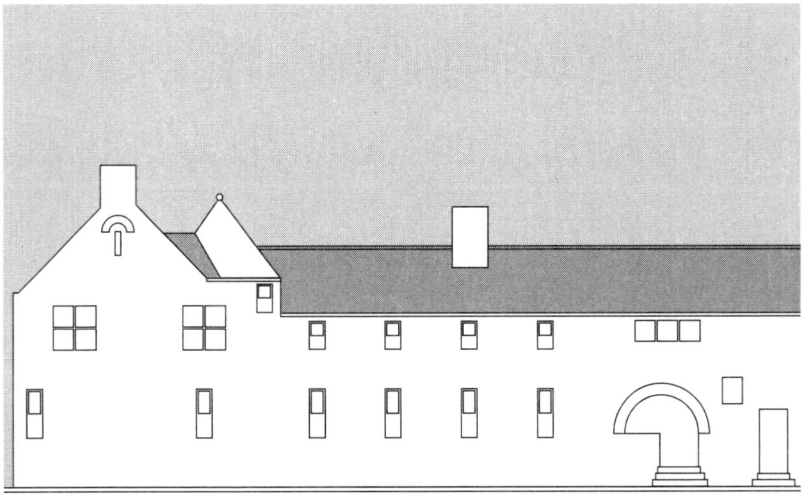

16.15 기존 건물의 복구, 개조, 재건축

또 다른 일련의 문제들은 건물에서 기존의 에너지 소비와 물 소비 장비의 재사용에 대한 장점과 관련이 있는 것들이다. 그 문제들은 차이점은 있지만, 폐기된 장비와 관련한 것들과 유사하다. 같은 장소에서의 재사용하는 경우에는, 법적인 장애요인이 더 적다. - 즉, 승인되지 않은 고정물들은 연방규정에 위반되므로 판매할 수 없고, 전래의 규정들이 보통 어떤 규정의 승인 문제도 차단해주게 될 것이다.

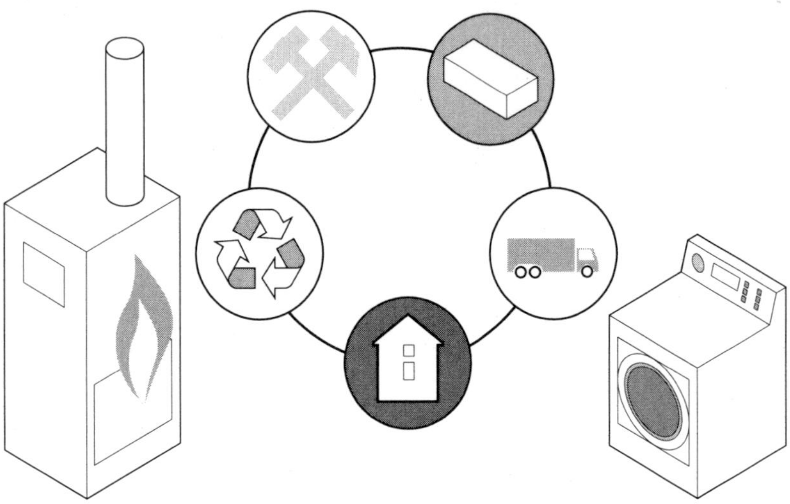

16.16 수명 분석은 기존의 에너지 소비와 물 소비 장비와 기기들의 재사용 여부를 평가하는 데에 활용됨

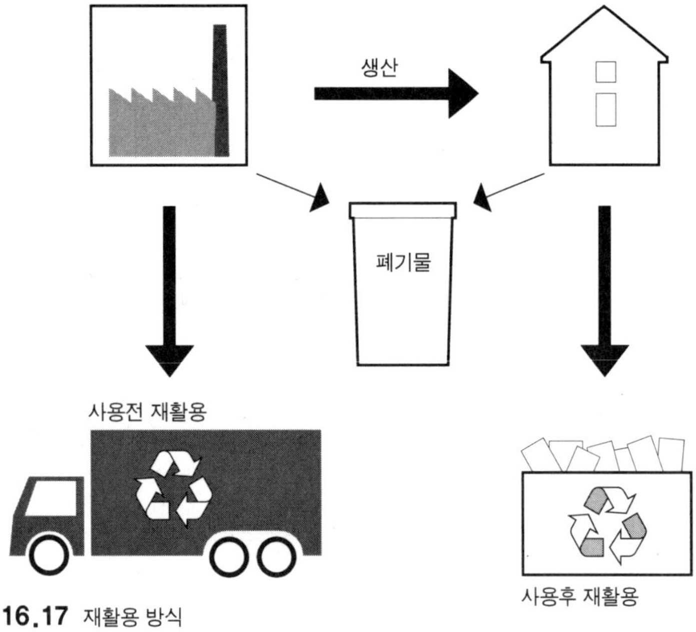

16.17 재활용 방식

그러나, 잠재에너지의 문제는 폐기물 재활용 보다 더 많고 확실한 것이다. 어떤 장소에 고정설치된 것은 통상 효율이 낮을 뿐 아니라 대개 저효율 방식 또는 새로운 사용이 예정되지 않은 방식으로 적용되어 왔다. 오피스 빌딩에서의 조명사례를 고려해 보라. 기존 건물은 반사되지 않는 등에 저효율 안정기를 부착한 T12 형광등을 가지고 있다. 에너지 사용이 더욱 악화되는 것은, 그 조명이 공간의 상부에 있으며, 아마 2w/SF정도 되거나 더 높을 수도 있다. 고효율 조명을 가진 기존 조명기기를 대체하는 것은, 고효율기기를 통해서 그리고 쉽게 얻을 수 있는 조명밀도인 0.8w/SF 정도나 더 낮은 정도로의 재설계를 통해 두 단계의 절약방안을 제공하는 효과가 있을 것이다. 이러한 예에서, 새로운 조명등과 안정기를 가지고 효율적인 설계를 통해 고정 등기구를 재사용하는 것도 선택할 수 있다. 간단히 말해서, 수명의 분석은 기존의 자리에서 에너지 소비나 물 소비 장비를 재사용할지의 여부를 결정함에 있어 가치가 있는지를 알 수 있다.

재활용된 부품을 가진 자재

재활용된 부품이 있는 자재의 사용이 권장되고 있다. 소비 이전에 재활용된 자재는 제조되는 동안에 폐기물 상황에 따라 전환된다. 소비 이후 재활용 된 자재는 최종 사용자에 의해 발생된 폐기물로부터 얻어 진다.

콘크리트는 가장 많이 사용되는 구조재이다. 콘크리트는 보강철물과 다른 부속자재들을 제거한 후 파쇄되어 재활용된 자재들을 얻을 수 있다. 콘크리트는 또한 석탄 연소재, 금속원광을 녹였을 때 부산물로 나오는 슬래그 등을 재생산한 플라이애시를 혼합하여 강화시킨다.

철재구조물은 그 공급자재에서 재활용 철재의 사용량이 매우 높게 나타나고 있다. 최근 수년간 90%가 넘는 것으로 보고되고 있다.

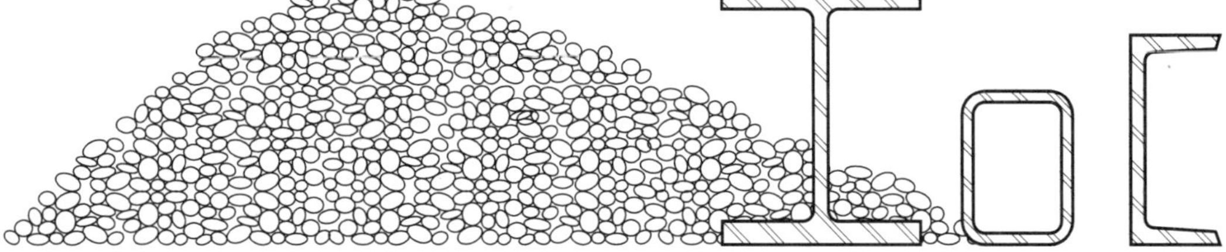

16.18 콘크리트나 철재처럼 이전에 사용된 자재들은 재활용을 위해 분리되고 가공될 수 있다. 콘크리트는 새로운 콘크리트에 혼합해서 사용되기 위해 파쇄시키고 세척하고 분류해서 재생산될 수 있다. 철재는 수집해서, 대형 자석을 이용해서 다른 재활용 대상들과 분류하고, 대형 화물에 압착보관하고, 가공공장으로 보내진다. 거기에서 금속은 구조재와 같은 건물자재로 사용되기 위해 소량의 원철과 혼합된다.

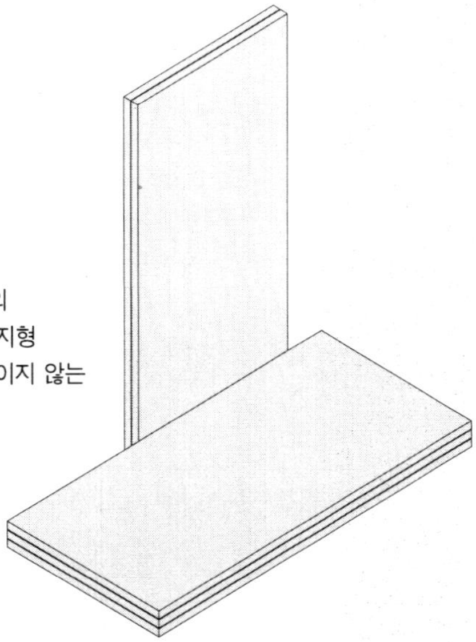

16.19 실내용 짚섬보드는 90% 정도의 재활용 재료가 포함되어 있다. 곰팡이-방지형 파이버글라스 매트를 볼 때, 종이면이 쓰이지 않는 습기 많은 곳에서 잘 사용된다.

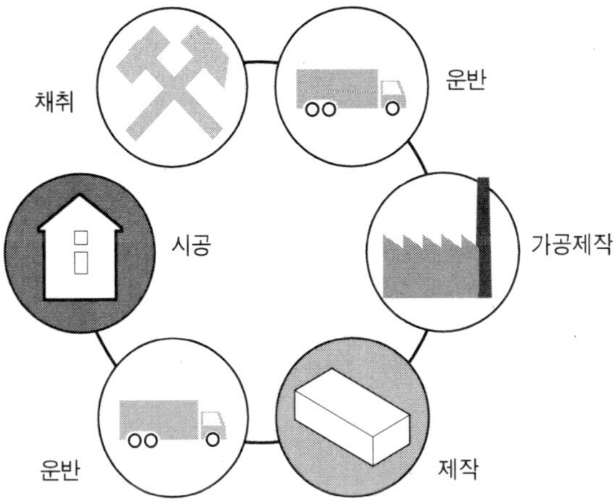

16.20 내재에너지는 획득, 제작, 가공, 자재의 시공현장 운반 등에 사용되는 전체 에너지양을 말한다.

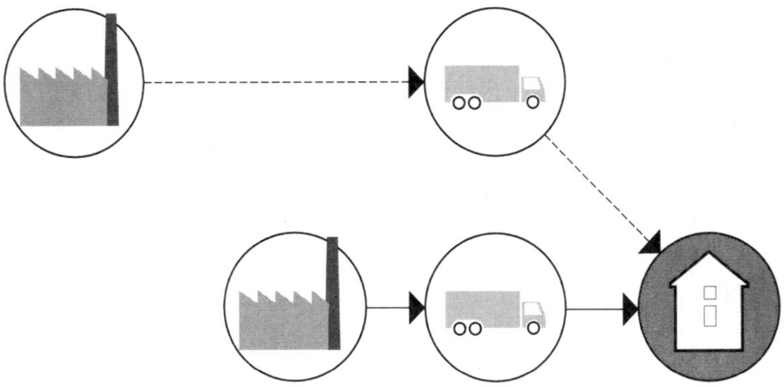

16.21 친환경건축계획은 광역적으로 자재를 획득해서 지역적으로 사용하는 가치를 강조하고 있다.

여러 가지 가공된 목재생산품과 같은 목재에서 파생된 제품도 재활용 자재에 속한다.

짚섬보드는 재활용 농자재, 플라이애시, 슬래그 기타 충진재가 함유된 재활용 재료들이 사용된다.

자재가 약간의 또는 전체적인 재활용 재료를 가지고 있을 때라고 해도, 화학물질과 내재에너지를 제거할지 여부를 검사할 필요가 있다. 예를 들면, 파티클 보드는 재활용 자재이지만 발암물질로 알려진 포름알데히드를 포함한 화학물질이 함유되었다는것은 중요한 문제이다. 그리고 철재의 90%가 재활용 제품이라고 해도, 거기에는 상당량의 내재에너지를 가지고 있다.

사전에 사용되지 않은 자재의 선택

재료사용을 최소화 하고 재사용, 재활용 자재는 최대로 늘이는 것과 함께, 이전에 사용되지 않은 자재들의 선저에 관해서도 주의를 기울여야 한다. 선택할 수 있는 조건은 재생자재, 천연자재, 독성이 낮은 무해한 자재, 내재에너지를 적게 가진 지역 생상 자재 등이 포함된다.

내재 에너지

내재에너지는 원자재 획득, 제조, 대기저장, 시공부지로 운반 등에 필요한 에너지를 말한다. 내재에너지는 일반적으로 전체 수명기간 동안에 건물로서 사용되는 경우 보다는 에너지가 상당히 적은 것으로 나타나고 있다. 그러나, 건물이 에너지를 덜 사용하도록 설계함으로써, 내재에너지로 나타나는 건물에너지 사용량의 분산 현상이 증가하게 될 것이다. 그리고 제로에너지 건물을 위해서는, 에너지소비의 유일한 형태가 그 자재의 내재에너지이다.

내재에너지와 관련해서는, 친환경건축계획을 통해 광역적으로 획득하는 것은 운반비가 증가하므로, 지역에서 얻어지는 자재의 가치를 강조하고 있다. 몇몇 친환경 인증 규정과 기준 및 지침은 대지의 적정 반경 내에서 얻어지고 가공되는 자재에 대한 인식의 중요성을 제공해주고 있다. LEED에서는 자재에 사용되는 운반의 종류에 따라, 과적 운반과 비교해서 철로와 물의 상대효율을 파악하여, 선택적 적용을 허용하고 있다.

내재에너지의 영향에 대한 하나의 해결책은 한차례의 탄소를 보충하도록 하는 것이다.

16.22 급속하게 재생된 자재의 사례

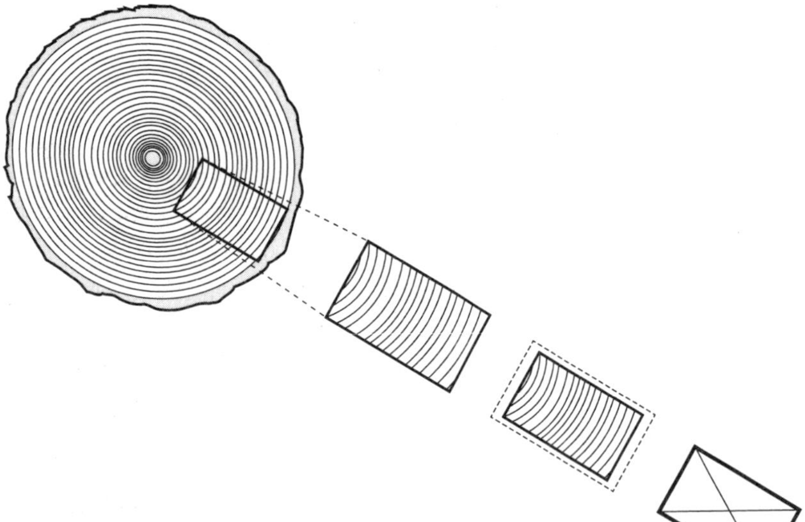

16.23 목재는 내재에너지가 비교적 낮다. 유해한 화학물질도 배출하지 않고, 기후로부터 보호되어 내구성을 유지하고 있으면 재사용이 가능하다.

16.24 삼림관리위원회의 로고

급속하게 재생된 자재

급속히 재생되었다는 것은 LEED에서 정의하기를, 10년 정도의 짧은 시간에 자연에서 성장하고 수확한 자재를 의미한다. 대나무 바닥재, 코르크 바닥재, 옥수수에서 추출한 카펫섬유, 면 단열재, 천연리놀륨, 천연고무 바닥, 콩 단열재, 밀짚곤포로 된 벽과 단열재, 밀짚 수납장, 울 카펫, 밀짚보드 창틀과 수납장 등의 사례가 있다. 급속재생자재의 사용에 의해, 오래된 숲에서 얻은 목재와 같은 더 오랫동안 성장한 자재이거나, 화석연료로부터 얻어지는 플라스틱과 같은 유한한 자재로부터 얻어지는 자재의 고갈을 줄이도록 한다. 올바른 적용방안을 선택하는 것은 급속재생자재에 있어 매우 중요한 일이다. 예를 들면, 대나무 바닥재는 통행량이 많은 곳이나 습기가 많은 공간에서는 내구성이 떨어진다.

기타 천연자재

목재는 천연 구조재로서 오랫동안 폭 넓게 사용되어 왔다. 목재는 구조재로 또는 창틀, 바닥마루, 천정마루, 출입문, 창문, 붙박이 가구, 벽, 천정마감재, 담장 등등 비구조재에도 사용된다. 목재는 또한 비계나 계단참 등과 같이 시공 중 사용되는 임시 구조물에도 사용된다.

목재가 천연재료인 반면, 자연 파괴의 일종으로 수확되고 가공된다. 이는 오래된 숲에서의 벌목, 숲의 녹지 손상, 수종을 위협할 정도의 벌목, 유해 화학물질의 사용 등이 해당된다. 구조에 사용되는 목재가 환경 친화적인 방식으로 얻어지고 가공되고 있음을 확인하기 위해, 삼림관리위원히(FSC)에서 승인된 구조용 목재에 대한 공통의 요구조건을 준수해야 한다.

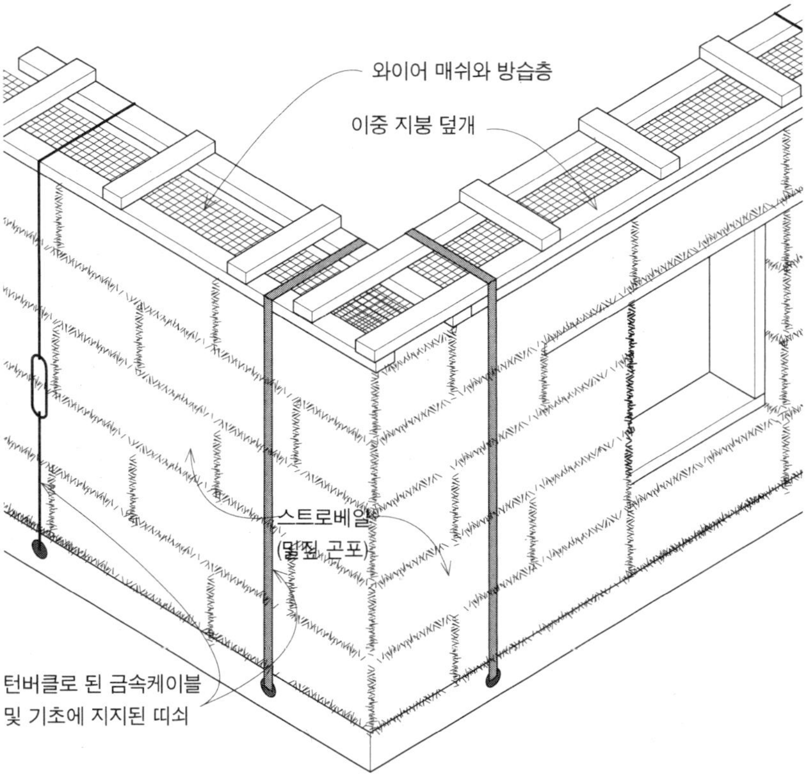

16.25 스트로베일 구조

단열자재와 결합시킨 천연구조의 자재는 스트로베일이다. 스트로베일 구조는 가장 중요한 친환경자재 모두를 포함하고 있다. 급속재생자재(많은 사례에서, 폐기물로 제작된)로 만들어진 이것은 독성이 없고, 내재에너지도 낮으며, 대개 지역에서 자재를 얻을 수 있는 것이다. 스트로베일 구조는 두 개의 기능과 결합되는데—구조와 단열—이것들을 하나로 한 것이다. 스트로베일 구조의 단점은 부패방지를 위한 조치가 필요하고 통상 18인치(455mm) 이상의 벽두께를 가진 공간이 되어야 한다는 점이다.

고대의 천연건축자재를 보면 재생 가능한 다짐흙 구조로 되어 있다. 다짐 흙으로 된 건물은 지구상에 있는 거의 대부분의 대륙에서 발견되고 있다. 그 벽체는 구조틀 사이를 다짐 흙으로 채운 것이다. 다짐흙 벽은 튼튼하고, 천연재료이며, 지역에서 얻을 수 있는 것이며, 방염성이 있고, 시멘트 안정화제를 첨가하지 않을 경우에는 독성도 없다. 이것의 열매스는 높지만 열 저항성은 낮아서, 보통은 이 흙벽에 단열재를 부착하게 된다. 다짐흙 벽은 침투방지성이 양호하고 훌륭한 음향 독립성도 가지고 있다. 스트로베일 벽과 다짐흙 벽과 같이 습기에 대한 대비가 필요하다. 그것들의 사용가능성은 적절한 토양을 얻을 수 있는 가에 달려 있다. 내재에너지는 낮은 것으로 알려져 있지만 노무비는 높고, 일반적인 공법이 아니어서 제작기술을 익히는 특별한 숙련도가 요구된다.

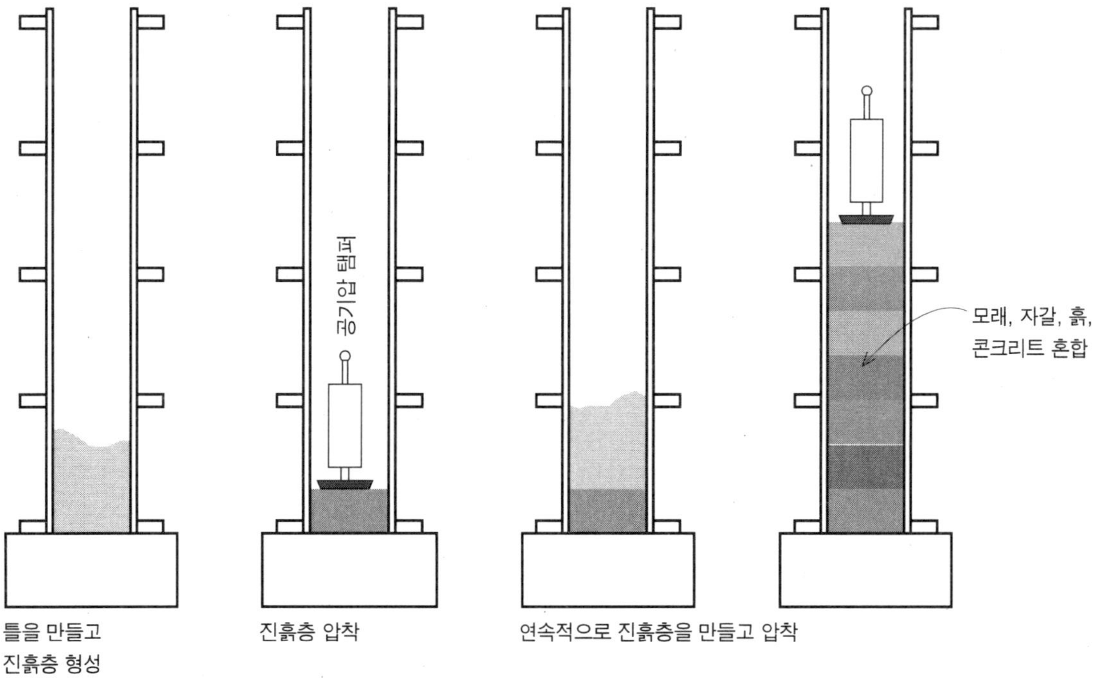

16.26 흙다짐 구조

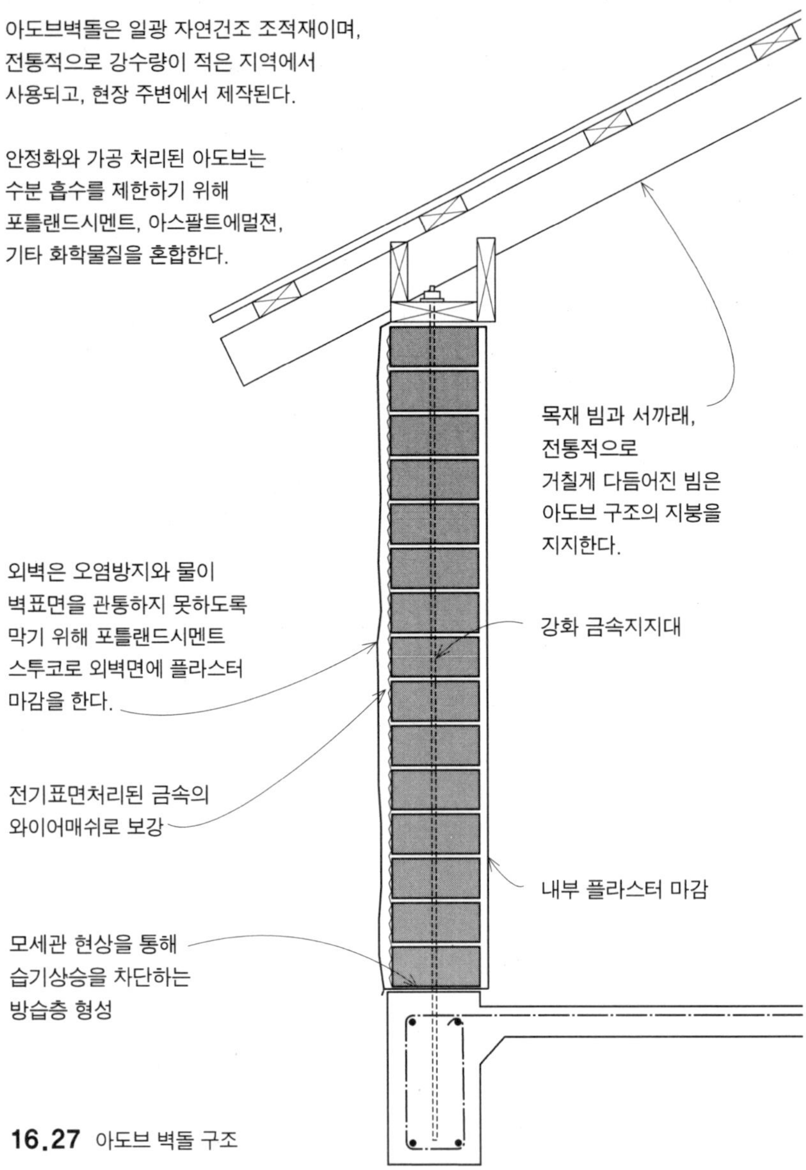

16.27 아도브 벽돌 구조

16.28 유해자재를 사용하지 않기 위해서 뿐 아니라, 기존 건물의 재사용을 위해서 유해한 재료를 적극적으로 찾아서 제거

아도브벽돌은 천연건축 자재로서, 15-25%의 진흙이 포함된 흙으로 만들어지고, 모래 또는 밀짚과 함께 다져지며, 자갈 또는 여타 재료를 혼합하게 된다. 다짐흙 벽과는 다르게, 아도브구조는 틀을 가지고 만들어진 것이 아니고 대형 벽돌로 사전제작된 것으로서, 쌓은 후에 모르타르처리를 한다. 그래서, 아도브 시공은 벽체로 제한될 뿐 아니라 경사지붕구조에도 사용된다. 아도브 시공의 특징은 다른 다짐흙 시공과 유사한데 - 튼튼하고, 천연재이며, 지역발생 자재이며, 방염, 무독성, 높은 열매스이지만 열저항성이 낮고(분리형 단열 필요), 공기침투 저항성이 있고, 우수한 음향독립성을 가지고 있다는 점이다. 아도브구조는 지진에는 취약한 것으로 알려져 있다.

아도브와 같은 벽토구조인 코브는 모래, 진흙, 물과 유기물 강화제 등으로 만들어진다. 그러나 벽돌 대신에, 코브 벽체는 보통 손으로 제작되고 예술작품 같은 형태와 창과 문 장식용으로 사용된다.

석재는 강력하고, 아름답고, 천연재이며, 불활성 건축자재이다. 먼저 휀스 벽체로 사용될 때, 석재는 기초와 상부벽으로 장수명을 가지고 사용된다. 석재는 단열성능이 뛰어나지 않고, 그 무게는 운반시 높은 내재에너지를 갖게 된다. 석재는 또한 생산에서 광역적인 면을 가지고 있어서 유용성은 좀 제한적이다.

무해하고 독성이 적은 자재들

친환경건축 설계 전문가는 유해한 자재의 사용을 피하게 된다. 예를 들면, LBC(Living Building Challenges)에서 제안한 피해야할 자재의 리스트를 보면,

- 아스베스토스
- 카드뮴
- 염화폴리에틸렌 및 염화황산폴리에틸렌
- 프레온가스 (CFCs)
- 네오프렌
- 포름알데히드
- 할로겐 방화제
- 산화프레온가스 (HCFCs)
- 납
- 수은
- 살충제
- 프탈레트 가소제
- PVC
- 목재 방부제, 클레오소트, 비소, 살균제초제

16.29 제품과 서비스와 기업의 생애 지속가능성 기준을 만들어 가는 일을 하는 비영리 기구 Green Seal의 상표

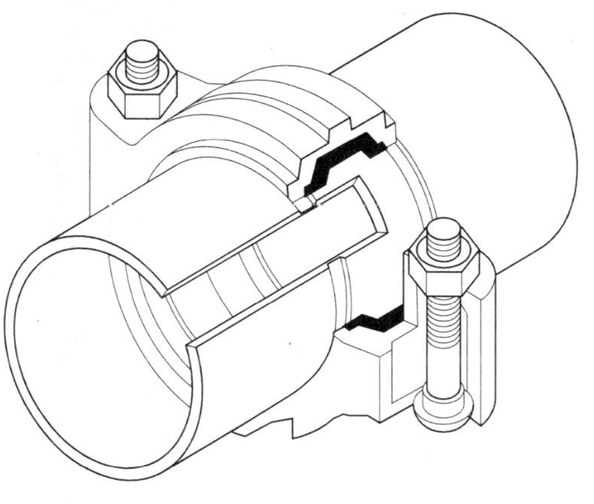

16.30 용접, 광택, 땜질 등 대신 기계적 파이프 결속, 접착제 대신 기계적 조립 등을 사용을 위해서 저독성 자재조차도 사용 안함

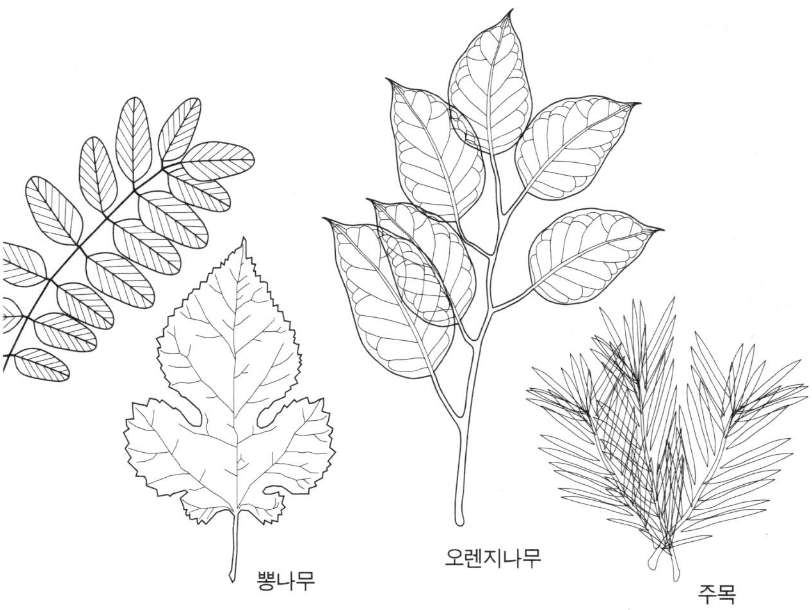

16.31 부패방지성을 가진 수종

유해자재의 기피를 넘어서, 친환경건축 설계전문가는 더 신중하게 검토하고 저독성자재를 찾는다. 저독성이란 보통 휘발성유기화합물(VOC) 함유량이 낮은 재료를 말한다. 여기에는 VOC가 낮은 접착제, 콘크리트 실링제, 카펫, 페인트, 배니쉬, 실란트, 플라스틱 용접재료, 스테인 등이 있다. 이것은 또 탄소배출이 낮은 재료를 말하기도 한다. 질적으로 VOC가 낮은 자재는, 접착제, 실란트, 실란트 프라이머, 목재마감 세척제, 바닥코팅제, 스테인, 프라이머, 실러, 셀락수지 등에 대한 캘리포니아남해연안 공기질관리국(SCAQMD)의 규정과 같이 VOC의 함유에 대한 강력한 기준에 동조하도록 해야 한다. 또한 페인트, 코팅, 방청페인트에 대한 친환경마감기준(GSS)와 카펫/러그 연구소의 친환경라벨 프로그램에도 마찬가지다.

저독성자재의 사용을 건너뛰어서, 완전히 화학물질 전체를 사용하지 않도록 하는 방안이 모색되고 있다. 예를 들면, 기계적인 조립 및 연결은 접착제를 사용하지 않도록 하는 것이고, 마감 처리되지 않은 목재를 사용하거나, 용접, 광택, 땜질 같은 것 대신에 파이프를 잉요한 기계적 연결과 조립을 선택하는 것 등이다.

그러한 화학성분이 오래도록 사용되어 온 것에 대한 자재의 등급화는 우선 외부에 사용되는 목재를 보존성을 유지하도록 하는 데에 있다. 하나의 대안으로는, 외부 구조물과 휀스에서 화학적으로 처리된 목재가 아니라 방부목으로 조립된 것을 사용하는 것이다. 미국 농업성에서는 국내산 방부목으로, 블랙아카시아, 뽕나무, 오세지 오렌지나무, 주목 등 네 가지 종의 리스트를 지정했다. 수입되는 열대 종으로는 안젤리크 angelique, 아조베azobe, 발라타balata, 곤칼로goncalo, 알베스alves, 그린하트, 이페(이아파초)ipe, 자라 jarrah, 리그넘비테lignumvitae, 퍼플하트, 티크 등을 예외적으로 방부목으로 지정했다. 이러한 것들 만큼 방부성이 강하지는 않지만 상당한 수준의 방부성을 가진 것으로 알려진 미국 국내산 수종들은, 편백나무, 개오동나무, 삼목(적삼목도 포함), 블랙체리, 밤나무, 주피터, 하니아카시아, 화이트오크, 적송, 사사프라스, 블랙호두나무 등이 있다. 마지막으로, 다음의 미국 내 수종은 대체로 방부성을 가진 것으로서, 편백나무, 더글라스 전나무, 이스턴 낙엽송, 웨스턴 낙엽송, 이스턴 화이트 파인(백송), 롱리프 파인, 슬래쉬 파인, 적송(second-growth redwood) 등이 있다. 많은 사례를 통해, 이러한 수종들은 상업적 작물로는 부각되지 않으므로 찾기가 어렵다. 그것들은 또한 삼림파괴를 하지 않는 범주 내에서 수확하고 가공하는 목재로서 앞서의 FSC에서 인증된 수종으로서 선정에 가장 안전한 것들이다.

냉매

이 냉매들은 친환경건물에는 방해가 되거나 거부될 수밖에 없는 환경유해 물질이라고 할 수 있다. 이러한 냉매는 오존고갈(ODP)의 잠재력이 높거나 지구온난화(GWP)의 우려도 크며, 또는 염소화합물(CFC) 냉매를 말한다. 이는 1990년대에 거부된 R-11 및 R-12과 이러한 화학물질이 포함된 장비가 건물의 리노베이션을 시행하는 중에 발견되었을 때 대체할 수 있는 것들이 적극적으로 모색되고 있다. 이 화학물질에서 연소가 산소와 반응하여 오존층을 파괴하는 것이다. 두 개의 공통적인 산화염소화합물(HCFC) 냉매인 R-22 및 R-123은 CFCs보다 오존파괴 잠재력은 낮다. 그러나 그것이 여전히 오존층을 파괴하고 있기 때문에 배제되려고 하는 것이다. 현재 선호되는 냉매는 오존층고갈 잠재력이 0인 것으로, 산화화합물(HFC) R-410a, R-407c, R-134a 등이 있다. 이 세 가지는 지구온난화 잠재력 때문에 궁극적으로는 단계적 폐기가 필요하다.

친환경과 관련해서는 냉난방에 히트펌프의 사용 경향이 강하다. 이는 지열히트펌프, 공기 히트펌프, 보일러 온수 순환 히트펌프 등이 있다. 모든 히트펌프는 냉매를 사용한다.

간단히 말해서, 친환경건물은 오존파괴 잠재력을 0로 하기위해 냉매를 제한해야 한다. 냉매를 통한 지구온난화 잠재력에도 논의가 있어야 한다. 이러한 화학물질의 영향이 지속적으로 문제의 원인이 되는 것이 아니라 새어 나왔을 때만 문제라는 것을 주의해야 한다. 그래서 이와 관련한 문제로는 에너지 사용의 지속적인 영향과 비교함으로써 지구온난화에서 누출의 상대적 영향에 관한 것이다. 에너지 손실은 냉매의 누출에 의한 것보다 지구온난화에 더 큰 영향을 미친다. 예를 들면, 지구온난화에서 냉매 R-410a의 누출에 의한 영향은 R-410a를 장착한 히트펌프에 의한 에너지사용에 의한 영향의 3% 이하에 불과하다.

16.32 냉매와 그에 의한 환경에의 영향

냉매	오존고갈 잠재력(ODP)	지구온난화 잠재력(GWP)	제품	비고
R-11 Trichlofluomethane	1	4,000	CFC	1990년대 단계적 폐기
R-12 Trichlofluomethane	1	2,400	CFC	//
R-22 Chlofluomethane	0.05	1,700	HCFC	오랜기간 사용되었으나, ODP, GWP에의 영향으로 단계적 폐기 기존장비를 지원하는 R-22의 생산 2020년 중단
R-123 Dichlofluomethane	0.02	0.02	HCFC	R-11 대체로 사용, R-123함유 제품 2020년 생산 중단, R-123은 2030년 생산 중단
R-134a Tetrachlofluomethane	0	1,300	HFC	냉방, 냉매, 에어컨에 널리 사용, GWP영향으로 단계폐기 고려중
R-152a 1,1 Difluomethane	0	124	HFC	R-134a 대체재로 고려 중
R-290 propane	0	3	HC	//
R-407c (23% R-32, 25% R-125, 52% R-134a)	0	1,600	HFC	R-22의 대체재로 폭넓게 적용, GWP 영향으로 단계폐기 고려
R-410a (*미국)	0	1,890	HFC	R-22의 대체제로 폭넓게 적용, GWP 영향으로 단계폐기 고려
R-717 Ammonia-NH_3	0	0	-	독성 있음. 흡수식 냉방에 사용
R-744 Carbon Dioxide-CO_2	0	1	-	
R-1234yf	0	4	HFO	R-134a 대체재로 사용 전망

지구온난화에 대한 냉매의 영향의 한계에 대한 검토에서, 히트펌프를 사용하는 건물에 대한 최상의 과제는 다음과 같다. :

- 시스템에 냉매를 추가하기에 앞서서 강력한 누출시험이 필요하다. 예를 들면,결과를 기록한 보고서에 따라, 질소를 이용한 압축시험과 누출이 없음을 확인하기 위한 일정시간 동안 진공상태를 유지하는 방식의 적용 등이 그것이다.
- 기계실에서의 누출검사를 위한 규정이 필요하다.
- 전반적으로 효율성을 가진 건물설계가 필요하다. 가능한 한 에너지 효율성을 많이 가진 건물이 되어 냉난방 장비를 더 작게 하고 이에 따라 냉매의 부담도 줄어들게 한다. 가장 소형의 냉난방장비에서, 그 장비의 크기는 조명과 외부마감의 설계가 완성된 후에 정해지며, 건축주의 요구조건이 거주이용자수, 공정, 그리고 기타 건축주 요구조건 들에 따라 정확하게 된 후에 결정된다.
- 냉난방이 불필요한 공간은 설비를 시공하지 않는다. 이는 시스템 용량을 한층 줄여주는 효과가 있으며, 결과적으로 냉매의 수요량도 줄어들게 된다.

16.33 재활용 가능성에 대한 수집과 저장에 관한 조항이 만들어져야 한다. 즉, 재구성과 재사용을 위한 제품과 장비의 수집과 재분배 등

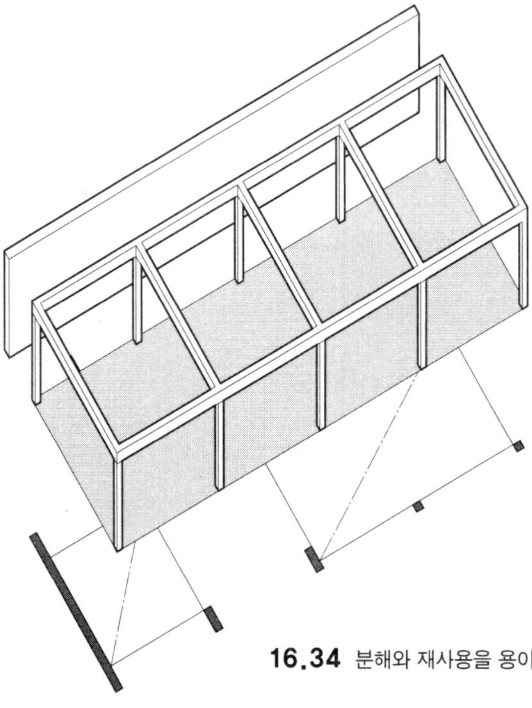

16.34 분해와 재사용을 용이하게 하기 위한 계획과 설계

시공 후 자재 영향 절감을 위한 설계방안

새로운 건물을 설계함에 있어, 시공 후 자재의 영향을 줄이기 위한 규정이 있다. 예를 들면, 건물이 준공된 후 자재 사용 절감을 위한 방안 등이다.

예를 들면, 실이나 공간은 폐기된 토양관리에 대한 통합체계 수립을 위해 제공될 수 있다. 이에는 재활용 가능한 것들의 수집과 저장을 위한 면적과 퇴비를 위한 면적으로 나누어진다.

더구나, 시공에 사용된 자재들은 교체부분을 최소화 할 수 있도록 문서화 될 수 있다. 예를 들면, 페인트 제품을 위해서는 제조회사, 페인트 컬러번호, 지역 내 구입처 등과 같은 것들이 상세하게 건축주의 자료나 제품설명서에 잘 기록되어 있고, 추가 페인팅이 더 필요하게 되면, 소량만을 주문할 수 있도록 해서 전체의 실을 다시 칠해야 필요가 있다는 것과 같은 일을 줄여야 한다. 이는 창문틀과 문틀, 몰딩, 브라인드, 쉥글, 부속가구 등과 마찬가지로, 페인트나 목재 마감과 같은 소비성이 많은 곳에 적용된다.

철거를 위한 설계는 대상 건물이 수명을 다하게 되었을 때는 건물자재의 재사용을 용이하게 해준다. 해체를 위한 설계원칙에는 규격화된 구조물과 연결부 단순화, 고정물의 선정 등이 포함되고, 해체를 쉽게 하기 위해 가능하면 연결접속부분을 줄이고, 내구성과 재사용가능성이 높은 자재를 선정하고, 건물을 단순화 한다. 해체를 위한 설계 계획보고서는 앞으로 그러한 해체를 하는 경우 용이하게 해준다.

건설폐기물 관리

건설폐기물 관리의 핵심사항은 매립하는 양을 줄이기 위해 폐기물을 줄이는 것이다.

효율적 자재사용을 통한 폐기물 절감

건설폐기물관리의 과정은 설계와 조달하는 동안에 자재효율성에 주의를 기울여 사전에 착수되어야 한다. 전체의 상세한 자재량 검토에 따라서, 효율적인 조달이 용이해지고 결과적으로 폐기물을 줄이게 된다.

사용 전 시공자재의 보호

대지 내에 시공자재의 보호를 위한 조치가 우선 이루어져야 한다. 여기에서의 목표는 자재의 기능을 떨어뜨리는 자재손상을 차단할 뿐 아니라 곰팡이 발생으로 실내공기의 질에 해를 주는 습기를 차단하고, 사용이 취소된 자재에 의한 자재폐기물 발생의 차단 등이 있다. 후자와 관련해서는, 자재사용의 취소에 따라 발생하는 자재손상을 방지하기 위해 자재의 적재에 추가로 주의를 기울여야 한다. 질적인 조절을 위한 규정에 따라, 많은 작거나 커다란 손상을 입은 자재들을 수용하기 위해 아마 더 많이 활용이 허용될 것이며, 이는 건물의 완성도에 관계없이 건설폐기물을 줄이게 하는 방안이 된다.

매립로부터 발생된 폐기물

친환경건물 폐기물관리의 주요한 목표는 매립토의 폐기물 전환이다. 이 목표를 달성하기 위한 하나의 전략은 설계 동안에 사전계획을 포함하고 있고, 그 때, 예를 들면, 재활용이나 재사용을 위해 전환된 자재를 정하는 것 등이다. 이 목표는 또한 중량과 양으로 폐기물을 분류하는 것이고, 재활용 폐기물의 수집, 분류, 저장 등을 말하며, 폐기물을 다양한 목적에 사용하기 위해 적재하고 계량할 필요성을 정하는 것 등이다. 시간이 지나면서, 폐기물이 시공현장에서 발생하지 않도록 노력을 기울여야 한다. 이는 예를 들면, 포장을 줄임으로써 달성할 수 있는 것 등이다.

16.36 독일의 제작자 아베그(Ziehl-Abegg)는 최근 톱니모양의 부엉이 날개 끝의 모양과 같은 납작한 칼의 신모델을 선보였는데, 그 공기역학적 특성을 극대화 하고 소음 및 에너지 사용량을 줄여주는 역할을 한다.

기타 자재의 문제

투명성

자재의 내용물에 대한 공정한 평가를 위해서 - 화학물질, 내재에너지, 천연 및 재생 자재, 국내 또는 지역 자원, 그리고 자재가 사용가능한지 그렇지 못한 것인지 -에 대한 제품설명서는 친환경건축 자재의 중요한 부분으로 부각되고 있다.

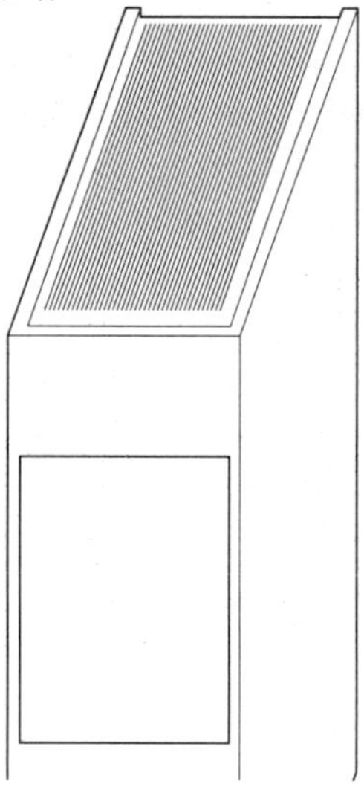

16.35 자재의 공정한 평가를 위해 제품설명서의 투명성 확보

내구성

내구성이란 자재의 교체주기를 늦추고 관련된 자재의 고갈과 교체의 내재에너지를 늦추는 것 등의 친환경적 특성을 말한다. 생산제품은 또한 정기적으로 왁싱을 해 줄 필요가 없는 탄성바닥재와 같이 규칙적인 관리가 불필요한 것을 선택한다.

자연생태 모방

자연생태 모방 방식은 인공 시스템이 자연환경 시스템을 검토함으로써 얼마나 이득을 얻을 수 있는지를 연구하는 떠오르는 학문분야이다. 건축에 있어서, 천연자재는 우리 구조상에서 시급하게 검토되어야 하는 에너지와 자재 효율에 좋은 대상이 된다. 원통형, 사각형, 균형잡힌 비례감, 효율적인 면적비와 같은 자연스러운 형상은 효율성 있는 건물설계를 하는 데에 유용하게 활용된다. 자연은 정수, 냉난방, 환기와 같은 환경조성에 훌륭한 모범사례가 된다. 자연생태모방 방식은 많은 자재와 형태, 자연의 생태흐름 등이 자재효율성과 에너지 효율 등을 증가시키게 하지만 상식을 가지고 적용되어야 하는 것이다.

17
공정계획, 연속성, 그리고 경제성

공정계획과 연속성

건물계획에서 외부로부터 내부로의 설계에서는 통상적인 사건의 연속과 일치하게 된다. 시공과정은 부지에서 출발하여, 외관을 거치며, 실내공간에서 마무리 된다.

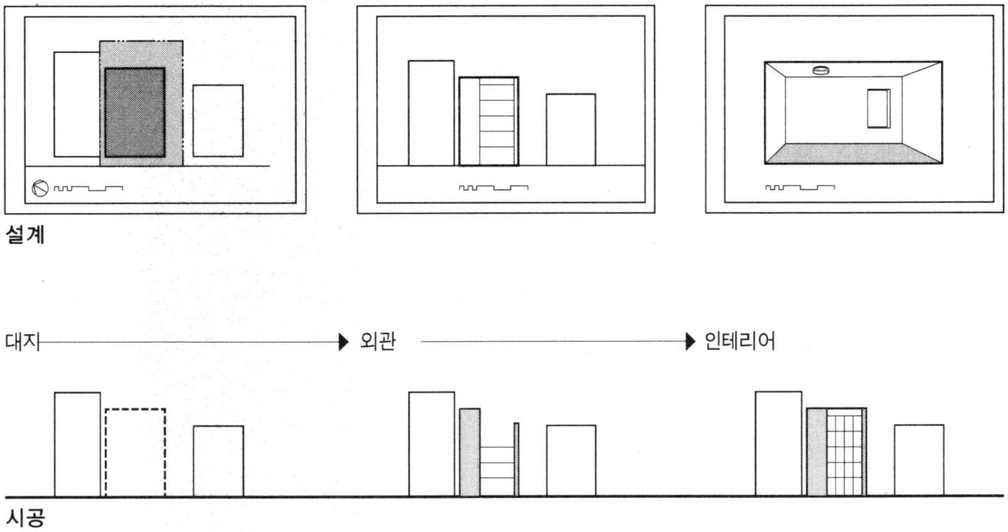

17.01 외부로부터 내부로의 설계, 계획부지에서 외관 및 인테리어로, 건설공정과 일치

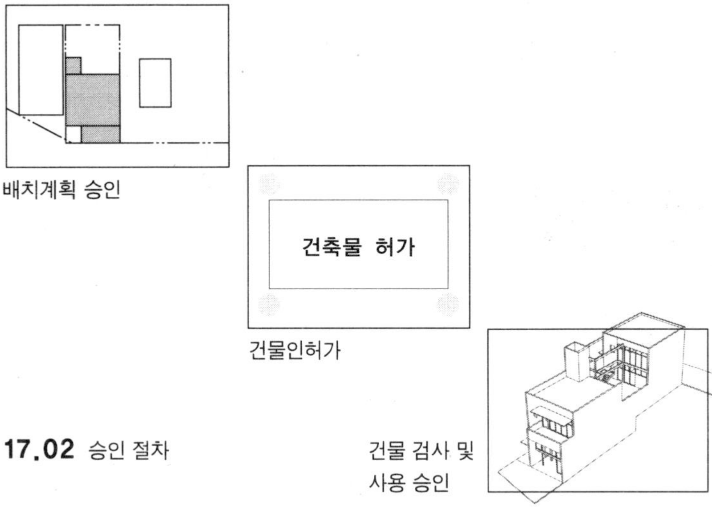

17.02 승인 절차

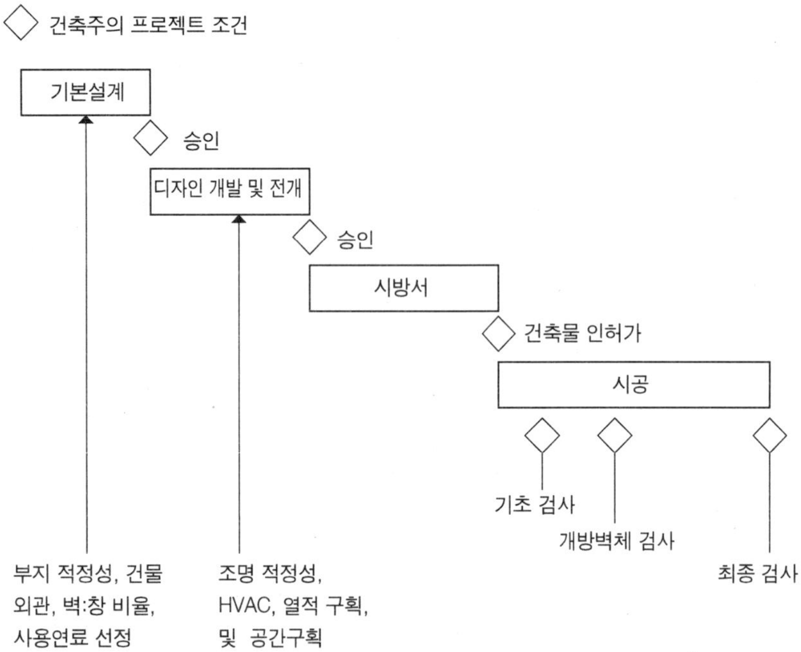

17.03 친환경설계는 관련 승인들이 결정되기 전에 착수되어야 함

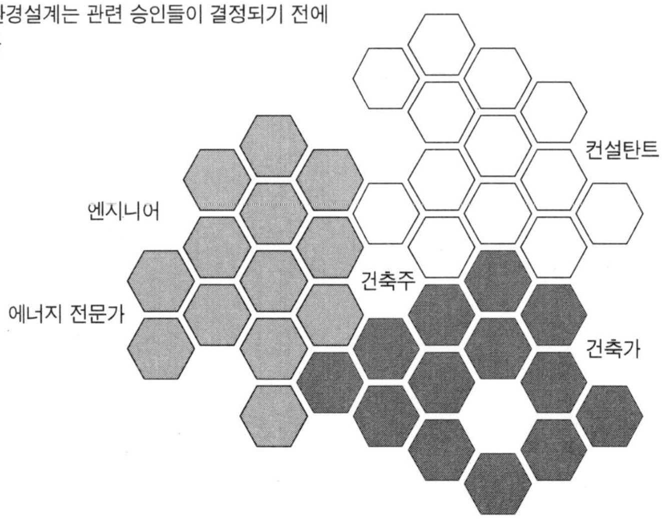

17.04 계획과 설계 및 시공 전 과정에서 관련인 들을 포함하는 통합설계

외부에서 내부로의 진행에 따른 여러 가지 승인과정이 있게 된다. 배치계획 승인은 통상 건축허가 승인 이 전에 이루어진다. 기초와 구조 승인은 전기 및 기계설비 검사 전에 승인이 되고, 건물 감리 및 검사자에 의해 최종 실내 전반에 대한 검토에 앞서서 설비의 검사가 이루어진다.

이것은 친환경설계가 시공과 일치하거나 허가진행과 병행해야 한다는 것을 말하는 것이 아니다. 친환경설계는 승인이 나기 전에 진행되는 것이 가장 효과적이다. 다시 말해서, 건물 전면은 건물형태나 창문 디자인과 같은 외적인 면에서 배치계획 승인을 얻고 난 후에는 더 이상 에너지 사용을 절감하는 선택을 하기가 어렵다. 적어도, 에너지시스템의 최적화란 것은 승인절차가 착수되기 전에 시작될 필요가 있다.

우리가 의미하는 승인이란 지역 관청에서의 승인 뿐 아니라 건축주나 개발시행자의 승인도 포함하고 있다. 건축주가 에너지 시스템이나 그 영향을 검토하기 전에 건축물 설계를 정하게 되면, 그 설계는 비효율적이 될 수 있고, 건축가와 건축주는 비효율적인 설계를 막아보는 시도를 하거나 설계의 대안을 통해 다시 진행해야 할지도 모르는 어려운 상황에 처할 수 있다.

통합설계를 주장하는 사람은 설계 프로젝트 초기단계부터, 에너지 전문가와 건축주를 포함시킨 전체 설계 팀을 망라하는 것을 주장해왔다. 이는 적극적인 개발방식이라고 할 수 있다. 통합설계를 선택하지 않는다면, 에너지 방식은 때때로 설계를 마무리 한 건물에 역작용을 일으킬 수 있다. 즉 에너지 방식선정의 주요한 목적이 설계에 영향을 주는 것인데, 이것이 더 이상 불가하게 된다는 것이다. 이 접합점에서 보면, 개선의 증가만이 때로는 너무 적어서 비용상으로는 측정할 수도 없는 양의 에너지 사용량을 많이 줄여주는 설계를 할 수 있게 된다는 것이다. 그러므로, 건축주와 임차인은 건물의 수명을 감안해서 불가피하게 높은 유지비용을 지불해야 하는 경우를 맞게 된다. 그들은 또 그들이 요구한 것 이상의 시공비를 지불해야 할지도 모른다. 에너지 설계에 대한 초기의 검토는 이러한 결핍을 막아줄 수 있을 것이다.

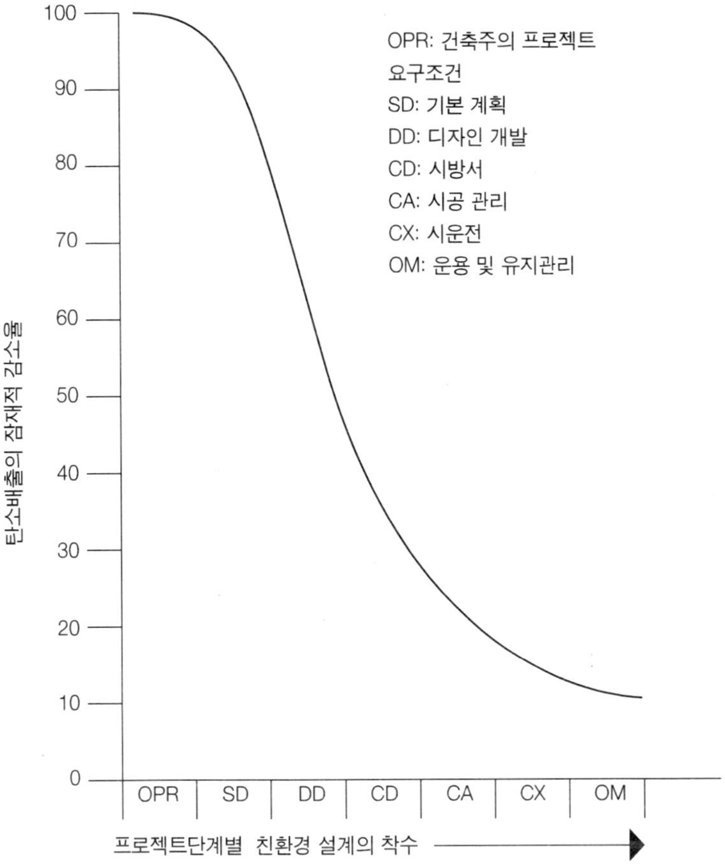

17.05 친환경 프로젝트 착수로부터 친환경 분야에의 관심에 따른 탄소배출량의 감소현황

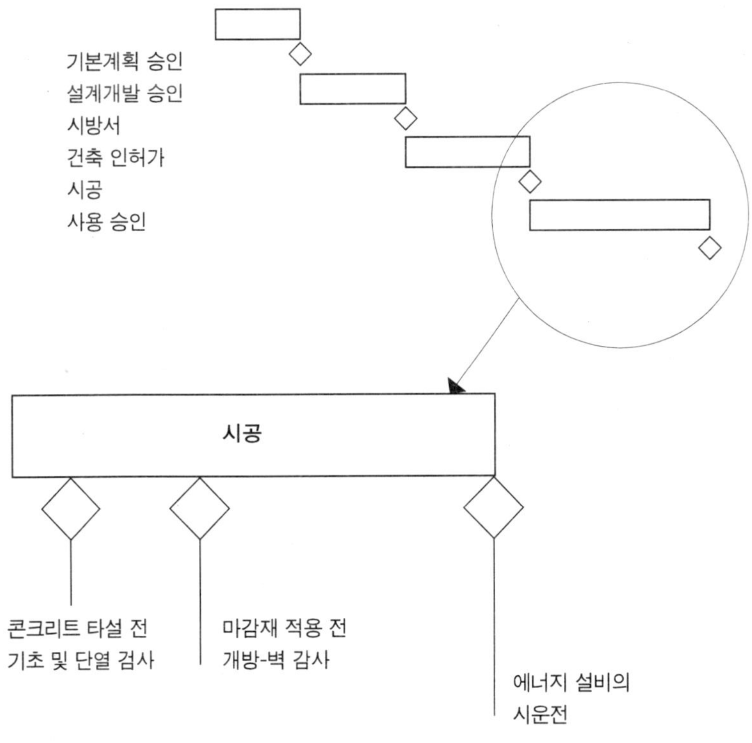

17.06 친환경 시공 검사의 주요 연계요소

설계와 시공을 보는 또 하나의 관점은 탄소배출을 절감하기 위한 잠재능력이다. 관심대상이 프로젝트의 아주 초기부터 친환경 설계를 지향했다면, 전통건축에 관련된 탄소배출량은 100% 까지 줄어들을 수도 있었을 것이다. 탄소배출에 영향을 미치는 가능성은 계획의 초기 단계를 거치면서 급격히 낮아진다. 예를 들어, 친환경적 측면이 기본계획 동안에 검토되지 않았다면, 예를 들면, 그런대로 건물 형태와 창; 벽의 비율이 결정되었고, 재생에너지 열원을 위해 지붕과 대지면적이 제한되었다면, 탄소배출에 대한 영향력은 대단히 감소되었을 것이다. 더 나아가, 친환경적 측면이 설계개발 단계에서 검토되지 않았다면, 건물 평면계획에서 탄소배출의 잠재적 영향력과, 공조되지 않은 공간들, 조명과 HVAC시스템 등은 줄어들었을 것이다. 친환경적 요소가 시방서 작성 단계 동안에나 착수되었다면, 창문의 U-요소 또는 HVAC효율 등과 같은 증가되는 최소한도의 개선을 통해서 소량의 탄소배출 절감효과만 가능했을 것이다. 마지막으로, 친환경건축 전략이 적용되지 않았다면, 탄소배출 절감의 잠재력은 건물을 운용하고 유지관리 하면서 얻어질 수 있는 그러한 개선 정도만 나타나게 될 것이다.

시공 동안에, 공사계약자는 때때로 계획대로 건설작업을 진행하기 위해 그리고 공사비를 최소화하기 위해 결정을 서두르게 된다. 이러한 가속화의 결과는 상세한 부분까지 관심을 기울이지 못하게 될 우려가 있고, 대부분의 열적 경계선의 연속성이란 측면에서 그리고 에너지시스템의 기능성 측면에서 문제가 발생된다. 이는 건물 외벽마감면에 구멍을 추가하게 되었을 때 가스파이프 관통부가 밀실하게 처리되지 않고, 문턱 면도 기밀성이 떨어지고, 전기선 관통부도 밀실하지 않고, 층간 수직 파이프 관통부도 허술하고, 창문틀도 기말성이 없고, 문틀도 기밀성이 없을 경우에 문제가 생긴다. 이러한 기밀성이 떨어지는 관통부의 대부분은 마감처리로 계속해서 보완을 해주게 된다. 이러한 곳은 시공 중에 질적 조절을 해줄 필요가 있다. 조명, 난방, 냉방과 같은 에너지시스템의 설치 중이나 후에 공정을 서두르는 것은 마찬가지로 에너지 사용량을 증가시키게 된다. 시공 중에 질적 조절 필요성과 연계된 중요한 점이 있다. 건축 감리자나 설계전문가는 에너지 상의 결함을 찾아내야 할 필요가 있고, 그래서 기초, 벽, 창문, 지붕 및 바닥이 마무리 되어서 눈에 잘 안 띄게 되기 전에, 그리고 에너지 시스템이 설치되기 전에 건물에 대한 검사가 될 수 있어야 한다.

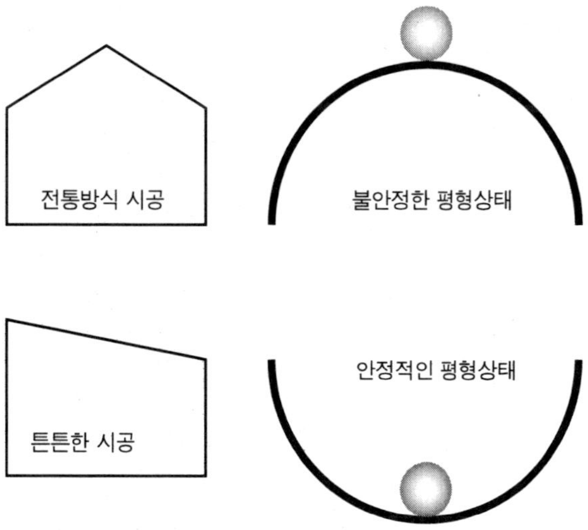

17.07 전통적인 것과 보다 튼튼한 것과의 비교를 통한 비유

보완적 접근방식은 더욱 튼튼해진 건물을 설계하는 것이다. - 예를 들면, 접합부와 관통부가 더 적어지고, 열적인 마감처리의 내부에서 냉난방이 되는 것 등이다. 그러한 건물은 시공상의 결함이 더 적고, 잠재적인 공기누출이 되는 대지와 열교가 형성된 부지, 분배상의 손실 등도 더 작아진다. 외부에서 내부로의 착수 - 코너와 접합부 수를 최소화하기 위해 건물형태를 단순화 하고, 문, 창, 환기통로, 연소배출 통로의 수를 최소화하고, SIP패널과 같은 규격화되고 강력한 켜층을 이용하고, 단열된 콘크리트를 만들고, 기타의 벽과 지붕구조에는 관통부와 접합부 그리고 열교의 우려가 있는 부분을 최소화 한다. 결함이 우려되는 부분을 더 줄인, 저에너지 건물의 성능은 시공검사 중에 결함부분을 확인하는 데에 신뢰감이 더 떨어지게 된다. 두 개의 표면에서 평형을 이룬 대리석의 모습을 생각해 본다. 개조된 반구의 꼭대기에 있는, 대리석은 어느 정도 불안한 안정상태인 것을 검사하고 바로잡지 않는다면, 위험한 평형상태에 있어서 그래서 어떤 방해물이 있다면 굴러 떨어질 수도 있다. 반대로, 반구 볼의 바닥면에 있는, 대리석은 안정된 평형상태에 있게 된다. 거기에 방해요인이 있다해도 항상 평형상태로 복귀될 것이다. 그것이 디자인 즉 설계의 능력이다.

경제성

친환경설계에 의해 제기된 개선방안은 시공비를 줄여줄 수 있고, 가격이 별 차이가 없을 수도 있으며, 시공비를 증가시킬 수도 있다. 개선부분의 시공비는 지형여건에 따라, 지역경제 형편에 따라, 그리고 시간이 지날수록 다양하게 나타난다. 그러나, 개선제안은 전체적인 시공비의 영향요인에 따라 그룹이 만들어지게 된다.

그룹 I : 전체적으로 시공비를 절감하는 개선방안.

사례:

- 바닥면적 축소
- 표면적 축소
- 첨단형 구조의 사용
- 불필요한 냉난방 설비 제거
- 냉난방 장비의 절감과 부하 축소에 따른 규모 분할
- 조명부하 절감에 따른 조명기기 사용량 축소, 맞춤형 설계, 반사율이 높은 벽과 천정, 매립형 조명과 높은 천정고 지양
- 에어컨 설비 축소 및 인공조명 절감에 따른 크기 분할
- 물을 사용 하지 않는 소변기와 같은 장비의 냉수 파이프와 밸브 제거
- 건설 폐기물 절감
- 불완전한 재료의 활용
- 소형건물 여러 동 보다 다목적 이용과 임대 결합
- 구조를 마감재 활용 : 마감처리 안된 표면
- 파이프와 덕트 등 설비기기의 노출
- 다락방과 경사지붕의 제거
- 외부 출입문 축소
- 창문크기와 개수 축소

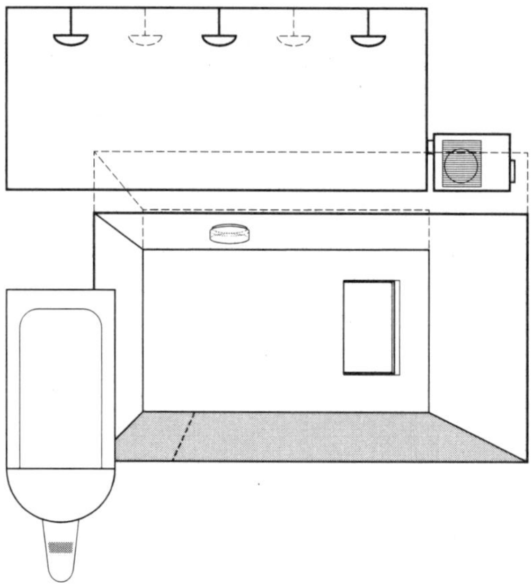

17.08 그룹I의 개선목표 : 시공비 절감

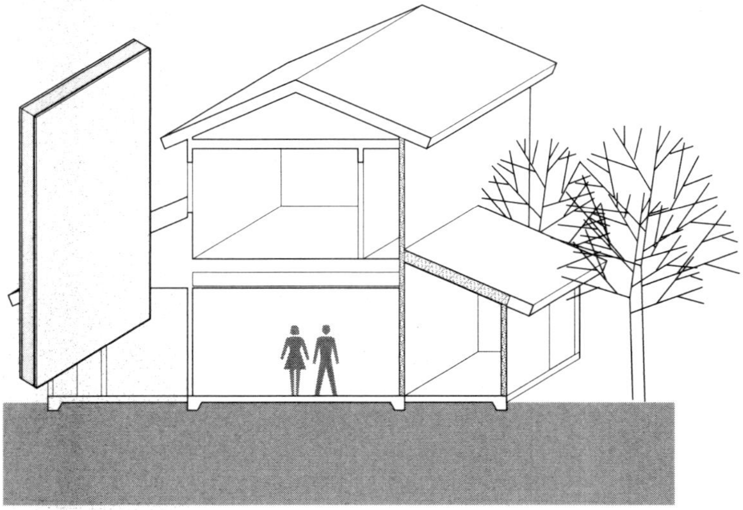

17.09 그룹II 개선방안 : 시공비 유지

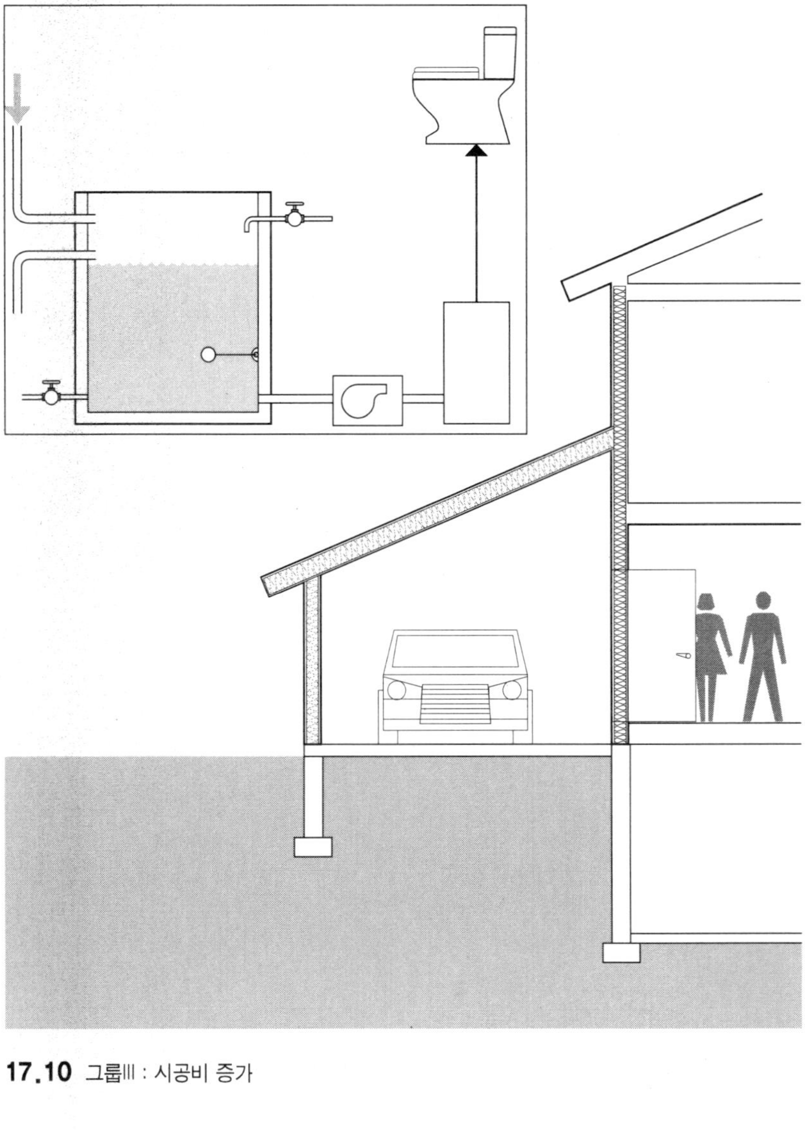

17.10 그룹III : 시공비 증가

그룹 II : 대략적으로 가격의 균형을 가져올 수 있는 개선목표

이의 사례들은 다음과 같다 :

- 자재가격은 높으나 노무비가 낮아질 수 있는 SIP 패널과 같은 조립식 벽패널 공법의 활용
- 그늘형성에 나무나 기타 식물 활용
- 지하실과 1층 바닥공간을 없애고, 수평부속공간이나 실내수납공간으로 대체
- 공조되지 않은 공간을 건물 주변으로 이동

그룹 III : 시공비가 증가되게 되는 개선방안

이의 사례들은 :

- 단열 추가
- 공기밀실도 증가
- 고효율 냉난방 시스템
- 어닝과 처마의 활용
- 열회복형 환기나 에너지 회복형 환기시스템
- 우수의 집수
- 창문그늘과 같은 에너지효율 증대형 마감처리
- 고효율 조명기기
- 에너지 효율형 조명조절기 부착
- 고효율 장비 및 가구
- 공조되지 않은 공간과 난방공간 사이의 단열처리와 같은 열적 경계부를 강화하는 재료의 사용
- 주차장과 같은 공조되지 않은 공간에, 단열과 외벽면의 공기밀실도 증가 등으로, 2차 열적 경계부를 추가
- 열적 구획화 활용
- 건물공간을 칸막이 공간분리화
- 재생에너지 시스템
- 저 배출형 재료
- 적절한 음향처리방안 활용
- 지붕, 옥상 녹화 · 건물 성능목표치를 달성하기 위한 질적 조절방안 활용
- 친환경건축 규정, 기준, 지침 등에 따른 문서 승인

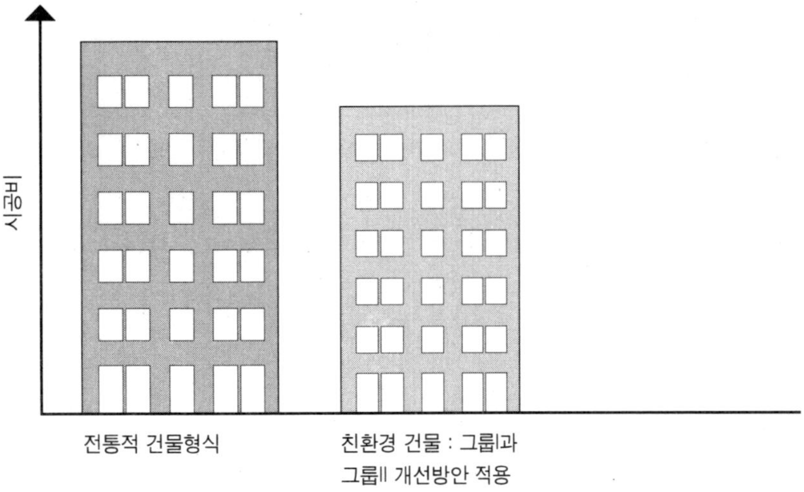

17.11 그룹I과 그룹II의 개선방안을 적용한 건물은 개선안이 적용되지 않은 동일한 건물보다 공사비도 적고 에너지 사용량과 재료의 사용량도 더 적음

17.12 그룹I의 개선방안으로 시공비를 절약하는 것은 그룹III에서의 개선방안 중 일부에 공사비가 추가되는 것과는 별개임

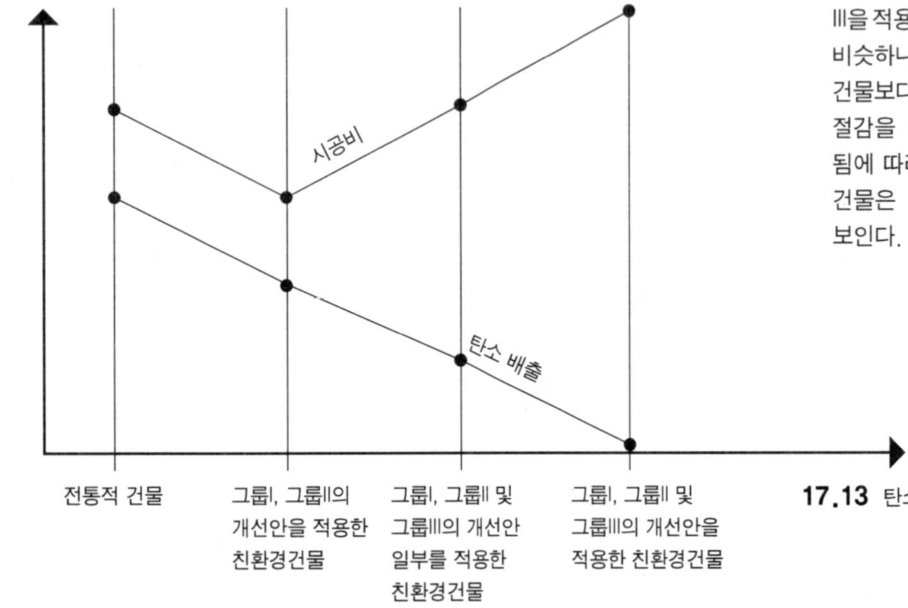

17.13 탄소배출량이 낮아진 현상에 따른 건물의 평가

친환경적 개선을 하는 시공비를 산정할 때, 스스로에게 그리고 건축주에게 정직해야 한다. 많은 친환경적 개선방안은 대개 시공비를 증가시키게 된다. 반대로, 몇몇 잠재적인 시공비절약 방안이 친환경설계를 통해 실현되기도 한다.

다음 두 가지의 문장이 친환경건축의 경제성에 대한 특징을 말해주고 있다.

- 그룹I(공사비 절감)에 있는 개선안으로만 사용해서 설계된 건물과 그룹II(공사비 평형)에 있는 항목으로만 설계된 건물이 있을 때, 그 건물은 이러한 개선방안을 사용하지 않았을 때에 비해서 시공비를 줄일 수 있을 것이며 재료와 에너지의 사용도 절감할 수 있을 것이다.
- 그룹I의 개선을 통해 시공비를 절감하는 것은 그룹III(공사비 증가)에서 개선에 시공비가 늘어나는 것과 표면적으로는 별개로 보인다. 전통적인 건물의 시공비와 동등한 비용을 예상할 수도 있지만 현재는 시공 시에 에너지와 자재를 과거보다 더 적게 사용하고 있다.

이와는 별개로, 친환경건물이 전통의 건물보다 시공비가 더 든다고 한다면, 우선 에너지 가격을 낮추게 되는 등 앞으로 운영상의 절감을 감안해서 추가된 공사비의 일부 또는 전부를 정할 수 있을 것이다. 이러한 분석은 18장의 친환경설계와 시공의 질 편에서 설명되고 있다.

탄소배출 절감이라는 관점을 통해서, 그룹I과 그룹II에 의해 개선된 건물은 탄소배출을 덜 하게 되고 전통방식으로 설계된 건물보다 시공비가 적게 든다. 그룹III을 적용하여 개선된 건물은 전통방식의 건물과 시공비는 비슷하나 탄소배출량은 더 적다. 결론적으로, 전통방식의 건물보다 더 낮은 건물수명 비용을 갖기 위해서 에너지 절감을 하게 됨으로써 운영비의 절감방안을 활용하게 됨에 따라서, 그룹III에 있는 개선안을 보다 많이 적용한 건물은 제로 또는 제로에 가까운 정도의 배출량을 보인다.

18
친환경 설계와 시공에서의 질적인 면

모든 건물은 설계, 시공면에서 질적인 부적절성에서 취약함을 가지고 있다. 그러나 친환경 건축물에서 필요한 친환경적 특성을 고려할 때 이러한 취약점은 배가 될 수 있다. 에너지 사용량의 증가나 마감재의 부주의한 사용 등으로 질적 부적절성의 지표에서는 높은 화학함유량과 가스누출량 증가 및 누수 등으로 실내에 습기와 곰팡이를 유발시킨다.

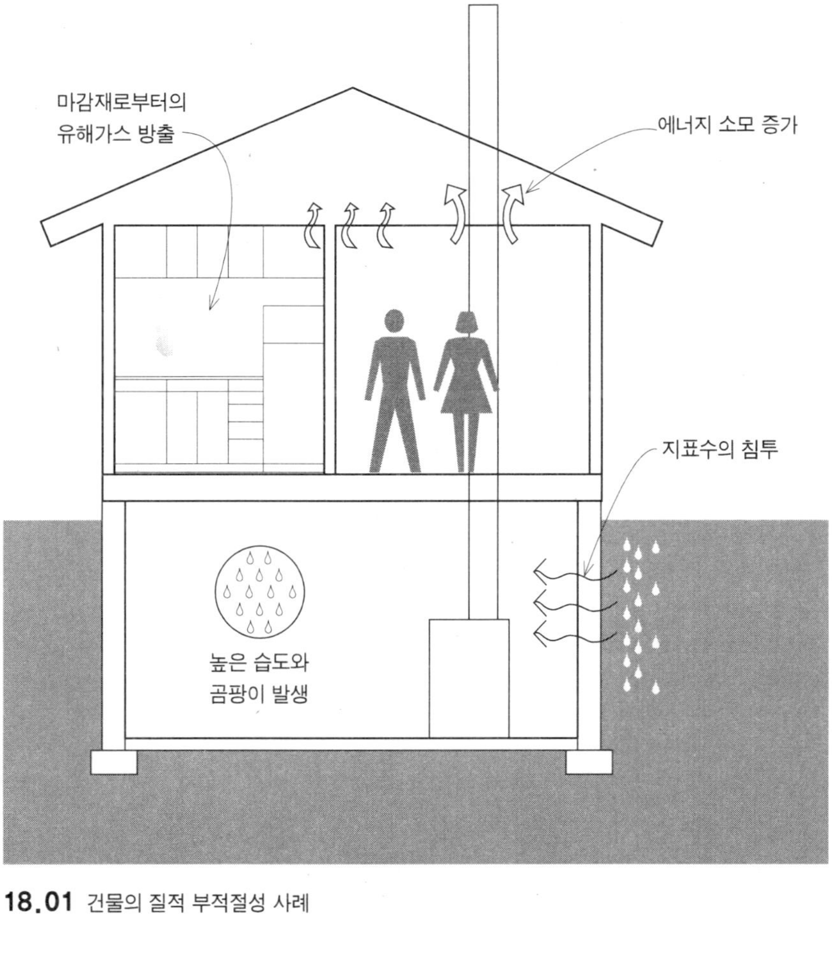

18.01 건물의 질적 부적절성 사례

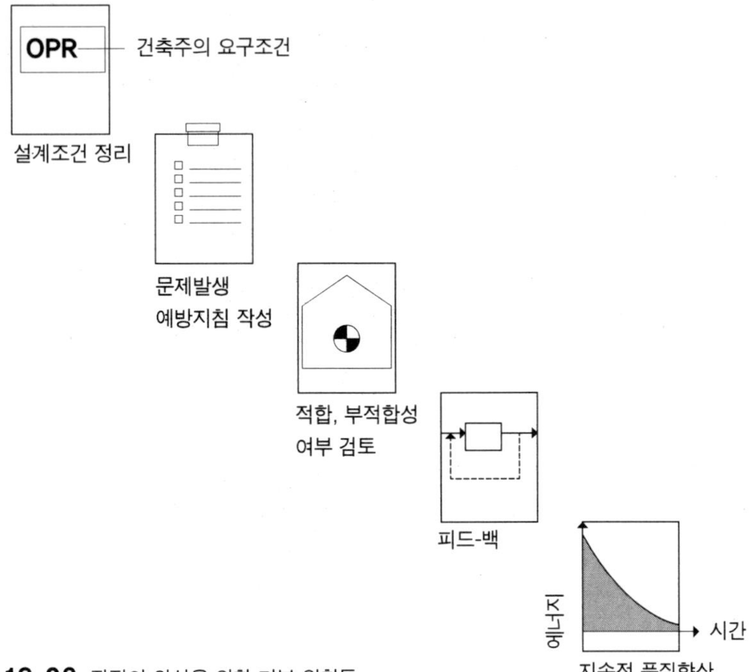

18.02 질적인 완성을 위한 기본 원칙들

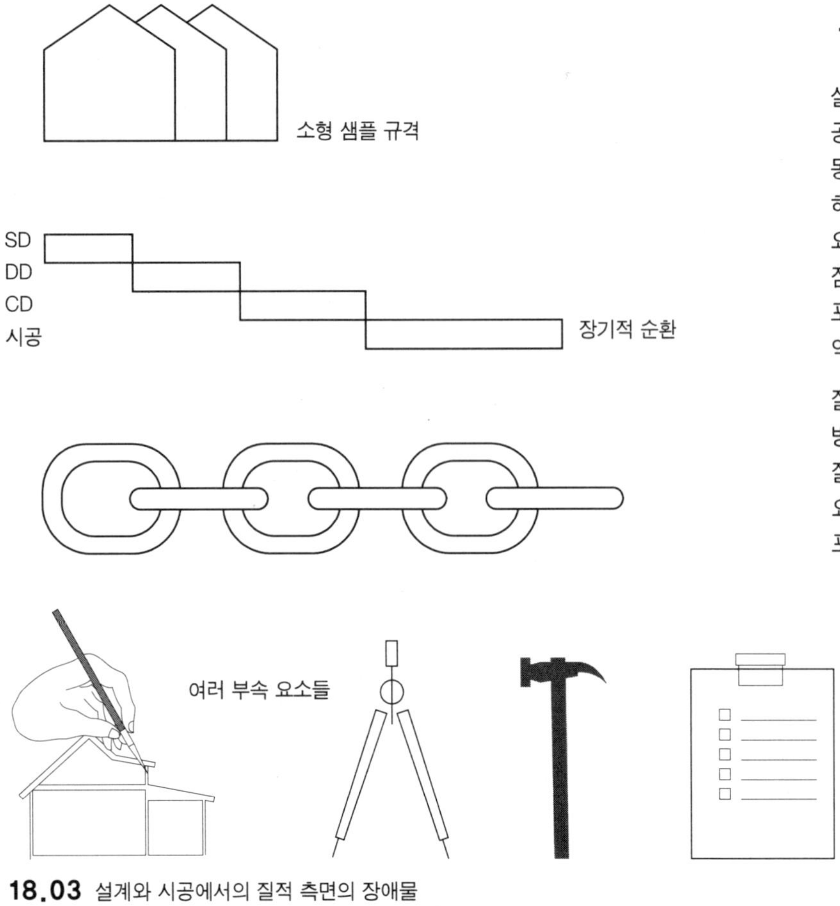

18.03 설계와 시공에서의 질적 측면의 장애물

친환경 건축물은 일반적인 건물들 보다 실패할 수도 있다는 측면에서 훨씬 취약하다고 할 수 있다. 예를 들어, 매시간 공기순환(ACH)에서 0.1 정도의 공기누출이 발생한다는 것은 건물 전체에 0.1ACH 정도 누출이 되도록 설계가 된 건물이라는 것이며, 이 누출은 100%까지 증가될 수 있다. 이는 난방시스템에서 질적인 부적절성이 나타나고, 더 추워진 건물이 되게 된다. 0.5ACH의 건물에서 동일한 공기누출 실패의 영향은 단지 20% 정도이고 거의 감지되지 않는 수준이다. 마찬가지로, 카페트처럼 VOC가 높은 오염원이 있을 경우에는, 친환경 건축에 매우 부적절한 것이 되는데, 이러한 경우는 일반건물의 과다한 통풍이나 침윤 정도가 높은 건물에서 보다도 오염원의 집중정도가 훨씬 높다.

그러므로, 친환경 건물의 질적 측면의 통제 필요성은 매우 높다고 할 수 있다.

질적인 연구는 과거 수십 년 동안 획기적으로 증가하였다. 질적인 면의 기본 원칙은,

- 요구조건의 정의
- 결함 발견 이전에 결함 예방
- 요구조건에 대한 일치 또는 불일치 여부 검토
- 피드백
- 지속적인 개선

설계와 시공에서 질적인 면의 장애요인은 많다. 대량생산 공장과 같은 다른 산업과는 다르게, 건물이란 통상 동시에 건설되고, 각 건물을 완성하기 위해 샘플 규모로 하는 경우는 적고, 긴 순환시간이 필요하다. 이러한 요소들 속에는 지속적인 개선을 위해 평가와 피드백이 잠재되어 있다. 건물의 설계와 시공에는 많은 부분들이 포함되어 있다. 그 중 몇몇은 질적인 면과 연계성이 약해서 대응노력이 있어야 한다.

질적인 설계를 포함하여 이러한 장해요인들을 극복하는 방법은, 설계와 시공하는 동안에, 견고한 건물자재와 질 관리를 위한 다양한 방안을 적용하는 것이다. 이는 요구조건 정의, 검사, 외주, 계측, 확인 및 모니터링 등을 포함하고 있다.

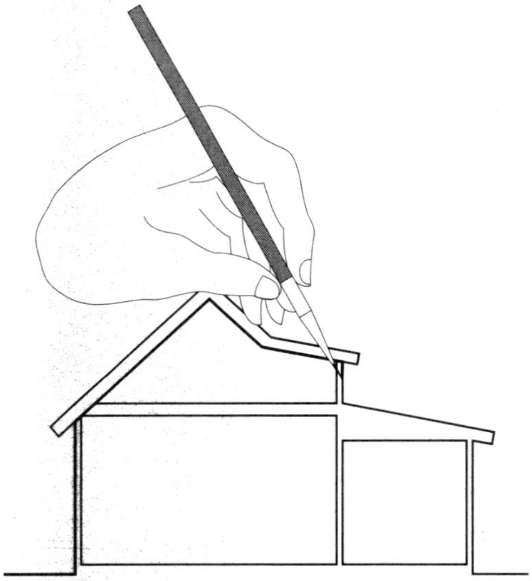

18.04 건물설계의 질적 능력

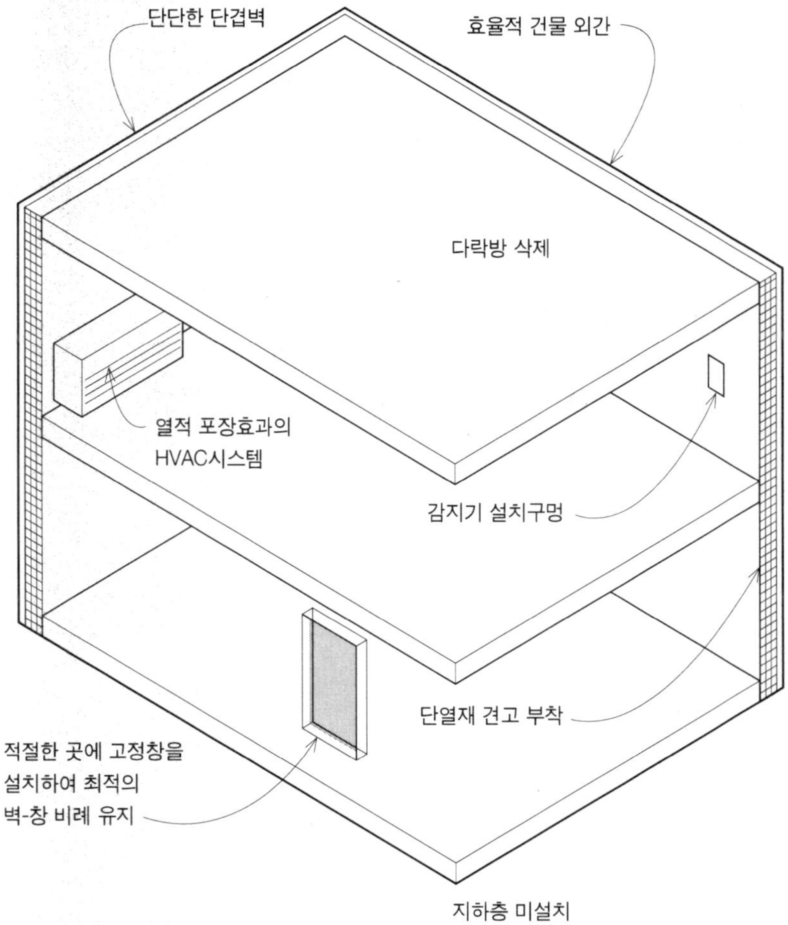

18.05 질적 설계의 사례

질적인 설계

결함의 위험을 최소화하기 위해서는, 특히 에너지 사용량을 줄이는 것과 같은 친환경 요소들에 대한 접근방식이 건물의 질적 설계가 된다. 질적인 면의 고전적인 방안은, 결함방지로 알려져 있고, 검사하는 동안에 찾아질 수가 없는 결함발견과는 대조되는 방식이다. 질적인 설계란 검사를 위한 보조적 요구조건을 말하는 것이 아니라 실패의 위험을 줄이는 것이다.

친환경 건물에서 질적인 설계를 위한 기회요인은 많이 있다. 예를 들면, ICF, SIF, 그리고 동등재질로 시공된 것과 같은 단단한 단겹의 벽은 관통부분이 적고, 훨씬 견고해서, 접합형 프레임과 부지에 설치된 벽 등 보다 실패의 가능성이 적다. 견고하게 부착된 단열판, 밀실하게 압착된 섬유질판 그리고 폼형 단열은 솜형 단열재 또는 느슨하게 자루에 담긴 단열재 등 보다 늘어지거나 단열이 탈락되는 일이 적다. 여닫이형 개구부는 환기를 위해 특별한 조치가 필요치 않고, 고정창과 문은 여닫이형 개구부 보다 공기누출 면에서는 훨씬 유리하다. 열적인 방어막 속에 냉난방 시스템이 다 들어있는 경우에는, 감지분배시스템에서 신뢰도가 낮아지고, 누출과 열적 손실, 단열과 공기실링 등과 같은 면에서의 손실을 측정하는 데에 필요한 시스템 상의 신뢰도 저하를 가져온다. 캘리포니아의 비주거용 건물에서 덕트실링에 대한 에너지 요구규정의 허가조건에 관한 최근의 연구에 따르면, 조건을 충족하지 못한 것이 100%이다. 다시 말해서, 그 연구에서 조사된 단일 건물은 그 요구조건에 충족한 것이 없다는 것이다. 규정의 충족을 촉구하기 보다는, 냉난방되지 않은 공간에서는 분배시스템이 없기 때문에 쉽게 그 조건을 충족시킬 수 있게 된다.

질적인 설계 측면에서의 개선은 좀 민감한 면이 있다. 예를 들면, 감지기를 제거하거나 수동형으로 설치하는 것은 더 많은 기존의 감지기 보다 더 에너지를 줄여준다. 그것은 종종 단지 일시적으로 머무는 동안에도 불필요하게 조명을 켜지게 한다.

장비효율의 의존도는 더 적게 하고, 건물형태, 열 저항성, 최적의 창-벽 비율과 같은 본질적인 효율성에 더 많이 의존하게 되는 것이 시간이 지나면서 더 많은 효율성을 유지하게 할 수 있다.

설계와 시공에서의 질적인 접근 방안

질적인 설계에 덧붙여서 시공과 건물운용 면의 문제점을 방지하여야 한다. 여러 질적인 도구들을 통해 문제점들을 찾아내서 제거하는 친환경적 설계와 시공에 도움이 되게 한다. 이 방안은 질적 부분에 대한 통합적 시행방안과 질적 언어들 · 요구조건의 정의, 조건의 일치여부, 측정, 피드백, 지속적인 개선 등- 의 적용을 필요로 한다.

시방서 자체는 요구조건을 정의하는 하나의 훌륭한 매개체로 작용한다. 그러나, 자세하게 들여다보면, 시방서는 통상 건물설계에 대한 내용까지 기록되어 있지는 않다. 시행보고서는 최근 수년 동안 이러한 기능 역할을 했다. 이는 실행조건과 여타의 친환경 건축의 조건들과 같은 건축주의 의도와 목표를 기록한다는 점에서 중요한 것이다. 친환경 조건이란 특수한 친환경 인증 프로그램, 에너지 사용의 목표, 최대 공기누출량 또는 열적 안락함의 범위 등과 같은 것을 말한다.

설계에서의 질적 요소

LEED와 같은 친환경 건물인증의 장점 중 하나는 보고서의 조건들이 잘 규정된 질적 조절의 형태를 가지고 있다는 점이다. 난방시스템이 과부화가 아니라는 보고서를 만들기 위해서는 난방시스템의 소요 용량을 확인해야 한다. 환기에서 ASHRAE62와 같은 기준을 갖도록 하는 보고서의 기록이 있으려면 환기용량을 확인해야 한다. 이는 인증을 위한 점수획득 이상의 질적 조절 효과를 얻을 수 있다.

시공에서의 질적 요소

제안 자료를 검토하는 것은 오랫동안 시공 상의 질을 확보하는 소중한 최상의 관례가 될 수 있다. 제안 자료의 검토는 요구조건에 따라 보고서를 승인하는 형태이고, 종종 실내용 제품들의 대체용을 승인하기도 하고, 친환경 프로젝트의 사례로서는 비효율적 또는 오염된 제품을 판정하기도 한다. 제안 자료의 검토라는 관례는 보다 대규모의 상업적인, 연구기능의 시공프로젝트에서는 흔한 일이다. 그러나 주거, 소규모 상가 그리고 많은 개인소유의 프로젝트 등 사적이익 목적의 프로젝트에서는 잘 사용되지 않는다.

시공에서의 질적 요소는, 결함으로 판정되어 해결된 조립식 시공의 지연과 프로젝트 회의 등을 포함하는 다양한 최상의 관례들을 통해 지속될 수 있다.

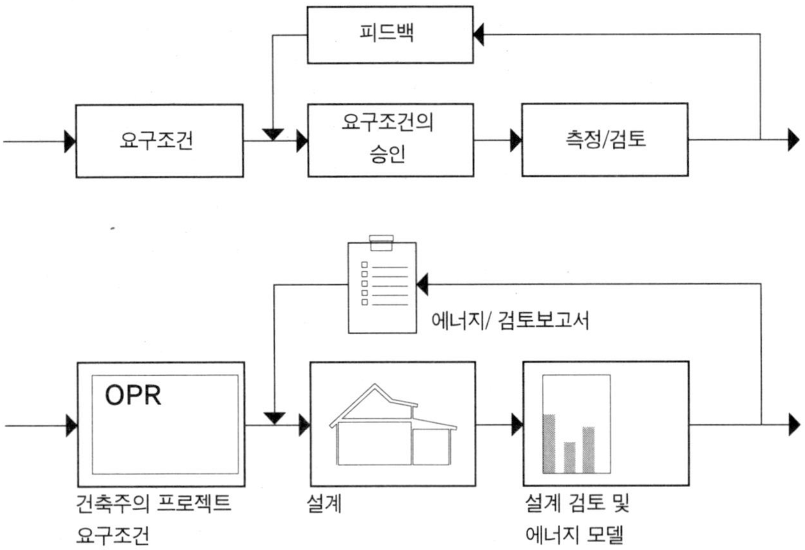

18.06 질적 용어의 설계 적용

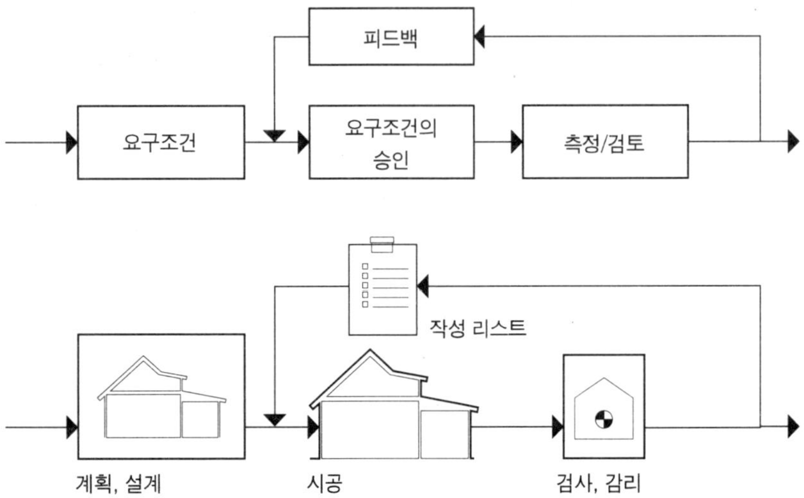

18.07 질적 용어의 시공 적용

i소리만큼이나 간단하게, 검사에서 중요한 것은 잘못된 작업의 수정이다. 잘못된 시공은 세심한 검사를 통해 찾아진다.
현장 검토에서 최상의 작업은 다음과 같다.

- 검사에 필요한 충분한 시간 확보
- 시방서의 사전 준비
- 단열, 공기차단 등과 같은 중요한 친환경 요소들을 대상으로 한 검사는 벽 마감으로 감춰지거나 추후 접근이 곤란한 부분 시공 전에 검사해야 한다.
- 적절한 방식으로 정리하여 기록하고 촬영해 놓는다.

중요한 것 중 하나는 공기차단의 검토 시점이다. 이는 몰딩이 설치되기 전에 문과 창을 검사해야 한다는 것이고, 실링처리 전에 중공벽을 검사하고, 모든 건물 관통부를 검사하는 것을 말한다.

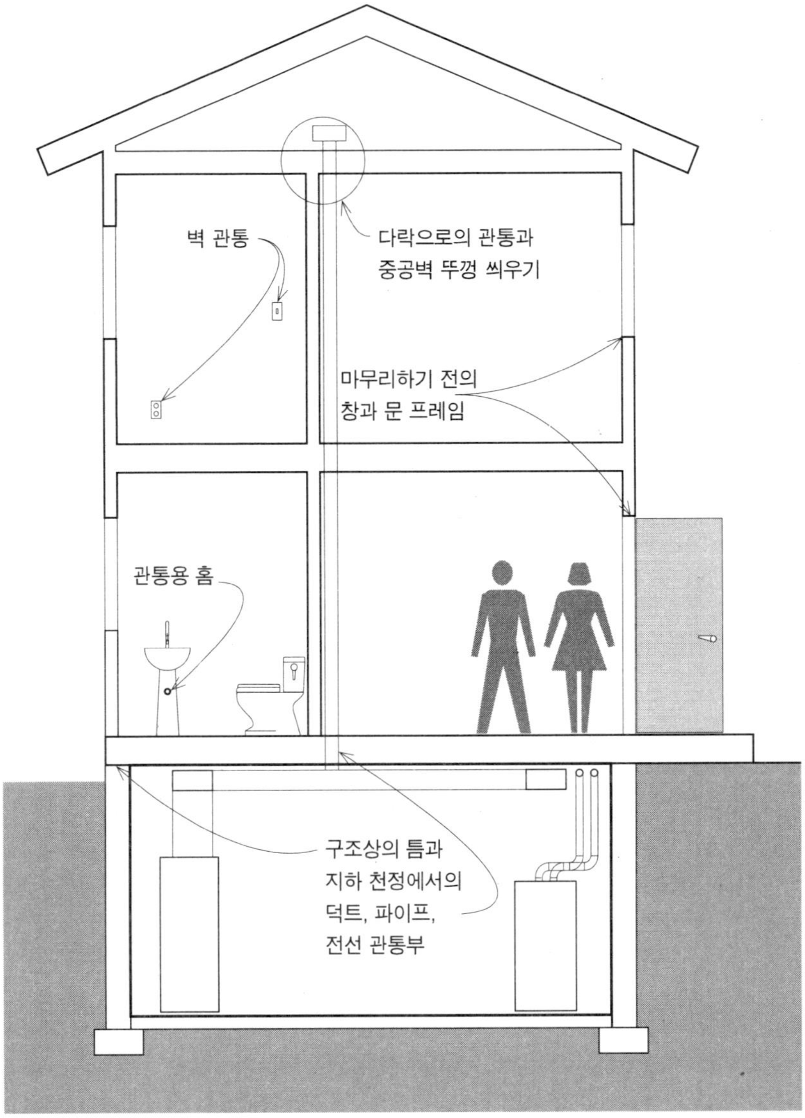

18.08 공기차단용 실링의 시기

에너지 모델링(시운전)

친환경 설계의 질적 기반은 에너지 이다. 에너지 사전 시운전 방식은 에너지 상의 훌륭한 결정을 위해 건축주와 설계전문가에게 도움이 된다.

건물의 에너지 시운전을 통해 평가방식 개선, 에너지 규정의 준수, 기존 기준의 준수와 등급화, 유용성 비용과 운영비용의 예측, 세제혜택 방안, 현황과 유용성 프로그램 상의 장점 수용 등과 같은 개선된 평가방식을 포함하여 여러 다양한 목적들을 가지고 있다. 몇몇 시운전 결과는 냉난방 시스템 설계의 기반이 되기도 한다. 이 시운전 모델의 진보된 활용의 예는 냉난방과 조명시스템을 위한 세련되고 최적화된 컨트롤 장치들을 포함하고 있다.

효과적인 건물 에너지 시뮬레이션의 핵심은 결정을 내리기 전에 시운전 해 보는 것이다. 에너지 시뮬레이션이 건물 외관을 결정된 후에 이루어진다면, 이 결과가 건물외관에 영향을 주지 못하게 될 것이다. 에너지 시뮬레이션이 렌더링이나 입면을 완성한 후에 이루어진다면, 이 시뮬레이션은 창문대 벽의 비율 등에 영향을 주지 못할 것이다. 에너지 시뮬레이션이 냉난방 방식이 선정된 후에 시행되면, 냉난방의 효율적인 선정에 영향을 주지 못하게 된다.

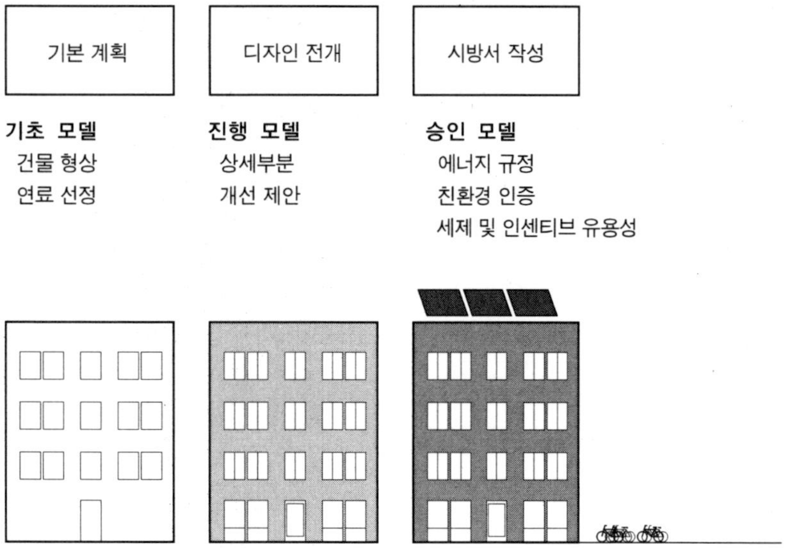

18.09 에너지 모델의 양식

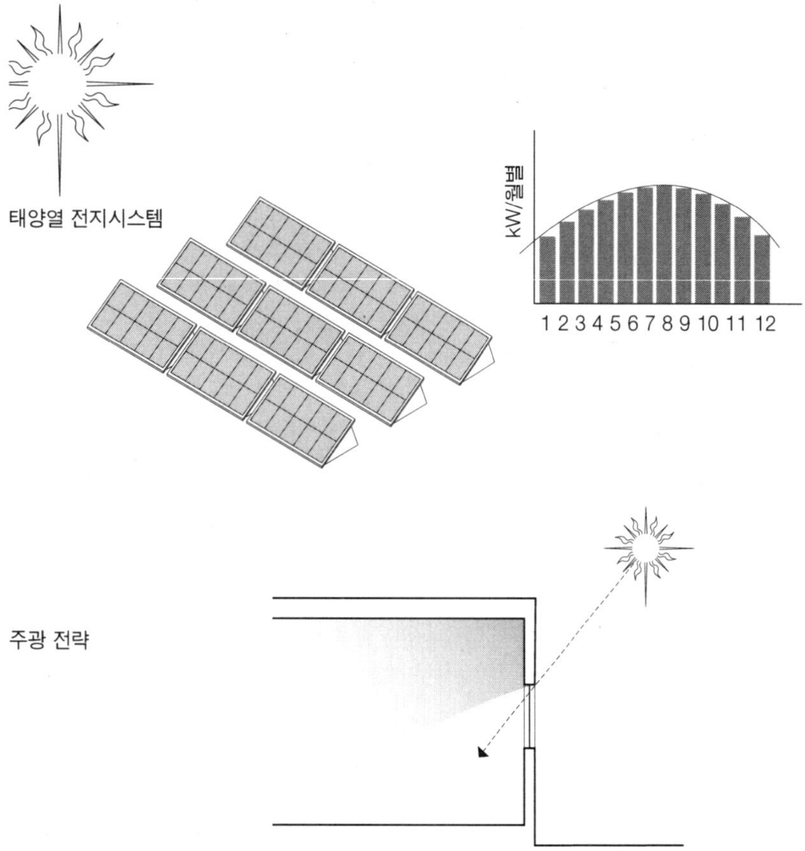

18.10 전문 에너지 모델의 적용

에너지 모델 작업의 여러 가지 목적에는 하나의 모델에 대한 사고가 모든 목적에도 적용될 수 있다 하더라도, 다양한 모델들을 창조할 필요성에 있다. 에너지 코드의 적용에는 완성된 건물과 에너지 시스템을 반영한 에너지 모델이 필요하다. 이는 평가와 선택방안의 개선을 위해 기존의 요구조건과 반대되는 것을 정의함에 따라 이루어지며, 모든 것이 완성되지 않고 선택의 기회가 열려있는 경우에 더욱 유리하다.

에너지 모델작업의 효과적인 진행에는 다음과 같은 것들이 포함된다.

- 건물 외관과 천정 높이, 창과 벽 비율, 예비 냉난방 시스템 설계 등과 최소한 사용연료의 선택 등을 검토하기 위한 초기의 기초 모델작업이 있다.
- 진행상의 전체건물에 대한 모델작업은, 매년 시간당 외부 온도와 태양고도 변화에 대응하는 것의 조사결과에 따라 건물의 1년간 에너지 사용량에 대한 시뮬레이션을 하는 것이기 때문에 이를 진행 모델작업 또는 시간당 경과모델작업이라고 한다. 이 진행모델 과정은, 열교현상의 축소, 난방되지 않은 공간의 활용, 효율적인 조명시스템, 냉난방 장비와 분배시스템의 평가, 지역 내 온수시스템의 설계, 제어방식의 전문성, 환기시스템의 설계 등과 같은 것들을 실행하기 위해 열적 조닝계획, 단열설계 다양한 개선방안을 평가하는 데에 활용된다. 이 모델작업을 하기 위해서는 주택과 같이 소규모 건물에서는 적고, 대형이나 복합단지와 같은 것은 좀 더 많이 소요되어 통상 40에서 80시간의 노력이 필요하다.
- 승인 모델작업, 여기에 있는 동일한 전체가 진행된 모델의 경우는, 코드 즉 규정의 승인, 기준 승인, 가격 유용성 예측치, 적용 가능한 현황과 유용성적 이점 등의 목적을 위해 최종 선정된 개선방안과 건물형태를 가지고 모델작업을 한다. 건물양식과 특별한 프로그램의 요구조건에 따라 이러한 다양한 모델을 창조하기 위해 노력을 쏟는 것이다. 그것은 진행모델 작업의 부수적인 작업이 될 수도 있고, 더 많은 편집과 수정이나 재작업이 이루어질 수도 있다. 전문적인 에너지 모델작업과 전개도는 태양전지시스템과 주광시스템 및 열병합발전(CHP) 등과 같은 진보된 시스템과 방안수립에 매우 유용하다.

흥미로운 것은, 대부분의 에너지 모델들이 건물에 부가되는 것으로 제한되어 있다는 점이다. 대부분의 모델은 매개변수적 분석, 다른 말로 하면 건물벽의 R-값에 부가되거나 건물 창문의 U-값을 개선하는 것과 같은 하나의 매개변수가 변화하는 효과를 검토하는 능력으로 된다는 것이다. 그러나, 각 모델이 종종 건물을 단순화하여 변화된 매개변수에 대한 용이한 평가 자료와 정보만을 주는 것은 아니다. 그러한 변화된 변수들은 바닥면적과 높은 천정고를 줄여주고, 건물형태를 단순화하고, 공간에서 열을 빼앗게 하고, 창문의 크기와 개수를 주려주는 것 등을 포함하고 있다. 이러한 건물의 단순화 개선방안이 에너지 모델에서 간접적으로 만들어진다 하더라도, 그러한 변화는 건물에 부가된 개선만큼이나 쉽게 이루어지지는 않는다. 그러므로, 에너지 모델에서 조차, 건물 에너지 개선의 평가방식은 건물에서 뺀 것이라기보다는 건물에 덧붙인 것이라는 데에 초점을 맞추게 된다. 이는 아마 건물의 에너지 설계를 하는 데에 조각물을 인용하도록 하는 것이며, 그 중 몇몇은 재료를 덧붙이는 것이 아니라 조각물에서 재료를 분리시키는 설계가 최상의 작업이기도 하다.

에너지 모델 자체의 질적인 조절에는 부가적 선택조건이나 에너지 폐기시스템의 선정에서 나타날 수 있는 실수의 방지가 핵심이다. 질적 조절이란 모델작성자의 자기모델 재검토, 감리 재점검, 그리고 세 번째 항목으로써 프로그램의 재점검 등을 포함하고 있다. 재검토란 건물 설계 관련 자료의 입력과 유사한 건물에 대한 벤치마킹한 것을 출력한 것을 비교하는 것을 포함한다.

상업용 건물의 디자인에서는, 소프트웨어 프로그램이 ASHRAE 90 부록G의 조건에 부합해야 한다. 그것은 대부분의 규정과 기준 승인서류에서 필수조건이다. 주거용 건물에서는, RESNET's HERS 프로그램이 승인서류에 중요한 자료가 된다.

환경상의 목표
[ ] 건축 2030
[ ] LEED
  [ ] 인증 [ ]실버 [ ]골드 [ ]플래티늄
[ ] 에너지 STAR
[ ] HERS—— 타겟
[ ] 패시브하우스
[ ] 기타 ....

에너지의 목표
[ ] 에너지 코드
[ ] 하부 코드 : .... %
[ ] 넷 제로
  기초항목 [ ] 대지
    [ ] 자원
    [ ] 탄소
    [ ] 화석연료

18.11 친환경 건물의 환경 및 에너지 목표

시운전

시운전은 원래 설비와 조명시스템이 예정대로 작동됨을 확인해 주는 시공검사의 형식으로 정의된다 한층 더 넓게 정의해보면, 시운전은 프로젝트 요구조건에 대한 정의와 문서, 마감재의 검토, 여타 수동형 조명시스템, 그리고 평가 자료가 건물의 운영방안이 지속적으로 개선되도록 하는 피드백의 제공 등을 포함해서 전반적인 친환경 프로젝트를 위한 질적인 컨트롤에 자동차가 시험대상이 된다.

시운전은 통상 설계와 시공에 포함되어 적절하게 가까운 거리를 유지하고 있는 독립된 시운전 시행자에 따라 시행된다. 이 시운전 시행자는 보통 건축주를 위해 직접적으로 활동한다. "시운전 시행자"는 또한 설계팀으로부터 독립된 사람과 비교해서, 계약자와 비교해서 "시운전 중개자" 또는 "시운전 당국자"라고도 불린다. 이 책에서는 일반적인 용어로 시운전 시행자란 용어를 사용한다.

건축주의 프로젝트 요구조건

시운전의 존재는 건축주의 목표지향점이 세워져 있는 건축주의 프로젝트 요구조건으로 불리는 서류로부터 출발한다. 이는 건물의 주요 목적과 관련 역사, 장래 요구사항, 프로젝트 예산, 운영관리 예산, 건설공정, 예상 건물수명, 모든 공간의 활용도, 재료의 품질, 음향조건, 그리고 설계입찰가와 설계 및 시공과 같은 프로젝트 분담방식을 포함하고 있고, 환경적 목표를 위한 준비조건은 Architecture 2030 또는 LEED와 같은 자체인증 방식 그리고 특수에너지활용도식에 따른 에너지 효율 또는 에너지 제로화, 탄소배출, 열적 안락함, 특수 조명, 그리고 배출가스 최소화와 생애주기 가격의 최저화와 같은 친환경 조건의 평가에 따른 건축주의 우선권 결정 등이 포함된다. 건축주에 의한 명확한 결정은 법적으로 허용하는 한에서 건물 내, 건물 주변 및 대지 내에서의 흡연구역 허용여부와 이를 안내문이나 임대조건에 삽입 등 강제조건을 어떻게 할 것인가 등이다. 친환경 건물은 건물 내의 모든 곳 또는 부지 내에 금연을 시행함으로써 건물구역을 최상의 조건으로 만들 수 있다.

18.12 이용자 조건의 사례

공간:105	**구분 : 회의실**		
시간대	주중	주말	비고
12-1 am	0	0	
1-2	0	0	
2-3	0	0	
3-4	0	0	
4-5	0	0	
5-6	0	0	
6-7	0	0	
7-8	0	0	
8-9	0	0	
9-10	14	0	임원회의
10-11	2	0	
11-정오	2	0	
12-1 pm	10	0	중식당활용
1-2	2	0	
2-3	2	0	
3-4	2	0	
4-5	2	0	
5-6	0	0	
6-7	0	0	
7-8	0	0	
8-9	0	0	
9-10	0	0	
10-11	0	0	
11-자정	0	0	

설계실무에서 건축주가 목표를 설정하는 데에 도움을 줄 수 있다. 거기에는 건물의 예상 거주인원과 같은 상세한 항목에 이르기까지 프로젝트 비용이나 건물의 에너지효율 등에 대한 중요한 내용이 담겨있다. 건축주는 공간별로 거주 및 이용인원수, 주중, 주말에 활동 내용 등에 따라 정의를 내려야 한다. 이러한 정보는 환기시스템과 냉난방시스템 그리고 에너지 시험 등의 용량에 관한 것이다. 다시 말해서, 상세하게 할수록 더욱 좋아진다. 거주자 정보는 아주 보수적으로 예측한다. 환기와 냉난방 및 분배시스템은 좀 여유 있게 예측한다. 전체시스템에서는 가격을 좀 더 높게 책정하고 재료도 여유있게 산정한다. 그리고 건물이 완공된 후 에너지도 더욱 많게 산정한다. 정확한 거주인원 정보는 지속적인 시운전시험에 따라 서 질적 관리를 촉진시킨다.

목표 조명수준은 건축주 및 시방, IES의 최저점의 디폴트값에 따라 논의되어야 한다. 조명의 조절은 공간별에 따라 선정되고 문서화 되어야한다. 그 사례는 "매뉴얼이 작동, 거주자 퇴장, 3분 소등지연" 또는 " 매뉴얼 조정, IES 권고치의 최저점까지 설계되어 최대 조명수준의 1/3에서 2/3까지 가능한 다기능 스위치 작동" 등이 되어야 한다.

이러한 상세항목은 건축주의 능력으로는 예측할 수 없는 것이다. 이러한 결정이 건물의 에너지 사용에 중요한 영향을 미치기 때문에 더욱 상세하게 할수록 더 좋아진다고 하는 점을 계속해서 논의해야 한다.

18.13 실내 조명조건 사례

실명	구분	조도 (fc)	조정				비고
			지침	이용	광전지	타이머	
101	복도	10		●			1분소등지연
102	사무실	30	●				3단계
103	주방	30		●			빈방감지 1분소등지연

18.14 외부 조명조건 사례

장소별	접근성	안전	휴식	장식	장식 (1)
주차장	황혼-10pm				타이머
보도	●				동선감지 1분 지연
테니스장			●		
입구사인				●	광전지 23시소등

(1) 모든 외부조명은 주간 작동정지를 위해 광전지 장착
진입부 : 15cm 조명
출구 : 30cm 조명

외부조명은 안전에 필요한 조명, 진출입에 필요한 조명, 저녁 레크리에이션에 필요한 조명, 장식에 필요한 조명 등에 대한 논의를 통해 결정한다. 외부조명에서 안전에 필요한 것은 훨씬 신중해야 한다. 동작감지기가 훨씬 안전성이 있고 에너지 사용이 적은 것이 가능한가? 동작감지기를 사용하지 않는다면, 밤새 보안용 조명이 필요한가 또는 어떤 조명은 저녁 늦은 시간에 소등해야 하는가? 등을 검토한다.

실내온도와 습도의 목표치는 여름, 겨울에 따라, 그리고 사용되고 있거나 비어 있거나에 따라 공간별로 구분되어야 한다. 이 과정의 일부로서, 건축주는 난방과 냉방이 필요한 공간과 냉난방이 다 필요 없는 공간을 명확하게 정리해야 한다. 더 나아가, 온,습도 조절능력은 공간별로 결정해준다. 다른 말로 하면, 어느 공간이 조절능력을 필요로 하는가? 이다. 설계실무에서는 온도조절에 대한 거래가 있어서는 안 되며 그래서 건축주는 더 촉진시켜야 할 곳과 촉진시킬 필요가 없는 곳을 구분하는 것과 같은 그 결정이 에너지 절약과 안락함에 강력한 영향을 준다는 점에서 많은 정보를 갖고 있어야 한다. 각 온도계와 조절기가 설치됨에 따라서 일별, 주간별로 온도가 거주자가 있는 작동모드이거나 비작동모드로 구분해서 정리되어야 한다. 이러한 상세한 문서자료는 설계와 장비규모결정, 소요 에너지 추정 등을 보다 명확히 해서 시운전 시험의 기초자료가 된다.

18.15 온도조절 조건 사례

실별	구분	난방	냉방	작동모드 (거주자 있는 경우)				비작동 모드 (거주자가 없을 때)			
				난방	냉방	M-F	S/S	난방	냉방	M-F	S/S
101		●	●	70	74	7-5	-	55	90	5-7	24시
102		●	○	70	na	7-5	-	55	na	5-7	24시

● 자동 조절
◐ 수동 조절
○ 조절기능 없음

18.16 목표의 우선순위

환경기능 저하 방지	■	■	■	■
건강 증진	■	□	□	□
안락함 제고	■	□	□	□
경제성 향상	□	□	□	□
정책적 (석유의존도 축소)	□	□	□	□
삶의 질 증가	□	□	□	□
사회적 목표(공정한 노동 업무)	■	■	□	□
전력질주(자연사랑, 자기신뢰)	■	■	■	□

18.17 목표 반사율 사례

실명	구분	천장	벽	가구	바닥
101	사무실	90%	80%	60%	60%
102	복도	90%	90%	na	60%

주: 높은 반사율은 인공조명을 줄여주고, 에너지 사용량과 조명기기설치 비용도 절약된다.

사례: 90% 60% 30%

밝은 백색:	90%
백색:	70-80%
일반 카페트:	5- 9%
고급 카페트:	9-13%
목재:	20-54%
옅은 청색:	80%
노랑:	47-65%
일반 콘크리트:	20-30%
광택처리 콘크리트:	70-90%

18.18 창문 요구조건 사례

실명	구분	경관	주광	WWR (1)	비고
101	사무실	◐	√	15%	
102	복도	○	na	na	
103	로비	●	√	30%	

주: (1)WWR=창문 대 벽 비율
WWR가 낮을수록 에너지 사용량이 상당히 줄어들며, 에너지 방법이 태양열이나 일조에 의한 것은 예외로 한다.

0-10% 낮음
10-20% 적당
20-30% 높음
≥30% 매우 높음

범례: ○ 경관 불필요
◐ 적당한 경관 필요
● 파노라믹 경관 필요
적용 안 됨

건축주의 프로젝트 요구조건 문서는 프로젝트 예산에서 친환경 요소들 간의 우선순위결정을 인정하는가 예산에 도움이 되지 않는 요소들을 인정하지 않을 것인가에 있다. 예를 들면, 건축주는 제1장 서문에 있는 친환경 목표에 중요도에 따라 순서가 정해진 항목 중에서 선택해야 한다. 나아가, 건축주는 LEED 규정, 규정, 기준, 지침 등에서 우선순위를 정해서 선택적 승인평가와 같은 개인적인 방안에 대한 순서를 정해야 한다.

건축주는 색채별 반사율을 선택해서 그에 따라 천정, 벽, 바닥, 가구 등과 같은 목표 반사율을 정해야 한다. 전래로, 설계 시에 천정은 80%, 벽은 50%, 바닥은 20%의 디폴트값을 감안한 반사율을 적용한다. 조명량을 줄이고, 에너지 사용량도 줄이고, 일조에 필요한 창면적도 줄일 수 있는 잠재적 조건은 건축주가 시공비와 에너지 사용량을 상당부분 절약할 수 있다는 점을 결정하는 데에 동의하느냐가 매우 중요하다.

창문의 에너지와 경비 그리고 관련 편의성 문제 때문에, 건축주의 프로젝트 요구조건에는 실별, 공간별 여건에 따라 창문을 평가하는 것들을 포함해야 한다. 건축주는 창문에 관한 이러한 조건에 정확히 답해주어야 한다. 창문이 계단실, 현관, 복도, 기계실, 세탁실, 옷장, 창고 등과 같은 다용도 부속실에 없어도 되는가? 창문의 개수와 크기가 거주하는 실에서 줄어들 수 있는가? 다시 말해서, 창문의 경관이 필요한가? 어떤 창문이 개폐식이어야 하고, 거주자들에게 안락함을 조절할 수 있게 하며, 어느 것을 고정창으로 하는가? 창문 대 벽의 비율을 무엇인가? 소형 창은 수량이 작은 대형 창과 함께 설치가 가능한가?

건축주의 프로젝트 요구조건은 건물 외관과 크기에 따라 설정되어야 한다. 높은 천정의 높이는 에너지 사용과 시공비를 줄이기 위해 낮출 수 있는가? 다락방, 지하실, 마루 밑 공간 등은 없앨 수 있는가? 평지붕이 경사지붕과 조합시켜서 에너지 손실을 줄일 수 있는가? 건물 높이, 형태 단순화, 주변을 더 깊게 하는 등의 면적비율 개선이 가능한가?

미래를 위한 친환경적 고려는 건축주의 프로젝트 요구조건 문서에 정리할 수 있다. 예를 들면, 태양열 에너지 조항이 초기 설계에서 불필요한 것으로 된 것이 아니라면, 미래 태양열 에너지가 선택된 것이고, 그렇다면 추후 태양열 집열판을 설치되도록 설계되어야 한다.

건축주의 프로젝트 요구조건 설정에 포함되는 최상의 요건들:

- 프로젝트 조건의 논의에서 이해관계자가 참여하는 워크숍을 구성할 수 있고 프로젝트 조건의 중요성이 검토될 수 있다. 2단계의 워크숍에서, 첫 번째 워크샵 후에 건축주의 프로젝트 조건을 개략 계획안을 배부하고 두 번째 워크숍 후에는 최종 보고서가 배부된다.
- 건축주의 조건에는 일반화된 것은 제외한다. 예를 들면, "다양한 소비를 최소화하기 위해 고효율로 운용한다." 등은 설계팀에 대한 어려운 목표가 되지 않는다. 오히려, "ENERGY STAR 95점을 취득하는 설계" 또는 "30kBtu/year의 에너지 유용성을 위한 설계" 등 명확한 목표가 정해진 특수조항을 넣는다.
- 실외 설계온도 상황과 같은 설계 실무조건 들에 의해 정리된 것으로서 화젯거리가 아니라 건축주의 요구에 초점을 맞춘다. 건축주 조건의 각 전제는 건축주에 의해 해석되어야 한다. 이는 건축주가 요구조건을 발전시켜서, 설계실무상 혹은 시운전 제공 자료에 따라 완성된 보고서에서 위험성을 줄이도록 해준다.
- 건축주가 여러 자료를 평가해서 결정을 할 수 있도록 하는 후속작업을 수용한다. 예를 들면, 건축주의 조건이 에너지 시험운영의 결과로 중요한 설계대안의 계획된 성과를 얻은 후에 변할 수도 있다. 이는 건축주의 조건에 대한 보고서와 공정 등이 된다.
- 친환경에서 친환경적이 아닌 것까지의 순위 선정에서는 공사비, 에너지 사용, 건강과 안전 문제와 같은 명확한 조건으로 만들어 진다. 그래서 건축주는 그 순위들 중에 선택을 할 수 있게 된다. 예를 들면, 외부 조명조절을 위한 선택에서는 최초에 동작감지기(주간 작동을 차단하는 광전지 이용)로 하고 그때 광전지 점멸타이머(야간에 조명이 소등되어야 하는 곳)를 사용하며 최종적으로는 광전지 점멸(밤새 작동)을 택하게 된다. 또 하나의 예로는, 조명방식의 선택을 함에 있어 선형형광등과 같은 고효율 조건과 매입형 조명과 같은 저효율 조건으로 구분하기도 한다.

18.19 건물 형태의 고려 사항

건물 형태에 대한 신중한 설계는 에너지 사용과 재료 사용, 시공비를 절약하는 중요한 방안이 된다. 모든 적용 가능성을 검토해 보는 것이 필요하다.

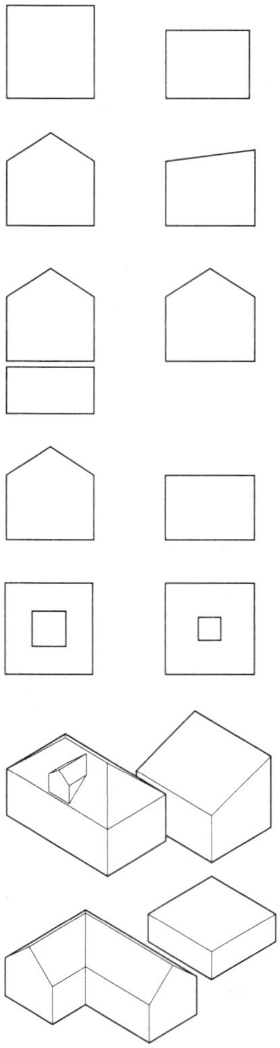

_ 천정고를 낮춘다.

_ 다락방은 불필요하다.

_ 지하실도 불필요하다.

_ 평지붕으로 한다.

_ 주변 공간의 깊이를 증대시킨다.

_ 지붕설계는 단기, 장기적으로 집열판 설치에 적합해야 한다.

_ 건물형태는 단순화를 고려한다.

건축주의 프로젝트 요구조건은 더 상세할수록 더욱 좋아진다. 건축주가 설계의 선택조건을 놓고 그것을 배우고, 이해하고, 선정하게 되는 경우는 흔치않은 기회라고 할 수 있다. 건축주와 이러한 선택조건을 놓고 교감하려고 하는 것은 디자인 전문가에게는 별 가치 없는 매개수단이라고 할 수 있다. 건축주의 요구조건 문서는 가능한 한 가장 친환경적인 설계와 시공이어야 하는 데에 기초자료와 같은 것이다. 이 기초자료는 설계와 시공 과정에 질적인 조절을 하는 것과 같은 것이다.

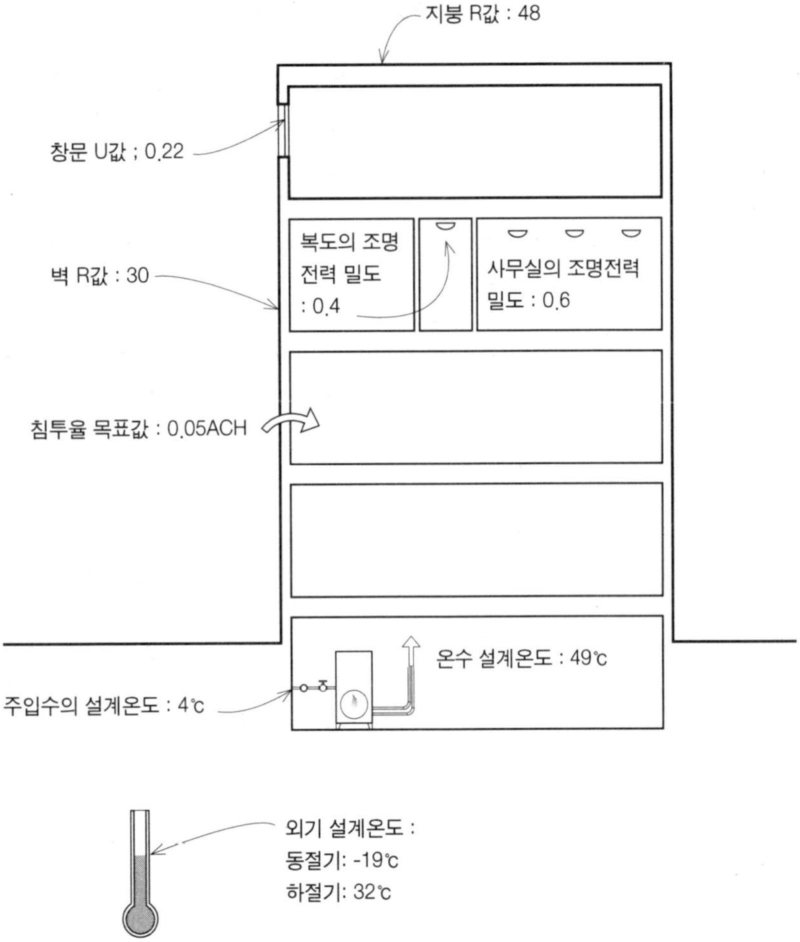

18.20 설계 요소의 기준 사례

설계 기준

시운전은 설계기준으로 알고 있는 자료에 설계 실무적인 접근방식과 추후 예상되는 상황에 대한 문서화에 따라 계속된다. 설계기준은 통상 시운전하기 위해 시스템을 구성하고 건축주의 프로젝트 요구조건이나 공사시방서에는 제시되지 않은 설계예정안에 기록된다. 여기에 포함되어 있는 사례들은 기후에 관한 설계조건, 안전성 요소 등과 같은 중요한 냉난방 설계관련 계획안이 된다. 공간에서의 설계소음 기준, 공간 내의 조도기준에 따른 조명설계, 거주자가 공간에서 얻는 사람마다의 잠재능력과 감각, 예상되는 침투정도 또는 목표치, 건물 내의 온수의 크기에 따른 유입수 온도의 예측치, 저장수의 온도, 공급되는 물 온도, 설비고정 장치의 수량, 벽과 지붕의 연결부 R값, 창문의 U값, 적용 동력 수준과 같은 내부적 에너지 발생량 등도 포함된다.

설계기준 설정의 목적은 건축주의 요구조건이 시방서에 효과적으로 반영되도록 하는 데에 있다. 설계기준은 또한 설계기준에 대해서, 또 시방서에 대해서, 그리고 최종적으로 실제 시공하는 것과 같은 시운전을 통해 건축주의 설계조건을 검토함으로써 질적 관리에 대한 또 하나의 단계가 된다.

설계기준을 위한 최상의 과제들은 다음과 같다. :

- 건축주의 요구조건에 따라, 설계기준에서는 일반화를 피한다. 예를 들면, 단위면적 당 조명전력 밀도 예측치를 나타내기 보다는, 실제 조명전력 밀도가 냉방시스템의 크기에 따라 사용량이 정해지는 실별 차별화된 기준에 따라야 한다는 것이다.
- 평가기준이 되는 시스템에 대한 모든 유출입 리포트를 포함해서, 냉방, 난방, 환기, 광전지(조명)설계, 일조량, 그리고 태양열 광전지와 같은 특수한 설비 등도 포함된다.
- 설계를 적용하는 규정과 기준을 참고하는 것도 포함한다. 규정과 기준을 넘어서는 특수한 것은, 대부분의 상호관련성 있는 규정과 기준이 허용을 위한 복합적 경로를 갖는 것과 마찬가지로, 기존에 선정된 허용과정을 제외하게 된다.
- 에너지 모델링의 시험과정에 관한 보고서를 포함한다.
- 건축주의 요구조건이나 시방서에 있는 것과 중복을 피한다.

18.21 시운전의 신뢰성

	OW	AR	EN	GC	MC	EC	PC	CX
프로젝트 조건	⊙	⊔	⊔					
설계 기준		⊙	⊔					
설계 검토								⊙
기초 조사		⊔						⊙
개방 벽 검사		⊔						⊙
최종마감 검사		⊔						⊙
시험과 균형감					⊙	⊔	⊔	⊔
기능 테스트					⊔	⊔	⊔	⊙
건축주 조건		⊔	⊔	⊙	⊔	⊔	⊔	⊔
추가보완 시험								⊙
시연					⊔	⊔	⊔	⊙

⊙ 신뢰도 최상
⊔ 지원 역할
OW 건축주
AR 건축가
EN 엔지니어
GC 총괄 시공계약자
MC 기계설비 분야
EC 전기 분야
PC 배관 분야
CX 시운전 담당

18.22 시운전 테스트

기타 시운전 상 과제

시운전의 요구조건 자체는 시방서에 기록되어 있어야 한다. 입찰계약자는 시운전에서 기대될 수 있는 것을 알 필요가 있다. 요구조건은 시운전의 여러 측면을 위한 책임조건 목록이다. 여기에는 총괄 계약자, 설비와 전기 계약자, 시험 및 조정의 외주계약자, 시운전 제공자, 디자인 실무상 책임조건 등이 포함된다.

시운전은 비교적 새로운 규정이기 때문에, 모든 관련자들에 대한 교육이 되어야 하고, 그들 중 많은 사람이 진행과정, 설명서, 각각의 역할 그리고 친환경 프로젝트의 기대항목 등이 있다.

시운전 테스트

설치하는 동안과 그 후에, 시운전 제공자는 건물 에너지시스템이 만들어지고 적절히 작동되게 할 수 있도록 하는 일련의 시험에 대해 협력하고 감독한다. 이러한 테스트는 하나의 공간이 공간의 온도를 올리기 위해 가열할 때, 환기휀이 작동되고 있을 때, 물이 흐르고 공기흐름이 계획대로 되고 있는지, 연소효율이 제조자의 공정기준에 맞는지, 공기와 물의 온도가 설계범위 내에 있는지 여부에 대한 설비성능 테스트를 하는 것을 포함하고 있다. 시운전 제공자는 설비의 분류정리와 파이프작업 등을 포함하고 있는 문서상 작업이 완료될 수 있도록 수시로 성능테스트 이외의 검토를 한다. 이러한 테스트의 결과는 시운전 보고서에 자세히 기록되고 어떤 결점에 대한 확인내용도 보완권장을 제안한다.

여러 문제들은, 시운전상 확인으로 다음 사례에 의해 도해될 수 있다. 두 개의 인접공간에 있는 댐퍼와 온도감지기 같은 온도조절장치는 실수로 교차배선이 되기도 한다. 하나의 공간에서 거주자가 그 온도조절기에 지정온도를 높일 때, 이것은 인접공간을 불안정적으로 가열하게 된다. 인접공간에 있는 거주자들은 바로 뜨거움을 느끼게 되어 설정온도를 낮추게 되고, 첫 번째 공간의 거주자는 더 춥게되어서 다시 설정 온도를 높이는 일이 반복되게 된다. 에너지는 낭비되고 양쪽 공간의 거주자들은 불안정한 상태를 맞게 된다. 시운전을 통해 각 조절장치에 대한 방법상의 테스트는 이와 같은 문제들을 막을 수 있다. 그러나, 시운전을 안 한다면, 이러한 조절문제는 해결책 없이 수년간 지속될 위험이 있다.

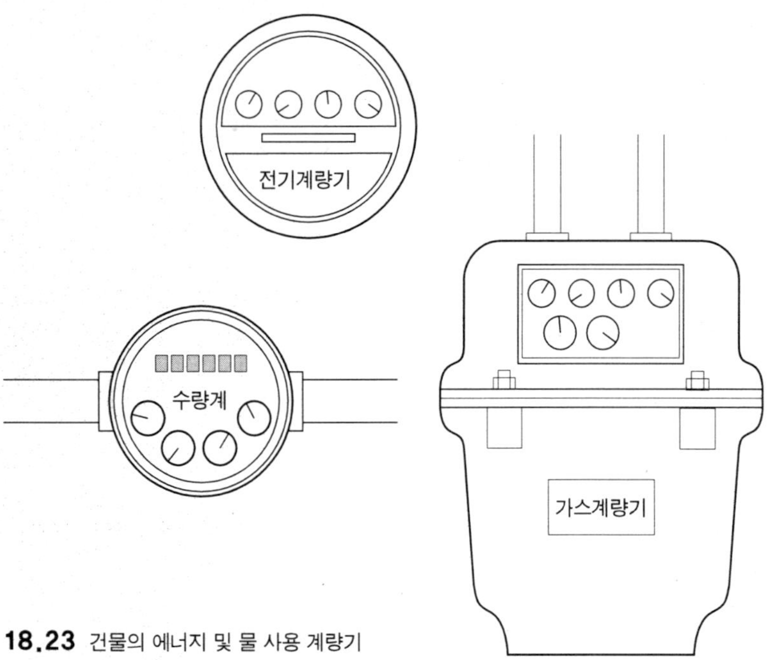

18.23 건물의 에너지 및 물 사용 계량기

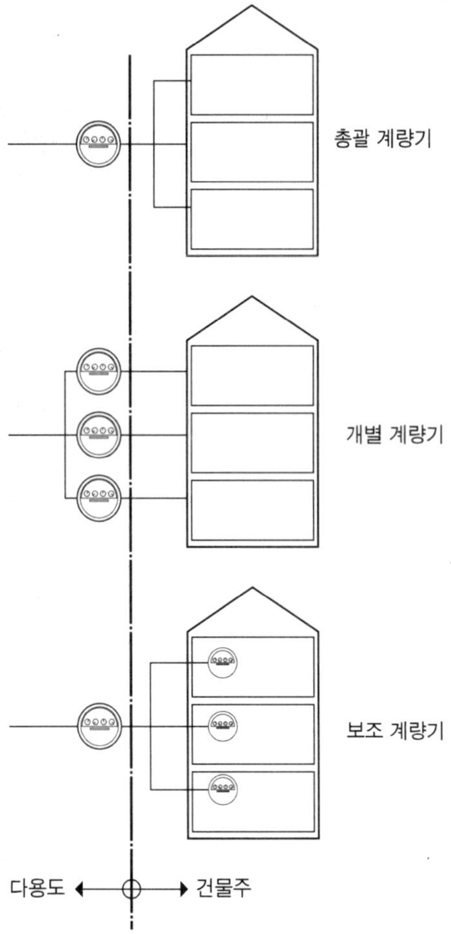

18.24 계량기 선정조건

작동연습과 문서화

시운전 제공자는 건축주가 건물 에너지의 정확하고 효율적인 사용에 대해 훈련과 준비가 되어야 함을 확인해 준다. 시운전 제공자는 또한 건축주가 운영과 유지관리 지침서, 장비 보증서, 건물도면, 조정과정 등을 포함하는 모든 건물에너지 시스템에 대한 문서들을 갖추고 이해하도록 해야 한다.

확인 테스트와 모니터링

건물의 모든 시스템이 설계대로 작동되고 있다는 확신이 든 후에도 시운전을 통해 수개월 동안 추가 확인 테스트를 실시해야 한다. 시운전은 또한 지속적인 온도와 습도 측정, 열적 마감의 연속성을 확보하기 위한 적외선 온도계, 공기말살도 확인을 위한 출입문 테스트, 거주자 반응과 열적 안락함 조사자료 등과 같은 모니터링을 포함할 수 있다.

계량과 통계지표

계량

건물에너지 사용량의 계량에는 친환경 건물의 효율적 운용을 확인하는 정보를 획득하는 데에 활용된다. 계량 선택은 그 수명 이상을 사용하는 건물에너지 사용에 상당한 영향을 미친다. 계량에 대한 논의에서는, 축적된 에너지, 측정되지 않은 수양에 대한 설계를 결정하는 관련 영향요인 등과 같이 측정되지 않은 것들을 다시 확인해야 한다.

계량은 모니터링의 한 형태로 사용될 수 있으며, 그래서 건축주, 운전자, 설계전문가 들의 반응을 기초로 하여 만들어질 수 있다. EPA 포트폴리오 관리지침서와 같은 프로그램은 벤치마킹 등의 과정을 통해 다른 건물을 따라 또는 비교해서 건물의 다양한 활용을 할 수 있게 한다.

계량에는 많은 유용한 선택조건이 있다. 가장 공통적인 계량형식은 다기능 계량으로 불리는 국부적 다용도성에 의해 이루어진다. 대부분의 공통 에너지는 전기와 천연가스를 계량하는 것에 따르게 된다. 수량계는 또한 물이 우물을 통해 공급되는 경우가 아니라면 다용도로 얻어지거나 관련관청에 의해 측정한다. 하나의 건물이나 복합단지에서 한 개의 다용도 계량기는 마스터계량기라고 한다. 복합 다용도 계량기로 된 계량기는 예를 들면, 건물 내 각 임차인별 계량기를 설치하는 것이다. 다용도를 가진 하나의 마스터계량기가 있을 때 건축주는 보조 계량기로 불리는 임차인별 분리 계량기를 시행하게 된다.

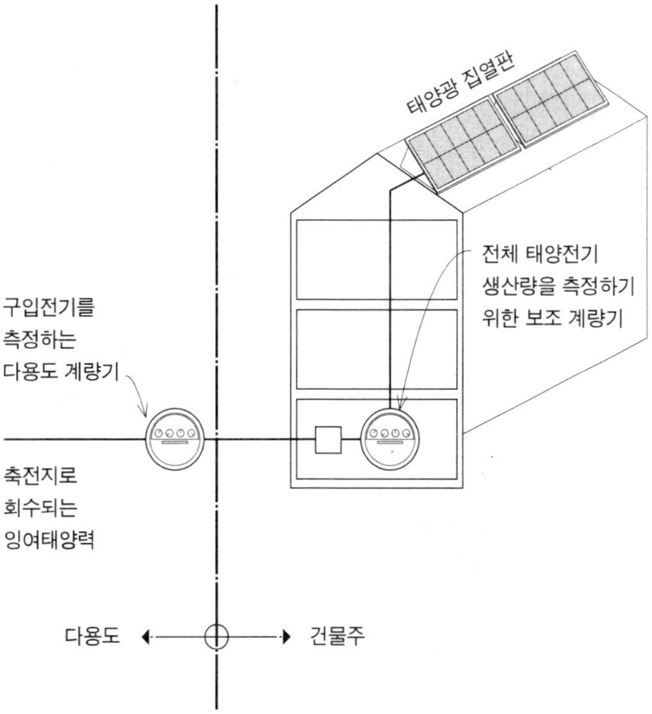

18.25 태양열 전기시스템의 계량기

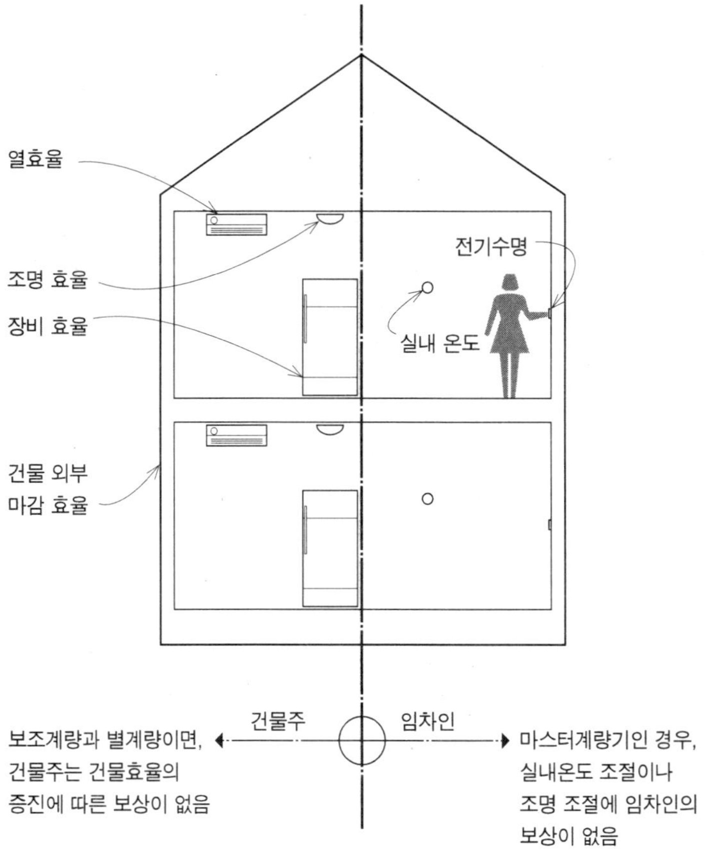

18.26 분할 보상

친환경건축을 위해서, 건물의 성능을 지속적으로 측정하고 문제들에 대한 초기경고를 주기 위해 유용한 방식으로 피드백을 할 수 있다. 이는 밀폐형 보일러/온수 설비와 같은 물을 소비할 필요가 없는 설비에서의 수량계의 사용 등을 포함하고 있다. 그리고 물 소비를 측정하는 것은 누수의 우려와 같은 것들을 위한 것이다. 태양열과 풍력 등과 같은 재생시스템에서 전기의 계량은, 건물이 축전지에서 전기를 계속해서 공급받을 수 있다면 다른 경우에서 감지되지 못한 정확한 작동상태의 확인과 그리고 지속적 실패의 방지를 위해 사용될 수 있다. 주인에 따라서 임차인이 보조계량기로 전기를 계량하도록 한 것은 또 하나의 선택방식이며, 천연가스나 냉온수 그리고 스팀 등을 포함하는 에너지 흐름도 보조계량기로 측정하게 된다.

계량기는 또한 에너지 보존의 지침역할을 한다. 예를 들면, 고전적인 관점에서는, 임차인이 다용도 청구서에 의해 지불하고, 이는 낭비되는 에너지를 줄여줄 수도 있다. 불행하게도, 주인부터 임차인에 이르기까지 다용도의 개별적인 계량기나 보조계량기를 통해 이루어지는 계량상의 단순환 변화가 건물의 에너지상의 기반을 유지하고 개선하기 위해 건물주에 대한 보상기회를 박탈하는 의도치 않은 결과를 가져올 수 있다. 이러한 것을 분리보상이라고 한다.

예를 들면, 아파트건물에서, 임차인은 조명의 수명이 얼마나 남았는지 여부를 검토하는데 건축주는 건물의 조명기기가 어떤 종류인가를 따진다. 통합형 마스터계량기는, 건축주가 효율이 높은 조명기기로 유지관리와 개선을 통해 이득을 갖는데 이에 반해 임차인은 사용하고 있지 않을 때에 조명이 소등되어 있어도 보상이 없다. 건물이 개별 계량형이라면, 건축주는 효율이 더 높은 조명기기로 개선했다하더라도 보상이 없는 반면 임차인은 부재시에 조명이 소등되어 이득이 된다. 개별형 계량기는 또한 에너지 사용과는 무관하게 월별 계량에 의해 요금이 부과되기 때문에 전체적인 사용가격이 더 높아지는 결과를 가져올 수도 있다. 이 분리보상 문제는 단순하게 답을 찾기 어렵다. 시간이 경과되면, 아마도 이러한 문제를 해결할 방법이 찾아질 것이다. 그러므로 개별 계량기나 보조계량기가 마스터형 계량기 보다 더 친환경조건에 필수적인 방식이라고 예측해서는 안 된다.

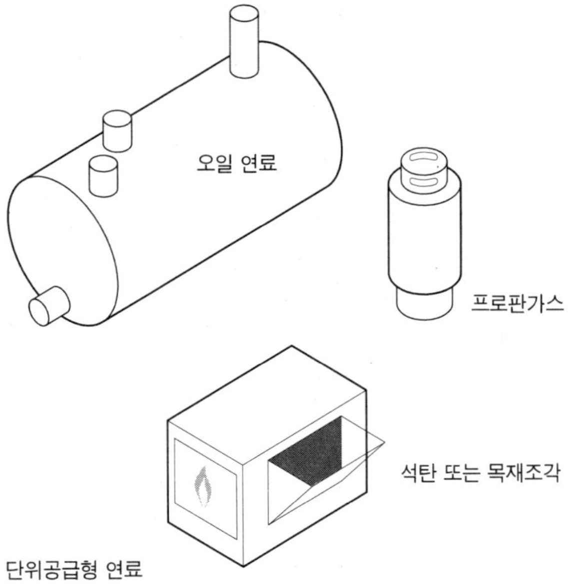

18.27 단위공급형 연료

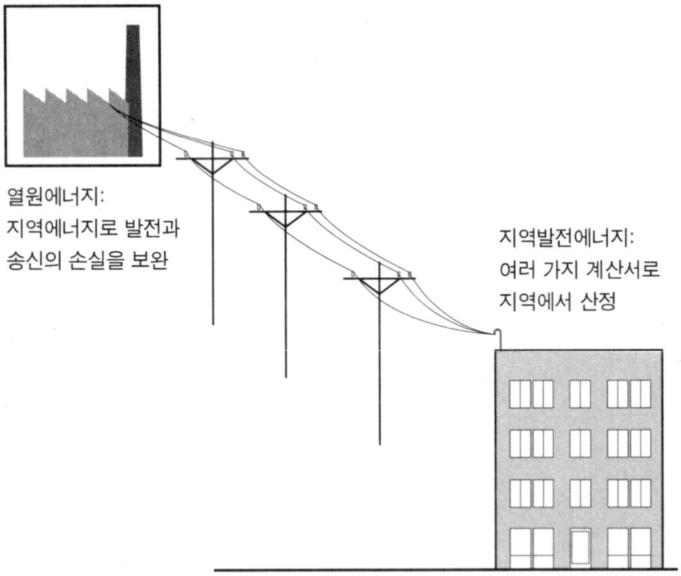

18.28 열원과 지역에너지

18.29 지역에너지를 열원에너지로 전환시키기 위한 미국의 평균 보완 요인들

에너지 열원	열원 대비 지역 비율
전기	3.340
천연가스	1.047
프로판	1.010
#2 연료오일	1.000

다른 형식의 계량기는 난방 연료오일, 프로판가스, 등유, 석탄 등과 목재조각, 목재부산물 등의 바이오연료 등 대용량 연료의 보급을 통해 측정된다. 이 측정방법은 전기, 물, 천연가스 등의 계량기와는 상당한 차이가 있다. 대부분의 아주 명확한 것은 이러한 연료가 소비되기 전에 측정된다는 사실이다. 이에 반해 전기, 물, 천연가스는 소비된 후에 측정되는 것과 마찬가지로 소비됨에 따라 측정된다. 대용량 연료 보급은 종종 한 묶음의 보급으로 불리기도하며, 이는 보급빈도가 적게 될 수 있고, 선별적 에너지 사용을 위한 보급연료의 사용이 에너지소비를 피드백 하는 데에 사용되기에는 너무 산발적이고 더욱 어렵게 되었다는 것을 의미할 수 있다. 여러 종류의 상인에 의해 보급되는 것은 문제를 복잡하게 할 수 있고 더욱 어렵게 만들기도 한다. 예를 들어, 연료 탱크가 완전히 채워지지 않으면, 그때 다음번 공급상황을 알기도 전에 상당기간 이상 실제적인 소비요구가 나타나기도 한다. 나아가서,—한 예로, 겨울의 난방과 여름의 온수사용의 경우—는 대량 공급이 더욱 어려운 문제가 된다. 간단히 말해서, 대용량 연료의 소비와 운반은 모니터링과 피드백을 목적으로 사용될 때는 추가적인 과제로 대두된다.

통계자료

여러 가지 통계자료가 친환경 건물에 적용된다.

지역에너지, 때로 2차 에너지 또는 보급에너지라고도 불린다. 건물에 사용되는 에너지는, 통상 대지에 있는 다기능 계량기에 의해 측정되며, 석유나 프로판과 같은 대형연료에 의해 공급되고 계량된다. 다시 말해서, 지역에너지의 사용은 건물의 에너지비용에 대한 보고서 자료에 있다.

열원에너지, 때로는 초기에너지라고도 한다. 이 에너지는 발전 또는 축적 연료로 그리고 건물로 이동시키는 데에 사용되는 에너지에 대한 하나의 보완책으로 건물에서 사용된 에너지이다. 열원에너지를 산정하기 위해서, 축전된 전기를 구입하는 것으로 전기에 대한 대용량의 보완요인을 적용하기도 한다. 더 적은 용량의 보완에는 다른 연료를 사용한다. 열원에너지는 에너지 사용의 전체적인 환경적 영향을 매우 밀접하게 반영하는 것으로 보인다. 이 보완요인들은 지형직 입지와 시간의 경과에 따라 다양하게 나타나며, 전기를 발전시키고 축전하고 연료를 이동시키는 데에 사용되는 연료의 지역적이고 복합적인 시대흐름적인 면을 반영하고 있다.

18.30 공통의 연료에 사용되는 변화요인

	단위	대지의 kBtu 획득 요인	탄소배출원 획득 요인
전기	kwh	3.4	3.2
천연가스	therms	100.0	12.2
프로판	gallons	92.5	13.0
#2 연료오일	gallons	135.0	21.7

예) 150㎡ 면적, 매년 540therms의 천연가스를 사용하는 고성능 건물, 전기 5,390kwh/year, 이 대지에서의 EUI는 다음과 같이 산정된다.

540therms/year x 100kBtu/therm = 54,000kBtu/year
5390k조/year v 3.4kBtu/kwh = 18,326kBtu/year
(54,000 +18,326)/1625 = 44.5kBtu/SF/year

이를 2010년 미국평균 107.7kBtu/SF/year와 상업용 건물을 예로 비교해 보면, 이 고성능 건물은 미국의 평균보다 거의 60%의 에너지를 절감하고 있다.

미국환경보호국(EPA)에서 포트폴리오 매니저로 불리는 온라인 데이터베이스 프로그램은 지역에너지로부터 열원에너지를 획득하기 위해 각 연료와 전기에 대한 국가평균 보정에 기반을 둔 열원에너지를 사용한다. 천연가스의 therms과 석유와 프로판기스의 갤런, 전기의 시간당 전력 등과 같이 화석연료의 소비단위는 모두 kBtu(천 Btu)로 전환되고 kBtu/SF/year를 얻기 위해 건물면적에 따라서 합쳐지거나 나누어지기도 한다.

건물에 대한 국가 데이터베이스에서는, 미국에너지국(DOE)이 에너지다양성지표(EUI)를 사용하고 kBtu/SF/year로 표기한다. 통계자료는 대지와 열원에너지를 위해 유지 관리된다.

에너지다양성지표는 또 에너지사용지표, 에너지사용강도, 에너지사용크기, 또는 에너지소비강도 등으로 설명된다.

패시브하우스의 조건은 열원에너지 사용에서 매년 최대 120kwh/㎡/year이다. 패시브하우스의 냉난방 설계에서는 각 대지에서의 에너지사용을 위해 15kwh/㎡/year의 조건을 요구하고 있다. n

그러한 통계는 넷-제로 건물에 대한 논의에서 다루어지고 있다. 특히, 넷-제로 지역에너지 건물인지 아니면 넷-제로 열원에너지 건물인지를 명확히 할 필요가 있다. 통계자료는 건물의 상대적 에너지효율에 대한 논의의 근거가 된다.

탄소배출은 건물의 재료에 따라 상이한 구체적인 에너지 소비의 결과로서, (연간 배출량의)운영에 따라 그리고 한 번의 배출량에 따라 건물이 비교될 수 있는 것에 반하는 또 다른 측정 자료를 제안하고 있다. 탄소배출의 단위는 통상 tons/year로 되어 있다. 다른 단위로는 pounds/year과 국제적으로는 kg/year과 통합tons/year 등이 사용된다. 이 측정 자료는 대부분 이산화탄소 배출에 관한 것이지만 때때로 순수탄소(C)의 배출량에도 활용된다.

에너지비용($/SF/year)은 kBtu, kWh 또는 탄소배출과 같은 용어보다 보다 친숙한 고전용어들을 사용하는 경우도 있다. 1$/SF/year는 적고 5$/SF/year는 많다.

통계지표는 Kgal/SF/year 또는 gal/person/year과 같이 물 소비에도 사용된다.

바람, 태양열발전과 같은 전기발전재생에너지와 같은 것의 계량은 kWh/year로 나타낸다. 이러한 것은 단지 내 에너지 사용 할당량으로부터 건물의 순수에너지 사용량과 에너지 이용도 지표, 그리고 탄소배출 등을 제외한 것이다.

건물의 에너지 이용량과 탄소배출량은 건물에서의 운반비를 포함하는 것까지 확대된다.

건물 외부마감의 에너지 효율성을 측정함에 따라서, 건물의 난방에너지 사용량은 이용청구서에 의해 확인되고 계절별 검침에 의해 산정된다. 난방 곡선으로 알려진 통계도표가 종종 산정된다. 수시로, 난방사용량의 정확도는 춥거나 온화한 겨울에 대응하기 위해 특별한 겨울날씨 상황에 근거해서 만들어진다.

요약하면, 다른 통계지표는 에어컨 사용량과 기타 연료를 사용한 기본부하량(냉난방용 제외) 등의 이용량 분석에 의해 얻어질 수 있다.

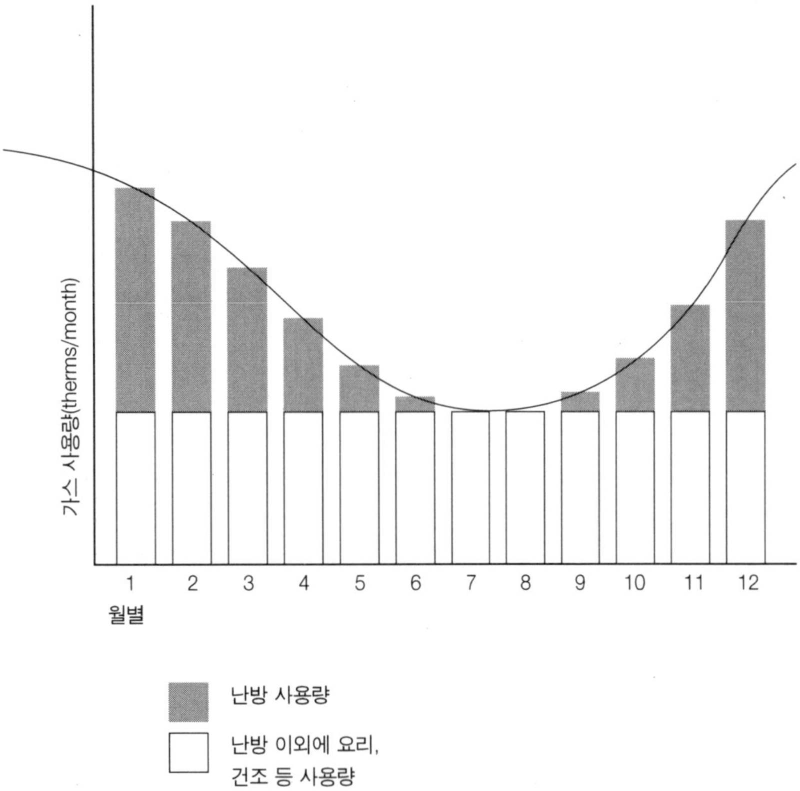

18.31 난방 사용량 산정

가치부여와 상호균형

친환경건축의 설계는 많은 결정 조건들이 있다. 이러한 결정에는 어떤 건물을 설계하고 시공하는 데에 필요한 수백, 수천가지의 결정이 엮여있다.

친환경건물을 결정하는 대부분은 에너지를 덜 사용하고, 환경에 대한 영향을 줄이고, 인간의 건강에 도움이 되는 여러 가지 방식으로 건조 환경을 개선하는 등의 보다 친환경적으로 건물을 만들어내는 개선방안을 우선으로 하는 것을 포함하고 있다. 벽단열 층을 더 두껍게 하는 것이 개선방안이다. 창문을 작게 하고 수를 줄이는 것도 개선방안이 된다. 자전거 선반을 만드는 것도 개선이다. 태양열에너지시스템도 물론 개선이다. 계속 수확할 수 있도록 한 목재와 VOC가 낮은 페인트의 사용 그리고 반사벽의 사용도 개선방안이 된다. 개선의 잠재력을 가진 것은 이렇게 많이 있다. 이 많은 개선안을 어떻게 우선순위를 정할 수 있을 것인가?

에너지 개선방안은 우리가 프로젝트를 절약하고 시공비를 예측할 수 있기 때문에 우선순위를 정하기가 보다 용이하다. 그러므로 상이한 에너지 개선방안들을 비교할 수 있는 이에 대한 다양한 성능지표를 가지고 있어야 한다.

오래되었지만 여전히 널리 사용되고 있는 에너지 개선방안 지표는 단순한 보상이다. 이는 매년 개선에 의한 절약정도를 산정해서 추가 공사비를 나눈 금액이다. 예를 들어, 벽단열을 추가하는데 $2,000의 시공비가 필요하고 매년 단열효과가 $200이라면, 그 보상 예상시기는 2,000/200으로 10년이 된다. 보상부담 금액이 낮을수록 더 좋은 것이다. 그러나 그 보상이 개선의 예상수명을 산정할 수는 없다. 벽단열은 예상 수명이 50년이지만, 임의로 10년의 동일한 단순보상을 설정한 고효율 등의 사용과 같은 단순한 조명개선으로는 예상수명이 불과 5년이 될 수도 있다. 이 단순보상이란 지속성을 더 길게 해주는 것이기 때문에 벽단열을 추가한 것이 더 많은 효과가 있을 것이라고는 말할 수 없다. 그래서 보상부담은 매우 단순성을 가진 존재로서 부각되고 있다.

또 하나의 지표군은 개선에 의한 예상수명과 예상되는 연료비 상승을 산정할 수 있는 "생애주기 비용"이라는 일반화된 용어 아래로 떨어진다. 미래 에너지 절약은 일반적으로 허용된 경제적 원칙과 추가적인 투자와 비교해서 동일한 존재가치로 모아지고 전환된다. 이러한 접근방식은 순수 생애주기 가격과 투자대비 절약비율(SIR) 또는 투자회수(ROI)를 포함한 여러 가지의 지표 중 하나로 나타난다.

나아가, 탄소배출은 하나의 지표로 사용되며, 이 통계지표는 또한 상이한 설계 대안들 중에 있는 내재된 에너지 효과를 산정할 수 있다.

이 책에서는, 바닥면적을 줄이고, 건물형태를 단순화하고, 첨단의 구조기술을 적용하고, 조명기기 절감효과가 있는 실내표면 반사율을 높이고, 일조를 위한 개구부를 줄이고, 창문의 크기나 개수를 줄이며, 선형 조명기기를 설치하는 등을 포함하는 공사비 절감 방안에 대해 설명되어 있다. 이러한 개선방안은 즉각적인 재정적 효과를 나타내고, 보상부담은 0이 되며, 투자에 대한 회수는 무한대가 된다. 그러므로, 이러한 개선안은 초기에 평가해서 더 높은 우선권을 갖도록 해야 한다.

앞서 언급한 바와 같이, 선도적인 에너지 개선에서는, 건물효율성 증가가 일반적으로 재생기술에 상존하고 있는 고비용과 관련 잠재 에너지, 재생에너지제품 자체를 만들어 낼 자재의 사용 등 때문에 재생에너지에 앞서 평가될 수 있다. 여전히, 효율적인 개선이 무시되지 않는 한, 건물의 효율적 개선에 따라서 재생에너지를 평가하는 것은 별 문제가 없다.

일련의 중요한 결정들은 에너지 개선 이상의 활동과 비에너지적 개선을 평가할 때 나타난다. 에너지 효율성에 $100을 투자하거나 저-VOC 페인트에 $100을 투자하는 것 중 어느 것이 더 중요한가? 사례는 기후변화의 두려움이 우리를 둘러싸고 있는 한, 탄소배출 감소가 더 높은 우선권을 가진 개선방안이 될 수 있다. 또 다른 것은 인간의 건강이 우선되어야 한다는 것이다. LEED에서는 친환경 건축 개선방안들 간의 균형을 강조하고 있다. 기타 다른 규정과 기준 그리고 지침들은 에너지 사용의 절감, 탄소배출의 절감에 우선권을 주고 있다.

18.32 개선의 우선권

	에너지 사용	재료사용/잠재에너지	시공비	환경의 질
건물 소형화	○	○	○	○
형태 단순화	○	○	○	○
창/벽비 낮춤	○	◐	○	○
반사형 표면	○	○	◐	○
단열 증가	○	●	●	○
고효율HVAC	○	●	●	○
태양 에너지	○	●	●	○
우수 집수	○	●	●	○

○ 강력한 효과

◐ 부분적 효과

● 효과 미흡

여러 평가에서 아마도 친환경 개선방안으로 선정한 만큼 중요도를 낮출 가치가 있다.

- 때때로, 안목, 친환경 건축 개선방안은 안목 또는 명확함의 확보를 위해 선정되었지만 안목에 대한 우선권을 낮추도록 해야 한다.
- 위상, 안목과 마찬가지로 친환경 건축의 개선방안에서, 눈에 보이는 것이건 그렇지 않건, 사람들이 건물에 대해 정해 놓은 위상에 대한 호감을 표현한다.
- 판매자 주도의 개선. 많은 장비 또는 시공자재 판매자는 판매 수준을 정해서 건축주에게 직접 다가간다. 판매자는 전반적인 논의의 일부가 되어야 하고 그들의 의견은 대화에서 통용되어야 하나, 그들의 의견이 개선방안 선정을 주도하도록 해서는 안 된다.

세제혜택이나 에너지 효율성이나 재생에너지 조항 면제 등과 같은 관주도 인센티브는 본질적으로 우선순위를 정하는 과정의 일부분이 된다는 점을 명심해야 한다. 관은 기술력 증진을 지원하고 친환경 건물의 사회적 혜택을 반영하고 증진시킨 데 대한 인센티브를 활용 할 수 있다. 친환경 기준과 유사하게, 일반적으로 관의 인센티브가 경제성이나 외양적 품위, 효율성 증가보다 부하절감 개선을 지원하는 것보다는 하나의 건물에 친환경 성능 추가(예로, 단열성 추가 또는 태양에너지 추가설치 등)하는 것과 같이 개선을 촉진하고자 하는 것에 관심을 갖는 것은 바람직한 일이다. 관주도 인센티브는 그럼에도 불구하고 사회 전반에 해를 끼칠 수 있는 건물에서 발생되는 공해절감에 주요한 비중을 둘 수 있다.

친환경건물 개선에서 우선권을 주는 것은, 친환경건축의 정의로 되돌아가서—즉, 친환경 건축은 자연환경에의 영향을 근본적으로 줄여주고 실내 환경이 인간의 건강에 좋도록 해주는 것이란 사실이다. 친환경건축 개선에 우선권을 둘 때 제기되는 가치의 탐구는 더 많은 문제점을 이끌어내기도 한다. 즉, 친환경건물이 모두가 원하는 것인가? 친환경 건축의 기준이 자발성을 가진 내용인가? 친환경에너지 기준이 규정 이상의 것이어야 하는지 또는 친환경이 무엇인지, 건물에서 중요한 것이 무엇인지에 대한 다양한 의견을 반영하기 위해 현재 에너지 규정이 제기되어야 하는지? 등이다. 인간의 건강이 친환경건축의 한 측면이라고 한다면, 이러한 기준들은 왜 의무적인 것이 아닌가? 다시 말해서, 시공규정에 적혀져있지 않은가? 이다. 이러한 많은 의문은 다가오는 시대에 친환경건물에 대한 논의의 중요한 부분이 될 것이다.

한 가지는 확실하다. 어떤 행동적 표현으로서나 전시효과로서, 또는 환경에 대한 관심을 증명하는 것으로서 친환경건축을 위한 행동을 해야 한다. 기후 배출의 절감에 대한 심각성은 우리 건물 전반에 대해 낮은 비율 정도라도 한계를 유지하는 것이 친환경건축에서는 매우 큰일이라고 할 수 있다. 우리의 집약된 경험을 모으고 모든 디자인 중의 하나로 친환경 설계의 방향을 적용하도록 해야 한다. 설계와 시공의 질은 이러한 목표에서 중요한 수단이 된다.

19
결론

친환경건물과 아름다움

아름다움은 건축디자인에서 매우 중요하다. 이것은 친환경건축에서도 적용되는 말이며, 어떤 면에서는, 훨씬 중요하기도 하다. 친환경건물 설계의 실무적용에 있어서, 보다 친환경적인 건물을 추구함에 있어 아름다움을 희생하지 않고 잘 표현하기 위한 높은 수준의 설계기준을 자체적으로 설정해야 한다.

19.01 아름다움 美 : 미적 감성을 즐기는 질과 특질의 결합체 등은 마음에 깊은 만족을 주고 인간의 정신을 고양시켜 준다.

19.02 건물의 아름다움은 표면의 깊이보다 더 심오하다.
까사 델 파시오, 쥬세페 테라니, 1931-1933

19.03 기능을 형태에 맞추기보다 형태에 기능을 더한다.

왜 건물은 아름다워야 할까? 미는 침묵하게 한다. 미는 자부심을 갖게 한다. 미는 질서의식을 준다. 미는 자연과 연결해주는 도구가 된다. 미는 우리 스스로와 세계와의 사이에 조화를 갖게 하는 커다란 가능성을 말해준다. 우리는 시인에게 아름다움의 어떤 큰 변명을 남겨준다. 우리는 아름다움이 중요하다는 가정 하에 일을 수행해간다.

아름다움은 또한 보는 사람의 눈이 된다. 아름다움에 대한 예전과 현재의 관점을 반영함에 있어서, 건물 성능의 아름다움이라는 또 하나의 복합 규범을 갖게 된다. 아마도 에너지를 덜 사용하는 건물은 아름답게 보인다. 겨울에 지붕에 고드름이 매달려 떨어지는 것이 없다는 것은 아름답다. 조용한 건물도 아름답다. 이러한 모든 것들이 고성능의 친환경건물이 가진 특징들이다. 그래서 건물의 아름다움은 외부표면의 깊이보다 더 심오하다.

친환경설계는 태양열 패널과 같은 새로운 건축요소들을 갖게 하는데, 그것은 건물에서 미적으로 통합되게 할 필요가 있다. 많은 우리들을 위해서, 이러한 요소들은 아름다움의 대상이지만, 이것이 모든 경우에 해당되는 것은 아니다. 설계 실무적인 측면에서, 이러한 요소들이 미적으로 균형을 이루는 경향으로 통합되도록 할 필요가 있다.

친환경설계는 건물을 보는 시각을 변화시키게 될 것이다. 에너지와 자재의 사용을 절감시켜 주는 단순한 건물형태의 다양성이 제안될 것이다. 이러한 단순성은 경직되고 부자연스러울 수도 있다. 그러나, 새로운 친환경적 아름다움, 새로운 형태, 새로운 형상 등에 우리의 창조성을 주입 시킬 수 있게 된다. 기능에 형태를 맞추기 보다는 형태에 기능을 첨가하는 방안을 모색한다. 이것이 하나의 경직된 것으로 보이기보다는, 컬러, 패턴, 텍스츄어, 밸런스, 비례감, 외관 형상 등 처럼 방대한 미적 수단을 활용해서 고도의 성능을 기반으로 하여 건물설계를 수행함으로써 우리가 창조성 부여를 위한 절호의 기회가 되도록 제안한다.

친환경 건물과 자연

건물설계를 고려함에 있어서, 건물이 거주공간을 제공하게 됨에 따라서 자연의 능력에 대해 초기부터 논의를 하여 이에 대한 정보를 습득하게 된다. 여기서 자연의 능력이란 -태양, 공기(바람, 공기누출, 통풍), 물(우수, 지표수, 지하수, 습기), 동물(곤충, 설치류, 새 등등), 온도변화, 오염물질(오물, 먼지, 진흙, 공기오염) 등이다. 이러한 능력, 그에 대한 존중과 존경심을 인식하는 것이 생기를 주게 된다. 대지와 건물설계는 이러한 요소들로부터 방어능력을 키워서 여러 거주 층을 강화할 뿐 아니라 건물 거주자가 자연세계와의 접촉을 선택할 수 있는 방법도 제공해준다.

거주자들이 단지 밖을 내다보기 위해 만든 큰 창문과 같은 건물 취약부분을 통해 자연과의 인위적 접촉을 증가시키기 보다는, 전문적인 설계를 통해, - 식재, 수공간, 경관, 오솔길, 담장, 외부조경시설물, 그리고 누각 · 파고라 · 미로 · 목조주택과 같은 다양한 구조물 등과 같은 모든 조경수단을 적용해서 대지와의 이러한 연계성을 증진시키게 하는 더 깊이 있는 방안을 모색할 수 있다. 아마 그 대지에서는 해시계로 태양을 강조하거나 수영장을 조성하여 물을 부각시킬 수도 있을 것이다. 도시의 건물에서도 자연과 적절하게 연계시킨다면, 의미 있는 정소로서의 무한한 가능성을 줄 수 있을 것이다.

19.04 자연과의 연결

건물설계의 어떤 측면에서는 자연의 내부와 연계하기 위한 사람들의 활발한 요구에 대응해오고 있었다는 점을 깊이 생각하게 한다. 높이 솟은 둥근 천정을 가진 공간은 천정으로 막혀있지 않고 개방된 하늘 아래의 외부공간이라는 느낌을 준다. 대형룸은 외부공간의 느낌을 주는 큰 공간을 갖게 된다. 창문과 유리문은 외부를 볼 수 있게 하고 자연광의 유입을 갖게 한다. 그러나, 이러한 특징들이 한계를 넘게 되면, 에너지와 자재를 과도하게 사용하여 공해와 자연파괴를 통해 우리가 접촉하는 자연에 상처를 주게 된다.

자연은 인간에 대한 모순의 존재로서 광대함을 나타낸다. 인간의 자연의 힘으로부터 보호받을 필요가 있으나, 한편으로 자연과의 접촉을 깊이 필요로 하고 심지어 인간들 사이를 도시인처럼 경직되게 하기도 한다. 건물은 보호와 연계의 두 가지 역할을 다 필요로 한다. 그러나 역사적으로, 하나의 구멍으로 된, 습기 차 있거나, 과도하게 큰 장소, 너무 밝은, 너무 빛나고 환해서 에너지 소모가 많은 건물은 자연으로부터 적절히 보호되거나 자연과 연계되지도 못하게 된다. 우리는 더 좋게 되기 위해 시작하려는 것이다. 친환경건축은 극단적인 온도변화와 자연의 각종 위협적인 힘으로부터, 공해를 줄이고, 안락함을 확대하고, 자연의 아름다움과 더 많이 접촉하게 함으로써 더 많이 보호해 줄 수 있다는 약속이다.

19.05 자연 세계와 접촉을 선택

맺음말

기후변화와 다른 환경적 위협요소에 대한 많은 두려움은 새로운 건축, 친환경 건축을 요구한다. 건물 관련 에너지 사용은 온실가스 배출의 주원인으로 그리고 이러한 배출을 줄이는 주요한 기회로 정의할 수 있다. 설계와 시공 분야에서, 기후변화가 건물의 영향이라고 하는 데 대한 책임감을 낳기도 하고 또는 기후변화에서 건물의 영향을 완화하는 데에 필요한 변화를 이끌어 내기도 한다는 데 대한 선택을 하게 된다.

친환경건물의 필요성은 어떤 유행이나 선택조건을 넘어선 움직임이라고 할 수 있다. 다가올 시대에, 화재에 대한 안전성이나 건물 수명의 측면과 같은 것이 될 것이다. 그리고 어떤 보여주기 식을 넘어선, 유행을 뛰어넘는, 상징으로서의 역할을 넘어서는 친환경건물을 만들기 위한 심각한 필요성이 있는 것이다. 건축, 시공, 부동산 소유와 같은 관련 구조 속에서 친환경건물의 사업화를 이끌어 낼 필요성도 크다고 하겠다.

미국에서 친환경건물 운동의 출발이 개척 운동의 결과를 나타내는 것은 가능하다. 개발되고 정착된 것, 단순히 그대로 두는 것보다는 변화되어서 보여지는 것으로 불리는 모든 초원과 언덕 등이 그것이다. 이 보기에 개방된 풍부한 것들에 대한 목표는 그 자체로 어렵고 답답하게 느껴질 것이다. 그러나 특별한 인간의 정신력은 그것을 가능하게 이끌 것이고 아마 이러한 도전은 위대한 출발로 바뀌게 할 수 있을 것이다. 무한한 신기루의 존재가 아니라 실질적으로 제한된 개척의 대상이며, 친환경건축은 실제로 그 영역이 무한정이라고 할 수 있다.

LEED® 2009 Green Building Certification Program

For New Construction & Major Renovations

Available for optional use through June 1, 2015

Sustainable Sites (26 Possible Points)

SS Prerequisite 1 Construction Activity Pollution Prevention (Required)

SS Credit 1 Site Selection 1

SS Credit 2 Development Density & Community Connectivity 5

SS Credit 3 Brownfield Redevelopment 1

SS Credit 4.1 Alternative Transportation – Public Transportation Access 6

SS Credit 4.2 Alternative Transportation – Bicycle Storage & Changing Rooms 1

SS Credit 4.3 Alternative Transportation – Low Emitting & Fuel Efficient Vehicles 3

SS Credit 4.4 Alternative Transportation – Parking Capacity 2

SS Credit 5.1 Site Development – Protect or Restore Habitat 1

SS Credit 5.2 Site Development – Maximize Open Space 1

SS Credit 6.1 Stormwater Design – Quantity Control 1

SS Credit 6.2 Stormwater Design – Quality Control 1

SS Credit 7.1 Heat Island Effect – Non-Roof 1

SS Credit 7.2 Heat Island Effect – Roof 1

SS Credit 8 Light Pollution Reduction 1

Water Efficiency (10 Possible Points)

WE Prerequisite 1 Water Use Reduction–20% Reduction (Required)

WE Credit 1 Water Efficient Landscaping 4

WE Credit 2 Innovative Wastewater Technologies 2

WE Credit 3 Water Use Reduction 4

Energy & Atmosphere (35 Possible Points)

EA Prerequisite 1 Fundamental Commissioning of the Building Energy Systems (Required)

EA Prerequisite 2 Minimum Energy Performance (Required)

EA Prerequisite 3 Fundamental Refrigerant Management (Required)

EA Credit 1 Optimize Energy Performance 19

EA Credit 2 On-Site Renewable Energy 7

EA Credit 3 Enhanced Commissioning 2

EA Credit 4 Enhanced Refrigerant Management 2

EA Credit 5 Measurement & Verification 3

EA Credit 6 Green Power 2

Materials & Resources (14 Possible Points)

MR Prerequisite 1 Storage & Collection of Recyclables (Required)

MR Credit 1.1 Building Reuse – Maintain Existing Walls, Floors and Roof 3

MR Credit 1.2 Building Reuse – Maintain Existing Interior Nonstructural Elements 1

MR Credit 2 Construction Waste Management 2

MR Credit 3 Materials Reuse 2

MR Credit 4 Recycled Content 2

MR Credit 5 Regional Materials 2

MR Credit 6 Rapidly Renewable Materials 1

MR Credit 7 Certified Wood 1

Indoor Environmental Quality (15 Possible Points)

EQ Prerequisite 1 Minimum Indoor Air Quality (IAQ) Performance (Required)

EQ Prerequisite 2 Environmental Tobacco Smoke (ETS) Control (Required)

EQ Credit 1 Outdoor Air Delivery Monitoring 1

EQ Credit 2 Increased Ventilation 1

EQ Credit 3.1 Construction IAQ Management Plan, During Construction 1

EQ Credit 3.2 Construction IAQ Management Plan, Before Occupancy 1

EQ Credit 4.1 Low-Emitting Materials – Adhesives & Sealants 1

EQ Credit 4.2 Low-Emitting Materials – Paints & Coatings 1

EQ Credit 4.3 Low-Emitting Materials – Flooring Systems 1

EQ Credit 4.4 Low-Emitting Materials – Composite Wood & Agrifiber Products 1

EQ Credit 5 Indoor Chemical & Pollutant Source Control 1

EQ Credit 6.1 Controllability of Systems – Lighting 1

EQ Credit 6.2 Controllability of Systems – Thermal Comfort 1

EQ Credit 7.1 Thermal Comfort – Design 1

EQ Credit 7.2 Thermal Comfort – Verification 1

EQ Credit 8.1 Daylight & Views – Daylight 1

EQ Credit 8.2 Daylight & Views – Views 1

Innovation & Design Process (6 Possible Points)

ID Credit 1 Innovation in Design 5

ID Credit 2 LEED Accredited Professional 1

Regional Priority (4 Possible Points)

RP Credit 1 Regional Priority 4

To receive LEED certification, a building project must meet certain prerequisites and performance benchmarks or credits within each category. Projects are awarded Certified, Silver, Gold, or Platinum certification depending on the number of credits they achieve.

- Certified 40–49 points
- Silver 50–59 points
- Gold 60–79 points
- Platinum 80 points and above

LEED® 4 Green Building Certification Program
For New Construction & Major Renovations
Introduced November 2013

Integrative Process

IP Credit 1 Integrative Process 1

Locations & Transportation (16 Possible Points)

LT Credit 1 LEED for Neighborhood Development Location 16 or

LT Credit 2 Sensitive Land Protection 1

LT Credit 3 High Priority Site 2

LT Credit 4 Surrounding Density & Diverse Uses 5

LT Credit 5 Access to Quality Transit 5

LT Credit 6 Bicycle Facilities 1

LT Credit 7 Reduced Parking Footprint 1

LT Credit 8 Green Vehicles 1

Sustainable Sites (10 Possible Points)

SS Prerequisite 1 Construction Activity Pollution Prevention (Required)

SS Credit 1 Site Assessment 1

SS Credit 2 Site Development – Protect or Restore Habitat 2

SS Credit 3 Open Space 1

SS Credit 4 Rainwater Management 3

SS Credit 5 Heat Island Reduction 2

SS Credit 6 Light Pollution Reduction 1

Water Efficiency (11 Possible Points)

WE Prerequisite 1 Outdoor Water Use Reduction (Required)

WE Prerequisite 2 Indoor Water Use Reduction (Required)

WE Prerequisite 3 Building-Level Water Metering (Required)

WE Credit 1 Outdoor Water Use Reduction 2

WE Credit 2 Indoor Water Use Reduction 6

WE Credit 3 Cooling Tower Water Use 2

WE Credit 4 Water Metering 1

Energy & Atmosphere (33 Possible Points)

EA Prerequisite 1 Fundamental Commissioning & Verification (Required)

EA Prerequisite 2 Minimum Energy Performance (Required)

EA Prerequisite 3 Building-Level Energy Metering (Required)

EA Prerequisite 4 Fundamental Refrigerant Management (Required)

EA Credit 1 Enhanced Commissioning 6

EA Credit 2 Optimize Energy Performance 18

EA Credit 3 Advanced Energy Metering 1

EA Credit 4 Demand Response 2

EA Credit 5 Renewable Energy Production 3

EA Credit 6 Enhanced Refrigerant Management 1

EA Credit 7 Green Power & Carbon Offsets 2

Materials & Resources (13 Possible Points)

MR Prequisite 1 Storage & Collection of Recyclables (Required)

MR Prequisite 2 Construction and Demolition Waste Management Planning (Required)

MR Credit 1 Building Life-Cycle Impact Reduction 5

MR Credit 2 Building Product Disclosure & Optimization – Environmental Product Declarations 2

MR Credit 3 Building Product Disclosure & Optimization – Sourcing of Raw Materials 2

MR Credit 4 Building Product Disclosure & Optimization – Material Ingredients 2

MR Credit 5 Construction & Demolition Waste Management 2

Indoor Environmental Quality (16 Possible Points)

EQ Prequisite 1 Minimum Indoor Air Quality Performance (Required)

EQ Prequisite 2 Environmental Tobacco Smoke Control (Required)

EQ Credit 1 Enhanced Indoor Air Quality Strategies 2

EQ Credit 2 Low-Emitting Materials 3

EQ Credit 3 Construction Indoor Air Quality Management Plan 1

EQ Credit 4 Indoor Air Quality Assessment 2

EQ Credit 5 Thermal Comfort 1

EQ Credit 6 Interior Lighting 2

EQ Credit 7 Daylight 3

EQ Credit 8 Quality Views 1

EQ Credit 9 Acoustic Performance 1

Innovation (6 Possible Points)

I Credit 1 Innovation 5

I Credit 2 LEED Accredited Professional 1

Regional Priority (4 Possible Points)

RP Credit 1 Regional Priority: Specific Credit 1

RP Credit 2 Regional Priority: Specific Credit 1

RP Credit 3 Regional Priority: Specific Credit 1

RP Credit 4 Regional Priority: Specific Credit 1

To receive LEED certification, a building project must meet certain prerequisites and performance benchmarks or credits within each category. Projects are awarded Certified,
Silver, Gold, or Platinum certification depending on the number of credits they achieve.

- Certified 40–49 points
- Silver 50–59 points
- Gold 60–79 points
- Platinum 80 points and above

참고문헌

Resources in the green building field are many and are growing rapidly. The following necessarily limited selection of books, reports, articles, standards, and web sites, most of which are primary sources, were found helpful in the preparation of this book and are recommended as potentially useful resources for professionals in the field.

American Society of Heating, Refrigerating and Air-Conditioning Engineers. 2010. ANSI/ ASHRAE Standard 55-2010 – Thermal Environmental Conditions for Human Occupancy. Atlanta: ASHRAE.

American Society of Heating, Refrigerating and Air-Conditioning Engineers. 2010. ANSI/ ASHRAE Standard 62.1-2010 – Ventilation for Acceptable Indoor Air Quality. Atlanta: ASHRAE.

American Society of Heating, Refrigerating and Air-Conditioning Engineers. 2010. ANSI/ ASHRAE Standard 62.2-2013 –Ventilation and Acceptable Indoor Air Quality in Low-Rise Residential Buildings. Atlanta: ASHRAE.

American Society of Heating, Refrigerating and Air-Conditioning Engineers. 2013. ANSI/ ASHRAE/IES Standard 90.1-2013 – Energy Standard for Buildings Except Low-Rise Residential Buildings. Atlanta: ASHRAE.

American Society of Heating, Refrigerating and Air-Conditioning Engineers. 2007. ANSI/ ASHRAE Standard 90.2-2007 –Energy-Efficient Design of Low-Rise Residential Buildings. Atlanta: ASHRAE.

American Society of Heating, Refrigerating and Air-Conditioning Engineers. 2011. ANSI/ ASHRAE/USGBC/IES Standard 189.1-2011 Standard for the Design of High-Performance, Green Buildings (Except Low-Rise Residential Buildings). Atlanta: ASHRAE.

American Society of Landscape Architects, the Lady Bird Johnson Wildflower Center at the University of Texas at Austin, and the United States Botanic Garden. 2009. The Sustainable Sites Initiative: Guidelines and Performance Benchmarks. Austin: The Sustainable Sites Initiative.

Anis, Wagdy. 2010. Air Barrier Systems in Buildings. Washington, DC: Whole Building Design Guide, National Institute of Building Sciences (NIBS). http://www.wbdg.org/resources/airbarriers.php. Accessed 10/12/13.

Athena Sustainable Materials Institute: www.athenasmi.org/

BREEAM. 2011. BREEAM New Construction: Non-Domestic Buildings, Technical Manual, SD5073-2.0:2011. Garston: BRE Global Ltd.

Brown, E.J. 2008. Cost Comparisons for Common Commercial Wall Systems. Winston-Salem: Capital Building Consultants.

Building Green, Inc. 2013. http://www.buildinggreen.com/. Accessed October 13, 2013.

Building Science Corporation. 2013. http://www.buildingscience.com/index_html. Accessed October 13, 2013.

California Stormwater Quality Association. 2003. California Stormwater BMP Handbook: Concrete Waste Management. Menlo Park: CASQA.

Carpet Institute of Australia Limited. 2011. Light Reflectance. Melbourne: CIAL.

Center for Rainwater Harvesting. 2006. http://www.thecenterforrainwaterharvesting.org/index.htm

Center for Neighborhood Technology. 2013. http://www.travelmatters.org/calculator/individual/methodology#pmt. Accessed October 13, 2013.

Ching, Francis D.K. 2007. Architecture: Form, Space, and Order, 3rd Edition. Hoboken: John Wiley & Sons.

Ching, Francis D.K. and Steven Winkel. 2009. Building Codes Illustrated: A Guide to Understanding the 2009 International Building Code, 3rd Edition. Hoboken: John Wiley & Sons.

D'Aloisio, James A. 2010. Steel Framing and Building Envelopes. Chicago: Modern Steel Construction.

D&R International, Ltd. 2011. Buildings Energy Data Book. Washington, DC: U.S. Department of Energy.

DeKay, Mark and Brown, G.Z. 2013. Sun, Wind, & Light: Architectural Design Strategies, 3rd Edition. Hoboken: John Wiley and Sons.

Durkin, Thomas H. Boiler System Efficiency. ASHRAE Journal. Page 51. Vol. 48, July 2006.

Efficient Windows Collaborative: www.efficientwindows.org/

Fox & Fowle Architects et al. 2005. Battery Park City – Residential Environmental Guidelines. New York: Hugh L. Carey Battery Park City Authority.

Green Building Initiative. 2013. Green Globes for New Construction: Technical Reference Manual, Version 1.1. Portland: GBI Inc.

Gruzen Hampton LLP and Hayden McKay Lighting Design Inc. 2006. Manual for Quality, Energy Efficient Lighting. New York: NY City Department of Design and Construction.

Hagenlocher, Esther. 2009. Colorfulness and Reflectivity in Daylit Spaces. Quebec City: PLEA2009 - 26th Conference on Passive and Low Energy Architecture.

Hernandez, Daniel, Matthew Lister, and Celine Suarez. 2011. Location Efficiency and Housing Type. US EPA's Smart Growth Program, contract #GS-10F-0410R. New York: Jonathan Rose Companies.

Heschong, Lisa. Thermal Delight in Architecture. 1979. Cambridge: MIT Press.

Higgins, Cathy et al. 2013. Plug Load Savings Assessment: Part of the Evidence-based Design and Operations PIER Program. Prepared for the California Energy Commission. Vancouver: New Buildings Institute.

Hodges, Tina. 2009. Public Transportation's Role in Responding to Climate Change. Washington, DC: U.S. Department of Transportation.

International Dark-Sky Association. 2013. http://www.darksky.org/. Accessed October 12, 2013.

International Living Future Institute. 2012. Living Building Challenge 2.1. Seattle: International Living Future Institute.

IPCC, 2012: Summary for Policymakers. In: Managing the Risks of Extreme Events and Disasters to Advance Climate Change Adaptation [Field, C.B., V. Barros, T.F. Stocker, D. Qin, D.J. Dokken, K.L. Ebi, M.D. Mastrandrea, K.J. Mach, G.-K. Plattner, S.K. Allen, M. Tignor, and P.M. Midgley (eds.)]. A Special Report of Working Groups I and II of the Intergovernmental Panel on Climate Change. Cambridge University Press, Cambridge, UK, and New York, NY, USA, pp. 1-19.

International Code Council. 2012. International Building Code. Washington, DC: ICC.

International Code Council. 2012. International Energy Conservation Code. Washington, DC: ICC.

International Code Council. 2012. International Green Construction Code. Washington, DC: ICC.

International Code Council. 2012. International Mechanical Code. Washington, DC: ICC.

Lemieux, Daniel J., and Paul E. Totten. 2010. Building Envelope Design Guide–Wall Systems. http://www.wbdg.org/design/env_wall.php. Last updated October 8, 2013.

Keeler, Marian, and Bill Burke. 2009. Fundamentals of Integrated Design for Sustainable Building. Hoboken: John Wiley & Sons.

Lstiburek, Joseph. 2004. Vapor Barriers and Wall Design. Somerville: Building Science Corporation.

Masonry Advisory Council. 2002. Cavity Walls: Design Guide for Taller Cavity Walls. Park Ridge: MAC.

Munch-Andersen, Jørgen. 2007. Improving Thermal Insulation of Concrete Sandwich Panel Buildings. Vienna: LCUBE Conference.

NAHB Research Center. 1994. Frost-Protected Shallow Foundations, Phase II–Final Report. Washington, DC: U.S. Department of Housing and Urban Development.

NAHB Research Center. 2000. Advanced Wall Framing. Washington, DC: U.S. Department of Energy.

National Renewable Energy Lab. 2002. Energy Design Guidelines for High Performance Schools: Temperate and Humid Climates. Washington, DC: U.S. Department of Energy's Office of Building Technology, State and Community Programs.

National Electrical Contractors Association. 2006. Guide to Commissioning Lighting Controls. Bethesda: NECA.

Newman, Jim et al. 2010. The Cost of LEED: A Report on Cost Expectations to Meet LEED 2009 for New Construction and Major Renovations (NC v2009). Brattleboro: BuildingGreen.

Newsham, Guy, Chantal Arsenault, Jennifer Veitch, Anna Maria Tosco, Cara Duval. 2005. Task Lighting Effects on Office Worker Satisfaction and Performance, and Energy Efficiency. Ottawa: Institute for Research in Construction, National Research Council Canada.

O'Connor, Jennifer, Eleanor Lee, Francis Rubinstein, and Stephen Selkowitz. 1997. Tips for Daylighting with Windows. Berkeley: Ernest Orlando Lawrence Berkeley National Laboratory.

Pless, Shanti, and Paul Torcellini. 2010. Net-Zero Energy Buildings: A Classification System Based on Renewable Energy Supply Options. Golden: National Renewable Energy Laboratory.

Rainwater Harvesting Group. 2013. Dallas: Texas A&M AgriLife Extension Service. http://rainwaterharvesting.tamu.edu/. Accessed October 13, 2013.

RESNET. 2006. Mortgage Industry National Home Energy Rating Systems Standards. Oceanside: Residential Energy Services Network, Inc.

Sachs, Harvey M. 2005. Opportunities for Elevator Energy Efficiency Improvements. Washington, DC: American Council for an Energy-Efficient Economy.

Selkowitz, S., R. Johnson, R. Sullivan, and S. Choi. 1983. The Impact of Fenestration on Energy Use and Peak Loads in Daylighted Commercial Buildings. Glorieta: National Passive Solar Conference.

Slone, Herbert. 2011. Wall Systems for Steel Stud / Masonry Veneer. Toledo: Owens Corning Foam Insulation LLC.

Smith, David Lee. 2011. Environmental Issues for Architecture. Hoboken: John Wiley & Sons.

Straube, John. 2008. Air Flow Control in Buildings: Building Science Digest 014. Boston: Building Science Press.

Tyler, Hoyt, Schiavon Stefano, Piccioli Alberto, Moon Dustin, and Steinfeld Kyle. 2013. CBE Thermal Comfort Tool. Berkeley: Center for the Built Environment, University of California Berkeley. http://cbe.berkeley.edu/comforttool/. Accessed October 12, 2013.

Ueno, Kohta. 2013. Building Energy Performance Metrics. http://www.buildingscience.com/documents/digests/bsd152-building-energy-performance-metrics. Accessed October 13, 2013.

Urban, Bryan, and Kurt Roth. 2010. Guidelines for Selecting Cool Roofs. Prepared by the Fraunhofer Center for Sustainable Energy Systems for the U.S. Department of Energy Building Technologies Program and Oak Ridge National Laboratory under contract DE-AC05-00OR22725.

U.S. Department of Energy, the Federal Energy Management Program, Lawrence Berkeley National Laboratory (LBNL), and the California Lighting Technology Center (CLTC) at the University of California, Davis. 2010. Exterior Lighting Guide for Federal Agencies. Washington, DC: Federal Energy Management Program.

United States Green Building Council. 2012. LEED 2009 for New Construction and Major Renovations Rating System. Washington, DC: USGBC.

U.S. Environmental Protection Agency. 2011. ENERGY STAR Performance Ratings: Methodology for Incorporating Source Energy Use . Washington, DC: EPA.

Wang, Fan, Theadore Hunt, Ya Liu, Wei Li, Simon Bell. 2003. Reducing Space Heating in Office Buildings Through Shelter Trees. Proceedings of CIBSE/ASHRAE Conference, Building Sustainability, Value & Profit. www.cibse.org/pdfs/8cwang.pdf.

Whole Building Design Guide. 2013. http://www.wbdg.org/. Accessed October 13, 2013.

Wilson, Alex. 2013. Naturally Rot-Resistant Woods. National Gardening Association. http://www.garden.org/articles/articles.php?q=show&id=977&page=1. Accessed October 13, 2013.

Wray, Paul, Laura Sternweis, and Jane Lenahan. 1997. Farmstead Windbreaks: Planning. Ames: Iowa State University – University Extension.

Zuluaga, Marc, Sean Maxwell, Jason Block, and Liz Eisenberg , Steven Winter Associates. 2010. There are Holes in Our Walls. New York: Urban Green Council.

7group and Bill Reed. 2009. The Integrative Design Guide to Green Buildings. Hoboken: John Wiley & Sons.

반상철 (潘相哲, Bahn, Sang-Chul)

・충북 생

・청주고등학교 졸업
・홍익대학교 및 대학원 건축학과 졸업
・홍익대학교 대학원 도시계획과 졸업(공학박사)

・(주)종합건축사사무소 이・상
・홍익대부설 환경개발연구원

-현재 :
 ・서원대학교 건축학과 교수
 ・(사)한국건축가협회충북건축가회 회장
 ・충청북도, 청주시, 음성군 건축・도시 심의위원

-저서 :
 ・건축과 환경이 만드는 문화공동체 (동심동거 I)
 ・문화공동체를 위한 건축과 도시의 조건 (동심동거 II)

-역서 :
 ・지구적 환경으로서의 도시
 ・ECO-생태주택의 설계 등

2016년 2월 29일 1쇄
2020년 10월 6일 2쇄

저자 : Francis D. K.Ching・Ian M. Shapiro
역자 : 반상철
발행인 : 김기현
발행처 : 시공문화사(Spacetime)
출판등록: 1993년 3월 12일
주소: 서울시 서대문구 독립문공원길 13 (03733) 극동프라자 5층
전화: 02) 3147-1212
팩스: 02) 3147-2626

http://www.spacetime.co.kr
mail: spacetime@korea.com

편집: Design Battery
인쇄: (주)예림인쇄사
제본: (주)서정바인텍
용지: (주)대림지업사

ISBN: 978-89-5592-347-6

정가: 20,000원